无穷维线性系统的 Riesz 基理论

郭宝珠　王军民　著

科学出版社

北　京

内 容 简 介

本书系统介绍了分析偏微分方程控制系统稳定性的 Riesz 基方法, 侧重于由二阶偏微分系统描述的弹性振动系统的 Riesz 基性质、谱确定增长条件以及指数稳定性, 从一般抽象的理论开始到具体偏微分系统 Riesz 基的验证都有全面叙述与证明. 特别地, 本书重点介绍比较法、对偶基方法以及 Green 函数法的技巧与理论, 其中关于本征值与本征函数的渐近表示具有独立的意义. 为了自洽的需要, 本书也介绍了所涉及的泛函分析、Sobolev 空间理论以及线性算子半群理论.

本书可以作为分布参数系统理论研究者和研究生的参考书. 书中关于微分算子本征频谱与本征函数的渐近估计, 对关心机械振动的工程研究者和研究生也有一定的参考价值.

图书在版编目(CIP)数据

无穷维线性系统的 Riesz 基理论/郭宝珠, 王军民著. —北京: 科学出版社, 2021.3

　ISBN 978-7-03-068219-2

　Ⅰ. ①无⋯ Ⅱ. ①郭⋯ ②王⋯ Ⅲ. ①无限维–线性系统理论–控制系统理论 Ⅳ. ①O231

中国版本图书馆 CIP 数据核字(2021) 第 039595 号

责任编辑: 李静科 / 责任校对: 彭珍珍
责任印制: 吴兆东 / 封面设计: 无极书装

科学出版社 出版

北京东黄城根北街 16 号
邮政编码: 100717
http://www.sciencep.com

北京中石油彩色印刷有限责任公司印刷
科学出版社发行　各地新华书店经销

*

2021 年 3 月第 一 版　开本: 720 × 1000　1/16
2025 年 1 月第二次印刷　印张: 30
字数: 600 000

定价: 198.00 元

前　言

在控制理论的众多分支中, 分布参数系统比较特殊. 主要的原因是一个由偏微分方程描述的控制系统除去时间的演化外, 还有空间变量的卷入. 不同空间位置的状态是不同的, 因此一个偏微分方程描述的控制系统的状态空间必须是无穷维的. 无穷是一个十分数学化的概念, 要描述无穷维的系统, 就少不了数学的应用. 公认地, 分布参数系统控制是数学应用最多的控制理论分支.

在分布参数系统中, 最简单的, 研究最多的, 结论也最深刻的, 和其他控制理论分支一样也是线性系统. 可是无穷维的线性系统是无穷意义下的线性, 其在本质上和非线性差不多, 例如复杂非线性集中参数系统的混沌现象可以在线性的无穷维系统中出现. 微积分的根本思想就是曲线 (非线性) 可以用无穷的直线 (线性) 逼近.

系统控制的首要任务是要使得系统内部渐近稳定, 不稳定的系统是不能执行系统的其他控制要求的, 在多数情况下, 无穷维系统是要求指数稳定的. 可是如何才能判断一个无穷维的线性系统的指数稳定却不是一件简单的事情. 用矩阵描述的一个集中参数系统是指数稳定的充分必要条件是矩阵的本征值全部位于左半平面, 在计算机运算发达的今天, 判断一个矩阵的本征值是不是位于左半平面不是一件复杂的事情. 可是无穷维线性系统所对应的是一个无穷维状态空间的算子, 而这个算子的谱可能没有, 可能即使全在左半平面, 甚至离开虚轴一段距离仍然会导致系统指数增长. 于是无穷维的线性系统就要像泛函分析里的线性算子一样, 需要分类研究. 其中最简单, 但却常常可用的, 是那些如同有矩阵性质一样的算子, 这就构成了本书研究的对象, 即有广义本征向量构成状态空间的无条件基 (在 Hilbert 空间中则称为 Riesz 基) 的系统算子的无穷维线性系统.

集中参数线性系统里一个深刻的结果是极点配置, 是线性系统控制设计的基本准则之一. 即一个可控的线性系统通过线性的状态反馈可以任意配置闭环的极点. 推广极点配置理论到无穷维线性系统曾经是我国在分布参数系统控制领域最早做到国际特色的研究之一. 1978 年, 四川大学的孙顺华在《数学学报》发表了《无穷维系统极点配置》一文, 该文 1982 年被 *SIAM Journal on Control and Optimization* 全文翻译出版, 翻译者 Lop Fat Ho 在美国分布参数控制理论学家 David Russell 的指导下沿着孙顺华的理论完成了博士学位论文. 20 世纪 80 年代前后, 中国科学院系统科学研究所的关肇直、王康宁、朱广田、刘嘉荃等在孙顺华工作的基础上对这个问题进行了一系列研究. 当时在法国 INRIA 研究所工作的 Cheng-Zhong Xu 注意到了这些研究, 其 1996 年发表在 *SIAM Journal on Control and Optimization* 上的论文大约是无穷维极点配置系列研究的最好结果之一. 状态空间为 Hilbert 空间的无穷维系统要极点配置, 自然需要开环和闭环系统都有 Riesz 基才行. 这是本书作者之一在 20 世纪 80 年代初期作为研究生受到的最初教育.

　　也是在 20 世纪 80 年代同一时期, 弹性系统的振动控制成为分布参数系统理论研究的重要模型之一. 在我国直接的原因是空间飞行器的振动控制, 在国外则主要是机器手臂的弹性振动控制. 此外还有结构力学中如桥梁振动控制等, 这些都可以归结于弹性振动控制问题. 数学上这类系统往往对应 Riesz 谱系统. 因为既然是弹性振动, 振动频谱就可以决定系统的振动特性. 这对开环系统来说自然是对的, 因为理论上开环系统的算子是预解紧的 Hilbert 空间的反自伴算子, 一般的泛函分析理论保证了对应的本征函数在能量 Hilbert 空间形成 Riesz 基. 可是当系统反馈以后, 算子不再是反自伴的, 就没有理论保证系统的 Riesz 基性质成立. 实际上的确有这样的弹性振动的例子, 反馈以后系统算子的谱甚至是空的. 当然, 在大多数的情况下并不是这样, 所以才有本书的研究. 实际上, 在 20 世纪 80 年代中期, 有许多工作是对弹性系统的振动频谱的分析, 但由于不知道它们和系统稳定性的确切关系, 稳定性只好另做讨论, 这不是一个自然的情况. 因此引发了作者及其合作者的系列研究, 我们发现, 联系二者之间的关系需要的正是闭环系统的 Riesz 基性质. 而 Riesz 基性质自然地导致线性偏微分系统稳定性的一个艰难的结论: 谱确定增长条件. 所以说本书的大部分结果都是作者和合作者的研究成果, 介绍了三种验证 Riesz 基生成的理论, 目的在于为中文的读者服务. 虽然作者也于 2019 年在 Springer-Verlag 出版了英文著作, 可是出于篇幅的考虑, 一些工作只能割爱, 这本中文著作弥补了这一遗憾. 当然在基础理论方面两本书免不了重复, 特别是第 2 章. 有些结果的证明对一本简明的旨在让读者快速了解方法的著作来说也省略不证, 有兴趣的读者可以借助英文的版本. 不过绝大部分的原理与证明是详细给出的, 所以大体来说, 本书能达到自洽的程度.

　　按照我们一贯的理由, 涉及无穷维线性系统解的 C_0-半群、线性算子和初步的 Sobolev 空间只在第 1 章列出结果而不加证明, 因为这些内容对学习分布参数系统理论的研究生来说都是需要掌握的, 而研究者也只是作为常识来看待的. 第 2 章是关于 Riesz 基的一些基础理论. 第 3 章介绍比较法, 第 4 章介绍对偶基方法, 第 5 章介绍 Green 函数法. 这些内容通过具体的事例, 展现了发展 Riesz 基的基本方法. 第 6 章介绍边界弱连接的耦合系统. 最后一章给出了一个没有 Riesz 基的振动系统的例子, 但仍然可以用别的方法来讨论谱确定增长条件, 显示了研究的与时俱进.

这本有点简明性质的著作自然难以称得上完整, 读者如果在掌握了基本技巧后需要深入, 就只能借助于研究文献了. 对作者来说, Riesz 基方法已经是研究中不可或缺的方法, 一些简单的偏微分系统, 如果不用 Riesz 基方法, 很难处理, 即使能处理, 结果也不能令人满意. 我们希望本书能对中文世界的有兴趣的读者起到同样的作用. 虽然我们做了努力, 但同任何一本著作一样, 问题和疏漏在所难免, 读者的反馈意见是我们的财富.

最后作者感谢长期以来就本课题共同研究的合作者以及我们自己的学生. 本书的出版得到中国科学院数学与系统科学研究院出版基金的资助和科学出版社李静科编辑的长期鼓励与精心编辑, 在此谨致谢意.

郭宝珠　王军民

2020 年 3 月

目　录

第 1 章 预 备 知 识

由于状态空间的无穷维属性, 泛函分析是无穷维系统控制研究的基本数学工具. Riesz 基方法将用到泛函分析中的一些结论. 在这一章中, 我们列出泛函分析、C_0-半群和 Sobolev 空间中一些将在后面章节中使用的结论, 而不给出证明. 主要原因是: 一方面, 这些结论都有大量的教科书和专著对其进行讨论, 见文献 [1, 5, 23, 99, 113]; 另一方面, 这些结论也为无穷维系统控制的工作者所熟悉.

1.1 赋范线性空间

n 维线性或非线性系统是实数域或复数域上的 n 维欧几里得 $\mathbb{R}^n$ 或 $\mathbb{C}^n$ 空间. 它们是完备的向量空间. $\mathbb{R}^n$ 和 $\mathbb{R}^m$ 之间的映射是矩阵. 为了研究无穷维系统, 首先推广这些概念.

定义 1.1 复数域 $\mathbb{C}$ 上的向量空间集合 X, 其元素称为向量, 如果对于任意 $x, y \in X$ 和 $\alpha \in \mathbb{C}$, $x + y \in X$, $\alpha x \in X$, 以及满足加法和数乘规则.

加法规则: 对任意 $x, y, z \in X$,

(i) $x + y = y + x$;

(ii) $(x + y) + z = x + (y + z)$;

(iii) 存在零向量 $0 \in X$ 使得 $x + 0 = x$ 对于所有的 $x \in X$;

(iv) 对任意的 $x \in X$, 存在 $x_1 \in X$, 记为 $x_1 = -x$, 使得 $x + x_1 = 0$.

数乘规则: 对任意 $\alpha, \beta \in \mathbb{C}$, $x, y \in X$,

(i) $\alpha(x + y) = \alpha x + \alpha y$;

(ii) $(\alpha + \beta)x = \alpha x + \beta x$;

(iii) $(\alpha\beta)x = \alpha(\beta x)$;

(iv) $1x = x$.

给定向量空间 X 中的集合 S, 用 $\text{span}\{S\}$ 表示由 S 中所有向量的线性组合生成 X 的子空间, 即

$$\alpha_1 x_1 + \alpha_2 x_2 + \cdots + \alpha_n x_n \in S, \quad \forall \alpha_i \in \mathbb{C}, \ x_i \in S, \ i = 1, 2, \cdots, n.$$

X 中的向量 $x_1, x_2, \cdots, x_n$ 称为是线性无关的, 如果

$$\alpha_1 x_1 + \alpha_2 x_2 + \cdots + \alpha_n x_n = 0$$

成立仅当 $\alpha_i = 0$, $i = 1, 2, \cdots, n$. 否则, 称为是线性相关的. 无穷多个向量的序列 $\{x_i\}_{i=1}^{\infty}$ 称为是线性无关的, 如果对于任意 k, $\{x_i\}_{i=1}^{k}$ 都是线性无关的. $\{x_i\}_{i=1}^{\infty}$ 称为是 ω-线性无关的, 如果

$$\sum_{i=1}^{\infty} a_i x_i = 0$$

成立仅当 $a_i = 0$ 对于所有的 $i \geqslant 1$.

向量空间 X 的子集 $\{x_1, x_2, \cdots, x_n\}$ 称为 X 的基, 如果

$$X = \mathrm{span}\{x_1, x_2, \cdots, x_n\}$$

并且 $x_1, x_2, \cdots, x_n$ 是线性无关的. 这时候, 我们说 X 有维数 n, 记为

$$\dim(X) = n.$$

X 是无穷维的, 如果它包含一个无穷多个线性无关的向量序列. 无穷维向量空间 X 称为是可分的, 如果在 X 中存在一个稠密的可数子集.

根据上述定义, X 中向量的加法和数乘运算可以用 $\mathbb{R}^n$ 或 $\mathbb{C}^n$ 相同的加法和数乘运算来完成. 这是赋给向量空间 X 的代数结构. 另一个类似于 $\mathbb{R}^n$ 或 $\mathbb{C}^n$ 的结构是拓扑结构, 通过它可以度量两个向量之间的距离. 在众多不同的拓扑中, 最重要的拓扑结构是范数.

定义 1.2　向量空间 X 上定义的范数是一个映射: $\|\cdot\| : X \to \mathbb{R}^+ = [0, \infty)$, 满足以下条件:

(i) $\|x\| = 0$ 当且仅当 $x = 0$;

(ii) $\|x + y\| \leqslant \|x\| + \|y\|$ 对所有的 $x, y \in X$;

(iii) $\|\alpha x\| = |\alpha| \|x\|$ 对所有的 $x \in X, \alpha \in \mathbb{C}$.

赋范空间是一个赋予了范数的向量空间 X. X 中任何两个向量 x 和 y 之间的距离可以用 $\|x - y\|$ 来表示.

在赋范空间 X 中, 序列 $\{x_n\}_{n=1}^{\infty} \subset X$ 称为是收敛的, 如果存在 $x \in X$ 使得

$$\lim_{n \to \infty} \|x_n - x\| = 0.$$

自然地, x 称为 $\{x_n\}$ 的极限, 记为 $x_n \to x (n \to \infty)$. 线性赋范空间是赋予了范数拓扑的线性拓扑空间. X 的子空间 M 称为在 X 中是闭的, 如果 M 是 X 的线性向量子空间, 且 M 的任何收敛序列的极限仍然在 M 内.

有两个最重要的赋范空间. 一个是 Banach 空间, 另一个是 Hilbert 空间. 序列 $\{x_n\}_{n=1}^{\infty} \subset X$ 称为 Cauchy 序列, 如果

$$\lim_{n,m\to\infty} \|x_n - x_m\| = 0.$$

赋范空间 X 称为 Banach 空间, 如果它是完备的: X 的任何 Cauchy 序列包含收敛子列.

定义 1.3 设 H 为 $\mathbb{C}$ 上的向量空间. H 上的内积是一个从 $H \times H$ 到 $\mathbb{C}$ 的函数, 记为 $\langle \cdot, \cdot \rangle$, 满足下列条件:

(i) $\langle x + y, z \rangle = \langle x, z \rangle + \langle y, z \rangle$ 对所有的 $x, y, z \in H$;

(ii) $\langle \alpha x, y \rangle = \alpha \langle x, y \rangle$ 对所有的 $x, y \in H$ 以及 $\alpha \in \mathbb{C}$;

(iii) $\overline{\langle x, y \rangle} = \langle y, x \rangle$ 对所有的 $x, y \in H$;

(iv) $\langle x, x \rangle \geqslant 0$ 以及 $\langle x, x \rangle > 0$ 当 $x \neq 0$ 时.

赋予内积的向量空间 H 称为内积空间. 完备的内积空间称为 Hilbert 空间.

内积空间 H 上的自然范数 $\|x\|$ 为

$$\|x\| = \langle x,\, x \rangle^{1/2},$$

它称为内积诱导范数. 由定义 1.3 的 (i)—(iii) 可知

$$\langle x, \alpha y + \beta z \rangle = \bar{\alpha} \langle x, y \rangle + \bar{\beta} \langle x, z \rangle \quad \text{以及} \quad \|\alpha x\| = |\alpha| \|x\|, \quad \forall x, y, z \in X, \alpha, \beta \in \mathbb{C}.$$

具有内积诱导范数的 Hilbert 空间显然是 Banach 空间. 简单地说, Hilbert 空间 H 是一个实的或复的内积空间, 对于内积引起的距离函数来说, 它也是一个完备的度量空间.

定义 1.4 Hilbert 空间 H 中的序列称为强收敛, 如果它在内积诱导范数下收敛. 序列 $\{x_n\}_{n=1}^{\infty} \subset H$ 称为弱收敛, 如果

$$\lim_{n\to\infty} \langle x_n, y \rangle = \langle x_0, y \rangle, \quad \forall y \in H.$$

x_0 称为 $\{x_n\}$ 的弱极限.

显然, 强收敛意味着弱收敛, 且具有相同的极限. 但逆命题通常是不成立的.

定义 1.5 赋范向量空间 X 中的向量序列 $\{x_i\}_{i=1}^{\infty}$ 称为是完备的, 如果它的线性生成子空间在 X 中稠密, 即对于任何向量 x 和 $\varepsilon > 0$, 存在有限的线性组合 $a_1 x_1 + a_2 x_2 + \cdots + a_N x_N$, 其中 $a_i, i = 1, 2, \cdots, N$ 是复数, 使得

$$\|x - (a_1 x_1 + a_2 x_2 + \cdots + a_N x_N)\| < \varepsilon.$$

Hilbert 空间推广了欧氏空间的概念. 实际上, 内积空间的最大优点是它由内积产生的丰富的几何结构, 可以用内积测量长度和角度, 这与 $\mathbb{R}^n$ 或 $\mathbb{C}^n$ 非常类似. 例如, 我们称 x 在 Hilbert 空间 H 中正交或垂直于向量 $y \in H$ 如果 $\langle x, y \rangle = 0$.

定理 1.1　设 H 是内积空间. 对于 H 中任意的元素 x 和 y, 有以下性质:

(i) $|\langle x, y \rangle| \leqslant \|x\| \|y\|$　(Cauchy-Schwarz 不等式);

(ii) $\|x + y\| \leqslant \|x\| + \|y\|$　(三角不等式);

(iii) $\|x + y\|^2 + \|x - y\|^2 = 2(\|x\|^2 + \|y\|^2)$　(平行四边形定律).

下面的定理给出了 Banach 空间和 Hilbert 空间之间的界线.

定理 1.2 (平行四边形恒等式)　设 E 是赋范空间. 则存在 E 中的内积诱导范数当且仅当平行四边形恒等式

$$\|x + y\|^2 + \|x - y\|^2 = 2(\|x\|^2 + \|y\|^2), \quad \forall \, x, y \in E$$

成立.

$\mathbb{C}^n$ 是 n 维 Hilbert 空间. 下面是一些 Hilbert 空间的例子.

例 1.1　ℓ^2 是可分的无穷维 Hilbert 空间, 其中空间 ℓ^2 由所有模平方可求和的复数序列 $x = \{x_i\}_{i=1}^{\infty}$:

$$\sum_{i=1}^{\infty} |x_i|^2 < \infty$$

组成.

设 ℓ_D^2 是 ℓ_2 的子空间, 它包括所有序列 $x = \{x_i\}_{i=1}^{\infty}$, $x_i = 0$ 除了至多有限多个 i. 则 ℓ_D^2 是内积空间但不完备, 因而不是 Hilbert 空间.

例 1.2　设 $L^2(a, b)$ 是所有定义在 (a, b) 上的复值 Lebesgue 可测函数 $f(\cdot)$ 的向量空间, 并且 $|f|^2$ 是 Lebesgue 可积的. 内积定义为

$$\langle f, \, g \rangle = \int_a^b f(x) \overline{g(x)} dx, \quad \forall \, f, g \in L^2(a, b).$$

则 $L^2(a, b)$ 是可分的无穷维 Hilbert 空间.

例 1.3　考虑在 $[0, 1]$ 上定义的函数集合, 所有函数在 $[0, 1]$ 上的有限子集上取实的非零值, 在其他地方取零. 定义内积

$$\langle f, \, g \rangle = \sum_i f(x_i) g(x_i),$$

其中 $\{x_i\}$ 是 $f \neq 0$ 的非零点的集合. 该空间是 Hilbert 空间, 但不可分.

我们称赋范空间 X 嵌入在赋范空间 Y 中, 记为 $X \to Y$, 如果满足: ① X 是 Y 的向量子空间; 以及 ② 定义在 X 到 Y 的恒等算子 I: $Ix = x$ 对所有的 $x \in X$ 是连续的. 由于 I 是线性算子, 因此 ② 等价于存在常数 M 使得

$$\|x\|_Y \leqslant M\|x\|_X, \quad \forall\, x \in X. \tag{1.1}$$

$X \hookrightarrow Y$ 称为紧嵌入, 如果 X 的任何有界集在 Y 中是紧的.

定理 1.3 (Baire 纲定理) 一个非空的完备度量空间不是可数个无处稠密集 (也就是闭包具有稠密补集的集合, 或闭包的内部是空集) 的并集. 因此, 如果一个非空完备度量空间是可数闭集的并集, 那么其中一个闭集的内部是非空的.

1.2 线性算子理论

线性算子 设 X 和 Y 是两个 Banach 空间. 线性映射: $A : D(A)(\subset X) \to Y$ 称为线性算子. $D(A) \subset X$ 称为 A 的定义域, $\mathcal{R}(A) \subset Y$ 称为 A 的值域:

$$\mathcal{R}(A) = \big\{ Ax \mid x \in D(A) \big\}.$$

A 称为可逆的 (或单射) 如果 $Ax = 0$ 当且仅当 $x = 0$; A 称为到上的 (或满射) 如果 $\mathcal{R}(A) = Y$.

下面讨论的线性算子是在 Banach 空间之间的算子.

定义 1.6 线性算子 A 称为是闭的如果对任何 $x_n \in D(A)$, $n \geqslant 1$,

$$x_n \to x, \; Ax_n \to y \quad \text{随着 } n \to \infty,$$

必然有 $x \in D(A)$ 且 $Ax = y$. A 称为是有界的如果 $D(A) = X$ 且 A 映射 X 中的有界集到 Y 中的有界集. 线性算子是有界的当且仅当它是连续的, 即

$$x_n \to x_0 \in X \Rightarrow Ax_n \to Ax_0 \in Y$$

对任何 $\{x_n\} \subset X$.

显然, 任何有有界逆的算子都必然是闭的. 所有从 X 到 Y 的有界算子的集合记为 $\mathcal{L}(X, Y)$. 特别地, 当 $X = Y$ 时, $\mathcal{L}(X, Y)$ 缩写为 $\mathcal{L}(X)$.

定理 1.4 设 X 和 Y 是 Banach 空间. $\mathcal{L}(X, Y)$ 在范数

$$\|A\| = \sup \big\{ \|Ax\| \mid x \in X, \|x\| = 1 \big\}$$

下是 Banach 空间.

定义 1.7 设 X 是 Banach 空间. 如果 $Y = \mathbb{R}$ 或 $Y = \mathbb{C}$, 则 $\mathcal{L}(X, Y)$ 中的运算称为 X 上的有界线性泛函. 有界线性泛函通常记为 f.

根据定理 1.4, X 上的所有线性有界泛函组成一个 Banach 空间, 称为 X 的对偶空间, 记为 X^*.

有界算子 A 称为紧算子如果它映射任何有界集为一个列紧集. Banach 空间中的紧集是任何有界序列包含收敛子序列且其极限在集合内的集合, 列紧集的极限点不一定在集合内. 对于闭算子 A, 我们可以定义图空间 $[D(A)]$, 它的图范数为

$$\|x\|_{[D(A)]} = \|x\| + \|Ax\|, \quad \forall\, x \in D(A). \tag{1.2}$$

设 X 和 Y 是两个赋范空间. 如果存在 1-1 的线性算子 A 映射 X 到 Y 且 $\|Ax\|_Y = \|x\|_X$ 对任何 $x \in X$ 及 $y \in Y$, 我们称 A 是 X 和 Y 之间的一个等距同构, 称 X 和 Y 是等距同构的.

定义 1.8 Banach 空间 X 称为是自反的, 如果 X^{**} 和 X 是等距的.

定义 1.9 算子序列 $\{A_n\} \subset \mathcal{L}(X, Y)$ 称为依范数收敛到 $A \in \mathcal{L}(X, Y)$, 如果

$$\|A_n - A\| \to 0 \quad \text{随着 } n \to \infty.$$

$\{A_n\}$ 称为强收敛到 $A \in \mathcal{L}(X, Y)$, 如果对所有的 $x \in X$,

$$A_n x \to Ax \quad \text{随着 } n \to \infty.$$

$\{A_n\}$ 称为弱 * 收敛到 $A \in \mathcal{L}(X, Y)$, 如果对所有的 $f \in Y^*$,

$$f(A_n x) \to f(Ax) \quad \text{随着 } n \to \infty,$$

它通常表示为

$$\langle A_n x,\, f \rangle \to \langle Ax,\, f \rangle \quad \text{随着 } n \to \infty,$$

这里 $\langle \cdot, \cdot \rangle$ 表示介于 X 和 X^* 之间的二元乘积, 即 $\langle x, f \rangle$ 意味着

$$\langle x,\, f \rangle = \langle x,\, f \rangle_{X,\, X^*} = f(x).$$

以下定理通常称为 Eberlein-Shmulyan 定理.

定理 1.5 Banach 空间 X 是自反的当且仅当 X 的任何有界序列都包含一个弱收敛子序列.

现在我们陈述线性泛函分析中的几个重要结果.

定理 1.6 (Hahn-Banach 延拓定理) 设 X 为 Banach 空间, f_0 是在 X 的子空间 X_0 上定义的线性有界泛函. 则 f_0 可以扩展为 X 的线性有界泛函 f 使得

(i) $f(x) = f_0(x)$, $\forall\, x \in X_0$.

(ii) $\|f\| = \|f_0\|_0$, 其中 $\|f_0\|_0$ 是 f_0 在 X_0^* 的范数.

特别地, 对任何 $x_0 \in X, x_0 \neq 0$, 存在 $f \in X^*$ 使得

$$f(x_0) = \|x_0\|, \quad \|f\| = 1.$$

定理 1.7 (Banach 逆算子定理) 设 X 和 Y 是 Banach 空间. 如果定义在 X 上的线性算子 $A : X \to Y$ 是 1-1 的到上的映射, 则 $A^{-1} \in \mathcal{L}(Y, X)$.

定理 1.8 (开映射定理) 设 X 和 Y 是 Banach 空间, A 是从 X 到 Y 的有界算子. 如果 $\mathcal{R}(A) = Y$, 则 A 映射 X 的开集到 Y 的开集.

定理 1.9 (闭图像定理) 设 A 是 Banach 空间 X 的闭算子. 则 A 必须在 $D(A) = X$ 上有界.

定理 1.10 (共鸣定理 (或 Banach-Steinhaus 定理)) 设 X 和 Y 是 Banach 空间, $\{T_n\} \subset \mathcal{L}(X, Y)$. 如果

$$\sup_n\{\|T_n x\|\} < \infty, \quad \forall\, x \in X,$$

则

$$\sup_n\{\|T_n\|\} < \infty.$$

设 A 是 Banach 空间 X 上的线性算子. A 称为在 X 中是稠定的, 如果 $D(A)$ 在 X 中稠密. 对于稠定算子 A, 存在定义在 X^* 上的唯一算子 A^*, 称为 A 的伴随算子, 满足

$$\langle Ax,\, y \rangle = \langle x,\, A^*y \rangle, \quad \forall\, x \in D(A),\, y \in D(A^*),$$

其中

$$D(A^*) = \Big\{ f \in X^* \,\big|\, \exists z \in X^* \text{使得} \langle Ax, f \rangle = \langle x, z \rangle,\, \forall\, x \in D(A) \Big\}.$$

当 X 是 Hilbert 空间时, 我们认为 $X^* = X$, 归因于下面的 Riesz 表示定理.

定理 1.11 (Riesz 表示定理) 设 H 是 Hilbert 空间. 则 $f \in H^*$ 当且仅当存在 $x \in H$ 使得

$$f(y) = \langle y, x \rangle, \quad \forall\, x, y \in H.$$

定理 1.12 (Lax-Milgram 定理) 设 $a(x,y)$ 是双线性形式, 即它关于 x 是线性的, 关于 y 是共轭线性的, 并且满足

(i) 存在 $M > 0$ 使得 $|a(x,y)| \leqslant M\|x\|\|y\|$ 对所有的 $x, y \in H$;

(ii) 存在 $\delta > 0$ 使得对任何 $x \in H$, $|a(x,x)| \geqslant \delta\|x\|^2$.

则存在唯一的有界可逆算子 $A \in \mathcal{L}(H)$ 使得

$$a(x,y) = \langle x, Ay \rangle, \quad \forall\, x, y \in H.$$

定义 1.10 Hilbert 空间的线性算子称为是对称的, 如果

$$A^* = A \text{ 在} D(A) \quad \text{以及} \quad D(A^*) \supseteq D(A).$$

对称算子称为是自伴的, 如果 $A^* = A$.

对于有界算子, 对称和自伴是一样的. 但是对于无界算子, 它们是不一样的.

例 1.4 在 $L^2(0,1)$ 上定义算子 A:

$$Af = if, \quad D(A) = \left\{ f \in L^2(0,1) \,\middle|\, f' \in L^2(0,1), f(0) = f(1) \right\}.$$

则 A 是对称的, 但是它的伴随算子为

$$A^* f = if, \quad D(A) = \left\{ f \in L^2(0,1) \,\middle|\, f' \in L^2(0,1) \right\}.$$

定理 1.13 设 A 是 Hilbert 空间 H 中的对称算子. 如果对于任何 $s \in \mathbb{C}$, $s - A$ 和 $\bar{s} - A^*$ 都是满射, 则 A 是自伴的.

定义 1.11 定义在 Hilbert 空间 H 的线性算子 B 称为 A-有界的, 如果

(i) $D(B) \supset D(A)$;

(ii) 存在 $a, b > 0$ 使得

$$\|Bx\| \leqslant a\|Ax\| + b\|x\|, \quad \forall\, x \in D(A).$$

定理 1.14 (Kato-Rellich 定理) 设 A 是 Hilbert 空间 H 的自伴算子, B 是对称的且 A-有界的. 如果 $a < 1$, 则 $A + B$ 在 $D(A)$ 是自伴的. 特别地, 当 B 有界时, $A + B$ 是自伴的.

定义 1.12 设 $A \in \mathcal{L}(H)$ 是 Hilbert 空间 H 的自伴算子. A 称为是正的, 如果

$$\langle Ax, x \rangle \geqslant 0, \quad \forall\, x \in H, \tag{1.3}$$

记为 $A \geqslant 0$; A 称为是正定的, 如果 (1.3) 中等号成立仅当 $x = 0$, 记为 $A > 0$; 正算子 A 称为是严格正的, 如果存在 $m > 0$ 使得

$$\langle Ax, x \rangle \geqslant m\|x\|^2, \quad \forall\, x \in D(A). \tag{1.4}$$

定理 1.15 设 $A \in \mathcal{L}(H)$ 是 Hilbert 空间 H 的正算子. 则存在 H 中的唯一正算子 $A^{1/2}$, 称为 A 的平方根, 使得 $(A^{1/2})^2 = A$ 且 $A^{1/2}$ 可与任何可与 A 交换的算子交换.

线性算子的谱 设 X 是 Banach 空间, $A : D(A)(\subset X) \to X$ 是线性算子. A 的预解集 $\rho(A)$ 是复平面的开集:

$$\rho(A) = \left\{ \lambda \in \mathbb{C} \middle| (\lambda - A)^{-1} \in \mathcal{L}(X) \right\}.$$

当 $\lambda \in \rho(A)$ 时, 算子 $R(\lambda, A) = (\lambda - A)^{-1}$ 称为 A 的预解式. 如果一个预解式是紧的, 那么所有的预解式都是紧的. 这个事实来源于下面的预解公式:

$$(\lambda - A)^{-1} - (\mu - A)^{-1} = (\mu - \lambda)(\lambda - A)^{-1}(\mu - A)^{-1}, \quad \forall \lambda, \mu \in \rho(A).$$

A 的谱 $\sigma(A)$ 是预解集在复平面的补集, 即

$$\sigma(A) = \mathbb{C} \setminus \rho(A).$$

通常, 谱 $\sigma(A)$ 分为三部分:

$$\sigma(A) = \sigma_p(A) \cup \sigma_c(A) \cup \sigma_r(A),$$

其中

(i) 点谱

$$\sigma_p(A) = \left\{ \lambda \in \mathbb{C} \middle| \text{存在 } 0 \neq x \in X \text{ 使得 } Ax = \lambda x \right\};$$

(ii) 连续谱

$$\sigma_c(A) = \left\{ \lambda \in \mathbb{C} \middle| \lambda - A \text{ 是有界可逆的并且 } \overline{\mathcal{R}(\lambda - A)} = X \right\};$$

(iii) 剩余谱

$$\sigma_r(A) = \left\{ \lambda \in \mathbb{C} \middle| \lambda - A \text{ 是可逆的但是 } \overline{\mathcal{R}(\lambda - A)} \neq X \right\}.$$

当 $\lambda \in \sigma_p(A)$ 时, 满足 $Ax = \lambda x$ 的任何非零向量 x 称为 A 的本征向量 (它同样称为本征函数, 如果空间是函数空间). 对于 $\mathbb{C}^n$ 中的矩阵, 谱是本征值的集合.

定理 1.16 设 X 是 Banach 空间, $A \in \mathcal{L}(X)$ 满足 $\|A\| < 1$. 则 $1 \in \rho(A)$ 且

$$(I - A)^{-1} = \sum_{n=0}^{\infty} A^n, \quad \|(I - A)^{-1}\| \leqslant \frac{1}{1 - \|A\|}.$$

定理 1.17   设 $A: D(A)(\subset H) \to H$ 是 Hilbert 空间 H 的自伴算子. 则

(i) $A^2 \geqslant 0$;

(ii) $A \geqslant 0$ 当且仅当 $\sigma(A) \subset [0, \infty)$.

对于 Banach 空间 X 的线性有界算子 A, 定义 A 的谱半径为

$$r(A) \triangleq \sup \{|\lambda| \mid \lambda \in \sigma(A)\}. \tag{1.5}$$

有下面的结论成立:

$$r(A) = \lim_{n \to \infty} \|A^n\|^{\frac{1}{n}}. \tag{1.6}$$

紧算子的谱非常特别. 实际上, Hilbert 空间中具有预解紧的自伴算子非常像 $\mathbb{C}^n$ 中的矩阵.

一个算子称为有穷维 (或有限秩) 算子, 如果它的维数是有穷的.

定理 1.18   设 X 是 Banach 空间. 则

(i) 有穷维的有界算子是紧的.

(ii) 设 $A_n \in \mathcal{L}(X)$ 是紧算子序列. 如果

$$\|A_n - A\| \to 0 \quad \text{随着} \ n \to \infty,$$

那么 A 也是紧算子.

定理 1.19   设 X 是 Banach 空间, $A \in \mathcal{L}(X)$ 是紧算子. 则

(i) 当 $\lambda \neq 0$ 时, $\lambda \in \sigma_p(A)$ 或 $\lambda \in \rho(A)$.

(ii) $\sigma(A)$ 最多由可数个本征值组成, 并且 $\lambda = 0$ 可能是它的聚点.

(iii) $\lambda \in \sigma_p(A) \Longleftrightarrow \bar{\lambda} \in \sigma_p(A^*)$.

定理 1.20   设 H 是 Hilbert 空间, $A \in \mathcal{L}(X)$ 是紧自伴算子. 则存在 A 的一列本征向量构成 H 的标准正交基. 因此, 如果 A 是 H 中预解紧的线性算子, 则存在 A 的一列本征向量构成 H 的标准正交基.

定义 1.13   设 X 是线性空间. 线性算子 P, 它的定义域为 X 以及值域也位于 X, 称为 X 的投影, 如果 $P^2 = P$.

每个投影 P 确定一个 X 的直和分解:

$$X = \mathcal{R}(P) \oplus \mathcal{N}(P).$$

设

$$X = M_1 \oplus M_2,$$

其中 M_1 和 M_2 是 X 的线性子空间. 对任何 $x = x_1 + x_2$, 其中 $x_1 \in M_1$, $x_2 \in M_2$, 定义 $Px = x_1$. P 称为沿着 M_2 投影到 M_1 的投影.

定理 1.21 设 X 是 Banach 空间, M_1 和 M_2 是闭子空间使得

$$X = M_1 \oplus M_2.$$

则沿着 M_2 投影到 M_1 的 X 的投影是连续的.

1.3 C_0-半群

1.3.1 连续线性有界算子半群

C_0-半群理论是为求解 Banach 空间 X 上的线性发展方程:

$$\frac{dx(t)}{dt} = Ax(t), \quad x(0) = x_0, \tag{1.7}$$

其中 $A : D(A)(\subset X) \to X$ 是 X 的线性算子. 如果对任何初值 $x_0 \in X$, 存在方程 (1.7) 的连续依赖于初值 x_0 的唯一连续解 $x \in C(0, \infty; X)$, 则方程 (1.7) 通过 $x(t) = T(t)x_0$ 与连续线性有界算子半群 $T(t)$ 建立了自然联系, 它满足 $T(0) = I$, 其中 I 是 X 的恒等算子.

定义 1.14 设 X 是 Banach 空间. 一类单参数连续线性有界算子 $\{T(t)|\ t \geqslant 0\}$ 称为连续线性有界算子半群或简称为 C_0-半群 $T(t)$, 如果对任何 $t \geqslant 0$, $T(t)$ 是 X 的有界算子并且满足

(i) $T(0) = I$;

(ii) $T(t+s) = T(t)T(s)$, $\forall\, t, s \geqslant 0$ (半群性质);

(iii) $\lim_{t \downarrow 0} \|T(t)x - x\| = 0$, $\forall\, x \in X$ (强连续性).

定义 1.15 设 $T(t)$ 是 Banach 空间 X 的 C_0-半群.

(i) $T(t)$ 称为一致连续 C_0-半群, 如果 $T(t)$ 关于 t 是依算子范数连续的.

(ii) $T(t)$ 称为对于 $t > t_0$ 的可微 C_0-半群, 如果对任何 $x \in X$, $T(t)x(t > t_0)$ 关于 t 是可微的. 特别地, 如果 $t_0 = 0$, 我们称 $T(t)$ 是可微 C_0-半群.

(iii) $T(t)$ 称为是对于 $t > t_0$ 紧的, 如果对任何 $t > t_0$, $T(t)$ 是紧算子. 特别地, 如果 $t_0 = 0$, $T(t)$ 称为紧 C_0-半群.

(iv) $T(t)$ 称为解析半群, 如果对任何 $x \in X$, $T(t)x$ 关于 t 是解析的.

定义 1.16 设 $T(t)$ 是 Banach 空间 X 的 C_0-半群. 定义无穷小生成元 (或简称为生成元) A:

$$\begin{cases} Ax = \lim_{t \downarrow 0} \dfrac{T(t)x - x}{t}, & \forall\, x \in D(A), \\[3mm] D(A) = \left\{ x \in X \ \middle|\ \lim_{t \downarrow 0} \dfrac{T(t)x - x}{t} \ \text{存在} \right\}. \end{cases}$$

C_0-半群 $T(t)$ 也称由 A 生成的半群, 经常用 e^{At} 表示.

定理 1.22 设 $T(t)$ 是 Banach 空间 X 的 C_0-半群. 则

(i) 对任何 $x \in X$, $T(t)x$ 关于 $t \geqslant 0$ 是强连续的.

(ii)

$$\omega(A) = \inf_{t \geqslant 0} \frac{1}{t} \log \|T(t)\| = \lim_{t \to \infty} \frac{1}{t} \log \|T(t)\|.$$

(iii) 对任何 $\varepsilon > 0$, 存在 $M_\varepsilon > 0$ 使得

$$\|T(t)\| \leqslant M_\varepsilon e^{(\omega(A)+\varepsilon)t}, \quad \forall t \geqslant 0. \tag{1.8}$$

根据定理 1.22, $\omega(A)$ 称为由 A 生成 C_0-半群的增长阶.

定理 1.23 设 A 是 Banach 空间 X 的 C_0-半群 $T(t)$ 的生成元. 则

(i) A 是线性闭的稠定算子.

(ii) 对任何 $x \in D(A)$, $T(t)x \in D(A)$, 对于 $t \geqslant 0$.

(iii)

$$\frac{d}{dt}(T(t)x) = AT(t)x = T(t)Ax, \quad \forall x \in D(A), \ t \geqslant 0.$$

因此对任何 $x \in D(A)$, 方程 (1.7) 存在唯一古典解.

(iv)

$$\frac{d^n}{dt^n}(T(t)x) = A^n T(t)x = T(t)A^n x, \quad \forall x \in D(A^n), \ t > 0.$$

(v) 对任何 $x \in X$,

$$\int_0^t T(s)x ds \in D(A) \quad \text{且} \quad T(t)x - x = A \int_0^t T(s)x ds, \quad \forall t \geqslant 0.$$

(vi) $\bigcap_{n=0}^\infty D(A^n)$ 在 X 中稠密.

(vii) $\lim_{\lambda \to \infty} \lambda R(\lambda; A)x = x$, $\forall x \in X$.

(viii) $T(t)x = \lim_{n \to \infty} \left(I - \dfrac{t}{n}A\right)^{-n} x$, $\forall x \in X, t \geqslant 0$.

1.3.2 C_0-半群的生成

定理 1.24 设 Banach 空间 X 的 C_0-半群 $T(t)$ 满足

$$\|T(t)\| \leqslant Me^{\omega t}, \quad \forall t \geqslant 0,$$

这里 $M > 0$ 是常数, A 是 $T(t)$ 的生成元. 则

$$\{\lambda \in \mathbb{C} \mid \operatorname{Re}(\lambda) > \omega\} \subset \rho(A). \tag{1.9}$$

并且, 如果 $\mathrm{Re}(\lambda) > \omega$, 则

$$R(\lambda; A)x = (\lambda - A)^{-1}x = \int_0^\infty e^{-\lambda t}T(t)xdt, \quad \forall x \in X. \tag{1.10}$$

定理 1.25 (Hille-Yosida 定理) 设 A 是 Banach 空间 X 的稠定闭算子. 则 A 生成 X 上的一个 C_0-半群当且仅当

(i) $\left\{\lambda \in \mathbb{C} \mid \mathrm{Re}(\lambda) > \omega\right\} \subset \rho(A)$, 以及

(ii) $\left\|(\lambda - A)^{-n}\right\| \leqslant M\left(\mathrm{Re}(\lambda) - \omega\right)^{-n}$, $\forall\, \mathrm{Re}(\lambda) > \omega$, $n \geqslant 1$.

这样生成的 C_0-半群 $T(t)$ 必须满足

$$\|T(t)\| \leqslant Me^{\omega t}, \quad \forall\, t \geqslant 0.$$

注解 1.1 在定理 1.25 中, 条件 (i) 和 (ii) 可以替换为

(i′) $\left\{\lambda \in \mathbb{R} \mid \lambda > \omega\right\} \subset \rho(A)$, 以及

(ii′) $\left\|(\lambda - A)^{-n}\right\| \leqslant M\left(\lambda - \omega\right)^{-n}$, $\forall \lambda > \omega$, $n \geqslant 1$.

定理 1.26 设 X 是自反的 Banach 空间, $T(t)$ 是 X 上由 A 生成的 C_0-半群. 则 $T^*(t)$ 是 X^* 上的 C_0-半群.

定理 1.27 设 $T(t)$ 是 C_0-半群满足 $\|T(t)\| \leqslant Me^{\omega t}$, A 是生成元. 则 $T(t)$ 是可微 C_0-半群当且仅当对任何 $b > 0$, 存在常数 $a_b, C_b > 0$ 使得

$$\rho(A) \supset \Sigma_b = \left\{\lambda \Big| \mathrm{Re}(\lambda) > a_b - b\ln|\mathrm{Im}(\lambda)|\right\},$$

以及

$$\|R(\lambda, A)\| \leqslant C_b|\mathrm{Im}(\lambda)|, \quad \forall \lambda \in \Sigma_b,\ \mathrm{Re}(\lambda) \leqslant \omega.$$

定理 1.28 设 $T(t)$ 是 C_0-半群满足 $\|T(t)\| \leqslant Me^{\omega t}$, A 是生成元. 如果对于 $\mu \geqslant \omega$,

$$\lim_{\tau \to \infty} \ln|\tau| \|R(\mu + i\tau, A)\| = 0,$$

则 $T(t)$ 是可微 C_0-半群.

1.3.3 C_0-压缩半群

定义 1.17 Banach 空间 X 的 C_0-半群 $T(t)$ 称为压缩半群, 如果它满足

$$\|T(t)\| \leqslant 1, \quad \forall\, t \geqslant 0.$$

设 X 是 Banach 空间. 我们定义对偶集为一个多值映射 $F: X \to X^*$:

$$F(x) = \left\{x^* \in X^* \mid \langle x, x^* \rangle = \|x\|^2 = \|x^*\|^2\right\}, \quad x \in X. \tag{1.11}$$

根据 Hahn-Banach 延拓定理 (定理 1.6), $F(x) \neq \varnothing$, $\forall x \in X$.

定义 1.18   Banach 空间 X 的线性算子 A 称为是耗散的, 如果对任何 $x \in D(A)$, 存在 $x^* \in F(x)$ 使得

$$\operatorname{Re}\langle Ax, \, x^* \rangle \leqslant 0.$$

如果 A 还满足 $\mathcal{R}(\lambda - A) = X, \forall \lambda > 0$, 则 A 称为是 m-耗散的.

注解 1.2   在 Hilbert 空间 H 中, A 的耗散性意味着

$$\operatorname{Re}\langle Ax, \, x \rangle \leqslant 0, \quad \forall x \in D(A).$$

定理 1.29 (Lumer-Phillips 定理)   设 A 是 Banach 空间 X 的稠定线性算子.

(i) 如果 A 是耗散的, 并且存在 $\lambda_0 > 0$ 使得 $\mathcal{R}(\lambda_0 - A) = X$, 则 A 生成 X 的 C_0-压缩半群.

(ii) 如果 A 生成 X 的 C_0-压缩半群, 则 A 必须是耗散的且

$$\mathcal{R}(\lambda - A) = X, \quad \forall \lambda > 0.$$

另外

$$\operatorname{Re}\langle Ax, x^* \rangle \leqslant 0, \quad \forall x \in D(A), \, x^* \in F(x).$$

注解 1.3   对于自反的 Banach 空间 X, 如果存在 $\lambda_0 > 0$ 使得 $\mathcal{R}(\lambda_0 - A) = X$, 则 A 必须是稠定的.

定理 1.30   设 A 是 Banach 空间 X 的稠定闭线性算子. 如果 A 和 A^* 都是耗散的, 则 A 生成 X 的 C_0-压缩半群.

Banach 空间 X 的稠定线性算子 A 称为是反自伴的, 如果

$$A = -A^*.$$

C_0-半群 $T(t)$ 称为是等距的, 如果 $\|T(t)\| = 1, \forall \, t \geqslant 0$. 显然, 一个等距 C_0-半群可以延拓为一个群, 称为 C_0-群.

定理 1.31   (i) 设 A 是 Banach 空间 X 的稠定闭线性算子. 则 A 生成等距的 C_0-群当且仅当

$$\sup\Big\{\operatorname{Re}\langle Ax, \, x^* \rangle \,\Big|\, x^* \in F(x), \, x \in D(A)\Big\} = 0 \quad \text{以及} \quad \mathcal{R}(I - A) = X.$$

(ii) 如果 X 是自反的, 则 A 生成等距的 C_0-群当且仅当 A 是反自伴的.

定理 1.31 的结论 (ii) 通常称为 Stone 定理.

1.3.4 C_0-半群的扰动

定理 1.32 设 A 是 Banach 空间 X 的 C_0-半群 $T(t)$ 的生成元,

$$\|T(t)\| \leqslant Me^{\omega t}, \quad \forall\, t \geqslant 0,$$

以及 $B \in \mathcal{L}(X)$. 则 $A+B$ 在 X 上生成 C_0-半群 $S(t)$, 并且 $S(t)$ 由如下积分方程唯一确定:

$$S(t)x = T(t)x + \int_0^t T(t-s)BS(s)x ds, \quad t \geqslant 0,\ x \in X, \qquad (1.12)$$

且

$$\|S(t)\| \leqslant Me^{(\omega + \|B\|M)t}, \quad \forall\, t \geqslant 0. \qquad (1.13)$$

1.3.5 线性发展方程的解

设 A 在 Banach 空间 X 上生成一个 C_0-半群. 考虑 X 中的齐次发展方程:

$$\begin{cases} \dfrac{dx(t)}{dt} = Ax(t), & 0 < t \leqslant \infty, \\ x(0) = x_0. \end{cases} \qquad (1.14)$$

根据定理 1.23 的结论 (iii), 对任何 $x_0 \in D(A)$, 方程 (1.14) 有唯一古典解:

$$x \in C^1\left(0, \infty;\ D(A)\right).$$

下面的定理证明 C_0-半群生成的充分必要条件是方程 (1.14) 有古典解.

定理 1.33 设 A 是 Banach 空间 X 的稠定线性算子, 且 $\rho(A) \neq \varnothing$. 则 A 生成 C_0-半群当且仅当如果对任何 $x_0 \in D(A)$, 方程 (1.14) 有唯一古典解.

定义 1.19 设 X 是 Banach 空间. 如果 A 生成 C_0-半群. 对任何 $x_0 \in H$, 我们称 $x(t) = T(t)x_0 \in C(0, \infty; X)$ 是方程 (1.14) 的温和解.

注解 1.4 温和解是一种弱解. 事实上, 如果 X 是自反的, 根据定理 1.26, A^* 和 A 分别在 X^* 和 X 生成 C_0-半群. 并且, 根据定理 1.23 的结论 (iii), 可以证明下面的方程有唯一古典解, 其解就是由算子 A 生成的 C_0-半群:

$$\frac{d}{dt}\langle x(t),\ y\rangle = \langle x,\ A^*y\rangle, \quad \forall\, y \in D(A^*). \qquad (1.15)$$

定理 1.34 设 A 是 Banach 空间 X 的 C_0-半群 $T(t)$ 的生成元, $x_0 \in D(A)$. 设 $f : [0, \infty) \to X$ 满足下面两个条件之一:

(i) $f \in C(0, \infty; D(A))$, $Af \in C(0, \infty; X)$;

(ii) $f \in H_{\mathrm{loc}}^1(0, \infty; X)$.

则非齐次初值问题

$$\begin{cases} \dfrac{dx(t)}{dt} = Ax(t) + f(t), \\ x(0) = x_0 \end{cases} \tag{1.16}$$

有唯一古典解 $x \in C(0, \infty; D(A))$:

$$x(t) = T(t)x_0 + \int_0^t T(t-s)f(s)ds, \quad 0 \leqslant t \leqslant \infty. \tag{1.17}$$

定理 1.35 设 X 是自反的, $x_0 \in X$. 如果 $f \in C(0, \infty; X)$, (1.17) 给出的解是方程 (1.16) 的唯一弱解, 即它是下面方程的唯一古典解:

$$\frac{d}{dt}\langle x(t), \, y \rangle = \langle x(t), \, A^*y \rangle + \langle f(t), \, y \rangle, \quad \forall \, t \geqslant 0, \, y \in D(A^*). \tag{1.18}$$

当 $f \in L_{\mathrm{loc}}^p(0, \infty; X)$, $p \geqslant 1$ 时, (1.18) 对于几乎所有的 $t \geqslant 0$ 都成立, 并且 (1.18) 事实上等价于下面的积分方程:

$$\langle x(t), \, y \rangle = \langle x_0, \, y \rangle + \int_0^t \langle x(s), \, A^*y \rangle ds + \int_0^t \langle f(s), \, y \rangle ds, \quad \forall \, t \geqslant 0, \, y \in D(A^*). \tag{1.19}$$

1.3.6　C_0-半群的稳定性

根据生成元, C_0-半群的稳定性已经有了很好的特征刻画. 对于一个矩阵, 矩阵是渐近稳定的当且仅当所有本征值位于复的左半平面. 对于 C_0-半群, 情况非常复杂. 例如, 弦方程

$$\begin{cases} w_{tt}(x, t) = w_{xx}(x, t), \quad x \in (0, 1), \, t > 0, \\ w(0, t) = 0, \quad w_x(1, t) = -w_t(1, t) \end{cases}$$

在空间 $H_L^1(0, 1) \times L^2(0, 1)$ 上有 C_0-半群解, 其中 $H_L^1(0, 1) = \{f \in H^1(0, 1) | f(0) = 0\}$, 但是它的生成元

$$\begin{cases} A(f, g) = (g, f''), \quad \forall \, (f, g) \in D(A), \\ D(A) = \left\{ (f, g) \in (H^2(0, 1) \cap H_L^1(0, 1)) \times H_L^1(0, 1) \big| \, f'(1) = -g(1) \right\} \end{cases}$$

却没有任何谱点.

定义 1.20 设 $T(t)$ 是 Banach 空间 X 的 C_0-半群.

(i) $T(t)$ 称为是指数稳定的, 如果存在两个正数 $M, \omega > 0$ 使得

$$\|T(t)\| \leqslant M e^{-\omega t}, \quad \forall\, t \geqslant 0.$$

(ii) $T(t)$ 称为是强或渐近稳定的, 如果

$$T(t)x \to 0, \quad t \to \infty, \ \forall\, x \in X.$$

(iii) $T(t)$ 称为是弱稳定的, 如果

$$\langle T(t)x, y \rangle \to 0, \quad t \to \infty, \ \forall\, x \in X, \ y \in X^*.$$

注解 1.5 需要指出: 对于一个矩阵, 三个稳定性是等价的. 但即使对于有穷维非线性系统, 指数稳定性和渐近稳定性也是不同的. 例如, $x(t) = 1/(1+t)$ 是下面系统的解

$$\dot{x}(t) = -x^2(t), \quad x(0) = 1.$$

它渐近稳定但不指数稳定. 对于非线性系统, 稳定性通常依赖于初值.

定理 1.36 设 $T(t)$ 是 Banach 空间 X 的 C_0-半群. 则

(i) $T(t)$ 是指数稳定的当且仅当它的增长阶小于零: $\omega(A) < 0$, 其中 $\omega(A)$ 在定理 1.22 中有定义.

(ii) $T(t)$ 是指数稳定的当且仅当 $\|(s - A)^{-1}\|$ 对所有的 $\mathrm{Re}(s) \geqslant 0$ 一致有界.

(iii) 设 A 是 $T(t)$ 的生成元. 如果

$$(\sigma_r(A) \cup \sigma_p(A)) \cap i\mathbb{R} = \varnothing, \quad \sigma_c(A) \text{ 可数},$$

则 $T(t)$ 是强稳定的.

(iv) 当 X 是 Hilbert 空间时, $T(t)$ 是指数稳定的当且仅当对所有的 $x \in X$,

$$\int_0^\infty \|T(t)x\|^2 dt < \infty.$$

定理 1.37 设 $T(t)$ 是 Banach 空间 X 的指数稳定 C_0-半群,

$$f \in C(0, \infty; X), \quad \lim_{t \to \infty} f(t) = f_0.$$

则非齐次方程 (1.16) 的解 (1.17) 满足

$$\lim_{t \to \infty} x(t) = -A^{-1} f_0. \tag{1.20}$$

定义 1.21　设 $T(t)$ 是 Banach 空间 X 的 C_0-半群, $\omega(A)$ 是定理 1.22 中所定义的半群 $T(t)$ 的增长阶. 定义

$$S(A) = \sup\left\{\operatorname{Re}(\lambda)\,\middle|\,\lambda \in \sigma(A)\right\}$$

为算子 A 的谱界. $T(t)$ 称为满足谱确定增长条件, 如果 $\omega(A) = S(A)$.

定理 1.38　设 $T(t)$ 是 Banach 空间 X 的 C_0-半群. 如果满足下面两个条件之一:

(i) $T(t)$ 是一致连续的;

(ii) $T(t)$ 对于 $t > t_0$ 可微, 特别地, $T(t)$ 是解析半群,

则 $T(t)$ 满足谱确定增长条件.

定理 1.39　设 $T(t)$ 是 Hilbert 空间 H 中由 A 生成的 C_0-半群, $\omega(A)$ 是 $T(t)$ 的增长阶, $S(A)$ 是算子 A 的谱界, 则

$$\omega(A) = \inf\left\{\omega > S(A)\,\middle|\,\sup_{\tau \in \mathbb{R}}\|R(\sigma + i\tau, A)\| < M_\sigma < \infty,\ \forall\,\sigma \geqslant \omega\right\}.$$

定理 1.40 (谱映射定理)　设 $T(t)$ 是 Banach 空间 X 的 C_0-半群, A 是它的生成元. 则

$$e^{t\sigma_p(A)} \subset \sigma_p(T(t)) \subset e^{t\sigma(A)} \cup \{0\}.$$

定义 1.22　Banach 空间的 C_0-半群 $T(t)$ 称为是双曲的, 如果 X 可以分解为 $X = X_- \oplus X_+$ 使得 $T(t)X_\pm \subset X_\pm$,

$$T_-(t) : X_- \to X_-,\quad T_-(t)x = T(t)x,\quad x \in X_-$$

可以延拓为 X_- 上关于 $-\infty < t < \infty$ 的 C_0-群, 且存在常数 K, α, β 使得

$$\|T(t)\Pi x\| \leqslant Ke^{\beta t}\|\Pi x\|,\ t \leqslant 0,$$

以及

$$\|T(t)(I - \Pi)x\| \leqslant Ke^{-\alpha t}\|(I - \Pi)x\|,\ t \geqslant 0,$$

其中 Π 表示 X 沿着 X_+ 在 X_- 上的投影.

定理 1.41 (Gearhart-Herbst 定理)　设 $T(t)$ 是 Hilbert 空间的 C_0-半群, A 是生成元. 则 $T(t)$ 是双曲的当且仅当存在一条包含虚轴的开的带状区域, A 的预解算子在该带状区域上一致有界.

1.4 Sobolev 空间

Sobolev 空间是 Hilbert 空间. 这是一类特殊的函数空间, 可以定义广义微分, 它们 (与其他 Banach 空间不同) 支持内积结构. 由于允许广义微分, Sobolev 空间为泛函分析应用到偏微分方程理论建立了桥梁.

引入一个非负整数的 n-元组 $\alpha = (\alpha_1, \alpha_2, \cdots, \alpha_n)$, 我们称 α 为多重指标. 定义

$$
|\alpha| = \sum_{i=1}^{n} \alpha_i, \quad \alpha! = \alpha_1! \alpha_2! \cdots \alpha_n!,
$$

$$
x^\alpha = x_1^{\alpha_1} x_2^{\alpha_2} \cdots x_n^{\alpha_n}, \quad \forall\, x = (x_1, x_2, \cdots, x_n) \in \mathbb{R}^n,
$$

$$
\partial^\alpha = \partial_{x_1}^{\alpha_1} \partial_{x_2}^{\alpha_2} \cdots \partial_{x_n}^{\alpha_n},
$$

$$
\begin{pmatrix} \alpha \\ \beta \end{pmatrix} = \frac{\alpha!}{\beta!(\alpha - \beta)!} = \begin{pmatrix} \alpha_1 \\ \beta_1 \end{pmatrix} \begin{pmatrix} \alpha_2 \\ \beta_2 \end{pmatrix} \cdots \begin{pmatrix} \alpha_n \\ \beta_n \end{pmatrix}.
$$

(1.21)

1.4.1 广义函数和 Sobolev 空间

设 $\Omega \subset \mathbb{R}^n$ 为开集, 其边界 $\partial\Omega$ 充分光滑. 对任何非负整数 m, 设 $C^m(\Omega)$ 为定义在 Ω 上具有 ∂^α, $\alpha \leqslant m$ 阶偏导数的函数空间. 记 $C^0(\Omega) = C(\Omega)$. 连续函数 φ 的支集定义为

$$
\mathrm{supp}(\varphi) = \overline{\{x \in \Omega \mid \varphi(x) \neq 0\}}.
$$

子空间 $C_0(\Omega)$ 和 $C_0^\infty(\Omega)$ 分别为 $C(\Omega)$ 和 $C^\infty(\Omega)$ 中具有紧支集的函数空间. $C_0^\infty(\Omega)$ 的拓扑定义为 $\{\varphi_n\} \subset C_0^\infty(\Omega)$ 收敛到 0, 如果

(i) 所有 $\varphi_n(\cdot)$ 的支集位于 Ω 的固定紧集中;

(ii) $\varphi_n(\cdot)$ 和它的各阶偏导数均一致收敛到 0.

具有上述拓扑的 $C_0^\infty(\Omega)$ 称为基本空间, 记为 $\mathcal{D}(\Omega)$.

定理 1.42 设 $\Omega \subset \mathbb{R}^n$ 为具有充分光滑边界 $\partial\Omega$ 的有界开集. $\mathcal{D}(\Omega)$ 是序列完备的, 即如果序列 $\{\varphi_n\} \subset \mathcal{D}(\Omega)$ 满足

(i) $\mathrm{supp}(\varphi_n) \subset K \subset \Omega$, 其中 K 为紧集;

(ii)

$$
\max_{x \in K} \left| \partial^\alpha \varphi_n(x) - \partial^\alpha \varphi_m(x) \right| \to 0 \quad (n, m \to \infty).
$$

则存在 $\varphi_0 \in \mathcal{D}(\Omega)$ 使得 $\varphi_n \to \varphi_0 (n \to \infty)$.

定义 1.23   设 $\Omega \subset \mathbb{R}^n$ 为具有充分光滑边界 $\partial\Omega$ 的有界开集. $\mathcal{D}(\Omega)$ 的连续泛函空间 (或对偶空间) 记为 $\mathcal{D}'(\Omega)$, 称为 Ω 上的广义函数空间或 (Schwartz) 分布空间.

分布函数 $f \in \mathcal{D}'(\Omega)$ 的弱或者分布偏导数 $\partial^\alpha f$ 可以定义为

$$\langle \partial^\alpha f, \varphi \rangle = (-1)^{|\alpha|} \langle f, \partial^\alpha \varphi \rangle, \quad \forall\, \varphi \in \mathcal{D}(\Omega),$$

其中 $\langle \cdot, \cdot \rangle$ 表示 $\mathcal{D}'(\Omega)$ 和 $\mathcal{D}(\Omega)$ 之间的对偶内积, 即

$$\langle f, \varphi \rangle = f(\varphi)$$

为 $f(\cdot)$ 在 φ 的取值. 因此任意分布函数都可以定义所有阶导数. 对于定义在 Ω 上的局部可积函数 $f(\cdot)$, 由

$$\langle \widetilde{f}, \varphi \rangle = \int_\Omega f(x)\varphi(x)dx, \quad \forall\, \varphi \in \mathcal{D}(\Omega)$$

可定义 $\widetilde{f}$ 为 f 在 Ω 上的分布, 通常把 $\widetilde{f}(\cdot)$ 等同于 $f(\cdot)$.

定义 1.24   设 $\Omega \subset \mathbb{R}^n$ 为具有充分光滑边界 $\partial\Omega$ 的有界开集. 广义函数序列 $\{f_n\} \subset \mathcal{D}'(\Omega)$ 称为 (弱) 收敛到 $f \in \mathcal{D}'(\Omega)$, 如果

$$\lim_{n\to\infty} \langle f_n, \varphi \rangle = \langle f, \varphi \rangle, \quad \forall\, \varphi \in \mathcal{D}(\Omega).$$

因此, 如果广义函数序列收敛, 则其任意阶广义导数序列都收敛.

定义 1.25   设 $\Omega \subset \mathbb{R}^n$ 为具有充分光滑边界 $\partial\Omega$ 的有界开集. 对任意正整数 m,

$$H^m(\Omega) = \left\{ f \in L^2(\Omega) \mid \partial^\alpha f \in L^2(\Omega), \ \forall\, \alpha, |\alpha| \leqslant m \right\}$$

称为在 Ω 上的 m 阶 Sobolev 空间. 在 $H^m(\Omega)$ 上定义内积:

$$\langle f, g \rangle_{H^m(\Omega)} = \sum_{|\alpha| \leqslant m} \langle \partial^\alpha f, \partial^\alpha g \rangle_{L^2(\Omega)}, \quad \forall\, f, g \in H^m(\Omega), \tag{1.22}$$

则 $H^m(\Omega)$ 为 Hilbert 空间.

注解 1.6   当 $n = 1, \Omega = (a, b)$ 时,

$$H^m(a,b) = \left\{ f \in L^2(a,b) \,\middle|\, \begin{array}{l} f, f', \cdots, f^{(m-1)} \text{ 绝对连续} \\[4pt] \text{并且 } f^{(m)} \in L^2(a,b) \end{array} \right\}. \tag{1.23}$$

定义 1.26 设 $\Omega \subset \mathbb{R}^n$ 为具有充分光滑边界 $\partial\Omega$ 的有界开集. 对于任意正实数 $s = m + \sigma$, $\sigma \in (0,1)$, 定义

$$H^s(\Omega) = \left\{ f \ \middle| \ \int_\Omega \int_\Omega \frac{|\partial^\alpha f(x) - \partial^\alpha f(y)|^2}{|x-y|^{m+2\sigma}} dxdy < \infty \ \text{对所有的} \ |\alpha| = m \right\}. \tag{1.24}$$

在内积诱导范数:

$$\|f\|_{H^s(\Omega)}^2 = \|f\|_{H^m(\Omega)}^2 + \sum_{|\alpha|=m} \int_\Omega \int_\Omega \frac{|\partial^\alpha f(x) - \partial^\alpha f(y)|^2}{|x-y|^{m+2\sigma}} dxdy \tag{1.25}$$

下, $H^s(\Omega)$ 称为 s 阶 Sobolev 空间.

1.4.2 边界迹嵌入定理

定理 1.43 (边界迹嵌入定理) 设 $\Omega \subset \mathbb{R}^n$ 为具有充分光滑边界 $\partial\Omega$ 的有界开集. 对任意 $f \in H^m(\Omega)$, 可以定义 $f(\cdot)$ 在边界 $\partial\Omega$ 上的迹为

$$\gamma(f) = \left[f\Big|_{\partial\Omega}, \ \frac{\partial f}{\partial\nu}\Big|_{\partial\Omega}, \ \cdots, \ \frac{\partial^{m-1} f}{\partial\nu^{m-1}}\Big|_{\partial\Omega} \right]. \tag{1.26}$$

于是

$$\frac{\partial^k f}{\partial\nu^k} \in H^{m-k-\frac{1}{2}}(\partial\Omega), \quad 0 \leqslant k \leqslant m-1. \tag{1.27}$$

并且,

(i) 迹嵌入:

$$\gamma : H^m(\Omega) \to \prod_{k=0}^{m-1} H^{m-k-\frac{1}{2}}(\partial\Omega)$$

是线性的满映射.

(ii) γ 的零空间

$$\mathcal{N}(\partial\Omega) = \left\{ f \in H^m(\Omega) \ \middle| \ \frac{\partial^k f}{\partial\nu^k} = 0, \ 0 \leqslant k \leqslant m-1 \right\}$$

为 $\mathcal{D}(\Omega)$ 在 $H^m(\Omega)$ 中的闭包 $H_0^m(\Omega)$, 从而

$$H_0^m(\Omega) = \left\{ f \in H^m(\Omega) \ \middle| \ \frac{\partial^k f}{\partial\nu^k} = 0, \ 0 \leqslant k \leqslant m-1 \right\}.$$

注解 1.7 由于 $\mathcal{D}(\Omega)$ 在 $H_0^m(\Omega)$ 中稠密, 我们可以把 $L^2(\Omega)$ 等同于 $\mathcal{D}'(\Omega)$ 的子空间. 这时

$$H^{-m}(\Omega) = (H_0^m(\Omega))'. \tag{1.28}$$

显然, 有如下的 Gelfand 三嵌入:

$$H_0^m(\Omega) \hookrightarrow L^2(\Omega) \hookrightarrow H^{-m}(\Omega). \tag{1.29}$$

注解 1.8   迹嵌入定理对于任何非整数 $s > 0$ 也成立. 这时, 对任何 $f \in H^s(\Omega)$, 可知

$$\gamma(f) \in \prod_{k=0}^{m-1} H^{s-k-\frac{1}{2}}(\partial\Omega),$$

其中

$$\gamma(f) = \left[f\Big|_{\partial\Omega}, \ \frac{\partial f}{\partial \nu}\Big|_{\partial\Omega}, \ \cdots, \ \frac{\partial^{m-1} f}{\partial \nu^{m-1}}\Big|_{\partial\Omega} \right], \quad s - m + \frac{1}{2} > 0. \tag{1.30}$$

定理 1.44   设 $\Omega \subset \mathbb{R}^n$ 为具有充分光滑边界 $\partial\Omega$ 的有界开集. 对任何 $f \in H^{-m}(\Omega)$, 存在 $f_\alpha \in L^2(\Omega), 0 \leqslant |\alpha| \leqslant m$, 使得

$$f = \sum_{|\alpha| \leqslant m} \partial^\alpha f_\alpha. \tag{1.31}$$

1.4.3 Sobolev 嵌入定理

对于 $0 \leqslant \varepsilon < 1$, 用 $C^{m,\varepsilon}(\Omega)$ 表示 $C^m(\Omega)$ 中, 所有在 Ω 上, $D^\alpha f(\cdot), 0 \leqslant \alpha \leqslant m$, 满足 ε-Hölder 指数条件的函数空间, 其中, ε-Hölder 指数条件指: 存在常数 K 使得

$$|D^\alpha f(x) - D^\alpha f(y)| \leqslant K|x - y|^\varepsilon, \quad \forall\, x, y \in \Omega.$$

在 $C^{m,\varepsilon}(\Omega)$ 定义范数:

$$\|f\|_{C^{m,\varepsilon}} = \sum_{|\alpha| \leqslant m} \sup_{x \in \Omega} |\partial^\alpha f(x)| + \sum_{|\alpha| = m} \sup_{x \neq y} \left\{ \frac{|\partial^\alpha f(x) - \partial^\alpha f(y)|}{|x - y|^\varepsilon} \right\} < \infty, \quad (1.32)$$

则 $C^{m,\varepsilon}(\Omega)$ 为 Banach 空间.

定理 1.45 (Sobolev 嵌入定理)   设 $\Omega \subset \mathbb{R}^n$ 为具有充分光滑边界 $\partial\Omega$ 的有界开集, $s = m + n/2 + \varepsilon$, 其中 $0 < \varepsilon < 1$, m 为非负整数. 则嵌入

$$H^s(\Omega) \hookrightarrow C^{m,\varepsilon}(\Omega)$$

是连续的.

定理 1.46 (Sobolev 紧嵌入定理) 设 $\Omega \subset \mathbb{R}^n$ 为具有充分光滑边界 $\partial\Omega$ 的有界开集, $s_1, s_2 \in \mathbb{R}$, $s_2 > s_1$. 则嵌入

$$H^{s_2}(\Omega) \hookrightarrow H^{s_1}(\Omega)$$

是紧的.

定理 1.47 设 $\Omega \subset \mathbb{R}^n$ 为具有充分光滑边界 $\partial\Omega$ 的有界开集. 则

$$H^s(\Omega) \hookrightarrow L^p(\Omega), \quad 当 \frac{1}{p} = \frac{1}{2} - \frac{s}{n} > 0 \text{ 时,}$$

以及

$$H^s(\Omega) \hookrightarrow L^p(\Omega), \quad \forall p \in [1, \infty), \quad 当 \frac{1}{2} - \frac{s}{n} = 0 \text{ 时.}$$

进一步, 如果 Ω 是有界的, 则上述嵌入是紧嵌入.

定理 1.48 (插值不等式) 设 $\Omega \subset \mathbb{R}^n$ 为具有充分光滑边界 $\partial\Omega$ 的有界开集, m 是自然数. 对任何 $\varepsilon > 0$, 存在常数 $C(\varepsilon) > 0$ 使得

$$\|f\|_{H^m(\Omega)} \leqslant \varepsilon \sum_{|\alpha|=m} \|\partial^\alpha f\|_{L^2(\Omega)} + C(\varepsilon)\|f\|_{L^2(\Omega)}, \quad \forall f \in H^m(\Omega).$$

定理 1.49 (Poincaré 不等式) 设 $\Omega \subset \mathbb{R}^n$ 为具有充分光滑边界 $\partial\Omega$ 的有界开集, m 为自然数. 则存在常数 $C = C(m, n, \Omega)$ 使得

$$\|\varphi\|_{H^m(\Omega)} \leqslant C \left(\sum_{|\alpha|=m} \|\partial^\alpha \varphi\|_{L^2(\Omega)}^2 \right)^{1/2}, \quad \forall \varphi \in H_0^m(\Omega). \tag{1.33}$$

注解 1.9 根据 Poincaré 不等式, $H_0^m(\Omega)$ 可以简单地定义为

$$\|\varphi\|_{H_0^m(\Omega)} = \left(\sum_{|\alpha|=m} \|\partial^\alpha \varphi\|_{L^2(\Omega)}^2 \right)^{1/2}, \quad \forall \varphi \in H_0^m(\Omega). \tag{1.34}$$

第 2 章 Hilbert 空间的 Riesz 基理论

这一章我们介绍 Hilbert 空间中关于 Riesz 基的抽象结果. 这些结果主要来自于泛函分析, 在许多教材和著作中均有涉及, 见文献 [6, 23, 33, 93, 131, 169]. 这里, 我们仅关注与无穷维系统应用相关的结论.

2.1 Riesz 基

在欧几里得空间 $\mathbb{C}^n$ 中, 序列 $\{x_i\}_{i=1}^n \subset \mathbb{C}^n$ 称为 $\mathbb{C}^n$ 的基, 如果 $\{x_i\}_{i=1}^n$ 是线性独立的, 并且每个向量 $x \in \mathbb{C}^n$ 可以表示为

$$x = \sum_{i=1}^n a_i x_i,$$

这里, $a_i \in \mathbb{C}$, $i = 1, 2, \cdots, n$ 是复常数. 通过 Gram-Schmidt 正交化过程:

$$
\begin{aligned}
u_1 &= x_1, & e_1 &= \frac{u_1}{\|u_1\|}, \\
u_j &= x_j - \sum_{i=1}^{j-1} \frac{\langle u_i, x_j \rangle}{\|u_i\|} u_i, & e_j &= \frac{u_j}{\|u_j\|}, \quad j = 2, \cdots, n,
\end{aligned}
\tag{2.1}
$$

可以得到两组序列 $\{u_i\}_{i=1}^n$ 和 $\{e_i\}_{i=1}^n$. 第一组序列 $\{u_i\}_{i=1}^n$ 称为正交基, 即

$$\langle u_i, u_j \rangle = 0, \quad \forall \, i \neq j,$$

每个向量 $x \in \mathbb{C}^n$ 可以表示为

$$x = \sum_{i=1}^n a_i u_i, \quad a_i = \frac{\langle x, u_i \rangle}{\|u_i\|^2}, \quad \forall \, i = 1, 2, \cdots, n. \tag{2.2}$$

另一组序列 $\{e_i\}_{i=1}^n$ 是特别的正交基, 满足 $\|e_i\| = 1$, $\forall \, i = 1, 2, \cdots, n$, 向量 $x \in \mathbb{C}^n$ 可以表示为

$$x = \sum_{i=1}^n a_i e_i, \quad a_i = \langle x, e_i \rangle, \quad \forall \, i = 1, 2, \cdots, n. \tag{2.3}$$

因此 $\{e_i\}_{i=1}^n$ 称为标准正交基. 内积 $\langle x, e_i \rangle$ 称为 x 的第 i 个 Fourier 系数, 满足 Parseval 等式:

$$\|x\|^2 = \sum_{i=1}^n |\langle x, e_i \rangle|^2. \tag{2.4}$$

显然, 从 (2.1) 可知 $\{x_i\}_{i=1}^n$ 和 $\{e_i\}_{i=1}^n$ 是等价的, 即存在可逆 $n \times n$ 矩阵 T 使得

$$(e_1, e_2, \cdots, e_n) = T(x_1, x_2, \cdots, x_n). \tag{2.5}$$

这里, 任意两组基在 $\mathbb{C}^n$ 中等价是指存在可逆矩阵把一组基映射到另一组基.

设 H 是一个 Hilbert 空间. 一组 ω-线性无关的序列 $\{x_i\}_{i=1}^\infty$ 称为 H 的基, 如果对于任意 $x \in X$, 存在一列 $\{a_i\}_{i=1}^\infty \subset \mathbb{C}$ 使得

$$x = \sum_{i=1}^\infty a_i x_i. \tag{2.6}$$

定义 2.1 Hilbert 空间 H 中的两组基 $\{x_i\}_{i=1}^\infty$ 和 $\{y_i\}_{i=1}^\infty$ 称为是等价的, 如果

$$\sum_{i=1}^\infty a_i x_i \text{ 是收敛的} \quad \text{当且仅当} \quad \sum_{i=1}^\infty a_i y_i \text{ 是收敛的}.$$

定理 2.1 Hilbert 空间 H 中的两组基 $\{x_i\}_{i=1}^\infty$ 和 $\{y_i\}_{i=1}^\infty$ 是等价的当且仅当存在一个有界可逆算子 $T: H \to H$ 使得对于任意 i, $Tx_i = y_i$ 都成立.

证明 "充分性" 是平凡的. 设 $\{x_i\}$ 和 $\{y_i\}$ 是等价的. 对于任意

$$x = \sum_{i=1}^\infty a_i x_i \in H,$$

定义

$$Tx = \sum_{i=1}^\infty a_i y_i.$$

显然 T 是 1-1 的到上的线性映射, 并且满足对于任意 i, $Tx_i = y_i$.

现在证明 T 是有界可逆的. 设

$$T_N = \sum_{i=1}^N a_i y_i.$$

则

$$Tx = \lim_{N \to \infty} T_N x.$$

因为 T_N 是有界的, 由一致收敛定理可知, T 是有界的. 应用 Banach 逆定理, T 是可逆的. 定理得证. □

$\mathbb{C}^n$ 中标准正交基的概念可以推广到 Hilbert 空间. 今后, 所有讨论的 Hilbert 空间的维数都是无穷维的. 对于可分的 Hilbert 空间, 标准正交基起着非常重要的作用.

定义 2.2 设 H 是一个 Hilbert 空间. 序列 $\{x_i\}_{i=1}^{\infty}$ 称为 H 的标准正交基, 如果

(i) $\{x_i\}$ 是两两正交, 并且每个向量具有单位长度 (因此是 ω-线性无关的);

(ii) $\{x_i\}$ 在 H 上是完备的, 即零向量垂直于任意向量 x_i.

简单地讲, 一个正交基是一组完备的正交序列. 每个可分的 Hilbert 空间对任意的一组基通过 Gram-Schmidt 正交化过程 (2.1) 可以得到一个正交基. 不同于有限维空间 $\mathbb{C}^n$, 由于正交化步骤是无限的, 因此这两组基不一定等价.

设 $\{e_i\}_{i=1}^{\infty}$ 是 Hilbert 空间 H 的一组标准正交基. 则 (2.3) 和 Parseval 等式 (2.4) 成立. 根据 (2.4) 可知, 映射

$$x \mapsto \{\langle x, e_i\rangle\}_{i=1}^{\infty} \in \ell^2 \tag{2.7}$$

是从 H 到 ℓ^2 的同构映射. 所有可分的无穷维 Hilbert 空间等距同构于 ℓ^2.

Hilbert 空间 H 中的一组序列 $\{x_i\}$ 称为有双正交序列 $\{x_i^*\}$, 如果

$$\langle x_i, x_j^*\rangle = \delta_{ij}, \quad \forall\, i,\, j,$$

其中 δ_{ij} 是 Kronecker 符号:

$$\delta_{ii} = 1, \quad \text{以及对所有的 } i \neq j,\ \delta_{ij} = 0.$$

根据 Hahn-Banach 定理, 任意的 ω-线性无关序列 $\{x_i\}$ 都存在双正交序列 $\{x_i^*\}$. 如果 $\{x_i\}$ 在 H 中完备, 则其双正交序列 $\{x_i^*\}$ 唯一.

对于可分的 Hilbert 空间, 最重要的基是标准正交基, 第二重要的是 Riesz 基. Riesz 基等价于标准正交基.

定义 2.3 设 H 是一个 Hilbert 空间. H 中的一个基称为 Riesz 基, 如果它等价于一个标准正交基.

Hilbert 空间的 Riesz 基 $\{x_i\}$ 一定是有界的, 也就是说, 满足

$$0 < \inf_i \|x_i\| \leqslant \sup_i \|x_i\| < \infty.$$

事实上, 假设 T 是有界可逆算子, 且满足

$$Te_i = x_i, \quad i = 1, 2, \cdots,$$

其中, $\{e_i\}$ 是标准正交基. 则

$$\frac{1}{\|T^{-1}\|} \leqslant \|x_i\| \leqslant \|T\|, \quad \forall\, i = 1, 2, \cdots.$$

进一步可知, 如果 $\{x_i\}$ 是 Riesz 基, 则 $\{x_i/\|x_i\|\}$ 同样是 Riesz 基. 事实上, 令

$$Se_i = \frac{e_i}{\|x_i\|}, \quad i = 1, 2, \cdots.$$

则 S 是有界算子, TS 同样也是有界的, 并且满足

$$(TS)e_i = \frac{x_i}{\|x_i\|}, \quad i = 1, 2, \cdots.$$

定理 2.2 设 H 是可分的 Hilbert 空间. 下面的结论是等价的.

(i) 序列 $\{x_i\}$ 是 H 上的 Riesz 基.

(ii) 存在 H 中的等价内积, 使得序列 $\{x_i\}$ 成为 H 的标准正交基.

(iii) 序列 $\{x_i\}$ 在 H 中完备, 且存在正常数 C_1 和 C_2 使得对于任意整数 n 和常数序列 $a_1, a_2, \cdots, a_n$, 有如下不等式成立

$$C_1 \sum_{i=1}^{n} |a_i|^2 \leqslant \left\| \sum_{i=1}^{n} a_i x_i \right\|^2 \leqslant C_2 \sum_{i=1}^{n} |a_i|^2.$$

(iv) 序列 $\{x_i\}$ 在 H 中完备, 且存在完备的双正交序列 $\{x_i^*\}$ 使得

$$\sum_{i=1}^{\infty} |\langle x, x_i \rangle|^2 < \infty \quad 和 \quad \sum_{i=1}^{\infty} |\langle x, x_i^* \rangle|^2 < \infty, \quad \forall\, x \in H$$

成立.

证明 (i)$\Rightarrow$ (ii). 由于 $\{x_i\}$ 是 H 的 Riesz 基, 存在有界算子 T 使得

$$Tx_i = e_i, \quad i = 1, 2, \cdots,$$

其中, $\{e_i\}$ 是标准正交基. 在 H 上定义一个新的如下内积 $\langle \cdot, \cdot \rangle_1$:

$$\langle x, y \rangle_1 = \langle Tx, Ty \rangle, \quad \forall\, x, y \in H.$$

记 $\|\cdot\|_1$ 为新内积诱导的范数. 则

$$\frac{\|x\|}{\|T^{-1}\|} \leqslant \|x\|_1 \leqslant \|T\|\|x\|, \quad \forall\, x \in H.$$

因此新内积和空间原来的内积等价. 可以验证

$$\langle x_i, x_j \rangle_1 = \langle Tx_i, Tx_j \rangle = \langle e_i, e_j \rangle = \delta_{ij}$$

对任意的 i 和 j 都成立, 因此 $\{x_i\}$ 在新的内积下构成 H 的一组标准正交基.

(ii) $\Rightarrow$ (iii). 设 $\langle x, y \rangle_1$ 是 H 中的等价内积使得 $\{x_i\}$ 构成 H 的一组标准正交基. 则存在不依赖于 i 的常数 C_1 和 C_2 使得

$$C_1\|x\| \leqslant \|x\|_1 \leqslant C_2\|x\|, \quad \forall\, x \in H.$$

从而可得

$$\frac{1}{C_2^2}\sum_{i=1}^{n}|a_i|^2 \leqslant \left\|\sum_{i=1}^{n}a_i x_i\right\|^2 \leqslant \frac{1}{C_1^2}\sum_{i=1}^{n}|a_i|^2.$$

显然, $\{x_i\}$ 在 H 中是完备的.

(iii) $\Rightarrow$ (i). 设 $\{e_i\}$ 是 H 中的任意一组标准正交基. 定义 H 上的算子 T:

$$Te_i = x_i, \quad i = 1, 2, \cdots.$$

对于任意 $x = \sum_{i=1}^{\infty}a_i e_i$, 根据假设可知

$$\|Tx\|^2 = \left\|\sum_{i=1}^{\infty}a_i x_i\right\|^2 \leqslant C_2\sum_{i=1}^{\infty}|a_i|^2 = C_2\|x\|^2.$$

从而证明了 $\|T\| \leqslant \sqrt{C_2}$ 是有界的. 由于

$$\|Tx\|^2 = \left\|\sum_{i=1}^{\infty}a_i x_i\right\|^2 \geqslant C_1\sum_{i=1}^{\infty}|a_i|^2 = C_1\|x\|^2,$$

可知 T 是可逆的, 并且 $\|T^{-1}\| \leqslant C_1^{-1/2}$. 因此 $\{x_i\}$ 是 H 中的 Riesz 基.

(i) $\Rightarrow$ (iv). 设 $\{x_i^*\}$ 是 H 中 $\{x_i\}$ 的唯一双正交序列. 令 T 是有界算子使得

$$Te_i = x_i, \quad i = 1, 2, \cdots,$$

其中, $\{e_i\}$ 是 H 的标准正交基. 则

$$\langle T^*x_i^*,\, e_j \rangle = \langle x_i^*,\, Te_j \rangle = \langle x_i^*, x_j \rangle = \delta_{ij}.$$

从而有

$$T^* x_i^* = e_i, \quad i = 1, 2, \cdots. \tag{2.8}$$

因此 $\{x_i^*\}$ 同样是 H 的 Riesz 基. 由于任意的 $x \in H$ 都有两个双正交展开式

$$x = \sum_{i=1}^{\infty} \langle x, x_i^* \rangle x_i \quad \text{和} \quad x = \sum_{i=1}^{\infty} \langle x, x_i \rangle x_i^*,$$

则结论可由 (2.7) 得到.

(iv) $\Rightarrow$ (i). 考虑如下定义的算子 $P : H \to \ell^2$:

$$Px = \{\langle x, x_i \rangle\}.$$

可以验证 P 是闭算子. 根据闭图像定理, P 是连续的, 因此存在 $C > 0$ 使得

$$\sum_{i=1}^{\infty} |\langle x, x_i \rangle|^2 \leqslant C^2 \|x\|^2, \quad \forall\, x \in H \tag{2.9}$$

成立. 同样地, 存在 $D > 0$ 使得

$$\sum_{i=1}^{\infty} |\langle x, x_i^* \rangle|^2 \leqslant D^2 \|x\|^2, \quad \forall\, x \in H \tag{2.10}$$

成立.

对于 H 中任意给定的标准正交基 $\{e_i\}$, 在 $\{x_i\}$ 和 $\{x_i^*\}$ 生成的子空间上分别定义算子 S 和 T:

$$S\left(\sum_i a_i x_i\right) = \sum_i a_i e_i \quad \text{和} \quad T\left(\sum_i a_i x_i^*\right) = \sum_i a_i e_i.$$

由 (2.9) 和 (2.10) 可得

$$\left\| S\left(\sum_i a_i x_i\right) \right\| \leqslant D \left\| \sum_i a_i x_i \right\|$$

和

$$\left\| T\left(\sum_i a_i x_i^*\right) \right\| \leqslant C \left\| \sum_i a_i x_i^* \right\|.$$

根据假设, $\{x_i\}$ 和 $\{x_i^*\}$ 在空间 H 是完备的, 因此算子 S 和 T 可以连续延拓为 H 上的有界算子. 如果 $x = \sum a_i x_i$ 和 $y = \sum b_j x_j^*$ 是有限次求和, 经过简单计算可得

$$\langle Sx, Ty \rangle = \langle x, y \rangle.$$

由连续性可知, 上式对于任意的 x 和 y 都成立. 因此, 对于任意的 x 和 y,

$$\langle x,\ S^*Ty \rangle = \langle x, y \rangle,$$

以及 $S^*T = I$. 这说明算子 S^* 是满的, 因此 S 是下有界的. 因为 S 的值域在 H 中是稠定的, 所以 S 是可逆算子. 从而可得, $\{x_i\}$ 是 H 上的一组 Riesz 基. 定理 得证. $\qquad\qquad\qquad\qquad\qquad\qquad\qquad\qquad\qquad\qquad\qquad\qquad$ $\square$

定义 2.4　设 $\{x_i\}$ 是 Hilbert 空间 H 的一组基, 令 $\{x_i^*\}$ 是 $\{x_i\}$ 在 H 中的双正交序列. 我们称 $\{x_i\}$ 为 Bessel 基如果

$$\sum_{i=1}^{\infty} a_i x_i \text{ 收敛的必要条件是 } \sum_{i=1}^{\infty} |a_i|^2 < \infty;$$

我们称 $\{x_i\}$ 是 Hilbert 基如果

$$\sum_{i=1}^{\infty} a_i x_i \text{ 收敛的充分条件是 } \sum_{i=1}^{\infty} |a_i|^2 < \infty.$$

定理 2.3　序列 $\{x_i\}$ 是 Riesz 基当且仅当它既是 Bessel 基, 又是 Hilbert 基.

证明　"必要性" 是显然的, 我们仅需证明 "充分性". 对于任意序列 $\{a_i\} \in \ell^2$, 定义算子 $T : \ell^2 \to H$,

$$T\{a_i\} = \sum_{i=1}^{\infty} a_i x_i.$$

因为 $\{x_i\}$ 是 Hilbert 基, T 的定义有意义. 设

$$\{a_{in}\} \to \{a_i\} \text{ 在 } \ell^2, \quad T\{a_{in}\} \to \sum_{i=1}^{\infty} b_i x_i \text{ 在 } H \text{ 中}, \quad n \to \infty.$$

令 $\{x_i^*\}$ 是 $\{x_i\}$ 的双正交序列. 则

$$a_{in} = \langle T\{a_{in}\},\ x_i^* \rangle \to b_i, \quad n \to \infty.$$

因此 $a_i = b_i$. 这证明了 T 是闭算子. 根据闭图像定理, T 是有界的, 因此

$$\left\| \sum_{i=1}^{\infty} a_i x_i \right\|^2 \leqslant \|T\|^2 \sum_{i=1}^{\infty} |a_i|^2. \tag{2.11}$$

反过来, 定义算子 $S : H \to \ell^2$,

$$Sx = \{a_i\}, \quad \forall\, x = \sum_{i=1}^{\infty} a_i x_i.$$

类似地, 根据假设 $\{x_i\}$ 是 Bessel 基, 我们同样可以证明 S 是闭算子, 因此是有界的. 从而

$$\sum_{i=1}^{\infty} |a_i|^2 \leqslant \|S\|^2 \left\|\sum_{i=1}^{\infty} a_i x_i\right\|^2. \tag{2.12}$$

由 (2.11), (2.12) 和定理 2.2 (iii), 可以得出 $\{x_i\}$ 是 H 中的 Riesz 基. 定理得证. □

注解 2.1 可以验证 $\{x_i\}$ 是 Hilbert 基当且仅当 (2.11) 式成立, $\{x_i\}$ 是 Bessel 基当且仅当 (2.12) 式成立.

定义 2.5 Hilbert 空间 H 中的序列 $\{f_n\}_{n=1}^{\infty}$ 称为 Bessel 序列, 如果对任意 $f \in H$, 满足如下不等式

$$\sum_{n=1}^{\infty} |\langle f, f_n \rangle|^2 < \infty.$$

命题 2.1 如果 H 中的序列 $\{f_n\}_{n=1}^{\infty}$ 是 Bessel 序列, 则存在 $M > 0$ 使得

$$\sum_{n=1}^{\infty} |\langle f, f_n \rangle|^2 \leqslant M \|f\|^2, \quad \forall f \in H$$

成立.

证明 定义算子 $T: H \to \ell^2$,

$$Tf = \{\langle f, f_n \rangle\}, \quad \forall f \in H.$$

则 T 是闭算子. 因为 $D(T) = H$, 由闭图像定理可知, T 是有界的. 命题得证. □

注解 2.2 命题 2.1 中的常数 M 称为序列 $\{f_n\}_{n=1}^{\infty}$ 的界.

定理 2.4 设 $\{f_k\}_{k=1}^{\infty}$ 是 Hilbert 空间 H 中的序列.

(i) $\{f_k\}_{k=1}^{\infty}$ 是界为 M 的 Bessel 序列当且仅当对于任意有限常数序列 $\{c_k\}$, 有不等式

$$\left\|\sum_k c_k f_k\right\|^2 \leqslant M \sum_k |c_k|^2$$

成立.

(ii) 如果 $\{c_k\}_{k=1}^{\infty} \in \ell^2$, 且 $\{f_k\}_{k=1}^{\infty}$ 是 Bessel 序列, 则下式

$$\left\|\sum_{k=1}^{\infty} c_k f_k\right\|^2 \leqslant M \sum_{k=1}^{\infty} |c_k|^2$$

成立, 并且级数 $\sum_{k=1}^{\infty} c_k f_k$ 在 H 中无条件收敛.

证明　断言 (ii) 是 (i) 的直接结论, 我们仅需证明 (i). 先证必要性. 令 $\{c_k\}$ 是任意有限常数序列以及

$$f = \sum_k c_k f_k.$$

则

$$\|f\|^4 = |\langle f, f\rangle|^2 = \left|\sum_k \overline{c_k}\langle f, f_k\rangle\right|^2 \leqslant \sum_k |c_k|^2 \sum_k |\langle f, f_k\rangle|^2 \leqslant M\|f\|^2 \sum_k |c_k|^2,$$

上述的最后一个不等式使用了命题 2.1 的结论. 上式的两端同除 $\|f\|^2$, 可得

$$\|f\|^2 \leqslant M \sum_k |c_k|^2.$$

现在证明充分性. 对于 $\{c_k\}_{k=1}^\infty \in \ell^2$, 根据假设, 可知

$$\left\|\sum_{k=1}^\infty c_k f_k\right\|^2 \leqslant M \sum_{k=1}^\infty |c_k|^2.$$

令 $f \in H$. 对于任意 $\{c_k\}_{k=1}^\infty \in \ell^2$, 可得

$$\left|\sum_{k=1}^\infty c_k\langle f, f_k\rangle\right|^2 = \left|\left\langle f, \sum_{k=1}^\infty \overline{c_k}f_k\right\rangle\right|^2$$

$$\leqslant \|f\|^2 \cdot \left\|\sum_{k=1}^\infty \overline{c_k}f_k\right\|^2 \leqslant M\|f\|^2 \sum_{k=1}^\infty |c_k|^2.$$

由 Hölder 不等式的逆形式, 可得

$$\sum_{k=1}^\infty |\langle f, f_k\rangle|^2 \leqslant M\|f\|^2.$$

定理得证.　　　　　　　□

对于 Hilbert 空间 H 中的序列 $\{f_n\}_{n=1}^\infty$ 和复数序列 $\{c_n\}$, **矩问题**是寻找 $f \in H$ 使得

$$\langle f, f_n\rangle = c_n, \quad n = 1, 2, \cdots \tag{2.13}$$

成立. 所有的 $\{\langle f, f_n\rangle\}_{n=1}^\infty$ 组成的集合构成 $\{f_n\}_{n=1}^\infty$ 的**矩空间**. 序列 $\{f_n\}_{n=1}^\infty$ 和 $\{g_n\}_{n=1}^\infty$ 称为是等价的如果存在有界可逆算子 $T \in \mathcal{L}(H)$ 使得

$$Tf_n = g_n, \quad n = 1, 2, \cdots$$

成立.

定理 2.5 可分 Hilbert 空间 H 中的两个完备序列是等价的当且仅当它们有相同的矩空间.

证明 设 $\{f_n\}_{n=1}^{\infty}$ 和 $\{g_n\}_{n=1}^{\infty}$ 是 H 中的两个完备序列. 假设存在 $T \in \mathcal{L}(H)$ 使得

$$Tf_n = g_n, \quad n = 1, 2, \cdots$$

成立. 显然, 对任意 $f \in H$, $f = T^*g$ 满足

$$\langle f, f_n \rangle = \langle g, g_n \rangle, \quad n = 1, 2, \cdots. \tag{2.14}$$

这证明了必要性.

假设 $\{f_n\}_{n=1}^{\infty}$ 和 $\{g_n\}_{n=1}^{\infty}$ 有相同的矩空间. 则对于任意的 $g \in H$, 存在唯一的 $f \in H$ 使得 (2.14) 式成立. 令 Y 是 f_n 生成的空间. 如果 $f \in Y$ 以及

$$f = \sum_{n=1}^{N} c_n f_n,$$

定义算子

$$Tf = \sum_{n=1}^{N} c_n g_n.$$

我们首先证明 T 的定义有意义. 否则, 可以找到 $c_1, c_2, \cdots, c_N$, 使得

$$\sum_{n=1}^{N} c_n f_n = 0 \quad \text{但是} \quad \sum_{n=1}^{N} c_n g_n \neq 0.$$

设 $g = \sum_{n=1}^{N} c_n g_n$, 取 f 为 (2.14) 的解. 则

$$0 = \left\langle f, \sum_{n=1}^{N} c_n f_n \right\rangle = \sum_{n=1}^{N} \bar{c}_n \langle f, f_n \rangle = \sum_{n=1}^{N} \bar{c}_n \langle g, g_n \rangle = \left\langle g, \sum_{n=1}^{N} c_n g_n \right\rangle = \|g\|^2 \neq 0,$$

矛盾! 因此 T 的定义有意义, 并且 T 是线性的, 满足

$$Tf_n = g_n, \quad n = 1, 2, \cdots.$$

我们现在证明 T 是有界的. 为此, 在 H 上定义算子 S:

$$Sg = f,$$

其中, f 是 (2.14) 的唯一解. 我们断言 S 是线性有界算子. 令 $h_1, h_2 \in H$ 以及 a_1 和 a_2 是两个常数. 则对于任意 n, 可得

$$\langle S(a_1 h_1 + a_2 h_2),\ f_n \rangle = \langle a_1 h_1 + a_2 h_2,\ g_n \rangle$$

$$= a_1 \langle h_1, g_n \rangle + a_2 \langle h_2, g_n \rangle$$

$$= a_1 \langle S h_1, f_n \rangle + a_2 \langle S h_2, f_n \rangle$$

$$= \langle a_1 S h_1 + a_2 S h_2,\ f_n \rangle.$$

因为 $\{f_n\}$ 是完备的, 可知

$$S(a_1 h_1 + a_2 h_2) = a_1 S h_1 + a_2 S h_2,$$

这证明了 S 是线性的. 假设 $\{h_n\}$ 是 H 中的序列, 使得

$$h_n \to h, \quad S h_n \to p.$$

则对于所有的 i, 可得

$$\langle h, g_i \rangle = \lim_{n \to \infty} \langle h_n, g_i \rangle = \lim_{n \to \infty} \langle S h_n, f_i \rangle = \langle p, f_i \rangle.$$

根据定义, $p = Sh$. 因此, 由闭图像定理可得, S 是有界的.

令 $f \in Y$. 对任意的 $g \in H$,

$$|\langle Tf,\ g \rangle| = |\langle f,\ Sg \rangle| \leqslant \|f\| \|S\| \|g\|,$$

可得

$$\|Tf\| \leqslant \|S\| \|f\|.$$

因此 T 在 Y 上是有界的. 因为 Y 在 H 中是稠定的, 我们可以延拓 T 为 H 上的有界算子. 类似地, 对于给定的 f, 由 (2.14) 可以得到唯一的 g, 从而存在有界线性算子 $T' \in \mathcal{L}(H)$ 使得

$$T' g_n = f_n, \quad n = 1, 2, \cdots$$

成立. 由于序列 $\{f_n\}$ 和 $\{g_n\}$ 是完备的, 可得 $T'T = I = TT'$. 因此 T 是可逆的, 以及 $\{f_n\}$ 和 $\{g_n\}$ 是等价的. 定理得证. □

推论 2.6　可分 Hilbert 空间中的完备序列是 Riesz 基的充分必要条件是它的矩空间为 ℓ^2.

证明　设 $\{f_n\}_{n=1}^\infty$ 是可分 Hilbert 空间 H 中的完备序列. 如果 $\{f_n\}$ 是 Riesz 基, 则它的矩空间显然是 ℓ^2. 反之, 设 $\{f_n\}$ 的矩空间是 ℓ^2. 令 $\{e_n\}_{n=1}^\infty$ 是 H 的

标准正交基. 对任意 $f \in H$, 可知

$$g = \sum_{n=1}^{\infty} \langle f, f_n \rangle e_n \in H, \quad \text{其中} \quad \{\langle f, f_n \rangle\}_{n=1}^{\infty} \in \ell^2.$$

则

$$\langle g, e_n \rangle = \langle f, f_n \rangle, \quad n = 1, 2, \cdots.$$

因此 $\{f_n\}$ 等价于 $\{e_n\}$. 从而, $\{f_n\}$ 是 H 的 Riesz 基. 推论得证. □

2.2 Riesz 基的扰动性质

通常, 如果两个数学量在某些意义下 "逼近", 那么它们会拥有一些共同的性质. 在这一节, 我们给出 Riesz 基的扰动结果. 在一些文献中, 这些结果称为 Riesz 基的稳定性.

最早的结果是由 Paley 和 Wiener 给出的. 对于 Hilbert 空间 H 中的两个序列 $\{x_i\}$ 和 $\{y_i\}$, 在 Paley-Wiener 定理中, $\{x_i\}$ 称为 "逼近" 于 $\{y_i\}$ 如果映射

$$T x_i \to y_i, \quad \text{对于} \quad i = 1, 2, \cdots.$$

该结果可以延拓为 H 上的同构映射, 此映射 "逼近" 于单位算子 I. 这是基于泛函分析中的重要结论: H 上的线性有界算子 T 如果满足 $\|I - T\| < 1$, 则它是可逆的.

定理 2.7 (Paley-Wiener 定理) 设 $\{x_i\}$ 是 Hilbert 空间 H 的 Riesz 基, $\{y_i\}$ 是 H 中的序列, 如果对于所有的 $a_i, i = 1, 2, \cdots, N$ ($N = 1, 2, \cdots$) 都满足

$$\left\| \sum_{i=1}^{N} a_i(x_i - y_i) \right\| \leqslant \lambda \left\| \sum_{i=1}^{N} a_i x_i \right\|,$$

这里 λ 是常数, 满足 $0 \leqslant \lambda < 1$, 则 $\{y_i\}$ 是 H 的 Riesz 基.

证明 由假设可知, 如果级数 $\sum_{i=1}^{\infty} a_i x_i$ 收敛, 则 $\sum_{i=1}^{\infty} a_i(x_i - y_i)$ 收敛. 定义算子

$$T\left(\sum_{i=1}^{\infty} a_i x_i \right) = \sum_{i=1}^{\infty} a_i(x_i - y_i), \quad \forall \, x = \sum_{i=1}^{\infty} a_i x_i \in H.$$

可以验证 T 是线性有界的, 并且满足

$$\|T\| \leqslant \lambda < 1.$$

则 $I - T$ 是可逆的. 对于任意的 i, 可得 $(I - T)x_i = y_i$. 定理得证. □

我们进一步可得下面的讨论.

推论 2.8　设 $\{e_i\}$ 是 Hilbert 空间 H 的标准正交基, $\{y_i\}$ 在如下意义下"逼近"于 $\{x_i\}$: 如果对于所有的 $a_i, i = 1, 2, \cdots, N$ $(N = 1, 2, \cdots)$ 都满足

$$\left\| \sum_{i=1}^{N} a_i(e_i - y_i) \right\| \leqslant \lambda \sqrt{\sum_{i=1}^{N} |a_i|^2}, \tag{2.15}$$

这里 λ 是常数, 满足 $0 \leqslant \lambda < 1$, 则 $\{y_i\}$ 是 H 的 Riesz 基.

由推论 2.8 可知, 如果 $\{y_i\}$ 满足

$$\sum_{i=1}^{\infty} \|e_i - y_i\|^2 < 1, \tag{2.16}$$

根据

$$\left\| \sum_{i=1}^{N} a_i(e_i - y_i) \right\| \leqslant \left(\sum_{i=1}^{\infty} \|e_i - y_i\|^2 \right)^{\frac{1}{2}} \sqrt{\sum_{i=1}^{N} |a_i|^2},$$

可得 $\{y_i\}$ 是 Riesz 基. 然而, 如果 $\{y_i\}$ 是 ω-线性无关的, 那么条件 (2.16) 可以放宽一些. 为此, 我们先给出如下定义.

定义 2.6　Hilbert 空间中的序列 $\{x_i\}$ 和 $\{y_i\}$ 称为是二次逼近的, 如果满足

$$\sum_{i=1}^{\infty} \|x_i - y_i\|^2 < \infty. \tag{2.17}$$

定理 2.9 (Bari 定理)　设 $\{e_i\}$ 是 Hilbert 空间 H 的标准正交基. 如果序列 $\{y_i\}$ 是 ω-线性无关的, 并且二次逼近于 $\{e_i\}$, 则 $\{y_i\}$ 是 H 的 Riesz 基.

证明　定义算子 $T : H \to H$,

$$Tx = \sum_{i=1}^{\infty} \langle x, e_i \rangle (e_i - y_i).$$

显然, T 是线性的. 由于

$$\|T\|^2 \leqslant \sum_{i=1}^{\infty} \|e_i - y_i\|^2,$$

T 是有界的. 进一步, 由 $Te_i = e_i - f_i$, 可得

$$\sum_{i=1}^{\infty} \|Te_i\|^2 = \sum_{i=1}^{\infty} \|e_i - y_i\|^2 < \infty. \tag{2.18}$$

满足 (2.18) 的算子 T 称为 Hilbert-Schmidt 算子. 并且, Hilbert-Schmidt 算子一定是紧的. 事实上, 定义算子

$$T_N x = \sum_{i=1}^{N} a_i T e_i, \quad \forall\, x = \sum_{i=1}^{\infty} a_i e_i.$$

则

$$\|(T - T_N)x\|^2 \leqslant \left\| \sum_{i=N+1}^{\infty} a_i T e_i \right\|^2 \leqslant \sum_{i=N+1}^{\infty} \|T e_i\|^2 \|x\|^2, \quad \forall\, x \in H.$$

这证明了

$$\|T - T_N\| \to 0, \quad N \to \infty.$$

因为 T_N 是有限秩紧算子, T 同样是紧算子. 我们现在证明 $\ker(I - T) = \{0\}$. 如果 $(I - T)x = 0$, 由方程

$$0 = (I - T)x = \sum_i \langle x, e_i \rangle e_i - \sum_i \langle x, e_i \rangle (e_i - y_i) = \sum_i \langle x, e_i \rangle y_i,$$

以及 $\{y_i\}$ 是 ω-线性无关的, 可得 $x = 0$. 因此

$$\ker(I - T) = \{0\}.$$

从而 $I - T$ 是可逆的. 因为 $(I - T)e_i = y_i$, $\{y_i\}$ 等价于 $\{e_i\}$, 则 $\{y_i\}$ 是 H 的 Riesz 基. 定理得证. $\qquad\qquad\square$

任意的标准正交序列都是 ω-线性无关的, 由定理 2.9 可直接得到下面的结论.

定理 2.10 (Birkhoff-Rota 定理) 设 $\{e_i\}$ 是 Hilbert 空间 H 的标准正交基. 如果 $\{y_i\}$ 是标准正交序列, 并且二次逼近于 $\{e_i\}$, 则 $\{y_i\}$ 是完备的, 并且是 H 的标准正交基.

下面的结论类似于定理 2.9, 有非常重要的应用.

定理 2.11 设 $\{x_i\}_{i=1}^{\infty}$ 是 Hilbert 空间 H 的 Riesz 基, $\{y_i\}_N^{\infty}$ 是 H 中的序列, 其中 N 是大于零的整数, 并且满足

$$\sum_{i=N}^{\infty} \|x_i - y_i\|^2 < \infty.$$

则 $\{y_i\}_{i=N}^{\infty}$ 在自身生成的子空间 H_0 上形成 Riesz 基. 这样的基也称为 H 的 $\mathcal{L}$-基.

证明 令 T 为如下的线性有界算子:

$$T e_i = x_i, \quad i = 1, 2, \cdots,$$

其中, $\{e_i\}$ 是 H 的标准正交基. 定义算子 S 为

$$Sx = \sum_{i=1}^{N-1} \langle x, e_i \rangle x_i + \sum_{i=N}^{\infty} \langle x, e_i \rangle (x_i - y_i), \quad \forall\, x = \sum_{i=1}^{\infty} \langle x, e_i \rangle e_i \in H.$$

显然, S 是线性的. 应用 Cauchy 不等式可得

$$\|Sx\| \leqslant \|x\| \sum_{i=1}^{N-1} \|x_i\| + \|x\| \sqrt{\sum_{i=N}^{\infty} \|x_i - y_i\|^2}.$$

则 S 在 H 上有界 (事实上, S 是一个 Hilbert-Schmidt 算子). 从而

$$(T-S)x = \sum_{i=N}^{\infty} \langle x, e_i \rangle y_i, \quad \forall\, x = \sum_{i=1}^{\infty} \langle x, e_i \rangle e_i \in H. \tag{2.19}$$

这证明了

$$\mathcal{R}(T-S) \subset H_0.$$

因为 $\mathcal{R}(T-S)$ 是闭子集, 且包含了序列 $\{y_i\}_{i=N}^{\infty}$ 的任意有限组合, 所以

$$H_0 \subset \mathcal{R}(T-S).$$

从而, $H_0 = \mathcal{R}(T-S)$.

我们考虑 $T-S$ 为 $\{e_i\}_{i=N}^{\infty}$ 生成子空间 H_e 上的有界算子. 设 $x = \sum_{i=N}^{\infty} \langle x, e_i \rangle e_i \in H_e$ 并且满足 $(T-S)x = 0$. 由 (2.19) 可得

$$\sum_{i=N}^{\infty} \langle x, e_i \rangle y_i = 0.$$

因为 $\{y_i\}_{i=N}^{\infty}$ 是 ω-线性无关的, 所以 $\langle x, e_i \rangle = 0$ 对于所有的 $i \geqslant N$ 都成立. 换句话说

$$x = 0.$$

我们因此证明了 $T-S$ 是从 H_e 到 H_0 上可逆的到上的映射. 根据 Banach 逆映射定理,

$$(T-S)^{-1} \in \mathcal{L}(H_0, H_e).$$

由于

$$(T-S)e_i = y_i, \quad \forall\, i \geqslant N,$$

我们得到 $\{y_i\}_{i=N}^{\infty}$ 是 H_0 的 Riesz 基. 定理得证.　　　　　　　□

在应用中, 我们会使用非调和的 Fourier 级数

$$\sum_{n=-\infty}^{\infty} a_n e^{i\lambda_n t} \quad 满足 \quad \sum_{n=-\infty}^{\infty} |a_n|^2 < \infty,$$

这里, $\{e^{i\lambda_n t}\}$ 的基性质可以看作 $L^2(-\pi, \pi)$ 空间上标准正交基 $\{e^{int}\}_{n=-\infty}^{\infty}$ 的扰动性质. 根据 (2.15), $\{e^{i\lambda_n t}\}$ 是 "逼近" 于 $\{e^{int}\}$ 的, 如果满足

$$\left\| \sum_{n=-\infty}^{\infty} a_n \left(e^{int} - e^{i\lambda_n t} \right) \right\| \leqslant \lambda < 1, \quad \sum_{n=-\infty}^{\infty} |a_n|^2 \leqslant 1. \tag{2.20}$$

由上式, 我们可能会以为有必要性

$$\lambda_n - n \to 0, \quad n \to \infty.$$

但这通常是不对的.

定理 2.12 (Kadec-$\dfrac{1}{4}$ 定理)   如果 λ_n 是实数序列且满足

$$|\lambda_n - n| \leqslant L < \frac{1}{4}, \quad n = 0, \pm 1, \pm 2, \cdots,$$

则 $\{e^{i\lambda_n t}\}$ 形成 $L^2(-\pi, \pi)$ 的 Riesz 基.

证明   由推论 2.8, 仅需证明 (2.20) 成立. 记

$$e^{int} - e^{i\lambda_n t} = e^{int} \left(1 - e^{i\delta_n t} \right),$$

这里 $\delta_n = \lambda_n - n (n = 0, \pm 1, \cdots)$. 经简单计算, 对于任意实数 δ 可得

$$1 - e^{i\delta t} = \left(1 - \frac{\sin \delta\pi}{\delta\pi} \right) + \sum_{k=1}^{\infty} \frac{(-1)^k 2\delta \sin \delta\pi}{(k^2 - \delta^2)\pi} \cos kt$$

$$+ i \sum_{k=1}^{\infty} \frac{(-1)^k 2\delta \cos \delta\pi}{\left(\left(k - \frac{1}{2} \right)^2 - \delta^2 \right)\pi} \sin \left(k - \frac{1}{2} \right) t.$$

令 $\{a_n\}$ 是常数序列且满足

$$\sum_{n=-\infty}^{\infty} |a_n|^2 \leqslant 1.$$

应用三角不等式, 可得

$$\left\| \sum_{n=-\infty}^{\infty} a_n \left(e^{int} - e^{i\lambda_n t} \right) \right\| \leqslant A + B + C,$$

其中

$$A = \left\| \sum_n \left(1 - \frac{\sin \delta_n \pi}{\delta_n \pi} \right) a_n e^{int} \right\|,$$

$$B = \sum_{k=1}^{\infty} \left\| \cos kt \sum_n \frac{(-1)^k 2\delta_n \sin \delta_n \pi}{(k^2 - \delta_n^2)\pi} a_n e^{int} \right\|,$$

$$C = \sum_{k=1}^{\infty} \left\| \sin \left(k - \frac{1}{2} \right) t \sum_n \frac{(-1)^k 2\delta_n \cos \delta_n \pi}{\left(\left(k - \frac{1}{2} \right)^2 - \delta_n^2 \right) \pi} a_n e^{int} \right\|.$$

进一步估计可得

$$A \leqslant 1 - \frac{\sin L\pi}{L\pi}, \quad B \leqslant \sum_{k=1}^{\infty} \frac{2L \sin L\pi}{(k^2 - L^2)\pi}, \quad C \leqslant \sum_{k=1}^{\infty} \frac{2L \cos L\pi}{\left(\left(k - \frac{1}{2} \right)^2 - L^2 \right) \pi}.$$

由于级数

$$\sum_{k=1}^{\infty} \frac{2L}{\pi(k^2 - L^2)} \quad \text{和} \quad \sum_{k=1}^{\infty} \frac{2L}{\pi \left((k - 1/2)^2 - L^2 \right)}$$

是函数 $1/\pi L - \cot L\pi$ 和 $\tan L\pi$ 的部分分式展开式, 因此

$$\left\| \sum_{n=-\infty}^{\infty} a_n \left(e^{int} - e^{i\lambda_n t} \right) \right\| \leqslant \lambda = 1 - \cos L\pi + \sin L\pi.$$

由于 $L < 1/4$ 意味着 $\lambda < 1$, 我们得到定理的结论.　　　　　　　　　□

2.3　指数型整函数

我们现在介绍复分析中的整函数. 复幂级数

$$\sum_{n=1}^{\infty} a_n z^n \tag{2.21}$$

的收敛半径为 $R, 0 < R \leqslant \infty$, 其中, z 是复数.

$$\frac{1}{R} = \limsup_{n \to \infty} |a_n|^{\frac{1}{n}}. \tag{2.22}$$

如果 z 是一点, 且级数 (2.21) 收敛, 则 $a_n z^n \to 0$, $n \to \infty$. 因此对于充分大的 n,

$$|a_n z^n| < 1, \text{ i.e. } |z| < |a_n|^{-\frac{1}{n}}.$$

对 n 取极限, 令 $n \to \infty$ 可证明 $|z| \leqslant R$. 另一方面, 对于充分大的 n,

$$|a_n|^{-\frac{1}{n}} < R - \varepsilon, \text{ i.e. } |a_n| < (R - \varepsilon)^{-n}.$$

当 $|z| < R - \varepsilon$ 时, $\sum_{n=1}^{\infty} (R - \varepsilon)^{-n} |z|^n$ 收敛, 因而级数 (2.21) 也是收敛的. 由于 ε 任意小, 当 $|z| < R$ 时, 级数 (2.21) 是收敛的. 因此, 由 (2.22) 定义的 R 是级数 (2.21) 的**收敛半径**. 一个解析函数 $f(z)$ 称为**整函数**, 如果它可以表示为

$$f(z) = \sum_{n=1}^{\infty} a_n z^n, \quad \forall z \in \mathbb{C}.$$

这等于是说

$$\lim_{n \to \infty} |a_n|^{\frac{1}{n}} = 0. \tag{2.23}$$

解析函数和复指数族 $\{e^{i\lambda_n t}\}$ 的完备性之间有着密切的联系. 例如, 如果 $\{e^{i\lambda_n t}\}$ 在 $L^2(a,b)$ 是不完备的, 由 Riesz 表示定理可知, 存在函数 $g \in L^2(a,b)$, 使得

$$\int_a^b e^{i\lambda_n t} g(t) dt = 0, \quad \forall\, n = 1, 2, \cdots.$$

令

$$f(z) = \int_a^b e^{izt} g(t) dt. \tag{2.24}$$

则 $f(z)$ 是一个不等于零的整函数, 并且

$$f(\lambda_n) = 0, \quad \forall\, n = 1, 2, \cdots.$$

因此, $\{e^{i\lambda_n t}\}$ 在 $L^2(a,b)$ 的完备性研究可以转化为对一些整函数的零点问题的研究.

表达式 (2.23) 给出了对于函数 $f(z)$ 增长的严格限制. 在实数轴上, $f(z)$ 显然是有界的, 在其他方向, 它的增长不能快过一个幂指数, 即存在常数 $a, b > 0$, 使得

$$|f(z)| \leqslant a e^{b|z|}. \tag{2.25}$$

定义 2.7　一个整函数或者在一个扇形区域上解析的函数 $f(z)$ 称为是**指数型的**, 如果存在常数 a 和 b 使得 (2.25) 式成立. 最小的常数 b 称为 $f(z)$ 的**指数型**.

    增长率的限制隐含着对于整函数零点分布的限制. 例如, 一个多项式有越多的零点, 则它的次数越高, 意味着增长的越快.

    为了研究整函数 $f(z)$ 的零点, 需要把 $f(z)$ 用它的零点来表示. 如果 $f(z)$ 是一个多项式, 并且有零点 $\{z_k\}_{k=1}^n$, 则我们可以写成如下形式 (假设零点 z_k 都不为零)

$$f(z) = f(0) \prod_{k=1}^{n} \left(1 - \frac{z}{z_k} \right). \tag{2.26}$$

然而, 当 $f(z)$ 是整函数, 并且有无穷多个零点 $\{z_n\}_{n=1}^{\infty}$ 时, 这个表达式遇到了收敛性问题. 无穷连乘积

$$\prod_{n=1}^{\infty} \left(1 - \frac{z}{z_n} \right) \tag{2.27}$$

称为是绝对收敛的, 如果

$$\prod_{n=1}^{\infty} \left(1 + \left| \frac{z}{z_n} \right| \right) \tag{2.28}$$

收敛. 注意到

$$|z_1| + |z_2| + \cdots + |z_n| \leqslant (1 + |z_1|)(1 + |z_2|) \cdots (1 + |z_n|) \leqslant e^{|z_1| + |z_2| + \cdots + |z_n|}. \tag{2.29}$$

乘积 (2.27) 绝对收敛的充分必要条件为

$$\sum_{n=1}^{\infty} \frac{1}{|z_n|} < \infty. \tag{2.30}$$

级数 (2.30) 绝对收敛, 则乘积 (2.27) 收敛到一个整函数. 事实上, 令

$$Q_n = \prod_{k=1}^{n} \left(1 + \left| \frac{z}{z_k} \right| \right), \quad q_n = \prod_{k=1}^{n} \left(1 - \frac{z}{z_k} \right).$$

则

$$q_n - q_{n-1} = - \left(1 - \frac{z}{z_1} \right) \cdots \left(1 - \frac{z}{z_n} \right) \frac{z}{z_n},$$

以及

$$Q_n - Q_{n-1} = \left(1 + \left| \frac{z}{z_1} \right| \right) \cdots \left(1 + \left| \frac{z}{z_n} \right| \right) \left| \frac{z}{z_k} \right|.$$

从而

$$|q_n - q_{n-1}| \leqslant Q_n - Q_{n-1}.$$

如果 Q_n 收敛, 则 $\sum (q_n - q_{n-1})$ 收敛, 或者乘积 (2.27) 收敛.

注解 2.3 乘积 $\prod_{n=1}^{\infty}(1+i/n)$ 是发散的, 因为

$$\ln\prod_{n=1}^{\infty}\left(1+\frac{i}{n}\right)=\sum_{n=1}^{\infty}\ln\left(1+\frac{i}{n}\right)=\sum_{n=1}^{\infty}\left(\frac{i}{n}+\mathcal{O}(n^{-2})\right)$$

是发散的. 然而, 乘积

$$\prod_{n=1}^{\infty}\left|1+\frac{i}{n}\right|=\prod_{n=1}^{\infty}\sqrt{1+\frac{1}{n^2}}\leqslant\prod_{n=1}^{\infty}\left(1+\frac{1}{2n^2}\right)<\infty$$

是收敛的.

整函数没有有穷聚点, 我们可以精确地构造一整函数使得其具有零点 $\{z_n\}_{n=1}^{\infty}$ 如果 $z_n\to\infty(n\to\infty)$. 实际上, 设 $\{z_n\}$ 以如下方式排列

$$|z_1|\leqslant|z_2|\leqslant\cdots.$$

令 $|z_n|=r_n$. 则 $r_n\to\infty$. 因此

$$\sum_{n=1}^{\infty}\left(\frac{r}{r_n}\right)^n$$

对于所有的 $r\geqslant 0$ 都收敛, 这是因为当 $r_n>2r$ 时, 有 $(r/r_n)^n<2^{-n}$. 令

$$F(z)=\prod_{n=1}^{\infty}\left(1-\frac{z}{z_n}\right)e^{p_n(z)},\quad p_n(z)=\sum_{k=1}^{n}\frac{1}{k}\left(\frac{z}{z_n}\right)^k.$$

当 $|z_n|>2|z|$, $r_n>2r$ 时, 我们有

$$\left|\ln E\left(\frac{z}{z_n},\,n\right)\right|\leqslant 2\left(\frac{|z|}{|z_n|}\right)^{n+1}\leqslant 2\left(\frac{r}{r_n}\right)^{n+1},$$

其中, 对数运算是用于取主值, $E(u,p)$ 表示 Weierstrass 主因子:

$$E(u,0)=1-u,\quad E(u,p)=(1-u)e^{u+u^2/2+\cdots+u^p/p},\quad p=1,2,\cdots,\quad (2.31)$$

并且对于 $k>1$ 以及 $|u|\leqslant 1/k$, 可得

$$|\ln E(u,p)|\leqslant\sum_{k=p+1}^{\infty}|u|^k\leqslant|u|^{p+1}\left(1+\frac{1}{k}+\frac{1}{k^2}+\cdots\right)=\frac{k}{k-1}|u|^{p+1}.\quad (2.32)$$

因此

$$F(z)=\prod_{n=1}^{\infty}\left(1-\frac{z}{z_n}\right)e^{p_n(z)}=\prod_{n=1}^{\infty}E\left(\frac{z}{z_n},\,n\right)=\exp\left(\sum_{n=1}^{\infty}\ln E\left(\frac{z}{z_n},\,n\right)\right)$$

在每个有界区域上一致收敛, $F(z)$ 表示以 z_n 且仅以 z_n 为零点的整函数. 需要注意的是这样的函数不是唯一的, 我们取 $F(z)$ 为如下形式

$$F(z) = \prod_{n=1}^{\infty} E\left(\frac{z}{z_n},\ p_n\right),\qquad(2.33)$$

其中, $\{p_n\}$ 为选取的整数使得 $\sum_{n=1}^{\infty}(r/r_n)^{p_n}$ 对任意 $r > 0$ 收敛.

定理 2.13 (Weierstrass 定理)　任何不恒等于零的整函数 $f(z)$ 都可以表示为如下形式

$$f(z) = z^m e^{g(z)} \prod_{n=1}^{\infty}\left(1 - \frac{z}{z_n}\right)e^{p_n(z)},\quad p_n(z) = \sum_{k=1}^{n}\frac{1}{k}\left(\frac{z}{z_n}\right)^k.\qquad(2.34)$$

证明　设 $\{z_n\}_{n=1}^{\infty}$ 是 $f(z)$ 除去 $z=0$ 之外的所有零点, $f(z)$ 在零点 $z=0$ 处的阶数为 m. 定义函数

$$\varphi(z) = z^m \prod_{n=1}^{\infty} E\left(\frac{z}{z_n},\ n\right),$$

其中, $E(u,p)$ 由 (2.31) 给定. 则 $\varphi(z)$ 是整函数, 且和 $f(z)$ 具有相同的零点. 因此, $f(z)/\varphi(z)$ 是没有零点的整函数. 从而有

$$\frac{f(z)}{\varphi(z)} = e^{g(z)},$$

其中, $g(z)$ 也是整函数. 定理得证.　　□

同样地, 表达式 (2.34) 也不是唯一的.

定理 2.14　设 $n(r)$ 为函数 $f(z)$ 在区域 $|z| \leqslant r(r>0)$ 上的零点个数, $f(z)$ 在 $|z| < R$ 上解析且 $f(0) \neq 0$. 则 $n(r)$ 是关于 r 的非下降函数. 并且 Jensen 公式成立:

$$\int_0^r \frac{n(x)}{x}dx = \frac{1}{2\pi}\int_0^{2\pi}\ln|f(re^{i\theta})|d\theta - \ln|f(0)|,\quad \forall\, r < R.\qquad(2.35)$$

如果 $f(0)=0$ (以及 $f\not\equiv 0$), 记 k 为 f 在 $z=0$ 处的零点重数. 则 (2.35) 有如下形式

$$\int_0^r \frac{n(x)-n(0)}{x}dx + n(0)\ln r = \frac{1}{2\pi}\int_0^{2\pi}\ln|f(re^{i\theta})|d\theta - \ln\left|\frac{f^k(0)}{k!}\right|,\quad \forall\, r < R.\qquad(2.36)$$

Jensen 公式展示了整函数增长得越慢, 它的零点分布越稀疏的特性.

定理 2.15 如果 $f(z)$ 是指数型整函数, 当 $r \to \infty$ 时, $n(r)/r$ 保持有界.

证明 不失一般性, 设 $f(0) = 1$. 如果 $f(0) = 0$, 并且 $f(z)$ 在原点的零点重数为 m, 则考虑函数 $f(z)/z^m$. 令

$$N(r) = \int_0^r \frac{n(t)}{t} dt.$$

则 Jensen 公式 (2.35) 变为

$$N(r) = \frac{1}{2\pi} \int_0^{2\pi} \ln |f(re^{i\theta})| d\theta.$$

由假设,

$$|f(z)| \leqslant ae^{b|z|}, \quad a, b > 0, \ \forall z \in \mathbb{C}.$$

则

$$\ln |f(re^{i\theta})| \leqslant \ln a + br,$$

以及 $N(r) \leqslant \ln a + br$. 由于 $n(r)$ 是 r 的非下降函数, 因此

$$n(r) \ln 2 = n(r) \int_r^{2r} \frac{1}{t} dt \leqslant \int_r^{2r} \frac{n(t)}{t} dt \leqslant N(2r).$$

从而

$$n(r) \ln 2 \leqslant \ln a + 2br, \quad \forall \, r > 0. \tag{2.37}$$

定理得证. $\qquad\qquad\qquad\qquad\qquad\qquad\qquad\qquad\qquad\qquad\qquad\square$

为了描述整个函数的增长, 我们引入 "最大模函数"

$$M(r) = \max \{|f(z)| \mid |z| = r\}. \tag{2.38}$$

如果 $f(z)$ 不是常数, 由复分析的最大模原理可知 $M(r)$ 是关于 r 的严格增长函数, 应用 Liouville 定理可得

$$\lim_{r \to \infty} M(r) = \infty.$$

下面的结果说明: 如果一个整函数的增长不超过多项式, 则它一定是多项式.

定理 2.16 如果整函数 $f(z)$ 在任意圆周 $|z| = r_m$ 上均满足

$$M(r_m) \leqslant r_m^n,$$

这里 n 是正整数, 以及

$$r_m \to \infty, \quad m \to \infty,$$

则 $f(z)$ 是多项式, 并且多项式的次数最多为 n.

证明　设

$$f(z) = \sum_{k=0}^{\infty} a_k z^k, \quad p(z) = \sum_{k=0}^{n} a_k z^k,$$

以及

$$g(z) = \frac{f(z) - p(z)}{z^{n+1}}.$$

则 $g(z)$ 是整函数. 由假设可知

$$g(z_m) \to 0, \quad z_m \to \infty.$$

应用最大模原理, 可得 $g(z) \equiv 0$, 因此 $f(z) \equiv p(z)$. 定理得证.　　□

定义 2.8　*整函数 $f(z)$ 称为是有限阶的, 如果存在正数 k, 使得当 r 充分大时, 有如下估计*

$$M(r) \leqslant e^{r^k}. \tag{2.39}$$

使得估计 (2.39) 成立的所有 $k > 0$ 的最大下界称为 $f(z)$ 的阶, 用 ρ 来表示.

注解 2.4　*容易修改定理 2.15 的证明得到整函数的有限阶 ρ, 即*

$$n(r) = \mathcal{O}(r^{\rho+\varepsilon}), \tag{2.40}$$

这里 ε 为任意正数.

定理 2.17　*设 $f(z)$ 是有限阶为 ρ 的整函数, $z_1, z_2, \cdots$ 是它的零点, 当 $\alpha > \rho$ 时, 级数*

$$\sum_{n=1}^{\infty} \frac{1}{|z_n|^{\alpha}} \tag{2.41}$$

收敛. 特别地, 对于指数型函数, 当 $\alpha > 1$ 时, (2.41) 收敛.

证明　不失一般性, 设

$$0 < |z_1| \leqslant |z_2| \leqslant \cdots.$$

对于给定的 $\alpha > \rho$, 选取 β 使得 $\rho < \beta < \alpha$. 由 (2.40) 可知

$$n(r) \leqslant A r^{\beta}$$

对于适当的常数 A 和所有的 r 都成立. 当 $r = |z_n|$ 时, 我们有 $n(r) = n$ 以及

$$n \leqslant A |z_n|^{\beta}, \quad n = 1, 2, \cdots.$$

因此

$$\sum_{n=1}^{\infty} \frac{1}{|z_n|^\alpha} \leqslant \sum_{n=1}^{\infty} \frac{A^{\alpha/\beta}}{n^{\alpha/\beta}} < \infty.$$

定理得证. $\qquad\qquad\qquad\qquad\qquad\qquad\qquad\qquad\qquad\qquad\qquad\qquad\qquad\quad\Box$

Weierstrass 定理 (定理 2.13) 在多项式 $p_n(z)$ 的次数很大时是受限的. 对于指数型整函数, 由定理 2.17 可知, $\prod_{n=1}^{\infty} E(z/z_n, 1)$ 在复平面上的任意有界区域是一致收敛的. 所以, 我们给出下面的结论.

推论 2.18 如果 $f(z)$ 是指数型整函数, 具有非零的零点 $z_1, z_2, \cdots$, 则

$$f(z) = z^m e^{g(z)} \prod_{n=1}^{\infty} \left(1 - \frac{z}{z_n}\right) e^{\frac{z}{z_n}}, \quad z \in \mathbb{C}, \tag{2.42}$$

其中, $g(z) = cz + d$, c, d 为常数. 进一步, 如果 $f(z)$ 不是常数且在实数轴上有界, 则 $f(z)$ 有无穷多个零点.

定理 2.19 (Phragmén-Lindelöf 定理) 设 $f(z)$ 在一个角度为 π/α 的闭扇形区域上连续, 在开扇形区域上解析, 在扇形区域的边界上有界:

$$|f(z)| \leqslant M.$$

对于 $\beta < \alpha$, $f(z)$ 在扇形区域的内部和充分大的 $|z| = R$ 的圆周上, 有如下估计

$$|f(z)| \leqslant e^{r^\beta}. \tag{2.43}$$

则在整个扇形区域上都有界

$$|f(z)| \leqslant M.$$

特别地, 当 $\alpha > 1$, 且 $f(z)$ 是指数型时, 条件 (2.43) 自然成立.

证明 不失一般性, 假设取射线为 $\arg(z) = \pm\pi/(2\alpha)$. 令

$$F(z) = e^{-\varepsilon z^\gamma} f(z),$$

其中, $\beta < \gamma < \alpha$, $\varepsilon > 0$, z^γ 表示多值函数 $z^\gamma = e^{\gamma \ln z}$ 对于正的 z 取正值的单值解析分支. 则

$$|F(z)| = e^{-\varepsilon r^\gamma \cos \gamma\theta} |f(z)|, \quad z = re^{i\theta}.$$

因为 $\gamma < \alpha$, 可知在射线 $\theta = \pm\pi/\alpha$ 上, 有 $\cos \gamma\theta > 0$. 因此

$$|F(z)| \leqslant |f(z)| \leqslant M, \quad \forall \theta = \pm\pi/\alpha.$$

在圆周 $|z| = R$ 的弧 $|\theta| \leqslant \pi/(2\alpha)$ 上, 有

$$|F(z)| \leqslant e^{-\varepsilon R^{\gamma} \cos \frac{\gamma\pi}{2\alpha}} |f(z)| < e^{R^{\beta} - \varepsilon R^{\gamma} \cos \frac{\gamma\pi}{2\alpha}} \to 0, \quad R \to \infty.$$

因此在圆周上, 同样有 $|F(z)| \leqslant M$. 应用最大模原理, 在区域 $|\theta| \leqslant \pi/(2\alpha)$ 和 $r \leqslant R$ 上, 有 $|F(z)| \leqslant M$. 由于 R 可以充分大, 在整个扇形区域 π/α 上, 都有 $|F(z)| \leqslant M$. 因此

$$|f(z)| \leqslant M e^{\varepsilon r^{\gamma}}.$$

令 $\varepsilon \to 0$, $f(z)$ 在整个扇形区域上有界, 即 $|f(z)| \leqslant M$. 定理得证. $\qquad\square$

定理 2.20 证明了如果指数型整函数 $f(z)$ 在实数轴上一致有界, 则 $f(z)$ 在任意水平带状区域上一致有界.

定理 2.20 如果 $f(z)$ 是指数型整函数且满足

$$|f(z)| \leqslant a e^{b|z|}, \quad z \in \mathbb{C},$$

以及在实数轴上有界

$$|f(x)| \leqslant M, \quad x \in \mathbb{R},$$

则

$$|f(x + iy)| \leqslant M e^{b|y|}, \quad \forall\, x, y \in \mathbb{R}. \tag{2.44}$$

证明　我们仅证明 $y > 0$ 的情况, 对于 $y < 0$ 的情况用 $f(-z)$ 代替可化为 $y > 0$ 的情况. 令 $\varepsilon > 0$ 是任意常数, 定义

$$g(z) = e^{i(b+\varepsilon)z} f(z).$$

则对于所有 $x \in \mathbb{R}$, $|g(x)| = |f(x)| \leqslant M$ 有界, 以及

$$g(iy) \to 0, \quad y \to \infty.$$

这证明了 $g(z)$ 在非负虚轴上有界. 记

$$M_0 = \max_{y \geqslant 0} |g(iy)|.$$

对 $g(z)$ 分别在第一和第二象限应用 Phragmén-Lindelöf 定理 (定理 2.19) 可得到

$$|g(z)| \leqslant \max\{M, M_0\}, \quad \forall\, \mathrm{Im}(z) \geqslant 0. \tag{2.45}$$

应用最大模原理可知 $M_0 \leqslant M$, 从而

$$|g(z)| \leqslant M, \quad \forall\, \mathrm{Im}(z) \geqslant 0.$$

因此

$$|f(z)| \leqslant e^{(b+\varepsilon)y}|g(z)| \leqslant Me^{(b+\varepsilon)y}, \quad \forall \operatorname{Im}(z) \geqslant 0.$$

令 $\varepsilon \to 0$ 可得到在上半复平面的结论. 定理得证. $\qquad\square$

定理 2.21 如果 $f(z)$ 是指数型整函数且满足

$$|f(x)| \to 0, \quad |x| \to \infty,$$

则

$$|f(x+iy)| \to 0, \quad |x| \to \infty$$

在任意水平带状区域上是一致的.

对于非常数指数型整函数 $g(z)$, 定义

$$G(z) = \int_{-a}^{a} |g(z+t)|^2 dt. \tag{2.46}$$

因为 $|g(z)|^2$ 是次调和的, 即 $\Delta|g(z)|^2 \geqslant 0$, 所以 $G(z)$ 也是次调和的.

引理 2.22 设 $g(z)$ 是指数型整函数,

$$M = \sup_{x \in \mathbb{R}} G(x) < \infty, \quad N = \sup_{y>0} G(iy) < \infty. \tag{2.47}$$

则

$$G(z) \leqslant \max\{M, N\}, \quad \forall \operatorname{Im}(z) \geqslant 0.$$

引理 2.23 在引理 2.22 的条件中, 进一步假设

$$\lim_{y \to \infty} g(x+iy) = 0 \tag{2.48}$$

对于 $x \in [-a, a]$ 是一致的. 则

$$G(z) \leqslant M, \quad \forall \operatorname{Im}(z) \geqslant 0.$$

定理 2.24 (Plancherel-Póya 定理) 设 $f(z)$ 是具有指数型 b 的整函数. 如果 $f(x)$ 满足

$$\int_{-\infty}^{\infty} |f(x)|^2 dx < \infty,$$

则

$$\int_{-\infty}^{\infty} |f(x+iy)|^2 dx \leqslant e^{2b|y|} \int_{-\infty}^{\infty} |f(x)|^2 dx < \infty. \tag{2.49}$$

证明　令 $\varepsilon > 0$. 考虑函数

$$g(z) = f(z)e^{i(b+\varepsilon)z},$$

显然 $g(z)$ 和 G 满足引理 2.22 和引理 2.23 的假设条件. 对于 $y > 0$, 由引理 2.23 可知

$$G(iy) \leqslant M < \int_{-\infty}^{\infty} |g(x)|^2 dx.$$

结合 $g(z)$ 和 $G(z)$ 的定义可得

$$e^{-2(b+\varepsilon)y} \int_{-a}^{a} |f(x+iy)|^2 dx < \int_{-\infty}^{\infty} |f(x)|^2 dx.$$

先令 $a \to \infty$, 接着令 $\varepsilon \to 0$ 可得定理的结论. 定理得证.　　　□

定理 2.25　设 $f(z)$ 是具有指数型 b 的整函数, 且满足

$$\int_{-\infty}^{\infty} |f(x)|^2 dx < \infty.$$

如果 $\{\lambda_n\}$ 是实数增长序列且使得

$$\lambda_{n+1} - \lambda_n \geqslant \varepsilon > 0,$$

则

$$\sum_n |f(\lambda_n)|^2 \leqslant C \int_{-\infty}^{\infty} |f(x)|^2 dx, \tag{2.50}$$

这里 $C > 0$ 是常数. 因此

$$\lim_{x \to \infty} f(x) = 0. \tag{2.51}$$

对任意 $\phi \in L^2(-b, b)$, 函数

$$f(z) = \int_{-b}^{b} \phi(t)e^{izt} dt \tag{2.52}$$

是整函数. 并且

$$|f(z)| \leqslant \int_{-b}^{b} |\phi(t)||e^{-yt} dt \leqslant e^{b|y|} \int_{-b}^{b} |\phi(t)| dt. \tag{2.53}$$

因此 $f(z)$ 的指数型最多为 b, 由 Plancherel-Póya 定理可得

$$\int_{-\infty}^{\infty} |f(x)|^2 dx = 2\pi \int_{-b}^{b} |\phi(t)|^2 dt < \infty. \tag{2.54}$$

定理 2.26 如果 $\{\lambda_n\}$ 是可分的实数序列:

$$\inf_{n \neq m} |\lambda_n - \lambda_m| > 0,$$

则 $\{e^{i\lambda_n t}\}$ 是 $L^2(-b, b)$ 上的 Bessel 序列, 其中 b 是任意的正数. 由命题 2.1 可知, 存在 $C_b > 0$ 使得对任意的 $\{a_n\} \in \ell^2$, 有

$$\int_{-b}^{b} \left| \sum_n a_n e^{i\lambda_n t} \right|^2 dt \leqslant C_b \sum_n |a_n|^2.$$

证明 如果 $\phi \in L^2(-b, b)$, 则内积

$$a_n = \langle \phi, \, e^{i\lambda_n t} \rangle$$

是如下整函数的取值 $f(\lambda_n)$:

$$f(z) = \int_{-b}^{b} \phi(t) e^{izt} dt.$$

因为 $f(z)$ 是指数型 (由 (2.53) 可知最多是 b), 且根据 (2.54) 可知沿着实数轴属于 L^2, 所以由 (2.50) 可得

$$\sum_n |a_n|^2 = \sum_n |f(\lambda_n)|^2 < \infty.$$

这证明了 $\{e^{\lambda_n t}\}$ 是 $L^2(-b, b)$ 上的 Bessel 序列. 定理得证. $\square$

下面定理是著名的 Ingham 定理.

定理 2.27 (Ingham 定理) 如果 $\{\lambda_n\}$ 是可分的实数序列且满足

$$\lambda_{n+1} - \lambda_n \geqslant \gamma > \frac{\pi}{A}, \quad n = 0, \pm 1, \pm 2, \cdots,$$

则存在常数 C_A, D_A 使得对任意常数序列 $\{a_n\}$, 有如下估计

$$D_A \sum_n |a_n|^2 \leqslant \int_{-A}^{A} \left| \sum_n a_n e^{i\lambda_n t} \right|^2 dt \leqslant C_A \sum_n |a_n|^2.$$

证明 第二个不等式可以由定理 2.26 得到. 我们仅需证明第一个不等式. 不失一般性, 设 $A = \pi$ 使得 $\gamma > 1$. 令 $\{a_n\}$ 是一组序列以及

$$f(t) = \sum_n a_n e^{i\lambda_n t}.$$

如果 $k(t)$ 是实数轴上的可积函数以及

$$K(x) = \int_{-\infty}^{\infty} k(t)e^{ixt}dt, \quad x \in (-\infty, \infty),$$

则

$$\int_{-\infty}^{\infty} k(t)|f(t)|^2 dt = \sum_{m,n} K(\lambda_m - \lambda_n) a_m \overline{a_n}.$$

选取

$$k(t) = \begin{cases} \cos \dfrac{t}{2}, & |t| \leqslant \pi, \\ 0, & |t| > \pi, \end{cases}$$

可得

$$K(x) = \frac{4 \cos \pi x}{1 - 4x^2},$$

以及

$$\int_{-\pi}^{\pi} |f(t)|^2 dt \leqslant \sum_{m,n} K(\lambda_m - \lambda_n) a_m \overline{a_n}.$$

令 S_1 是 $m = n$ 的部分和, S_2 是剩余部分和. 则

$$S_1 = 4 \sum_n |a_n|^2.$$

因为 $K(x)$ 是偶函数以及 $2|a_m \overline{a_n}| \leqslant |a_m|^2 + |a_n|^2$, 所以存在常数 θ 使得 $|\theta| \leqslant 1$ 以及

$$S_2 = \theta \sum_{m \neq n} \frac{|a_m|^2 + |a_n|^2}{2} \big| K(\lambda_m - \lambda_n) \big| = \theta \sum_n |a_n|^2 \sum_{m, m \neq n} \big| K(\lambda_m - \lambda_n) \big|.$$

对于 $m \neq n$ 可知

$$|\lambda_m - \lambda_n| \geqslant |m - n|\gamma > 1,$$

因此我们有

$$\sum_{m, m \neq n} \big| K(\lambda_m - \lambda_n) \big| \leqslant \sum_{m, m \neq n} \frac{4}{4(m-n)^2 \gamma^2 - 1} < \frac{8}{\gamma^2} \sum_{k=1}^{\infty} \frac{1}{4k^2 - 1}$$

$$= \frac{4}{\gamma^2} \sum_{k=1}^{\infty} \left(\frac{1}{2k-1} - \frac{1}{2k+1} \right) = \frac{4}{\gamma^2}.$$

从而

$$\int_{-\pi}^{\pi} |f(t)|^2 dt \geqslant \left(4 - \frac{4}{\gamma^2} \right) \sum_n |a_n|^2.$$

定理得证.　　　　　　　　　　　　　　　　　　　　　　　　　　　　　□

命题 2.2 设 $\{f_n\}_{n=1}^{\infty}$ 是 Hilbert 空间 H 的序列. 则 $\{f_n\}_{n=1}^{\infty}$ 是 Bessel 序列的充分必要条件为它的 Gram 矩阵

$$\{\langle f_i, f_j \rangle\}$$

是 ℓ^2 空间上的有界算子.

定理 2.28 设复数序列 $\{\lambda_k\}_{k=1}^{\infty}$ 满足渐近表达式

$$\lambda_k = \alpha(k + i\gamma \ln k) + \mathcal{O}(1), \quad \alpha \neq 0, \ k = 1, 2, \cdots, \tag{2.55}$$

其中, γ 是实数, $\mathrm{Re}(\lambda_k) \leqslant C, C$ 是一个常数. 则

$$\left\{ e^{\lambda_k t} \right\}_{k=1}^{\infty}$$

是 $L^2(0,1)$ 上的 Bessel 序列.

如果一个解析函数在给定区域上是解析的单值函数, 我们称它为正则的. 下面的定理是复分析中的 Montel 定理.

定理 2.29 (Montel 定理) 设 $f_n(z)$ 是区域 D 的一致有界正则函数序列. 则存在 $f_n(z)$ 的子序列 $f_{n_k}(z)$ 以及解析函数 $f(z)$ 使得

$$f_{n_k}(z) \to f(z)$$

在 D 的内部的任意围道有界区域上一致收敛.

定理 2.30 如果 $f(z)$ 是指数型整函数, 且

$$|f(x)| \to 0 \quad \text{随着 } |x| \to \infty,$$

则

$$|f(x + iy)| \to 0 \quad \text{随着 } |x| \to \infty$$

在任意的水平带状区域上一致收敛到 0.

定理 2.31 (Hurwitz 定理) 设 $f_n(z)$ 为函数序列, 每个函数都在以简单闭曲线形成的有界开区域 D 上解析, 并且

$$f_n(z) \to f(z) \quad \text{在 } D \text{ 中一致收敛}.$$

则 $f(z_0) = 0$ 在 $z_0 \in D$ 处成立当且仅当存在 N 和 $z_n \in D$ 使得 $f_n(z_n) = 0$ 对于所有的 $n > N$ 和 $z_n \to z_0$ 都成立.

我们称一个指数型最多为 b 的整函数属于 Paley-Wiener 空间, 如果它沿着实数轴属于 L^2. 下面的结论说明任意的 Paley-Wiener 空间的函数都可以由 (2.52) 得到.

定理 2.32 (Paley-Wiener 定理)   设 $f(z)$ 是整函数且满足

$$|f(z)| \leqslant Ae^{b|z|}, \quad z \in \mathbb{C},$$

这里 $A, b > 0$, 以及

$$\int_{-\infty}^{\infty} |f(x)|^2 < \infty.$$

则存在函数 $\phi \in L^2(-b, b)$ 使得

$$f(z) = \int_{-b}^{b} \phi(t)e^{izt}dt \tag{2.56}$$

成立.

推论 2.33   在定理 2.32 的条件下,

$$|f(z)|e^{-b|y|} \to 0, \quad |z| \to \infty. \tag{2.57}$$

因为 Fourier 变换是等距的, Paley-Wiener 定理证明了 Paley-Wiener 空间是可分的 Hilbert 空间, 并且等距同构于 $L^2(-b, b)$. Paley-Wiener 空间的内积定义为

$$\langle f, g \rangle = \int_{-\infty}^{\infty} f(x)\overline{g(x)}dx. \tag{2.58}$$

如果

$$f(z) = \frac{1}{2b} \int_{-b}^{b} \phi(t)e^{izt}dt,$$

由 Plancherel-Póya 定理可知

$$\|f\|^2 = \int_{-\infty}^{\infty} |f(x)|^2 dx = \frac{1}{2b} \int_{b}^{b} |\phi(t)|^2 dt = \|\phi\|^2. \tag{2.59}$$

对于指数型整函数 $f(z)$, 在 $\mathbb{R}$ 上, 定义一个以 2π 为周期的函数

$$h_f(\theta) = \limsup_{r \to \infty} \frac{1}{r} \ln |f(re^{i\theta})|. \tag{2.60}$$

该函数作为 $f(z)$ 的增长指标, 用于描述函数 $f(z)$ 沿着射线 $\{z|\ \arg(z) = \theta\}$ 的增长情况. $f(z)$ 的指标图是一个凸集 G_f 使得

$$k_f(\theta) = \sup_{z \in G_f} \text{Re}\left(ze^{-i\theta}\right). \tag{2.61}$$

设 $f(z)$ 是定义在上半单位圆盘 $\{|z|^2 < 1, \mathrm{Im}(z) > 0\}$ 的解析函数. 假设 $f(z)$ 可以延拓到整个实数轴, 并取值为实数的连续函数. 则 $f(z)$ 可以通过变换

$$f(\bar{z}) = \overline{f(z)}$$

延拓为整个单位圆盘的解析函数. 容易验证上述函数在下半单位圆盘内是复可微的, 并且在实数轴上解析, 无论是否有可微假设. 这称为 Schwarz 反射原理, 或者 Schwarz 对称原理.

调和函数 $f : U \to \mathbb{R}$, 其中 U 是 $\mathbb{R}^n$ 的开子集, 称为二次连续可微函数, 如果在 $x \in U$ 上满足 Laplace 方程: $\Delta f(x) = 0$, 其中, Δ 是 Laplace 算子. 反射原理同样可以用于反射调和函数, 并且在边界连续延拓到零. 对于负的 y, 通过变换

$$v(x, y) = -v(x, -y)$$

可以将调和函数 $v(x, y)$ 延拓到反射区域. 需要注意的是, 此时调和函数需要满足 $v(x, 0) = 0$.

2.4 sine 型函数

众所周知, 由函数 $f(z) = \sin z$ 的零点 $\{\lambda_n = n\pi\}$ 形成的复指数族 $\{e^{i\lambda_n t}\}$ 在 $L^2(-1, 1)$ 构成 Riesz 基. 这种情况的发生并不是偶然的. 事实上, 有一大类的指数型整函数的零点形成的复指数族 $\{e^{i\lambda_n t}\}$ 都可以构成基.

定义 2.9 指数型整函数 $f(z)$ 称为 sine 型, 如果

(i) $f(z)$ 的零点 $\{\lambda_k\}$ 落在带状区域 $\{z \in \mathbb{C}| \ |\mathrm{Im} z| \leqslant H_0\}$ 内, 这里 $H_0 > 0$; 以及

(ii) 存在 $h_0 \in \mathbb{R}$ 以及正数 A 和 B 使得

$$A \leqslant |f(x + ih_0)| \leqslant B, \quad \text{对于所有的 } x \in \mathbb{R}.$$

命题 2.3 设 $f(z)$ 是满足 (2.25) 和定义 2.9 的 sine 型整函数, 则存在常数 A_0 和 B_0 使得

$$A_0 e^{b|y|} \leqslant |f(z)| \leqslant B_0 e^{b|y|}, \quad \forall \, \mathrm{Im}(z) \geqslant H_1 > \max\{H_0, h_0\}. \tag{2.62}$$

并且, 对于任意 $\eta > 0$ 存在 $m_\eta > 0$ 使得

$$|f(z)| \geqslant m_\eta e^{b|y|}, \quad \forall \, \mathrm{dist}(z, \{\lambda_k\}) > \eta. \tag{2.63}$$

命题 2.4   设

$$D(\lambda) = 1 + \sum_{k=1}^{n} Q_k(\lambda) e^{\alpha_k \lambda},$$

其中, $Q_k(\lambda)$ 是多项式, α_k 是复数. 则在以 $D(\lambda)$ 的零点为圆心, ε 为半径的圆之外, 存在依赖于 ε 的常数 $C(\varepsilon) > 0$ 使得如下估计式成立

$$|D(\lambda)| \geqslant C(\varepsilon). \tag{2.64}$$

从 Kadec-$\frac{1}{4}$ 定理 (定理 2.12) 可知 $\{\lambda_n\}$ 的可分性对于指数族 $\{e^{i\lambda_n t}\}$ 在 $L^2(0,T)$ 生成 Riesz 基是一个非常重要的条件. 序列 $\{\lambda_n\}_1^\infty$ 称为是可分的, 如果

$$\delta(\Lambda) = \inf_{n \neq m} |\lambda_n - \lambda_m| > 0. \tag{2.65}$$

显然, 如果 $\{\lambda_n\}$ 是实数值函数 $f(x)$ 的所有零点, 且 $\{\lambda_n\}$ 是可分的, 则它一定满足

$$\inf_n |f'(\lambda_n)| > 0.$$

我们希望, 它同样是对于指数型整函数零点的可分性的充分必要条件. 为此, 我们先给出下面的引理.

引理 2.34   设 $f(z)$ 是区域 $|z - z_0| < \delta$, $\delta > 1$ 上的解析函数. 假设 $|f(z)| \leqslant M$ 在 $|z - z_0| \leqslant 1$ 上有界, z_0 是 $f(z)$ 的 k 阶零点且满足

$$\frac{f^{(k)}(z_0)}{k!} = a_k \neq 0. \tag{2.66}$$

则 z_0 是 $f(z)$ 在圆盘

$$|z - z_0| \leqslant \frac{|a_k|}{4(|a_k| + M)}$$

上的唯一零点.

证明   由假设, $f(z)$ 在 $z = z_0$ 有 Taylor 展开式

$$f(z) = \sum_{n=k}^{\infty} a_k(z - z_0)^k, \quad |z - z_0| \leqslant 1.$$

根据 Cauchy 公式和假设可知

$$|a_n| \leqslant M, \quad 对所有 n \geqslant k.$$

从而对于

$$0 < |z - z_0| \leqslant r = \frac{|a_k|}{4(|a_k| + M)},$$

可得

$$|f(z)| = |z - z_0|^k \left| a_k + \sum_{n=1}^{\infty} a_{k+n}(z - z_0)^n \right|$$

$$\geqslant |z - z_0|^k \left[|a_k| - \sum_{n=1}^{\infty} |a_{k+n}||z - z_0|^n \right]$$

$$\geqslant |z - z_0|^k \left[|a_k| - M \sum_{n=1}^{\infty} r^n \right]$$

$$= |z - z_0|^k \left[|a_k| - M \frac{r}{1-r} \right]$$

$$= |z - z_0|^k \frac{3|a_k|}{4(1-r)} > 0.$$

引理得证. □

定理 2.35　设 $f(z)$ 是指数型整函数且满足 (2.25). 假设 $f(z)$ 在实数轴上有界, 并且 $f(z)$ 的零点 $\{\lambda_n\}_1^{\infty}$ 满足

$$\sup_n |\mathrm{Im}(\lambda_n)| = h < \infty \quad \text{以及} \quad \sup_n m_n < \infty,$$

其中, m_n 是 $f(z)$ 的零点 λ_n 的重数.

(i) 如果

$$\inf_n |f^{(m_n)}(\lambda_n)| > 0, \tag{2.67}$$

则 $\{\lambda_n\}_1^{\infty}$ 是可分的: $\inf_{n \neq m} |\lambda_n - \lambda_m| > 0$.

(ii) 反之, 如果 $\{\lambda_n\}_1^{\infty}$ 是可分的, 且存在 $y_0 \in \mathbb{R}$ 使得

$$\inf_{x \in \mathbb{R}} |f(x + iy_0)| > 0 \tag{2.68}$$

成立, 则 (2.67) 成立.

因此, sine 型整函数的零点 $\{\lambda_n\}$ 可分的充分必要条件是 (2.67) 成立.

推论 2.36　设 $\{\lambda_n\}$ 是 sine 型整函数的零点, 且 $\{\lambda_n\}$ 是可分的, 则 $\{e^{i\lambda_n t}\}$ 在 $L^2(-b, b)$ 是完备的, 其中, $b > 0$ 满足 (2.62).

证明　设 $f(z)$ 是 sine 型整函数, 且有零点 $\lambda_1, \lambda_2, \cdots$. 假设存在函数 $p(t) \in L^2(-b, b)$ 使得

$$\int_{-b}^{b} p(t)e^{i\lambda_n t} dt = 0, \quad n = 1, 2, \cdots.$$

定义函数

$$g(z) = \int_{-b}^{b} p(t) e^{izt} dt.$$

则 $g(z)$ 是指数型为 b 的整函数, 且 $g(\lambda_n) = 0$, $n = 1, 2, \cdots$, 以及

$$g(z) e^{-by} \to 0, \quad |z| \to \infty.$$

因此函数

$$\varphi(z) = \frac{g(z)}{f(z)}$$

也是整函数. 由 (2.63) 可知, 在圆环 $|z - \lambda_n| = \varepsilon$ $(n = 1, 2, \cdots)$ 之外, 当 $|z| \to \infty$ 时 $\varphi(z) \to 0$. 应用最大模原理, 在圆环内同样可得当 $|z| \to \infty$ 时 $\varphi(z) \to 0$, 因此 $\varphi(z)$ 恒为零. 从而 $g(z)$ 恒为零. 由于 Fourier 变换在 $L^2(-b, b)$ 是可逆的, 最终可得 $p(t) \equiv 0$. 推论得证. □

定理 2.37　设 $\{\lambda_n\}$ 是 sine 型函数 $g(z)$ 的所有零点, 满足

$$|g(z)| \leqslant B e^{b|z|},$$

且 $\{\lambda_n\}$ 是可分的, 则 $\{e^{i\lambda_n t}\}$ 构成 $L^2(-b, b)$ 的 Riesz 基.

下面是关于 sine 型函数的零点的重要结论.

定理 2.38　设 $f(z)$ 是 sine 型函数, 则它的零点集是有限个可分集合的并, 这里的多重零点以重数计算它的零点个数. 因此, sine 型函数的零点的重数有一致上界.

定理 2.39　设 $\{\lambda_n\}$ 是 sine 型函数的零点. 则

$$\sup_{n} \{|\lambda_{n+1} - \lambda_n|\} < \infty.$$

2.5　广 义 差 分

定理 2.37 对于 $\{e^{i\lambda_n t}\}$ 在某个 $L^2(0, T)$ 生成 Riesz 基的要求是集合 $\{\lambda_n\}$ 是可分的. 一个自然的问题是: 当 $\{\lambda_n\}$ 不可分时, $\{e^{i\lambda_n t}\}$ 的基性质是什么样的? 应用中经常遇到的一种情形是, $\{\lambda_n\}$ 可以被分为有限个子集, 在每个子集上, 本征值是可分的, 但是对于整个集合而言, λ_n 之间的距离可以随着 $n \to \infty$ 而趋于零. 这一节, 对于那些 "闭" 的本征值, 我们得到由 $\{e^{i\lambda_n t}\}$ 相关的指数以适当的线性组合得到的族构成在 $L^2(0, T)$ 上 Riesz 基的必要条件. 我们将基于广义差分 (Generalized Divided Difference, GDD) 的概念来进行讨论, 并给出 T 的值.

令

$$\Lambda = \{\lambda_n\} \tag{2.69}$$

是以实部 $\{\mathrm{Re}(\lambda_n)\}$ 不降的方式进行排序的序列.

定义 2.10 我们称 Λ 是相对一致离散的, 如果 Λ 可以被分解为有限个可分子序列的和.

我们考虑如下指数族的 Riesz 基性质

$$\mathcal{E}(\Lambda) = \left\{ e^{i\lambda_n t},\ te^{i\lambda_n t},\ \cdots,\ t^{m_{\lambda_n}} e^{i\lambda_n t} \right\}_{n\in\mathbb{Z}}, \tag{2.70}$$

其中, m_{λ_n} 是 λ_n 的重数. 不失一般性, 我们假设

$$\lambda_n \in S = \left\{ \lambda \big|\ 0 < \alpha \leqslant \mathrm{Im}(\lambda) \leqslant \beta,\ \mathrm{Im}(\lambda) > 0 \right\}. \tag{2.71}$$

在这一节, 对任意的 $\lambda \in \mathbb{C}$, 用 $D_\lambda(r)$ 表示圆心为 λ 半径为 r 的圆. 对于正整数 $p = 1, 2, \cdots$, 令 $G^{(p)}(r)$ 表示连接的 $\bigcup_{\lambda\in\Lambda} D_\lambda(r)$. 记

$$\Lambda^{(p)}(r) = \Lambda \cap G^{(p)}(r) = \{\lambda_{j,p}\}$$

为 Λ 的子序列. $\mathcal{L}^{(p)}(r)$ 表示相应于 $\lambda \in \Lambda^{(p)}(r)$, $n = 0, 1, \cdots, m_\lambda$ 的指数族 $\{t^n e^{\lambda t}\}$ 生成的子空间.

引理 2.40 设 Λ 是 N 个可分集合 Λ_j 的并:

$$\delta_j = \delta(\Lambda_j) = \inf_{\lambda\neq\mu, \lambda,\mu\in\Lambda_j} |\lambda - \mu|, \quad \delta = \delta(\Lambda) = \min_j \delta_j. \tag{2.72}$$

则对于

$$r < r_0 = \frac{\delta}{2N}, \tag{2.73}$$

$\Lambda^{(p)}(r)$ 的元素个数 $\mathcal{N}^{(p)}$ 至多是 N, 即 $\mathcal{N}^{(p)} \leqslant N$.

证明 假设有 $N+1$ 个 $\lambda_k, k = 1, 2, \cdots, N+1$ 属于 $\Lambda^{(p)}(r)$. 如果有两个 λ_k 落在同一圆上, 则它们之间的距离小于 $2r$. 极端的情况是一点落在一个圆上而另外一点落在最远的圆上. 因此任意两点之间的距离小于 $2rN < \delta$. 但是在 $N+1$ 个 λ_k 中至少有两个 λ_k 属于相同的 Λ_j, 它们之间的距离不小于 δ. 矛盾! 引理得证. □

令 $\mu_k, k = 1, \cdots, m$ 是任意 m 个复数, 可以有相同的数.

定义 2.11 复指数 $e^{i\mu t}$ 的零阶广义差分定义为

$$[\mu_1] = e^{i\mu_1 t}.$$

复指数 $e^{i\mu t}$ 的 $n-1, n \leqslant m$ 阶广义差分定义为

$$[\mu_1, \cdots, \mu_n] = \begin{cases} \dfrac{[\mu_1, \cdots, \mu_{n-1}] - [\mu_2, \cdots, \mu_n]}{\mu_1 - \mu_n}, & \mu_1 \neq \mu_n, \\[3mm] \dfrac{\partial}{\partial \mu} [\mu, \mu_2, \cdots, \mu_{n-1}] \Big|_{\mu = \mu_1}, & \mu_1 = \mu_n. \end{cases}$$

例如

$$[\mu_1, \mu_2] = \begin{cases} \dfrac{e^{i\mu_1 t} - e^{i\mu_2 t}}{\mu_1 - \mu_2}, & \mu_1 \neq \mu_2, \\[3mm] ite^{i\mu_1 t}, & \mu_1 = \mu_2. \end{cases} \tag{2.74}$$

如果所有的 μ_k 都不同, 由归纳法, 可以诱导出广义差分的如下精确表达式:

$$[\mu_1, \cdots, \mu_n] = \sum_{k=1}^{n} \frac{e^{i\mu_k t}}{\prod\limits_{j \neq k} (\mu_k - \mu_j)}, \tag{2.75}$$

如果所有的 μ_k 都相等, 则广义差分的表达式为

$$[\mu_1, \cdots, \mu_n] = (it)^{n-1} e^{i\mu_1 t}. \tag{2.76}$$

我们将证明广义差分是 $\mathcal{E}(\Lambda)$ 的线性组合.

引理 2.41   广义差分 $[\mu_1, \cdots, \mu_n]$ 关于参数是对称的.

证明   对于 $n = 2$, 结论由 (2.74) 可得. 设广义差分 $[\mu_1, \cdots, \mu_n]$ 关于参数是对称的. 对于广义差分 $[\mu_1, \cdots, \mu_n, \mu_{n+1}]$. 仅需证明 μ_1 和 μ_{n+1} 的可交换性, 其他情况可用相同的方法证明. 如果 $\mu_1 \neq \mu_{n+1}$, 从广义差分的定义可知 μ_1 和 μ_{n+1} 是可交换的. 当 $\mu_1 = \mu_{n+1}$ 时, 结论是显然的. 引理得证.   □

引理 2.42   对任意的 μ_k, 广义差分可以表示为

$$[\mu_1, \cdots, \mu_n] = \int_0^1 d\tau_1 \int_0^{\tau_1} d\tau_2 \ldots$$
$$\cdot \int_0^{\tau_{n-2}} d\tau_{n-1} (it)^{n-1} e^{it[\mu_1 + \tau_1(\mu_2 - \mu_1) + \cdots + \tau_{n-1}(\mu_n - \mu_{n-1})]}, \tag{2.77}$$

且 $[\mu_1, \cdots, \mu_n]$ 关于 $\mu_i, i = 1, 2, \cdots, n$ 是连续的.

证明 $n = 2$ 的情况由 (2.74) 可得, 并且 $[\mu_1, \mu_2]$ 关于参数是连续的. 假设 (2.77) 对于 n 成立, 并且广义差分关于参数是连续的. 当 $\mu_n \neq \mu_{n+1}$ 时, 经计算可得

$$[\mu_n, \mu_1, \cdots, \mu_{n-1}, \mu_{n+1}] = \frac{[\mu_1, \cdots, \mu_{n-1}, \mu_n] - [\mu_1, \cdots, \mu_{n-1}, \mu_{n+1}]}{\mu_n - \mu_{n+1}}$$

$$= \frac{1}{\mu_n - \mu_{n+1}} \int_0^1 d\tau_1 \int_0^{\tau_1} d\tau_2 \cdots$$

$$\cdot \int_0^{\tau_{n-2}} d\tau_{n-1} (it)^{n-1} e^{it[\mu_1 + \tau_1(\mu_2 - \mu_1) + \cdots + \tau_{n-1}(\mu_n - \mu_{n-1})]}$$

$$- \frac{1}{\mu_n - \mu_{n+1}} \int_0^1 d\tau_1 \int_0^{\tau_1} d\tau_2 \cdots$$

$$\cdot \int_0^{\tau_{n-2}} d\tau_{n-1} (it)^{n-1} e^{it[\mu_2 + \tau_1(\mu_3 - \mu_2) + \cdots + \tau_{n-1}(\mu_{n+1} - \mu_{n-1})]}$$

$$= \int_0^1 d\tau_1 \int_0^{\tau_1} d\tau_2 \cdots \int_0^{\tau_{n-1}} d\tau_n (it)^n e^{it[\mu_1 + \tau_1(\mu_2 - \mu_1) + \cdots + \tau_n(\mu_{n+1} - \mu_n)]}, \quad (2.78)$$

并且关于参数是连续的. 当 $\mu_n = \mu_{n+1}$ 时, 对任意 $\mu \neq \mu_{n+1}$, 由 (2.78) 可知

$$[\mu, \mu_1, \cdots, \mu_{n-1}] = \int_0^1 d\tau_1 \int_0^{\tau_1} d\tau_2 \cdots$$

$$\cdot \int_0^{\tau_{n-2}} d\tau_{n-1} (it)^{n-1} e^{it[\mu_1 + \tau_1(\mu_2 - \mu_1) + \cdots + \tau_{n-1}(\mu - \mu_{n-1})]},$$

上式关于 μ 求导数, 并且令 $\mu = \mu_n$ 可再次得到 (2.78). 由归纳法和引理 2.41 可证明 (2.77) 对于所有的 n 成立. 引理得证. □

我们现在讨论广义差分的结构. 令 $\mu_1, \mu_2, \cdots, \mu_n$ 是 n 个复数, 可相等. 进一步, 把这 n 个数中相同的数合并在一起, 表示为 q 个不同的数 $\nu_1, \cdots, \nu_q$, 且具有各自的重数 $m_1, \cdots, m_q$ ($m_1 + m_2 + \cdots + m_q = n$).

引理 2.43 $n-1$ 阶广义差分 $[\mu_1, \cdots, \mu_n]$ 是下述函数的线性组合

$$t^m e^{i\nu_k t}, \quad k = 1, \cdots, q, \ m = 0, \cdots, m_{k-1},$$

并且首项 $t^{m_k - 1} t^{i\nu_k t}$ 的系数不等于零.

证明 用归纳法证明. 对于 $n=1$, 结论是显然的. 假设结论对于 $n-2$ 成立. 如果 $\mu_1 \neq \mu_n$, 由定义可知

$$[\mu_1, \cdots, \mu_n] = \frac{[\mu_1, \cdots, \mu_{n-1}] - [\mu_2, \cdots, \mu_n]}{\mu_1 - \mu_n}$$

是 $n-2$ 阶广义差分的线性组合. 设 μ_n 在集合 $\{\mu_2, \cdots, \mu_n\}$ 中的重数大于 μ_1 在集合 $\{\mu_1, \cdots, \mu_{n-1}\}$ 中的重数, 并且集合 $\{\mu_2, \cdots, \mu_n\}$ 的首项由 μ_n 表示. 设 k 是使得 $\mu_n = \nu_k$ 的下标. 则首项 $t^{m_k - 1} e^{i\nu_k t}$ 出现在广义差分 $[\mu_2, \cdots, \mu_n]$ 中, 但不出现在广义差分 $[\mu_1, \cdots, \mu_{n-1}]$ 中, 因此它的系数不为零.

设 $\mu_1 = \mu_n$ 以及 $\mu_1 = \nu_1$. 则广义差分 $[\mu_1, \cdots, \mu_{n-1}]$ 包括首项 $t^{m_1 - 2} e^{\nu_1 t}$. 对 μ_1 求导数, 可以看到首项 $t^{m_1 - 1} e^{\nu_1 t}$ 的系数非零. 引理得证. □

引理 2.44　对任意的 $\varepsilon > 0,\ N \in \mathbb{N}$, 存在 $\delta > 0$ 使得对属于圆盘 $D_0(\delta)$ 的任意集合 $\{\mu_j\}_{j=1}^N$, 其中 $D_0(\delta)$ 表示以原点为圆心, δ 为半径的圆盘, 有如下估计

$$\left| [\mu_1, \cdots, \mu_j](t) - \frac{(it)^{j-1}}{(j-1)!} \right| < \varepsilon, \quad j = 1, 2, \cdots, N, \ t \in [-\pi N, \pi N]. \tag{2.79}$$

命题 2.5　下面的结论是成立的.

(i) 设 $\varphi_j = [\mu_1, \cdots, \mu_j],\ j = 1, 2, \cdots, n$. 如果 $\mu_1, \cdots, \mu_n$ 在凸区域 $\Omega \subset \mathbb{C}$ 上, 则

$$|\varphi_j(t)| \leqslant c_n e^{\gamma t}, \quad \gamma = -\inf_{z \in \Omega} \operatorname{Re}(z). \tag{2.80}$$

(ii) 函数 $\varphi_1, \varphi_2, \cdots, \varphi_n$ 是线性独立的.

(iii) 如果所有的 μ_k 不相同, 则广义差分构成空间 $\operatorname{span}\{e^{i\mu_1 t}, \cdots, e^{i\mu_n t}\}$ 的基.

(iv) 集合 $\mu_1, \cdots, \mu_n$ 的平移将导致广义差分和指数倍数相乘:

$$[\mu_1 + \lambda, \cdots, \mu_n + \lambda] = e^{i\lambda t}[\mu_1, \cdots, \mu_n].$$

(v) 对任意的 $\varepsilon > 0$ 和 $N \in \mathbb{N}$, 由 (2.71) 给定的带状区域 S 中的任意 μ, 当所有的 $\mu_1, \cdots, \mu_n$ 位于以 μ 为圆心, δ 为半径的圆盘 $D_\mu(\delta)$ 时, 存在 $\delta > 0$ 使得如下估计

$$\left\| [\mu_1, \cdots, \mu_n](t) - \frac{e^{i\mu t}(it)^{j-1}}{(j-1)!} \right\|_{L^2(0,\infty)} < \varepsilon, \quad j = 1, 2, \cdots, N$$

成立.

命题 2.6　设 $\{\mu_1, \mu_2, \cdots, \mu_n\} = \{\mu_1, \mu_2, \cdots, \mu_q\}$, $\mu_k \neq \mu_j,\ k \neq j,\ 1 \leqslant k, j \leqslant q$, 并且每个 μ_j 重复 m_j 次: $\sum_{j=1}^q m_j = n$. 则任意的

$$\varphi(t) = \sum_{j=1}^q e^{i\mu_j t} \sum_{k=1}^{m_j} a_{kj} t^{k-1}$$

可以表示为

$$\varphi(t) = \sum_{k=1}^n G_k[\mu_1, \mu_2, \cdots, \mu_k](t),$$

其中 $G_1 = \sum_{j=1}^q a_{1j}$.

证明　由于 $[\mu_1, \mu_2, \cdots, \mu_n]$ 关于参数对称, 由 (2.76), 我们考虑首 m_1 项广义差分

$$[\mu_1] = e^{i\mu_1 t}, \quad [\mu_1, \cdots, \mu_1] = (it)^{m_1 - 1} e^{i\mu_1 t},$$

其他部分可以类似处理. 从而所有的如下指数项

$$(it)^j e^{i\mu_1 t}, \quad j = 1, 2, \cdots, m_1 - 1$$

都包含在首 m_1 项广义差分中. 因此, 由命题 2.5 的结论 (i), 我们可以记

$$\varphi(t) = \sum_{k=1}^{n} G_k [\mu_1, \mu_2, \cdots, \mu_k] (t),$$

因为所有的 $[\mu_1, \mu_2, \cdots, \mu_k]$, $k = 1, 2, \cdots, n$ 是线性无关的.

我们现在证明当 $k \geqslant 2$, $t = 0$ 时, $[\mu_1, \cdots, \mu_k] = 0$. 对于 $k = 2$, 由 (2.74) 可知结论成立. 设 $[\mu_1, \cdots, \mu_k] = 0$ 在 $t = 0$ 对于 $k \geqslant 2$ 成立, 我们证明 $[\mu_1, \cdots, \mu_k, \mu_{k+1}] = 0$ 在 $t = 0$ 成立. 如果 $\mu_1 \neq \mu_{k+1}$, 由定义和归纳假设可知

$$[\mu_1, \cdots, \mu_k, \mu_{k+1}] = \frac{[\mu_1, \cdots, \mu_k] - [\mu_2, \cdots, \mu_{k+1}]}{\mu_1 - \mu_{k+1}} = 0 \qquad (2.81)$$

在 $t = 0$ 成立. 如果所有的 $\mu_1 = \mu_2 = \cdots = \mu_{k+1}$, 则 $[\mu_1, \cdots, \mu_k, \mu_{k+1}] = 0$ 在 $t = 0$ 由 (2.76) 可知结论成立. 否则, 至少存在一个 $\mu_j \neq \mu_1$. 再次应用对称性, 我们可以记

$$[\mu_1, \cdots, \mu_k, \mu_{k+1}] = [\mu_1, \cdots, \mu_{k+1}, \mu_j].$$

如同 (2.81), $[\mu_1, \cdots, \mu_k, \mu_{k+1}] = 0$ 在 $t = 0$ 成立. 因此, $[\mu_1, \cdots, \mu_k] = 0$ 当 $k \geqslant 2$ 以及 $t = 0$ 时成立, 并且 $G_1 = \varphi(0) = \sum_{j=1}^{q} a_{1j}$. 命题得证. $\qquad \square$

设

$$\Lambda^{(p)}(r) = \{\lambda_{j,p}\}, \quad j = 1, \cdots, \mathcal{N}^{(p)}(r).$$

用 $\{\mathcal{E}^{(p)}(\Lambda, r)\}$ 表示对应于 $\Lambda^{(p)}(r)$ 的广义差分族:

$$\mathcal{E}^{(p)}(\Lambda, r) = \{[\lambda_{1,p}], [\lambda_{1,p}, \lambda_{2,p}], \cdots, [\lambda_{1,p}, \cdots, \lambda_{\mathcal{N}^{(p)},p}]\}. \qquad (2.82)$$

我们在定理 2.11 中提到, 在自身生成的闭包上构成 Riesz 基的序列称为 Hilbert 空间的 $\mathcal{L}$-基. 用 $\mathcal{L}^{(p)}(r)$ 表示由广义差分族 $\mathcal{E}^{(p)}(\Lambda, r)$ 生成的子空间.

定理 2.45 设 Λ 为相对一致离散序列. 则对于充分小的 $r > 0$, $\mathcal{L}^{(p)}(r)$ 在 $L^2(0, \infty)$ 中构成 $\mathcal{L}$-基.

定理 2.46 设 Λ 为相对一致离散序列, $r < r_0$ 由 (2.73) 给出. 则

(i) $\{\mathcal{E}^{(p)}(\Lambda, r)\}$ 构成 $L^2(0, T)$ 的 Riesz 基当且仅当存在指数型整函数 $F(z)$, 具有宽度为 T 的指示图, 零点为 λ_n 及其重数为 m_{λ_n} ($\mathcal{E}(\lambda)$ 在区间 $(0, T)$ 的生成函数) 使得对于实数 h, 函数 $|F(x + ih)|^2$ 满足 Helson-Szegö 条件:

$$|F(x + ih)|^2 = e^{u(x) + \tilde{v}(x)}, \qquad (2.83)$$

其中 $u, v \in L^\infty(\mathbb{R})$, $\|v\|_{L^\infty(\mathbb{R})} < \pi/2$ 以及 $v \mapsto \tilde{v}$ 表示有界函数 v 的 Hilbert 变换:

$$\tilde{v}(x) = \frac{1}{\pi} \int_{-\infty}^{\infty} v(t) \left\{ \frac{1}{x-t} - \frac{1}{t^2+1} \right\} dt. \tag{2.84}$$

(ii) 对于有穷序列 $\{a_{p,j}\}$, 如下不等式

$$\left\| \sum_{p,j} a_{p,j} e^{\lambda_{p,j} t} \right\|_{L^2(0,T)}^2 \geqslant C \sum_{p,j} |a_{p,j}|^2 \delta_p^{2\left(\mathcal{N}^{(p)}(r) - 1\right)}$$

成立, 这里 C 是不依赖于 $\{a_{p,j}\}$ 的常数,

$$\delta_p = \min \left\{ |\lambda_{j,p} - \lambda_{k,p}| \big| \, k \neq j \right\}.$$

设 Λ 由 (2.69) 给定, 定义

$$\begin{cases} n^+(r) = \sup_{x \in \mathbb{R}} \ \text{集合} \left\{ \mathrm{Re}(\Lambda) \cap [x, x+r] \right\} \ \text{的个数}, \\ n^-(r) = \inf_{x \in \mathbb{R}} \ \text{集合} \left\{ \mathrm{Re}(\Lambda) \cap [x, x+r] \right\} \ \text{的个数}. \end{cases} \tag{2.85}$$

设 Λ 是 N 个离散集合的并集

$$\Lambda_j : \ \Lambda = \bigcup_{i=1}^{N} \Lambda_i,$$

以及

$$\delta = \min_{1 \leqslant i \leqslant N} \ \inf_{a,b \in \Lambda_i} |a - b|.$$

假设有 M 个半径为 $\delta/3$ 的球覆盖 $\mathbb{C}$ 的如下紧集:

$$\Lambda(x) = \left\{ \lambda \, \middle| \, |\mathrm{Im}(\lambda)| \leqslant \sup_{\lambda_n \in \Lambda} \mathrm{Im}(|\lambda_n|), \ \mathrm{Re}(\lambda) \in [x, x+1] \right\} \subset \mathbb{C}.$$

注意到 M 不依赖于 x. 则在 $\Lambda(x)$ 中, 存在至多 NM 个 λ_n. 因此, 对任何 $r > 0$, 可知

$$n^+(r) \leqslant \sup_{x \in \mathbb{R}} \ \text{集合} \left\{ \mathrm{Re}(\Lambda) \cap [x, x+[r]+1] \right\} \ \text{的个数} \leqslant MN \left(1 + [r]\right),$$

其中 $[r]$ 表示不超过 r 的最大整数. 因此

$$\frac{n^+(r)}{r} \leqslant 2MN < \infty, \quad \forall \, r > 0.$$

可以看到 $n^+(r)$ 是次可加性函数:

$$n^+(r+t) \leqslant n^+(r) + n^+(t), \quad \forall\, r, t > 0,$$

$n^-(r)$ 是超可加性函数:

$$n^-(r+t) \geqslant n^-(r) + n^-(t), \quad \forall\, r, t > 0.$$

根据 Fekete 引理,

$$\begin{cases} \mathcal{D}^+(\Lambda) = \lim_{r \to \infty} \dfrac{n^+(r)}{r} = \inf_{r>0} \dfrac{n^+(r)}{r}, \\[3mm] \mathcal{D}^-(\Lambda) = \lim_{r \to \infty} \dfrac{n^-(r)}{r} = \sup_{r>0} \dfrac{n^-(r)}{r} \end{cases} \tag{2.86}$$

存在, 分别称为 Λ 的上和下一致密度. 我们已经证明

$$\mathcal{D}^+(\Lambda) \leqslant 2MN < \infty. \tag{2.87}$$

设 Λ 由 (2.69) 定义, $\{\alpha_j\}_{j \in \mathbb{Z}} \subset \mathbb{R}$ 为递增序列使得

$$\sup_{j \in \mathbb{Z}} l_j < \infty, \quad l_j = \alpha_{j+1} - \alpha_j.$$

分割

$$\Lambda = \bigcup_{j \in \mathbb{Z}} \Lambda_j, \quad \Lambda_j = \big\{ \lambda_n,\ \alpha_j \leqslant \mathrm{Re}(\lambda_n) < \alpha_{j+1} \big\} \tag{2.88}$$

称为 Λ 的一个 α-分割.

定理 2.47　设 $\Lambda = \{\lambda_n\}$ 是 sine 型函数的零点集合, $\{\delta_n\}$ 是有界复数序列, $F(\cdot)$ 是具有零点集合 $\{\lambda_n + \delta_n\}$ 的 Cartwright 类整函数. 如果对于 $\{\lambda_n\}$ 的一个 α-分割和 $d > 0$, 有如下估计:

$$\left| \sum_{\lambda_n \in \Lambda_j} \right| \leqslant d l_j,$$

则对任何 $d_1 > d$, 存在函数 $u, v \in L^\infty(\mathbb{R})$, $\|v\|_{L^\infty(\mathbb{R})} < 2\pi d_1$ 使得

$$|F(x+ih)|^2 = e^{u(x) + \tilde{v}(x)}$$

对任何实数 h 满足

$$|h| < \sup \big| \mathrm{Im}(\lambda_n + \delta_n) \big|.$$

定理 2.48   在定理 2.45 的条件下, 下述结论成立.

(i) 对任何 $T < 2\pi\mathcal{D}^-(\Lambda)$, 存在 $\{\mathcal{E}^{(p)}(\Lambda, r)\}$ 的子集合 $\mathcal{E}_0$ 构成 $L^2(0, T)$ 的 Riesz 基, 并且

$$\left\{\mathcal{E}^{(p)}(\Lambda, r)\right\} \setminus \mathcal{E}_0$$

是无穷的.

(ii) 对任何 $T > 2\pi\mathcal{D}^+(\Lambda)$, $\{\mathcal{E}^{(p)}(\Lambda, r)\}$ 构成 $L^2(0, T)$ 的 Riesz 基. 并且, 它可以延拓为广义差分族 $\mathcal{E}_1$, 在这个空间构成 Riesz 基, 以及

$$\mathcal{E}_1 \setminus \left\{\mathcal{E}^{(p)}(\Lambda, r)\right\}$$

是无穷的.

2.6   Riesz 谱算子

对于一个 $n \times n$ 矩阵 A, 我们的兴趣是讨论 A 的本征向量的基性质. 然而, 除了 Hermite 矩阵, A 的本征向量通常构不成 $\mathbb{C}^n$ 的 Riesz 基. 如果用广义本征向量替换本征向量, 我们有基的性质, 这就是 Jordan 正则分解定理.

现在, 我们把这个概念推广到可分的 Hilbert 空间. 对于 Hilbert 空间 H 上的线性算子 $A : D(A) \to H$, 我们称 ϕ 是 A 的广义本征向量, 如果存在复数 $\lambda \in \mathbb{C}$ 和正整数 n 使得

$$(\lambda - A)^n \phi = 0.$$

用 $\mathrm{sp}(A)$ 表示 A 的根子空间, 它是由 A 的所有广义本征向量生成的闭子空间. 用 $E(\lambda, A)$ 表示在 A 相应于孤立谱点 λ 的广义本征向量生成空间的投影, 即 $E(\lambda, A)$ 的值域是由所有满足 $(\lambda - A)^n \phi = 0$ 的 ϕ 生成的子空间:

$$E(\lambda, A)x = \frac{1}{2\pi i}\int_\Gamma (\lambda - A)^{-1}x d\lambda, \quad \forall\, x \in H, \tag{2.89}$$

其中 Γ 是闭区域的边界, λ 是 A 的唯一谱点.

进一步, 设 A 是 H 上的稠定闭算子, μ 是 A 的孤立谱点. 则解析函数

$$\lambda \longmapsto R(\lambda, A) = (\lambda - A)^{-1}$$

可以表示为 Laurent 级数:

$$R(\lambda, A) = \sum_{n=-\infty}^{\infty} (\lambda - \mu)^n \mathbb{A}_n, \quad 0 < |\lambda - \mu| < \delta,\ \delta > 0,$$

这里的系数 $\mathbb{A}_n$ 是有界算子:

$$\mathbb{A}_n = \frac{1}{2\pi i} \int_\gamma \frac{R(\lambda, A)}{(\lambda - \mu)^{n+1}} d\lambda, \quad n \in \mathbb{Z}, \tag{2.90}$$

其中 γ 是以 μ 为盘心, $\delta/2$ 为半径的圆盘的正向边界, 系数 $\mathbb{A}_{-1}$ 是相应于 A 的谱分解

$$\sigma(A) = \{\mu\} \cup \big(\sigma(A) \setminus \{\mu\}\big)$$

的谱投影 $\mathbb{P}$:

$$E(\mu, A) = \frac{1}{2\pi i} \int_\gamma R(\lambda, A) d\lambda.$$

它称为 $R(\lambda, A)$ 在 μ 的留数. 从 (2.90), 对于 $n, m \geqslant 0$, 可知

$$\mathbb{A}_{-(n+1)} = (A - \mu)^n \mathbb{P} \quad \text{以及} \quad \mathbb{A}_{-(n+1)} \mathbb{A}_{-(m+1)} = \mathbb{A}_{-(n+m+1)}. \tag{2.91}$$

如果存在 $k > 0$ 使得 $\mathbb{A}_{-k} \neq 0$ 以及对所有 $n > k$, $\mathbb{A}_{-n} = 0$, 则 μ 称为 $R(\cdot, A)$ 的 k 阶极点. 根据 (2.91) 可知, 这等价于 $\mathbb{A}_{-k} \neq 0$ 以及 $\mathbb{A}_{-(k+1)} = 0$. 并且

$$\mathbb{A}_{-k} = \lim_{\lambda \to \mu} (\lambda - \mu)^k R(\lambda, A).$$

谱子空间 $\mathcal{R}(E(\mu, A))$ 的维数称为谱 μ 的代数重数 m_a, $m_g = \dim \ker(\mu - A)$ 称为谱 μ 的几何重数. 当 $m_a = 1$ 时, 称 μ 是代数单的.

设 k 是极点 μ 的阶数, 当 μ 是 $R(\lambda, A)$ 本质奇点时, 记 $k = \infty$. 我们有不等式关系

$$\max\{m_g, k\} \leqslant m_a \leqslant m_g \cdot k. \tag{2.92}$$

这意味着

$$\begin{cases} m_a < \infty \text{ 当且仅当 } \mu \text{ 是极点, 且几何重数 } m_g < \infty; \\ \text{如果 } \mu \text{ 是极点, 且阶数为 } k, \text{ 则 } \mathcal{R}(E(\mu, A)) = \ker(\mu - A)^k. \end{cases} \tag{2.93}$$

引理 2.49 设 A 是 Hilbert 空间 H 的线性算子以及孤立本征值和剩余谱 $\{\lambda_i\}_1^\infty$, $\rho(A) \neq \varnothing$. 令

$$\sigma_\infty = \big\{x \mid E(\lambda_i, A)x = 0, \ i \geqslant 1\big\}. \tag{2.94}$$

则 σ_∞ 要么只含 0, 要么是无穷维的.

证明   设 A 是有界的并且 $0 < \dim(\sigma_\infty) < \infty$. 因为 σ_∞ 是 A 的不变子空间, 即 $A\sigma_\infty \subset \sigma_\infty$, A 至少有一个本征向量 $x_\infty \in \sigma_\infty$ 使得 $Ax_\infty = \eta x_\infty$ 对某些常数 η 成立. 因此存在 i, 使得 $\eta = \lambda_i$, 以及

$$x_\infty = E(\lambda_i, A)x_\infty = 0.$$

矛盾! 这证明了 (2.94).

设 A 是无界的. 取 $\lambda_0 \in \rho(A)$ 使得

$$|\lambda_0 - \lambda_i| \geqslant \varepsilon > 0 \quad \text{对所有的 } i \geqslant 1$$

都成立. 令 $T = (\lambda_0 - A)^{-1}$, $\mu_i = (\lambda_0 - \lambda_i)^{-1}$, $i = 1, 2, \cdots$. 则有如下结论:

$$\lambda_i \in \sigma_p(A) \quad \text{当且仅当} \quad \mu_i \in \sigma_p(T),$$

$$\lambda_i \in \sigma_r(A) \quad \text{当且仅当} \quad \mu_i \in \sigma_r(T),$$

以及

$$E(\lambda_i, A) = E(\mu_i, T) \quad \text{对所有的 } i \geqslant 1$$

都成立. 因此

$$\sigma_\infty = \big\{ x \big|\, E(\mu_i, T)x = 0,\ \mu_i \in \sigma_p(T) \cup \sigma_r(T) \big\}.$$

由于 T 是有界的, σ_∞ 要么是 0, 要么是无穷维的. 引理得证.   □

引理 2.50   设 A 是 Hilbert 空间 H 上的稠定闭算子且谱仅含有孤立本征值 $\{\lambda_i\}_1^\infty$. 则

$$H = \mathrm{sp}(A) \oplus \sigma_\infty(A^*), \tag{2.95}$$

其中

$$\sigma_\infty(A^*) = \big\{ x \big|\, E(\overline{\lambda}_i, A^*)x = 0,\ \lambda_i \in \sigma_p(A) \big\}. \tag{2.96}$$

证明   由于 $\sigma(A^*) = \{\overline{\lambda} \mid \lambda \in \sigma(A)\}$, 所以 $\overline{\lambda}_i$ 是 A^* 的孤立谱点, $E(\overline{\lambda}_i, A^*)$ 的定义有意义. 对任意 $x \in E(\lambda_i, A)H$, 以及 $x^* \in \sigma_\infty(A^*)$, 可知 $E(\lambda_i, A)x = x$, 因此

$$\langle x,\, x^* \rangle = \langle E(\lambda_i, A)x,\, x^* \rangle = \langle x,\, E(\overline{\lambda}_i, A^*)x^* \rangle = 0.$$

这证明了

$$\mathrm{sp}(A) \subset (\sigma_\infty(A^*))^\perp.$$

如果 $x \notin \mathrm{sp}(A)$, 由 Hahn-Banach 延拓定理, 存在 x^* 使得

$$\langle x, x^* \rangle = 1, \ \langle y, x^* \rangle = 0 \quad \text{对所有的 } y \in \mathrm{sp}(A)$$

都成立. 对任意 $w \in H$, 由 $E(\lambda_i, A)w \in \mathrm{sp}(A)$ 可知

$$\langle w, E(\overline{\lambda}_i, A^*)x^* \rangle = \langle E(\lambda_i, A)w, \ x^* \rangle = 0.$$

由 w 选取的任意性可得, $E(\overline{\lambda}_i, A^*)x^* = 0$, 即 $x^* \in \sigma_\infty(A^*)$. 因此 $x \notin (\sigma_\infty(A^*))^\perp$. 从而

$$\mathrm{sp}(A) = (\sigma_\infty(A^*))^\perp,$$

这就证明了 (2.95). 引理得证. $\qquad\square$

定理 2.51 设 A 是 Hilbert 空间 H 上的稠定闭算子且谱仅含有孤立本征值 $\{\lambda_i\}_{i=1}^\infty$, $\sigma_r(A) = \varnothing$, $\{\phi_i\}_{i=1}^\infty$ 是 H 的 Riesz 基. 假设存在整数 $N \geqslant 1$ 和 A 的广义本征向量 $\{\psi_i\}_{i=N}^\infty$ 使得

$$\sum_{i=N}^\infty \|\psi_i - \phi_i\|^2 < \infty. \tag{2.97}$$

则存在 A 的 $M(\geqslant N)$ 个广义本征向量 $\{\psi_{i_0}\}_{i=1}^M$ 使得

$$\{\psi_{i_0}\}_{i=1}^M \cup \{\psi_i\}_{i=M+1}^\infty$$

构成 H 上的 Riesz 基.

证明 假设 (2.97) 意味着存在 $M \geqslant N$ 使得

$$\{\phi_i\}_{i=1}^M \cup \{\psi_i\}_{i=M+1}^\infty$$

构成 H 上的 Riesz 基. 特别地, $(\mathrm{sp}(A))^\perp$ 是有穷维的. 这个事实和 (2.95) 一起证明了 σ_∞^* 也是有穷维的. 注意到

$$\overline{\lambda} \in \sigma_p(A^*) \cup \sigma_r(A^*) \quad \text{当且仅当} \quad \lambda \in \sigma_p(A) \cup \sigma_r(A).$$

由假设和上面的结论可知

$$\sigma_p(A^*) \cup \sigma_r(A^*) = \{\overline{\lambda}_i\}_{i=1}^\infty.$$

根据引理 2.49, 可知 $\sigma_\infty^* = \{0\}$. 因此

$$\mathrm{sp}(A) = H. \tag{2.98}$$

假设 $\{\psi_\alpha\} \cup \{\psi_i\}_{i=M}^\infty$ 是算子 A 的广义本征向量的 "最大的" ω-线性无关集合, 即 $\{\psi_\alpha\} \cup \{\psi_i\}_{i=M}^\infty$ 是 ω-线性无关的集合, 如果增加 A 的额外广义本征向量到集合 $\{\psi_\alpha\} \cup \{\psi_i\}_{i=M}^\infty$, 则增加新向量后的集合不再是 ω-线性无关的. 由定理 2.11 可知, $\{\psi_\alpha\} \cup \{\psi_i\}_{i=M}^\infty$ 在它自身生成的子空间上构成 Riesz 基, 而它生成的子空间就是全空间.

由于 Riesz 基的真子集不是 Riesz 基, 根据假设条件 (2.97) 和 Bari 定理 (定理 2.9) 可得, 集合 $\{\psi_\alpha\}$ 的个数就是 M. 定理得证. $\square$

定义 2.12   设 A 是 Hilbert 空间 H 的闭算子, $\gamma \subset \sigma(A)$ 是 $\mathbb{C}$ 的紧子集, 在 $\sigma(A)$ 上是闭的. 具有这样性质的子集称为紧谱集. 对于紧谱集 γ, 我们可以构造闭的 Jordan 曲线 Γ, 它取在复变量理论中约定俗成的正向, 它是有界区域且包含 γ 的所有点, 但不包含 $\sigma(A) \backslash \gamma$ 的点. 在 γ 上的谱投影定义为

$$E(\gamma, A) = \frac{1}{2\pi i} \int_\Gamma (\lambda - A)^{-1} d\lambda. \tag{2.99}$$

引理 2.52   (2.99) 定义的谱投影 $E(\gamma, A)$ 有如下性质:

(i) $E(\gamma, A)$ 是一个投影算子 (不需要是自伴的);

(ii) $E(\emptyset, A) = 0$;

(iii) $E(\gamma_1, A)E(\gamma_2, A) = E(\gamma_1 \cap \gamma_2, A)$;

(iv) $E(\gamma_1 \cap \gamma_2, A)$ 投影到 $\overline{E(\gamma_1, A)H + E(\gamma_2, A)H}$ 上;

(v) 如果 $\gamma = \{\lambda_i\}$ 是有限重数的孤立本征值, 则 $E(\lambda_i, A) := E(\{\lambda_i, A\})$ 投影到由算子 A 相应于 λ_i 的广义本征向量生成的子空间上.

定义 2.13   设 A 是 Hilbert 空间 H 上的闭算子以及谱 $\sigma(A)$ 和点谱 $\sigma_p(A)$. A 称为 Riesz 谱算子, 如果

(i) A 的谱是完全不连通的, 即 $\sigma(A)$ 的任一点和 $\sigma(A)$ 的其他任意点是不连通的, 且所有本征值是孤立的;

(ii) 投影族 $E(\gamma, A)$ 对于所有的紧谱集 γ 是一致有界的;

(iii) 设 $\{\lambda_i\}$ 是 A 的孤立本征值的集合, 则 $\overline{\mathrm{span}\{E(\lambda_i, A)H\}} = H$;

(iv) $\dim(E(\lambda_i, A)H) < \infty$ 对于所有的本征值 $\lambda_i \in \sigma_p(A)$ 都成立.

定理 2.53   设 A 是 Hilbert 空间 H 的 Riesz 谱算子. 则存在 A 的广义本征向量构成 H 的 Riesz 基. 这组 Riesz 基可以选取为 $\{\{e_{ji}\}_{j=1}^{n_i}\}_{i=1}^\infty$, 其中 $\{e_{ji}\}_{j=1}^{n_i}$, $i \geqslant 1$ 是空间 $E(\lambda_i, A)H$ 上的任意标准正交基.

注解 2.5   Riesz 谱算子是 Dunford-Schwartz 意义下的谱算子.

定理 2.53 的逆命题也是成立的, 有着非常重要的应用.

定理 2.54 设 A 是 Hilbert 空间 H 上的闭算子以及孤立点谱 $\{\lambda_i\}_1^\infty$ 和相应的广义本征向量 $\{\phi_{ij}\}_{j=1}^{n_i}$. 如果点谱的闭包是完全不连通的且等于 $\sigma(A)$, 以及 $\{\{\phi_{ij}\}_{j=1}^{n_i}\}_{i=1}^\infty$ 构成 H 的 Riesz 基, 则 A 是 Riesz 谱算子.

证明 因为 $\{\{\phi_{ij}\}_{j=1}^{n_i}\}_{i=1}^\infty$ 是 Riesz 基, 存在双正交序列 $\{\{\phi_{ij}^*\}_{j=1}^{n_i}\}_{i=1}^\infty$:

$$\langle \phi_{ji}, \phi_{km}^* \rangle = \delta_{jk}\delta_{im}, \quad 1 \leqslant j, k \leqslant n_i, \ i, m = 1, 2, \cdots.$$

任意的 $x \in H$ 可以表示为

$$x = \sum_{i=1}^\infty \sum_{j=1}^{n_i} \langle x, \phi_{ij}^* \rangle \phi_{ij}.$$

则 Riesz 分解

$$\frac{1}{4M^2}\|x\|^2 \leqslant \sum_{i=1}^\infty \|E(\lambda_i, A)x\|^2 \leqslant 4M^2\|x\|^2 \tag{2.100}$$

成立, 并且对于任意的紧谱集 γ 可知

$$E(\gamma, A) = \sum_{\lambda_i \in \gamma} \sum_{j=1}^{n_i} \langle \cdot, \phi_{ij}^* \rangle \phi_{ij}. \tag{2.101}$$

因此投影关于紧谱集是一致有界的. 定理得证. $\qquad\square$

命题 2.7 设 A 是 Hilbert 空间 H 的 Riesz 谱算子. 则 $\sigma_r(A) = \varnothing$.

证明 对于 Banach 空间 X 上的任意线性算子 B 以及两个不同的常数 λ 和 ξ, 有如下结论

$$\mathcal{N}((\lambda - B)^m) \subset \mathcal{R}((\xi - B)^n), \quad \forall\, n, m \geqslant 1. \tag{2.102}$$

特别地, 对于 Riesz 谱算子 A, 任取 $\xi \in \mathbb{C}$, 由 (2.102) 可得

$$E(\lambda_i, A)H \subset \mathcal{R}(\xi - A), \quad \forall\, i.$$

由定义 2.13 可知, $\mathcal{R}(\xi - A)$ 在 H 上是稠定的. 命题得证. $\qquad\square$

2.7 离散型算子

定义 2.14 Hilbert 空间 H 的线性算子 T 称为离散型 (D-type) 如果 $\rho(T) \neq \varnothing$, 且存在 Riesz 基 $\{x_i\}$, 复数序列 $\{\lambda_i\}$ 和正整数 N 使得

$$\lim_{i \to \infty} |\lambda_i| = \infty, \quad \lambda_i \neq \lambda_j, \ \forall\, i, j > N, \ i \neq j,$$

$$Tx_i = \lambda_i x_i, \quad \forall\, i > N,$$

$$T[x_1, x_2, \cdots, x_N] \subset [x_1, x_2, \cdots, x_N] \quad \text{以及} \quad \sigma\left(T_{[x_1, x_2, \cdots, x_N]}\right) = \{\lambda_i\}_{i=1}^N,$$

其中 $[x_1, x_2, \cdots, x_N]$ 表示由 $x_1, x_2, \cdots, x_N$ 生成的子空间.

命题 2.8　设 T 是 Hilbert 空间 H 的离散型算子, $\{x_i\}$ 和 $\{\lambda_i\}$ 如定义 2.14 所示. 则

$$\begin{cases} D(T) = \left\{ x \,\middle|\, x = \sum_{i=1}^{\infty} a_i x_i \in H, \ \sum_{i=1}^{\infty} a_i \lambda_i x_i \ \text{收敛} \right\}, \\ Tx = \sum_{i=1}^{N} a_i T x_i + \sum_{i=N+1}^{\infty} a_i \lambda_i x_i, \ \forall\, x = \sum_{i=1}^{\infty} a_i x_i \in D(T), \end{cases} \tag{2.103}$$

以及对于任意的 $\lambda \in \rho(T)$, $R(\lambda, T) = (\lambda - T)^{-1}$ 是紧的, 并且

$$R(\lambda, T)x = \sum_{i=1}^{N} a_i (\lambda - T)^{-1} x_i + \sum_{i=N+1}^{\infty} \frac{a_i}{\lambda - \lambda_i} x_i, \quad \forall\, x = \sum_{i=1}^{\infty} a_i x_i \in H. \tag{2.104}$$

证明　定义 H 上的线性算子 T_0 如下:

$$D(T_0) = \left\{ x \,\middle|\, x = \sum_{i=1}^{\infty} a_i x_i \in H, \ \sum_{i=1}^{\infty} a_i \lambda_i x_i \ \text{收敛} \right\};$$

$$T_0 x = \sum_{i=1}^{N} a_i T x_i + \sum_{i=N+1}^{\infty} a_i \lambda_i x_i, \quad \forall\, x = \sum_{i=1}^{\infty} a_i x_i \in D(T_0).$$

因为 $\rho(T) \neq \varnothing$, T 是闭算子, 所以 $T_0 \subset T$. 不失一般性, 设 $0 \in \rho(T)$. 因为当 $i \to \infty$ 时, $|\lambda_i| \to \infty$, 由定理 2.3, 对任意 $x = \sum_{i=1}^{\infty} a_i x_i$, 可知

$$y = \sum_{i=1}^{N} a_i T^{-1} x_i + \sum_{i=N+1}^{\infty} \frac{a_i}{\lambda_i} x_i \in D(T_0),$$

以及 $x = T_0 y$. 这证明了

$$T_0(D(T_0)) = H.$$

对任意 $z \in D(T) \setminus D(T_0)$, 可知 $Tz \in H$. 由于 $T_0(D(T_0)) = H$, 可以找到一个 $y \in D(T_0)$ 使得 $T_0 y = Tz$. 由 $T_0 \subset T$, 可得 $T(z - y) = 0$, 这和 $0 \in \rho(T)$ 相矛盾, 因此 $T = T_0$.

设 $\lambda \neq \lambda_i$ 对所有的 $i \in \mathbb{N}$ 都成立. 对任意的 $x = \sum_{i=1}^{\infty} a_i x_i \in H$, 由于 $|\lambda - \lambda_i| \to \infty$, 当 $i \to \infty$ 时, 由定理 2.3, 可知

$$y = \sum_{i=1}^{N} a_i (\lambda - T)^{-1} x_i + \sum_{i=N+1}^{\infty} \frac{a_i}{\lambda - \lambda_i} x_i \in H,$$

以及 $(\lambda - T)y = x$. 由 (2.103), 容易证明 $\lambda - T$ 是可逆的. 由 Banach 逆映射定理, 可知 $\lambda \in \rho(T)$. 因此, $\sigma(T) = \{\lambda_i\}_{i=1}^{\infty}$ 以及 (2.104) 成立.

对任意 $m > N$, $\lambda \in \rho(T)$, 定义有限秩算子 T_m 如下:

$$T_m x = \sum_{i=1}^{N} a_i (\lambda - T)^{-1} x_i, \quad \forall \, x = \sum_{i=1}^{\infty} a_i x_i \in H.$$

对任意 $\varepsilon > 0$, 由于 $|\lambda_i| \to \infty$, $i \to \infty$, 故存在 $N_1 > N$ 使得

$$|(\lambda_i - \lambda)^{-1}| \leqslant \varepsilon \quad \text{对所有的 } i \geqslant N_1$$

都成立. 由定理 2.2 的结论 (iii) 可知, 对所有 $m \geqslant N_1$, 存在不依赖于 m 的 $C > 0$ 使得

$$\|R(\lambda, T)x - L_m x\| = \left\| \sum_{i=m}^{\infty} \frac{a_i}{\lambda - \lambda_i} x_i \right\| \leqslant C \varepsilon \|x\|, \quad \forall \, x = \sum_{i=1}^{\infty} a_i x_i \in H,$$

即

$$\lim_{m \to \infty} \|L_m - R(\lambda, T)\| = 0.$$

因此 $R(\lambda, T)$ 是紧的. 命题得证. $\qquad\qquad\qquad\qquad\qquad\qquad\qquad\qquad \square$

定理 2.55 设 T 是 Hilbert 空间 H 的离散型算子, $\{x_i\}$ 和 $\{\lambda_i\}$ 如定义 2.14 所示, V 是 H 的线性算子使得 $A = VT^{-\alpha} \in \mathcal{L}(H)$, 其中 $0 \leqslant \alpha \leqslant 1$, 以及

$$\nu_i = \min_{j \neq i} |\lambda_i - \lambda_j|. \tag{2.105}$$

假设 $0 \in \rho(T)$ 且

$$\sum_{i=N+1}^{\infty} \frac{(|\lambda_i| + \nu_i)^{2\alpha}}{\nu_i^2} < \infty. \tag{2.106}$$

则 $T + V$ 同样是离散型算子.

证明 记 $T = T_s + F$ 使得 $T_s x_i = \lambda_i x_i$ 对于 $i > N$ 以及 $T_s x_i = 0$ 对于 $i \leqslant N$,

$$F[x_1, x_2, \cdots, x_N] \subset [x_1, x_2, \cdots, x_N]$$

以及 $F x_i = 0$ 对于所有的 $i > N$. 则我们可以定义如下算子 T^{α}

$$T^{\alpha} = T_s^{\alpha} + F^{\alpha},$$

其中

$$T_s^{\alpha} x = \sum_{i=N+1}^{\infty} \lambda_i^{\alpha} a_i x_i, \quad \forall \, x = \sum_{i=1}^{\infty} a_i x_i \in H.$$

T^α 同样是离散型算子. 并且 $0 \in \rho(T^\alpha)$, 由定理 2.2 的结论 (iii) 可知

$$D(T) \subset D(T^\alpha) \quad \text{对于} \quad 0 < \alpha < 1.$$

我们可以用 $F_0 + V$ 替换 V, 其中 $F_0 x_i = F x_i - \lambda_i x_i$ 对于 $i \leqslant N$ 以及 $F_0 x_i = 0$ 对所有的 $i > N$. 从而, 我们可以假设 $T x_i = \lambda_i x_i$ 以及 $\|x_i\| = 1$ 对所有的 $i = 1, 2, \cdots$. 在这种情况下, T^α 可以给定为如下形式

$$T^\alpha x = \sum_{i=1}^{\infty} \lambda_i^\alpha a_i x_i, \quad \forall\, x = \sum_{i=1}^{\infty} a_i x_i \in H. \tag{2.107}$$

因为 $\{x_i\}$ 是 H 的 Riesz 基, 由定理 2.2 的结论 (iii), 存在常数 $M \geqslant 1$ 使得对于任意复数序列 $\{\beta_i\}$, $|\beta_i| \leqslant 1$, 可知

$$\left\| \sum_{i=1}^{\infty} \beta_i a_i x_i \right\| \leqslant M \|x\|, \quad \forall\, x = \sum_{i=1}^{\infty} a_i x_i \in H. \tag{2.108}$$

由 (2.106) 可得

$$\frac{(|\lambda_i| + \nu_i)^\alpha}{\nu_i} \to 0, \quad i \to \infty,$$

取 $N_1 > N$ 充分大使得当 $i > N_1$ 时,

$$0 < \frac{M b_i}{1 - b_i} < 1, \quad \text{其中} \quad b_i = 2\|A\| M \frac{(|\lambda_i| + \nu_i)^\alpha}{\nu_i} < \frac{1}{2}. \tag{2.109}$$

对于 $i > N_1$, 设 Γ_i 是以 λ_i 为圆心, $\nu_i/2$ 为半径的圆的圆周线. 当 $\lambda \in \Gamma_i$ 时, 对于 $j \neq i$, 可知 $|\lambda_j - \lambda_i| \geqslant \nu_i$, 因此

$$\begin{aligned}
\frac{|\lambda_j|^\alpha}{|\lambda_j - \lambda|} &\leqslant \frac{(|\lambda_j - \lambda_i| + |\lambda_i|)^\alpha}{|\lambda_j - \lambda_i| - |\lambda_i - \lambda|} \\
&\leqslant 2\frac{(|\lambda_j - \lambda_i| + |\lambda_i|)^\alpha}{2|\lambda_j - \lambda_i| - \nu_i} \\
&\leqslant 2\frac{(\nu_i + |\lambda_i|)^\alpha}{\nu_i}.
\end{aligned} \tag{2.110}$$

当 $j = i$ 时, 不等式 (2.110) 是显然的. 换句话说, 对所有的 j, (2.110) 都成立. 由 (2.104), 对所有的 $\lambda \in \Gamma_i$, 可知

$$\|R(\lambda, T)x\| = \left\| \sum_{j=1}^{\infty} \frac{a_j}{\lambda - \lambda_j} x_j \right\| \leqslant \frac{2M}{\nu_i} \|x\|, \quad \forall\, x = \sum_{j=1}^{\infty} a_j x_j \in H, \tag{2.111}$$

以及由 (2.108) 和 (2.109), 对所有的 $\lambda \in \Gamma_i$, 可知

$$\|VR(\lambda, T)x\| = \|VT^{-\alpha}T^{\alpha}R(\lambda, T)x\|$$

$$\leqslant \|A\| \left\| \sum_{j=1}^{\infty} \frac{\lambda_j^{\alpha} a_j}{\lambda - \lambda_j} x_j \right\|$$

$$\leqslant b_i \|x\|, \quad \forall\, x = \sum_{j=1}^{\infty} a_j x_j \in H, \tag{2.112}$$

这里我们已经使用结论 (2.108) 和不等式 (2.109).

对于所有的 $\lambda \in \Gamma_i$, 从 (2.112) 可知, $\|VR(\lambda, T)\| \leqslant b_i < 1$, 因此

$$R(\lambda, T+V) = R(\lambda, T) + R(\lambda, T) \sum_{n=1}^{\infty} (VR(\lambda, T))^n,$$

以及

$$\sum_{n=1}^{\infty} \|(VR(\lambda, T))^n\| \leqslant \frac{b_i}{1 - b_i} < 1.$$

从而 $T + V$ 是预解紧的, 应用 Rouché 定理, $R(\lambda, T+V)$ 在 $\mathcal{O}_i$ 上仅有一个极点或者 $T + V$ 在 $\mathcal{O}_i$ 上仅有代数重数为 1 的本征值 $\lambda_i(V)$. 由 (2.89), 相应的本征向量可以选取为

$$x_i(V) = \frac{1}{2\pi i} \int_{\Gamma} R(\lambda, T+V) x_i d\lambda = \sum_{n=0}^{\infty} \frac{1}{2\pi i} \int_{\gamma_n} R(\lambda, T) (VR(\lambda, T))^n d\lambda x_i. \tag{2.113}$$

由 (2.106), 可知 $\mu_i \to \infty$ 由于 $\lambda_i \to \infty$, $i \to \infty$, 我们可以假设 $1/\nu_i^2 < C$ 对于常数 $C > 0$ 以及所有的 $i \geqslant N_1$. 由于 $b_i < 1/2$, 从 (2.113) 可得

$$\sum_{i=N_1}^{\infty} \|x_i(V) - x_i\|^2 \leqslant \sum_{i=N_1}^{\infty} \left| \sum_{n=1}^{\infty} \frac{1}{2\pi} \int_{\gamma_n} \|R(\lambda, T)(VR(\lambda, T))^n\| d\lambda \right|^2$$

$$\leqslant \sum_{i=N_1}^{\infty} \frac{4M^2}{4\pi^2} \frac{b_i^2}{\nu_i^2(1 - b_i)^2}$$

$$\leqslant \sum_{i=N_1}^{\infty} \frac{4M^2}{\pi^2} \frac{b_i^2}{\nu_i^2}$$

$$\leqslant \sum_{i=N_1}^{\infty} \frac{4M^2 C}{\pi^2} b_i^2 < \infty. \tag{2.114}$$

由定理 2.51, $T + V$ 是离散型算子. 定理得证. □

定理 2.56　设 A 是 Hilbert 空间 H 的离散型算子, 且满足定义 2.14 的条件, 设

$$d_n = \min_{n \neq m} |\lambda_n - \lambda_m|.$$

如果

$$\sum_{n > N}^{\infty} d_n^{-2} < \infty, \tag{2.115}$$

则对于 H 的线性有界算子 B, 存在常数 $C, L > 0$, 整数 $M > 0$ 以及 $A + B$ 的本征对 $\{\mu_n, \psi_n\}_M^{\infty}$ 使得

(i) $|\mu_n - \lambda_n| \leqslant C, \forall\, n \geqslant M$.

(ii) $\|\psi_n - \phi_n\| \leqslant L d_n^{-1}, \, n \geqslant M$. 因此

$$\sum_{n=M}^{\infty} \|\psi_n - \phi_n\|^2 < \infty.$$

证明　显然, $A + B$ 是 H 的离散算子 (即 $(\lambda - A - B)^{-1}$ 是紧的对于任意 $\lambda \in \rho(A + B)$). 记 $A + B = A_s + T$, 其中 $A_s \phi_n = \lambda_n \phi_n$ 对所有的 $n \geqslant 1$ 以及 T 是 H 的线性有界算子. 不失一般性, 假设对于所有的 $n \geqslant 1$ 有 $\|\phi_n\| = 1$. 由于 $\{\phi_n\}_1^{\infty}$ 是 Riesz 基, 存在 $K > 0$ 使得对于任意的 $\phi = \sum_{n=1}^{\infty} a_n \phi_n$ 以及复数序列 $\{\beta_n\}, |\beta_n| \leqslant 1$,

$$\left\| \sum_{n=1}^{\infty} \beta_n a_n \phi_n \right\| \leqslant K \|\phi\|. \tag{2.116}$$

由 (2.115) 可知, $d_n \to \infty, \, n \to \infty$. 因此对于任意的 $C > K\|T\|$, 存在正整数 $M > N$ 使得对于所有的 $n \geqslant M$ 以及

$$|\lambda - \lambda_n| \geqslant C \quad \text{对任意的 } \lambda \text{ 且满足 } |\lambda - \lambda_n| = C, \quad n \geqslant M,$$

可得

$$\frac{2\|T\|K}{d_n} < 1.$$

对任意的 $\phi = \sum_{n=1}^{\infty} a_n \phi_n$ 以及 λ 满足 $|\lambda - \lambda_n| = C, \, n \geqslant M$, 可知

$$\|CR(\lambda, A_s)\phi\| = \left\| \sum_{n=1}^{\infty} \frac{C}{\lambda - \lambda_n} a_n \phi_n \right\| \leqslant K \|\phi\|,$$

因此 $\|R(\lambda, A_s)\| \leqslant K/C$. 从而

$$\|R(\lambda, A_s)T\| \leqslant K\|T\|/C < 1.$$

这就证明了
$$\{\lambda|\ |\lambda - \lambda_n| = C,\ n \geqslant M\} \subset \rho(A_s + T).$$

注意 $\lambda \in \sigma(A_s + T)$ 当且仅当 $1 \in \rho(R(\lambda, A_s)T)$. 设
$$\Gamma_n = \{\lambda|\ |\lambda - \lambda_n| = C\}, \quad n \geqslant M.$$

考虑谱投影
$$Q_n - P_n = \frac{1}{2\pi i} \int_{\Gamma_n} R(\lambda, A_s + T)d\lambda - \frac{1}{2\pi i} \int_{\Gamma_n} R(\lambda, A_s)d\lambda$$
$$= \frac{1}{2\pi i} \sum_{m=1}^{\infty} \int_{\Gamma_n} \big[R(\lambda, A_s T)\big]^m R(\lambda, A_s)d\lambda.$$

选取 $C > 0$ 足够大使得
$$\|Q_n - P_n\| \leqslant C \sum_{m=1}^{\infty} (K\|T\|/C)^m K/C = K \frac{K\|T\|/C}{1 - K\|T\|/C} < 1. \tag{2.117}$$

因此 $\dim(Q_n) = \dim(P_n)$. 从而存在唯一的 μ_n, $|\mu_n - \lambda_n| < C$ 使得
$$\mu_n \in \sigma(A_s + T) = \sigma(A + B),$$

这证明了 (i). 进一步, 由 $\|P_n\phi_n\| = \|\phi_n\| = 1$, 可知 $Q_n\phi_n \neq 0$ 以及
$$Q_n\phi_n = \phi_n + \frac{1}{2\pi i} \sum_{m=1}^{\infty} \int_{\Gamma_n} \big[R(\lambda, A_s T)\big]^m R(\lambda, A_s)d\lambda\phi_n. \tag{2.118}$$

取
$$\Lambda_n = \{\lambda|\ |\lambda - \lambda_n| = d_n/2\}, \quad n \geqslant M.$$

对任意的 $\phi = \sum_{n=1}^{\infty} a_n\phi_n$ 以及 $\lambda \in \Lambda_n$, 可知
$$\left\|\frac{d_n}{2} R(\lambda, A_s)\phi\right\| = \left\|\sum_{m=1}^{\infty} \frac{d_n}{2} \frac{1}{\lambda - \lambda_m} a_m\phi_m\right\| \leqslant K\|\phi\|,$$

因此
$$\|R(\lambda, A_s)\| \leqslant \frac{2}{d_n}K.$$

由
$$\|R(\lambda, A_s)T\| \leqslant \frac{2}{d_n}\|T\|K < 1,$$

可得

$$\{\Lambda_n, n \geqslant M\} \subset \rho(A_s + T) = \rho(A + B).$$

现在考虑

$$\tilde{Q}_n - P_n = \frac{1}{2\pi i} \int_{\Lambda_n} R(\lambda, A_s + T)d\lambda - \frac{1}{2\pi i} \int_{\Lambda_n} R(\lambda, A_s)d\lambda$$

$$= \frac{1}{2\pi i} \sum_{m=1}^{\infty} \int_{\Lambda_n} [R(\lambda, A_s T)]^m R(\lambda, A_s)d\lambda.$$

可得

$$\|\tilde{Q}_n - P_n\| \leqslant \frac{\dfrac{2}{d_n}\|T\|K}{1 - \dfrac{2}{d_n}\|T\|K}\|T\|K \leqslant \frac{L}{d_n}, \quad n \geqslant M,$$

其中 $L > 0$ 是常数. 因为

$$\|\tilde{Q}_n - P_n\| \leqslant \frac{L}{d_n} < 1, \quad n \geqslant M. \tag{2.119}$$

所以 $\dim(\tilde{Q}_n) = \dim(P_n) = 1$ 以及 $Q_n = \tilde{Q}_n, n \geqslant M$. 从而, $\psi_n = Q_n\phi_n$ 满足

$$\|\psi_n - \phi_n\|^2 \leqslant L^2 d_n^{-2}, \quad n \geqslant M. \tag{2.120}$$

定理得证. □

　　设 V 和 H 是两个 Hilbert 空间. 回顾 $V \subset H$ 称为是连续嵌入的, 表示为 $V \hookrightarrow H$, 如果 V 在 H 中是稠定的, 且存在常数 $m > 0$ 使得

$$\|v\|_H \leqslant m\|v\|_V, \quad \forall\, v \in V. \tag{2.121}$$

对任意 $x \in H$, 通过 H 的内积定义的线性泛函

$$x(v) = \langle v,\, x \rangle_H, \quad \forall\, v \in V, \tag{2.122}$$

其是连续线性泛函, 即 $x \in V^*$ 或者 $H \subset V^*$. 注意这里的泛函 (2.122) 是通过 H 的内积来定义的, 和 Riesz 表示定理不矛盾. 定义 H 上的范数:

$$\|x\|_* = \sup_{v \in V, \|v\|_V \leqslant 1} |\langle v,\, x \rangle_H|, \quad x \in H. \tag{2.123}$$

定理 2.57　H 在范数 (2.123) 下的完备空间同构于 V^*.

证明　首先, 容易证明 (2.123) 的确是定义了 H 的一个范数. 设 $\tilde{H}$ 是 H 在范数 (2.123) 下的完备空间. 定义如下算子 $J : \tilde{H} \to V^*$,

$$\langle Jx, v\rangle_{V^*,V} = \lim_{n\to\infty} \langle x_n, v\rangle_H, \quad \forall v \in V, \tag{2.124}$$

其中 $\{x_n\} \subset H, x_n \to x \ (n \to \infty)$ 在 $\tilde{H}$ 上. 我们断言 J 是有界的. 事实上, 对任意的 $x \in \tilde{H}, v \in V$, 可知

$$|\langle Jx, v\rangle_{V^*,V}| = \lim_{n\to\infty} |\langle x_n, v\rangle_H| \leqslant \lim_{n\to\infty} \|x_n\|_* \|v\|_V = \|x\|_* \|v\|_V.$$

因此 $\|Jx\|_{V^*} \leqslant \|x\|_*$, 即 $J \in \mathcal{L}(\tilde{H}, V^*)$. 特别地, 当 $x \in H$ 时, 可知

$$\langle Jx, v\rangle_{V^*,V} = \langle x, v\rangle, \quad \forall x \in H, v \in V.$$

因此 $\|Jx\|_{V^*} = \|x\|_*, \forall x \in H$. 因为 H 在 $\tilde{H}$ 是稠密的, 所以 $\|Jx\|_{V^*} = \|x\|_*$ 对所有的 $x \in \tilde{H}$ 都成立. 我们现在证明 J 是满射. 如果 J 的值域在 V^* 中不是稠密的, 则存在 $v \in V^{**} = V$ 使得 $\langle Jx, v\rangle_{V^*,V} = 0$ 对于所有的 $x \in \tilde{H}$ 都成立. 令 $x = v$ 可知

$$\langle Jv, v\rangle_{V^*,V} = \|v\|_H^2 = 0,$$

矛盾! 因此 J 的值域在 V^* 是稠密的. 因为 J 是整个空间的等距映射, J 自然是闭算子. 所以, J 的值域就是 V^*. 换句话说, J 是从 $\tilde{H}$ 到 V^* 的等距映射. 定理得证. $\qquad\square$

由 (2.123) 和 Riesz 表示定理, 我们可以认为 H 和它自身相等: $H = H^*$. 由定理 2.57, 我们认为 Jx 和 x 相等. 通过这个方法, 我们可以得到 Gelfand 包含关系:

$$V \hookrightarrow H = H^* \hookrightarrow V^*. \tag{2.125}$$

V^* 称为 V 在 H 中的对偶空间. $\langle\cdot,\cdot\rangle_{V^*,V}$ 称为 V 和 V^* 之间的对偶内积.

命题 2.9　设 A 是 Hilbert 空间 H 的稠定闭算子以及 $\rho(A) \neq \varnothing$. 则对任意的 $\beta \in \rho(A)$, 定义范数:

$$\|z\|_1 = \|(\beta - A)z\|, \quad \forall z \in D(A). \tag{2.126}$$

通过这个方法, $D(A)$ 成为 Hilbert 空间, 这个范数等价于图范数 $\|z\|_{[D(A)]}^2 = \|z\|^2 + \|Az\|^2, \forall z \in D(A)$. 我们把带有范数 (2.121) 的空间 $D(A)$ 记为 H_1:

$$H_1 \hookrightarrow H. \tag{2.127}$$

证明　因为 $\rho(A) \neq \varnothing$, A 是闭算子. 从而 $D(A)$ 在范数

$$\|z\|_{D(A)} = (\|Az\|^2 + \|z\|^2)^{1/2}, \quad \forall\, z \in D(A)$$

下成为 Hilbert 空间. 应用 Cauchy 不等式, 可知

$$\|z\|_1 = \|(\beta - A)z\| \leqslant |\beta|\|z\| + \|Az\| \leqslant (1 + |\beta|^2)^{1/2}\|z\|_{[D(A)]}, \quad \forall\, z \in D(A).$$

反之

$$
\begin{aligned}
\|z\|_{[D(A)]}^2 &= \|z\|^2 + \|Az\|^2 \\
&= \|(\beta - A)^{-1}(\beta - A)z\|^2 + \|(\beta - A)z - \beta z\|^2 \\
&\leqslant (2 + 2\beta + \beta^2)\|(\beta - A)^{-1}\|^2\|(\beta - A)z\|^2,
\end{aligned}
$$

这里我们已经使用不等式 $2ab \leqslant a^2 + b^2$, 对于所有的实数 $a, b \in \mathbb{R}$, 以及

$$\|z\| \leqslant \|(\beta - A)^{-1}\|\|(\beta - A)z\|.$$

这证明了 (2.126) 定义的范数等价于图范数, 且 (2.127) 成立. 命题得证. □

命题 2.10　设 A 是 Hilbert 空间 H 的稠定闭算子以及 $\rho(A) \neq \varnothing$. 对任意 $\beta \in \rho(A)$, 定义 H 的如下新范数:

$$\|z\|_{-1} = \|(\beta - A)^{-1}z\|, \quad \forall\, z \in H. \tag{2.128}$$

则 H 在范数 (2.126) 完备下的空间是 Hilbert 空间 $[D(A^*)]^*$ (也可以表示为 $D(A^*)'$, $(D(A^*))^*$ 或者 $[D(A^*)]'$).

证明　因为 A 是稠定的闭算子, 可知

$$\left[(\beta - A)^{-1}\right]^* = \left(\overline{\beta} - A^*\right)^{-1}.$$

对任意的 $z \in H$, 由命题 2.9, 我们可以考虑 $\|(\overline{\beta} - A^*) \cdot \|$ 作为 $[D(A^*)]$ 的图范数. 由定理 2.57, 可知

$$
\begin{aligned}
\|z\|_{[D(A^*)]^*} &= \sup_{x \in D(A^*), x \neq 0} \frac{|\langle z, x \rangle|}{\|(\overline{\beta} - A^*)x\|} \\
&= \sup_{x \in D(A^*), x \neq 0} \frac{\left|\langle (\beta - A)^{-1}z, (\overline{\beta} - A^*)x \rangle\right|}{\|(\overline{\beta} - A^*)x\|} \\
&= \|(\beta - A)^{-1}z\| = \|z\|_{-1}. \tag{2.129}
\end{aligned}
$$

另一方面, 对任意的 $z \in H_{-1}$, 存在 Cauchy 序列 $\{z_n\} \subset H$ 使得 $z_n \to z$ $(n \to \infty)$ 在范数 $\|\cdot\|_{-1}$ 意义下. 由 (2.129) 可证明 $\{z_n\}$ 是 $[D(A^*)]^*$ 中的 Cauchy 序列. 因此 $z \in [D(A^*)]^*$, 即

$$H_{-1} \subset [D(A^*)]^*.$$

另一方面, 如同定理 2.57 的证明, 对任意的 $z \in [D(A^*)]^*$, 存在 Cauchy 序列 $\{z_n\}$ 使得 $z_n \to z$ 在 $[D(A^*)]^*$ 的范数意义下. 由 (2.7), $\{z_n\}$ 同样是 H_{-1} 的 Cauchy 序列. 这证明了 $z \in H_{-1}$. 因此

$$[D(A^*)]^* \subset H_{-1}.$$

这证明了 $H_{-1} = [D(A^*)]^*$. 命题得证. □

由命题 2.9 和命题 2.10, 可知

$$H_1 \hookrightarrow H \hookrightarrow H_{-1}. \tag{2.130}$$

现在通过如下方法延拓 A 到 $\tilde{A}: H \to H_{-1}$:

$$\langle \tilde{A}x, y \rangle_{H_{-1}, D(A^*)} = \langle x, A^*y \rangle, \quad \forall\, x \in H,\ y \in D(A^*). \tag{2.131}$$

由定义,

$$\langle \tilde{A}x, y \rangle_{H_{-1}, D(A^*)} = \langle x, A^*y \rangle = \langle Ax, y \rangle, \quad \forall\, x \in D(A),\ y \in D(A^*),$$

因此 $\tilde{A}x = Ax$, $\forall x \in D(A)$. 由稠密性, $\tilde{A}$ 是 A 在 H 的唯一延拓.

命题 2.11 设 $\tilde{A}$ 由 (2.131) 定义. 则

$$\begin{cases} A \in \mathcal{L}(H_1, H), \quad \tilde{A} \in \mathcal{L}(H, H_{-1}), \\ (\beta - A)^{-1} \in \mathcal{L}(H, H_1), \quad (\beta - \tilde{A})^{-1} \in \mathcal{L}(H_{-1}, H). \end{cases} \tag{2.132}$$

证明 由定义, 显然

$$A \in \mathcal{L}(H_1, H), \quad \tilde{A} \in \mathcal{L}(H, H_{-1}), \quad (\beta - A)^{-1} \in \mathcal{L}(H, H_1).$$

我们仅需证明 $(\beta - \tilde{A})^{-1} \in \mathcal{L}(H_{-1}, H)$. 由 $(\overline{\beta} - A^*)$ 的值域是整个空间以及

$$\left\langle (\beta - \tilde{A})x,\, y \right\rangle_{H_{-1}, D(A^*)} = \left\langle x,\, (\overline{\beta} - A^*)y \right\rangle, \quad \forall\, x \in H,\ y \in D(A^*), \tag{2.133}$$

可知 $\beta - \tilde{A}$ 是可逆的. 下面, 我们证明 $\beta - \tilde{A}$ 是满射. 由 (2.133), 可知

$$\|(\beta - \tilde{A})x\|_{H_{-1}} = \|x\|, \quad \forall\, x \in H, \tag{2.134}$$

则 $\beta - \tilde{A}$ 是闭算子. 我们仅需证明 $\beta - \tilde{A}$ 的值域在 H_{-1} 是稠密的. 否则, 存在 $y \in D(A^*)$, $y \neq 0$ 使得

$$\left\langle (\beta - \tilde{A})x, \, y \right\rangle_{H_{-1}, D(A^*)} = 0, \quad 对所有的 \ x \in H.$$

由 (2.133), $\langle x, (\overline{\beta} - A^*)y \rangle = 0$ 对所有的 $x \in H$ 都成立. 因此 $(\overline{\beta} - A^*)y = 0$. 这和 $(\overline{\beta} - A^*)$ 相矛盾. 命题得证. $\qquad \square$

注解 2.6 $\tilde{A}$ 可以通过不同的延拓得到. 事实上, 对任意的 $x \in H$, 由稠密性, 存在 $x_n \in H_1$ 使得 $x_n \to x$ 在 H 上. 因为

$$(\beta - A)^{-1} A x_n = -x_n + \beta(\beta - A)^{-1} x_n,$$

$\{Ax_n\}$ 是 H_{-1} 的 Cauchy 序列. 因此

$$\tilde{A}x = \lim_{n\to\infty} A x_n \quad 在空间 \ H_{-1}. \tag{2.135}$$

表达式 (2.135) 和 (2.131) 是一样的. 这是因为对于任意的 $y \in D(A^*)$, 由 (2.135) 定义的 $\tilde{A}$ 满足

$$\langle \tilde{A}x, y \rangle_{H_{-1}, D(A^*)} = \lim_{n\to\infty} \langle Ax_n, y \rangle_{H_{-1}, D(A^*)} = \lim_{n\to\infty} \langle Ax_n, y \rangle$$

$$= \lim_{n\to\infty} \langle x_n, A^*y \rangle = \langle x, A^*y \rangle, \quad \forall \, y \in D(A^*). \tag{2.136}$$

上面的讨论证明了 $\beta - A$ 是从 H_1 到 H 的等距映射, $\beta - \tilde{A}$ 是从 H 到 H_{-1} 的等距映射. 任意与 A 可交换的算子 $L \in \mathcal{L}$, 通过下述方法可得到延拓算子 $\tilde{L} \in \mathcal{L}(H_{-1})$:

$$\tilde{L} = R(\beta, A)^{-1} L R(\beta, \tilde{A}). \tag{2.137}$$

设 T 是离散算子, f 是 Hilbert 空间 H 的泛函, 且 $D(T) \subset D(f)$ 以及 $b \in H_{-1}$. 定义如下算子 $T_{f,b}$:

$$\begin{cases} T_{f,b}x = \tilde{T}x + f(x)b, \quad \forall \, x \in D(T_{f,b}), \\ D(T_{f,b}) = \left\{ x \in H \,\middle|\, \tilde{T}x + f(x)b \in H \right\}, \end{cases} \tag{2.138}$$

其中 $\tilde{T}$ 是按照 (2.131) 来理解. 我们称 f 是 T-有界的, 如果

$$|f(x)| \leqslant M\|Tx\| \quad 对所有 \ x \in D(T),$$

这里 $M > 0$ 是常数.

引理 2.58 设 T 是离散型算子, $b \in H_{-1}$. 假设 f 是 T-有界的, 存在 $\beta \in \rho(T)$ (因此对所有 $\lambda \in \rho(T)$) 使得 $R(\beta, \tilde{T})b \in D(f)$. 则 $T_{f,b}$ 是预解紧的. 并且, 对任意 $\lambda \in \rho(T)$, $\lambda \in \rho(T_{f,b})$ 满足

$$1 - f\left(R(\lambda, \tilde{T})b\right) \neq 0$$

和

$$R(\lambda, T_{f,b}) = R(\lambda, T) + \frac{f\left(R(\lambda, T)\cdot\right)}{1 - f\left(R(\lambda, \tilde{T})b\right)} R(\lambda, \tilde{T})b. \tag{2.139}$$

证明 根据命题 2.8 可知 $R(\lambda, T)$ 是紧的, 如果 (2.139) 成立, 则 $R(\lambda, T_{f,b})$ 一定是紧的, 因为 $1 - f\left(R(\lambda, \tilde{T})b\right)$ 是 λ 的解析函数, (2.139) 右端的第二个算子是秩 1 的有界算子. 所以我们仅需证明 (2.139). 对任意给定的 $y \in H$, $\lambda \in \rho(A^*)$, 求解

$$(\lambda - T_{f,b})x = (\lambda - T)x - f(x)b = y,$$

可得

$$x = f(x)R(\lambda, \tilde{T})b + R(\lambda, T)y. \tag{2.140}$$

因为 $R(\lambda, \tilde{T})b \in D(f)$, 用 f 作用在 (2.140) 的两端可得到

$$f(x) = f(x)f\left(R(\lambda, \tilde{T})b\right) + f\left(R(\lambda, T)y\right).$$

因此, 如果 $1 - f\left(R(\lambda, \tilde{A})b\right) \neq 0$, 可得

$$x = R(\lambda, T)y + \frac{f\left(R(\lambda, T)y\right)}{1 - f\left(R(\lambda, \tilde{T})b\right)} R(\lambda, \tilde{T})b.$$

这是 (2.139). 引理得证. □

设 T 是由定义 2.14 给出的离散型算子, $\beta \in \rho(T)$. 对于 $b \in H_{-1}$, 记

$$b = \sum_{i=1}^{\infty} b_i x_i \quad \text{以及} \quad \sum_{i=1}^{\infty} \frac{|b_i|^2}{|\beta - \lambda_i|^2} < \infty. \tag{2.141}$$

对任意 $i > N$, 定义如下算子 R_i:

$$\begin{cases} R_i x = \sum_{k=1, k \neq i}^{\infty} \frac{a_k}{\lambda_i - \lambda_k} x_k, \quad \forall\, x = \sum_{k=1}^{\infty} a_k x_k \in D(R_i), \\ D(R_i) = \left\{ x = \sum_{k=1}^{\infty} a_k x \in H_{-1} \,\middle|\, \sum_{k=1, k \neq i}^{\infty} |a_k|^2 |\lambda_i - \lambda_k|^{-2} < \infty \right\}. \end{cases} \tag{2.142}$$

显然 $R_i \in \mathcal{L}(H_{-1}, H)$. 并且, R_i 在 H 上的限制 $\tilde{R}_i$ 是 H 上的有界算子, 具有范数

$$\|\tilde{R}_i\| \leqslant \frac{M}{\nu_i}, \quad \forall\, i > N, \tag{2.143}$$

其中 ν_i 和 $M > 0$ 分别由 (2.105) 和 (2.108) 给定. 定义 H 上的线性泛函 $g_{f,b}$:

$$\begin{cases} D(g_{f,b}) = \left\{ x = \sum_{i=1}^{\infty} a_i x_i \in H \,\middle|\, \sum_{i>N}^{\infty} |a_i f(x_i)| \,\|R_i b\| < \infty \right\}, \\[3mm] g_{f,b}(x) = \sum_{i>N}^{\infty} a_i f(x_i) \,\|R_i b\|, \quad \forall\, x = \sum_{i=1}^{\infty} a_i x_i \in D(g_{f,b}). \end{cases} \tag{2.144}$$

定义 2.15　设 f 是 T-有界泛函, $b \in H_{-1}$ 由 (2.141) 给定. 则 f 和 b 称为与算子 T 是相容的, 如果

(i) 存在 $\beta \in \rho(T)$ 使得 $R(\beta, \tilde{T})b \in D(f)$ 以及

$$f\left(R(\beta, \tilde{T})b\right) = \sum_{i=1}^{\infty} b_i f\left(R(\beta, \tilde{T})x_i\right); \tag{2.145}$$

(ii) 由 (2.144) 定义的泛函 $g_{f,b}$ 在 H 上有界;

(iii)

$$\lim_{n \to \infty} \sup_{m \geqslant n} \sum_{k=n+1, k \neq m}^{\infty} \frac{|f(x_k)b_k|}{|\lambda_m - \lambda_k|} = 0. \tag{2.146}$$

对于 H 中给定的泛函 f 以及 $b \in H_{-1}$, 记

$$\Delta_i = \left\{ \lambda \in \mathbb{C} \,\middle|\, |\lambda - \lambda_i| \leqslant r_i \right\}, \quad r_i = \begin{cases} \nu_i/3, & f(x_i)b_i = 0, \\[2mm] 2\,|f(x_i)b_i|, & f(x_i)b_i \neq 0. \end{cases} \tag{2.147}$$

引理 2.59　对于 $b \in H_{-1}$, 设 T 是离散型算子, f 是 T-有界的线性泛函, $\beta \in \rho(T)$ 使得 $R(\beta, \tilde{T})b \in D(T)$. 用 $d(\lambda, T)$ 表示算子 T 关于 λ 的根子空间的维数. 则

$$d\left(\lambda, T + f(\cdot)b\right) = d(\lambda, T) + n\left(1 - f\left(R(\lambda, \tilde{T})b\right)\right). \tag{2.148}$$

证明　我们断言: 如果

$$R(\lambda, T)b = \sum_{k=-p}^{\infty} (\lambda - \lambda_0)^k \tilde{E}_k b, \quad \tilde{E}_k b = \int_{\Gamma} (\lambda - \lambda_0)^k R(\lambda, \tilde{T})b\, d\lambda,$$

其中

$$E_k = \int_{\Gamma} (\lambda - \lambda_0)^k R(\lambda, T)\, d\lambda,$$

Γ 是以 λ_0 为圆心的圆, T 在 Γ 内没有 λ_0 之外的任何谱, 则

$$f\left(R(\lambda, \tilde{T})b\right) = \sum_{k=-p}^{\infty}(\lambda - \lambda_0)^k f(\tilde{E}_k b), \quad f(\tilde{E}_k b) = \int_\Gamma (\lambda - \lambda_0)^k f\left(R(\lambda, \tilde{T})b\right) d\lambda.$$

(2.149)

由

$$R(\lambda, \tilde{T}) = (\lambda_0 - \lambda)R(\lambda_0, T)^2 + (\lambda_0 - \lambda)^2 R(\lambda_0, T)^2 R(\lambda, \tilde{T}) + R(\lambda_0, \tilde{T}),$$

可知 $f\left(R(\lambda, \tilde{T})b\right)$ 同样是亚纯函数. 由 (2.137), 可知

$$\tilde{E}_k b = R(\beta, \tilde{T})^{-1} \int_\Gamma (\lambda - \lambda_0)^k R(\lambda, T) d\lambda R(\beta, \tilde{T})b$$

$$= R(\beta, \tilde{T})^{-1} \int_\Gamma (\lambda - \lambda_0)^k R(\lambda, T) R(\beta, \tilde{T})b d\lambda$$

$$= \int_\Gamma (\lambda - \lambda_0)^k R(\lambda, \tilde{T}) d\lambda.$$

由 (2.139), 进一步可得

$$\tilde{E}_k b = -\int_\Gamma (\lambda - \lambda_0)^{k+1} R(\lambda, T) R(\lambda, \tilde{T})b d\lambda$$

$$= -R(\lambda_0, T) \int_\Gamma (\lambda - \lambda_0)^{k+1} R(\beta, \tilde{T})b d\lambda$$

$$= -\int_\Gamma (\lambda - \lambda_0)^{k+1} R(\lambda, \tilde{T})b d\lambda$$

$$= -R(\lambda_0, T)\tilde{E}_{k+1} b \in D(f).$$

(2.150)

则

$$f(\tilde{E}_k b) = -f(\lambda_0, T) \int_\Gamma (\lambda - \lambda_0)^{k+1} R(\lambda, \tilde{T})b d\lambda$$

$$= -\int_\Gamma (\lambda - \lambda_0)^{k+1} f\left(R(\lambda_0, T) R(\lambda, \tilde{T})b\right) d\lambda$$

$$= -\int_\Gamma (\lambda - \lambda_0)^k f\left(R(\lambda, \tilde{T})b\right) d\lambda.$$

上式和 (2.150) 一起可得到 (2.149). 引理得证. □

引理 2.60 设 Δ_i 由 (2.147) 给定. 如果 f 和 b 关于算子 T 可交换, 则存在正整数 $K > N$ 使得由 (2.138) 定义的算子 $T_{f,b}$ 在每个 Δ_i, $i \geqslant K$, 都有一个本征值 $\mu_i \in \Delta_i$, 且

$$|\mu_i - \lambda_i| \leqslant 2|f(x_i)b_i| \leqslant \frac{\nu_i}{3},$$

(2.151)

以及

$$\frac{1}{2} \leqslant \left| 1 - f\left(R(\lambda_i, T_N) \sum_{k=1}^{N} x_k b_k \right) - \sum_{k=N+1, k\neq i}^{\infty} \frac{f(x_k)b_k}{\lambda_i - \lambda_k} \right| \leqslant \frac{3}{2}, \quad \forall\, i \geqslant K, \quad (2.152)$$

其中 T_N 是 T 在子空间 $[x_1, x_2, \cdots, x_N]$ 上的限制. 特别地, 当 $f(x_i)b_i \neq 0$ 时, $\mu_i \neq \lambda_i$, 以及当 $f(x_i)b_i = 0$ 时, $\mu_i = \lambda_i$.

定理 2.61   设 f 是 T-有界泛函, $b \in H_{-1}$. 如果 f 和 b 与 T 是可交换的, 则 $T_{f,b}$ 是离散型算子. 并且, 对充分大的 i, $T_{f,b}$ 的本征向量 $\{y_i\}$ 满足

$$\|y_i - x_i\| \leqslant C\, |f(x_i)| \left[|\lambda_i - \beta|^{-1} + \|R_i b\| \right], \tag{2.153}$$

其中, $C >$ 是不依赖于 i 的常数, R_i 由 (2.142) 定义.

2.8   离散型算子的有限秩扰动

我们讨论下面的二阶系统

$$\ddot{y} + Ay + bb^* \dot{y} = 0, \tag{2.154}$$

其中 $A: D(A)(\subset H) \to H$ 是 Hilbert 空间 H 的无界正自伴算子, $b \in D(A^{1/2})^*$, 以及 $b^* \in \mathcal{L}(D(A^{1/2}), \mathbb{C})$ 由如下定义

$$b^* x = \langle x,\, b \rangle_{D(A^{1/2}) \times D(A^{1/2})^*}, \quad \forall\, x \in D(A^{1/2}). \tag{2.155}$$

假设 A 是对角形, 即存在 H 的正交基 $\{\phi_i\}_1^{\infty}$ 使得

$$A\phi_i = \omega_i^2 \phi_i, \quad \omega_i > 0. \tag{2.156}$$

由假设, b 可以表示为

$$b = \sum_{i=1}^{\infty} 2b_i \phi_i, \quad \sum_{i=1}^{\infty} \frac{|b_i|^2}{\omega_i^2} < \infty. \tag{2.157}$$

由 (2.155) 和 (2.157) 可知

$$b^* \phi_i = 2b_i. \tag{2.158}$$

通过如下方式定义 A 的延拓 $\tilde{A} \in \mathcal{L}\left(D(A^{1/2}), D(A^{1/2})^* \right)$:

$$\langle \tilde{A}x,\, z \rangle_{D(A^{1/2})^* \times D(A^{1/2})} = \langle A^{1/2}x,\, A^{1/2}z \rangle_{H \times H}, \quad \forall\, x, z \in D(A^{1/2}), \tag{2.159}$$

即

$$\tilde{A}x = \sum_{i=1}^{\infty} a_i \omega_i^2 \phi_i, \quad \forall\, x = \sum_{i=1}^{\infty} a_i \phi_i \in D(A^{1/2}). \tag{2.160}$$

由 Lax-Milgram 定理, $\tilde{A}$ 是从 $D(A^{1/2})$ 到 $D(A^{1/2})^*$ 的等距映射. 由命题 2.9 和命题 2.10, 对任意的 $\beta \in \rho(A)$, $(\beta - \tilde{A})$ 是从 $D(A^{1/2})$ 到 $D(A^{1/2})^*$ 的同构.

基于上述的准备知识, 我们可以把 (2.154) 写为

$$\ddot{y} + \tilde{A}y + bb^*\dot{y} = 0 \quad \text{在 } D(A^{1/2})^*, \tag{2.161}$$

它可以看作下述的一阶系统

$$\frac{d}{dt}\begin{pmatrix} y \\ \dot{y} \end{pmatrix} = \begin{pmatrix} 0 & I \\ -\tilde{A} - bb^* & 0 \end{pmatrix}\begin{pmatrix} y \\ \dot{y} \end{pmatrix} \quad \text{在 } D(A^{1/2}) \times D(A^{1/2})^*. \tag{2.162}$$

我们在下述能量状态空间讨论系统 (2.162)

$$X = D(A^{1/2}) \times H.$$

为此, 定义系统算子

$$\mathcal{A}\begin{pmatrix} \phi \\ \psi \end{pmatrix} = \begin{pmatrix} 0 & I \\ -\tilde{A} - bb^* & 0 \end{pmatrix}\begin{pmatrix} \phi \\ \psi \end{pmatrix} = \begin{pmatrix} \psi \\ -\tilde{A}\phi - bb^*\psi \end{pmatrix}, \tag{2.163}$$

以及

$$D(\mathcal{A}) = \left\{ (\phi, \psi)\,\middle|\, \phi, \psi \in D(A^{1/2}),\ -\tilde{A}\phi - bb^*\psi \in H \right\}. \tag{2.164}$$

因此, (2.162) 实际是考虑如下的系统

$$\frac{d}{dt}\begin{pmatrix} y \\ \dot{y} \end{pmatrix} = \mathcal{A}\begin{pmatrix} y \\ \dot{y} \end{pmatrix} \quad \text{在 } X. \tag{2.165}$$

引理 2.62 设 $\mathcal{A}$ 由 (2.163)-(2.164) 定义. 假设

$$\omega_{n+1} - \omega_n \geqslant M\omega_{n+1}^\delta, \quad n = 1, 2, \cdots, \tag{2.166}$$

这里 $M > 0, \delta > 0$ 是常数. 则

$$\omega_{n+1} \geqslant M^{1+\delta}\omega_1^{\delta^2}(1+\delta)^{-1}n^{1+\delta}, \quad n > 1. \tag{2.167}$$

因此, A^{-1} 在 H 上是紧的, 同时 $\mathcal{A}^{-1}$ 在 X 上也是紧的, 这里

$$\mathcal{A}^{-1}(\phi, \psi)^{\mathrm{T}} = \left(\psi,\ -b^*\phi\tilde{A}^{-1}b - \tilde{A}^{-1}\psi \right)^{\mathrm{T}}, \quad \forall\, (\phi, \psi) \in X. \tag{2.168}$$

证明　由 (2.166) 可知 $\{\omega_n\}$ 是一个增长序列:

$$\omega_{n+1} > \omega_n \quad \text{对所有的 } n \geqslant 1.$$

由归纳法,

$$\omega_{n+1} - \omega_n \geqslant M\omega_{n+1}^{\delta},$$

$$\omega_n - \omega_{n-1} \geqslant M\omega_n^{\delta},$$

$$\cdots\cdots$$

$$\omega_2 - \omega_1 \geqslant M\omega_2^{\delta}.$$

把上述不等式的左右两端各自加起来, 可得

$$\omega_{n+1} \geqslant \omega_1 + M\omega_{n+1}^{\delta} + M\omega_n^{\delta} + \cdots + M\omega_2^{\delta} \geqslant M\omega_1^{\delta}n.$$

进一步

$$\omega_{n+1} - \omega_n \geqslant M\omega_{n+1}^{\delta} = M^{1+\delta}\omega_1^{\delta^2}\frac{\omega_{n+1}^{\delta}}{M^{\delta}\omega_1^{\delta^2}}$$

$$\geqslant M^{1+\delta}\omega_1^{\delta^2}\int_{n-1}^{n} x^{\delta}dx,$$

$$\omega_n - \omega_{n-1} \geqslant M^{1+\delta}\omega_1^{\delta^2}\int_{n-2}^{n-1} x^{\delta}dx,$$

$$\cdots\cdots$$

$$\omega_2 - \omega_1 \geqslant M^{1+\delta}\omega_1^{\delta^2}\int_{0}^{1} x^{\delta}dx.$$

同样把上述不等式的左右两端各自加起来, 进一步可得

$$\omega_{n+1} \geqslant \omega_1 + M^{1+\delta}\omega_1^{\delta^2}\int_{0}^{n} x^{\delta}dx$$

$$= \omega_1 + \frac{M^{1+\delta}\omega_1^{\delta^2}}{1+\delta}n^{1+\delta}$$

$$\geqslant \frac{M^{1+\delta}\omega_1^{\delta^2}}{1+\delta}n^{1+\delta}.$$

这就是 (2.167). 引理得证.　　　　　　　　　　　　　　　　　　　　□

注解 2.7　如果 (2.166) 成立, 必须有 $\delta \in (0,1)$. 否则, 由 $\omega_{n+1} - M\omega_{n+1}^{\delta} \geqslant \omega_n$ 和 (2.167) 可知, ω_n 必须是有界的. 因为 $\{\omega_n\}$ 是单调的, 当 $n \to \infty$ 时, 一定有极限. 在 (2.166) 中, 令 $n \to \infty$ 导致矛盾.

定义

$$\mathbf{A} = \begin{pmatrix} 0 & I \\ -A & 0 \end{pmatrix}, \quad \mathbf{b} = \begin{pmatrix} 0 \\ b \end{pmatrix}, \tag{2.169}$$

以及

$$\Phi_k = \begin{pmatrix} -i\omega_k^{-1}\phi_k \\ \phi_k \end{pmatrix}, \quad \Phi_{-k} = \begin{pmatrix} i\omega_k^{-1}\phi_k \\ \phi_k \end{pmatrix}, \quad k \geqslant 1. \tag{2.170}$$

则

$$\mathbf{A}\Phi_{\pm k} = \pm i\omega_k\Phi_{\pm k} = \lambda_{\pm k}\Phi_{\pm k}, \quad k \geqslant 1. \tag{2.171}$$

序列 $\{\Phi_k\}$ 构成空间 X 的标准正交基, 以及

$$\mathbf{b} = \sum_{k=1}^{\infty} b_k\Phi_k + \sum_{k=1}^{\infty} b_k\Phi_{-k}. \tag{2.172}$$

令 X_{-1} 是空间 X 在下述范数完备化的空间

$$\|F\|_{-1} = \|\mathbf{A}^{-1}F\|_X. \tag{2.173}$$

则

$$X_{-1} = \left\{ F = \sum_{k=-\infty, k\neq 0}^{\infty} a_k\Phi_k \ \middle|\ \sum_{k=-\infty, k\neq 0}^{\infty} \frac{|a_k|^2}{\omega_{|k|}^2} < \infty \right\}. \tag{2.174}$$

令

$$\tilde{\mathbf{A}} = \begin{pmatrix} 0 & I \\ -\tilde{A} & 0 \end{pmatrix}. \tag{2.175}$$

则 $\tilde{\mathbf{A}}$ 是 $\mathbf{A}$ 的延拓且 $D(\tilde{\mathbf{A}}) = X$. 对任意的 $\lambda \in \rho(\mathbf{A})$, $R(\lambda, \tilde{\mathbf{A}})$ 是从 X_{-1} 到 X 的同构.

$$R(\lambda, \tilde{\mathbf{A}})F = \sum_{k=-\infty, k\neq 0}^{\infty} \frac{a_k}{\lambda - \lambda_k}\Phi_k, \quad \forall F = \sum_{k=-\infty, k\neq 0}^{\infty} a_k\Phi_k \in X_{-1}. \tag{2.176}$$

特别地

$$R(\lambda, \tilde{\mathbf{A}})\mathbf{b} = \sum_{k=-\infty, k\neq 0}^{\infty} \frac{b_{|k|}}{\lambda - \lambda_k}\Phi_k. \tag{2.177}$$

定义 X 上的泛函 f 使得

$$f(F) = -\langle \phi, b \rangle_{D(A^{1/2}) \times D(A^{1/2})^*}, \quad \forall F = (*, \phi) \in X, \ \phi \in D(A^{1/2}). \tag{2.178}$$

则 $D(\mathbf{A}) \subset D(f)$ 以及

$$\begin{pmatrix} 0 & 0 \\ 0 & -bb^* \end{pmatrix} F = f(F)\mathbf{b}, \quad \forall\, F \in D(f). \tag{2.179}$$

特别地

$$f(\Phi_n) = -2b_n, \tag{2.180}$$

以及 f 是 $\mathbf{A}$-有界的:

$$|f(F)| \leqslant \|b\|_{D(A^{1/2})^*} \|\mathbf{A}F\|.$$

由这个表达式, 我们可以记

$$\mathcal{A} = \tilde{\mathbf{A}} + \begin{pmatrix} 0 & 0 \\ 0 & -bb^* \end{pmatrix} = \tilde{\mathbf{A}} + f(\cdot)\mathbf{b}. \tag{2.181}$$

引理 2.63　假设 (2.166) 成立, 对于所有的 $k \geqslant 1$, 存在 $C > 0$, 使得 $|b_k| \leqslant C$. 则对任意的 $\lambda \in \rho(\mathbf{A})$, $R(\lambda, \tilde{\mathbf{A}})\mathbf{b} \in D(f)$, 以及

$$f\left(R(\lambda,\, \tilde{\mathbf{A}})\mathbf{b}\right) = \sum_{k=-\infty,\, k \neq 0}^{\infty} b_{|k|} f\left(R(\lambda,\, \tilde{\mathbf{A}})\Phi_k\right). \tag{2.182}$$

证明　由 (2.176), 可知

$$R(\lambda, \tilde{\mathbf{A}})\mathbf{b} = \sum_{k=-\infty,\, k \neq 0}^{\infty} \frac{b_{|k|}}{\lambda - \lambda_k} \Phi_k = \left(\sum_{k=1}^{\infty} \frac{2b_k}{\lambda^2 + \omega_k^2} \phi_k,\ \lambda \sum_{k=1}^{\infty} \frac{2b_k}{\lambda^2 + \omega_k^2} \phi_k \right)^{\mathrm{T}}. \tag{2.183}$$

由于 $\{b_k\}$ 是一致有界的, 由引理 2.62 可知 (2.183) 的右端第二项在 $D(A^{1/2})$ 中收敛. 对任意的 $\lambda \in \rho(\mathbf{A})$, 可知

$$A^{1/2} \sum_{k=1}^{\infty} \frac{2b_k}{\lambda^2 + \omega_k^2} \phi_k = \sum_{k=1}^{\infty} \omega_k \frac{2b_k}{\lambda^2 + \omega_k^2} \phi_k.$$

因此, $R(\lambda, \tilde{\mathbf{A}})\mathbf{b} \in D(f)$, 以及

$$\begin{aligned}
f\left(R(\lambda,\, \tilde{\mathbf{A}})\mathbf{b}\right) &= -\left\langle \lambda \sum_{k=1}^{\infty} \frac{2b_k\phi_k}{\lambda^2 + \omega_n^2},\ b \right\rangle_{D(A^{1/2}) \times D(A^{1/2})^*} \\
&= -\lambda \sum_{k=1}^{\infty} \frac{2b_k}{\lambda^2 + \omega_k^2} \left\langle \phi_k,\ b \right\rangle_{D(A^{1/2}) \times D(A^{1/2})^*}
\end{aligned}$$

$$= \lambda \sum_{k=1}^{\infty} \frac{2b_k}{\lambda^2 + \omega_k^2} f(\Phi_k)$$

$$= \sum_{k=\infty, k\neq 0}^{\infty} b_{|k|} f\left(R(\lambda, \tilde{\mathbf{A}})\Phi_k\right).$$

这是 (2.182). 引理得证. □

定义下述泛函 g:

$$\begin{cases} D(g) = \left\{ F = \sum_{k=-\infty, k\neq 0}^{\infty} a_k \Phi_k \in X \; \middle| \; \sum_{k=-\infty, k\neq 0}^{\infty} |a_k b_{|k|}| \, \|R_k b\| < \infty \right\}, \\ g(F) = \sum_{k=-\infty, k\neq 0}^{\infty} a_k b_{|k|} \|R_k b\|, \quad \forall \, F = \sum_{k=-\infty, k\neq 0}^{\infty} a_k \Phi_k \in D(g), \end{cases}$$

(2.184)

其中

$$R_k b = \sum_{j=-\infty, |j|\neq k, j\neq 0}^{\infty} \frac{b_{|j|}}{\lambda_k - \lambda_j} \Phi_j. \tag{2.185}$$

引理 2.64 假设 (2.166) 成立, 以及

$$\sum_{k=1}^{\infty} \frac{1}{\omega_k^{2\delta}} < \infty. \tag{2.186}$$

如果存在 $C > 0$ 使得对所有的 $k \geqslant 1$, $|b_k|^2 \leqslant C$, 则由 (2.184) 定义的泛函 g 在 X 上有界.

证明 我们仅需证明

$$\sum_{k=-\infty, k\neq 0}^{\infty} \|R_k b\|^2 < \infty. \tag{2.187}$$

由 (2.185), 可知

$$\|R_m b\|^2 = \sum_{k=-\infty, k\neq m, k\neq 0}^{\infty} \frac{|b_{|k|}^2|}{|\lambda_{|m|} - \lambda_k|^2}$$

$$\leqslant \sum_{k=-\infty, |k|\neq |m|, k\neq 0}^{\infty} \frac{|b_{|k|}^2|}{|\omega_{|m|} - \omega_{|k|}|^2} + \frac{|b_{|m|}^2|}{4\omega_{|m|}^2}$$

$$\leqslant C\left[\sum_{k=-\infty,|k|\neq|m|,k\neq 0}^{\infty}\frac{1}{\left|\omega_{|m|}-\omega_{|k|}\right|^{2}}+\frac{1}{\omega_{|m|}^{2}}\right]$$

$$\leqslant C\left[\frac{1}{\omega_{|m|}^{2}}+\frac{4}{M^{2}\omega_{|m|}^{2\delta}}+2\sum_{k=1,|k-|m||\geqslant 2}^{\infty}\frac{1}{\left(\omega_{|m|}-\omega_{k}\right)^{2}}\right].$$

然而

$$\sum_{k=1,|k-|m||\geqslant 2}^{\infty}\frac{1}{\left(\omega_{|m|}-\omega_{k}\right)^{2}}=\sum_{k=1}^{|m|-2}\frac{1}{\left(\omega_{|m|}-\omega_{k}\right)^{2}}+\sum_{k=|m|+2}^{\infty}\frac{1}{\left(\omega_{|m|}-\omega_{k}\right)^{2}}$$

$$\leqslant\sum_{k=1}^{|m|-2}\frac{1}{\omega_{k+1}-\omega_{k}}\int_{\omega_{k}}^{\omega_{k+1}}\frac{dx}{\left(\omega_{|m|}-x\right)^{2}}+\sum_{k=|m|+2}^{\infty}\frac{1}{\omega_{k}-\omega_{k-1}}\int_{\omega_{k-1}}^{\omega_{k}}\frac{1}{\left(x-\omega_{|m|}\right)^{2}}dx$$

$$=I_{1}+I_{2},$$

其中

$$I_{2}\leqslant\frac{1}{M\omega_{|m|}^{\delta}}\sum_{k=|m|+2}^{\infty}\int_{\omega_{k-1}}^{\omega_{k}}\frac{dx}{\left(\omega_{|m|}-x\right)^{2}}=\frac{1}{M\omega_{|m|}^{\delta}}\frac{1}{\omega_{|m|+1}-\omega_{|m|}}\leqslant\frac{1}{M^{2}\omega_{|m|}^{2\delta}},$$

当 $\omega_{|m|-1}>2\omega_{1}$ 时,

$$I_{1}\leqslant\frac{1}{M}\sum_{k=1}^{|m|-2}\int_{\omega_{k}}^{\omega_{k+1}}\frac{1}{x^{\delta}\left(\omega_{|m|}-x\right)^{2}}dx=\frac{1}{M}\int_{\omega_{1}}^{\omega_{|m|-1}}\frac{1}{x^{\delta}\left(\omega_{|m|}-x\right)^{2}}dx$$

$$\leqslant\frac{1}{M}\int_{\omega_{1}}^{\frac{\omega_{|m|-1}}{2}}\frac{1}{x^{\delta}\left(\omega_{|m|}-x\right)^{2}}dx+\frac{1}{M}\int_{\frac{\omega_{|m|-1}}{2}}^{\omega_{|m|-1}}\frac{1}{x^{\delta}\left(\omega_{|m|}-x\right)^{2}}dx$$

$$\leqslant\frac{1}{M\omega_{1}^{\delta}}\frac{1}{\omega_{|m|}-\frac{\omega_{|m|-1}}{2}}+\frac{4^{\delta}}{M\omega_{|m|-1}^{\delta}}\frac{1}{\omega_{|m|}-\omega_{|m|-1}}$$

$$\leqslant\frac{1}{M\omega_{1}^{\delta}}\frac{1}{\omega_{|m|}-\frac{\omega_{|m|}}{2}}+\frac{4^{\delta}}{M^{2}\omega_{|m|-1}^{2\delta}}$$

$$=\frac{2}{M\omega_{1}^{\delta}\omega_{|m|}}+\frac{4^{\delta}}{M^{2}\omega_{|m|-1}^{2\delta}}.$$

因此

$$\|R_m b\|^2 \leqslant C\left[\frac{1}{\omega_{|m|}^2} + \frac{6}{M^2 \omega_{|m|}^{2\delta}} + \frac{4}{M\omega_1^\delta}\frac{1}{\omega_{|m|}} + 2\frac{4^\delta}{M^2 \omega_{|m|-1}^{2\delta}}\right], \quad \omega_{|m|-1} > 2\omega_1. \tag{2.188}$$

从而, 不等式 (2.187) 可以由 (2.166) 和 (2.186) 得到. 引理得证. □

引理 2.65 假设 (2.166) 成立, 如果存在 $C > 0$ 使得对所有的 $k \geqslant 1$, $|b_k|^2 \leqslant C$. 则

$$\lim_{n\to\infty} \sup_{|m| \geqslant n} \left[\sum_{|k|=n+1, k\neq m}^\infty \frac{|f(\Phi_k)b_{|k|}|}{|\lambda_m - \lambda_k|}\right] = 0.$$

证明 对任意整数 n, 当 $|m| \geqslant n$ 时, 可知

$$\sum_{|k|=n+1, k\neq m}^\infty \frac{|f(\Phi_k)b_{|k|}|}{|\lambda_m - \lambda_k|} \leqslant \sum_{|k|=n+1, |k|\neq|m|}^\infty \frac{|f(\Phi_k)b_{|k|}|}{|\omega_{|m|} - \omega_{|k|}|} + \frac{|f(\Phi_{-m})b_{|m|}|}{2\omega_{|m|}}$$

$$\leqslant 2C\left[\sum_{k=n+1, |k|\neq|m|}^\infty \frac{1}{|\omega_{|m|} - \omega_k|} + \frac{1}{2\omega_{|m|}}\right]$$

$$\leqslant 2C\left[\sum_{k=n+1, |k-|m||\geqslant 2}^\infty \frac{1}{|\omega_{|m|} - \omega_k|} + \frac{1}{2\omega_{|m|}} + \frac{1}{\omega_{|m|+1} - \omega_{|m|}} + \frac{1}{\omega_{|m|} - \omega_{|m|-1}}\right]$$

$$\leqslant 2C\left[\sum_{k=n+1, |k-|m||\geqslant 2}^\infty \frac{1}{|\omega_{|m|} - \omega_{|k|}|} + \frac{1}{2\omega_{|m|}} + \frac{2}{M\omega_{|m|}^\delta}\right].$$

为了得到结论, 我们只需证明

$$\sum_{k=n+1, |k-|m||\geqslant 2}^\infty \frac{1}{|\omega_{|m|} - \omega_{|k|}|} \to 0 \quad (|m| \geqslant n \to \infty). \tag{2.189}$$

经计算

$$\sum_{k=n+1, |k-|m||\geqslant 2}^\infty \frac{1}{|\omega_{|m|} - \omega_k|} = \sum_{k=n+1}^{|m|-2} \frac{1}{\omega_{|m|} - \omega_k} + \sum_{|m|+2}^\infty \frac{1}{\omega_k - \omega_{|m|}}$$

$$\leqslant \sum_{k=n+1}^{|m|-2} \frac{1}{\omega_{k+1} - \omega_k}\int_{\omega_k}^{\omega_{k+1}} \frac{dx}{\omega_{|m|} - x} + \sum_{k=|m|+2}^\infty \frac{1}{\omega_k - \omega_{k-1}}\int_{\omega_{k-1}}^{\omega_k} \frac{dx}{x - \omega_{|m|}}$$

$$\leqslant \sum_{k=n+1}^{|m|-2} \frac{1}{M} \int_{\omega_k}^{\omega_{k+1}} \frac{dx}{x^\delta(\omega_{|m|}-x)} + \sum_{k=|m|+2}^{\infty} \frac{1}{M} \int_{\omega_{k-1}}^{\omega_k} \frac{x^{-\delta}dx}{x-\omega_{|m|}}$$

$$\leqslant \frac{1}{M} \int_{\omega_{n+1}}^{\omega_{|m|-1}} \frac{x^{-\delta}dx}{\omega_{|m|}-x} + \frac{1}{M} \int_{\omega_{|m|+1}}^{\infty} \frac{x^{-\delta}dx}{x-\omega_{|m|}}$$

$$= \frac{1}{M} \int_{\omega_{n+1}}^{\omega_{|m|-1}} \frac{x^{-\delta}dx}{\omega_{|m|}-x} + \frac{1}{M} \int_{\omega_{|m|+1}-\omega_{|m|}}^{\infty} \frac{dx}{x(x+\omega_{|m|})^\delta} = S_1 + S_2.$$

由实分析中的 Lebesgue 控制收敛定理, 可得

$$S_2 = \frac{1}{M} \int_{\omega_{|m|+1}-\omega_{|m|}}^{\infty} \frac{dx}{x(x+\omega_{|m|})^\delta} \leqslant \frac{1}{M} \int_{M\omega_1^\delta}^{\infty} \frac{dx}{x(x+\omega_{|m|})^\delta} \to 0, \quad |m| \to \infty.$$

当

$$\frac{\omega_{|m|-1}}{2} \geqslant \omega_{n+1},$$

以及 $|m| \geqslant n \to \infty$ 时,

$$S_1 = \frac{1}{M} \int_{\omega_{n+1}}^{\omega_{|m|-1}} \frac{dx}{x^\delta(\omega_{|m|}-x)}$$

$$= \frac{1}{M} \int_{\omega_{n+1}}^{\frac{\omega_{|m|-1}}{2}} \frac{x^{-\delta}dx}{\omega_{|m|}-x} + \frac{1}{M} \int_{\frac{\omega_{|m|-1}}{2}}^{\omega_{|m|-1}} \frac{x^{-\delta}dx}{\omega_{|m|}-x}$$

$$\leqslant \frac{\omega_{|m|-1}-2\omega_{n+1}}{M\omega_{n+1}^\delta(2\omega_{|m|}-\omega_{|m|-1})} + \frac{2^\delta}{M\omega_{|m|-1}^\delta} \int_{\frac{\omega_{|m|-1}}{2}}^{\omega_{|m|-1}} \frac{dx}{\omega_{|m|}-x}$$

$$\leqslant \frac{1}{M\omega_{n+1}^\delta} + \frac{2^\delta}{M\omega_{|m|-1}^\delta} \ln\left(1 + \frac{\omega_{|m|-1}}{\omega_{|m|}-\omega_{|m|-1}}\right)$$

$$\leqslant \frac{1}{M\omega_{n+1}^\delta} + \frac{2^\delta}{M\omega_{|m|-1}^\delta} \ln\left(1 + \frac{\omega_{|m|-1}^{1-\delta}}{M}\right) \to 0,$$

当

$$\omega_{n+1} > \frac{\omega_{|m|-1}}{2},$$

以及 $|m| \geqslant n \to \infty$ 时,

$$S_1 = \frac{1}{M} \int_{\omega_{n+1}}^{\omega_{|m|-1}} \frac{x^{-\delta}dx}{\omega_{|m|}-x} \leqslant \frac{1}{M} \int_{\frac{\omega_{|m|-1}}{2}}^{\omega_{|m|-1}} \frac{x^{-\delta}}{\omega_{|m|}-x}dx$$

$$\leqslant \frac{2^\delta}{M\omega_{|m|-1}^\delta} \ln\left(1 + \frac{\omega_{|m|-1}^{1-\delta}}{M}\right) \to 0.$$

因此

$$S_1 + S_2 \to 0, \quad |m| \geqslant n \to \infty.$$

这证明了 (2.189). 引理得证.   □

定理 2.66 假设 (2.166) 和 (2.186) 成立. 如果 $\{|b_k|\}$ 是一致有界的, 则由 (2.163) 定义的算子 $\mathcal{A}$ 是离散型算子. 并且, 存在 $C > 0$ 使得算子 $\mathcal{A}$ 的本征对 $\{(\mu_m, \Psi_m)\} \cup \{$它们的共轭$\}$ 满足

$$\begin{cases} |\mu_m - i\omega_m^2| \leqslant L, \\ \Psi_m = \Phi_m + \mathcal{O}\left(\max\left\{\omega_m^{-1/2}, \omega_{m-1}^{-2\delta}\right\}\right), \quad m \to \infty. \end{cases} \tag{2.190}$$

证明 从 (2.181) 可知, 如同在 2.7 节的抽象讨论, 算子 $\mathcal{A}$ 可以写成秩 1 的扰动形式. 由引理 2.63—引理 2.65, 根据定义 2.15 可知, (2.178) 定义的泛函 f 和 (2.169) 定义的 $\mathbf{b}$ 与算子 $\mathcal{A}$ 是相容的. 从而定理 2.61 的所有条件都满足. 因此 $\mathcal{A}$ 是离散型算子, 并且 (2.190) 的第一个估计可以由 (2.151), (2.180) 以及 $\{|b_k|\}$ 的有界性得到, 第二个估计可以由 (2.153), (2.188) 以及 $\{|b_k|\}$ 的有界性得到. 定理得证.   □

2.9 C_0-半群的 Riesz 基

引理 2.67 设 H 是可分的 Hilbert 空间, $\{e_n(t)\}_1^\infty$ 是 $L^2(0, T)$, $T > 0$ 上的 Riesz 基. 则对于任意的 $\phi \in L^2(0, T; H)$, 存在序列 $\{\phi_n\}_1^\infty \subset H$ 使得

(i)

$$\phi(t) = \sum_{n=1}^\infty e_n(t)\phi_n \tag{2.191}$$

在 $L^2(0, T; H)$ 上成立, 其中 ϕ_n 由如下表达式唯一确定

$$\phi_n = \int_0^T e_n^*(t)\phi(t)dt, \tag{2.192}$$

$\{e_n^*(t)\}$ 是 $\{e_n(t)\}$ 在 $L^2(0, T)$ 上的双正交序列:

$$\langle e_n^*, e_m \rangle = \delta_{nm}, \quad n, m \geqslant 1.$$

(ii) 存在常数 $C_i > 0, i = 1, 2$ 使得

$$C_1 \sum_{n=1}^\infty \|\phi_n\|^2 \leqslant \|\phi\|_{L^2(0,T;H)}^2 \leqslant C_2 \sum_{n=1}^\infty \|\phi_n\|^2. \tag{2.193}$$

证明 证明是构造性的, 分为以下步骤. 第一步, 取 $\{\psi_n\}_{n=1}^{\infty}$ 为 H 的标准正交基. 则可以将 $\phi \in L^2(0,T;H)$ 展开为

$$\phi(t) = \sum_{n=1}^{\infty} \langle \phi(t),\ \psi_n \rangle \psi_n, \quad t \in [0,T] \text{ a.e.}$$

并且

$$\|\phi(t)\|_H^2 = \sum_{n=1}^{\infty} \left| \langle \phi(t),\ \psi_n \rangle \right|^2, \quad \forall\, t \in [0,T] \text{ a.e.} \tag{2.194}$$

第二步, 对每个 $m \geqslant 1$, $\langle \phi(t), \psi_m \rangle \in L^2(0,T)$, 所以

$$\langle \phi(t),\ \psi_m \rangle = \sum_{n=1}^{\infty} a_n^{(m)} e_n(t), \quad \forall\, m \geqslant 1 \quad \text{在 } L^2(0,T), \tag{2.195}$$

其中系数 $a_n^{(m)}$ 表示为

$$a_n^{(m)} = \int_0^T \langle \phi(t),\ \psi_m \rangle e_n^*(t) dt \tag{2.196}$$

且满足

$$C_1 \sum_{n=1}^{\infty} \left| a_n^{(m)} \right|^2 \leqslant \int_0^T \left| \langle \phi(t),\ \psi_m \rangle \right|^2 dt \leqslant C_2 \sum_{n=1}^{\infty} \left| a_n^{(m)} \right|^2, \tag{2.197}$$

其中 $C_i > 0, i = 1, 2$, 是常数仅依赖于 $\{e_n(t)\}$. 记

$$\phi_n = \sum_{m=1}^{\infty} a_n^{(m)} \psi_m. \tag{2.198}$$

我们证明 $\{\phi_n\}$ 就是所需序列. 事实上, 由 (2.194), (2.196) 和 (2.197) 可知, 定义 (2.198) 是有意义的, 并且

$$\sum_{m=1}^{\infty} \left| a_n^{(m)} \right|^2 \leqslant C \sum_{m=1}^{\infty} \int_0^T \left| \langle \phi(t),\ \psi_m \rangle \right|^2 dt = C \int_0^T \|\phi(t)\|^2 dt, \tag{2.199}$$

这里 $C > 0$ 是常数. 因此 $\phi_n \in H$. 进一步, 由 (2.197) 和 (2.199), 可得

$$C_1 \sum_{m=1}^{\infty} \sum_{n=1}^{\infty} \left| a_n^{(m)} \right|^2 \leqslant \sum_{m=1}^{\infty} \int_0^T \left| \langle \phi(t),\ \psi_m \rangle \right|^2 dt = \int_0^T \|\phi(t)\|^2 dt. \tag{2.200}$$

上式结合 (2.198), 可推导出

$$\sum_{n=1}^{\infty} \|\phi_n\|^2 = \sum_{n=1}^{\infty} \sum_{m=1}^{\infty} \left| a_n^{(m)} \right|^2 < \infty. \tag{2.201}$$

进一步, 对任意整数 $N > 1$ 以及几乎所有的 $t \in [0, T]$, 可知

$$\left\| \phi(t) - \sum_{n=1}^{N} e_n(t)\phi_n \right\|^2 = \left\| \phi(t) - \sum_{n=1}^{N} e_n(t) \sum_{m=1}^{\infty} a_n^{(m)} \psi_m \right\|^2$$

$$= \left\| \phi(t) - \sum_{m=1}^{\infty} \left(\sum_{n=1}^{N} a_n^{(m)} e_n(t) \right) \psi_m \right\|^2$$

$$= \sum_{m=1}^{\infty} \left| \langle \phi(t),\, \psi_m \rangle - \sum_{n=1}^{N} a_n^{(m)} e_n(t) \right|^2,$$

因此存在 $C_3 > 0$ 使得

$$\int_0^T \left\| \phi(t) - \sum_{n=1}^{N} e_n(t)\phi_n \right\|^2 dt = \sum_{m=1}^{\infty} \int_0^T \left| \langle \phi(t),\, \psi_m \rangle - \sum_{n=1}^{N} a_n^{(m)} e_n(t) \right|^2 dt$$

$$\leqslant C_3 \sum_{m=1}^{\infty} \sum_{n=N+1}^{\infty} \left| a_n^{(m)} \right|^2.$$

令 $N \to 0$, 可得 (2.191). 最后, 由 (2.200) 和 (2.201), 可知

$$C_1 \sum_{n=1}^{\infty} \|\phi_n\|^2 \leqslant \int_0^T \|\phi(t)\|^2 dt,$$

以及由 (2.200) 和 (2.197), 可得

$$\int_0^T \|\phi(t)\|^2 dt = \sum_{m=1}^{\infty} \int_0^T \left| \langle \phi(t),\, \psi_m \rangle \right|^2 dt \leqslant C_2 \sum_{m=1}^{\infty} \sum_{n=1}^{\infty} \left| a_n^{(m)} \right|^2 = C_2 \sum_{n=1}^{\infty} \|\phi_n\|^2.$$

引理得证.   □

定理 2.68　设线性算子 A 在可分 Hilbert 空间 H 生成 C_0-半群 e^{At}. 假设 A 是离散算子 (即 $(\lambda - A)^{-1}$ 是紧的对于 $\lambda \in \rho(A)$) 以及本征值 $\{\lambda_n\}_1^{\infty}$. 设

(i) 每个本征值 λ_n 是代数单的;

(ii) $\mathrm{sp}(A) = \mathrm{sp}(A^*) = H$;

(iii) $\{e^{\lambda_n t}\}_1^{\infty}$ 构成 $L^2(0, T)$, $T > 0$ 的 Riesz 基,

则存在 A 相应于 $\{\lambda_n\}$ 的本征向量构成 H 的 Riesz 基.

证明　设 x_n 是 A 相应于 λ_n 的本征向量且 $\|x_n\| = 1$, $n \geqslant 1$. 由假设, $\{x_n\}_1^{\infty}$ 在 H 上是完备的. 因此, 存在 $\{x_n\}_1^{\infty}$ 的唯一双正交序列 $\{x_n^*\}_1^{\infty}$:

$$\langle x_n,\, x_m^* \rangle = \delta_{nm}.$$

由定理 2.2 的结论 (iv) 可知, 为了证明 $\{x_n\}_1^\infty$ 构成 H 的 Riesz 基, 只需证明 $\{x_n^*\}$ 在 H 上同样是完备的, 并且对任意的 $\psi \in H$,

$$\sum_{n=1}^\infty \left|\langle \psi,\, x_n^* \rangle\right|^2 < \infty, \quad \sum_{n=1}^\infty \left|\langle \psi,\, x_n \rangle\right|^2 < \infty.$$

对于任意的 $\psi \in H$, 寻找 $\psi_m \to \psi$, $m \to \infty$. 设

$$\psi_m = \sum_{n=1}^m b_n^{(m)} x_n,$$

其中 $b_n^{(m)}$ 是常数. 容易验证

$$b_n^{(m)} = \langle \psi_m,\, x_n^* \rangle \to \langle \psi,\, x_n^* \rangle, \quad m \to \infty.$$

考虑 Cauchy 问题

$$\dot{x}(t) = Ax(t), \quad x(0) = \psi_m, \tag{2.202}$$

它的解为

$$x(t) = \sum_{n=1}^m e^{\lambda_n t} b_n^{(m)} x_n.$$

从 (2.193) 的左端不等式可知

$$C_1 \sum_{n=1}^m \left|b_n^{(m)}\right|^2 \leqslant \int_0^T \left\|e^{At}\psi_m\right\|^2 dt \leqslant \frac{M^2}{2\omega}\left(e^{2\omega T} - 1\right)\|\psi_m\|^2,$$

这里 $C_1 > 0$ 是正常数, 并且我们已经假设半群 e^{At} 满足 $\|e^{At}\| \leqslant Me^{\omega t}$ 对于 $M, \omega > 0$. 令 $m \to \infty$ 可得

$$\sum_{n=1}^\infty \left|\langle \psi,\, x_n^* \rangle\right|^2 < \infty.$$

最后, 因为 $\{x_n^*\}$ 是算子 A^* 相应于 $\{\overline{\lambda_n}\}$ 的本征向量, 由假设可知, 同样 $\{x_n^*\}$ 在 H 是完备的, 并且 $\{e^{\overline{\lambda_n}t}\}$ 在 $L^2(0,T)$ 构成 Riesz 基. 对 A^* 重复上面的过程, 可得

$$\sum_{n=1}^\infty \left|\langle \psi,\, x_n \rangle\right|^2 < \infty.$$

定理得证.   □

注解 2.8 自然地, 我们期望定理 2.68 的逆命题也是成立的, 即如果存在算子 A 的本征向量构成 H 的 Riesz 基, 则 $\{e^{\lambda_n t}\}_1^\infty$ 形成 $L^2(0,T)$ 上的 Riesz 基, 对于某些 $T > 0$ 成立. 不幸的是, 这个结论一般不成立. 事实上, 根据 Pavlov 定理, $\{e^{\lambda_n t}\}_1^\infty$ 形成 $L^2(0,T)$ 的 Riesz 基的必要条件是本征值 $\{\lambda_n\}$ 位于平行于虚轴的带状区域内.

对于 H-值整函数 $f(z)$, 定义它的阶数 ρ_f 作为实数值 a 的下界使得 (见 (2.39))

$$\|f(z)\|_H = \mathcal{O}\left(e^{|z|^a}\right), \quad |z| \to \infty. \tag{2.203}$$

我们通过伴随算子的一阶预解式给出根子空间完备性的一个充分性条件.

定理 2.69 设 A 在 Hilbert 空间 H 生成 C_0-半群. 假设 A 是离散的 (A^* 也是离散的), 对于 $\lambda \in \rho(A^*)$, 预解算子 $R(\lambda, A^*)$ 取如下形式:

$$R(\lambda, A^*)x = \frac{G(\lambda)x}{F(\lambda)}, \quad \forall\, x \in H,$$

其中, 对任意的 $x \in H$, $G(\lambda)x$ 是 H-值整函数且它的阶数小于等于 ρ_1, $F(\lambda)$ 是整函数且阶数为 ρ_2. 记 $\rho = \max\{\rho_1, \rho_2\} < \infty$ 以及整数 n 使得 $n-1 \leqslant \rho < n$. 如果在复平面上存在 $n+1$ 条射线 $\gamma_j, j = 0, 1, 2, \cdots, n$:

$$\arg \gamma_0 = \frac{\pi}{2} < \arg \gamma_1 < \arg \gamma_2 \cdots < \arg \gamma_n = \frac{3\pi}{2},$$

以及

$$\arg \gamma_{j+1} - \arg \gamma_j \leqslant \frac{\pi}{n}, \quad 0 \leqslant j \leqslant n-1$$

使得对于任意 $x \in H$, 当 $|\lambda| \to \infty$ 时, $R(\lambda, A^*)x$ 在每条射线 $\gamma_j, 0 < j < n$ 上有界, 则

$$\mathrm{sp}(A) = \mathrm{sp}(A^*) = H.$$

证明 从 (2.95) 可知

$$H = \mathrm{sp}(A) \oplus \sigma_\infty(A^*).$$

我们证明 $\sigma_\infty(A^*) = \{0\}$.

对于任意的 $x \in \sigma_\infty(A^*)$, 可知 $R(\lambda, A^*)x$ 是关于 λ 的 H-值整函数且阶数小于等于 ρ. 因为 A^* 也生成 H 的 C_0-半群, 不失一般性, 设 $R(\lambda, A^*)x$ 在右半复平面有界, 特别地在虚轴有界. 令

$$S_j = \left\{ \lambda \in \mathbb{C} \,\middle|\, \arg \gamma_{j-1} \leqslant \arg \lambda \leqslant \arg \gamma_j \right\}, \quad j = 1, 2, \cdots, n.$$

由假设, $R(\lambda, A^*)x$ 在区域 S_j 的边界上有界, 以及

$$\|R(\lambda, A^*)x\| = \mathcal{O}\left(e^{|\lambda|^{\rho+\varepsilon}}\right), \quad \forall\, \lambda \in S_j,$$

其中 $\varepsilon > 0$ 使得 $\rho + \varepsilon < n$. 在每个区域 S_j 上对 $R(\lambda, A^*)x$ 使用 Phragmén-Lindelöf 定理 (定理 2.19), 可知 $R(\lambda, A^*)x$ 在每个区域 S_j 上有界, 从而在整个复平面有界. 进一步, 由 Liouville 定理可知 $R(\lambda, A^*)x$ 在 H 上是常数. 应用 Hille-Yosida 定理, 可知

$$\lim_{\lambda \to +\infty} R(\lambda, A^*)x = 0,$$

因此 $R(\lambda, A^*)x = 0$ 或者 $x = 0$, 这证明了 $\sigma_\infty(A^*) = \{0\}$. 最后, 因为

$$R(\overline{\lambda}, A)x = \frac{G^*(\lambda)x}{F(\lambda)}, \quad \forall\, x \in H,$$

我们可以类似得到 $\sigma_\infty(A) = \{0\}$. 定理得证. $\qquad\square$

我们现在给出 Keldysh 定理, 它对于根子空间完备性的证明有着重要的应用.

引理 2.70　设 K 是 Hilbert 空间 H 的紧自伴算子且 $\ker K = \{0\}$ 以及有本征值 $\lambda_j(K)$, $j = 1, 2, \cdots$. 假设 T 是紧算子, Ω 是顶点为原点的闭的张角且不包含任意的非零实数点. 则

$$\lim_{z \in \Omega, z \to \infty} \|T(I - zK)^{-1}\| = 0,$$

且在 Ω 上一致收敛.

定理 2.71 (Keldysh 定理)　设 K 是 Hilbert 空间 H 的紧自伴算子且 $\ker K = \{0\}$ 以及有本征值 $\lambda_j(K)$, $j = 1, 2, \cdots$. 假设

$$\sum_{j=1}^{\infty} |\lambda_j(K)|^r < \infty, \tag{2.204}$$

这里 $r \geqslant 1$, S 是紧算子使得 $I + S$ 可逆. 则算子

$$A = K(I + S) \tag{2.205}$$

在 H 上完备. 并且, 对任意给定的 $\varepsilon > 0$, A 的所有本征值, 除了可能的有限个之外, 位于如下扇形区域内:

$$\Delta = \left\{\rho e^{i\varphi} \mid \rho \geqslant 0, |\pi - \varphi| < \varepsilon \text{ 或 } |\varphi| < \varepsilon\right\}. \tag{2.206}$$

注解 2.9 如果算子 A 的根子空间是完备的, 它的伴随算子 A^* 的根子空间却不一定是完备的. 然而, 如果算子 A 如同定理 2.71 所示, 则 A^* 的根子空间也是完备的. 因为完备性在相似变换下是不变的, 如果 K 和 S 如同定理 2.71 所示, 则如下定义的算子:

$$(I+S)K = (I+S)\left(K(I+S)\right)(I+S)^{-1}$$

同样有完备性. 因为 S^* 和 S 有相同的性质, 定理 2.71 蕴含着 $(I+S^*)K$ 的完备性, 而它就是 $A = K(I+S)$ 的伴随算子.

2.10 离散算子的 Riesz 基

我们先给出一个类似于引理 2.67 的结论 (ii) 的引理.

引理 2.72 设 H 是可分的 Hilbert 空间, $\{e_n(t)\}_{n\in\mathbb{Z}}$ 在 $L^2(0,T)$, $T > 0$ 生成的闭子空间构成 Riesz 基. 则对任意的 $\phi \in L^2(0,T;H)$, $\phi(t) = \sum_{n\in\mathbb{Z}} e_n(t)\phi_n$, 存在常数 $C_1, C_2 > 0$ 使得

$$C_1 \sum_{n\in\mathbb{Z}} \|\phi_n\|_H^2 \leqslant \|\phi\|_{L^2(0,T;H)}^2 \leqslant C_2 \sum_{n\in\mathbb{Z}} \|\phi_n\|_H^2. \tag{2.207}$$

证明 取 H 的标准正交基 $\{\psi_n\}$, 对几乎所有的 $t \in [0,T]$, $\phi(t)$ 的展开式为

$$\phi(t) = \sum_{n\in\mathbb{Z}} \langle \phi(t), \psi_n \rangle_H \psi_n, \quad t \in [0,T] \text{ a.e.}$$

则

$$\|\phi(t)\|_H^2 = \sum_{n\in\mathbb{Z}} \left| \langle \phi(t), \psi_n \rangle_H \right|^2, \quad \forall\, t \in [0,T] \text{ a.e.} \tag{2.208}$$

对任意的 $m \in \mathbb{Z}$, 可知 $\langle \phi(t), \psi_m \rangle_H \in \mathrm{span}\{e_n(t)\}_{n\in\mathbb{Z}}$, 以及

$$\langle \phi(t), \psi_m \rangle_H = \sum_{n\in\mathbb{Z}} \langle \phi_n, \psi_m \rangle_H e_n(t), \quad \forall\, m \in \mathbb{Z} \quad \text{在 } L^2(0,T). \tag{2.209}$$

由假设可得

$$C_1 \sum_{n\in\mathbb{Z}} \left| \langle \phi_n, \psi_m \rangle_H \right|^2 \leqslant \int_0^T \left| \langle \phi(t), \psi_m \rangle_H \right|^2 dt \leqslant C_2 \sum_{n\in\mathbb{Z}} \left| \langle \phi_n, \psi_m \rangle_H \right|^2, \tag{2.210}$$

这里 $C_1 > 0$ 和 $C_2 > 0$ 是依赖于 $\{e_n(t)\}$ 的常数. 由 (2.208) 可得

$$C_1 \sum_{m\in\mathbb{Z}} \sum_{n\in\mathbb{Z}} \left| \langle \phi_n, \psi_m \rangle_H \right|^2 \leqslant \sum_{m\in\mathbb{Z}} \int_0^T \left| \langle \phi(t), \psi_m \rangle_H \right|^2 dt$$

$$= \int_0^T \|\phi(t)\|_H^2 dt$$

$$\leqslant C_2 \sum_{m \in \mathbb{Z}} \sum_{n \in \mathbb{Z}} \left| \langle \phi_n, \, \psi_m \rangle_H \right|^2. \tag{2.211}$$

注意到

$$\phi_n = \sum_{m \in \mathbb{Z}} \langle \phi_n, \, \psi_m \rangle_H \psi_m, \quad \|\phi_n\|^2 = \sum_{m \in \mathbb{Z}} \left| \langle \phi_n, \, \psi_m \rangle_H \right|^2. \tag{2.212}$$

因而, 可以从 (2.211) 得出 (2.207). 引理得证.   □

引理 2.73   设 T 是 Hilbert 空间 H 的离散算子, $\sigma(T) = \{\lambda_i\}_{i=1}^\infty$, $\mathcal{P} = \{P_i\}_{i=1}^\infty$ 是相应于算子 T 的投影族, 以及

$$\mathbb{P}_n = \sum_{i=1}^n P_i, \quad n = 1, 2, \cdots$$

是投影序列. 如果存在常数 $M > 0$ 使得

$$\|\mathbb{P}_n\| < M \quad 对所有的 \ n = 1, 2, \cdots,$$

则所有广义本征向量生成的空间 $S_\infty(T)$ 是闭的.

证明   任取 $x \in \overline{S_\infty(T)}$, 以及 $\varepsilon > 0$, 可以找到 $y \in S_\infty(T)$ 使得

$$\|x - y\| \leqslant \min \left\{ \frac{\varepsilon}{3}, \, \frac{\varepsilon}{3M} \right\}.$$

对于选定的 y, 可以找到 n_0 使得 $\|y - \mathbb{P}_n y\| \leqslant \varepsilon/3$. 因此, 对于所有的 $n \geqslant n_0$, 可知

$$\|x - \mathbb{P}_n x\| \leqslant \|x - y\| + \|y - \mathbb{P}_n y\| + \|\mathbb{P}_n (x - y)\| \leqslant \varepsilon,$$

即

$$x = \lim_{n \to \infty} \mathbb{P}_n x = \sum_{i=1}^\infty P_n x \in S_\infty(T).$$

这证明了 $\overline{S_\infty(T)} = S_\infty(T)$. 引理得证.   □

设 B 是可分 Hilbert 空间 H 的离散算子, 以及 B 生成 H 的 C_0-半群. 设

$$\sigma(B) = \bigcup_{p \in \mathbb{J}} \Omega(p), \quad \Omega(p) = \{i\nu_j^p\}_{j=1}^{N^p},$$

$$\mathrm{Re}(i\nu_1^p) \geqslant \mathrm{Re}(i\nu_2^p) \geqslant \cdots \geqslant \mathrm{Re}(i\nu_{N^p}^p), \quad \nu_j^p \neq \nu_i^p, \ i \neq j,$$

其中 $[J]$ 是自然数的指标集. 假设每个本征值 $i\nu_j^p$ 的代数重数为 m_j^p, 存在 $N > 0$ 使得

$$\sup_p \left\{ N^p, \max_{1 \leqslant j \leqslant N^p} m_j^p \right\} \leqslant N.$$

令

$$\tilde{m}_0^p = 0, \quad \tilde{m}_l^p = \sum_{q=1}^l m_q^p, \quad l = 1, \cdots, N^p.$$

现在对 $\Omega(p)$ 进行重新排列, 并且把本征值的重数计算在内, 可以得到新的如下集合:

$$\Lambda^p = \left\{ \left\{ i\nu_{i+\tilde{m}_{j-1}^p}^p \right\}_{i=1}^{m_j^p} \right\}_{j=1}^{N^p},$$
$$\nu_{i+\tilde{m}_{j-1}^p}^p = \nu_j^p, \quad 1 \leqslant i \leqslant m_j^p,\, 1 \leqslant j \leqslant N^p. \tag{2.213}$$

因此

$$\sigma(B) = \bigcup_{p \in \mathbb{J}} \Lambda^p.$$

构造如下的广义差分族:

$$E_p(t) = \left\{ [\nu_1^p]\,(t),\, [\nu_1^p, \nu_2^p]\,(t),\, \cdots,\, \left[\nu_1^p, \nu_2^p, \cdots, \nu_{\tilde{m}_{N^p}^p}^p\right](t) \right\}. \tag{2.214}$$

定理 2.74 设 B 是可分 Hilbert 空间 H 的离散算子, B 生成 H 上的 C_0-半群. 如果存在 $T > 0$ 使得由 (2.214) 定义的广义差分族 $\{E_p(t)\}_{p \in \mathbb{J}}$ 在 $L^2(0, T)$ 生成的闭子空间上构成 Riesz 基, 则

(i) 根子空间满足

$$\mathrm{sp}(B) = S_\infty(B), \quad \text{其中} \quad S_\infty(B) = \left\{ x \in H \,\middle|\, x = \sum_{p \in \mathbb{J}} \sum_{j=1}^{N^p} \mathbb{P}_{\nu_j^p} x \right\}, \tag{2.215}$$

其中 $\mathbb{P}_{\nu_j^p}$ 表示算子 B 相对于本征值 $i\nu_j^p$ 的本征投影.

(ii) 存在常数 $M_1 > 0$ 使得

$$M_1 \sum_{p \in \mathbb{J}} \left\| \sum_{j=1}^{N^p} \mathbb{P}_{\nu_j^p} x \right\|^2 \leqslant \|x\|^2 \leqslant M_1^{-1} \sum_{p \in \mathbb{J}} \left\| \sum_{j=1}^{N^p} \mathbb{P}_{\nu_j^p} x \right\|^2, \quad \forall\, x \in \overline{S_\infty(B)}. \tag{2.216}$$

(iii) 谱确定增长条件成立, 即 $\omega(B) = S(B)$.

证明　我们首先证明 (2.216). 因为 B 生成 C_0-半群, 存在常数 $M, \omega > 0$ 使得

$$\left\| e^{Bt} \right\| \leqslant M e^{\omega t}, \quad \forall\, t \geqslant 0.$$

给定 $x_0 \in S_\infty(B)$,

$$x_0 = \sum_{p \in \mathbb{J}} \sum_{j=1}^{N^p} \mathbb{P}_{\nu_j^p} x_0, \tag{2.217}$$

可知

$$e^{Bt} x_0 = \sum_{p \in \mathbb{J}} \sum_{j=1}^{N^p} e^{i\nu_j^p t} \sum_{k=1}^{m_j^p} \frac{(B - i\nu_j^p)^{k-1}}{(k-1)!} t^{k-1} \mathbb{P}_{\nu_j^p} x_0 = \sum_{p \in \mathbb{J}} \sum_{j=1}^{N^p} e^{i\nu_j^p t} \sum_{k=1}^{m_j^p} a_{kj}^p t^{k-1}, \tag{2.218}$$

其中

$$a_{kj}^p = \frac{(B - i\nu_j^p)^{k-1}}{(k-1)!} \mathbb{P}_{\nu_j^p} x_0.$$

由命题 2.6, 根据广义差分的表达式

$$\mathrm{GDD}\left\{ \left[\nu_1^p,\ \nu_2^p,\ \cdots,\ \nu_{k+\tilde{m}_{j-1}^p}^p \right](t) \right\},$$

(2.218) 可以进一步表示为广义差分的形式

$$e^{Bt} x_0 = \sum_{p \in \mathbb{J}} \sum_{j=1}^{N^p} \sum_{k=1}^{m_j^p} G_{k+\tilde{m}_{j-1}^p}^p(x_0) \left[\nu_1^p,\ \nu_2^p,\ \cdots,\ \nu_{k+\tilde{m}_{j-1}^p}^p \right](t). \tag{2.219}$$

由假设和引理 2.72, 存在常数 $C_1, C_2 > 0$ 使得

$$C_1 \sum_{p \in \mathbb{J}} \sum_{j=1}^{N^p} \sum_{k=1}^{m_j^p} \left\| G_{k+\tilde{m}_{j-1}^p}^p(x_0) \right\|^2 \leqslant \int_0^T \left\| e^{Bt} x_0 \right\|^2 dt$$

$$\leqslant C_2 \sum_{p \in \mathbb{J}} \sum_{j=1}^{N^p} \sum_{k=1}^{m_j^p} \left\| G_{k+\tilde{m}_{j-1}^p}^p(x_0) \right\|^2. \tag{2.220}$$

特别地

$$C_1 \sum_{p \in \mathbb{J}} \left\| G_1^p(x_0) \right\|^2 = C_1 \sum_{p \in \mathbb{J}} \left\| \sum_{j=1}^{N^p} \mathbb{P}_{\nu_j^p} x_0 \right\|^2 \leqslant \int_0^T \left\| e^{Bt} x_0 \right\|^2 dt$$

$$\leqslant \frac{M^2}{2\omega} \left(e^{2\omega T} - 1 \right) \|x_0\|^2. \tag{2.221}$$

因为 $S_\infty(B) \subset \overline{S_\infty(B)}$ 在 $\overline{S_\infty(B)}$ 中稠密, 所以对所有的 $x_0 \in \overline{S_\infty(B)}$, (2.221) 式都成立. 令

$$M_1 = C_1 \frac{2\omega}{M^2} \left(e^{2\omega T} - 1\right)^{-1},$$

我们证明了 (2.216) 的左端不等式.

接着, 注意到 $\mathrm{sp}(B) \subset S_\infty(B)$ 在 $\overline{S_\infty(B)}$ 中稠密, $\mathrm{sp}(B)$ 在 H 中是关于半群 e^{Bt} 的不变子空间, 所以 $\overline{S_\infty(B)}$ 在 H 中也是 e^{Bt} 不变的. 考虑 $B|_{\overline{S_\infty(B)}}$ 在 $\overline{S_\infty(B)}$ 中的伴随算子 B^+, 其中 $B|_{\overline{S_\infty(B)}}$ 表示 B 在 H 中闭子空间 $\overline{S_\infty(B)}$ 上的限制. 沿着上面对于算子 B 的相同讨论, 可得

$$M_1 \sum_{p \in \mathbb{J}} \left\| \sum_{j=1}^{N^p} \mathbb{P}^*_{\nu_j^p} x \right\|^2 \leqslant \|x\|^2, \quad \forall\, x \in \overline{S_\infty(B^+)}, \tag{2.222}$$

其中 $\mathbb{P}^*_{\nu_j^p}$ 表示 $\mathbb{P}_{\nu_j^p}$ 的伴随算子. 对于由 (2.217) 表示的任意 $x_0 \in S_\infty(B)$, 由 (2.222) 可得

$$\|x_0\|^2 = \left\langle \sum_{p \in \mathbb{J}} \sum_{j=1}^{N^p} \mathbb{P}_{\nu_j^p} x_0,\, x_0 \right\rangle = \left\langle \sum_{p \in \mathbb{J}} \sum_{j=1}^{N^p} \mathbb{P}_{\nu_j^p} x_0,\, \sum_{p \in \mathbb{J}} \sum_{j=1}^{N^p} \mathbb{P}^*_{\nu_j^p} x_0 \right\rangle$$

$$\leqslant \left(\sum_{p \in \mathbb{J}} \left\| \sum_{j=1}^{N^p} \mathbb{P}_{\nu_j^p} x_0 \right\|^2 \right)^{1/2} \left(\sum_{p \in \mathbb{J}} \left\| \sum_{j=1}^{N^p} \mathbb{P}^*_{\nu_j^p} x_0 \right\|^2 \right)^{1/2}$$

$$\leqslant \left(\sum_{p \in \mathbb{J}} \left\| \sum_{j=1}^{N^p} \mathbb{P}_{\nu_j^p} x_0 \right\|^2 \right)^{1/2} M_1^{-1/2} \|x_0\|,$$

因此

$$\|x_0\|^2 \leqslant M_1^{-1} \sum_{p \in \mathbb{J}} \left\| \sum_{j=1}^{N^p} \mathbb{P}_{\nu_j^p} x_0 \right\|^2.$$

由稠密性, 我们得到了 (2.216) 右端的不等式.

现在我们证明 (2.215). 因为 $\mathrm{sp}(B)$ 在 $S_\infty(B)$ 中稠密, 仅需证明 $S_\infty(B)$ 在 H 是闭的. 由引理 2.73, 只需证明存在 $M_0 > 0$ 使得

$$\left\| \sum_{p \in I} \sum_{j=1}^{N^p} \mathbb{P}_{\nu_j^p} z \right\|^2 \leqslant M_0 \|z\|^2, \quad \forall\, z \in \overline{S_\infty(B)},$$

其中 I 是 $\mathbb{J}$ 的任意有限集合. 对任意的 $z \in \overline{S_\infty(B)}$, 令 $x = \sum\limits_{p \in I} \sum\limits_{j=1}^{N^p} \mathbb{P}_{\nu_j^p} z$. 则

$$\sum_{j=1}^{N^p} \mathbb{P}_{\nu_j^p} x = \sum_{j=1}^{N^p} \mathbb{P}_{\nu_j^p} z.$$

由 (2.216), 可知

$$M_1^2 \|x\|^2 \leqslant M_1 \sum_{p \in I} \left\| \sum_{j=1}^{N^p} \mathbb{P}_{\nu_j^p} x \right\|^2 = M_1 \sum_{p \in I} \left\| \sum_{j=1}^{N^p} \mathbb{P}_{\nu_j^p} z \right\|^2 \leqslant \|z\|^2, \quad \forall\, z \in \overline{S_\infty(B)},$$

因此

$$\left\| \sum_{p \in I} \sum_{j=1}^{N^p} \mathbb{P}_{\nu_j^p} z \right\|^2 \leqslant M_1^{-2} \|z\|^2, \quad \forall\, z \in \overline{S_\infty(B)}.$$

从而得到 (2.215).

最后, 由于

$$\mathrm{Re}(i\nu_1^p) \geqslant \mathrm{Re}(i\nu_2^p) \geqslant \cdots \geqslant \mathrm{Re}\left(i\nu_{k+\tilde{m}_{j-1}^p}^p\right),$$

由引理 2.42 可知

$$\left| \left[\nu_1^p,\, \nu_2^p,\, \cdots,\, \nu_{k+\tilde{m}_{j-1}^p}^p \right](t) \right| \leqslant t^N e^{S(B)t}, \quad \forall\, t \geqslant 1. \tag{2.223}$$

综合 (2.216), (2.218), (2.219) 以及 (2.223) 可得

$$\left\| e^{Bt} x_0 \right\|^2 \leqslant M_1^{-1} \sum_{p \in \mathbb{J}} \left\| \sum_{j=1}^{N^p} \mathbb{P}_{\nu_j^p} e^{Bt} x_0 \right\|^2$$

$$= M_1^{-1} \sum_{p \in \mathbb{J}} \left\| \sum_{j=1}^{N^p} e^{i\nu_j^p t} \sum_{k=1}^{m_j^p} \frac{(B - i\nu_j^p)^{k-1}}{(k-1)!} t^{k-1} \mathbb{P}_{\nu_j^p} x_0 \right\|^2$$

$$= M_1^{-1} \sum_{p \in \mathbb{J}} \left\| \sum_{j=1}^{N^p} \sum_{k=1}^{m_j^p} G_{k+\tilde{m}_{j-1}^p}^p (x_0) \left[\nu_1^p,\, \nu_2^p,\, \cdots,\, \nu_{k+\tilde{m}_{j-1}^p}^p \right](t) \right\|^2$$

$$\leqslant M_1^{-1} \sum_{p \in \mathbb{J}} \sum_{j=1}^{N^p} \sum_{k=1}^{m_j^p} \left\| G_{k+\tilde{m}_{j-1}^p}^p (x_0) \right\|^2 N t^{2N} e^{2S(B)t}, \quad \forall\, x_0 \in \overline{S_\infty(B)}.$$

$$\tag{2.224}$$

对任意的 $x \in \overline{S_\infty(B)}$, 令

$$x_0 = \sum_{j=1}^{N^p} \mathbb{P}_{\nu_j^p} x \in S_\infty(B),$$

$p \in \mathbb{J}$ 如同在 (2.220), 我们可得

$$C_1 \sum_{j=1}^{N^p} \sum_{k=1}^{m_j^p} \left\| G_{k+\tilde{m}_{j-1}^p}^p (x) \right\|^2 = C_1 \sum_{j=1}^{N^p} \sum_{k=1}^{m_j^p} \left\| G_{k+\tilde{m}_{j-1}^p}^p (x_0) \right\|^2$$

$$\leqslant \int_0^T \left\| e^{Bt} x_0 \right\|^2 dt \leqslant \frac{M^2}{2\omega} \left(e^{2\omega T} - 1 \right) \left\| \sum_{j=1}^{N^p} \mathbb{P}_{\nu_j^p} x \right\|^2, \quad \forall\, x \in \overline{S_\infty(B)}. \tag{2.225}$$

从而由 (2.224), (2.225) 以及 (2.216) 可得到

$$\left\| e^{Bt} x_0 \right\|^2 \leqslant C t^{2N} e^{2S(B)t} \sum_{p \in \mathbb{J}} \left\| \sum_{j=1}^{N^p} \mathbb{P}_{\nu_j^p} x_0 \right\|^2$$

$$\leqslant C M_1^{-1} t^{2N} e^{2S(B)t} \|x_0\|^2, \quad \forall\, x_0 \in \overline{S_\infty(B)},$$

这里 C 是正常数. 结合已知平凡结论 $S(B) \leqslant \omega(B)$, 我们可证明结论 (iii). 定理得证. □

在本节最后, 我们给出生成 C_0-半群的无穷小生成元 A 带有如下谱性质的 Riesz 基生成:

$$\sigma(A) \subset \left\{ i\lambda \middle| -\omega_0 \leqslant \mathrm{Im}(\lambda) \leqslant \omega_0 \right\}, \tag{2.226}$$

即 A 的谱落在平行于虚轴的带状区域内.

定理 2.75 设 A 在 Hilbert 空间 H 生成 C_0-半群 $T(t)$. 用 λ_n 表示 A 的本征值并且计算它的代数重数. 如果

(i) 根子空间完备: $\mathrm{sp}(A) = H$.

(ii) 存在正整数 N 使得 $\{\lambda_n\} = \bigcup_{k=1}^N \Lambda_k$ 以及每个 Λ_k 是可分的, 即满足 (2.65).

(iii) A 的谱满足条件 (2.226),

则我们有下面的结论:

(a) 存在 $\varepsilon > 0$ 使得

$$\sigma(A) = \bigcup_{p \in \mathbb{Z}} \left\{ i\lambda_k^p \right\}_{k=1}^{N^p} \quad (\text{不计重数}),$$

其中

$$\sup_p N^p < \infty, \quad |\lambda_k^p - \lambda_j^q| \geqslant \varepsilon, \quad \forall\, p, q \in \mathbb{Z},\ p \neq q,\ 1 \leqslant k \leqslant N^p,\ 1 \leqslant j \leqslant N^q.$$

(b)

$$x = \sum_{p \in \mathbb{Z}} \sum_{k=1}^{N^p} \mathbb{P}_{\lambda_k^p} x, \quad \forall\, x \in H, \tag{2.227}$$

其中 $\mathbb{P}_{\lambda_k^p}$ 是算子 A 关于本征值 $i\lambda_k^p$ 的本征投影.

(c) 存在常数 $M_1, M_2 > 0$ 使得

$$M_1 \sum_{p \in \mathbb{Z}} \left\| \sum_{k=1}^{N^p} \mathbb{P}_{\lambda_k^p} x \right\|^2 \leqslant \|x\|^2 \leqslant M_2 \sum_{p \in \mathbb{Z}} \left\| \sum_{k=1}^{N^p} \mathbb{P}_{\lambda_i^p} x \right\|^2, \quad \forall\, x \in H. \tag{2.228}$$

(d) 谱确定增长条件成立, 即

$$\omega(A) = S(A).$$

证明　令

$$\delta = \min_{1 \leqslant n \leqslant N} \inf_{k \neq j,\, i\lambda_k, i\lambda_j \in \Lambda_n} |\lambda_k - \lambda_j| > 0.$$

则对任意的 $r < r_0 = \delta/(2N)$, 由 2.5 节的讨论可知, 存在

$$\Lambda^p = \left\{ i\lambda_{j,p} \right\}_{j=1}^{M^p}, \quad M^p \leqslant N,\ p \in \mathbb{Z}$$

为 Λ 与 $\bigcup_{n \in \mathbb{Z}} D_{i\lambda_n}(r)$ 交集的第 p 个联通分量, 其中 $D_{i\lambda_n}(r)$ 是圆心为 $i\lambda_n$ 半径为 r 的圆, 使得

$$\sigma(A) = \bigcup_{p \in \mathbb{Z}} \Lambda^p. \tag{2.229}$$

不失一般性, 设 $\{i\lambda_n\}$ 是排列为使得 $\mathrm{Im}(i\lambda_n)$ 不降的序列且

$$\mathrm{Re}(i\lambda_{1,p}) \geqslant \mathrm{Re}(i\lambda_{2,p}) \geqslant \cdots \geqslant \mathrm{Re}(i\lambda_{M^p,p}).$$

给定如下广义差分族

$$E^p(\Lambda, r) = \left\{ [\lambda_{1,p}](t),\ [\lambda_{1,p}, \lambda_{2,p}](t),\ \cdots,\ [\lambda_{1,p}, \lambda_{2,p}, \cdots, \lambda_{M^p,p}](t) \right\}, \quad p \in \mathbb{Z}.$$

则 $D^+(\Lambda) < \infty$. 由 (2.226) 以及定理 2.48, 对任意的 $T > 2\pi D^+(\Lambda)$, 广义差分族 $\{E^p(\Lambda, r)\}_{p \in \mathbb{Z}}$ 在 $L^2(0, T)$ 中生成的闭子空间上构成 Riesz 基. 因为 $M^p \leqslant N$, 定

理 2.74 的所有条件都满足, 由根子空间的完备性和定理 2.74 得到定理的结论. 定理得证. □

定理 2.75 有非常重要的应用.

推论 2.76 设 $T(t)$ 是 C_0-群及生成元 A. 如果定理 2.75 的条件 (i) 和 (ii) 都满足, 则定理 2.75 的结论都成立.

第 3 章　比　较　法

从本章开始, 我们给出验证 Riesz 基的三种方法: 比较法、对偶基方法和 Green 函数法. 在这一章, 系统讨论用比较法验证由偏微分方程所描述的无穷维系统的 Riesz 基生成. 比较法主要应用于系统自身的低阶反馈扰动. 从谱和传递函数的观点看, 反馈的阶数小于原始系统的阶数, 部分参考文献见 [18, 40—44, 56, 60, 87, 116, 124—130, 146, 147, 150, 151, 154—156, 165, 171].

我们先来看一个简单的例子. 考虑一维 Schrödinger 方程

$$
\begin{cases}
w_t(x,t) = -iw_{xx}(x,t), & 0 < x < 1, t > 0, \\
w_x(0,t) = 0, & t \geqslant 0, \\
w(1,t) = u(t), & t \geqslant 0,
\end{cases}
\tag{3.1}
$$

其中 $u(t)$ 是控制输入, $i = \sqrt{-1}$ 是虚数单位. 状态空间为 $H = L^2(0,1)$. 系统的能量为

$$
E(t) = \frac{1}{2} \int_0^1 |w(x,t)|^2 dx.
$$

形式计算

$$
\dot{E}(t) = iu(t)\overline{w_x(1,t)}.
$$

如果我们设计反馈

$$
u(t) = \frac{i}{k} w_x(1,t), \quad k > 0,
\tag{3.2}
$$

则

$$
\dot{E}(t) = -\frac{1}{k} |w_x(1,t)|^2 \leqslant 0.
$$

于是在反馈 (3.2) 下, 闭环系统为

$$
\begin{cases}
w_t(x,t) = -iw_{xx}(x,t), & 0 < x < 1, t > 0, \\
w_x(0,t) = 0, & t \geqslant 0, \\
w_x(1,t) = -ikw(1,t), & t \geqslant 0,
\end{cases}
\tag{3.3}
$$

定义系统 (3.1) 的系统算子为

$$
A\varphi(x) = \varphi''(x), \quad \forall\, \varphi \in D(A) = \{\varphi |\; \varphi'(0) = 0, \varphi'(1) = -ik\varphi(1)\}.
\tag{3.4}
$$

则系统 (3.3) 可以写为 H 中的发展方程:

$$\dot{w}(\cdot, t) = Aw(\cdot, t). \tag{3.5}$$

我们的问题是**如何证明系统 (3.5) 指数稳定**? 这个看似简单的例子, 在时间域里还不好解决, 用频域的乘子虽然可以证明, 但结果不深刻. 现在我们来用 Riesz 方法讨论.

引理 3.1 设 A 由 (3.4) 定义. 则

(i) A^{-1} 在 H 中紧.

(ii) A 是耗散的, 因此在 H 中生成耗散的 C_0-半群.

证明 直接计算可知

$$A^{-1}f(x) = -\frac{kx}{1+ki}\int_0^1 sf(s)ds + i\int_1^x (x-s)f(s)ds - i\int_0^1 sf(s)ds, \quad \forall f \in H.$$

(i) 直接由 Sobolev 嵌入定理得到. 现在来证明 (ii). 再计算

$$\mathrm{Re}\langle A\varphi, \varphi \rangle = -k|\varphi(1)|^2 \leqslant 0.$$

(ii) 由 Lumer-Phillips 定理得到. □

下面计算 A 的本征值. 求 $A\varphi = \lambda\varphi = \rho^2\varphi$, 即

$$\begin{cases} \varphi''(x) = i\rho^2\varphi(x), \\ \varphi'(0) = 0, \quad \varphi'(1) = -ik\varphi(1), \end{cases}$$

得到

$$\varphi(x) = \cos\sqrt{i}\rho x,$$

其中 ρ 满足

$$e^{2\sqrt{i}\rho} = 1 - \frac{2ik}{\sqrt{i}\rho + \sqrt{i}k}. \tag{3.6}$$

假设

$$2\sqrt{i}\rho = 2n\pi i + \mathcal{O}(|n|^{-1}),$$

其中 n 为充分大整数. 上式代入 (3.6) 得

$$\mathcal{O}(n^{-1}) = -\frac{2k}{n\pi + k} + \mathcal{O}(n^{-2}).$$

从而

$$\sqrt{i}\rho = n\pi i - \frac{k}{n\pi + k} + \mathcal{O}(n^{-2}).$$

所以

$$\lambda = \lambda_n = -2k + (n\pi)^2 i + \mathcal{O}(n^{-1}). \tag{3.7}$$

对应的本征函数为

$$\varphi(x) = \varphi_n(x) = \cos n\pi x + \mathcal{O}(n^{-1}). \tag{3.8}$$

因为 $\{\cos n\pi x, n \geqslant 0\}$ 为 H 的正交规范基, 于是我们得到如下定理.

定理 3.2   设算子 A 由 (3.4) 定义. 则 A 是 H 中的 Riesz 谱算子: 存在 A 的一列广义本征函数形成 H 中的 Riesz 基.

(i) A 的所有充分大的本征值都是单的.

(ii) A 的本征值有 (3.7) 的渐近表达式, 其中 n 为正整数.

(iii) 半群 e^{At} 成立谱确定增长条件: $S(A) = \omega(A)$.

(iv) 半群 e^{At} 指数稳定:

$$\|e^{At}\| \leqslant Me^{-\omega t}, \quad \forall\, t \geqslant 0,$$

其中 M, ω 为正数. 所以系统由 (3.3) 定理的能量满足

$$E(t) \leqslant M^2 e^{-2\omega t} E(0).$$

证明   (i)—(iii) 直接来自定理 2.51 和 (3.8). 为证明 (iv), 只需证明 A 在虚轴上没有谱点. 但这是平凡的, 在 (3.6) 中令 $\rho = \sqrt{i}s$ (此时 $\lambda = is^2$), 其中 $s > 0$, 就得出矛盾.   □

这个简单的例子, 说明了比较法的整个过程. 后面的例子虽然复杂, 但想法是一样的.

3.1   Euler-Bernoulli 梁的边界镇定

在外层空间技术应用的推动下, 如柔性连杆机械臂与天线, 柔性结构的控制始终是无穷维系统控制的研究课题. 一个合适的用于描述柔性细长梁的振动的模型是 Euler-Bernoulli 梁方程, 在大约 1750 年由 Leonhard Euler 和 Daniel Bernoulli 首次提出:

$$\rho(x)\frac{\partial^2 w(x,t)}{\partial t^2} + \frac{\partial^2}{\partial x^2}\left(EI(x)\frac{\partial^2 w(x,t)}{\partial x^2}\right) = 0, \quad 0 < x < 1,$$

其中 $w(x,t)$ 描述梁在位置 x 和时间 t 的挠度, $\rho(x)$ 是梁的质量密度, $E(x)$ 是弹性模量, $I(x)$ 是截面惯性矩. 我们取梁为单位长度. $w(x,t)$ 的各阶导数有重要的物理意义:

- $w(x,t)$ 表示梁在位置 x 和时间 t 的挠度.

- $\dfrac{\partial w(x,t)}{\partial x}$ 表示梁在位置 x 和时间 t 的角度.

- $\dfrac{\partial^2 w(x,t)}{\partial x^2}$ 表示梁在位置 x 和时间 t 的弯矩.

- $\dfrac{\partial^3 w(x,t)}{\partial x^3}$ 表示梁在位置 x 和时间 t 的剪切力.

梁方程包含 x 的四阶导数, 因此需要设置四个条件, 通常为边界条件, 主要有以下四种形式 (以左端点为例):

- 固定边界: $w|_{x=0} = \dfrac{\partial w}{\partial x}\Big|_{x=0} = 0.$

- 铰链边界: $w|_{x=0} = \dfrac{\partial^2 w}{\partial x^2}\Big|_{x=0} = 0.$

- 滚柱边界: $\dfrac{\partial w}{\partial x}\Big|_{x=0} = \dfrac{\partial^3 w}{\partial x^3}\Big|_{x=0} = 0.$

- 自由边界: $\dfrac{\partial^2 w}{\partial x^2}\Big|_{x=0} = \dfrac{\partial^3 w}{\partial x^3}\Big|_{x=0} = 0.$

这一节我们以悬臂梁为例子讨论 Euler-Bernoulli 梁的边界反馈镇定控制设计方法. 悬臂梁是指一端固定另一端自由的 Euler-Bernoulli 梁. 我们将系统性地给出分析带有输出反馈的闭环系统的 Riesz 基性质, 该方法很容易推广到带有其他边界条件的 Euler-Bernoulli 梁系统.

考虑带有弯矩边界控制的、单位长度的悬臂梁:

$$\begin{cases} w_{tt}(x,t) + w_{xxxx}(x,t) = 0, \quad 0 < x < 1, t > 0, \\ w(0,t) = w_x(0,t) = w_{xxx}(1,t) = 0, \\ w_{xx}(1,t) = u(t), \\ y(t) = w_{xt}(1,t), \end{cases} \tag{3.9}$$

其中 $u(t)$ 是系统的输入 (或者控制) , $y(t)$ 是输出 (或者观测). 设

$$H_L^2(0,1) = \{f(x) \in H^2(0,1) | f(0) = f'(0) = 0\},$$

$$\mathcal{H} = H_L^2(0,1) \times L^2(0,1)$$

为基本的状态 Hilbert 空间 (是系统物理的能量空间), 以及内积诱导范数:

$$\|(f,g)\|^2 = \int_0^1 \left[|f''(x)|^2 + |g(x)|^2\right] dx, \quad \forall\, (f,g) \in \mathcal{H}.$$

系统 (3.9) 的能量由动能和弹性势能组成:

$$E(t) = \frac{1}{2}\int_0^1 \left[w_{xx}^2(x,t) + w_t^2(x,t)\right] dx = \frac{1}{2}\left\|(w(\cdot,t), w_t(\cdot,t))\right\|^2. \tag{3.10}$$

简单计算可以发现

$$\dot{E}(t) = u(t)y(t). \tag{3.11}$$

这样的系统称为无源系统, 即系统存储能量的变化只能从外部得到. 对于无源系统, 自然的镇定控制设计是比例输出反馈:

$$u(t) = -ky(t), \quad k > 0. \tag{3.12}$$

在该控制设计 (3.12) 下, 系统的能量不随时间增加, 即

$$\dot{E}(t) = -ky^2(t) = -kw_{xt}^2(1,t) \leqslant 0.$$

这样的控制设计通常被称为同位控制: 输入输出位于同样的位置且有共轭的关系. 在输出反馈 (3.12) 下, 闭环 (3.9)—(3.12) 在 $\mathcal{H}$ 上可以写成如下的发展方程:

$$\frac{d}{dt}Y(t) = \mathcal{A}Y(t), \tag{3.13}$$

其中 $Y(t) = (w(\cdot,t), w_t(\cdot,t))$, 算子 $\mathcal{A}$ 定义如下:

$$\begin{cases} \mathcal{A}\left(f(x),\, g(x)\right) = \left(g(x),\, -f^{(4)}(x)\right), \\ D(\mathcal{A}) = \left\{(f,g) \in (H^4 \cap H_L^2) \times H_L^2 \,\middle|\, f''(1) = -kg'(1), f'''(1) = 0\right\}. \end{cases} \tag{3.14}$$

引理 3.3 设算子 $\mathcal{A}$ 由 (3.14) 定义, 我们有如下性质.

(i) 对任意的 $k \geqslant 0$, 算子 $\mathcal{A}$ 是耗散的, $0 \in \rho(\mathcal{A})$. 并且, $\mathcal{A}^{-1}$ 是紧的, 因此 $\sigma(\mathcal{A})$, $\mathcal{A}$ 的谱仅由具有有限代数重数的本征值组成.

(ii) 任意模充分大的本征值都是几何单的, 并且本征值 $\left\{\lambda_n,\, \overline{\lambda_n}\right\}$ 有如下渐近表达式:

$$\lambda = \lambda_n = -\frac{1}{k} + i\left(n - \frac{1}{4}\right)^2 \pi^2 + \mathcal{O}(n^{-1}), \quad n \to \infty, \tag{3.15}$$

这里 $n \in \mathbb{N}$.

(iii) 相应于 λ_n 的本征函数 $F_n = (F_{1n}, \lambda_n F_{1n})$ 有如下渐近表达式:

$$(F_{1n}''(x), \lambda_n F_{1n}(x))$$

$$= \begin{pmatrix} e^{-(n-1/4)\pi x} + \sin\left(n - \dfrac{1}{4}\right)\pi x - \cos\left(n - \dfrac{1}{4}\right)\pi x \\[2mm] -e^{-(n-1/4)\pi x} + \sin\left(n - \dfrac{1}{4}\right)\pi x - \cos\left(n - \dfrac{1}{4}\right)\pi x \end{pmatrix}^{\mathrm{T}}$$

$$+ \mathcal{O}(n^{-1}), \quad n \to \infty, \tag{3.16}$$

以及

$$\lim_{n\to\infty} \|F_n(x)\|^2 = 2, \quad n \to \infty. \tag{3.17}$$

证明　(i) 对任意的 $(f, g) \in D(\mathcal{A})$, 简单计算可知

$$\mathrm{Re}\langle \mathcal{A}(f, g),\ (f, g)\rangle = -k|g'(1)|^2 \leqslant 0,$$

并且 $\forall\,(f, g) \in \mathcal{H}$,

$$\mathcal{A}^{-1}(f, g) = \left(\frac{k}{2}x^2 f'(1) + \int_0^1 \left(\frac{s^3}{6} - x\frac{s^2}{2}\right)g(s)ds + \int_x^1 \frac{(x-s)^3}{6}g(s)ds,\ g(s)\right). \tag{3.18}$$

这证明了 $\mathcal{A}$ 是耗散的且 $A^{-1} \in \mathcal{L}(\mathcal{H})$. 进一步, 应用 Sobolev 嵌入定理可知 $\mathcal{A}^{-1}$ 是紧的, 因此 $\sigma(\mathcal{A})$ 仅由具有有限代数重数的本征值组成. (i) 得证.

(ii) 设 $\lambda \in \sigma_p(\mathcal{A}) = \sigma(\mathcal{A})$. 则存在非零的 $(f, g) \in D(\mathcal{A})$ 使得 $\mathcal{A}(f, g) = \lambda(f, g)$. 从而 $g(x) = \lambda f(x)$ 以及 $f(x)$ 满足方程

$$\begin{cases} \lambda^2 f(x) + f^{(4)}(x) = 0, & 0 < x < 1, \\ f(0) = f'(0) = f'''(1) = 0, \\ f''(1) = -k\lambda f'(1). \end{cases} \tag{3.19}$$

由耗散性, 对任意的 $\lambda \in \sigma(\mathcal{A})$ 可知 $\mathrm{Re}(\lambda) \leqslant 0$ 以及所有的本征值以共轭形式出现. 因此我们仅考虑落在第二象限的本征值, 即 $\lambda \in \sigma(\mathcal{A})$ 且 $\pi/2 \leqslant \arg \lambda \leqslant \pi$.

令 $\lambda = \rho^2$. 随着 $\pi/2 \leqslant \arg \lambda \leqslant \pi$, 可知

$$\pi/4 \leqslant \arg \rho \leqslant \pi/2. \tag{3.20}$$

设

$$\begin{cases} \omega_1 = e^{3/4\pi i}, \quad \omega_2 = e^{\pi/4 i}, \quad \omega_3 = -\omega_2, \quad \omega_4 = -\omega_1, \\ S = \left\{ \rho \,\middle|\, \dfrac{\pi}{4} \leqslant \arg \rho \leqslant \dfrac{\pi}{2} \right\}. \end{cases} \tag{3.21}$$

在本节接下来的讨论中, ρ 总是假设位于区域 S 内. 注意到

$$\mathrm{Re}(\rho\omega_1) \leqslant \mathrm{Re}(\rho\omega_2) \leqslant \mathrm{Re}(\rho\omega_3) \leqslant \mathrm{Re}(\rho\omega_4), \quad \forall\, \rho \in S, \tag{3.22}$$

因此在区域 S 上有如下的重要估计:

$$\begin{cases} \mathrm{Re}(\rho\omega_1) = -|\rho| \sin\left(\arg\rho + \dfrac{\pi}{4}\right) \leqslant -\dfrac{\sqrt{2}}{2}|\rho| < 0, \\ \mathrm{Re}(\rho\omega_2) = |\rho| \cos\left(\arg\rho + \dfrac{\pi}{4}\right) \leqslant 0. \end{cases} \tag{3.23}$$

由于 $e^{\rho\omega_i x}, i = 1,2,3,4$ 是 $\lambda^2 f(x) + f^{(4)}(x) = 0$ 的基础解系, 方程 (3.19) 的解有如下形式:

$$f(x) = c_1 e^{\rho\omega_1 x} + c_2 e^{\rho\omega_2 x} + c_3 e^{\rho\omega_3 x} + c_4 e^{\rho\omega_4 x},$$

其中非零常数 $c_i, i = 1,2,3,4$ 将由边界条件来确定, 即

$$\Delta(\rho)(c_1, c_2, c_3, c_4)^{\mathrm{T}} = 0,$$

其中 $\Delta(\rho) = \big(\Delta_1(\rho),\ \Delta_2(\rho)\big)$ 以及

$$\begin{aligned} \Delta_1(\rho) &= \begin{pmatrix} 1 & 1 \\ \omega_1 & \omega_2 \\ (\rho^2\omega_1^2 + k\rho^3\omega_1)e^{\rho\omega_1} & (\rho^2\omega_2^2 + k\rho^3\omega_2)e^{\rho\omega_2} \\ \rho^3\omega_1^3 e^{\rho\omega_1} & \rho^3\omega_2^3 e^{\rho\omega_2} \end{pmatrix}, \\ \Delta_2(\rho) &= \begin{pmatrix} 1 & 1 \\ \omega_3 & \omega_4 \\ (\rho^2\omega_3^2 + k\rho^3\omega_3)e^{\rho\omega_3} & (\rho^2\omega_4^2 + k\rho^3\omega_4)e^{\rho\omega_4} \\ \rho^3\omega_3^3 e^{\rho\omega_3} & \rho^3\omega_4^3 e^{\rho\omega_4} \end{pmatrix}. \end{aligned} \tag{3.24}$$

显然, 方程 (3.19) 有非零解 $f(x)$ 当且仅当特征行列式等于零, 即 $\det(\Delta(\rho)) = 0$. 由 (3.21), 可知 $\omega_1^2 = \omega_4^2 = -i$ 以及 $\omega_2^2 = \omega_3^2 = i$, 因此, 由 (3.23), 可得

$$-i\omega_2^{-2}\rho^{-5} e^{\rho(\omega_1+\omega_2)} \det(\Delta(\rho))$$

$$
= \begin{vmatrix} 1 & 1 & e^{\rho\omega_2} & 0 \\ i & 1 & -e^{\rho\omega_2} & 0 \\ 0 & (i+k\rho\omega_2)e^{\rho\omega_2} & i-k\rho\omega_2 & -i-k\rho\omega_1 \\ 0 & e^{\rho\omega_2} & -1 & i \end{vmatrix} + \mathcal{O}(e^{-c|\rho|})
$$

$$
= \begin{vmatrix} 1-i & -(1+i)e^{\rho\omega_2} & 0 \\ (i+k\rho\omega_2)e^{\rho\omega_2} & i-k\rho\omega_2 & -i-k\rho\omega_1 \\ e^{\rho\omega_2} & -1 & i \end{vmatrix} + \mathcal{O}(e^{-c|\rho|})
$$

$$
= -2\left(1+e^{2\rho\omega_2}\right) + 2(i-1)k\rho\omega_2\left(i+e^{2\rho\omega_2}\right) + \mathcal{O}(e^{-c|\rho|}), \tag{3.25}
$$

这里 $c > 0$ 为不赖于 ρ 的常数, $\mathcal{O}(e^{-c|\rho|})$ 用于表示 ρ 的函数, 当 $|\rho| \to \infty$ 时, 它的绝对值和 $e^{-c|\rho|}$ 有相同的阶数.

由 (3.25) 可知, $\det(\Delta(\rho)) = 0$ 当且仅当

$$
e^{2\rho\omega_2} = -i - \frac{1}{k\rho\omega_2} + \mathcal{O}(|\rho|^{-2}). \tag{3.26}
$$

应用复分析中的 Rouché 定理, (3.26) 的解有如下表达式

$$
\rho = \rho_n = \left(n - \frac{1}{4}\right)\pi\omega_2 + \mathcal{O}(n^{-1}), \quad n \to \infty, \tag{3.27}
$$

这里 n 为充分大的正整数. 在 (3.25)—(3.27) 的计算过程中, 可以发现当 ρ 充分大时, $\Delta(\rho)$ 的秩是三, 因此 $\mathcal{A}$ 的所有本征值在模充分大时是几何单的. 将 (3.27) 代入 (3.26) 并比较两边的阶数可得

$$
\mathcal{O}(n^{-1}) = -\frac{1}{2k\left(n-\dfrac{1}{4}\right)\pi\omega_2} + \mathcal{O}(n^{-2}).
$$

把上式代入 (3.27) 可得

$$
\rho = \rho_n = \left(n - \frac{1}{4}\right)\pi\omega_2 - \frac{1}{2k\left(n-\dfrac{1}{4}\right)\pi\omega_2} + \mathcal{O}(n^{-2}), \quad n \to \infty. \tag{3.28}
$$

由 $\lambda = \lambda_n = \rho_n^2$ 进一步可得 (3.15).

(iii) 由线性代数知识可知, 对应于本征值 $\lambda = \rho^2$ 的本征函数 $f(x)$ 可以由如下方式得到: 随着 $n \to \infty$,

$$f(x) = \omega_2^{-2}\rho^{-3}e^{\rho(\omega_1+\omega_2)}\begin{vmatrix} e^{\rho\omega_1 x} & e^{\rho\omega_2 x} & e^{\rho\omega_3 x} & e^{\rho\omega_4 x} \\ 1 & 1 & 1 & 1 \\ \omega_1 & \omega_2 & \omega_3 & \omega_4 \\ \rho^3\omega_1^3 e^{\rho\omega_1} & \rho^3\omega_2^3 e^{\rho\omega_2} & \rho^3\omega_3^3 e^{\rho\omega_3} & \rho^3\omega_4^3 e^{\rho\omega_4} \end{vmatrix}$$

$$= \begin{vmatrix} e^{\rho\omega_1 x} & e^{\rho\omega_2 x} & e^{\rho\omega_2(1-x)} & e^{\rho\omega_1(1-x)} \\ 1 & 1 & e^{\rho\omega_2} & 0 \\ i & 1 & -e^{\rho\omega_2} & 0 \\ 0 & ie^{\rho\omega_2} & -i & -1 \end{vmatrix} + \mathcal{O}(e^{-c|\rho|})$$

$$= -\begin{vmatrix} e^{\rho\omega_1 x} & e^{\rho\omega_2 x} & e^{\rho\omega_2(1-x)} \\ 1 & 1 & e^{\rho\omega_2} \\ i & 1 & -e^{\rho\omega_2} \end{vmatrix} + \mathcal{O}(|\rho|^{-1})$$

$$= (i-1)e^{\rho\omega_2(1-x)} + 2e^{\rho\omega_1 x + \rho\omega_2} - (1+i)e^{\rho\omega_2(1+x)} + \mathcal{O}(|\rho|^{-1})$$

$$= 2e^{\rho\omega_2}\left[e^{-(n-1/4)\pi x} + \sin\left(n - \frac{1}{4}\right)\pi x - \cos\left(n - \frac{1}{4}\right)\pi x\right]$$

$$+ \mathcal{O}(n^{-1}), \tag{3.29}$$

以及

$$\lambda^{-1}f''(x)$$

$$= \omega_2^{-2}\rho^{-3}e^{\rho(\omega_1+\omega_2)}\begin{vmatrix} -ie^{\rho\omega_1 x} & ie^{\rho\omega_2 x} & ie^{\rho\omega_3 x} & -ie^{\rho\omega_4 x} \\ 1 & 1 & 1 & 1 \\ \omega_1 & \omega_2 & \omega_3 & \omega_4 \\ \rho^3\omega_1^3 e^{\rho\omega_1} & \rho^3\omega_2^3 e^{\rho\omega_2} & \rho^3\omega_3^3 e^{\rho\omega_3} & \rho^3\omega_4^3 e^{\rho\omega_4} \end{vmatrix}$$

$$= \begin{vmatrix} e^{\rho\omega_1 x} & -e^{\rho\omega_2 x} & -e^{\rho\omega_2(1-x)} & e^{\rho\omega_1(1-x)} \\ 1 & 1 & e^{\rho\omega_2} & 0 \\ i & 1 & -e^{\rho\omega_2} & 0 \\ 0 & e^{\rho\omega_2} & -1 & i \end{vmatrix} + \mathcal{O}(e^{-c|\rho|})$$

$$= -(1+i)e^{\rho\omega_2(1-x)} - 2ie^{\rho\omega_1 x + \rho\omega_2} + (1-i)e^{\rho\omega_2(1+x)} + \mathcal{O}(|\rho|^{-1})$$

$$= 2e^{\rho\omega_2}i\left[-e^{-(n-1/4)\pi x} + \sin\left(n - \frac{1}{4}\right)\pi x - \cos\left(n - \frac{1}{4}\right)\pi x\right]$$

$$+ \mathcal{O}(n^{-1}). \tag{3.30}$$

令

$$F_{1n}(x) = \frac{1}{2}\lambda_n^{-1}e^{-\rho_n\omega_2}f(x),$$

由 (3.29)-(3.30) 可得 $F_n(x)$ 满足 (3.16) 和 (3.17). 引理得证. □

定理 3.4 设 $\mathcal{A}$ 由 (3.14) 定义. 则

(i) 存在 $\mathcal{A}$ 的广义本征函数构成 $\mathcal{H}$ 的 Riesz 基.

(ii) 所有模充分大的本征值 $\lambda \in \sigma(\mathcal{A})$ 是代数单的.

(iii) $\mathcal{A}$ 生成 C_0-群 $e^{\mathcal{A}t}$ 且对于群 $e^{\mathcal{A}t}$, 谱确定增长条件成立: $\omega(\mathcal{A}) = S(\mathcal{A})$.

证明 在特征行列式 (3.25) 的计算过程中发现, 令 $1/k = 0$, 我们可以得到本征值问题 (3.19) 的主导部分, 它对应于如下的自由系统:

$$\begin{cases} y_{tt}(x,t) + y_{xxxx}(x,t) = 0, & 0 < x < 1, \\ y(0,t) = y_x(0,t) = y_{xxx}(1,t) = y_{xt}(1,t) = 0. \end{cases} \tag{3.31}$$

该系统称为参考 Riesz 系统. 相应于 (3.31) 的系统算子 $\mathcal{A}_{0p}$ 定义如下:

$$\begin{cases} \mathcal{A}_{0p}(f(x),\, g(x)) = (g(x),\, -f^{(4)}(x)), \\ D(\mathcal{A}_{0p}) = \left\{ (f,g) \in (H^4 \cap H_L^2) \times H_L^2 \,\big|\, f'''(1) = g'(1) = 0 \right\}. \end{cases} \tag{3.32}$$

简单计算可以证明 $\mathcal{A}_{0p} = -\mathcal{A}_{0p}^*$, 即 $\mathcal{A}_{0p}$ 是 $\mathcal{H}$ 的反自伴算子. 对任意给定的 $(\phi,\psi) \in \mathcal{H}$, 求解 $(\rho^2 - \mathcal{A}_{0p})(f,g) = (\phi,\psi)$ 可得 $g = \rho^2 f - \phi$, 这里 $f(x)$ 满足

$$\begin{cases} f^{(4)}(x) + f(x) = \rho^2\phi(x) + \psi(x), \\ f(0) = f'(0) = f'''(1) = 0, \quad f'(1) = \rho^{-2}\phi'(1). \end{cases} \tag{3.33}$$

方程 (3.33) 有如下形式的解:

$$f(x) = d_1 e^{\rho\omega_1 x} + d_2 e^{\rho\omega_2 x} + d_3 e^{\rho\omega_3 x} + d_4 e^{\rho\omega_4 x}$$
$$- \int_0^x \frac{\omega_1 e^{\rho\omega_1(x-\xi)} + \omega_2 e^{\rho\omega_2(x-\xi)} + \omega_3 e^{\rho\omega_3(x-\xi)} + \omega_4 e^{\rho\omega_4(x-\xi)}}{4\rho^3}$$
$$\times \left[\rho^2\phi(\xi) + \psi(\xi)\right] d\xi, \tag{3.34}$$

其中 ω_i 由 (3.21) 给定, 系数 $d_i, i = 1,2,3,4$ 由如下方程确定

$$\begin{pmatrix} 1 & 1 & 1 & 1 \\ \omega_1 & \omega_2 & \omega_3 & \omega_4 \\ \omega_1^3 e^{\rho\omega_1} & \omega_2^3 e^{\rho\omega_2} & \omega_3^3 e^{\rho\omega_3} & \omega_4^3 e^{\rho\omega_4} \\ \omega_1 e^{\rho\omega_1} & \omega_2 e^{\rho\omega_2} & \omega_3 e^{\rho\omega_3} & \omega_4 e^{\rho\omega_4} \end{pmatrix} \begin{pmatrix} d_1 \\ d_2 \\ d_3 \\ d_4 \end{pmatrix} = \rho^{-5} \begin{pmatrix} 0 \\ 0 \\ 0 \\ \phi'(1) \end{pmatrix}. \tag{3.35}$$

经过简单计算可知, 方程 (3.35) 左端系数矩阵的行列式为

$$2(i-1)\omega^{-2}e^{\rho(\omega_1-\omega_2)}\left(e^{2\rho\omega_2}+1\right).$$

取 $\rho=\omega_2\pi$, 上式不等于零. 因此方程 (3.35) 有唯一解 d_i, $i=1,2,3,4$. 换句话说, $(\omega_2\pi)^2\in\rho(\mathcal{A}_{0p})$. 显然 $D(\mathcal{A}_{0p})$ 是紧嵌入于 $\mathcal{H}$ 的, 所以 $((\omega_2\pi)^2-\mathcal{A}_{0p})^{-1}$ 是 $\mathcal{H}$ 的紧算子. 由引理 3.3 的证明可知, 引理 3.3 的所有结论对于算子 $\mathcal{A}_{0p}$ 也是成立的. 即 $\mathcal{A}_{0p}$ 的本征值 $\{\lambda_{n0},\overline{\lambda_{n0}}\}$ 有渐近表达式 (3.15) 以及相应的本征函数 $F_{n0}=(F_{1n0},\lambda_{n0}F_{1n0})$ 有同样的渐近表达式 (3.16). 由定理 1.20 可知, $\{F_{n0}\}$ 在 $\mathcal{H}$ 构成 Riesz 基. 由 (3.16), 存在充分大的整数 N 使得

$$\sum_{n\geqslant N}^{\infty}\|F_n-F_{n0}\|^2=\sum_{n\geqslant N}^{\infty}\mathcal{O}(n^{-2})<\infty.$$

上述结论对于共轭部分也是成立的. 从而断言 (i) 可以由定理 2.51 得到. 断言 (ii) 和 (iii) 是断言 (i) 以及引理 3.3 的结论 (ii): 本征值是几何单的直接结论. 定理 得证.   □

推论 3.5 设 $E(t)$ 由 (3.10) 定义. 则系统 (3.13) 是指数稳定的: 存在 $M,\omega>0$, 使得

$$E(t)\leqslant Me^{-\omega t}E(0),\quad t\geqslant 0. \tag{3.36}$$

证明 由 (3.15) 和定理 3.4 的结论 (iii) 可知, 我们仅需证明对任意的 $\lambda\in\sigma(\mathcal{A})$, 有 $\mathrm{Re}(\lambda)<0$, 则推论成立. 在方程 (3.19) 的第一个方程的左右两端和 $\overline{f(x)}$ 同时做内积, 并取所有边界条件可得

$$\lambda^2\|f\|_{L^2(0,1)}^2+k\lambda|f(1)|^2+\|f''\|_{L^2(0,1)}^2=0. \tag{3.37}$$

从上式容易证明 $\mathrm{Re}(\lambda)\leqslant 0$. 现在证明虚轴上没有本征值. 设 $\lambda=i\omega\neq 0$, $\omega\in\mathbb{R}$ 是一个本征值. 则从 (3.37) 可知

$$-\omega^2\|f\|_{L^2(0,1)}^2+ki\omega|f(1)|^2+\|f''\|_{L^2(0,1)}^2=0.$$

这证明了 $f(1)=0$. 因此方程 (3.19) 退化为

$$\begin{cases}-\omega^2f(x)+f^{(4)}(x)=0, & 0<x<1,\\ f(0)=f'(0)=f'''(1)=f''(1)=f'(1)=0.\end{cases} \tag{3.38}$$

我们可以设 $\omega=\rho^2$, 其中 $\rho>0$ 是实数. 则方程 (3.38) 有如下解

$$f(x)=c_1\left[\cos\rho x-\cosh\rho x\right]+c_2\left[\sin\rho x-\sinh\rho x\right].$$

由边界条件 $f'''(1) = f''(1) = f'(1) = 0$ 和 $f(x)$ 非零, 可得

$$1 + \cosh\rho\cos\rho = \sinh\rho\sin\rho = 0.$$

但上述方程没有 $\rho > 0$ 的解. 因此对所有的 $\lambda \in \sigma(\mathcal{A})$, 都有 $\mathrm{Re}(\lambda) < 0$. 推论得证. $\qquad\square$

注解 3.1 因为本征值问题 (3.19) 的基础解系是 $e^{\rho\omega_i}$ 的形式, 我们可以说边界条件 $f'(1)$ 关于 ρ 的阶数是 1. 从这个意义上说, 边界条件 $f''(1) = -k\lambda f'(1)$ 的左端关于 ρ 的阶数是 2, 右端关于 ρ 的阶数是 3. 因此这个边界条件的主导项是等式右端. 这是我们构造参考算子 $\mathcal{A}_{0p}$ 的出发点.

同样的方法可以应用到具有同位控制/观测的如下典型系统:

$$\begin{cases} w_{tt}(x,t) + w_{xxxx}(x,t) = 0, \quad 0 < x < 1, \\ w(0,t) = w_x(0,t) = w_{xx}(1,t) = 0, \\ w_{xxx}(1,t) = u(t), \\ y(t) = w_t(1,t). \end{cases} \tag{3.39}$$

在反馈控制 $u(t) = ky(t)$ 下, 闭环系统变为

$$\begin{cases} w_{tt}(x,t) + w_{xxxx}(x,t) = 0, \quad 0 < x < 1, \\ w(0,t) = w_x(0,t) = w_{xx}(1,t) = 0, \\ w_{xxx}(1,t) = kw_t(1,t), \quad k > 0. \end{cases} \tag{3.40}$$

它是耗散系统. 在系统 (3.40) 中, 剪切力的阶数高于观测项的阶数, 因此参考 Riesz 系统自然地选取为如下系统

$$\begin{cases} w_{tt}(x,t) + w_{xxxx}(x,t) = 0, \quad 0 < x < 1, \\ w(0,t) = w_x(0,t) = w_{xx}(1,t) = w_{xxx}(1,t) = 0. \end{cases} \tag{3.41}$$

我们仅列出结果. 证明留给读者做练习.

定理 3.6 在状态空间 $\mathcal{H}$ 上考虑系统 (3.40) 且系统算子 $\mathcal{A}_s$ 定义如下:

$$\begin{cases} \mathcal{A}_s\,(f(x),\,g(x)) = \left(g(x),\,-f^{(4)}(x)\right), \\ D(\mathcal{A}_s) = \left\{(f,g) \in (H^4 \cap H_L^2) \times H_L^2 \big|\, f'''(1) = kg(1), f''(1) = 0\right\}. \end{cases} \tag{3.42}$$

则

(i) 存在 $\mathcal{A}_s$ 的广义本征函数构成 $\mathcal{H}$ 的 Riesz 基.

(ii) 所有模充分大的本征值 $\lambda \in \sigma(\mathcal{A}_s)$ 是代数单的. 本征值 $\{\lambda_n, \overline{\lambda_n}\}$ 有如下渐近表达式:

$$\lambda_n = -2k + i\left(n - \frac{1}{4}\right)^2 \pi^2 + \mathcal{O}(n^{-1}), \quad n \to \infty.$$

(iii) $\mathcal{A}_s$ 在 $\mathcal{H}$ 上生成 C_0-群 $e^{\mathcal{A}_s t}$, 并且谱确定增长条件成立: $\omega(\mathcal{A}_s) = S(\mathcal{A}_s)$.

(iv) 对所有的 $\lambda \in \sigma(\mathcal{A}_s)$ 有 $\mathrm{Re}(\lambda) < 0$, 以及当 $\lambda \to \infty$ 时, $\mathrm{Re}(\lambda) \to -2k$, 因此 $e^{\mathcal{A}_s t}$ 是指数稳定的.

3.2   变系数的 Euler-Bernoulli 梁

为了研究变系数的 Euler-Bernoulli 梁方程, 我们首先给出关于微分算子渐近行为的一些预备知识. 考虑一般的 n-阶常微分方程

$$\frac{d^n y}{dx^n} + p_1(x)\frac{d^{n-1}y}{dx^{n-1}} + \cdots + p_n(x)y = \lambda y, \quad x \in (0, 1). \tag{3.43}$$

令 $\lambda = -\rho^n$. 通常假设 $p_1(x) \equiv 0$. 事实上, 如果 $p_1(x) \neq 0$, 令

$$y(x) = \tilde{y}(x)\exp\left\{-\frac{1}{n}\int p_1(x)dx\right\}. \tag{3.44}$$

则 $\tilde{y}(x)$ 满足一个不含有 $(n-1)$-阶导数的常微分方程. 我们把整个复平面平均分成 $2n$ 个扇形区域

$$S_k = \left\{\rho \,\middle|\, \frac{k\pi}{n} \leqslant \arg(\rho) \leqslant \frac{(k+1)\pi}{n}\right\},$$

在每个扇形区域上, 设置排列使得

$$\mathrm{Re}(\rho\omega_1) \leqslant \mathrm{Re}(\rho\omega_2) \leqslant \cdots \leqslant \mathrm{Re}(\rho\omega_n), \tag{3.45}$$

其中 ω_j 是 $\omega^n = -1$ 的解. 显然 (3.22) 是 (3.45) 在 $n = 4$ 的特殊情况. 对任意固定的复数 c, 考虑从 S_k 到 T_k 的变换使得在 T_k 满足

$$\mathrm{Re}((\rho+c)\omega_1) \leqslant \mathrm{Re}((\rho+c)\omega_2) \leqslant \cdots \leqslant \mathrm{Re}((\rho+c)\omega_n). \tag{3.46}$$

记 (3.43) 为

$$y^{(n)} + \rho^n y = m(y), \tag{3.47}$$

其中

$$m(y) = -p_2 y^{(n-2)} - \cdots - p_n y.$$

则我们可以得到 (3.47) 的解:

$$y(x) = c_1 e^{\rho\omega_1 x} + \cdots + c_n e^{\rho\omega_n x} + \int_0^x \frac{\omega_1 e^{\rho\omega_1(x-s)} + \cdots + \omega_n e^{\rho\omega_n(x-s)}}{n\rho^{n-1}} m(y) ds. \tag{3.48}$$

对任意固定的 k, $k = 1, 2, \cdots, n$, 令

$$c_j' = c_j, \quad j = 1, 2, \cdots, k,$$

$$c_j' = c_j + \sum_{l=k+1}^n \int_0^1 \frac{\omega_l e^{-\rho\omega_l s}}{n\rho^{n-1}} m(y) ds, \quad j = k+1, \cdots, n. \tag{3.49}$$

则 (3.48) 可以被重新表示为

$$y(x) = c_1' e^{\rho\omega_1 x} + \cdots + c_n' e^{\rho\omega_n x}$$
$$+ \frac{1}{n\rho^{n-1}} \int_0^x K_1(x, \xi, \rho) m(y) d\xi - \frac{1}{n\rho^{n-1}} \int_x^1 K_2(x, \xi, \rho) m(y) d\xi, \tag{3.50}$$

其中

$$K_1(x, \xi, \rho) = \sum_{l=1}^k \omega_l e^{\rho\omega_l(x-\xi)}, \quad K_2(x, \xi, \rho) = \sum_{l=k+1}^n \omega_l e^{\rho\omega_l(x-\xi)}. \tag{3.51}$$

引理 3.7 存在常数 $C > 0$ 使得对于 $l = 0, 1, 2, \cdots$, 以及 $\rho \in T_k$, 这里的 T_k 由 (3.46) 给出, 有如下估计:

$$\left| \frac{d^l}{dx^l} K_1(x, \xi, \rho) \right| \leqslant C^l k \left| e^{\rho\omega_k(x-\xi)} \right|, \quad 0 \leqslant \xi \leqslant x \leqslant 1,$$
$$\left| \frac{d^l}{dx^l} K_2(x, \xi, \rho) \right| \leqslant C^l (n-k) \left| e^{\rho\omega_k(x-\xi)} \right|, \quad 0 \leqslant \xi \leqslant x \leqslant 1. \tag{3.52}$$

证明 选取 $C > 0$ 使得对所有的 $j, k = 1, 2, \cdots, n$ 以及 $x, \xi \in [0, 1]$, 可得

$$\left| e^{c\rho(\omega_j - \omega_k)(x-\xi)} \right| \leqslant C, \tag{3.53}$$

其中 (3.53) 的左端函数关于 x, ξ 是连续的. 如果 $\rho \in T_k$, 对于 $l \leqslant k$, 从 (3.46) 可知

$$\mathrm{Re}(\rho\omega_l) \leqslant \mathrm{Re}\left(\rho\omega_l + (\rho + c)(\omega_k - \omega_l)\right).$$

因此对于 $0 \leqslant \xi \leqslant x \leqslant 1$, 有如下估计

$$\left| e^{\rho \omega_l (x-\xi)} \right| \leqslant \left| e^{[\rho \omega_l + (\rho+c)(\omega_k - \omega_l)](x-\xi)} \right| \leqslant C \left| e^{\rho \omega_k (x-\xi)} \right|.$$

从而

$$\left| \frac{d^l}{dx^l} K_1(x, \xi, \rho) \right| = \left| \sum_{j=1}^{k} \rho^l \omega_j^{l+1} e^{\rho \omega_j (x-\xi)} \right| \leqslant C^l k \left| e^{\rho \omega_k (x-\xi)} \right|.$$

这是 (3.52) 的第一个不等式. 第二个不等式也可以类似证明. 引理得证.   □

引理 3.8   对于积分方程系统:

$$y_i(x) = f_i(x) + \sum_{j=1}^{r} \int_a^b A_{ij}(x, \xi, \lambda) y_i(\xi) d\xi, \quad i = 1, 2, \cdots, r, \tag{3.54}$$

其中

(i) 每个 $f_i(x)$ 在 $[a, b]$ 上连续;

(ii) 对固定的 $x, \xi \in [a, b]$, $A_{ij}(x, \xi, \lambda)$ 是 λ 的亚纯函数;

(iii) 存在正数 R 和 C 使得

$$|A_{ij}(x, \xi, \lambda)| \leqslant \frac{C}{|\lambda|}, \quad \forall\, |\lambda| > R,\ x, \xi \in [a, b],$$

存在 $R_0 > 0$ 使得系统 (3.54) 有唯一解 $y_i(x) = y_i(x, \lambda)$, 且 $y_i(x) = y_i(x, \lambda)$ 关于 λ 解析, 以及

$$y_i(x, \lambda) = f_i(x) + \mathcal{O}\left(\frac{1}{\lambda} \right), \quad \lambda \to \infty. \tag{3.55}$$

证明   如果 (3.54) 有解, 由迭代过程, 可得

$$y_i(x) = f_i(x) + \sum_{j=1}^{r} \int_a^b A_{ij}(x, \xi, \lambda) f_i(\xi) d\xi + \cdots$$

$$+ \sum_{j_1, \cdots, j_n = 1}^{r} \int_a^b \cdots \int_a^b A_{ij_1}(x, \xi_1, \lambda) \cdots A_{j_{n-1} j_n}(\xi_{n-1}, \xi_n, \lambda) f_{j_n}(\xi_n) d\xi_1 \cdots d\xi_n$$

$$+ \sum_{j_1, \cdots, j_{n+1} = 1}^{r} \int_a^b \cdots \int_a^b A_{ij_1}(x, \xi_1, \lambda) \cdots A_{j_n j_{n+1}}(\xi_n, \xi_{n+1}, \lambda)$$

$$\cdot y_{j_{n+1}}(\xi_{n+1}) d\xi_1 \cdots d\xi_{n+1}. \tag{3.56}$$

设

$$B = \max_{1 \leqslant i \leqslant r, x \in [a, b]} \left| y_i(x) \right|.$$

则当 $|\lambda| > R$ 时, (3.56) 的最后一项的绝对值不大于

$$\frac{1}{|\lambda|^{n+1}}\left[(b-a)Cr\right]^{n+1}B.$$

对于 $|\lambda| > R_0 = \max\left\{(b-a)Cr,\ R\right\}$, 随着 $n \to \infty$, 上式趋于零. 因此, $y_i(x) = y_i(x, \lambda)$ 是无穷级数的和

$$y_i(x) = f_i(x) + \sum_{j=1}^{r}\int_a^b A_{ij}(x, \xi, \lambda)f_i(\xi)d\xi$$

$$+ \sum_{j_1,j_2=1}^{r}\int_a^b\int_a^b A_{ij_1}(x, \xi_1, \lambda)A_{j_1j_2}(\xi_1, \xi_2, \lambda)f_{j_2}(\xi_2)d\xi_1 d\xi_2 + \cdots.$$

容易验证当 $|\lambda| > R_0$ 时, 该级数关于 $x \in [a,b]$ 一致收敛, 并且是 (3.54) 的解. 这给出了 (3.55). 并且, 级数的正则性导致解的正则性. 引理得证. □

定理 3.9 设函数 $p_1(x), p_2(x), \cdots, p_n(x)$ 在 $[0,1]$ 上连续. 则在复平面上满足 (3.46) 的区域 T_k 内, 方程

$$y^{(n)}(x) + p_2(x)y^{(n-2)}(x) + \cdots + p_n(x)y(x) + \rho^n y(x) = 0 \qquad (3.57)$$

有 n 个线性独立的解 $y_1(x), y_2(x), \cdots, y_n(x)$. 当 $|\rho|$ 充分大时, 这些解关于 ρ 是解析的, 并且满足下述的渐近表达式:

$$y_k(x) = e^{\rho\omega_k x}\left[1 + \mathcal{O}(\rho^{-1})\right],$$

$$\frac{dy_k(x)}{dx} = \rho e^{\rho\omega_k x}\left[\omega_k + \mathcal{O}(\rho^{-1})\right],$$

$$\cdots\cdots$$

$$\frac{dy_k^{n-1}(x)}{dx^{n-1}} = \rho^{n-1}e^{\rho\omega_k x}\left[\omega_k^{n-1} + \mathcal{O}(\rho^{-1})\right]. \qquad (3.58)$$

证明 在 (3.50) 中, 设

$$c_l' = 0, \quad l \neq k, \quad c_k' = 1.$$

则

$$y_k(x) = e^{\rho\omega_k x} + \frac{1}{n\rho^{n-1}}\int_0^x K_1(x, \xi, \rho)m(y)d\xi - \frac{1}{n\rho^{n-1}}\int_x^1 K_2(x, \xi, \rho)m(y)d\xi.$$
$$(3.59)$$

对 (3.59) 关于 x 求 $n-1$ 次导数可得到如下的常微分方程组

$$\frac{d^l y_k(x)}{dx^l} = \rho^l \omega_k^l e^{\rho \omega_k x} + \frac{1}{n\rho^{n-1}} \int_0^x \frac{\partial^l K_1(x,\xi,\rho)}{\partial x^l} m(y) d\xi$$

$$-\frac{1}{n\rho^{n-1}} \int_x^1 \frac{\partial^l K_2(x,\xi,\rho)}{\partial x^l} m(y) d\xi, \quad l = 0, 1, \cdots, n-1. \quad (3.60)$$

在 (3.60) 中, 令

$$\frac{d^l y_k(x)}{dx^l} = \rho^l \omega_k^l e^{\rho \omega_k x} z_{kl}(x) = \rho^l \omega_k^l e^{\rho \omega_k x} z_{kl}(x,\rho), \quad (3.61)$$

我们可以得到 $z_{kl}(x)$ 满足的方程:

$$z_{kl}(x,\rho) = \omega_k^l + \frac{1}{n\rho} \int_0^x e^{-\rho\omega_k(x-\xi)} \rho^{-l} \frac{\partial^l K_1(x,\xi,\rho)}{\partial x^l} \left[p_2(\xi) z_{k(n-2)}(\xi,\rho) \right.$$

$$\left. + \frac{1}{\rho} p_3(\xi) z_{k(n-3)}(\xi,\rho) + \cdots + \frac{1}{\rho^{n-2}} p_n(\xi) z_{k0}(\xi,\rho) \right] d\xi$$

$$- \frac{1}{n\rho} \int_x^1 e^{-\rho\omega_k(x-\xi)} \rho^{-l} \frac{\partial^l K_2(x,\xi,\rho)}{\partial x^l} d\xi \left[p_2(\xi) z_{k(n-2)}(\xi,\rho) \right.$$

$$\left. + \frac{1}{\rho} p_3(\xi) z_{k(n-3)}(\xi,\rho) + \cdots + \frac{1}{\rho^{n-2}} p_n(\xi) z_{k0}(\xi,\rho) \right] d\xi. \quad (3.62)$$

进一步, 设

$$K_{kl\alpha}(x,\xi,\rho) = \begin{cases} \dfrac{1}{n} e^{-\rho\omega_k(x-\xi)} \rho^{-l-\alpha+2} \dfrac{\partial^l K_1(x,\xi,\rho)}{\partial x^l} p_\alpha(\xi), & \xi < x, \\[3mm] \dfrac{1}{n} e^{-\rho\omega_k(x-\xi)} \rho^{-l-\alpha+2} \dfrac{\partial^l K_2(x,\xi,\rho)}{\partial x^l} p_\alpha(\xi), & \xi > x, \end{cases}$$

其中 $1 \leqslant k \leqslant n, 0 \leqslant l \leqslant n, 2 \leqslant \alpha \leqslant n$. 则方程 (3.62) 可以改写为

$$z_{kl}(x,\rho) = \omega_k^l + \frac{1}{\rho} \sum_{\alpha=2}^n \int_0^1 K_{kl\alpha}(x,\xi,\rho) z_{k\alpha}(\xi,\rho) d\xi, \quad (3.63)$$

对于固定的 k 和 $l = 0, 1, \cdots, n-1$, 它是一个积分方程组. 由引理 3.7 可知, 所有的 $K_{kl\alpha}(x,\xi,\rho)$ 都是一致有界的. 应用引理 3.8 到方程 (3.63) 可知, 方程 (3.63) 有唯一的解 $z_{kl}(x,\rho)$, 并且所得解关于 ρ 是解析的, 以及

$$z_{kl}(x,\rho) = \omega_k^l + \mathcal{O}\left(\frac{1}{\rho}\right). \quad (3.64)$$

上式和 (3.61) 一起可给出 (3.58). 进一步, 从 (3.58), 我们可依次诱导出 $y_k(x)$, $k = 1, 2, \cdots, n$ 是线性独立的.

剩下将证明方程 (3.57) 有解 (3.59). 为此, 仅需证明无论什么样的 c_m' (独立于 ρ), 对于 c_m', 方程 (3.57) 都有满足 (3.50) 的解.

因为 $y(x)$ 和 $m(y)$ 线性依赖于 $c_1, \cdots, c_n$, 变换 (3.49) 是从 c_j 到 c_j' 的线性变换. 显然, 如果我们可以证明对于所有的 $\rho \in T_k$ 具有充分大的 $|\rho|$, 变换 (3.49) 的行列式是非零的, 则对任意给定的 c_j', 我们都可以从 (3.49) 找到 c_j. 对应于这些 c_j 的解就是我们要寻找的 (3.47) 的解.

如果对于具有充分大 $|\rho|$ 的 $\rho \in T_k$, 变换 (3.49) 的行列式为零, 则对于这些 ρ 的值, 只要 $c_1' = c_2' = \cdots = c_n' = 0$, (3.49) 有非零解. 在 (3.50) 中, 令 $c_1' = c_2' = \cdots = c_n' = 0$, 可得到相应的非零解

$$y(x) = \frac{1}{n\rho^{n-1}} \int_0^x K_1(x,\xi,\rho) m(y) d\xi - \frac{1}{n\rho^{n-1}} \int_x^1 K_2(x,\xi,\rho) m(y) d\xi. \quad (3.65)$$

现在我们证明这是不可能的. 对 (3.65) 求 $n-1$ 次导数, 令

$$\frac{d^l y_k(x)}{dx^l} = \rho^l e^{\rho\omega_k x} z_l(x,\rho). \quad (3.66)$$

我们可以得到如下的 $z_l(x,\rho)$:

$$\begin{aligned}
z_l(x,\rho) = {} & \frac{1}{n\rho^{n-1}} \int_0^x e^{-\rho\omega_k(x-\xi)} \rho^{-l} \frac{\partial^l K_1(x,\xi,\rho)}{\partial x^l} \\
& \times \left\{ \rho^{n-2} p_2(\xi) z_{n-2}(\xi,\rho) + \cdots + p_n(\xi) z_0(\xi,\rho) \right\} d\xi \\
& - \frac{1}{n\rho^{n-1}} \int_x^1 e^{-\rho\omega_k(x-\xi)} \rho^{-l} \frac{\partial^l K_2(x,\xi,\rho)}{\partial x^l} \\
& \times \left\{ \rho^{n-2} p_2(\xi) z_{n-2}(\xi,\rho) + \cdots + p_n(\xi) z_0(\xi,\rho) \right\} d\xi. \quad (3.67)
\end{aligned}$$

令

$$m(\rho) = \max_{0 \leqslant x \leqslant 1,\, l=0,1,\cdots,n-1} \left| z_l(x,\rho) \right|.$$

对 (3.67) 应用引理 3.7 可得

$$\begin{aligned}
z_l(x,\rho) = {} & \left[\frac{1}{n|\rho|} Ck \int_0^1 \left(|p_2| + \cdots + \frac{|p_n|}{|\rho|^{n-2}} \right) dx \right. \\
& \left. + \frac{1}{n|\rho|} C(n-k) \int_0^1 \left(|p_2| + \cdots + \frac{|p_k|}{|\rho|^{n-2}} \right) d\xi \right] m(\rho).
\end{aligned}$$

因此

$$m(\rho) \leqslant m(\rho) \frac{C}{|\rho|} \int_0^1 \left(|p_2| + \cdots + \frac{|p_n|}{|\rho|^{n-2}} \right) d\xi \leqslant m(\rho) \frac{C_1}{|\rho|},$$

其中 $C_1 > 0$ 是常数. 对充分大的 $|\rho|$, 上述不等式仅有零解 $m(\rho) = 0$. 因此 $z_l(x, \rho) = 0$. 由 (3.66), 当 $l = 0$ 时, $y(x) \equiv 0$. 矛盾! 定理得证. $\qquad\square$

3.2.1 变系数梁方程

考虑如下的变系数梁方程:

$$\begin{cases} \rho(x)y_{tt}(x,t) + \Big(EI(x)y_{xx}(x,t)\Big)_{xx} = 0, & 0 < x < 1, \ t > 0, \\ y(0,t) = y_x(0,t) = y_{xx}(1,t) = 0, \\ \Big(EI(x)y_{xx}\Big)_x(1,t) = ky_t(1,t), \end{cases} \tag{3.68}$$

其中 $EI(x)$ 表示梁的弯曲刚度, $\rho(x)$ 是梁的质量密度, $k \geqslant 0$ 是常数反馈增益. 系统 (3.68) 的能量为

$$E(t) = \frac{1}{2}\int_0^1 \Big[\rho(x)y_t^2(x,t) + EI(x)y_{xx}^2(x,t)\Big]dx.$$

由于

$$\frac{dE(t)}{dt} = -ky_t^2(x,t) \leqslant 0,$$

即系统 (3.68) 是耗散的. 贯穿这一节, 我们总假设

$$\rho(x),\ EI(x) \in C^4[0,1], \quad EI(x),\ \rho(x) > 0. \tag{3.69}$$

系统 (3.68) 在如下能量 Hilbert 空间中考虑

$$\mathcal{H} = H_L^2(0,1) \times L^2(0,1),$$

其中 $H_L^2(0,1) = \{f \in H^2(0,1)|f(0) = f'(0) = 0\}$, 内积诱导范数为

$$\|(f,g)\|_{\mathcal{H}}^2 = \int_0^1 \Big[\rho(x)|g(x)|^2 + EI(x)|f''(x)|^2\Big]dx, \quad \forall\, (f,g) \in \mathcal{H}. \tag{3.70}$$

定义系统算子 $\mathcal{A}_v : D(\mathcal{A}_v)(\subset \mathcal{H}) \to \mathcal{H}$ 为

$$\begin{cases} \mathcal{A}_v(f,g) = \Big(g,\ -\dfrac{1}{\rho(x)}\Big(EI(x)f''(x)\Big)''\Big), \\ D(\mathcal{A}_v) = \Big\{(f,g) \in \big(H_L^2 \cap H^4\big) \times H_L^2\big|\ f''(1) = 0, \\ \qquad\qquad \big(EIf''\big)'(1) = kg(1)\Big\}. \end{cases} \tag{3.71}$$

则系统 (3.68) 可以表示为 $\mathcal{H}$ 的发展方程:

$$\frac{d}{dt}Y(t) = \mathcal{A}_v Y(t), \quad Y(t) = \big(y(\cdot, t),\, y_t(\cdot, t)\big). \tag{3.72}$$

引理 3.10 设 $\mathcal{A}_v$ 由 (3.71) 定义. 则 $\mathcal{A}_v^{-1}$ 存在, 且在 $\mathcal{H}$ 上是紧的. 因此 $\sigma(\mathcal{A}_v)$, $\mathcal{A}_v$ 的谱, 仅由复平面上成共轭出现的孤立本征值组成. 并且, 相应于本征值 $\lambda \in \sigma(\mathcal{A}_v)$ 的本征函数为 $(\lambda^{-1}\phi,\, \phi)$, 其中 $\phi \neq 0$ 满足方程

$$\begin{cases} \lambda^2 \rho(x)\phi(x) + \big(EI(x)\phi''(x)\big)'' = 0, \quad 0 < x < 1, \\ \phi(0) = \phi'(0) = \phi''(1) = 0, \\ \big(EI(x)\phi''\big)'(1) = \lambda k \phi(1). \end{cases} \tag{3.73}$$

证明 直接计算可得

$$\mathcal{A}_v^{-1}(f, g) = (\phi, \psi), \quad \text{对任意的 } (f, g) \in \mathcal{H},$$

其中

$$\psi = f,$$

$$\phi(x) = k f(1) \int_0^x (x - \tau)\frac{\tau - 1}{EI(\tau)} d\tau + \int_0^x \rho(\tau) g(\tau) d\tau \int_\tau^x d\vartheta \int_\tau^\vartheta \frac{s - \tau}{EI(s)} ds.$$

紧性可由 Sobolev 嵌入定理得到. 其他的结论是显然的, 留给读者作为练习. □

为了研究 (3.73) 的解的渐近行为, 我们将 (3.73) 改写为带有齐次边界条件的线性微分算子的标准本征值问题:

$$\begin{cases} \phi^{(4)}(x) + \dfrac{2EI'(x)}{EI(x)}\phi'''(x) + \dfrac{EI''(x)}{EI(x)}\phi''(x) + \lambda^2 \dfrac{\rho(x)}{EI(x)}\phi(x) = 0, \\ \phi(0) = \phi'(0) = \phi''(1) = 0, \\ \phi'''(1) = \lambda \dfrac{k}{EI(1)}\phi(1). \end{cases} \tag{3.74}$$

下面的两个基本变换是必需的. 首先, (3.74) 的 "主导项":

$$\phi^{(4)}(x) + \lambda^2 \frac{\rho(x)}{EI(x)}\phi(x)$$

将通过空间缩放变换为一致的形式. 实际上, 令

$$\phi(x) = f(z), \quad z = z(x) = \frac{1}{h}\int_0^x \left(\frac{\rho(\tau)}{EI(\tau)}\right)^{1/4} d\tau, \quad h = \int_0^1 \left(\frac{\rho(\tau)}{EI(\tau)}\right)^{1/4} d\tau. \tag{3.75}$$

则 $f(x)$ 满足

$$
\begin{cases}
f^{(4)}(z) + a(z)f'''(z) + b_f(z)f''(z) + c(z)f'(z) + \lambda^2 h^4 f(z) = 0, \\
f(0) = f'(0) = 0, \\
f''(1) + a_0 f'(1) = 0, \\
f'''(1) = b_0 f'(1) + \lambda \dfrac{kh^3}{EI(1)} \left(\dfrac{\rho(1)}{EI(1)} \right)^{-3/4} f(1),
\end{cases}
\tag{3.76}
$$

其中 a_0 和 b_0 是依赖于 h, $\rho^{(i)}(1), EI^{(i)}(1)$, $i = 0,1,2$ 的常数, $b_f(z)$ 和 $c(z)$ 是 h 的光滑函数, $\rho^{(i)}(x), EI^{(i)}(x)$, $i = 0,1,2,3$ 通过 $z = z(x)$ 由 (3.75) 定义, 以及 $a(z)$ 是如下定义的函数

$$
a(z) = \frac{3h}{2} \left(\frac{\rho(x)}{EI(x)} \right)^{-5/4} \frac{d}{dx} \left(\frac{\rho(x)}{EI(x)} \right) + h \frac{2EI'(x)}{EI(x)} \left(\frac{\rho(x)}{EI(x)} \right)^{-1/4}.
\tag{3.77}
$$

其次, 为了消除 (3.76) 中第一个方程的第二项 $a(z)f'''(z)$, 我们给出如同 (3.44) 的可逆状态变换:

$$
f(z) = g(z) \exp\left\{ -\frac{1}{4} \int_0^z a(\tau)d\tau \right\}.
\tag{3.78}
$$

则 $g(z)$ 满足

$$
\begin{cases}
g^{(4)}(z) + a_1(z)g''(z) + a_2(z)g'(z) + a_3(z)g(z) + \lambda^2 h^4 g(z) = 0, \\
g(0) = g'(0) = 0, \\
g''(1) = a_{11}g'(1) + a_{12}g(1), \\
g'''(1) = a_{21}g'(1) + \left[\lambda \dfrac{kh^3}{EI(1)} \left(\dfrac{\rho(1)}{EI(1)} \right)^{-3/4} + a_{22} \right] g(1),
\end{cases}
\tag{3.79}
$$

其中 a_{ij}, $i,j = 1,2$ 是依赖于 h, $\rho^{(i)}(1), EI^{(i)}(1)$, $i = 0,1,2$ 的实常数, $a_2(z)$ 和 $a_3(z)$ 是 h 的光滑函数, $\rho^{(i)}(x), EI^{(i)}(x)$, $i = 0,1,2,3$ 通过 $z = z(x)$ 由 (3.75) 定义, 以及 $a_1(z)$ 为

$$
a_1(z) = -\frac{3}{2}a'(z) - \frac{9}{16}a^2(z) - \frac{1}{4}a(z).
\tag{3.80}
$$

显然 (3.73) 和 (3.79) 是等价的. 接着, 我们使用方程 (3.79) 的 "主导项"

$$
g^{(4)}(z) + \lambda^2 h^4 g(z) = 0
$$

的本征对去逼近整个系统的本征对. 注意到, 当 $k = 0$ 时, 方程 (3.79) 是 (3.57) 的标准形式.

现在, 我们开始估计方程 (3.79) 的渐近解. 因为系统 (3.68) 是耗散的, 所有本征值位于复平面的左半平面. 由于本征值的共轭性质, 我们仅考虑位于第二象限的本征值 λ: $\pi/2 \leqslant \arg \lambda \leqslant \pi$. 令 $\lambda = \rho^2/h^2$. 则当 $\pi/2 \leqslant \arg \lambda \leqslant \pi$ 时, 可知

$$\pi/4 \leqslant \arg \rho \leqslant \pi/2. \tag{3.81}$$

我们使用和 (3.21)—(3.23) 相同的符号和性质. 下面的引理可由定理 3.9 直接得到.

引理 3.11 对于 $|\rho|$ 足够大, $\rho \in S$, 存在方程

$$g^{(4)}(z) + a_1(z)g''(z) + a_2(z)g'(z) + a_3(z)g(z) + \rho^4 g(z) = 0$$

的四个线性独立的解 $g_k(z)$, $k = 1, 2, 3, 4$, 使得

$$\begin{cases} g_k(z) = e^{\rho \omega_k z} \left[1 + \mathcal{O}(\rho^{-1}) \right], \\ g_k'(z) = \rho \omega_k e^{\rho \omega_k z} \left[1 + \mathcal{O}(\rho^{-1}) \right], \\ g_k''(z) = (\rho \omega_k)^2 e^{\rho \omega_k z} \left[1 + \mathcal{O}(\rho^{-1}) \right], \\ g_k'''(z) = (\rho \omega_k)^3 e^{\rho \omega_k z} \left[1 + \mathcal{O}(\rho^{-1}) \right]. \end{cases} \tag{3.82}$$

命题 3.1 设 $\mathcal{A}_v$ 由 (3.71) 给定. 则算子 $\mathcal{A}_v$ 的本征值 $\{\lambda_n, \overline{\lambda_n}\}$ 有如下性质:

$$\begin{cases} \lambda_n = \dfrac{\rho_n^2}{h^2}, \quad h = \displaystyle\int_0^1 \left(\dfrac{\rho(\tau)}{EI(\tau)} \right)^{1/4} d\tau, \\ \rho_n = \dfrac{1}{\sqrt{2}} \left(n - \dfrac{1}{2} \right) \pi(1+i) + \mathcal{O}(n^{-1}), \quad n \to \infty, \end{cases} \tag{3.83}$$

其中 n 是足够大的正整数, $\overline{\lambda_n}$ 表示 λ_n 的复共轭. 当 n 足够大时, λ_n 是几何单的.

证明 设 $g(z)$ 是 (3.79) 的解. 存在常数 $c_i, i = 1, 2, 3, 4$, 使得

$$g(z) = c_1 g_1(z) + c_2 g_2(z) + c_3 g_3(z) + c_4 g_4(z), \tag{3.84}$$

其中 $g_k(z)$, $k = 1, 2, 3, 4$, 由 (3.82) 给出. 由边界条件可知, $c_i, i = 1, 2, 3, 4$ 是下述代数方程组的解:

$$c_1 g_1(0) + c_2 g_2(0) + c_3 g_3(0) + c_4 g_4(0) = 0,$$

$$c_1 g_1'(0) + c_2 g_2'(0) + c_3 g_3'(0) + c_4 g_4'(0) = 0,$$

$$\left[g_1''(1) - a_{11} g_1'(1) - a_{12} g_1(1) \right] c_1 + \left[g_2''(1) - a_{11} g_2'(1) - a_{12} g_2(1) \right] c_2$$

$$+ \left[g_3''(1) - a_{11}g_3'(1) - a_{12}g_3(1) \right]c_3 + \left[g_4''(1) - a_{11}g_4'(1) - a_{12}g_4(1) \right]c_4 = 0,$$

$$\left[g_1'''(1) - a_{21}g_1'(1) - a_{22}g_1(1) - \tilde{k}\rho^2 g_1(1) \right]c_1$$

$$+ \left[g_2'''(1) - a_{21}g_2'(1) - a_{22}g_2(1) - \tilde{k}\rho^2 g_2(1) \right]c_2$$

$$+ \left[g_3'''(1) - a_{21}g_3'(1) - a_{22}g_3(1) - \tilde{k}\rho^2 g_3(1) \right]c_3$$

$$+ \left[g_4'''(1) - a_{21}g_4'(1) - a_{22}g_4(1) - \tilde{k}\rho^2 g_4(1) \right]c_4 = 0, \tag{3.85}$$

其中 $\tilde{k}$ 为

$$\tilde{k} = \frac{kh}{EI(1)} \left(\frac{\rho(1)}{EI(1)} \right)^{-3/4}. \tag{3.86}$$

由 (3.23) 和 (3.82) 可知, 对任意的 k, $1 \leqslant k \leqslant 4$,

$$\begin{cases} g_k(0) = 1 + \mathcal{O}\left(\rho^{-1} \right), \quad g_k'(0) = \rho\omega_k \left[1 + \mathcal{O}\left(\rho^{-1} \right) \right], \\[2mm] g_k''(1) - a_{11}g_k'(1) - a_{12}g_k(1) = \left(\rho\omega_k \right)^2 e^{\rho\omega_k} \left[1 + \mathcal{O}\left(\rho^{-1} \right) \right], \\[2mm] g_k'''(1) - a_{21}g_k'(1) - a_{22}g_k(1) - \tilde{k}\rho^2 g_k(1) \\[2mm] = \left(\rho\omega_k \right)^3 e^{\rho\omega_k} \left[1 + \mathcal{O}\left(\rho^{-1} \right) \right] - \tilde{k}\rho^2 e^{\rho\omega_k} \left[1 + \mathcal{O}\left(\rho^{-1} \right) \right], \end{cases} \tag{3.87}$$

以及

$$\left| e^{\rho\omega_2} \right| \leqslant 1, \quad \left| e^{\rho\omega_1} \right| = \mathcal{O}(e^{-c|\rho|}) \quad 随着 \ |\rho| \to \infty, \tag{3.88}$$

这里 $c > 0$ 是常数. 显然 $g(z)$ 是非零的当且仅当 ρ 满足如下的特征行列式:

$$\det \begin{pmatrix} [1] & [1] & [1] & [1] \\ \rho\omega_1[1] & \rho\omega_2[1] & \rho\omega_3[1] & \rho\omega_4[1] \\ (\rho\omega_1)^2 e^{\rho\omega_1}[1] & (\rho\omega_2)^2 e^{\rho\omega_2}[1] & (\rho\omega_3)^2 e^{\rho\omega_3}[1] & (\rho\omega_4)^2 e^{\rho\omega_4}[1] \\ (\rho\omega_1)^3 e^{\rho\omega_1}[1] & (\rho\omega_2)^3 e^{\rho\omega_2}[1] & (\rho\omega_3)^3 e^{\rho\omega_3}[1] & (\rho\omega_4)^3 e^{\rho\omega_4}[1] \end{pmatrix} = 0,$$

其中 $[1] = 1 + \mathcal{O}(\rho^{-1})$. 由于 $\omega_4 = -\omega_1, \omega_3 = -\omega_2$, 上述方程等价于

$$\det \begin{pmatrix} [1] & [1] & e^{\rho\omega_2}[1] & e^{\rho\omega_1}[1] \\ \omega_1[1] & \omega_2[1] & -\omega_2 e^{\rho\omega_2}[1] & -\omega_1 e^{\rho\omega_1}[1] \\ \omega_1^2 e^{\rho\omega_1}[1] & \omega_2^2 e^{\rho\omega_2}[1] & \omega_2^2[1] & \omega_1^2[1] \\ \omega_1^3 e^{\rho\omega_1}[1] & \omega_2^3 e^{\rho\omega_2}[1] & -\omega_2^3[1] & -\omega_1^3[1] \end{pmatrix} = 0. \tag{3.89}$$

注意到 (3.89) 中矩阵的每个元素都是有界的, 因此 (3.89) 可以被改写为

$$
\det \begin{pmatrix}
1 & 1 & e^{\rho\omega_2} & 0 \\
\omega_1 & \omega_2 & -\omega_2 e^{\rho\omega_2} & 0 \\
0 & \omega_2^2 e^{\rho\omega_2} & \omega_2^2 & \omega_1^2 \\
0 & \omega_2^3 e^{\rho\omega_2} & -\omega_2^3 & -\omega_1^3 + \mathcal{O}\left(\rho^{-1}\right)
\end{pmatrix} = 0, \tag{3.90}
$$

求解 (3.90) 可得

$$
e^{2\rho\omega_2} = \left(\frac{\omega_2 - \omega_1}{\omega_2 + \omega_1}\right)^2 + \mathcal{O}\left(\rho^{-1}\right) = -1 + \mathcal{O}\left(\rho^{-1}\right). \tag{3.91}
$$

进一步求解 (3.91), 可得 (3.83). 事实上, 代数方程 $e^{2\rho\omega_2} = -1$ 有解

$$
2\rho\omega_2 = i(2n - 1)\pi,
$$

或者

$$
\rho = \rho_n = i\omega_2^{-1}\left(n - \frac{1}{2}\right)\pi.
$$

则 (3.91) 的解有如下形式

$$
\rho = \rho_n = i\omega_2^{-1}\left(n - \frac{1}{2}\right)\pi + \mathcal{O}(n^{-1}) = \frac{1}{\sqrt{2}}\left(n - \frac{1}{2}\right)\pi(1 + i) + \mathcal{O}(n^{-1}), \quad n \to \infty.
$$

这得到了 (3.83). 命题得证. $\qquad\square$

注意到 (3.82), (3.84) 和 (3.89), 我们分别得到如下的 $g(z)$ 和 $g''(z)$:

$$
g(z) = \det \begin{pmatrix}
[1] & [1] & e^{\rho\omega_2}[1] & e^{\rho\omega_1}[1] \\
e^{\rho\omega_1 z}[1] & e^{\rho\omega_2 z}[1] & e^{\rho\omega_2(1-z)}[1] & e^{\rho\omega_1(1-z)}[1] \\
\omega_1^2 e^{\rho\omega_1}[1] & \omega_2^2 e^{\rho\omega_2}[1] & \omega_2^2[1] & \omega_1^2[1] \\
\omega_1^3 e^{\rho\omega_1}[1] & \omega_2^3 e^{\rho\omega_2}[1] & -\omega_2^3[1] & -\omega_1^3[1]
\end{pmatrix}, \tag{3.92}
$$

以及

$$
g''(z) = \rho^2 \det \begin{pmatrix}
[1] & [1] & e^{\rho\omega_2}[1] & e^{\rho\omega_1}[1] \\
\omega_1^2 e^{\rho\omega_1 z}[1] & \omega_2^2 e^{\rho\omega_2 z}[1] & \omega_2^2 e^{\rho\omega_2(1-z)}[1] & \omega_1^2 e^{\rho\omega_1(1-z)}[1] \\
\omega_1^2 e^{\rho\omega_1}[1] & \omega_2^2 e^{\rho\omega_2}[1] & \omega_2^2[1] & \omega_1^2[1] \\
\omega_1^3 e^{\rho\omega_1}[1] & \omega_2^3 e^{\rho\omega_2}[1] & -\omega_2^3[1] & -\omega_1^3[1]
\end{pmatrix}.
$$
$$\tag{3.93}$$

引理 3.12　设 λ_n 和 ρ_n 如同命题 3.1 所得. 则 (3.79) 的唯一解 (至多差个倍数) g_n 有如下渐近表达式:

$$-\frac{\sqrt{2}}{4}(1+i)g_n(z) = \sin(n+1/2)\pi z - \cos(n+1/2)\pi z + e^{-(n+1/2)\pi z}$$

$$+ (-1)^n e^{-(n+1/2)\pi(1-z)} + \mathcal{O}(n^{-1}), \tag{3.94}$$

$$-\frac{\sqrt{2}}{4}(1+i)\rho_n^{-2}g_n''(z) = i\Big[\cos(n+1/2)\pi z - \sin(n+1/2)\pi z$$

$$+ e^{-(n+1/2)\pi z} + (-1)^n e^{-(n+1/2)\pi(1-z)}\Big] + \mathcal{O}(n^{-1}). \tag{3.95}$$

并且, 由 (3.82) 和 (3.92) 可得

$$\rho_n^{-2}g_n'(z) = \mathcal{O}(n^{-1}). \tag{3.96}$$

证明　由 (3.92) 可知

$$g_n(z) = \det\begin{pmatrix} 1 & 1 & e^{\rho_n\omega_2} & 0 \\ e^{\rho_n\omega_1 z} & e^{\rho_n\omega_2 z} & e^{\rho_n\omega_2(1-z)} & e^{\rho_n\omega_1(1-z)} \\ 0 & \omega_2^2 e^{\rho_n\omega_2} & \omega_2^2 & \omega_1^2 \\ 0 & \omega_2^3 e^{\rho_n\omega_2} & -\omega_2^3 & -\omega_1^3 \end{pmatrix} + \mathcal{O}\left(\rho_n^{-1}\right).$$

经过简单计算, 可得

$$g_n(z) = \omega_1^2\omega_2^2\Big[2\omega_1 e^{\rho_n\omega_1 z} + 2\omega_2 e^{\rho_n\omega_2}e^{\rho_n\omega_1(1-z)}$$

$$+ (\omega_2+\omega_1)e^{\rho_n\omega_2}e^{\rho_n\omega_2(1-z)} + (\omega_2-\omega_1)e^{\rho_n\omega_2 z}\Big] + \mathcal{O}\left(\rho_n^{-1}\right)$$

$$= \sqrt{2}(i-1)\Big[\sin(n+1/2)\pi z - \cos(n+1/2)\pi z$$

$$+ e^{-(n+1/2)\pi z} + (-1)^n e^{-(n+1/2)\pi(1-z)}\Big] + \mathcal{O}\left(n^{-1}\right).$$

这就得到了 (3.94). 同样地可得到 (3.95). 引理得证. □

命题 3.2　设 λ_n 如同命题 3.1 所得. 则 (3.73) 有相应于 λ_n 的解且有如下渐近表达式:

$$-\frac{\sqrt{2}}{4}(1+i)e^{\frac{1}{4}\int_0^z a(\tau)d\tau}\phi_n(x)$$

$$= \sin(n+1/2)\pi z - \cos(n+1/2)\pi z$$

$$+ e^{-(n+1/2)\pi z} + (-1)^n e^{-(n+1/2)\pi(1-z)} + \mathcal{O}(n^{-1}), \tag{3.97}$$

$$-\frac{\sqrt{2}}{4}(1+i)e^{\frac{1}{4}\int_0^z a(\tau)d\tau}\lambda_n^{-1}\phi_n''(x)$$

$$=i\left(\frac{\rho(x)}{EI(x)}\right)^{1/2}\left[\cos(n+1/2)\pi z-\sin(n+1/2)\pi z\right.$$

$$\left.+e^{-(n+1/2)\pi z}+(-1)^n e^{-(n+1/2)\pi(1-z)}\right]+\mathcal{O}(n^{-1}), \tag{3.98}$$

其中 $z=z(x)$ 由 (3.75) 定义, $a(z)$ 由 (3.77) 给定.

证明 命题结论可以由变换 (3.75) 和 (3.78), 以及估计 (3.96) 直接得到:

$$-\frac{\sqrt{2}}{4}(1+i)e^{\frac{1}{4}\int_0^z a(\tau)d\tau}f_n(z)=-\frac{\sqrt{2}}{4}(1+i)g_n(z),$$

$$-\frac{\sqrt{2}}{4}(1+i)e^{\frac{1}{4}\int_0^z a(\tau)d\tau}\rho_n^{-2}f_n''(z)=-\frac{\sqrt{2}}{4}(1+i)\rho_n^{-2}g_n''(z)+\mathcal{O}(n^{-1}),$$

$$\phi_n(x)=f_n(z),$$

$$\rho_n^{-2}\phi_n''(x)=\frac{1}{h^2}\left(\frac{\rho(x)}{EI(x)}\right)^{1/2}\rho_n^{-2}f_n''(z)+\mathcal{O}(n^{-1}). \quad\square$$

为了对算子 $\mathcal{A}_v$ 应用定理 2.51, 我们需要找到参考 Riesz 基 $\{\phi_n\}_1^\infty$. 对于系统 (3.68), 我们考虑如下自由保守系统的近似单位化的本征函数:

$$\begin{cases} \rho(x)y_{tt}(x,t)+\Big(EI(x)y_{xx}(x,t)\Big)_{xx}=0, & 0<x<1,\ t>0,\\ y(0,t)=y_x(0,t)=y_{xx}(1,t)=\Big(EIy_{xx}\Big)_x(1,t)=0. \end{cases} \tag{3.99}$$

显然, (3.99) 的系统算子 $\mathcal{A}_0^v:D(\mathcal{A}_0^v)(\subset\mathcal{H})\to\mathcal{H}$ 为算子 $\mathcal{A}_v$ 取 $k=0$ 的情况:

$$\begin{cases} \mathcal{A}_0^v(f,g)=\left(g\,,-\frac{1}{\rho(x)}\Big(EI(x)f''(x)\Big)''\right),\\ D(\mathcal{A}_0^v)=\left\{(f,g)\in\big(H_L^2\cap H^4\big)\times H_L^2\big|\,f''(0)=f'''(1)=0\right\}. \end{cases} \tag{3.100}$$

$\mathcal{A}_0^v$ 在 $\mathcal{H}$ 上是反自伴且预解紧的. 当 $k=0$ 时, 命题 3.1 和命题 3.2 仍然是对的, 对应于算子 $\mathcal{A}_0^v$, 我们有如下结论.

引理 3.13 具有模充分大的 $\mu\in\sigma(\mathcal{A}_0^v)$ 是几何单的, 因此是代数单的. 算子 $\mathcal{A}_0^v$ 的本征值 $\{\lambda_{n0},\overline{\lambda_{n0}}\}$ 和相应的本征函数 $\{(\lambda_{n0}^{-1}\phi_{n0},\ \phi_{n0})\}\cup\{$它们的共轭$\}$ 有如下性质: 随着 $n\to\infty$,

$$\lambda_{n0} = \frac{\rho_n^2}{h^2}, \quad h = \int_0^1 \left(\frac{\rho(\tau)}{EI(\tau)} \right)^{1/4} d\tau,$$

$$\rho_n = \frac{1}{\sqrt{2}} \left(n + \frac{1}{2} \right) \pi (1 + i) + \mathcal{O}(n^{-1}),$$

$$(3.101)$$

其中 n 是充分大的正整数, 以及

$$-\frac{\sqrt{2}}{4}(1+i)e^{\frac{1}{4}\int_0^z a(\tau)d\tau}\phi_{n0}(x)$$

$$= \sin(n+1/2)\pi z - \cos(n+1/2)\pi z$$

$$+ e^{-(n+1/2)\pi z} + (-1)^n e^{-(n+1/2)\pi(1-z)} + \mathcal{O}(n^{-1}),$$

$$-\frac{\sqrt{2}}{4}(1+i)e^{\frac{1}{4}\int_0^z a(\tau)d\tau}\lambda_{n0}^{-1},$$

$$\phi_{n0}''(x) = i \left(\frac{\rho(x)}{EI(x)} \right)^{1/2} \Big[\cos(n+1/2)\pi z - \sin(n+\pi/2)z$$

$$+ e^{-(n+1/2)\pi z} + (-1)^n e^{-(n+1/2)\pi(1-z)} \Big] + \mathcal{O}(n^{-1}).$$

$$(3.102)$$

定理 3.14 设 $\mathcal{A}_v$ 由 (3.71) 定义. 则

(i) 存在 $\mathcal{A}_v$ 的广义本征函数构成 $\mathcal{H}$ 的 Riesz 基.

(ii) 算子 $\mathcal{A}_v$ 的本征值有渐近表达式 (3.83).

(iii) 所有具有模充分大的 $\lambda \in \sigma(\mathcal{A}_v)$ 是代数单的.

因此, $\mathcal{A}_v$ 生成 C_0-群, 对于半群 $e^{\mathcal{A}_v t}$, 谱确定增长条件成立: $\omega(\mathcal{A}_v) = S(\mathcal{A}_v)$.

证明 由于 $\mathcal{A}_0^v$ 是 $\mathcal{H}$ 的反自伴离散算子, 算子 $\mathcal{A}_0^v$ 的所有 ω-线性无关的本征函数构成 $\mathcal{H}$ 的标准正交基. 注意到 (3.102) 给出的 $(\phi_{n0}, \lambda_{n0}\phi_{n0})$ 是近似单位化的, 因此 $\{(\phi_{n0}, \lambda_{n0}\phi_{n0})\} \cup \{$它们的共轭$\}$ 构成 $\mathcal{H}$ 的 (正交) Riesz 基. 综合 (3.97), (3.98), (3.101) 以及 (3.102), 可知存在 $N > 0$ 使得

$$\sum_{n>N}^{\infty} \left\| (\lambda_n^{-1}\phi_n, \phi_n) - (\lambda_{n0}^{-1}\phi_{n0}, \phi_{n0}) \right\|_{\mathcal{H}}^2 = \sum_{n>N}^{\infty} \mathcal{O}(n^{-2}) < \infty. \tag{3.103}$$

该结论对于它们的共轭部分也成立. 因此定理 2.51 的条件都满足, 由定理 2.51 可知, 结论 (i)—(iii) 成立. 定理得证.   □

注解 3.2 由定理 3.14 的结论 (iii), 以及 (3.97) 和 (3.98) 是算子 $\mathcal{A}_v$ 的广义本征函数的渐近表达式, 回顾离散型算子的定义 (定义 2.14), 可知定理 3.14 证明了 $\mathcal{A}_v$ 是离散型算子.

定理 3.14 是系统 (3.68) 的基本性质. 系统 (3.68) 的许多重要性质都可以从定理 3.14 得到. 下面的指数稳定性是其中的重要性质之一. 由定理 3.14 可知, 系统的谱确定增长条件成立, 因此, 系统 (3.68) 是指数稳定的当且仅当存在 $\omega > 0$ 使得

$$\mathrm{Re}(\lambda) < -\omega \qquad \text{对所有的 } \lambda \in \sigma(\mathcal{A}_v).$$

引理 3.15　设 λ_n 由 (3.83) 给定. 则存在 $\omega_0 > 0$ 使得

$$\lim_{n \to \infty} \mathrm{Re}(\lambda_n) = -\omega_0 < 0. \tag{3.104}$$

证明　在 (3.73) 中, 令 $(\lambda, \phi) = (\lambda_n, \phi_n)$, 其中 $\phi_n(x)$ 由 (3.97) 给出. 在 (3.73) 的第一个方程两端同乘 $\overline{\phi_n(x)}$, 并沿着 0 到 1 对 x 进行积分, 可得

$$\lambda_n^2 \int_0^1 \rho(x) |\phi_n(x)|^2 dx + \int_0^1 EI(x) |\phi_n''(x)|^2 dx + k\lambda_n |\phi_n(1)|^2 = 0.$$

因为对充分大的 n 可知 $\mathrm{Im}(\lambda_n) \neq 0$, 从上述方程可得

$$2\mathrm{Re}(\lambda_n) \int_0^1 \rho(x) |\phi_n(x)|^2 dx = -k|\phi_n(1)|^2 \qquad \text{随着 } n \to \infty.$$

当 $x = 1$ 时 $z = 1$, 由 (3.97) 和 Riemann-Lebesgue 引理, 可知

$$\lim_{n \to \infty} |\phi_n(1)|^2 = 16 \exp \left\{ -\frac{1}{2} \int_0^1 a(\tau) d\tau \right\},$$

以及

$$\lim_{n \to \infty} \int_0^1 \rho(x) |\phi_n(x)|^2 dx = 4 \int_0^1 \rho(x) \exp \left\{ -\frac{1}{2} \int_0^z a(\tau) d\tau \right\} dx,$$

其中 $z = z(x)$ 由 (3.75) 表示. 因此

$$\lim_{n \to \infty} \mathrm{Re}(\lambda_n) = -2k \frac{\exp \left\{ -\frac{1}{2} \int_0^1 a(\tau) d\tau \right\}}{\int_0^1 \rho(x) \exp \left\{ -\frac{1}{2} \int_0^z a(\tau) d\tau \right\} dx} < 0. \tag{3.105}$$

引理得证. □

当 $\rho(x) = EI(x) = 1$ 以及 $a(z) \equiv 0$ 时, (3.105) 可推导出定理 3.6 的结论 (ii).

定理 3.16　对任意的 $k > 0$, 系统 (3.68) 是指数稳定的, 即存在常数 $M, \omega > 0$ 使得系统 (3.68) 的能量 $E(t)$ 满足

$$E(t) = \frac{1}{2} \int_0^1 \left[\rho(x) y_t^2(x,t) + EI(x) y_{xx}^2(x,t) \right] dx \leqslant M e^{-\omega t} E(0), \quad \forall\, t \geqslant 0.$$

证明　由引理 3.15 和谱确定增长条件, 我们仅需证明

$$\mathrm{Re}(\lambda) < 0 \quad \text{对任意的 } \lambda \in \sigma(\mathcal{A}_v). \tag{3.106}$$

因为系统是耗散的, 对任意的 $\lambda \in \sigma(\mathcal{A}_v)$ 可知 $\mathrm{Re}(\lambda) \leqslant 0$. 设 $\mathrm{Re}(\lambda) = 0$. 对任意的 $Y = (\phi, \lambda\phi)$, 可知 $\mathrm{Re}\langle \mathcal{A}_v Y, Y \rangle = -k|\phi(1)|^2 = 0$, 从而 $\phi(1) = 0$. 这时候 (3.73) 变为

$$\begin{cases} \lambda^2 \rho(x)\phi(x) + \big(EI(x)\phi''(x)\big)'' = 0, \quad 0 < x < 1, \\ \phi(0) = \phi'(0) = \phi''(1) = \big(EI\phi''\big)'(1) = \phi(1) = 0. \end{cases} \tag{3.107}$$

如果我们可以证明 (3.107) 只有零解, 则定理得证. 需要注意的是 (3.38) 是 (3.107) 的常数情形.

首先, 我们断言 $\phi(x)$ 在 $(0,1)$ 上至少有一个零点. 实际上, 因为 $\phi(0) = \phi(1) = 0$, 由 Rolle 定理可知, 存在 $\xi_1 \in (0,1)$ 使得

$$\phi'(\xi_1) = 0.$$

由 $\phi'(\xi_1) = \phi'(0) = 0$, 可知存在 $\xi_2 \in (0, \xi_1)$ 使得

$$(EI\phi'')(\xi_2) = 0.$$

由 $(EI\phi'')(\xi_2) = (EI\phi'')(1) = 0$, 可知存在 $\xi_3 \in (\xi_2, 1)$ 使得

$$(EI\phi'')'(\xi_3) = 0.$$

由 $(EI\phi'')'(\xi_3) = (EI\phi'')'(1) = 0$, 可知存在 $\xi_4 \in (\xi_3, 1)$ 使得

$$(EI\phi'')''(\xi_4) = 0.$$

最后, 由 $(EI\phi'')''(\xi_4) = -\lambda^2 \rho(\xi)\phi(\xi_4)$, 可得 $\phi(\xi_4) = 0$.

其次, 我们证明: 如果 $\phi(x)$ 在 $(0,1)$ 中存在 n 个不同的零点, 则 $\phi(x)$ 在 $(0,1)$ 中存在至少 $n+1$ 个不同的零点. 设

$$0 < \xi_1 < \xi_2 < \cdots < \xi_n < 1, \quad \phi(\xi_i) = 0, \ i = 1, 2, \cdots, n.$$

因为 $\phi(0) = \phi(1) = 0$, 由 Rolle 定理可知, 存在 $\eta_i, i = 1, 2, \cdots, n+1$,

$$0 < \eta_1 < \xi_1 < \eta_2 < \xi_2 < \cdots < \xi_n < \eta_{n+1} < 1,$$

使得 $\phi'(\eta_i) = 0$. 注意到 $\phi'(0) = 0$, 存在 $\alpha_i, i = 1, 2, \cdots, n+1$,

$$0 < \alpha_1 < \eta_1 < \alpha_2 < \eta_2 < \cdots < \alpha_{n+1} < \eta_{n+1} < 1$$

使得 $(EI\phi'')(\alpha_i) = 0$. 因为 $(EI\phi'')(1) = 0$, 再次使用 Rolle 定理, 可知存在 $\beta_i, i = 1, 2, \cdots, n+1$,

$$0 < \alpha_1 < \beta_1 < \alpha_2 < \cdots < \alpha_{n+1} < \beta_{n+1} < 1,$$

使得 $(EI\phi'')'(\beta_i) = 0$. 最后, 由条件 $(EI\phi'')'(1) = 0$, 可知存在 $\vartheta_i, i = 1, 2, \cdots, n+1$,

$$0 < \beta_1 < \vartheta_1 < \beta_2 < \cdots < \beta_{n+1} < \vartheta_{n+1} < 1,$$

使得 $(EI\phi'')''(\vartheta_i) = 0$. 因此

$$\phi(\vartheta_i) = 0, \quad i = 1, 2, \cdots, n+1.$$

最后, 由数学归纳法, $\phi(x)$ 在 $(0,1)$ 存在无穷多个不同的零点 $\{x_i\}_1^\infty$. 设 $x_0 \in [0,1]$ 是序列 $\{x_i\}_1^\infty$ 的聚点. 显然

$$\phi^{(i)}(x_0) = 0, \quad i = 0, 1, 2, 3.$$

注意到 $\phi(x)$ 满足线性微分方程

$$\big(EI(x)\phi''(x)\big)'' + \lambda^2 \rho(x)\phi(x) = 0.$$

由线性常微分方程解的唯一性定理, 可知 $\phi(x) \equiv 0$. 定理得证. $\quad\square$

注解 3.3 从定理 3.16 可知 $\mathcal{A}_v$ 每个本征值一定是几何单的. 实际上, 设 $(\phi_1(x), \lambda\phi_1(x))$ 和 $(\phi_2(x), \lambda\phi_2(x))$ 是算子 $\mathcal{A}_v$ 对应于本征值 λ 的两个本征函数. 则可以选取不同时为零的常数 c_1 和 c_2 使得 $\phi(x) = c_1\phi_1(x) + c_2\phi_2(x)$ 满足条件 $\phi(1) = 0$. 从而 $\phi(x)$ 满足方程 (3.107), 所以 $\phi(x) \equiv 0$. 因此 $\phi_1(x)$ 和 $\phi_2(x)$ 是线性相关的.

3.2.2 带黏性阻尼的梁方程

现在我们应用定理 3.14 讨论如下带黏性阻尼的梁方程:

$$\begin{cases} \rho(x)y_{tt}(x,t) + b(x)y_t(x,t) \\ \quad + \big(EI(x)y_{xx}(x,t)\big)_{xx} = 0, \quad 0 < x < 1, \ t > 0, \\ y(0,t) = y_x(0,t) = y_{xx}(1,t) = 0, \\ \big(EI(x)y_{xx}\big)_x(1,t) = ky_t(1,t). \end{cases} \tag{3.108}$$

系统 (3.108) 可以表示为

$$\frac{d}{dt}Y(t) = (\mathcal{A}_v + \mathcal{B}_v)Y(t), \quad Y(t) = (y(\cdot,t), y_t(\cdot,t)), \tag{3.109}$$

其中 $\mathcal{A}_v$ 由 (3.71) 定义, $\mathcal{B}_v$ 是 $\mathcal{H}$ 的线性有界算子:

$$\mathcal{B}_v(f,g) = (0, -b \cdot g). \tag{3.110}$$

方程 (3.109) 可以被放入如同定理 2.56 所给出的对于离散型算子的有界算子扰动的通用框架.

定理 3.17 设 $EI, \rho \in C^4[0,1]$, $EI, \rho > 0$, $b \in C[0,1]$. 则

(i) $\mathcal{A}_v + \mathcal{B}_v$ 是离散型算子.

(ii) $\mathcal{A}_v + \mathcal{B}_v$ 的本征值 $\{\mu_n, \overline{\mu_n}\}$ 有如下渐近表达式

$$\mu_n = \lambda_n + \mathcal{O}(1) \quad 随着 n \to \infty, \tag{3.111}$$

其中 λ_n 由 (3.83) 给出.

(iii) $\mathcal{A}_v + \mathcal{B}_v$ 相应于 $\{\mu_n, \overline{\mu_n}\}$ 的本征函数 $\{(\mu_n^{-1}\psi_n, \psi_n)\} \cup \{$它们的共轭$\}$ 有如下渐近表达式

$$(\mu_n^{-1}\psi_n, \psi_n) = (\lambda_n^{-1}\phi_n, \phi_n) + \varepsilon_n \quad 随着 n \to \infty, \tag{3.112}$$

其中 $\phi_n(x)$ 由 (3.97) 给出, 以及

$$\|\varepsilon_n\|_{\mathcal{H}} = \mathcal{O}(n^{-1}). \tag{3.113}$$

证明   由注解 3.2 可知, $\mathcal{A}_v$ 是离散型算子, 并且 $\mathcal{A}_v$ 的谱分布满足 $d_n^{-1} = \mathcal{O}(n^{-1})$. 由注解 3.3, 可知 d_n 不会等于零. 因此定理 2.56 可以被应用到 $(A, B) = (\mathcal{A}_v, \mathcal{B}_v)$, 从而可得结论 (i)—(iii). 定理得证.   □

推论 3.18   设 $\{\mu_n\}$ 是由定理 3.17 给定的 $\mathcal{A}_v + \mathcal{B}_v$ 的本征值. 则

$$\lim_{n\to\infty} \mathrm{Re}(\mu_n) = -\frac{1}{2} \frac{\displaystyle\int_0^1 b(x) \exp\left\{-\frac{1}{2}\int_0^z a(\tau)d\tau\right\} dx + 4k \exp\left\{-\frac{1}{2}\int_0^1 a(\tau)d\tau\right\}}{\displaystyle\int_0^1 \rho(x) \exp\left\{-\frac{1}{2}\int_0^z a(\tau)d\tau\right\} dx}, \tag{3.114}$$

其中 $z = z(x)$ 和 $a(z)$ 由 (3.75) 和 (3.77) 分别给定.

证明 注意到 (3.108) 的本征值问题是寻找非零 ψ 使得

$$
\begin{cases}
\mu^2 \rho(x)\psi(x) + \mu b(x)\psi(x) + \big(EI(x)\psi''(x)\big)'' = 0, \quad 0 < x < 1, \\
\psi(0) = \psi'(0) = \psi''(1) = 0, \\
\big(EI(x)\psi''\big)'(1) = \mu k\psi(1),
\end{cases}
\tag{3.115}
$$

以及 $\mathcal{A}_v + \mathcal{B}_v$ 的本征函数为 $(\psi, \mu\psi)$. 在 (3.115) 中, 令 $(\mu, \psi) = (\mu_n, \psi_n)$, 其中 $\psi_n(x)$ 由 (3.112) 给定. 在 (3.115) 第一个方程的左右两端同乘 $\overline{\psi_n(x)}$, 沿着 0 到 1 对 x 积分, 可得

$$
\mu_n^2 \int_0^1 \rho(x)|\psi_n(x)|^2 dx + \mu_n \int_0^1 b(x)|\psi_n(x)|^2 dx
$$
$$
+ \int_0^1 EI(x)|\psi_n''(x)|^2 dx + k\mu_n|\psi_n(1)|^2 = 0.
$$

对充分大的 n, 可知 $\mathrm{Im}(\mu_n) \neq 0$, 由上式进一步可得

$$
\mathrm{Re}(\mu_n) = -\frac{1}{2} \frac{\displaystyle\int_0^1 b(x)|\psi_n(x)|^2 dx + k|\psi_n(1)|^2}{\displaystyle\int_0^1 \rho(x)|\psi_n(x)|^2 dx} \qquad \text{随着 } n \to \infty.
\tag{3.116}
$$

由 (3.112) 和 (3.113) 可知

$$
\|\psi_n - \phi_n\|_{L^2(0,1)} \to 0 \quad \text{以及} \quad \|\psi_n' - \phi_n'\|_{L^2(0,1)} \to 0 \quad \text{随着 } n \to \infty.
$$

由迹定理 (定理 1.43),

$$
|\psi_n(1) - \phi_n(1)| \to 0.
$$

因此

$$
\mathrm{Re}(\mu_n) \to -\frac{1}{2} \frac{\displaystyle\int_0^1 b(x)|\phi_n(x)|^2 dx + k|\phi_n(1)|^2}{\displaystyle\int_0^1 \rho(x)|\phi_n(x)|^2 dx} \qquad \text{随着 } n \to \infty.
\tag{3.117}
$$

类似于引理 3.15 的证明, 我们可得到 (3.114). 推论得证. □

推论 3.18 可以给出系统 (3.108) 的一些结论.

例 3.1 设 $\rho = 1$, $k = 0$, 以及 EI 是常数. 则 $a(z) \equiv 0$. (3.114) 变为

$$
\lim_{n \to \infty} \mathrm{Re}(\mu_n) = -\frac{1}{2} \int_0^1 b(x) dx.
\tag{3.118}
$$

它比下面的表达式要强

$$\lim_{n\to\infty}\frac{1}{n}\sum_{j\leqslant n}\mathrm{Re}(\mu_j)=-\frac{1}{2}\int_0^1 b(x)dx. \tag{3.119}$$

我们这里没有对于 $b(x)$ 的任何符号假设.

例 3.2　设 $\rho=EI=1$ 以及 $k=0$. 则 (3.108) 变为

$$\begin{cases} y_{tt}(x,t)+b(x)y_t(x,t)+y_{xxxx}(x,t)=0, & 0<x<1,\ t>0, \\ y(0,t)=y_x(0,t)=y_{xx}(1,t)=y_{xxx}(1,t)=0. \end{cases} \tag{3.120}$$

注意到由定理 3.17 可以充分地得到 (3.118). 这是因为对于 $b=0$ 的系统 (3.120) 的谱分析非常简单, 不必要依赖于定理 3.14.

例 3.3　在 (3.120) 中, 对于 $x\in[0,1]$, 设 $b(x)\geqslant 0$, 以及 x 在任意的子区间 $(a,b)\subset[0,1]$ 上, 设 $b(x)>b_0>0$. 则系统是指数稳定的. 当 $k=0$ 时, 对于 $x\in[0,1]$, $b(x)\geqslant 0$, 以及 x 在任意的子区间 $(a,b)\subset[0,1]$ 上, $b(x)>b_0>0$, 系统 (3.108) 仍然是指数稳定的.

事实上, 由推论 3.18 的证明, 对于 $\mathcal{A}_v+\mathcal{B}_v$ 的任意本征函数 $(\psi,\mu\psi)$, 可知

$$\mu^2\int_0^1|\psi(x)|^2dx+\mu\int_0^1 b(x)|\psi(x)|^2dx+\int_0^1|\psi''(x)|^2dx=0.$$

如果 $\mathrm{Im}(\mu)=0$, 由上式可得

$$(\mathrm{Re}(\mu))^2\int_0^1|\psi(x)|^2dx+\mathrm{Re}(\mu)\int_0^1 b(x)|\psi(x)|^2dx+\int_0^1|\psi''(x)|^2dx=0.$$

因此 $\mathrm{Re}(\mu)<0$. 如果 $\mathrm{Im}(\mu)\neq 0$,

$$\mathrm{Re}(\mu)=-\frac{1}{2}\frac{\int_0^1 b(x)|\psi(x)|^2dx}{\int_0^1|\psi(x)|^2dx}\leqslant -\frac{1}{2}\frac{b_0\int_a^b|\psi(x)|^2dx}{\int_0^1|\psi(x)|^2dx}<0.$$

因此, 对任意的 $\mu\in\sigma(\mathcal{A}_v+\mathcal{B}_v)$, 可知 $\mathrm{Re}(\mu)<0$. 结合 (3.118), 可得系统 (3.120) 的指数稳定性. 类似的推导可得到, 当 $k=0$ 时, 对于 $x\in[0,1]$, $b(x)\geqslant 0$, 以及 x 在任意的子区间 $(a,b)\subset[0,1]$ 上, $b(x)>b_0>0$, 系统 (3.108) 仍然是指数稳定的.

最后, 我们给出系统 (3.108) 本征值的高阶逼近.

命题 3.3　设 (3.69) 以及

$$b(x)\in C^1[0,1],\quad \int_0^1 b(x)\exp\left\{-\frac{1}{2}\int_0^z a(\tau)d\tau\right\}dx+4k\exp\left\{-\frac{1}{2}\int_0^1 a(\tau)d\tau\right\}>0. \tag{3.121}$$

则 $\mathcal{A}_v + \mathcal{B}_v$ 的本征值 $\{\mu_n, \overline{\mu_n}\}$ 有如下渐近表达式:

$$\mu_n = -\frac{2\tilde{k}}{h^2} + i\left[\left(n + \frac{1}{2}\right)\frac{\pi}{h}\right]^2 - \frac{i}{2h^2}\int_0^1 a_1(\tau)d\tau - \frac{1}{2h^2}\int_0^1 \tilde{b}(\tau)d\tau + \mathcal{O}(n^{-1}),$$
(3.122)

其中 $\tilde{k}$ 由 (3.86) 给定, 以及 $\tilde{b}(z), a_1(z)$ 表示如下:

$$\tilde{b}(z) = \frac{b(x)}{\rho(x)}, \quad z = \frac{1}{h}\int_0^x \left(\frac{\rho(\tau)}{EI(\tau)}\right)^{1/4}d\tau.$$
(3.123)

$$a_1(z) = -\frac{3}{2}a'(z) - \frac{9}{16}a^2(z) - \frac{1}{4}a(z).$$
(3.124)

证明 类似从 (3.73) 到 (3.79) 的变换, (3.115) 可以变换为

$$\begin{cases} g^{(4)}(z) + a_1(z)g''(z) + a_2(z)g'(z) + a_3(z)g(z) \\ \quad + \mu h^4 \tilde{b}(z)g(z) + \mu^2 h^4 g(z) = 0, \\ g(0) = g'(0) = 0, \\ g''(1) = a_{11}g'(1) + a_{12}g(1), \\ g'''(1) = a_{21}g'(1) + \left[\mu\dfrac{kh^3}{EI(1)}\left(\dfrac{\rho(1)}{EI(1)}\right)^{-3/4} + a_{22}\right]g(1), \end{cases}$$
(3.125)

其中, 函数如同 (3.79). 由定理 3.17 和推论 3.18 可知, 在假设 (3.121) 下, $\mathcal{A}_d + \mathcal{B}_v$ 所有模充分大的本征值一定位于左半平面. 由 (3.69) 和 (3.121) 的光滑性假设, 对于 $\mu = \rho^2/h^2$, $\rho \in S$ 且 $|\rho|$ 充分大, 方程

$$g^{(4)}(z) + a_1(z)g''(z) + a_2(z)g'(z) + a_3(z)g(z) + \mu h^4 \tilde{b}(z) + \mu^2 h^4 g(z) = 0$$

有四个线性独立的解 $g_k(z)$, $k = 1, 2, 3, 4$, 满足

$$\begin{cases} g_k(z) = e^{\rho\omega_k z}\left[1 + \dfrac{L_k(z)}{\rho} + \mathcal{O}\left(\rho^{-2}\right)\right], \\ g_k'(z) = \rho\omega_k e^{\rho\omega_k z}\left[1 + \dfrac{L_k(z)}{\rho} + \mathcal{O}\left(\rho^{-2}\right)\right], \\ g_k''(z) = (\rho\omega_k)^2 e^{\rho\omega_k z}\left[1 + \dfrac{L_k(z)}{\rho} + \mathcal{O}\left(\rho^{-2}\right)\right], \\ g_k'''(z) = (\rho\omega_k)^3 e^{\rho\omega_k z}\left[1 + \dfrac{L_k(z)}{\rho} + \mathcal{O}\left(\rho^{-2}\right)\right], \end{cases} \quad k = 1, 2, 3, 4,$$
(3.126)

其中

$$L_k(z) = -\frac{1}{4\omega_k}\int_0^z a_1(\tau)d\tau + \frac{h^2}{4}\omega_k\int_0^z \tilde{b}(\tau)d\tau. \tag{3.127}$$

沿着从 (3.84) 到 (3.87) 的相同讨论, 以及 (3.126), 我们可以得到特征行列式为

$$\det\begin{pmatrix} 1 & 1 & -e^{\rho\omega_2} & 0 \\ \omega_1 & \omega_2 & \omega_2 e^{\rho\omega_2} & 0 \\ 0 & \omega_2^2 e^{\rho\omega_2}\left[1+\dfrac{\ell_2}{\rho}\right] & -\omega_2^2\left[1+\dfrac{\ell_3}{\rho}\right] & -\omega_1^2\left[1+\dfrac{\ell_4}{\rho}\right] \\ 0 & \omega_2^3 e^{\rho\omega_2}\left[1+\dfrac{\ell_2}{\rho}\right] - \dfrac{\tilde{k}}{\rho}e^{\rho\omega_2} & \omega_2^3\left[1+\dfrac{\ell_3}{\rho}\right]+\dfrac{\tilde{k}}{\rho} & \omega_1^3\left[1+\dfrac{\ell_4}{\rho}\right]+\dfrac{\tilde{k}}{\rho} \end{pmatrix}$$

$$= \mathcal{O}\left(\frac{1}{\rho^2}\right), \tag{3.128}$$

其中 $\ell_k = L_k(1)$. 直接计算可得

$$e^{2\rho\omega_2} = -1 + 2\frac{\tilde{k}}{\rho}\omega_2 + \frac{2\ell_2}{\rho} + \mathcal{O}\left(\rho^{-2}\right). \tag{3.129}$$

把 $\rho = -\left(n+\dfrac{1}{2}\right)\pi\omega_2 + \mathcal{O}(n^{-1})$ 代入 (3.129), 则 $\mathcal{O}(n^{-1})$ 满足

$$-2\omega_2\mathcal{O}(n^{-1}) = \frac{2\tilde{k}}{\left(n+\dfrac{1}{2}\right)\pi} - \frac{2\ell_2}{\left(n+\dfrac{1}{2}\right)\pi\omega_2} + \mathcal{O}(n^{-2}),$$

因此

$$\mathcal{O}(n^{-1}) = \frac{\tilde{k}}{\left(n+\dfrac{1}{2}\right)\pi\omega_2} - \frac{2\ell_2}{\left(n+\dfrac{1}{2}\right)\pi\omega_2}\frac{1}{2\omega_2} + \mathcal{O}(n^{-2}).$$

从而

$$\rho = -\left(n+\dfrac{1}{2}\right)\pi\omega_2 + \frac{2\tilde{k}}{2\left(n+\dfrac{1}{2}\right)\pi\omega_2} + \frac{2\ell_2}{\left(n+\dfrac{1}{2}\right)\pi\omega_2}\frac{1}{2\omega_2} + \mathcal{O}(n^{-2}),$$

进一步可得

$$\mu h^2 = \rho^2 = -2\tilde{k} + i\left[\left(n+\dfrac{1}{2}\right)\pi\right]^2 - \frac{2\ell_2}{\omega_2} + \mathcal{O}(n^{-1}).$$

命题得证.   □

3.3 梁的点控制

这一节, 我们讨论梁方程的点控制和点观测. 梁的点控制在细长空间飞行器中有着重要的应用, 通常由如下的 Euler-Bernoulli 梁方程来描述:

$$\begin{cases} y_{tt}(x,t) + y_{xxxx}(x,t) + \delta(x-d)u(t) = 0, \quad 0 < x < 1, \\ y_{xx}(0,t) = y_{xxx}(0,t) = y_{xx}(1,t) = y_{xxx}(1,t) = 0, \end{cases} \tag{3.130}$$

其中 $0 < d < 1$ 执行器的位置, $\delta(\cdot)$ 是 Dirac 分布函数, 以及 $u(t)$ 是控制输入.

注意到自由梁有刚体运动 $Y_1 = (1,0)$ 和 $Y_2 = (x,0)$, 我们在如下能量状态空间考虑系统 (3.130):

$$H = \left\{ (f,g) \in H^2(0,1) \times L^2(0,1) \big| \langle f,1 \rangle_{L^2 \times L^2} = 0, \ \langle f,x \rangle_{L^2 \times L^2} = 0 \right\},$$

其中 $H^2(0,1)$ 表示 Sobolev 空间. H 的范数是如下内积诱导范数:

$$\|(f,g)\|^2 = \int_0^1 \left[|f''(x)|^2 + |g(x)|^2 \right] dx.$$

系统 (3.130) 在 H 上可以表示为如下发展方程:

$$\frac{d}{dt}Y(t) = AY(t) + bu(t), \quad Y(t) = \big(y(\cdot,t),\, y_t(\cdot,t)\big), \quad b = \big(0,\, -\delta(\cdot-d)\big), \tag{3.131}$$

其中, 系统算子 A 定义为

$$\begin{cases} A(f,g) = \big(g,\, -f^{(4)}\big), \\ D(A) = \left\{ (f,g) \in \big(H^4 \times H^2\big) \cap H \big| f''(i) = f'''(i) = 0, \ i = 0,1 \right\}. \end{cases} \tag{3.132}$$

$Y(t)$ 在 H 中的范数表示为振动能量:

$$E(t) = \frac{1}{2}\|Y(t)\|^2 = \frac{1}{2} \int_0^1 \left[|y_{xx}(x,t)|^2 + |y_t(x,t)|^2 \right] dx.$$

简单计算可以验证 A 是 H 的反自伴离散算子 (即 $A^* = -A$ 且 A 是预解紧的. 事实上, A^{-1} 存在且在 H 上是紧的). 由命题 2.9 和命题 2.10, 记

$$H_+ = [D(A)], \quad H_- = [D(A)]',$$

其中 $[D(A)]$ 是图模空间, $[D(A)]'$ 是图模空间 $[D(A)]$ 关于 H 的对偶空间:

$$H_+ \subset H \subset H_-. \tag{3.133}$$

由命题 2.10 可知, H_- 是 H 在范数 $\|A^{-1}F\|$ 下的完备空间. 因此 $b \in H_-$ 以及 b 的对偶计算如下

$$b^*(f, g) = g(d), \quad \forall\, (f, g) \in H_+. \tag{3.134}$$

引理 3.19　A 的所有本征值都是几何单的, 因此也是代数单的. 对于任意的 $\lambda \in \sigma(A)$, 它对应的本征函数为 $(f, \lambda f)$, 其中 $f(x)$ 满足

$$\begin{cases} f^{(4)}(x) + \lambda^2 f(x) = 0, \\ f''(i) = f'''(i) = 0, \quad i = 0, 1. \end{cases}$$

本征对有如下渐近表达式:

$$\begin{cases} \lambda_n = i\omega_n^2, \quad \omega_n = \left(n + \dfrac{1}{2}\right)\pi + \mathcal{O}(e^{-n}), \\ f_n(x) = e^{-(n+\frac{1}{2})\pi x} + \cos\left(n + \dfrac{1}{2}\right)\pi x - \sin\left(n + \dfrac{1}{2}\right)\pi x \\ \qquad\quad - (-1)^n e^{-(n+\frac{1}{2})\pi(1-x)} + \mathcal{O}(n^{-1}), \\ \lambda_n^{-1} f_n''(x) = -i\left[e^{-(n+\frac{1}{2})\pi x} - (-1)^n e^{-(n+\frac{1}{2})\pi(1-x)} - \cos\left(n + \dfrac{1}{2}\right)\pi x \right. \\ \qquad\quad \left. + \sin\left(n + \dfrac{1}{2}\right)\pi x \right] + \mathcal{O}(n^{-1}). \end{cases} \tag{3.135}$$

证明　设 $\lambda = i\omega^2$. 则方程

$$\begin{cases} f^{(4)}(x) - \omega^4 f(x) = 0, \\ f''(0) = f'''(0) = 0 \end{cases}$$

有解:

$$f(x) = c_1(\cosh \omega x + \cos \omega x) + c_2(\sinh \omega x + \sin \omega x),$$

其中 c_1, c_2 是常数. 把 $f(x)$ 代入边界条件 $f''(1) = f'''(1) = 0$ 可得: c_1 和 c_2 不全为零的充分必要条件为 $(\omega \neq 0)$

$$1 - \cosh \omega \cos \omega = 0. \tag{3.136}$$

这时

$$\begin{aligned} f(x) = {}& \sinh \omega(1 - x) - \sin \omega(1 - x) + \sinh \omega \cos \omega x \\ & - \sin \omega \cosh \omega x - \cosh \omega \sin \omega x + \cos \omega \sinh \omega x. \end{aligned} \tag{3.137}$$

如果本征值 $\lambda \in \sigma(A)$ 有两个相应的本征函数 $(f_i, \lambda f_i)$, $i = 1, 2$, 令 $f = c_1 f_1 + c_2 f_2$, 这里 c_1, c_2 不全为零使得 $f(1) = 0$, 则由 (3.137), 可知

$$f(1) = 2\sinh\omega\cos\omega - 2\sin\omega\cosh\omega = 0.$$

因为 $\sinh^2\omega\cos^2\omega = \sin^2\omega\cosh^2\omega$. 结合 (3.136) 可证明

$$(\cosh\omega - 1)^2 = 0,$$

因此 $\omega = 0$. 矛盾!

因为 A 是反自伴的, 可知 ω 是实数. 注意到本征值以共轭形式成对出现, 我们仅考虑 $\omega > 0$. 改写 (3.136) 为

$$\cos\omega = \mathcal{O}(e^{-\omega}), \quad \omega \to \infty.$$

可知解 $\omega = \omega_n$ 满足

$$\omega_n = \left(n + \frac{1}{2}\right)\pi + \mathcal{O}(e^{-n}\pi) = \left(n + \frac{1}{2}\right)\pi + \mathcal{O}(n^{-1}). \tag{3.138}$$

因此, 当 $\omega = \omega_n$ 时, 可知

$$2e^{-\omega}f(x) = e^{-\omega x} + \cos\omega x - \sin\omega e^{-\omega(1-x)} - \sin\omega x + \cos\omega e^{-\omega(1-x)} + \mathcal{O}(e^{-n})$$

$$= e^{-(n+\frac{1}{2})\pi x} + \cos\left(n + \frac{1}{2}\right)\pi x - \sin\left(n + \frac{1}{2}\right)\pi x$$

$$- \sin\left(n + \frac{1}{2}\right)\pi e^{-(n+\frac{1}{2})\pi(1-x)} + \mathcal{O}(n^{-1}),$$

以及

$$\omega^{-2}f''(x) = \sinh\omega(1-x) + \sin\omega(1-x) - \sinh\omega\cos\omega x - \sin\omega\cosh\omega x$$

$$+ \cosh\omega\sin\omega x + \cos\omega\sinh\omega x.$$

我们可以得到 $f''(x)$ 的估计. 考虑 $2e^{-\omega}f(x)$ 作为 $f_n(x)$ 可得到 (3.135). 引理得证. $\qquad\square$

定义 3.1 b 称为关于半群 e^{At} 在 H 上是允许的, 如果 $\langle b, e^{A^*t}Z \rangle_{H_- \times H_+}$ 可以延拓为 H 到 $L^2(0, T)$, $T > 0$ 的连续映射.

定理 3.20 方程 (3.131) 在 H 上有唯一的温和解:

$$Y(t) = e^{At}Y(0) + B(t)u(t), \tag{3.139}$$

其中 e^{At} 是由算子 A 生成的 C_0-群, 以及 $B(t): L^2(0,1) \to H$ 是如下给出的有界算子族:

$$\left\langle B(t)u,\ F \right\rangle = \int_0^t \left\langle b,\ e^{A^*(t-s)}F \right\rangle_{H_- \times H_+} u(s)ds, \quad \forall F \in H_+. \tag{3.140}$$

证明　由引理 3.19 可知, A 的本征对可以写为

$$\left\{ (\lambda_n,\ \Phi_n) \right\}_{n \in \mathbb{Z}}, \quad \lambda_n = i\omega_n^2, \quad \Phi_n = \left(\lambda_n^{-1}f_n, f_n \right), \tag{3.141}$$

以及由定理 1.20 可知, $\{\Phi_n\}_{n \in \mathbb{Z}}$ 构成 H 的正交基. 对任意的 $F \in H$,

$$F = \sum_{n \in \mathbb{Z}} a_n \Phi_n, \quad e^{At}F = \sum_{n \in \mathbb{Z}} a_n e^{\lambda_n t}\Phi_n.$$

因为 $A^* = -A$,

$$\left\langle b,\ e^{A^*t}F \right\rangle_{H_- \times H_+} = \sum_{n \in \mathbb{Z}} a_n e^{-\lambda_n t} f_n(d).$$

由 (3.135), 对充分大的 n, $|f_n(d)| \leqslant 3$ 以及由 Ingham 定理 (定理 2.27), 存在 $T > 0$ 使得

$$\int_0^T \left| \left\langle b,\ e^{A^*t}F \right\rangle_{H_- \times H_+} \right|^2 dt \leqslant C_{T1} \sum_{n \in \mathbb{Z}} \left| a_n f_n(d) \right|^2 \leqslant C_{T2} \sum_{n \in \mathbb{Z}} \left| a_n \right|^2 \leqslant C_T \|F\|_H^2, \tag{3.142}$$

其中 C_{T1}, C_{T2}, C_T 是常数. 根据定义 3.1, b 是允许的. 定理得证. □

由定理 3.20 可知, 系统 (3.131) 在 H 是适定的. 因为 A 生成 C_0-群, 所以系统 (3.131) 的精确可控等价于零可控, 即系统 (3.131) 是可控的, 如果对任意的 $Y(0) \in H$, 存在 $u(\cdot) \in L^2(0,T)$ 使得系统 (3.131) 的解满足 $Y(T) = 0$.

我们称 d 是系统 (3.130) 的节点, 如果对于算子 A 相应于本征值 $\lambda \in \sigma(A)$ 的本征函数 $(f, \lambda f)$, d 满足 $f(d) = 0$. 显然, 从控制的观点看, 控制器不能放在节点位置处.

定理 3.21　设 d 不是系统 (3.130) 的节点. 则系统 (3.131) 在 $[0,T]$ 是精确可控的当且仅当存在 $c > 0$,

$$1 - \sin(2n+1)d\pi > c > 0 \quad \text{对所有充分大的 } n. \tag{3.143}$$

证明　由对偶原理可知, $\Sigma_c(A,b)$ 是精确可控的当且仅当 $\Sigma_o(A^*, b^*) = \Sigma_o(-A, b^*)$ 是精确可观的, 即存在 $T > 0, C_T > 0$ 使得

$$\int_0^T \left| b^* e^{A^*t}F \right|^2 dt \geqslant C_T \|F\|^2, \quad \forall F \in H. \tag{3.144}$$

我们先证必要性. 因为 e^{A^*t} 是一个 C_0-群, 如果 $\Sigma_o(A^*, b^*)$ 是精确可观的, 则由 (3.142) 和 (3.144) 可知, 存在 $C_1, C_2 > 0$ 使得

$$C_1 \leqslant |b^*\Phi_n(x)| = |f_n(d)| \leqslant C_2.$$

由 (3.135), 对于充分大的 n,

$$\left|f_n(d)\right|^2 = 1 - \sin(2n+1)d\pi + \mathcal{O}(n^{-1}) > C_1.$$

这证明了 (3.143). 令 $F \in H$, $F = \sum_{n \in \mathbb{Z}} a_n \Phi_n$. 则

$$b^* e^{A^*t} F = \sum_{n \in \mathbb{Z}} a_n e^{-\lambda_n t} f_n(d).$$

由引理 3.19 和 Ingham 定理 (定理 2.27), 存在 $T > 0$ 使得

$$\int_0^T \left| b^* e^{A^*t} F \right|^2 dt \geqslant C_T \sum_{n \in \mathbb{Z}} |a_n f_n(d)|^2, \quad C_T > 0.$$

由于对足够大的 n,

$$\left|f_n(d)\right|^2 = 1 - \sin(2n-1)d\pi + \mathcal{O}(n^{-1}) \geqslant \frac{c}{2} > 0,$$

以及 d 不是节点, $|f_n(d)| \neq 0$, 可知

$$\int_0^T \left| b^* e^{A^*t} F \right|^2 dt \geqslant C_T \sum_{n \in \mathbb{Z}} |a_n|^2 \geqslant C_T \|F\|^2.$$

定理得证. $\qquad\qquad\qquad\qquad\qquad\qquad\qquad\qquad\qquad\qquad\qquad\quad\square$

由定理 3.21, 我们立刻有如下推论.

推论 3.22 设 d 不是系统 (3.130) 的节点. 则观测系统

$$\begin{cases} \dfrac{d}{dt}Y(t) = AY(t), \quad Y(t) = (y(\cdot, t), y_t(\cdot, t)), \\ O(t) = b^*Y(t) = y_t(d), \quad b = \big(0, \, -\delta(\cdot - d)\big) \end{cases}$$

在 $[0, T]$, $T > 0$ 上精确可观当且仅当条件 (3.143) 成立.

为了描述条件 (3.143), 我们需要如下有理数逼近无理数的结果.

引理 3.23 如果 d 是无理数, 则对任意正数 α, N 和 ε, 存在整数 n 和 p, 使得 $n > N$ 且

$$|nd - p - \alpha| < \varepsilon.$$

命题 3.4　条件 (3.143) 成立当且仅当

$$d \text{ 是有理数, 并且 } d \neq \frac{4n+1}{4m+2} \text{ 对所有的} m, n. \tag{3.145}$$

特别地, 当 $d = \dfrac{p}{q}$ 且 p, q 互质, 以及 q 是奇数时, 条件 (3.145) 成立.

　　证明　如果 d 是无理数, 由引理 3.23 可知, 对任意 $0 < \varepsilon < \pi/2$ 以及 $N > 0$ (取 $\alpha = -(d - 1/2)/2$), 存在整数 $n, p, n > N$ 使得

$$\left| nd - p + \frac{1}{2}\left(d - \frac{1}{2}\right) \right| < \frac{\varepsilon}{2\pi}.$$

因此

$$\left| (2n+1)d - 2p - \frac{1}{2} \right| < \frac{\varepsilon}{\pi},$$

以及

$$\sin(2n+1)d\pi = \sin\left(\left((2n+1)d - 2p - \frac{1}{2} + 2p + \frac{1}{2}\right)\pi \right)$$

$$= \cos\left(\left((2n+1)d - 2p - \frac{1}{2}\right)\pi \right).$$

从而, 存在趋于无穷大的序列 $\{n\}$, 使得

$$\sin(2n+1)d\pi \to 1,$$

这证明了条件 (3.143) 不成立.

　　当 $d = p/q$ 以及 p, q 是互质整数时, 对任意正整数 n, 存在正整数 n_q, k, $0 \leqslant k < q$ 使得 $n = n_k q + k$. 则

$$\sin(2n+1)d\pi = \sin(2k+1)d\pi,$$

以及

$$\sin(2n+1)d\pi \to 1$$

当且仅当 $\sin(2k+1)d\pi = 1$ 或者 $(2k+1)d\pi = (2m+1/2)\pi$, 这里 m 是整数. 因此

$$d = \frac{4m+1}{4k+2}.$$

命题得证.　　　　　　　　　　　　　　　　　　　　　　　　　　　　　　　□

　　推论 3.24　设 d 不是系统 (3.130) 的节点. 则系统 (3.131) 在 $[0, T]$, $T > 0$ 是精确可控 (可观) 当且仅当 (3.145) 成立.

最后, 我们解释系统 (3.130) 实际上等价于两个连接的梁方程. 考虑如下的系统:

$$
\begin{cases}
y_{tt}(x,t) + y_{xxxx}(x,t) = 0, \quad 0 < x < d,\ d < x < 1, \\
y_{xx}(0,t) = y_{xxx}(0,t) = 0, \quad y_{xx}(1,t) = y_{xxx}(1,t) = 0, \\
y(d^+,t) = y(d^-,t), \quad y_x(d^+,t) = y_x(d^-,t), \\
y_{xx}(d^+,t) = y_{xx}(d^-,t),
\end{cases}
\tag{3.146}
$$

$$
y_{xxx}(d^-,t) - y_{xxx}(d^+,t) = u(t). \tag{3.147}
$$

定义 A 的如下扩张算子:

$$
\begin{cases}
\hat{A}(f,g) = (g, -f^{(4)}), \quad 0 < x < d,\ d < x < 1, \\
D(\hat{A}) = \left\{ (f,g) \in (H^3 \times H^2) \cap H \ \middle|\ \begin{array}{l} f \in H^4(0,d),\ f \in H^4(d,1), \\ f''(i) = f'''(i) = 0,\ i = 0,1 \end{array} \right\}.
\end{cases}
$$

则对任意的 $(f,g) \in D(\hat{A})$, $(\phi,\psi) \in D(A^*) = D(A)$,

$$
\langle \hat{A}(f,g),\ (\phi,\psi) \rangle = \langle (f,g),\ A^*(\phi,\psi) \rangle + \big[f'''(d^+) - f'''(d^-)\big]\psi(d). \tag{3.148}
$$

定义算子 A 的自然扩张算子 $\tilde{A} : H \to H_-$,

$$
\langle \tilde{A}F,\ G \rangle = \langle F,\ A^*G \rangle, \quad \forall\, G \in D(A^*),\ D(\tilde{A}) = H. \tag{3.149}
$$

则对任意 $F \in D(\hat{A})$, $F = (f,g)$, 在 H_- 上有如下等式成立

$$
\hat{A}F = \tilde{A}F + \big[f'''(d^+) - f'''(d^-)\big]b. \tag{3.150}
$$

如果 $Y(t) = (y(\cdot,t), y_t(\cdot,t))$ 是系统 (3.146) 的解, 则 $\dot{Y}(t) = \hat{A}Y(t)$. 并且, 如果 $Y(t)$ 同样满足 (3.147), 则在 H_- 上,

$$
\hat{A}Y(t) = \tilde{A}Y(t) + bu(t).
$$

因此, (3.146) 和 (3.147) 在 H_- 上可以表示为

$$
\dot{Y}(t) = \tilde{A}Y(t) + bu(t).
$$

这是系统 (3.131) 在 H_- 上的扩张. 我们因而证明了 (3.130) 和 (3.146)-(3.147) 之间的等价性.

从现在开始, 我们考虑系统 (3.146)-(3.147), 因为它在能量状态空间上更为直观.

3.3.1　本征值的渐近表示

设计线性反馈控制:

$$u(t) = ky_t(d, t), \quad k > 0. \tag{3.151}$$

则 (3.146)-(3.147) 可以改写为

$$\frac{d}{dt}Y(t) = \mathcal{A}_m Y(t), \quad Y(t) = \big(y(\cdot, t),\, y_t(\cdot, t)\big), \tag{3.152}$$

其中

$$\begin{cases} \mathcal{A}_m(f, g) = \big(g,\, -f^{(4)}\big), \\[2mm] D(\mathcal{A}_m) = \left\{ (f, g) \in \big(H^3 \times H^2\big) \cap H \,\middle|\, \begin{array}{l} f \in H^4(0, d),\ f \in H^4(d, 1), \\ f''(i) = 0,\ i = 0, 1, \\ f'''(i) = 0,\ i = 0, 1, \\ f'''(d^-) - f'''(d^+) = kg(d) \end{array} \right\}. \end{cases} \tag{3.153}$$

下面的引理是显然的.

引理 3.25　设 $\mathcal{A}_m$ 由 (3.153) 定义. 则

(i) $\mathcal{A}_m^{-1}$ 存在且在 H 是紧的. 因此, $\sigma(\mathcal{A}_m)$ 仅由孤立本征值组成.

(ii) 对应于本征值 $\lambda \in \sigma(\mathcal{A}_m)$ 的本征函数为 $(\phi, \lambda\phi)$, 其中 ϕ 满足方程

$$\begin{cases} \phi^{(4)}(x) + \lambda^2 \phi(x) = 0, \\ \phi''(i) = \phi'''(i) = 0, \quad i = 0, 1, \\ \phi(d^-) = \phi(d^+), \quad \phi'(d^-) = \phi'(d^+), \quad \phi''(d^-) = \phi''(d^+), \\ \phi'''(d^-) - \phi'''(d^+) = k\lambda\phi(d). \end{cases} \tag{3.154}$$

(iii) $\mathrm{Re}(\lambda) \leqslant 0,\ \forall\, \lambda \in \sigma(\mathcal{A}_m)$.

因为本征值以共轭形式出现, 我们仅考虑落在第二象限的本征值:

$$\lambda \in \sigma(\mathcal{A}_m), \quad \pi/2 \leqslant \arg(\lambda) \leqslant \pi.$$

设 $\lambda = \rho^2$. 则

$$\frac{\pi}{4} \leqslant \arg(\rho) \leqslant \frac{\pi}{2}. \tag{3.155}$$

使用和 (3.21)—(3.23) 相同的记号和性质. 我们总假设 $\rho \in S$. 注意到

$$\phi^{(4)}(x) + \lambda^2 \phi(x) = \phi^{(4)}(x) + \rho^4 \phi(x) = 0$$

有基础解系 $e^{\omega_i x}, i = 1, 2, 3, 4$. 我们把 (3.154) 的解表示为

$$\phi(x) = \begin{cases} \displaystyle\sum_{i=1}^{4} c_i e^{\omega_i x}, & 0 \leqslant x < d, \\ \displaystyle\sum_{i=1}^{4} d_i e^{\omega_i(1-x)}, & d < x \leqslant 1, \end{cases} \tag{3.156}$$

其中常数 c_i 和 d_i 由 $\phi(x)$ 所满足的边界条件来确定:

$$M\Big(c_1, c_2, c_3, c_4, d_1, d_2, d_3, d_4\Big)^{\mathrm{T}} = 0,$$

这里

$$M = \Big(M_1, \ M_2\Big),$$

以及

$$M_1 = \begin{pmatrix} \omega_1^2 & \omega_2^2 & \omega_2^2 a & \omega_1^2 \hat{a} \\ \omega_1^3 & \omega_2^3 & -\omega_2^3 a & -\omega_1^3 \hat{a} \\ 0 & 0 & 0 & 0 \\ 0 & 0 & 0 & 0 \\ \hat{a} & a & 1 & 1 \\ \omega_1 \hat{a} & \omega_2 a & -\omega_2 & -\omega_1 \\ \omega_1^2 \hat{a} & \omega_2^2 a & \omega_2^2 & \omega_1^2 \\ \omega_1^3 \hat{a} - k\rho^{-1}\hat{a} & \omega_2^3 a - k\rho^{-1}a & -\omega_2^3 - k\rho^{-1} & -\omega_1^3 - k\rho^{-1} \end{pmatrix},$$

$$M_2 = \begin{pmatrix} 0 & 0 & 0 & 0 \\ 0 & 0 & 0 & 0 \\ \omega_1^2 & \omega_2^2 & \omega_2^2 b & \omega_1^2 \hat{b} \\ \omega_1^3 & \omega_2^3 & -\omega_2^3 b & -\omega_1^3 \hat{b} \\ -\hat{b} & -b & -1 & -1 \\ \omega_1 \hat{b} & \omega_2 b & -\omega_2 & -\omega_1 \\ -\omega_1^2 \hat{b} & -\omega_2^2 b & -\omega_2^2 & -\omega_1^2 \\ \omega_1^3 \hat{b} & \omega_2^3 b & -\omega_2^3 & -\omega_1^3 \end{pmatrix},$$

$a = e^{\omega_2 \rho d}$, $\hat{a} = e^{\omega_1 \rho d}$, $b = e^{\omega_2 \rho(1-d)}$, $\hat{b} = e^{\omega_1 \rho(1-d)}$. 由 (3.23) 可知, 存在 $c > 0$ 使得

$$\hat{a} = \mathcal{O}(e^{-c|\rho|}), \quad \hat{b} = \mathcal{O}(e^{-c|\rho|}). \tag{3.157}$$

(c_i, d_i) 不全为零当且仅当 $\det(M) = 0$. 由 (3.157), 可知

$$\det(M)$$

$$= \det \begin{pmatrix} \omega_1^2 & \omega_2^2 & \omega_2^2 a & 0 & 0 & 0 & 0 & 0 \\ \omega_1^3 & \omega_2^3 & -\omega_2^3 a & 0 & 0 & 0 & 0 & 0 \\ 0 & 0 & 0 & 0 & \omega_1^2 & \omega_2^2 & \omega_2^2 b & 0 \\ 0 & 0 & 0 & 0 & \omega_1^3 & \omega_2^3 & -\omega_2^3 b & 0 \\ 0 & a & 1 & 1 & 0 & -b & -1 & -1 \\ 0 & \omega_2 a & -\omega_2 & -\omega_1 & 0 & \omega_2 b & -\omega_2 & -\omega_1 \\ 0 & \omega_2^2 a & \omega_2^2 & \omega_1^2 & 0 & -\omega_2^2 b & -\omega_2^2 & -\omega_1^2 \\ 0 & \omega_2^3 a - k\rho^{-1} a & -\omega_2^3 - k\rho^{-1} & -\omega_1^3 - k\rho^{-1} & 0 & \omega_2^3 b & -\omega_2^3 & -\omega_1^3 \end{pmatrix}$$

$$+ \mathcal{O}(e^{-c|\rho|}). \tag{3.158}$$

直接计算可知

$$0 = \det(M)$$

$$= - 4\omega_1^5 \omega_2^5 (\omega_1^2 - \omega_2^2)^2 \big[(\omega_2 - \omega_1)^2 - (\omega_1 + \omega_2)^2 a^2 b^2 \big]$$

$$+ k\rho^{-1} 2\omega_1^4 \omega_2^4 \big\{ (\omega_1^2 - \omega_2^2)(\omega_1 + \omega_2)\big[\omega_1(\omega_2 - \omega_1)a^2 + (\omega_1 + \omega_2)^2 a^2 b^2 \big]$$

$$- (\omega_1 - \omega_2)(\omega_1^2 - \omega_2^2)\big[-(\omega_2 - \omega_1)^2 + \omega_1(\omega_1 + \omega_2)b^2 \big] \big\}$$

$$= - 32(1 + a^2 b^2) + k\rho^{-1} 4\sqrt{2}(i-1)(a^2 + b^2 - 2i) + \mathcal{O}(\rho^{-2}). \tag{3.159}$$

从 (3.159) 的第二个等式可得

$$a^2 b^2 = \frac{(\omega_2 - \omega_1)^2}{(\omega_1 + \omega_2)^2} + \mathcal{O}(\rho^{-1}) = -1 + \mathcal{O}(\rho^{-1}). \tag{3.160}$$

求解 (3.160) 得到

$$\rho_n = \left(n + \frac{1}{2} \right) \omega_2 \pi + \mathcal{O}(n^{-1}), \tag{3.161}$$

其中 n 是充分大的正整数. 由 (3.159) 的第三个等式, 可知

$$a^2 b^2 = -1 + \frac{\sqrt{2}k}{8}(i-1)\rho^{-1}(a^2 - b^2 - 1) + \mathcal{O}(\rho^{-2}). \tag{3.162}$$

注意到

$$\begin{cases} a^2 = e^{2\omega_2 \rho d} = e^{i(2n+1)d\pi} + \mathcal{O}(n^{-1}), \\ b^2 = e^{2\omega_2 \rho(1-d)} = e^{i(2n+1)(1-d)\pi} + \mathcal{O}(n^{-1}) = -e^{-i(2n+1)d\pi} + \mathcal{O}(n^{-1}). \end{cases} \tag{3.163}$$

把 (3.161) 和 (3.163) 代入 (3.162), 并比较两边的阶数可得

$$-2\omega_2 \mathcal{O}(n^{-1}) = \frac{k}{2}\omega_2 \rho^{-1}\big[1 - \sin(2n+1)d\pi\big] + \mathcal{O}(n^{-2}).$$

因此

$$\mathcal{O}(n^{-1}) = -\frac{k}{4}\rho^{-1}\big[1 - \sin(2n+1)d\pi\big] + \mathcal{O}(n^{-2}),$$

以及

$$\lambda_n = \rho_n^2 = -\frac{k}{2}\Big[1 - \sin(2n+1)d\pi\Big] + \left[\left(n + \frac{1}{2}\right)\pi\right]^2 i + \mathcal{O}(n^{-1}). \tag{3.164}$$

因此得到如下定理.

定理 3.26 由 (3.153) 给出的算子 $\mathcal{A}_m$ 的本征值 $\{\lambda_n, \overline{\lambda_n}\}$ 有如下的渐近表达式:

$$\begin{cases} \rho_n = \dfrac{1+i}{\sqrt{2}}\left(n + \dfrac{1}{2}\right)\pi + \mathcal{O}(n^{-1}), \\[2mm] \lambda_n = \rho_n^2 = -\dfrac{k}{2}\Big[1 - \sin(2n+1)d\pi\Big] + \left[\left(n + \dfrac{1}{2}\right)\pi\right]^2 i + \mathcal{O}(n^{-1}), \end{cases} \tag{3.165}$$

其中 n 是充分大的整数.

由命题 3.4 和 (3.165), 我们有推论 3.27.

推论 3.27 设 d 不是节点. 则系统 (3.146)-(3.147) 是渐近稳定的. 当 d 是无理数或者 $d = (4n+1)/(4m+2)$, m, n 是正整数时, 系统 (3.146)-(3.147) 是渐近稳定但不指数稳定.

从 (3.165), 我们可以发现关于连接梁的谱分布的有趣现象. 当 $d = 1/2$ 时, 有两支谱

$$\mathrm{Re}(\lambda) \to 0 \quad \text{以及} \quad \mathrm{Re}(\lambda) \to -k, \quad |\lambda| \to \infty.$$

如果 $d = p/q$ 是有理数, p, q 是互质的整数, 对于任意的正整数 n, 我们对 n 有如下分解

$$n = wq + m, \quad 0 \leqslant m < q.$$

则

$$\sin(2n+1)d\pi = \sin\big(2wq + 2m + 1\big)d\pi = \sin(2m+1)\frac{p}{q}\pi.$$

本征值至多有 q 支

$$\mathrm{Re}(\lambda) \to -\frac{k}{2}\Big[1 - \sin(2m+1)d\pi\Big], \quad m = 0, 1, \cdots, q.$$

当 d 是无理数时, 由引理 3.23 可知, 对任意正数 α, N, ε, 存在 n 和 p 使得 $n > N$ 以及

$$\big|nd - p - \alpha\big| < \varepsilon.$$

对任意给定的 $\beta \in [0,1]$, 令 ξ 是实数使得 $1 - \sin 2\xi\pi = \beta$. 令

$$\varepsilon = \varepsilon_n \to 0, \quad \alpha = \xi - d/2.$$

则

$$1 - \sin(2n+1)d\pi$$
$$= 1 - \sin\big(2(nd - p - \alpha) + d + 2\alpha\big)\pi$$
$$= 1 - \sin\big(2(nd - p - \alpha) + 2\xi\big)\pi$$
$$= 1 - \sin 2(nd - p - \alpha)\pi\cos 2\xi\pi - \cos 2(nd - p - \alpha)\pi\sin 2\xi\pi$$
$$\to 1 - \sin 2\xi\pi = \beta.$$

所以, 谱的分布完全是混沌模式.

3.3.2 Riesz 基生成

由 3.3.1 节可知, 指数稳定性仅仅可能发生在如下情形: ① d 不是节点; ② d 是有理数且对所有整数

$$m, n > 0, \quad d \neq \frac{4n+1}{4m+2}.$$

尽管由定理 3.26 可知, 在上述情况下, 存在 $\omega > 0$ 使得

$$\mathrm{Re}(\lambda) < -\omega < 0, \quad \forall\, \lambda \in \sigma\big(\mathcal{A}_m\big).$$

然而, 没有 Riesz 基性质, 我们不能断言谱确定增长条件成立. 在这节, 我们集中在 Riesz 基性质. 主要工具依然是验证定理 2.51. 为此, 我们需要估计本征函数.

引理 3.28 设条件 (3.145) 成立且 $\rho = \rho_n$ 由定理 3.26 给出. 则由 (3.153) 定义的算子 $\mathcal{A}_m$ 相应于本征值 $\lambda_n = \rho_n^2$ 的本征函数 $(\phi_n, \lambda_n\phi_n)$ 有如下渐近表达式:

$$
\phi_n(x)
$$
$$
= \begin{cases}
e^{-(n+\frac{1}{2})\pi x} + \cos\left(n+\dfrac{1}{2}\right)\pi x - \sin\left(n+\dfrac{1}{2}\right)\pi x \\
\quad + \mathcal{O}(n^{-1}), & 0 \leqslant x < d, \\
-(-1)^n e^{-(n+\frac{1}{2})\pi(1-x)x} + \cos\left(n+\dfrac{1}{2}\right)\pi x \\
\quad - \sin\left(n+\dfrac{1}{2}\right)\pi x + \mathcal{O}(n^{-1}), & d < x \leqslant 1,
\end{cases}
$$

$$
\lambda_n^{-1}\phi_n''(x)
$$

(3.166)

$$
= \begin{cases}
-i\left[e^{-(n+\frac{1}{2})\pi x} - \cos\left(n+\dfrac{1}{2}\right)\pi x + \sin\left(n+\dfrac{1}{2}\right)\pi x\right] \\
\quad + \mathcal{O}(n^{-1}), & 0 \leqslant x < d, \\
i\left[(-1)^n e^{-(n+\frac{1}{2})\pi(1-x)} + \cos\left(n+\dfrac{1}{2}\right)\pi x\right. \\
\quad \left. - \sin\left(n+\dfrac{1}{2}\right)\pi x\right] + \mathcal{O}(n^{-1}), & d < x \leqslant 1.
\end{cases}
$$

证明 我们仅处理 $\phi(x), 0 \leqslant x < d$ 的情况, 其他的情况可类似处理. 设 $\phi(x)$ 由 (3.156) 定义. 由边界条件 $\phi''(i) = \phi'''(i) = 0, i = 1, 2,$ 可知

$$
\phi(x) = \begin{cases}
\left[e^{\omega_1\rho x} + (1+i)e^{\omega_2\rho x} + ie^{-\omega_1\rho x}\right]a_1 \\
\quad + \left[ie^{\omega_1\rho x} + (1+i)e^{-\omega_2\rho x} + e^{-\omega_1\rho x}\right]a_2, & 0 \leqslant x < d, \\
\left[e^{\omega_1\rho(1-x)} + (1+i)e^{\omega_2\rho(1-x)} + ie^{-\omega_1\rho(1-x)}\right]b_1 \\
\quad + \left[ie^{\omega_1\rho(1-x)} + (1+i)e^{-\omega_2\rho(1-x)} + e^{-\omega_1\rho(1-x)}\right]b_2, & d < x \leqslant 1,
\end{cases}
$$

(3.167)

其中 $a_i, b_i, i = 1, 2,$ 被选取使得 $\phi(x)$ 满足四个边界条件

$$
B\left(a_1, a_2, b_1, b_2\right)^{\mathrm{T}} = 0.
$$

为保证 $a_i, b_i, i = 1, 2$ 不全为零的充分必要条件是 $\det(B) = 0$. 由矩阵理论可知, a_1 和 a_2 可以为 B 的第三行的相应的代数余子式:

$$
a_1 = \det\left(B_1, B_2, B_3\right), \quad a_2 = -\det\left(B_4, B_2, B_3\right),
$$

其中

$$B_1 = \begin{pmatrix} i\theta_1+(1+i)\theta_2^{-1}+\theta_1^{-1} \\ \omega_1 i\theta_1-\omega_2(1+i)\theta_2^{-1}-\omega_1\theta_1^{-1} \\ \omega_1^2 i\theta_1+\omega_2^2(1+i)\theta_2^{-1}+\omega_1^2\theta_1^{-1} \end{pmatrix}, \quad B_2 = \begin{pmatrix} -\theta_3-(1+i)\theta_4-i\theta_3^{-1} \\ \omega_1\theta_3+\omega_2(1+i)\theta_4-\omega_1 i\theta_3^{-1} \\ -\omega_1^2\theta_3-\omega_2^2(1+i)\theta_4-\omega_1^2 i\theta_3^{-1} \end{pmatrix},$$

以及

$$B_3 = \begin{pmatrix} -i\theta_3-(1+i)\theta_4^{-1}-\theta_3^{-1} \\ \omega_1 i\theta_3-\omega_2(1+i)\theta_4^{-1}-\omega_1\theta_3^{-1} \\ -\omega_1^2 i\theta_3-\omega_2^2(1+i)\theta_4^{-1}-\omega_1^2\theta_3^{-1} \end{pmatrix}, \quad B_4 = \begin{pmatrix} \theta_1+(1+i)\theta_2+i\theta_1^{-1} \\ \omega_1\theta_1+\omega_2(1+i)\theta_2-\omega_1 i\theta_1^{-1} \\ \omega_1^2\theta_1+\omega_2^2(1+i)\theta_2+\omega_1^2 i\theta_1^{-1} \end{pmatrix},$$

且

$$\theta_1 = e^{\omega_1\rho d}, \quad \theta_2 = e^{\omega_2\rho d}, \quad \theta_3 = e^{\omega_1\rho(1-d)}, \quad \theta_4 = e^{\omega_2\rho(1-d)}.$$

由定理 3.26, 当 $\rho = \rho_n$ 时, θ_i, θ_i^{-1}, $i = 2,4$ 一致有界并且存在 $c > 0$ 使得

$$|\theta_1| + |\theta_3| = \mathcal{O}(e^{-c|\rho|}).$$

因此我们有

$$\theta_1\theta_3 a_1 = \det \begin{pmatrix} 1 & -(1+i)\theta_4+(i-1)\theta_4^{-1} & -1 \\ -\omega_1 & \omega_2(1+i)\theta_4+\omega_2(i-1)\theta_4^{-1} & -\omega_1 \\ \omega_1^2 & -\omega_2^2(1+i)\theta_4+\omega_2^2(i-1)\theta_4^{-1} & -\omega_1^2 \end{pmatrix} + \mathcal{O}(e^{-c|\rho|}),$$

$$= 2\omega_1(\omega_1^2-\omega_2^2)(1+i)(\theta_4-i\theta_4^{-1}) + \mathcal{O}(e^{-c|\rho|}), \tag{3.168}$$

$$\theta_1\theta_3 a_2 = \det \begin{pmatrix} -i & -(1+i)\theta_4+(i-1)\theta_4^{-1} & -1 \\ \omega_1 i & \omega_2(1+i)\theta_4+\omega_2(i-1)\theta_4^{-1} & -\omega_1 \\ -\omega_1^2 i & -\omega_2^2(1+i)\theta_4+\omega_2^2(i-1)\theta_4^{-1} & -\omega_1^2 \end{pmatrix} + \mathcal{O}(e^{-c|\rho|})$$

$$= -i2\omega_1(\omega_1^2-\omega_2^2)(1+i)(\theta_4-i\theta_4^{-1}) + \mathcal{O}(e^{-c|\rho|}), \tag{3.169}$$

以及

$$\theta_3(ia_1 + a_2)$$

$$= \det \begin{pmatrix} (i-1)\theta_2^{-1} - (1+i)\theta_2 & -(1+i)\theta_4 + (i-1)\theta_4^{-1} & -1 \\ -\omega_2(i-1)\theta_2^{-1} - \omega_2(1+i)\theta_2 & \omega_2(1+i)\theta_4 + \omega_2(i-1)\theta_4^{-1} & -\omega_1 \\ \omega_2^2(i-1)\theta_2^{-1} - \omega_2^2(1+i)\theta_2 & -\omega_2^2(1+i)\theta_4 + \omega_2^2(i-1)\theta_4^{-1} & -\omega_1^2 \end{pmatrix}$$

$$+ \mathcal{O}(\theta_1^2)$$

$$= 4\omega_2(\omega_1^2 - \omega_2^2)i(\theta_2\theta_4 + \theta_2^{-1}\theta_4^{-1}) + \mathcal{O}(\theta_1) = \mathcal{O}(\rho^{-1}). \tag{3.170}$$

注意到

$$|\theta_4 - i\theta_4^{-1}|^2 = 1 - \sin(2n+1)d\pi > c > 0, \tag{3.171}$$

设

$$\hat{a}_i = \theta_1\theta_3 \left[2\omega_1(\omega_1^2 - \omega_2^2)(1+i)(\theta_4 - i\theta_4^{-1})\right]^{-1} a_i, \quad i = 1, 2.$$

由 (3.168)—(3.171)，我们可以取

$$\phi(x) = \left[e^{\omega_1\rho x} + (1+i)e^{\omega_2\rho x} + ie^{-\omega_1\rho x}\right]\hat{a}_1$$
$$+ \left[ie^{\omega_1\rho x} + (1+i)e^{-\omega_2\rho x} + e^{-\omega_1\rho x}\right]\hat{a}_2$$
$$= 2e^{\omega_1\rho x} + (1+i)e^{\omega_2\rho x}(1-i)e^{-\omega_2\rho x} + \mathcal{O}(\rho^{-1})$$
$$= 2e^{-(n+\frac{1}{2})\pi x} + 2\cos\left(n+\frac{1}{2}\right)\pi x$$
$$- 2\sin\left(n+\frac{1}{2}\right)\pi x + \mathcal{O}(n^{-1}), \quad 0 \leqslant x < d. \tag{3.172}$$

引理得证. □

定理 3.29 设条件 (3.145) 成立，算子 $\mathcal{A}_m$ 由 (3.153) 定义. 则

(i) 存在 $\mathcal{A}_m$ 的广义本征函数构成 H 的 Riesz 基.

(ii) 所有算子 $\mathcal{A}_m$ 的具有模充分大的本征值是代数单的.

并且，半群 $e^{\mathcal{A}_m t}$ 的谱确定增长条件成立: $S(\mathcal{A}_m) = \omega(\mathcal{A}_m)$.

证明 设 $\phi_n(x)$ 由引理 3.28 给出，设

$$\Psi_n = \left(\lambda_n^{-1}\phi_n, \phi_n\right). \tag{3.173}$$

设 Φ_n 由 (3.141) 给定. 则由 (3.135) 和 (3.166) 可知存在 $N>0$ 使得当 $n>N$ 时，

$$\sum_{n>N} \|\Psi_n - \Phi_n\|^2 = \sum_{n>N} \mathcal{O}(n^{-2}) < \infty.$$

上述估计对于共轭部分同样成立. 因为 $\{\Phi_n\}$ 是 H 的 Riesz 基，由定理 2.51 可知定理结论成立. 定理得证. □

推论 3.30   设 d 不是节点. 则系统 (3.146)—(3.147) 是指数稳定的当且仅当 d 是有理数且对所有的正整数 m, n,

$$d \neq \frac{4n+1}{4m+2}.$$

我们指出满足推论 3.30 的 d 一定存在. 为了找到 d, 设

$$F(\omega) = 1 - \cosh \omega \cos \omega, \quad \omega_{n0} = \left(n + \frac{1}{2} \right) \pi, \quad n \geqslant 1,$$

以及 $f(x)$ 由 (3.137) 给出. 则

$$F(\omega_{n0}) = 1 > 0.$$

设 $\varepsilon \in (0, \pi/2)$. 当 n 是偶数, 以及

$$\varepsilon - \frac{\varepsilon^3}{6} > \frac{1}{\cosh(\omega_{n0} - \varepsilon)}$$

时, 可知 $\sin \varepsilon > \varepsilon - \varepsilon^3/6$, 以及

$$f(\omega_{n0} - \varepsilon) = 1 - \cosh(\omega_{n0} - \varepsilon) \sin \varepsilon < 0.$$

并且, 当 $\varepsilon - \varepsilon^3/6 > 2e^{-n\pi}$ (取 $\varepsilon = 3e^{-n\pi}$ 时该不等式显然成立) 时, 进一步可知

$$\frac{1}{\cosh(\omega_{n0} - \varepsilon)} \leqslant 2e^{-\omega_{n0} + \varepsilon} < 2e^{-n\pi}, \quad f(\omega_{n0} - \varepsilon) < 0,$$

因此

$$\omega_n \in \left(\left(n + \frac{1}{2} \right) \pi - 3e^{-n\pi}, \ \left(n + \frac{1}{2} \right) \pi \right),$$

其中 ω_n 由引理 3.19 给定. 类似地, 当 n 是奇数时,

$$f\left(\omega_{n0} + 3e^{-n\pi} \right) < 0.$$

因此

$$\omega_n \in \left[\left(n + \frac{1}{2} \right) \pi - 3e^{-n\pi}, \ \left(n + \frac{1}{2} \right) \pi + 3e^{-n\pi} \right], \quad \forall n \geqslant 1. \tag{3.174}$$

注意到 $2e^{-\omega} f(x) = \cos \omega x - \sin \omega x + c(x)$,

$$c(x) = \left[e^{-\omega x} - e^{-\omega - \omega(1-x)} \right] - \sin \omega (1-x) e^{-\omega}$$
$$+ \left[1 - e^{-2\omega} \right] \cos \omega x - \sin \omega \left[e^{\omega(x-1)} + e^{-\omega - \omega x} \right]$$
$$- \left[1 + e^{-2\omega} \right] \sin \omega x + \cos \omega \left[e^{\omega(x-1)} - e^{-\omega - \omega x} \right].$$

容易验证

$$-5e^{-\omega} \leqslant c(x) \leqslant e^{-\omega x} + 4e^{-\omega/2} \quad 对于 \ x \in (0,1/2). \tag{3.175}$$

特别地

$$-5e^{-\omega} \leqslant c(x) \leqslant e^{-\omega/5} + 4e^{-\omega/2} \quad 对于 \ x \in [1/5,1/2]. \tag{3.176}$$

注意到我们在这里仅考虑了 $d \in (0,1/2)$, 这是因为 d 关于 $d = 1/2$ 是对称的. 设

$$\omega = \left(n + \frac{1}{2}\right)\pi + \varepsilon, \quad |\varepsilon| \leqslant 3e^{-n\pi}.$$

则

$$\begin{aligned}
\sin 2\omega x &= \sin\left((2n+1)\pi x + 2\varepsilon x\right) \\
&= \sin(2n+1)\pi x \cos 2\varepsilon x + \cos(2n\pi + 1)x \sin 2\varepsilon x \\
&< \left|\sin(2n+1)\pi x\right| + 6e^{-n\pi}.
\end{aligned}$$

因此, 如果 $x \in \left[\dfrac{1}{5}, \dfrac{1}{2}\right)$, 则可知

$$\begin{aligned}
4e^{-2\omega} f^2(x) &= 1 - \sin 2\omega x + c^2(x) - 2\sqrt{2}\sin\left(\omega x - \frac{\pi}{4}\right)c(x) \\
&> 1 - \left|\sin(2n+1)\pi x\right| - 2\sqrt{2}[e^{-\omega/5} + 4e^{-\omega/2}] - 6e^{-n\pi}. \tag{3.177}
\end{aligned}$$

令

$$E_n = 2\sqrt{2}\left[e^{-\omega/5} + 4e^{-\omega/2}\right] + 6e^{-n\pi}. \tag{3.178}$$

则

$$f_n^2(d) > 1 - \left|\sin(2n+1)\pi d\right| - E_n \quad 对于 \ d \in \left[\frac{1}{5}, \frac{1}{2}\right), \tag{3.179}$$

其中 $f_n(x)$ 由 (3.135) 给定.

定理 3.31 对于 $d = 1/3$, 系统 (3.146)-(3.147) 是指数稳定的.

证明 当 $d = p/q \in (0,1)$, p,q 是互质整数时, 对于任意正整数 n, 分解 n 为

$$n = mq + k, \quad 0 \leqslant k < q,$$

其中 m, k 是非负整数. 则

$$\sin(2n+1)\pi d = \sin(2k+1)\pi d, \quad 0 \leqslant k < q. \tag{3.180}$$

因此 $\sin(2n+1)\pi d$ 至多有 q 个不同的值. 特别地

$$1 - \left|\sin(2n+1)\frac{\pi}{3}\right| \geqslant 1 - \sin\frac{\pi}{3} \approx 0.1340, \quad \forall\, n \geqslant 1. \qquad (3.181)$$

简单计算可证明 $E_5 \approx 0.1266 < 0.1340$. 因为 E_n 是递减的, 可知

$$f_n^2\left(\frac{1}{3}\right) > 1 - \left|\sin(2n+1)\frac{\pi}{3}\right| - E_n \geqslant 0.074 > 0, \quad n \geqslant 5. \qquad (3.182)$$

应用 MATLAB, 我们可以计算 $f_n(x), 1 \leqslant n \leqslant 4$ 在 $(0, 0.5)$ 上的所有节点为

$$\begin{aligned}
n &= 1, \quad \text{节点} = 0.2242; \\
n &= 2, \quad \text{节点} = 0.1321; \\
n &= 3, \quad \text{节点} = 0.0944, 0.3558; \\
n &= 4, \quad \text{节点} = 0.0735, 0.2768.
\end{aligned}$$

因此

$$f_n^2\left(\frac{1}{3}\right) > 0 \quad \text{对所有的 } n \geqslant 1, \qquad (3.183)$$

即 $d = 1/3$ 不是节点. 定理由推论 3.30 可证. $\qquad\qquad\qquad\qquad\qquad\square$

　　事实上, 由定理 3.31 的同样办法, 我们可以找到更多的点. 例如对于 $d = 1/4$, $E_4 = 0.2503$, 可知

$$1 - \left|\sin(2n+1)\frac{\pi}{4}\right| \geqslant 0.2929 > E_4, \quad \forall\, n \geqslant 1. \qquad (3.184)$$

因此, $d = 1/4$ 也满足推论 3.30.

3.4　黏弹夹芯梁的边界控制

3.4.1　数学模型

　　黏弹夹芯梁是一种黏弹性夹芯复合材料, 其有三层结构组成, 在上下两弹性层之间夹有黏弹性芯层, 以减小结构的振动振幅和噪声. 广泛用于航天、航空、航海和汽车工业. 典型的黏弹夹芯梁结构如图 3.1 所示, 在黏弹夹芯梁结构中, 一个轻质的黏弹性材料层黏结在两个分别称为基梁层和约束层的弹性表面层之间. 当基梁层在外力作用下产生振动时, 在约束层的共同作用下, 黏弹性层会产生相应纵向剪切或者横向拉压变形, 这种变形会耗散基梁层的振动能量, 达到减振降噪的目的.

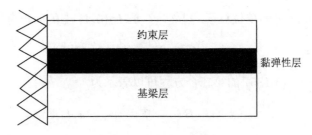

图 3.1　黏弹夹芯梁

黏弹夹芯梁可以用耦合的热–梁方程来描述:

$$\begin{cases} mw_{tt}(x,t) + Aw_{xxxx}(x,t) - B\gamma s_x(x,t) = 0, & 0 < x < 1,\ t > 0, \\ C\gamma s(x,t) - s_{xx}(x,t) + Bw_{xxx}(x,t) = 0, & 0 < x < 1,\ t > 0, \end{cases} \tag{3.185}$$

其中 $w(x,t)$ 表示基梁层在时刻 t 和纵向变量 x 的横向位移, $s(x,t)$ 表示中间黏弹性层产生的相应纵向剪切变形. 常数 $m > 0$ 是基梁层的密度, $A, B, C > 0$ 是刚体常数, $\gamma > 0$ 表示中间黏弹性层的刚度. 相应的边界条件为

$$\begin{cases} w(0,t) = 0, & w_x(0,t) = 0, \quad s(0,t) = 0, \\ w_{xx}(1,t) = 0, & s_x(1,t) = 0, \quad Aw_{xxx}(1,t) - B\gamma s(1,t) = u(t), \end{cases} \tag{3.186}$$

这里 $u(t) \in L^2_{\mathrm{loc}}(0,\infty)$ 是边界控制输入. 基梁层的初始条件为

$$w(x,0) = w_0(x), \quad w_t(x,0) = w_1(x). \tag{3.187}$$

采用速度比例反馈控制

$$u(t) = kw_t(1,t), \quad k > 0.$$

则边界条件 (3.186) 变为

$$\begin{cases} w(0,t) = 0, & w_x(0,t) = 0, \quad s(0,t) = 0, \\ w_{xx}(1,t) = 0, & s_x(1,t) = 0, \quad Aw_{xxx}(1,t) - B\gamma s(1,t) = kw_t(1,t). \end{cases} \tag{3.188}$$

引入一个二阶微分算子 $\mathcal{T}$:

$$\begin{cases} \mathcal{T}\varphi = \varphi'', \\ D(\mathcal{T}) = \{\varphi \in H^2(0,1) \mid \varphi(0) = \varphi'(1) = 0\}. \end{cases} \tag{3.189}$$

容易验证 $\mathcal{T}$ 是 $L^2(0,1)$ 上的稠定负算子. 令 $\alpha = C\gamma > 0$. 则 $(\alpha - \mathcal{T})^{-1}$ 在 $L^2(0,1)$ 存在且是紧的. 令

$$\mathcal{J} = -I + \alpha(\alpha - \mathcal{T})^{-1}, \tag{3.190}$$

其中 I 是 $L^2(0,1)$ 上的单位算子. 显然, $\mathcal{J}$ 是 $L^2(0,1)$ 上的非正有界算子, 且

$$\mathcal{J}\varphi = (\alpha - \mathcal{T})^{-1}\mathcal{T}\varphi, \quad \forall\, \varphi \in D(\mathcal{T}).$$

利用算子 $\mathcal{J}$, 系统 (3.185) 的第二个方程可以表示为

$$s(x,t) = -B\,(\alpha - \mathcal{T})^{-1}\,w_{xxx}(x,t),$$

这里 w 满足

$$\begin{cases} mw_{tt}(x,t) + Aw_{xxxx}(x,t) + B^2\gamma(\mathcal{J}w_x)_x(x,t) = 0, \\ w(0,t) = w_x(0,t) = w_{xx}(1,t) = 0, \\ Aw_{xxx}(1,t) + B^2\gamma\mathcal{J}w_x(1,t) = kw_t(1,t). \end{cases} \tag{3.191}$$

系统 (3.191) 的能量函数为

$$E(t) = \frac{1}{2}\int_0^1 mw_t^2(x,t) + Aw_{xx}^2(x,t) - \left[B^2\gamma\mathcal{J}w_x(x,t)\right]w_x(x,t)dx. \tag{3.192}$$

3.4.2　系统适定性

我们在能量 Hilbert 空间 $\mathcal{H}_\gamma$ 上讨论系统 (3.191):

$$\mathcal{H}_\gamma = H_w^2(0,1) \times L^2(0,1), \quad H_w^2(0,1) = \{\varphi \in H^2(0,1) \mid \varphi(0) = \varphi'(0) = 0\}. \tag{3.193}$$

根据能量函数 (3.192), 我们在 $\mathcal{H}_\gamma$ 上选取如下的内积范数 $\|\cdot\|_\gamma$:

$$\|(w,z)\|_\gamma^2 = \int_0^1 m|z(x)|^2 + A|w''(x)|^2 - B^2\gamma\left(\mathcal{J}w'(x)\right)\overline{w'(x)}dx, \quad \forall\, (w,z) \in \mathcal{H}_\gamma. \tag{3.194}$$

由于 $\mathcal{J}$ 在 $L^2(0,1)$ 上负定, 上述的内积定义 (3.194) 是合理的. 定义系统算子 $\mathcal{A}_\gamma : D(\mathcal{A}_\gamma)(\subset \mathcal{H}_\gamma) \to \mathcal{H}_\gamma$,

$$\mathcal{A}_\gamma(w,z) = \left(z, -\frac{1}{m}\left[Aw''' + B^2\gamma(\mathcal{J}w')\right]'\right), \quad \forall\, (w,z) \in D(\mathcal{A}_\gamma), \tag{3.195}$$

其中

$$\begin{aligned} &D(\mathcal{A}_\gamma) \\ &= \left\{(w,z) \in \mathcal{H}_\gamma \;\middle|\; \begin{array}{l} w' \in D(\mathcal{T}),\ z \in H_w^2(0,1),\ Aw''' + B^2\gamma(\mathcal{J}w') \in H^1(0,1), \\ w''(1) = 0,\ Aw'''(1) + B^2\gamma(\mathcal{J}w')(1) = kz(1) \end{array}\right\}. \end{aligned}$$

$$\tag{3.196}$$

记 $Y(t) = (w(\cdot,t), w_t(\cdot,t))$. 系统 (3.191) 可以在空间 $\mathcal{H}_\gamma$ 上表示为如下发展方程:

$$\begin{cases} \dfrac{d}{dt}Y(t) = \mathcal{A}_\gamma Y(t), & t > 0, \\ Y(0) = (w(\cdot,0),\, w_t(\cdot,0)). \end{cases} \tag{3.197}$$

引理 3.32 算子 $\mathcal{A}_\gamma$ 在 $\mathcal{H}_\gamma$ 上是耗散的. $\mathcal{A}_\gamma^{-1}$ 存在, 且在 $\mathcal{H}_\gamma$ 上是紧的. 因此, $\mathcal{A}_\gamma$ 在 $\mathcal{H}_\gamma$ 上生成一个 C_0-压缩半群 $e^{\mathcal{A}_\gamma t}$, 并且算子 $\mathcal{A}_\gamma$ 的谱 $\sigma(\mathcal{A}_\gamma)$ 仅由孤立的本征值组成.

证明 利用 $\mathcal{J}$ 在 L^2 上是负定的, 经过计算, 可以得到

$$\langle \mathcal{A}_\gamma(w,z),\,(w,z)\rangle_{\mathcal{H}_\gamma} = \left\langle \left(z, -\frac{1}{m}\left[Aw''' + B^2\gamma(\mathcal{J}w')\right]'\right),\,(w,z)\right\rangle_{\mathcal{H}_\gamma}$$

$$= -\left\langle \left[Aw''' + B^2\gamma(\mathcal{J}w')\right]',\, z\right\rangle_{L^2(0,1)} + A\left\langle z'',\, w''\right\rangle_{L^2(0,1)} - B^2\gamma\left\langle \mathcal{J}z',\, w'\right\rangle_{L^2(0,1)}$$

$$= -\left[Aw'''(x) + B^2\gamma(\mathcal{J}w')(x)\right]\overline{z(x)}\Big|_0^1 + Aw''(x)\overline{z'(x)}\Big|_0^1$$

$$\quad -\langle Aw'',\, z''\rangle_{L^2} + B^2\gamma\langle \mathcal{J}w',\, z'\rangle_{L^2} + A\langle z'',\, w''\rangle_{L^2} - B^2\gamma\langle \mathcal{J}z', w'\rangle_{L^2}$$

$$= -k|z(1)|^2 - \langle Aw'',\, z''\rangle_{L^2} + B^2\gamma\langle \mathcal{J}w',\, z'\rangle_{L^2} + A\langle z'',\, w''\rangle_{L^2} - B^2\gamma\langle \mathcal{J}z',w'\rangle_{L^2},$$

从而

$$\mathrm{Re}\langle \mathcal{A}_\gamma(w,z),(w,z)\rangle_{\mathcal{H}_\gamma} = -k|z(1)|^2 \leqslant 0.$$

因此 $\mathcal{A}_\gamma$ 是耗散的.

我们下面证明 $0 \in \rho(\mathcal{A}_\gamma)$. 给定 $G = (g_1, g_2) \in \mathcal{H}_\gamma$, 寻找 $F = (f_1, f_2) \in D(\mathcal{A}_\gamma)$ 使得

$$\mathcal{A}_\gamma F = G.$$

可以得到 $f_2(x) = g_1(x)$ 以及 f_1 满足

$$\left[Af_1''' + B^2\gamma(\mathcal{J}f_1')\right]'(x) = -mg_2(x). \tag{3.198}$$

上式等价于

$$\left[A + B^2\gamma(\alpha - \mathcal{T})^{-1}\right]f_1'''(x) = -m_2\int_1^x g_2(\tau)d\tau + kg_1(1) := \phi(x) \in L^2(0,1),$$

即

$$f_1'''(x) = \left[A^{-1} - B^2\gamma(\alpha + A^{-1}B^2\gamma - \mathcal{T})^{-1}\right]\phi(x) := \psi(x) \in L^2(0,1).$$

求解上述方程可得

$$f_1(x) = \int_1^x \frac{(x-\tau)^2}{2}\psi(\tau)d\tau - x\int_0^1 \tau\psi(\tau)d\tau + \int_0^1 \frac{\tau^2}{2}\psi(\tau)d\tau.$$

从而得到方程 (3.198) 的唯一解 $f_1(x)$, 这意味着 $\mathcal{A}_\gamma^{-1}$ 存在. 应用 Sobolev 嵌入定理可知, $\mathcal{A}_\gamma^{-1}$ 在 $\mathcal{H}_\gamma$ 上是紧的, 因此算子 $\mathcal{A}_\gamma$ 的谱 $\sigma(\mathcal{A}_\gamma)$ 仅由孤立的本征值组成.

最后, 应用 Lumer-Phillips 定理可知算子 $\mathcal{A}_\gamma$ 在 $\mathcal{H}_\gamma$ 上生成一个 C_0-压缩半群 $e^{\mathcal{A}_\gamma t}$. 引理得证.   □

引理 3.33   算子 $\mathcal{A}_\gamma$ 的所有本征值 $\lambda \in \sigma(\mathcal{A}_\gamma)$ 都是几何单的.

证明   任取 $\lambda \in \sigma(\mathcal{A}_\gamma)$, $Y_\lambda = (w, z)$ 为算子 $\mathcal{A}_\gamma$ 对应于本征值 λ 的本征函数. 则 $z = \lambda w$, w 满足方程:

$$\begin{cases} m\lambda^2 w(x) + Aw^{(4)}(x) + B^2\gamma\left(\mathcal{J}w'\right)'(x) = 0, \\ w(0) = w'(0) = w''(1) = 0, \\ Aw'''(1) + B^2\gamma(\mathcal{J}w')(1) = k\lambda w(1). \end{cases} \tag{3.199}$$

设方程 (3.199) 有两个不相关的解 $w_1(x)$ 和 $w_2(x)$. 令 $w(x) = c_1 w_1(x) + c_2 w_2(x)$. $w(x)$ 也是方程 (3.199) 的解. 选取适当的 c_1 和 c_2 使得

$$w(1) = c_1 w_1(1) + c_2 w_2(1) = 0.$$

则方程 (3.199) 变为

$$\begin{cases} m\lambda^2 w(x) + Aw^{(4)}(x) + B^2\gamma\left(\mathcal{J}w'\right)'(x) = 0, \\ w(0) = w'(0) = w''(1) = w(1) = 0, \\ Aw'''(1) + B^2\gamma(\mathcal{J}w')(1) = 0. \end{cases}$$

任意验证上述方程仅有零解, 即 $w \equiv 0$. 矛盾! 从而证明算子 $\mathcal{A}_\gamma$ 的所有本征值都是几何单的.   □

3.4.3 频域分析

令 $\lambda \in \sigma(\mathcal{A}_\gamma)$, $Y_\lambda = (w, z)$ 为算子 $\mathcal{A}_\gamma$ 对应于本征值 λ 的本征函数. 容易验证 $z = \lambda w$, w 满足如下的特征方程:

$$
\begin{cases}
m\lambda^2 w(x) + Aw^{(4)}(x) - B\gamma s'(x) = 0, \\
C\gamma s(x) - s''(x) + Bw'''(x) = 0, \\
w(0) = 0, \quad w'(0) = 0, \quad s(0) = 0, \\
w''(1) = 0, \quad s'(1) = 0, \\
Aw'''(1) - B\gamma s(1) = k\lambda w(1).
\end{cases}
\tag{3.200}
$$

其中, s 是附加的辅助变量. 为了记号简单, 定义

$$
r_1 = \sqrt[4]{\frac{m}{A}}, \quad d_1 = \frac{B}{A}\gamma, \quad d_2 := B, \quad d_3^2 = C\gamma, \quad \tilde{k} = \frac{k}{A}.
\tag{3.201}
$$

则特征方程 (3.200) 可以简化为

$$
\begin{cases}
r_1^4 \lambda^2 w(x) + w^{(4)}(x) - d_1 s'(x) = 0, \\
s''(x) - d_2 w'''(x) - d_3^2 s(x) = 0, \\
w(0) = 0, \quad w'(0) = 0, \quad s(0) = 0, \\
w''(1) = 0, \quad s'(1) = 0, \\
w'''(1) - d_1 s(1) = \tilde{k}\lambda w(1).
\end{cases}
\tag{3.202}
$$

显然, (3.202) 是包括两个 ODE 的一个方程组. 为了求解, 自然的想法是: 先从第二个方程解出变量 s, 将其代入到第一方程, 消除掉 s 后, 再对 w 进行求解. 但是这样的处理会使得问题更为复杂. 为了克服这个困难, 我们采用矩阵算子族的方法求解方程 (3.202). 令

$$
w_1 = w, \quad w_2 = w', \quad w_3 = w'', \quad w_4 = w''', \quad s_1 = s, \quad s_2 = s',
\tag{3.203}
$$

以及

$$
\Phi = (w_1, \ w_2, \ w_3, \ w_4, \ s_1, \ s_2)^{\mathrm{T}},
\tag{3.204}
$$

其中上标 "T" 表示转置. 则方程 (3.202) 化为一阶方程组

$$
\begin{cases}
T^D(x, \lambda)\Phi(x) = \Phi'(x) + M(\lambda)\Phi(x) = 0, \\
T^R(\lambda)\Phi = W^0(\lambda)\Phi(0) + W^1(\lambda)\Phi(1) = 0,
\end{cases}
\tag{3.205}
$$

其中

$$W^0(\lambda) = \begin{pmatrix} 1 & 0 & 0 & 0 & 0 & 0 \\ 0 & 1 & 0 & 0 & 0 & 0 \\ 0 & 0 & 0 & 0 & 1 & 0 \\ 0 & 0 & 0 & 0 & 0 & 0 \\ 0 & 0 & 0 & 0 & 0 & 0 \\ 0 & 0 & 0 & 0 & 0 & 0 \end{pmatrix}, \quad W^1(\lambda) := \begin{pmatrix} 0 & 0 & 0 & 0 & 0 & 0 \\ 0 & 0 & 0 & 0 & 0 & 0 \\ 0 & 0 & 0 & 0 & 0 & 0 \\ 0 & 0 & 1 & 0 & 0 & 0 \\ 0 & 0 & 0 & 0 & 0 & 1 \\ -\tilde{k}\lambda & 0 & 0 & 1 & -d_1 & 0 \end{pmatrix},$$

$$(3.206)$$

以及

$$M(\lambda) = M_0 + \lambda^2 M_2, \tag{3.207}$$

$$M_0 = \begin{pmatrix} 0 & -1 & 0 & 0 & 0 & 0 \\ 0 & 0 & -1 & 0 & 0 & 0 \\ 0 & 0 & 0 & -1 & 0 & 0 \\ 0 & 0 & 0 & 0 & 0 & -d_1 \\ 0 & 0 & 0 & 0 & 0 & -1 \\ 0 & 0 & 0 & -d_2 & -d_3^2 & 0 \end{pmatrix}, \quad M_2 = \begin{pmatrix} 0 & 0 & 0 & 0 & 0 & 0 \\ 0 & 0 & 0 & 0 & 0 & 0 \\ 0 & 0 & 0 & 0 & 0 & 0 \\ r_1^4 & 0 & 0 & 0 & 0 & 0 \\ 0 & 0 & 0 & 0 & 0 & 0 \\ 0 & 0 & 0 & 0 & 0 & 0 \end{pmatrix}.$$

$$(3.208)$$

定理 3.34 $\lambda \in \sigma(\mathcal{A}_\gamma)$ 当且仅当 (3.205) 有非平凡解 $\Phi(x)$.

从引理 3.32 可知系统的本征值全部位于左半复平面上, 并且关于实轴对称, 因此我们仅考虑位于复平面上第二象限的本征值 λ:

$$\lambda = i\rho^2, \quad \rho \in \mathcal{S} = \left\{ \rho \in \mathbb{C} \ \middle| \ 0 \leqslant \arg \rho \leqslant \frac{\pi}{4} \right\}.$$

对于任意 $\rho \in \mathcal{S}$, 有如下估计

$$\mathrm{Re}(-\rho) \leqslant \mathrm{Re}(i\rho) \leqslant \mathrm{Re}(-i\rho) \leqslant \mathrm{Re}(\rho),$$

以及

$$\begin{cases} \mathrm{Re}(-\rho) = -|\rho|\cos(\arg \rho) \leqslant -\dfrac{\sqrt{2}}{2}|\rho| < 0, \\ \mathrm{Re}(i\rho) = -|\rho|\sin(\arg \rho) \leqslant 0. \end{cases}$$

为了求解 (3.205), 我们引入一个关于 $\rho \in \mathcal{S}$, $\rho \neq 0$ 的可逆矩阵:

$$P(\rho) = \begin{pmatrix} r_1\rho & r_1\rho & r_1\rho & r_1\rho & 0 & 0 \\ r_1^2\rho^2 & -r_1^2\rho^2 & ir_1^2\rho^2 & -ir_1^2\rho^2 & 0 & 0 \\ r_1^3\rho^3 & r_1^3\rho^3 & -r_1^3\rho^3 & -r_1^3\rho^3 & 0 & 0 \\ r_1^4\rho^4 & -r_1^4\rho^4 & -ir_1^4\rho^4 & ir_1^4\rho^4 & 0 & 0 \\ 0 & 0 & 0 & 0 & \rho^3 & 0 \\ d_2r_1^3\rho^3 & d_2r_1^3\rho^3 & -d_2r_1^3\rho^3 & -d_2r_1^3\rho^3 & 0 & \rho^3 \end{pmatrix}. \tag{3.209}$$

显然 $P(\rho)$ 是一个关于 ρ 的 4 阶多项式矩阵. 当 $\rho \neq 0$ 时, $P(\rho)$ 可逆, 且

$$P(\rho)^{-1} = \begin{pmatrix} \dfrac{1}{4r_1\rho} & \dfrac{1}{4r_1^2\rho^2} & \dfrac{1}{4r_1^3\rho^3} & \dfrac{1}{4r_1^4\rho^4} & 0 & 0 \\ \dfrac{1}{4r_1\rho} & -\dfrac{1}{4r_1^2\rho^2} & \dfrac{1}{4r_1^3\rho^3} & -\dfrac{1}{4r_1^4\rho^4} & 0 & 0 \\ \dfrac{1}{4r_1\rho} & -i\dfrac{1}{4r_1^2\rho^2} & -\dfrac{1}{4r_1^3\rho^3} & i\dfrac{1}{4r_1^4\rho^4} & 0 & 0 \\ \dfrac{1}{4r_1\rho} & i\dfrac{1}{4r_1^2\rho^2} & -\dfrac{1}{4r_1^3\rho^3} & -i\dfrac{1}{4r_1^4\rho^4} & 0 & 0 \\ 0 & 0 & 0 & 0 & \rho^{-3} & 0 \\ 0 & 0 & -d_2\rho^{-3} & 0 & 0 & \rho^{-3} \end{pmatrix}. \tag{3.210}$$

定义

$$\Psi(x) = P^{-1}(\rho)\Phi(x), \quad \widehat{T}^D(x,\rho) = P(\rho)^{-1}T^D(x,i\rho^2)P(\rho). \tag{3.211}$$

则

$$\widehat{T}^D(x,\rho)\Psi(x) = \Psi'(x) - \widehat{M}(\rho)\Psi(x) = 0, \tag{3.212}$$

其中

$$\widehat{M}(\rho)$$
$$= -P(\rho)^{-1}M(i\rho^2)P(\rho)$$

$$
= -P(\rho)^{-1}
\begin{pmatrix}
0 & -1 & 0 & 0 & 0 & 0 \\
0 & 0 & -1 & 0 & 0 & 0 \\
0 & 0 & 0 & -1 & 0 & 0 \\
-r_1^4\rho^4 & 0 & 0 & 0 & 0 & -d_1 \\
0 & 0 & 0 & 0 & 0 & -1 \\
0 & 0 & 0 & -d_2 & -d_3^2 & 0
\end{pmatrix}
P(\rho)
$$

$$
= -
\begin{pmatrix}
-\dfrac{1}{4} & -\dfrac{1}{4r_1\rho} & -\dfrac{1}{4r_1^2\rho^2} & -\dfrac{1}{4r_1^3\rho^3} & 0 & -\dfrac{d_1}{4r_1^4\rho^4} \\[2mm]
\dfrac{1}{4} & -\dfrac{1}{4r_1\rho} & \dfrac{1}{4r_1^2\rho^2} & -\dfrac{1}{4r_1^3\rho^3} & 0 & \dfrac{d_1}{4r_1^4\rho^4} \\[2mm]
-i\dfrac{1}{4} & -\dfrac{1}{4r_1\rho} & i\dfrac{1}{4r_1^2\rho^2} & \dfrac{1}{4r_1^3\rho^3} & 0 & -i\dfrac{d_1}{4r_1^4\rho^4} \\[2mm]
i\dfrac{1}{4} & -\dfrac{1}{4r_1\rho} & -i\dfrac{1}{4r_1^2\rho^2} & \dfrac{1}{4r_1^3\rho^3} & 0 & i\dfrac{d_1}{4r_1^4\rho^4} \\[2mm]
0 & 0 & 0 & 0 & 0 & -\rho^{-3} \\[2mm]
0 & 0 & 0 & 0 & -d_3^2\rho^{-3} & 0
\end{pmatrix}
P(\rho)
$$

$$
= -
\begin{pmatrix}
-r_1\rho-\dfrac{d_1d_2}{4r_1\rho} & -\dfrac{d_1d_2}{4r_1\rho} & \dfrac{d_1d_2}{4r_1\rho} & \dfrac{d_1d_2}{4r_1\rho} & 0 & -\dfrac{d_1}{4r_1^4\rho} \\[2mm]
\dfrac{d_1d_2}{4r_1\rho} & r_1\rho+\dfrac{d_1d_2}{4r_1\rho} & -\dfrac{d_1d_2}{4r_1\rho} & -\dfrac{d_1d_2}{4r_1\rho} & 0 & \dfrac{d_1}{4r_1^4\rho} \\[2mm]
-i\dfrac{d_1d_2}{4r_1\rho} & -i\dfrac{d_1d_2}{4r_1\rho} & -ir_1\rho+i\dfrac{d_1d_2}{4r_1\rho} & i\dfrac{d_1d_2}{4r_1\rho} & 0 & -i\dfrac{d_1}{4r_1^4\rho} \\[2mm]
i\dfrac{d_1d_2}{4r_1\rho} & i\dfrac{d_1d_2}{4r_1\rho} & -i\dfrac{d_1d_2}{4r_1\rho} & ir_1\rho-i\dfrac{d_1d_2}{4r_1\rho} & 0 & i\dfrac{d_1}{4r_1^4\rho} \\[2mm]
-d_2r_1^3 & -d_2r_1^3 & d_2r_1^3 & d_2r_1^3 & 0 & -1 \\[2mm]
0 & 0 & 0 & 0 & -d_3^2 & 0
\end{pmatrix}.
$$

$\widehat{M}(\rho)$ 可以进一步表示为

$$\widehat{M}(\rho) = \rho\widehat{M}_1 + \widehat{M}_0 + \rho^{-1}\widehat{M}_{-1}, \qquad (3.213)$$

其中

$$\widehat{M}_1 = \begin{pmatrix} r_1 & 0 & 0 & 0 & 0 & 0 \\ 0 & -r_1 & 0 & 0 & 0 & 0 \\ 0 & 0 & ir_1 & 0 & 0 & 0 \\ 0 & 0 & 0 & -ir_1 & 0 & 0 \\ 0 & 0 & 0 & 0 & 0 & 0 \\ 0 & 0 & 0 & 0 & 0 & 0 \end{pmatrix},$$

$$\widehat{M}_0 = \begin{pmatrix} 0 & 0 & 0 & 0 & 0 & 0 \\ 0 & 0 & 0 & 0 & 0 & 0 \\ 0 & 0 & 0 & 0 & 0 & 0 \\ 0 & 0 & 0 & 0 & 0 & 0 \\ d_2r_1^3 & d_2r_1^3 & -d_2r_1^3 & -d_2r_1^3 & 0 & 1 \\ 0 & 0 & 0 & 0 & d_3^2 & 0 \end{pmatrix}, \qquad (3.214)$$

以及

$$\widehat{M}_{-1} = \begin{pmatrix} \dfrac{d_1d_2}{4r_1} & \dfrac{d_1d_2}{4r_1} & -\dfrac{d_1d_2}{4r_1} & -\dfrac{d_1d_2}{4r_1} & 0 & \dfrac{d_1}{4r_1^4} \\ -\dfrac{d_1d_2}{4r_1} & -\dfrac{d_1d_2}{4r_1} & \dfrac{d_1d_2}{4r_1} & \dfrac{d_1d_2}{4r_1} & 0 & -\dfrac{d_1}{4r_1^4} \\ i\dfrac{d_1d_2}{4r_1} & i\dfrac{d_1d_2}{4r_1} & -i\dfrac{d_1d_2}{4r_1} & -i\dfrac{d_1d_2}{4r_1} & 0 & i\dfrac{d_1}{4r_1^4} \\ -i\dfrac{d_1d_2}{4r_1} & -i\dfrac{d_1d_2}{4r_1} & i\dfrac{d_1d_2}{4r_1} & i\dfrac{d_1d_2}{4r_1} & 0 & -i\dfrac{d_1}{4r_1^4} \\ 0 & 0 & 0 & 0 & 0 & 0 \\ 0 & 0 & 0 & 0 & 0 & 0 \end{pmatrix}. \qquad (3.215)$$

我们现在讨论方程 (3.212) 关于 $\rho \in \mathcal{S}$ 的基础解矩阵.

定理 3.35 令 $0 \neq \rho \in \mathcal{S}$, 矩阵算子 $\widehat{M}(\rho)$ 由 (3.213) 给定. 对于 $x \in [0,1]$, 记

$$E(x,\rho)=\begin{pmatrix} e^{r_1\rho x} & 0 & 0 & 0 & 0 & 0 \\ 0 & e^{-r_1\rho x} & 0 & 0 & 0 & 0 \\ 0 & 0 & e^{ir_1\rho x} & 0 & 0 & 0 \\ 0 & 0 & 0 & e^{-ir_1\rho x} & 0 & 0 \\ 0 & 0 & 0 & 0 & 1 & 0 \\ 0 & 0 & 0 & 0 & 0 & 1 \end{pmatrix}. \tag{3.216}$$

当 $|\rho|$ 充分大时, 方程 (3.212) 有如下的基础解矩阵 $\widehat{\Psi}(x,\rho)$:

$$\widehat{\Psi}(x,\rho)=\left(\widehat{\Psi}_0(x)+\frac{\widehat{\Psi}_1(x)}{\rho}+\frac{\widehat{\Psi}_2(x)}{\rho^2}+\frac{\widetilde{\Theta}(x,\rho)}{\rho^3}\right)E(\cdot,\rho), \tag{3.217}$$

其中

$$\widehat{\Psi}_0(x):=\begin{pmatrix} 1 & 0 & 0 & 0 & 0 & 0 \\ 0 & 1 & 0 & 0 & 0 & 0 \\ 0 & 0 & 1 & 0 & 0 & 0 \\ 0 & 0 & 0 & 1 & 0 & 0 \\ 0 & 0 & 0 & 0 & e^{d_3x} & e^{-d_3x} \\ 0 & 0 & 0 & 0 & d_3e^{d_3x} & -d_3e^{-d_3x} \end{pmatrix}, \tag{3.218}$$

$$\widehat{\Psi}_1(x)=\begin{pmatrix} \dfrac{d_1d_2}{4r_1}x & 0 & 0 & 0 & 0 & 0 \\ 0 & -\dfrac{d_1d_2}{4r_1}x & 0 & 0 & 0 & 0 \\ 0 & 0 & -i\dfrac{d_1d_2}{4r_1}x & 0 & 0 & 0 \\ 0 & 0 & 0 & i\dfrac{d_1d_2}{4r_1}x & 0 & 0 \\ d_2r_1^2 & -d_2r_1^2 & id_2r_1^2 & -id_2r_1^2 & e^{d_3x} & e^{-d_3x} \\ 0 & 0 & 0 & 0 & d_3e^{d_3x} & -d_3e^{-d_3x} \end{pmatrix}. \tag{3.219}$$

当 $|\rho|$ 充分大时, $\widehat{\Psi}_2,\widetilde{\Theta}(x,\rho)$ 和 $\widetilde{\Theta}_x(x,\rho)$ 在 $x\in[0,1]$ 上一致有界.

　　证明　令方程 (3.212) 的基础解矩阵形式为

$$\widehat{\Psi}(x,\rho)=\left(\widehat{\Psi}_0(x)+\rho^{-1}\widehat{\Psi}_1(x)+\rho^{-2}\widehat{\Psi}_2(x)+\rho^{-3}\widetilde{\Theta}(x,\rho)\right)E(x,\rho).$$

从表达式 (3.214) 和 (3.216) 可知, $\widehat{M}_1$ 是一个对角矩阵, $E(x,\rho)$ 是方程 (3.212) 仅含主导项的基础解矩阵, 即

$$E'(x,\rho) = \rho\widehat{M}_1 E(x,\rho).$$

通过计算 $\widehat{\Psi}'(x,\rho)$ 和 $\widehat{M}(\rho)\widehat{\Psi}(x,\rho)$ 得到

$$\widehat{\Psi}'(x,\rho) = \left(\widehat{\Psi}'_0(x) + \rho^{-1}\widehat{\Psi}'_1(x) + \rho^{-2}\widehat{\Psi}'_2(x) + \rho^{-3}\widetilde{\Theta}_x(x,\rho)\right)E(x,\rho)$$
$$+ \rho\left(\widehat{\Psi}_0(x) + \rho^{-1}\widehat{\Psi}_1(x) + \rho^{-2}\widehat{\Psi}_2(x) + \rho^{-3}\widetilde{\Theta}(x,\rho)\right)\widehat{M}_1 E(x,\rho),$$

以及

$$\widehat{M}(\rho)\widehat{\Psi}(x,\rho)$$
$$= \left(\rho\widehat{M}_1 + \widehat{M}_0 + \rho^{-1}\widehat{M}_{-1}\right)\left(\widehat{\Psi}_0(x) + \rho^{-1}\widehat{\Psi}_1(x) + \rho^{-2}\widehat{\Psi}_2(x) + \rho^{-3}\widetilde{\Theta}(x,\rho)\right)E(x,\rho).$$

把上述的两个表达式代入方程 (3.212), 按照 ρ 的多项式合并同类项, 然后比较方程左右两端关于 ρ^i, $i = 1, 0, -1$ 的系数, 可得

$$\widehat{\Psi}_0(x)\widehat{M}_1 - \widehat{M}_1\widehat{\Psi}_0(x) = 0, \tag{3.220}$$

$$\widehat{\Psi}'_0(x) - \widehat{M}_0\widehat{\Psi}_0(x) + \widehat{\Psi}_1(x)\widehat{M}_1 - \widehat{M}_1\widehat{\Psi}_1(x) = 0, \tag{3.221}$$

$$\widehat{\Psi}'_1(x) - \widehat{M}_0\widehat{\Psi}_1(x) - \widehat{M}_{-1}\widehat{\Psi}_0(x) + \widehat{\Psi}_2(x)\widehat{M}_1 - \widehat{M}_1\widehat{\Psi}_2(x) = 0. \tag{3.222}$$

余下我们证明首项 $\widehat{\Psi}_0(\cdot)$ 和第二项 $\widehat{\Psi}_1(\cdot)$ 可以由表达式 (3.218) 和 (3.219) 给出. 记 $c_{ij}^{[s]}(x)$ 为矩阵 $\widehat{\Psi}_s(x)$ 的第 (i,j)-元素, $i,j = 1,2,\cdots,6$, $s = 0,1$. 由于 $\widehat{M}_1$ 是对角矩阵, 根据 (3.220) 可知矩阵 $\widehat{\Psi}_0$ 的如下元素 $c_{ij}^{[0]}(x)$ 满足

$$\begin{cases} c_{ij}^{[0]}(x) = 0, & i \neq j,\ 1 \leqslant i,j \leqslant 4, \\ c_{ij}^{[0]}(x) = 0, & i = 5,6,\ 1 \leqslant j \leqslant 4, \\ c_{ij}^{[0]}(x) = 0, & j = 5,6,\ 1 \leqslant i \leqslant 4. \end{cases}$$

其他元素 $c_{ii}^{[0]}(x)$ $(i = 1,2,\cdots,6)$, $c_{56}^{[0]}(x)$ 和 $c_{65}^{[0]}(x)$ 可由 (3.221) 确定:

$$\begin{cases} c_{ii}^{[0]'}(x) = 0, \quad i = 1, 2, 3, 4, \\ c_{55}^{[0]'}(x) = c_{65}^{[0]}(x), \quad c_{56}^{[0]'}(x) = c_{66}^{[0]}(x), \\ c_{65}^{[0]'}(x) = d_3^2 c_{55}^{[0]}(x), \quad c_{66}^{[0]'}(x) = d_3^2 c_{56}^{[0]}(x). \end{cases} \tag{3.223}$$

从而得到 (3.218). 类似地, 根据 (3.221), 矩阵 $\widehat{\Psi}_1(x)$ 的如下元素满足

$$\begin{cases} c_{ij}^{[1]}(x) = 0, \quad 1 \leqslant i, j \leqslant 4, \ i \neq j, \\ c_{ij}^{[1]}(x) = 0, \quad 1 \leqslant i \leqslant 4, \ j = 5, 6, \\ c_{ij}^{[1]}(x) = 0, \quad 1 \leqslant j \leqslant 4, \ i = 6, \\ c_{51}^{[1]}(x) = d_2 r_1^2, \quad c_{52}^{[1]}(x) = -d_2 r_1^2, \quad c_{53}^{[1]}(x) = i d_2 r_1^2, \quad c_{54}^{[1]}(x) = -i d_2 r_1^2. \end{cases}$$

其他元素 $c_{ii}^{[1]}(x)$ $(i = 1, 2, \cdots, 6)$, $c_{56}^{[1]}(x)$ 和 $c_{65}^{[1]}(x)$, 可以通过 (3.222) 确定:

$$\begin{cases} c_{11}^{[1]'}(x) = \dfrac{d_1 d_2}{4 r_1}, \quad c_{22}^{[1]'}(x) = -\dfrac{d_1 d_2}{4 r_1}, \quad c_{33}^{[1]'}(x) = -i\dfrac{d_1 d_2}{4 r_1}, \quad c_{44}^{[1]'}(x) = i\dfrac{d_1 d_2}{4 r_1}, \\ c_{55}^{[1]'}(x) = c_{65}^{[1]}(x), \quad c_{65}^{[1]'}(x) = d_3^2 c_{55}^{[1]}(x), \quad c_{56}^{[1]'}(x) = c_{66}^{[1]}(x), \quad c_{66}^{[1]'}(x) = d_3^2 c_{56}^{[1]}(x). \end{cases}$$

因此可以得到 (3.219). 定理得证.   □

根据等价闭环 (3.211), 我们有如下结论.

推论 3.36　设 $0 \neq \rho \in \mathcal{S}$, $\widehat{\Psi}(x, \rho)$ 是方程 (3.212) 的基础解矩阵, 且由 (3.217) 给定. 则

$$\widehat{\Phi}(x, \rho) = P(\rho) \widehat{\Psi}(x, \rho) \tag{3.224}$$

是一阶方程组 (3.205) 关于 x 的基础解矩阵.

我们在扇形区域 $\mathcal{S}$ 上计算 $\mathcal{A}_\gamma$ 的本征值. 从方程组 (3.205) 可知, $\lambda = i\rho^2 \in \sigma(\mathcal{A}_\gamma)$ 当且仅当 ρ 是特征行列式 $\Delta(\rho)$ 的零点, 这里

$$\Delta(\rho) = \det\left(T^R(i\rho^2)\widehat{\Phi}\right), \quad \rho \in \mathcal{S}, \tag{3.225}$$

其中算子 T^R 是由 (3.205) 给定, $\widehat{\Phi}$ 是基础解矩阵, 由 (3.224) 给定. 对于边界算子

$$T^R(i\rho^2)\widehat{\Phi} = W^0(i\rho^2)P(\rho)\widehat{\Psi}(0, \rho) + W^1(i\rho^2)P(\rho)\widehat{\Psi}(1, \rho), \tag{3.226}$$

经过计算, 从 (3.206) 和 (3.209) 可以得到

$$W^0(i\rho^2)P(\rho) = \begin{pmatrix} r_1\rho & r_1\rho & r_1\rho & r_1\rho & 0 & 0 \\ r_1^2\rho^2 & -r_1^2\rho^2 & ir_1^2\rho^2 & -ir_1^2\rho^2 & 0 & 0 \\ 0 & 0 & 0 & 0 & \rho^3 & 0 \\ 0 & 0 & 0 & 0 & 0 & 0 \\ 0 & 0 & 0 & 0 & 0 & 0 \\ 0 & 0 & 0 & 0 & 0 & 0 \end{pmatrix}$$

和

$$W^1(i\rho^2)P(\rho)$$

$$= \rho^3 \begin{pmatrix} 0 & 0 & 0 & 0 & 0 & 0 \\ 0 & 0 & 0 & 0 & 0 & 0 \\ 0 & 0 & 0 & 0 & 0 & 0 \\ r_1^3 & r_1^3 & -r_1^3 & -r_1^3 & 0 & 0 \\ d_2r_1^3 & d_2r_1^3 & -d_2r_1^3 & -d_2r_1^3 & 0 & 1 \\ r_1(r_1^3\rho - i\tilde{k}) & -r_1(i\tilde{k} + r_1^3\rho) & -ir_1(\tilde{k} + r_1^3\rho) & ir_1(r_1^3\rho - \tilde{k}) & -d_1 & 0 \end{pmatrix}.$$

为记号简单, 记

$$[a]_2 = a + \mathcal{O}(\rho^{-2}).$$

由于 $E(0,\rho) = I$, 经过计算, 可知

$$W^0(i\rho^2)P(\rho)\widehat{\Psi}(0,\rho)$$

$$= \begin{pmatrix} r_1\rho & r_1\rho & r_1\rho & r_1\rho & 0 & 0 \\ r_1^2\rho^2 & -r_1^2\rho^2 & ir_1^2\rho^2 & -ir_1^2\rho^2 & 0 & 0 \\ d_2r_1^2\rho^2 & -d_2r_1^2\rho^2 & id_2r_1^2\rho^2 & -id_2r_1^2\rho^2 & \rho^3(1+\rho^{-1}) & \rho^3(1+\rho^{-1}) \\ 0 & 0 & 0 & 0 & 0 & 0 \\ 0 & 0 & 0 & 0 & 0 & 0 \\ 0 & 0 & 0 & 0 & 0 & 0 \end{pmatrix}$$

$$+\mathcal{O}(\rho^{-2}),$$

以及

$$W^1(i\rho^2)P(\rho)\widehat{\Psi}(1,\rho)$$

$$
=\rho^3
\begin{pmatrix}
0 & 0 & 0 \\
0 & 0 & 0 \\
0 & 0 & 0 \\
r_1^{-1}\left(1+\dfrac{d_1d_2}{4r_1\rho}\right)E_1 & -r_1^{-1}\left(1-\dfrac{d_1d_2}{4r_1\rho}\right)E_2 & -ir_1^{-1}\left(1-i\dfrac{d_1d_2}{4r_1\rho}\right)E_3 \\
r_1^{-1}d_2\left(1+\dfrac{d_1d_2}{4r_1\rho}\right)E_1 & -r_1^{-1}d_2\left(1-\dfrac{d_1d_2}{4r_1\rho}\right)E_2 & -ir_1^{-1}d_2\left(1-i\dfrac{d_1d_2}{4r_1\rho}\right)E_3 \\
\rho\left[1+\dfrac{1}{\rho}\left(\dfrac{d_1d_2}{4r_1}-i\dfrac{\bar{k}}{r_1^3}\right)\right]_2 E_1 & \rho\left[1-\dfrac{1}{\rho}\left(\dfrac{d_1d_2}{4r_1}-i\dfrac{\bar{k}}{r_1^3}\right)\right]_2 E_2 & \rho\left[1-i\dfrac{1}{\rho}\left(i\dfrac{\bar{k}}{r_1^3}+\dfrac{d_1d_2}{4r_1}\right)\right]_2 E_3
\end{pmatrix}
$$

$$
\begin{pmatrix}
0 & 0 & 0 \\
0 & 0 & 0 \\
0 & 0 & 0 \\
ir_1^{-1}\left(1+i\dfrac{d_1d_2}{4r_1\rho}\right)E_4 & 0 & 0 \\
id_2r_1^{-1}\left(1+i\dfrac{d_1d_2}{4r_1\rho}\right)E_4 & d_3e^{d_3}(1+\rho^{-1}) & -d_3e^{-d_3}(1+\rho^{-1}) \\
\rho\left[1+i\dfrac{1}{\rho}\left(i\dfrac{\bar{k}}{r_1^3}+\dfrac{d_1d_2}{4r_1}\right)\right]_2 E_4 & -d_1e^{d_3}(1+\rho^{-1}) & -d_1e^{-d_3}(1+\rho^{-1})
\end{pmatrix}
+\mathcal{O}(\rho^{-2}),
$$

其中

$$E_1=r_1^4e^{r_1\rho},\quad E_2=-r_1^4e^{-r_1\rho},\quad E_3=-ir_1^4e^{ir_1\rho},\quad E_4=ir_1^4e^{-ir_1\rho}. \tag{3.227}$$

从而

$$T^R(i\rho^2)\widehat{\Phi}$$

$$
=
\begin{pmatrix}
r_1\rho & r_1\rho & r_1\rho \\
r_1^2\rho^2 & -r_1^2\rho^2 & ir_1^2\rho^2 \\
d_2r_1^2\rho^2 & -d_2r_1^2\rho^2 & id_2r_1^2\rho^2 \\
r_1^{-1}\left(1+\dfrac{d_1d_2}{4r_1\rho}\right)\rho^3E_1 & -r_1^{-1}\left(1-\dfrac{d_1d_2}{4r_1\rho}\right)\rho^3E_2 & -ir_1^{-1}\left(1-i\dfrac{d_1d_2}{4r_1\rho}\right)\rho^3E_3 \\
r_1^{-1}d_2\left(1+\dfrac{d_1d_2}{4r_1\rho}\right)\rho^3E_1 & -r_1^{-1}d_2\left(1-\dfrac{d_1d_2}{4r_1\rho}\right)\rho^3E_2 & -ir_1^{-1}d_2\left(1-i\dfrac{d_1d_2}{4r_1\rho}\right)\rho^3E_3 \\
\left[1+\dfrac{1}{\rho}\left(\dfrac{d_1d_2}{4r_1}-i\dfrac{\bar{k}}{r_1^3}\right)\right]_2\rho^4E_1 & \left[1-\dfrac{1}{\rho}\left(\dfrac{d_1d_2}{4r_1}-i\dfrac{\bar{k}}{r_1^3}\right)\right]_2\rho^4E_2 & \left[1-i\dfrac{1}{\rho}\left(i\dfrac{\bar{k}}{r_1^3}+\dfrac{d_1d_2}{4r_1}\right)\right]_2\rho^4E_3
\end{pmatrix}
$$

$$
\left.\begin{array}{ccc}
r_1\rho & 0 & 0 \\
-ir_1^2\rho^2 & 0 & 0 \\
-id_2r_1^2\rho^2 & \rho^3(1+\rho^{-1}) & \rho^3(1+\rho^{-1}) \\
ir_1^{-1}\left(1+i\dfrac{d_1d_2}{4r_1\rho}\right)\rho^3E_4 & 0 & 0 \\
id_2r_1^{-1}\left(1+i\dfrac{d_1d_2}{4r_1\rho}\right)\rho^3E_4 & d_3\rho^3e^{d_3}(1+\rho^{-1}) & -d_3\rho^3e^{-d_3}(1+\rho^{-1}) \\
\left[1+i\rho^{-1}\left(i\dfrac{\tilde{k}}{r_1^3}+\dfrac{d_1d_2}{4r_1}\right)\right]_2\rho^4E_4 & -d_1\rho^3e^{d_3}(1+\rho^{-1}) & -d_1\rho^3e^{-d_3}(1+\rho^{-1})
\end{array}\right)+\mathcal{O}(\rho^{-2}).
$$

因此

$$
\rho^{-16}\Delta(\rho)\rho^{-16}\det(T^R(i\rho^2)\widehat{\Phi})
$$

$$
=d_2^2r_1^3\det\left(\begin{array}{ccc}
1 & 1 & 1 \\
1 & -1 & i \\
\rho^{-1} & -\rho^{-1} & i\rho^{-1} \\
\left(1+\dfrac{d_1d_2}{4r_1\rho}\right)E_1 & \left(-1+\dfrac{d_1d_2}{4r_1\rho}\right)E_2 & \left(-i-\dfrac{d_1d_2}{4r_1\rho}\right)E_3 \\
\left(1+\dfrac{d_1d_2}{4r_1\rho}\right)E_1 & \left(-1+\dfrac{d_1d_2}{4r_1\rho}\right)E_2 & \left(-i-\dfrac{d_1d_2}{4r_1\rho}\right)E_3 \\
\left[1+\dfrac{1}{\rho}\left(\dfrac{d_1d_2}{4r_1}-i\dfrac{\tilde{k}}{r_1^3}\right)\right]_2E_1 & \left[1-\dfrac{1}{\rho}\left(\dfrac{d_1d_2}{4r_1}-i\dfrac{\tilde{k}}{r_1^3}\right)\right]_2E_2 & \left[1+\dfrac{1}{\rho}\left(\dfrac{\tilde{k}}{r_1^3}-\dfrac{d_1d_2i}{4r_1}\right)\right]_2E_3
\end{array}\right.
$$

$$
\left.\begin{array}{ccc}
1 & 0 & 0 \\
-i & 0 & 0 \\
-i\rho^{-1} & \dfrac{1}{d_2r_1^2}(1+\rho^{-1}) & \dfrac{1}{d_2r_1^2}(1+\rho^{-1}) \\
\left(i-\dfrac{d_1d_2}{4r_1\rho}\right)E_4 & 0 & 0 \\
\left(i-\dfrac{d_1d_2}{4r_1\rho}\right)E_4 & \dfrac{d_3}{d_2}r_1e^{d_3}(1+\rho^{-1}) & -\dfrac{d_3}{d_2}r_1e^{-d_3}(1+\rho^{-1}) \\
\left[1+i\rho^{-1}\left(i\dfrac{\tilde{k}}{r_1^3}+\dfrac{d_1d_2}{4r_1}\right)\right]_2E_4 & -d_1\rho^{-1}e^{d_3}(1+\rho^{-1}) & -d_1\rho^{-1}e^{-d_3}(1+\rho^{-1})
\end{array}\right)
$$

$$
=2d_2^2r_1^3E_1\det\left(\begin{array}{ccc}
0 & 1 & 1 \\
0 & -1 & i \\
0 & -\rho^{-1} & i\rho^{-1} \\
\left(1+\dfrac{d_1d_2}{4r_1\rho}\right) & 0 & \left(-i-\dfrac{d_1d_2}{4r_1\rho}\right)E_3 \\
0 & 0 & 0 \\
\left[1+\dfrac{1}{\rho}\left(\dfrac{d_1d_2}{4r_1}-i\dfrac{\tilde{k}}{r_1^3}\right)\right]_2 & 0 & \left[1+\dfrac{1}{\rho}\left(\dfrac{\tilde{k}}{r_1^3}-\dfrac{d_1d_2i}{4r_1}\right)\right]_2E_3
\end{array}\right.
$$

$$
\begin{pmatrix}
1 & 0 & 0 \\
-i & 0 & 0 \\
-i\rho^{-1} & \dfrac{1}{d_2 r_1^2}(1+\rho^{-1}) & 0 \\
\left(i-\dfrac{d_1 d_2}{4r_1\rho}\right)E_4 & 0 & 0 \\
0 & \dfrac{d_3}{d_2}r_1 e^{d_3}(1+\rho^{-1}) & -\dfrac{d_3}{d_2}r_1\cosh(d_3)(1+\rho^{-1}) \\
\left[1+i\dfrac{1}{\rho}\left(i\dfrac{\tilde{k}}{r_1^3}+\dfrac{d_1 d_2}{4r_1}\right)\right]_2 E_4 & -d_1\rho^{-1}e^{d_3}(1+\rho^{-1}) & d_1\sinh(d_3)\rho^{-1}(1+\rho^{-1})
\end{pmatrix}
$$

$$
=-2d_2^2 r_1^3 E_1 \det
\begin{pmatrix}
\dfrac{1}{d_2 r_1^2}(1+\rho^{-1}) & 0 \\
\dfrac{d_3}{d_2}r_1 e^{d_3}(1+\rho^{-1}) & -\dfrac{d_3}{d_2}r_1\cosh(d_3)(1+\rho^{-1})
\end{pmatrix}
$$

$$
\times \det
\begin{pmatrix}
0 & 1 & 1 & 1 \\
0 & -1 & i & -i \\
\left(1+\dfrac{d_1 d_2}{4r_1\rho}\right) & 0 & \left(-i-\dfrac{d_1 d_2}{4r_1\rho}\right)E_3 & \left(i-\dfrac{d_1 d_2}{4r_1\rho}\right)E_4 \\
\left[1+\dfrac{1}{\rho}\left(\dfrac{d_1 d_2}{4r_1}-i\dfrac{\tilde{k}}{r_1^3}\right)\right]_2 & 0 & \left[1+\dfrac{1}{\rho}\left(\dfrac{\tilde{k}}{r_1^3}-\dfrac{d_1 d_2 i}{4r_1}\right)\right]_2 E_3 & \left[1-\dfrac{1}{\rho}\left(\dfrac{\tilde{k}}{r_1^3}-\dfrac{d_1 d_2 i}{4r_1}\right)\right]_2 E_4
\end{pmatrix}
$$

$$
=-2r_1^2 d_3\cosh(d_3)E_1(1+2\rho^{-1})
$$

$$
\times \det
\begin{pmatrix}
0 & 1+i & 1-i \\
\left(1+\dfrac{d_1 d_2}{4r_1\rho}\right) & \left(-i-\dfrac{d_1 d_2}{4r_1\rho}\right)E_3 & \left(i-\dfrac{d_1 d_2}{4r_1\rho}\right)E_4 \\
\left[1+\dfrac{1}{\rho}\left(\dfrac{d_1 d_2}{4r_1}-i\dfrac{\tilde{k}}{r_1^3}\right)\right]_2 & \left[1+\dfrac{1}{\rho}\left(\dfrac{\tilde{k}}{r_1^3}-\dfrac{d_1 d_2 i}{4r_1}\right)\right]_2 E_3 & \left[1-\dfrac{1}{\rho}\left(\dfrac{\tilde{k}}{r_1^3}-\dfrac{d_1 d_2 i}{4r_1}\right)\right]_2 E_4
\end{pmatrix}
$$

$$
=-2(1-i)r_1^2 d_3\cosh(d_3)E_1(1+2\rho^{-1})
$$

$$
\times \det
\begin{pmatrix}
\left(1+\dfrac{d_1 d_2}{4r_1\rho}\right) & \left(-i-\dfrac{d_1 d_2}{4r_1\rho}\right)E_3+\left(1+i\dfrac{d_1 d_2}{4r_1\rho}\right)E_4 \\
\left[1+\dfrac{1}{\rho}\left(\dfrac{d_1 d_2}{4r_1}-i\dfrac{\tilde{k}}{r_1^3}\right)\right]_2 & \left[1-i\dfrac{1}{\rho}\left(i\dfrac{\tilde{k}}{r_1^3}+\dfrac{d_1 d_2}{4r_1}\right)\right]_2 E_3+\left[-i+\dfrac{1}{\rho}\left(i\dfrac{\tilde{k}}{r_1^3}+\dfrac{d_1 d_2}{4r_1}\right)\right]_2 E_4
\end{pmatrix}
$$

$$
=-2(1-i)r_1^2 d_3\cosh(d_3)E_1(1+2\rho^{-1})
$$

$$
\times \left\{\left[1+i+\left(\dfrac{d_1 d_2}{2r_1}-i(1+i)\dfrac{\tilde{k}}{r_1^3}\right)\dfrac{1}{\rho}\right]_2 E_3+\left[-(i+1)-\left(i\dfrac{d_1 d_2}{2r_1}-2i\dfrac{\tilde{k}}{r_1^3}\right)\dfrac{1}{\rho}\right]_2 E_4\right\}.
$$

最终我们得到

$$
(-2^2 d_3\cosh(d_3)r_1^2\rho^{16}E_1)^{-1}\Delta(\rho)
$$

$$
=\left[1+\left(-i\dfrac{\tilde{k}}{r_1^3}+2+(1-i)\dfrac{d_1 d_2}{4r_1}\right)\dfrac{1}{\rho}\right]E_3
$$

$$-\left[1+\left(-i(1-i)\frac{\tilde{k}}{r_1^3}+2+(i+1)\frac{d_1d_2}{4r_1}\right)\frac{1}{\rho}\right]E_4+\mathcal{O}(\rho^{-2}),\quad(3.228)$$

其中 E_1, E_3, E_4 由 (3.227) 定义.

定理 3.37　令 $\lambda=i\rho^2$, $\Delta(\rho)$ 为方程 (3.205) 在扇形区域 $\mathcal{S}$ 上的特征行列式, 有如下渐近表达式:

$$\Delta(\rho)=i2^2d_3\cosh(d_3)r_1^{10}\rho^{16}e^{r_1\rho}\left\{\left[1+\left(-i\frac{\tilde{k}}{r_1^3}+2+(1-i)\frac{d_1d_2}{4r_1}\right)\frac{1}{\rho}\right]e^{ir_1\rho}\right.$$

$$\left.+\left[1+\left(-i(1-i)\frac{\tilde{k}}{r_1^3}+2+(i+1)\frac{d_1d_2}{4r_1}\right)\frac{1}{\rho}\right]e^{-ir_1\rho}+\mathcal{O}(\rho^{-2})\right\},\quad(3.229)$$

其中 $r_1, d_1, d_2, d_3, \tilde{k}$ 由 (3.201) 给出. 方程 (3.205) 的本征值 $\{\lambda_n, \overline{\lambda}_n\}$ 有如下渐近表达式

$$\lambda_n=-\frac{\tilde{k}}{r_1^4}+i\frac{d_1d_2}{2r_1^2}+i\frac{\left(\dfrac{1}{2}+n\right)^2\pi^2}{r_1^2}+\mathcal{O}(n^{-1}),\quad n\to\infty,\quad(3.230)$$

其中 n 是正整数. 因此

$$\text{Re}\{\lambda_n,\overline{\lambda}_n\}\to-\frac{\tilde{k}}{r_1^4}=-\frac{k}{m},\quad n\to\infty.\quad(3.231)$$

证明　显然, (3.229) 可以由 (3.228) 直接得到. 由 (3.229) 可知, ρ 在扇形区域 $\mathcal{S}$ 上满足

$$\left[1+\left(-i\frac{\tilde{k}}{r_1^3}+2+(1-i)\frac{d_1d_2}{4r_1}\right)\frac{1}{\rho}\right]e^{ir_1\rho}$$

$$+\left[1+\left(-i(1-i)\frac{\tilde{k}}{r_1^3}+2+(i+1)\frac{d_1d_2}{4r_1}\right)\frac{1}{\rho}\right]e^{-ir_1\rho}+\mathcal{O}(\rho^{-2})=0,\quad(3.232)$$

进一步可以写成

$$e^{ir_1\rho}+e^{-ir_1\rho}+\mathcal{O}(\rho^{-1})=0.\quad(3.233)$$

由于方程 $e^{ir_1\rho}+e^{-ir_1\rho}=0$ 在第一象限的解为

$$\tilde{\rho}_n=\frac{\dfrac{1}{2}+n}{r_1}\pi,\quad n=0,1,2,\cdots,$$

应用 Rouché 定理, 方程 (3.233) 的解有如下渐近形式

$$\rho_n=\tilde{\rho}_n+\alpha_n=\frac{1}{r_1}\left(\frac{1}{2}+n\right)\pi+\alpha_n,\quad\alpha_n=\mathcal{O}(n^{-1}),\quad n=N,N+1,\cdots,\quad(3.234)$$

其中 N 是充分大的正整数. 把 ρ_n 代入 (3.232), 应用等式 $e^{ir_1\tilde\rho_n} = -e^{-ir_1\tilde\rho_n}$, 可以得到

$$
\left[1 + \left(-i\frac{\tilde k}{r_1^3} + 2 + (1-i)\frac{d_1 d_2}{4r_1}\right)\frac{1}{\rho_n}\right]e^{ir_1\alpha_n}
$$
$$
-\left[1 + \left(-i(1-i)\frac{\tilde k}{r_1^3} + 2 + (i+1)\frac{d_1 d_2}{4r_1}\right)\frac{1}{\rho_n}\right]e^{-ir_1\alpha_n} + \mathcal{O}(\rho_n^{-2}) = 0.
$$

应用 Taylor 级数展开, 可以得到 α_n 的渐近表达式

$$
\alpha_n = \frac{1}{2\left(\frac{1}{2}+n\right)\pi}\left[i\frac{\tilde k}{r_1^3} + \frac{d_1 d_2}{2r_1}\right] + \mathcal{O}(n^{-2}).
$$

把上式代入 (3.234) 得到 ρ_n 的渐近表达式

$$
\rho_n = \frac{1}{r_1}\left(\frac{1}{2}+n\right)\pi + \frac{1}{2\left(\frac{1}{2}+n\right)\pi}\left[i\frac{\tilde k}{r_1^3} + \frac{d_1 d_2}{2r_1}\right] + \mathcal{O}(n^{-2}), \quad n \to \infty. \tag{3.235}
$$

利用 $\lambda_n = i\rho_n^2$, 我们最终得到

$$
\lambda_n = -\frac{\tilde k}{r_1^4} + i\frac{d_1 d_2}{2r_1^2} + i\frac{\left(\frac{1}{2}+n\right)^2\pi^2}{r_1^2} + \mathcal{O}(n^{-1}), \quad n \to \infty.
$$

定理得证. □

定理 3.38 令 $\sigma(\mathcal{A}_\gamma) = \{\lambda_n, \overline{\lambda}_n\}$ 为算子 $\mathcal{A}_\gamma$ 的本征值, $\lambda_n = i\rho_n^2$, λ_n 和 ρ_n 分别由 (3.230) 和 (3.235) 给出. 则算子 $\mathcal{A}_\gamma$ 相应于 λ_n 的本征函数 $\{(w_n, \lambda_n w_n), (\overline{w}_n, \overline{\lambda}_n\overline{w}_n)\}$ 有如下渐近表达式:

$$
\begin{cases}
w_n''(x) = e^{-ir_1\rho_n(x+1)} + (1+i)e^{-ir_1\rho_n}e^{-r_1\rho_n x} \\
\quad + ie^{ir_1\rho_n(x-1)} - (i-1)e^{r_1\rho_n(x-1)} + \mathcal{O}(n^{-1}), \\
\lambda_n w_n(x) = -ir_1^{-2}e^{-ir_1\rho_n(x+1)} + (i-1)r_1^{-2}e^{-ir_1\rho_n}e^{-r_1\rho_n x} \\
\quad + r_1^{-2}e^{ir_1\rho_n(x-1)} + (i+1)r_1^{-2}e^{r_1\rho_n(x-1)} + \mathcal{O}(n^{-1}),
\end{cases} \tag{3.236}
$$

其中 n 为充分大的正整数. $(w_n, \lambda_n w_n)$ 在 $\mathcal{H}_\gamma$ 上近似单位化, 即存在不依赖 n 的正数 c_1, c_2 使得对于所有充分大的 n, 有如下估计式成立

$$
c_1 \leqslant \|w_n''\|_{L^2(0,1)}, \ \|\lambda_n w_n\|_{L^2(0,1)} \leqslant c_2. \tag{3.237}
$$

证明　由引理 3.33 可知, 算子 $\mathcal{A}_\gamma$ 的本征值是几何单的, 因此 (3.205) (或者 (3.229)) 中的边界矩阵算子 $T^R(i\rho^2)\widehat{\Phi}$ 的秩为 5, 即 $T^R(i\rho^2)\widehat{\Phi}$ 的某一行对应的代数余子式不全为零, 从而算子 $\mathcal{A}_\gamma$ 相应于 λ 的本征函数

$$\Phi(x,\rho) = (w_1(x,\rho),\ w_2(x,\rho),\ w_3(x,\rho),\ w_4(x,\rho),\ s_1(x,\rho),\ s_2(x,\rho))^{\mathrm{T}}$$

可以通过以下方式得到: Φ 的第 j 个元素 (当 $j=1,2,3,4$ 时, 对应于 $w_1(x), w_2(x),$ $w_3(x), w_4(x)$; 当 $j=5,6$ 时, 对应于 $s_1(x), s_2(x)$) 可以由 $e_j^{\mathrm{T}}\big(\widehat{\Phi}(x,\rho)\big)$ (其中 e_j 表示单位矩阵的第 j 列, $\widehat{\Phi}$ 是基础解矩阵由 (3.224) 给定) 代替 (3.225) 中特征行列式 $\Delta(\rho)$ 的某一行, 通过计算替换后的行列式得到. 选取行的要求是使得 Φ 的每个元素不全为零, 即 $\Phi \neq 0$.

由于表达式 (3.236) 只和 $w_n(x)$, $w_n''(x)$ 有关, 所有我们仅需计算 Φ 的第 1,3 两个元素, 为简单, 选取替换特征行列式 $\Delta(\rho)$ 的最后一行. 由 (3.224)(即 $\widehat{\Phi}(x,\rho) = P(\rho)\widehat{\Psi}(x,\rho)$) 可知

$$\widehat{\Phi}(x,\rho) = \begin{pmatrix} \widehat{\Phi}_{11}(x,\rho) & O_{4\times 2} \\ \widehat{\Phi}_{21}(x,\rho) & \widehat{\Phi}_{22}(x,\rho) \end{pmatrix}, \tag{3.238}$$

其中

$$\widehat{\Phi}_{11}(x,\rho)$$
$$= \begin{pmatrix} r_1\rho[1]_1 e^{r_1\rho x} & r_1\rho[1]_1 e^{-r_1\rho x} & r_1\rho[1]_1 e^{ir_1\rho x} & r_1\rho[1]_1 e^{-ir_1\rho x} \\ r_1^2\rho^2[1]_1 e^{r_1\rho x} & -r_1^2\rho^2[1]_1 e^{-r_1\rho x} & ir_1^2\rho^2[1]_1 e^{ir_1\rho x} & -ir_1^2\rho^2[1]_1 e^{-ir_1\rho x} \\ r_1^3\rho^3[1]_1 e^{r_1\rho x} & r_1^3\rho^3[1]_1 e^{-r_1\rho x} & -r_1^3\rho^3[1]_1 e^{ir_1\rho x} & -r_1^3\rho^3[1]_1 e^{-ir_1\rho x} \\ r_1^4\rho^4[1]_1 e^{r_1\rho x} & -r_1^4\rho^4[1]_1 e^{-r_1\rho x} & -ir_1^4\rho^4[1]_1 e^{ir_1\rho x} & ir_1^4\rho^4[1]_1 e^{-ir_1\rho x} \end{pmatrix}, \tag{3.239}$$

$$\widehat{\Phi}_{21}(x,\rho)$$
$$= \rho^3 \begin{pmatrix} [0]_1 e^{r_1\rho x} & [0]_1 e^{-r_1\rho x} & [0]_1 e^{ir_1\rho x} & [0]_1 e^{-ir_1\rho x} \\ d_2 r_1^3[1]_1 e^{r_1\rho x} & d_2 r_1^3[1]_1 e^{-r_1\rho x} & -d_2 r_1^3[1]_1 e^{ir_1\rho x} & -d_2 r_1^3[1]_1 e^{-ir_1\rho x} \end{pmatrix}, \tag{3.240}$$

以及

$$\widehat{\Phi}_{22}(x,\rho) = \begin{pmatrix} \rho^3[e^{d_3 x}]_1 & \rho^3[e^{-d_3 x}]_1 \\ \rho^3[d_3 e^{d_3 x}]_1 & \rho^3[-d_3 e^{-d_3 x}]_1 \end{pmatrix}. \tag{3.241}$$

通过替换特征行列式 $\Delta(\rho)$ 的最后一行, Φ 的第一个元素给定如下:

$$
w_1(x,\rho) = \frac{d_3^{-1} r_1^{-3}}{2\cosh(d_3)} E_1^{-1} \rho^{-13} \det \begin{pmatrix}
r_1\rho & r_1\rho \\
r_1^2\rho^2 & -r_1^2\rho^2 \\
d_2 r_1^2\rho^2 & -d_2 r_1^2\rho^2 \\
r_1^{-1}[1]_1\rho^3 E_1 & -r_1^{-1}[1]_1\rho^3 E_2 \\
r_1^{-1} d_2[1]_1\rho^3 E_1 & -r_1^{-1} d_2[1]_1\rho^3 E_2 \\
r_1\rho[1]_1 e^{r_1\rho x} & r_1\rho[1]_1 e^{-r_1\rho x}
\end{pmatrix}
$$

$$
\begin{matrix}
r_1\rho & r_1\rho & 0 & 0 \\
ir_1^2\rho^2 & -ir_1^2\rho^2 & 0 & 0 \\
id_2 r_1^2\rho^2 & -id_2 r_1^2\rho^2 & \rho^3[1]_1 & \rho^3[1]_1 \\
-ir_1^{-1}[1]_1\rho^3 E_3 & ir_1^{-1}[1]_1\rho^3 E_4 & 0 & 0 \\
-ir_1^{-1} d_2[1]_1\rho^3 E_3 & id_2 r_1^{-1}[1]_1\rho^3 E_4 & d_3\rho^3 e^{d_3}[1]_1 & -d_3\rho^3 e^{-d_3}[1]_1 \\
r_1\rho[1]_1 e^{ir_1\rho x} & r_1\rho[1]_1 e^{-ir_1\rho x} & 0 & 0
\end{matrix} \Bigg),
$$

其中 E_1, E_2, E_3, E_4 由 (3.227) 给定. 结果计算可知

$$
w_1(x,\rho) = \frac{1}{2\cosh(d_3)} \det \begin{pmatrix}
0 & 1 & 1 & 1 & 0 & 0 \\
0 & -1 & i & -i & 0 & 0 \\
0 & 0 & 0 & 0 & 1 & 1 \\
1 & e^{-r_1\rho} & -e^{ir_1\rho} & -e^{-ir_1\rho} & 0 & 0 \\
0 & 0 & 0 & 0 & e^{d_3} & -e^{-d_3} \\
e^{r_1\rho(x-1)} & e^{-r_1\rho x} & e^{ir_1\rho x} & e^{-ir_1\rho x} & 0 & 0
\end{pmatrix}
$$

$$
+ \mathcal{O}(\rho^{-1})
$$

$$
= \det \begin{pmatrix}
0 & 1 & 1 & 1 \\
0 & -1 & i & -i \\
1 & e^{-r_1\rho} & -e^{ir_1\rho} & -e^{-ir_1\rho} \\
e^{r_1\rho(x-1)} & e^{-r_1\rho x} & e^{ir_1\rho x} & e^{-ir_1\rho x}
\end{pmatrix} + \mathcal{O}(\rho^{-1})
$$

$$
= (i+1)\Big\{ e^{-ir_1\rho x} - e^{-r_1\rho x} + i(e^{ir_1\rho x} - e^{-r_1\rho x})
$$

$$
+ e^{r_1\rho(x-1)}\left(e^{-ir_1\rho} + ie^{ir_1\rho} \right) + \mathcal{O}(\rho^{-1}) \Big\}.
$$

根据 (3.233) 得到

$$w_1(x,\rho) = (i+1)e^{ir_1\rho}\bigg\{ e^{-ir_1\rho(x+1)} - (1+i)e^{-ir_1\rho}e^{-r_1\rho x}$$

$$+ ie^{ir_1\rho(x-1)} + (i-1)e^{r_1\rho(x-1)} + \mathcal{O}(\rho^{-1})\bigg\}. \tag{3.242}$$

类似地, Φ 的第三个元素给定如下:

$$w_3(x,\rho) = \frac{d_3^{-1}r_1^{-3}}{2\cosh(d_3)}E_1^{-1}\rho^{-13}\det\begin{pmatrix} r_1\rho & r_1\rho \\ r_1^2\rho^2 & -r_1^2\rho^2 \\ d_2r_1^2\rho^2 & -d_2r_1^2\rho^2 \\ r_1^{-1}[1]_1\rho^3E_1 & -r_1^{-1}[1]_1\rho^3E_2 \\ r_1^{-1}d_2[1]_1\rho^3E_1 & -r_1^{-1}d_2[1]_1\rho^3E_2 \\ r_1^3\rho^3[1]_1e^{r_1\rho x} & r_1^3\rho^3[1]_1e^{-r_1\rho x} \end{pmatrix}$$

$$\begin{pmatrix} r_1\rho & r_1\rho & 0 & 0 \\ ir_1^2\rho^2 & -ir_1^2\rho^2 & 0 & 0 \\ id_2r_1^2\rho^2 & -id_2r_1^2\rho^2 & \rho^3[1]_1 & \rho^3[1]_1 \\ -ir_1^{-1}[1]_1\rho^3E_3 & ir_1^{-1}[1]_1\rho^3E_4 & 0 & 0 \\ -ir_1^{-1}d_2[1]_1\rho^3E_3 & id_2r_1^{-1}[1]_1\rho^3E_4 & d_3\rho^3e^{d_3}[1]_1 & -d_3\rho^3e^{-d_3}[1]_1 \\ -r_1^3\rho^3[1]_1e^{ir_1\rho x} & -r_1^3\rho^3[1]_1e^{-ir_1\rho x} & 0 & 0 \end{pmatrix},$$

从而

$$w_3(x,\rho) = \frac{r_1^2\rho^2}{2\cosh(d_3)}\det\begin{pmatrix} 0 & 1 & 1 & 1 & 0 & 0 \\ 0 & -1 & i & -i & 0 & 0 \\ 0 & 0 & 0 & 0 & 1 & 1 \\ 1 & e^{-r_1\rho} & -e^{ir_1\rho} & -e^{-ir_1\rho} & 0 & 0 \\ 0 & 0 & 0 & 0 & e^{d_3} & -e^{-d_3} \\ e^{r_1\rho(x-1)} & e^{-r_1\rho x} & -e^{ir_1\rho x} & -e^{-ir_1\rho x} & 0 & 0 \end{pmatrix}$$

$$+ \mathcal{O}(\rho^{-1})$$

$$
= r_1^2 \rho^2 \det \begin{pmatrix} 0 & 1 & 1 & 1 \\ 0 & -1 & i & -i \\ 1 & e^{-r_1\rho} & -e^{ir_1\rho} & -e^{-ir_1\rho} \\ e^{r_1\rho(x-1)} & e^{-r_1\rho x} & -e^{ir_1\rho x} & -e^{-ir_1\rho x} \end{pmatrix} + \mathcal{O}(\rho^{-1})
$$

$$
= -(i+1)r_1^2\rho^2 \Big\{ e^{-ir_1\rho x} + e^{-r_1\rho x} + i(e^{ir_1\rho x} + e^{-r_1\rho x})
$$

$$
- e^{r_1\rho(x-1)} \left(e^{-ir_1\rho} + ie^{ir_1\rho} \right) + \mathcal{O}(\rho^{-1}) \Big\}.
$$

结合 (3.233), 可以得到

$$
w_3(x,\rho) = -(i+1)r_1^2\rho^2 e^{ir_1\rho} \Big\{ e^{-ir_1\rho(x+1)} + (1+i)e^{-ir_1\rho}e^{-r_1\rho x}
$$

$$
+ ie^{ir_1\rho(x-1)} - (i-1)e^{r_1\rho(x-1)} + \mathcal{O}(\rho^{-1}) \Big\}. \tag{3.243}
$$

根据所得的 Φ 的第一, 第三两个元素, 令

$$
w_n(x) = -\frac{1-i}{2} r_1^{-2} \rho_n^{-2} e^{-ir_1\rho_n} w_1(x, \rho_n), \tag{3.244}
$$

表达式 (3.236) 可以从 (3.242)-(3.243) 直接得到. 最后, 应用 (3.234), 经计算可知

$$
\|e^{-ir_1\rho_n(x+1)}\|_{L^2(0,1)}^2 = 1 + \mathcal{O}(n^{-1}), \quad \|e^{ir_1\rho_n(x-1)}\|_{L^2(0,1)}^2 = 1 + \mathcal{O}(n^{-1}),
$$

$$
\|e^{-r_1\rho_n x}\|_{L^2(0,1)}^2 = \mathcal{O}(n^{-1}), \quad \|e^{r_1\rho_n(x-1)}\|_{L^2(0,1)}^2 = \mathcal{O}(n^{-1}). \tag{3.245}
$$

利用上述估计, 从 (3.236) 可以得到 (3.237). 定理得证. □

3.4.4　Riesz 基和稳定性

我们现在可以得到系统 (3.197) 的 Riesz 基性质.

定理 3.39　设算子 $\mathcal{A}_\gamma$ 由 (3.195) 和 (3.196) 定义. 则 $\mathcal{A}_\gamma$ 的广义本征函数在 $\mathcal{H}_\gamma$ 上形成一组 Riesz 基. 并且 $\mathcal{A}_\gamma$ 的所有本征值, 在模充分大时, 是代数单的.

证明　我们在 $\mathcal{H}_\gamma$ 上定义辅助算子 $\mathcal{A}_{\gamma 0}: D(\mathcal{A}_{\gamma 0}) (\subset \mathcal{H}_\gamma) \to \mathcal{H}_\gamma$:

$$
\mathcal{A}_{\gamma 0}(w, z) = \left(z, \ -\frac{1}{m}\left[Aw''' + B^2\gamma(\mathcal{J}w') \right]' \right), \tag{3.246}
$$

以及定义域

$$
D(\mathcal{A}_{\gamma 0}) = \left\{ (w,z) \in \mathcal{H}_\gamma \ \middle| \ \begin{array}{l} w' \in D(\mathcal{T}),\ z \in H_w^2(0,1), \\[4pt] Aw''' + B^2\gamma(\mathcal{J}w') \in H^1(0,1), \\[4pt] w''(1) = Aw'''(1) + B^2\gamma(\mathcal{J}w')(1) = 0 \end{array} \right\}, \quad (3.247)
$$

其中 m, A, B 如同系统 (3.185), 算子 $\mathcal{T}$ 和 $\mathcal{J}$ 由 (3.189) 和 (3.190) 分别给出. 任意验证 $\mathcal{A}_{\gamma 0}$ 在 $\mathcal{H}_\gamma$ 上是一个预解紧的反自伴算子, 因此 $\mathcal{A}_{\gamma 0}$ 的本征函数 $\{(w_{n0}, \lambda_{n0}w_{n0}), (\overline{w}_{n0}, \overline{\lambda}_{n0}\overline{w}_{n0})\}$ 在 $\mathcal{H}_\gamma$ 形成一组标准正交基. 从 3.4.3 节频域分析可知, $\mathcal{A}_{\gamma 0}$ 的本征值 λ_{n0} 和相应的本征函数 $(w_{n0}, \lambda_{n0}w_{n0})$ 有同样的渐近表达式 (3.230) 和 (3.236), 并且

$$
\sum_{n \geqslant N}^\infty \|(w_n, \lambda_n w_n) - (w_{n0}, \lambda_{n0}w_{n0})\|^2 = \sum_{n \geqslant N}^\infty \mathcal{O}(n^{-2}) < \infty. \quad (3.248)
$$

上述估计对于共轭本征函数也同样成立. 因此, 定理 2.51 的所有假设都成立, 即 $\mathcal{A}_\gamma$ 的广义本征函数在 $\mathcal{H}_\gamma$ 上形成一组 Riesz 基.

最后, 由于 $\mathcal{A}_{\gamma 0}$ 在 $\mathcal{H}_\gamma$ 上是反自伴的, 因此算子 $\mathcal{A}_{\gamma 0}$ 的每个本征值的代数重数等于几何重数, 类似于引理 3.33 的证明可知, $\mathcal{A}_{\gamma 0}$ 的每个本征值的几何重数是单的, 且是代数单的. 因为 $\{(w_n, \lambda_n w_n), (\overline{w}_n, \overline{\lambda}_n\overline{w}_n)\}$ 在 $\mathcal{H}_\gamma$ 上形成一组 Riesz 基, 可知算子 $\mathcal{A}_\gamma$ 的所有本征值, 在模充分大时, 也是代数单的. 定理得证. □

定理 3.40 设算子 $\mathcal{A}_\gamma$ 由 (3.195) 和 (3.196) 定义. 则 $\mathcal{A}_\gamma$ 所生成的 C_0-半群 $e^{\mathcal{A}_\gamma t}$ 的谱确定增长条件成立: $\omega(\mathcal{A}_\gamma) = s(\mathcal{A}_\gamma)$. 系统 (3.197) 是指数稳定的, 即存在两个正数 M 和 ω 使得 C_0-半群 $e^{\mathcal{A}_\gamma t}$ 满足

$$
\|e^{\mathcal{A}_\gamma t}\| \leqslant Me^{-\omega t}. \quad (3.249)
$$

证明 谱确定增长条件可以由定理 3.39 直接得到. 根据引理 3.32, 算子 $\mathcal{A}_\gamma$ 是耗散的, 因此在右半复平面上没有谱点. 容易验证算子 $\mathcal{A}_\gamma$ 在虚轴上没有谱点. 应用 (3.231) 和谱确定增长条件可以证明半群 $e^{\mathcal{A}_\gamma t}$ 是指数稳定的. 定理得证. □

3.4.5 精确可控

这一节, 我们讨论系统 (3.185)—(3.187) 的精确可控性. 代替系统 (3.191), 我们讨论如下的开环系统

$$\begin{cases} mw_{tt}(x,t) + Aw_{xxxx}(x,t) + B^2\gamma(\mathcal{J}w_x)_x(x,t) = 0, \\ w(0,t) = w_x(0,t) = w_{xx}(1,t) = 0, \\ Aw_{xxx}(1,t) + B^2\gamma\mathcal{J}w_x(1,t) = u(t), \\ y(t) = w_t(1,t), \end{cases} \tag{3.250}$$

其中 $u \in L^2_{\text{loc}}(0,\infty)$ 是控制输入, y 是观测输出. 设算子 $\mathcal{A}_{\gamma 0}$ 由 (3.246) 和 (3.247) 定义. 定义 $\mathcal{A}_{\gamma 0}$ 的延拓算子 $\widehat{\mathcal{A}_{\gamma 0}}$:

$$\begin{cases} \widehat{\mathcal{A}_{\gamma 0}}(w,z) = \left(z, -\dfrac{1}{m}\left[Aw''' + B^2\gamma(\mathcal{J}w')\right]'\right), \\ D(\widehat{\mathcal{A}_{\gamma 0}}) = \left\{(w,z) \in \mathcal{H}_\gamma \left| \begin{array}{c} w' \in D(\mathcal{T}),\, z \in H^2_w(0,1), \\ Aw''' + B^2\gamma(\mathcal{J}w') \in H^1(0,1), w''(1) = 0 \end{array} \right.\right\}. \end{cases} \tag{3.251}$$

对于任意的 $(w,z) \in D(\widehat{\mathcal{A}_{\gamma 0}})$, $(\phi,\psi) \in D\left(\mathcal{A}^*_{\gamma 0}\right) = D(\mathcal{A}_{\gamma 0})$,

$$\left\langle \widehat{\mathcal{A}_{\gamma 0}}(w,z), (\phi,\psi)\right\rangle = \left\langle (w,z), \mathcal{A}^*_{\gamma 0}(\phi,\psi)\right\rangle - \left[Aw''' + B^2\gamma(\mathcal{J}w')\right](1)\overline{\psi(1)}. \tag{3.252}$$

定义算子 $\mathcal{A}_{\gamma 0}$ 在 $\mathcal{H}_{-1}$ 上的一个自然延拓 $\widetilde{\mathcal{A}_{\gamma 0}} : \mathcal{H}_\gamma \to \mathcal{H}_{-1} = [D(\mathcal{A}_{\gamma 0})]'$:

$$\left\langle \widetilde{\mathcal{A}_{\gamma 0}}F, G\right\rangle = \left\langle F, \mathcal{A}^*_{\gamma 0}G\right\rangle, \quad \forall G \in D(\mathcal{A}^*_{\gamma 0}), F \in D(\widetilde{\mathcal{A}_{\gamma 0}}) = \mathcal{H}_\gamma. \tag{3.253}$$

对于任意的 $F = (w,z) \in D(\widehat{\mathcal{A}_{\gamma 0}})$, 在 $\mathcal{H}_{-1}$ 上, 有

$$\widehat{\mathcal{A}_{\gamma 0}}F = \widetilde{\mathcal{A}_{\gamma 0}}F - \left[Aw''' + B^2\gamma(\mathcal{J})w'\right](1)b, \tag{3.254}$$

其中

$$b = \delta(\cdot - 1) \text{ 是 Dirac 函数.} \tag{3.255}$$

显然, 只要 $\dfrac{dY(t)}{dt} = \widehat{\mathcal{A}_{\gamma 0}}Y(t)$ 成立, 则 $Y(t) = (y(\cdot,t), y_t(\cdot,t))$ 满足系统 (3.250) 的前两个方程. 如果 $Y(t)$ 同样满足 (3.250) 的第三个方程, 则在 $\mathcal{H}_{-1}$ 上, 有

$$\widehat{\mathcal{A}_{\gamma 0}}Y(t) = \widetilde{\mathcal{A}_{\gamma 0}}Y(t) + \mathbf{b}u(t),$$

其中 $\mathbf{b} := -(0,b)^{\mathrm{T}}$. 换言之, 系统 (3.250) 在 $\mathcal{H}_{-1}$ 上可以表示为

$$\frac{dY(t)}{dt} = \widetilde{\mathcal{A}_{\gamma 0}}Y(t) + \mathbf{b}u(t). \tag{3.256}$$

因此, 系统 (3.250) 等价于

$$\begin{cases} mw_{tt}(x,t) + Aw_{xxxx}(x,t) + B^2\gamma(\mathcal{J}w_x)_x(x,t) + \delta(x-1)u(t) = 0, \\ w(0,t) = w_x(0,t) = w_{xx}(1,t) = 0, \\ Aw_{xxx}(1,t) + B^2\gamma\mathcal{J}w_x(1,t) = 0, \\ y(t) = b^*w_t(\cdot,t). \end{cases} \quad (3.257)$$

或者等价于一个二阶抽象系统

$$\begin{cases} mw_{tt} + \mathbb{A}w + bu(t) = 0, \\ y(t) = b^*w_t. \end{cases} \quad (3.258)$$

显然 $D(\mathbb{A}^{1/2}) \times L^2(0,1) = \mathcal{H}_\gamma$, 其中 $\mathbb{A}$ 是 $L^2(0,1)$ 上的一个正定自伴算子:

$$\begin{cases} \mathbb{A}w(x) = Aw^{(4)}(x) + B^2\gamma(\mathcal{J}w')'(x), \\ D(\mathbb{A}) = \{w \in H^4(0,1) \cap H_w^2 | w''(1) = Aw'''(1) + B^2\gamma(\mathcal{J}w')(1) = 0\}. \end{cases} \quad (3.259)$$

系统 (3.258) 是一个典型的二阶同位控制/观测系统. 因此, 系统的精确可控等价于精确可观.

由于

$$\mathcal{A}_{\gamma 0} = \begin{pmatrix} 0 & I \\ -\mathbb{A} & 0 \end{pmatrix}, \quad (3.260)$$

$\mathcal{A}_{\gamma 0}(w_{n0}, \lambda_{n0}w_{n0}) = \lambda_{n0}(w_{n0}, \lambda_{n0}w_{n0})$ 当且仅当

$$\mathbb{A}e_n = -\lambda_{n0}^2 e_n = (i\lambda_{n0})^2 e_n, \quad \omega_n = i\lambda_{n0}, \quad e_n = \frac{w_{n0}}{\|w_{n0}\|_{L^2(0,1)}}. \quad (3.261)$$

由 (3.230) 和 (3.236) 可知

$$\begin{cases} \omega_n = i\lambda_{n0} = -\dfrac{d_1 d_2}{2r_1^2} - \dfrac{\left(\dfrac{1}{2}+n\right)^2 \pi^2}{r_1^2} + \mathcal{O}(n^{-1}), \quad n \to \infty, \\ \lambda_{n0}\|w_{n0}\|_{L^2(0,1)}e_n(x) = \lambda_{n0}w_{n0}(x) = -ir_1^{-2}e^{-ir_1\rho_n(x+1)} \\ +r_1^{-2}e^{ir_1\rho_n(x-1)} + (i-1)r_1^{-2}e^{-ir_1\rho_n}e^{-r_1\rho_n x} \\ +(i+1)r_1^{-2}e^{r_1\rho_n(x-1)} + \mathcal{O}(n^{-1}). \end{cases} \quad (3.262)$$

定理 3.41 (i) 设 $T > 0$ 是常数, C_T 是依赖于 T 的正常数. 对于任意给定的初值 $(w(\cdot,0), w_t(\cdot,0)) = (w_0, w_1) \in \mathcal{H}_\gamma$ 和控制输入 $u \in L^2(0,T)$, 系统 (3.250) 有唯一解 $(w, w_t) \in C(0, T; \mathcal{H}_\gamma)$ 使得

$$\|(w(\cdot,T), w_t(\cdot,T))\|_{\mathcal{H}_\gamma}^2 + \|y\|_{L^2(0,T)}^2 \leqslant C_T \left[\|(w_0, w_1)\|_{\mathcal{H}_\gamma}^2 + \|u\|_{L^2(0,T)}^2 \right].$$

(ii) 系统 (3.250) 是正则的. 确切地说, 如果初值 $(w(\cdot,0), w_t(\cdot,0)) = (0,0)$ 且 $u(t) \equiv u$ 是阶跃控制输入, 则相应的输出响应 y 满足

$$\lim_{\sigma \to 0} \left| \frac{1}{\sigma} \int_0^\sigma y(1,t) dt \right|^2 = 0.$$

(iii) 对于 $T > 0$, 系统 (3.250) 在 $[0, T]$ 上是精确可控和精确可观的.

3.5 层合梁的边界控制

3.5.1 数学模型

我们讨论由两个均质梁叠合在一起, 接触面可以滑动的层合梁. 具体的模型如下:

$$\begin{cases} mw_{tt} + (G(\psi - w_x))_x = 0, & 0 < x < 1, \ t \geqslant 0, \\ I_m (3s_{tt} - \psi_{tt}) - G(\psi - w_x) - (D(3s_x - \psi_x))_x = 0, & 0 < x < 1, \ t \geqslant 0, \\ I_m s_{tt} + G(\psi - w_x) + \frac{4}{3}\gamma s + \frac{4}{3}\beta I_m s_t - (Ds_x)_x = 0, & 0 < x < 1, \ t \geqslant 0, \end{cases}$$
$$\tag{3.263}$$

其中 $w(x,t)$ 表示梁的横向位移, $\psi(x,t)$ 表示弯矩引起的转角, $s(x,t)$ 表示接触面在时刻 t 和空间变量 x 滑动时相对的位移变化量. $m > 0$ 是梁的密度, $G, I_m, D, \gamma > 0$ 分别表示梁的剪切刚度、质量转动惯量、抗弯刚度和黏合刚度. $\beta > 0$ 是黏着阻尼参数. $\sqrt{G/m}$ 和 $\sqrt{D/I_m}$ 分别表示第一个和第二个方程的两个波速. 我们总假设这两个波速是不同的.

当滑动 $s \equiv 0$ 时, 系统 (3.263) 的前两个方程退化为标准的 Timoshenko 梁系统. 系统 (3.263) 的第三个方程表示接触面滑动的动力学方程. 为方便讨论, 我们引入一个新的有效转角变量 ξ 为

$$\xi = 3s - \psi, \tag{3.264}$$

则系统 (3.263) 可以改写为

$$\begin{cases} mw_{tt} + (G(3s - \xi - w_x))_x = 0, & 0 < x < 1,\ t \geqslant 0, \\ I_m\xi_{tt} - G(3s - \xi - w_x) - (D\xi_x)_x = 0, & 0 < x < 1,\ t \geqslant 0, \\ I_ms_{tt} + G(3s - \xi - w_x) + \dfrac{4}{3}\gamma s + \dfrac{4}{3}\beta I_m s_t - (Ds_x)_x = 0, & 0 < x < 1,\ t \geqslant 0. \end{cases}$$

(3.265)

应用虚功原理, 我们可以给定系统 (3.265) 的如下悬臂梁边界条件:

$$\begin{cases} w(0,t) = 0, \quad \xi(0,t) = 0, \quad s(0,t) = 0, \\ \xi_x(1,t) = u_2(t), \quad s_x(1,t) = 0, \\ 3s(1,t) - \xi(1,t) - w_x(1,t) = u_1(t), \end{cases}$$

(3.266)

其中 $u_1(t)$ 和 $u_2(t)$ 是边界控制输入. 系统的初始条件为 $(0 < x < 1)$

$$(w, \xi, s)\Big|_{t=0} = (w_0, \xi_0, s_0), \quad (w_t, \xi_t, s_t)\Big|_{t=0} = (w_1, \xi_1, s_1).$$

(3.267)

需要指出的是: 由于滑动 s 的作用, 开环系统 (3.265) 以及边界条件 (3.266) 在不受控制的情况下, 即 $u_1 = u_2 \equiv 0$, 系统可以达到渐近稳定, 但是达不到指数稳定 (见推论 3.44 和注解 3.4).

我们对 (3.265), (3.266) 设计如下的边界控制:

$$u_2(t) = -k_2\xi_t(1,t), \quad u_1(t) = k_1w_t(1,t),$$

(3.268)

其中 k_1 和 k_2 是两个正的反馈常数. 则边界条件 (3.266) 变为

$$\begin{cases} w(0,t) = 0, \quad \xi(0,t) = 0, \quad s(0,t) = 0, \\ \xi_x(1,t) = -k_2\xi_t(1,t), \quad s_x(1,t) = 0, \\ 3s(1,t) - \xi(1,t) - w_x(1,t) = k_1w_t(1,t). \end{cases}$$

(3.269)

3.5.2 系统适定性

我们在如下能量 Hilbert 空间上讨论闭环系统 (3.265), (3.269):

$$\mathcal{H}_s = \left(H_E^1(0,1) \times L^2(0,1)\right)^3,$$

(3.270)

其中

$$H_E^i(0,1) = \left\{f \in H^i(0,1) \mid f(0) = 0\right\}, \quad i = 1, 2.$$

(3.271)

空间 $\mathcal{H}_s$ 上的内积定义为

$$\langle Y_1, Y_2 \rangle_{\mathcal{H}_s} = m \langle z_1,\ z_2 \rangle_{L^2} + G \langle 3s_1 - \xi_1 - w_1',\ 3s_2 - \xi_2 - w_2' \rangle_{L^2}$$

$$+ I_m \langle \varphi_1,\ \varphi_2 \rangle_{L^2} + D \langle \xi_1',\ \xi_2' \rangle_{L^2}$$

$$+ 3 I_m \langle h_1,\ h_2 \rangle_{L^2} + 3 D \langle s_1',\ s_2' \rangle_{L^2} + 4 \gamma \langle s_1,\ s_2 \rangle_{L^2}, \qquad (3.272)$$

其中 $Y_i = (w_i, z_i, \xi_i, \varphi_i, s_i, h_i)^{\mathrm{T}} \in \mathcal{H}_s$, $i = 1, 2$, 上标 T 表示一个向量或矩阵的转置, $\langle \cdot,\ \cdot \rangle_{L^2}$ 是 $L^2(0,1)$ 空间上的内积, ′ 表示一个函数关于变量 x 的导数. 根据闭环系统 (3.265), (3.269), 在空间 $\mathcal{H}_s$ 上定义系统算子 $\mathcal{A}_s : \mathcal{D}(\mathcal{A}_s) \subset \mathcal{H}_s \to \mathcal{H}_s$ 为

$$\mathcal{A}_s \begin{pmatrix} w \\ z \\ \xi \\ \varphi \\ s \\ h \end{pmatrix} = \begin{pmatrix} z \\ \dfrac{G}{m}(\xi' + w'' - 3s') \\ \varphi \\ \dfrac{G}{I_m}(3s - \xi - w') + \dfrac{D}{I_m}\xi'' \\ h \\ \dfrac{G}{I_m}(\xi + w' - 3s) - \dfrac{4}{3}\dfrac{\gamma}{I_m}s - \dfrac{4}{3}\beta h + \dfrac{D}{I_m}s'' \end{pmatrix}, \qquad (3.273)$$

以及 $\mathcal{A}_s$ 的定义域

$$D(\mathcal{A}_s)$$

$$= \left\{ (w, z, \xi, \varphi, s, h)^{\mathrm{T}} \in \mathcal{H}_s \ \middle| \ \begin{array}{l} w \in H_E^2(0,1),\ \xi \in H_E^2(0,1),\ s \in H_E^2(0,1), \\ z \in H_E^1(0,1),\ \varphi \in H_E^1(0,1),\ h \in H_E^1(0,1), \\ \xi'(1) = -k_2 \varphi(1),\ s'(1) = 0, \\ 3s(1) - \xi(1) - w'(1) = k_1 z(1) \end{array} \right\}.$$

$$(3.274)$$

令 $Y = (w, w_t, \xi, \xi_t, s, s_t)^{\mathrm{T}}$, 则闭环系统 (3.265), (3.267), (3.269) 可以在 $\mathcal{H}_s$ 上写成如下的抽象发展方程:

$$\begin{cases} \dfrac{d}{dt} Y(t) = \mathcal{A}_s Y(t), \quad t > 0, \\ Y(0) = (w_0,\ w_1,\ \xi_0,\ \xi_1,\ s_0,\ s_1)^{\mathrm{T}}. \end{cases} \qquad (3.275)$$

定理 3.42 算子 $\mathcal{A}_s$ 由 (3.273) 和 (3.274) 定义. 则 $\mathcal{A}_s$ 在 $\mathcal{H}_s$ 上耗散. 并且, $\mathcal{A}_s^{-1}$ 存在且在 $\mathcal{H}_s$ 上是紧的. 因此, $\mathcal{A}_s$ 在空间 $\mathcal{H}_s$ 上生成一个 C_0-压缩半群 $e^{\mathcal{A}_s t}$, 以及算子 $\mathcal{A}_s$ 的谱 $\sigma(\mathcal{A}_s)$ 仅由孤立本征值组成.

证明 对任意 $(w, z, \xi, \varphi, s, h)^{\mathrm{T}} \in D(\mathcal{A}_s)$, 有

$$
\langle \mathcal{A}_s(w, z, \xi, \varphi, s, h)^{\mathrm{T}}, (w, z, \xi, \varphi, s, h)^{\mathrm{T}} \rangle_{\mathcal{H}_s}
$$

$$
= \Big\langle \Big(z, \frac{G}{m}(\xi' + w'' - 3s'), \varphi, \frac{G}{I_m}(3s - \xi - w') + \frac{D}{I_m}\xi'', h,
$$

$$
\frac{G}{I_m}(\xi + w' - 3s) - \frac{4}{3}\frac{\gamma}{I_m}s - \frac{4}{3}\beta h + \frac{D}{I_m}s'' \Big)^{\mathrm{T}}, (w, z, \xi, \varphi, s, h)^{\mathrm{T}} \Big\rangle_{\mathcal{H}_s}
$$

$$
= G\langle \xi' + w'' - 3s', z \rangle_{L^2} + G\langle 3h - \varphi - z', 3s - \xi - w' \rangle_{L^2}
$$

$$
+ \langle G(3s - \xi - w') + D\xi'', \varphi \rangle_{L^2} + D\langle \varphi', \xi' \rangle_{L^2} + 3D\langle h', s' \rangle_{L^2} + 4\gamma\langle h, s \rangle_{L^2}
$$

$$
+ \Big\langle G(\xi + w' - 3s) - \frac{4}{3}\gamma s - \frac{4}{3}I_m\beta h + Ds'', 3h \Big\rangle_{L^2}
$$

$$
= G\big[\xi(x) + w'(x) - 3s(x)\big]\overline{z(x)}\Big|_0^1 + D\xi'(x)\overline{\varphi(x)}\Big|_0^1 + 3Ds'(x)\overline{h(x)}\Big|_0^1
$$

$$
- G\langle 3s - \xi - w', 3h - \varphi - z' \rangle_{L^2} + G\langle 3h - \varphi - z', 3s - \xi - w' \rangle_{L^2}
$$

$$
- D\langle \xi', \varphi' \rangle_{L^2} + D\langle \varphi', \xi' \rangle_{L^2} + 3D\langle h', s' \rangle_{L^2} + 4\gamma\langle h, s \rangle_{L^2}
$$

$$
- 3D\langle s', h' \rangle_{L^2} - 4\gamma\langle s, h \rangle_{L^2} - 4\beta I_m\|h\|_{L^2}
$$

$$
= -k_1 G|z(1)|^2 - k_2 D|\varphi(1)|^2 - G\langle 3s - \xi - w', 3h - \varphi - z' \rangle_{L^2}
$$

$$
+ G\langle 3h - \varphi - z', 3s - \xi - w' \rangle_{L^2} - D\langle \xi', \varphi' \rangle_{L^2} + D\langle \varphi', \xi' \rangle_{L^2} + 3D\langle h', s' \rangle_{L^2}
$$

$$
+ 4\gamma\langle h, s \rangle_{L^2} - 3D\langle s', h' \rangle_{L^2} - 4\gamma\langle s, h \rangle_{L^2} - 4\beta I_m\|h\|_{L^2},
$$

可得

$$
\mathrm{Re}\,\langle \mathcal{A}_s(w, z, \xi, \varphi, s, h)^{\mathrm{T}}, (w, z, \xi, \varphi, s, h)^{\mathrm{T}} \rangle_{\mathcal{H}_s}
$$

$$
= -k_1 G|z(1)|^2 - k_2 D|\varphi(1)|^2 - 4\beta I_m\|h\|_{L^2}^2 \leqslant 0.
$$

因此, $\mathcal{A}_s$ 在 $\mathcal{H}_s$ 上耗散.

下面证明 $\mathcal{A}_s^{-1}$ 存在. 对于任意 $F = (u_1, u_2, \eta_1, \eta_2, v_1, v_2)^{\mathrm{T}} \in \mathcal{H}_s$, 寻找

$$
Y = (w, z, \xi, \varphi, s, h)^{\mathrm{T}} \in D(\mathcal{A}_s)
$$

使得 $\mathcal{A}_s Y = F$, 即求解方程

$$
\begin{cases}
z = u_1, \quad G(\xi' + w'' - 3s') = mu_2, \\
\varphi = \eta_1, \quad G(3s - \xi - w') + D\xi'' = I_m\eta_2, \\
h = v_1, \quad 3G(\xi + w' - 3s) - 4\gamma s - 4\beta I_m h + 3Ds'' = 3I_m v_2, \\
\xi'(1) = -k_2\varphi(1), \quad s'(1) = 0, \\
3s(1) - \xi(1) - w'(1) = k_1 z(1), \quad w(0) = \xi(0) = s(0) = 0.
\end{cases}
\tag{3.276}
$$

从 (3.276) 的第一个方程可知

$$
G\big(\xi(x) + w'(x) - 3s(x)\big) = Gw'(0) + m\int_0^x u_2(r)dr.
\tag{3.277}
$$

在 (3.276) 的第二和第三两个方程中分别消去 $G\big(\xi(x) + w'(x) - 3s(x)\big)$ 可得到

$$
D\xi''(x) = I_m\eta_2(x) + Gw'(0) + m\int_0^x u_2(r)dr
\tag{3.278}
$$

和

$$
3Ds''(x) - 4\gamma s(x) = 3I_m v_2(x) + 4\beta I_m v_1(x) - 3\left[Gw'(0) + m\int_0^x u_2(r)dr\right].
\tag{3.279}
$$

对于 (3.278), 结果计算可得

$$
\xi(x) = -k_2\eta_1(1)x - \frac{G}{D}w'(0)\left(x - \frac{x^2}{2}\right) - \widehat{\xi}(x),
\tag{3.280}
$$

其中

$$
\widehat{\xi}(x) = \frac{I_m}{D}\int_0^1 K_1(x,r)\eta_2(r)dr + \frac{m}{D}\int_0^1 K_2(x,r)u_2(r)dr,
\tag{3.281}
$$

以及

$$
K_1(x,r) = \begin{cases} r, & 0 \leqslant r < x, \\ x, & x \leqslant r \leqslant 1, \end{cases} \qquad
K_2(x,r) = \begin{cases} x - \dfrac{x^2}{2} - \dfrac{r^2}{2}, & 0 \leqslant r < x, \\ x(1-r), & x \leqslant r \leqslant 1. \end{cases}
$$

类似地, 由 (3.279) 可得

$$
s(x) = a\sinh(bx) + \frac{G}{D}w'(0)\frac{1 - \cosh(bx)}{b^2} + \frac{4\beta I_m}{3Db}\int_0^x \sinh(b(x-r))v_1(r)dr + \widehat{s}(x),
\tag{3.282}
$$

其中 a 将在 (3.287) 给定,

$$b = \sqrt{\frac{4\gamma}{3D}}, \quad \widehat{s}(x) = \frac{1}{b}\int_0^x \sinh(b(x-r))\left[\frac{I_m}{D}v_2(r) - \frac{m}{D}\int_0^r u_2(t)dt\right]dr. \quad (3.283)$$

把 (3.280) 和 (3.282) 代入 (3.277), 对变量 x 从 0 积到 x 可得

$$w(x) = 3a\int_0^x \sinh(br)dr + w'(0)\left[\frac{3G}{Db^2}\int_0^x (1-\cosh(br))dr + \frac{G}{D}\left(\frac{x^2}{2} - \frac{x^3}{6}\right) + x\right]$$
$$+ \frac{4\beta I_m}{bD}\int_0^x (x-r)\sinh(b(x-r))v_1(r)dr - \frac{1}{2}\xi'(1)x^2 + \widehat{w}(x),$$
$$(3.284)$$

其中 $\widehat{w}(x)$ 表示为

$$\widehat{w}(x) = 3\int_0^x \widehat{s}(r)dr - \int_0^x \widehat{\xi}(r)dr + \frac{m}{G}\int_0^x (x-r)u_2(r)dr. \quad (3.285)$$

在 (3.282) 和 (3.277) 中, 分别应用边界条件 $s'(1) = 0$ 和 $3s(1) - \xi(1) - w'(1) = k_1 u_1(1)$ 可得

$$\begin{cases} ab\cosh b - \dfrac{G}{D}w'(0)\dfrac{\sinh b}{b} + \dfrac{4\beta I_m}{3D}\displaystyle\int_0^1 \cosh(b(1-r))v_1(r)dr + \widehat{s}'(1) = 0, \\ Gw'(0) + m\displaystyle\int_0^1 u_2(r)dr = -k_1 Gu_1(1). \end{cases} \quad (3.286)$$

经过计算, (3.282) 和 (3.284) 中的 a 和 $w'(0)$ 有如下表达式

$$\begin{cases} a = \dfrac{G}{D}w'(0)\dfrac{\sinh b}{b^2\cosh b} - \dfrac{4\beta I_m}{3Db\cosh b}\displaystyle\int_0^1 \cosh(b(1-r))v_1(r)dr - \dfrac{\widehat{s}'(1)}{b\cosh b}, \\ w'(0) = -\dfrac{m}{G}\displaystyle\int_0^1 u_2(r)dr - k_1 u_1(1). \end{cases} \quad (3.287)$$

因此, 我们得到 $\mathcal{A}_s Y = F$ 的唯一解 $Y = (w, z, \xi, \varphi, s, h)^{\mathrm{T}} \in \mathcal{D}(\mathcal{A}_s)$, 从而 $\mathcal{A}_s^{-1}$ 存在.

最后, 由 Sobolev 嵌入定理可得 $\mathcal{A}_s^{-1}$ 在 $\mathcal{H}_s$ 上是紧的, 因此算子 $\mathcal{A}_s$ 的谱 $\sigma(\mathcal{A}_s)$ 仅由孤立的本征值组成. 进一步, 应用 Lumer-Phillips 定理可得算子 $\mathcal{A}_s$ 在 $\mathcal{H}_s$ 上生成一个 C_0-压缩半群 $e^{\mathcal{A}_s t}$. 定理得证. □

作为定理 3.42 的直接结果, 我们有如下推论.

推论 3.43 算子 $\mathcal{A}_s$ 由 (3.273) 和 (3.274) 给定, $T(t)$ 是由 $\mathcal{A}_s$ 在 $\mathcal{H}_s$ 上生成的一个 C_0-压缩半群. 则 $T(t)$ 在 $\mathcal{H}_s$ 上渐近稳定, 即

$$\lim_{t\to\infty}\|T(t)Y\| = 0, \quad \forall Y \in \mathcal{H}_s.$$

证明   因为 $T(t)$ 是 $\mathcal{H}_s$ 上的一个 C_0-压缩半群, 我们仅需证明算子 $\mathcal{A}_s$ 在虚轴上没有本征值即可. 设 $\lambda = i\tau$, $\tau \in \mathbb{R}$ 是 $\mathcal{A}_s$ 的本征值, $Y = (w, z, \xi, \varphi, s, h)^{\mathrm{T}} \in D(\mathcal{A}_s)$ 是 $\mathcal{A}_s$ 对应于 λ 的本征函数. 则

$$z = i\tau w, \quad \varphi = i\tau \xi, \quad h = i\tau s$$

且

$$\mathrm{Re}\langle \mathcal{A}_s Y, \, Y \rangle_{\mathcal{H}_s} = -k_1 G|z(1)|^2 - k_2 D|\varphi(1)|^2 - 4\beta I_m \|h\|_{L^2} \equiv 0.$$

因此

$$h(x) = i\tau s(x) \equiv 0, \quad z(1) = i\tau w(1) \equiv 0, \quad \varphi(1) = i\tau \xi(1) \equiv 0,$$

以及函数 w 和 ξ 满足

$$\begin{cases} m\tau^2 w(x) + G\big(\xi'(x) + w''(x)\big) = 0, \quad 0 < x < 1, \\ I_m \tau^2 \xi(x) - G\big(\xi(x) + w'(x)\big) + D\xi''(x) = 0, \quad 0 < x < 1, \\ \xi(x) + w'(x) = 0, \quad 0 < x < 1, \\ w(0) = \xi(0) = w(1) = \xi(1) = 0, \\ \xi'(1) = -k_2 \varphi(1) = 0, \\ w'(1) = -\xi(1) - k_1 z(1) = 0. \end{cases} \quad (3.288)$$

容易验证, (3.288) 只有零解, 即 $w(x) = \xi(x) \equiv 0$. 因此 $Y \equiv 0$. 这和 Y 是 $\mathcal{A}_s$ 的本征函数相矛盾! 推论得证. $\square$

推论 3.44   在 (3.268) 中令 $k_1 = k_2 \equiv 0$, 即在系统上未控制任何施加, 则系统 (3.265), (3.266) 在虚轴上没有任何本征值, 从而开环系统 (3.265), (3.266) 也是渐近稳定的.

证明   类似于推论 3.43 的证明, 当 $k_1 = k_2 \equiv 0$ 时, 设 $\lambda = i\tau$, $\tau \in \mathbb{R}$ 是 $\mathcal{A}_s$ 的本征值, $Y = (w, z, \xi, \varphi, s, h)^{\mathrm{T}}$ 是 $\mathcal{A}_s$ 对应于 λ 的本征函数, 则 $s \equiv 0$ 且函数 w 和 ξ 满足

$$\begin{cases} m\tau^2 w(x) = 0, \quad 0 < x < 1, \\ I_m \tau^2 \xi(x) + D\xi''(x) = 0, \quad 0 < x < 1, \\ w(0) = \xi(0) = \xi'(1) = 0, \quad w'(1) = -\xi(1). \end{cases} \quad (3.289)$$

容易验证 $w = \xi \equiv 0$, 因此 $Y \equiv 0$. 推论得证. $\square$

注解 3.4 需要指出的是: 如果在 (3.268) 中令 $k_1 = k_2 \equiv 0$, 则系统 (3.265), (3.266) 达不到指数稳定. 事实上, 从后面将得到的系统谱的渐近表达式 (3.327) 可知, 当 $k_1 = k_2 \equiv 0$ 时, 随着系统本征值的模趋向于无穷大, 系统的第一和第二支谱充分地靠近于虚轴.

3.5.3 频谱的渐近分析

我们现在分析系统算子 $\mathcal{A}_s$ 的本征值. 令 $\lambda \in \sigma(\mathcal{A}_s)$, $Y_\lambda = (w, z, \xi, \varphi, s, h)^{\mathrm{T}} \in D(\mathcal{A}_s)$ 是算子 $\mathcal{A}_s$ 对应于 λ 的本征函数. 由 $\mathcal{A}_s Y_\lambda = \lambda Y_\lambda$ 可得 $z = \lambda w$, $\varphi = \lambda \xi$, $h = \lambda s$ 以及函数 w, ξ, s 满足特征方程

$$\begin{cases} m\lambda^2 w(x) + G(3s' - \xi' - w'')(x) = 0, \\ I_m \lambda^2 \xi(x) - G(3s - \xi - w')(x) - D\xi''(x) = 0, \\ I_m \lambda^2 s(x) + G(3s - \xi - w')(x) \\ \quad + \dfrac{4}{3}\gamma s(x) + \dfrac{4}{3}\beta \lambda I_m s(x) - Ds''(x) = 0, \\ w(0) = 0, \quad \xi(0) = 0, \quad s(0) = 0, \\ \xi'(1) = -\lambda k_2 \xi(1), \quad s'(1) = 0, \\ 3s(1) - \xi(1) - w'(1) = \lambda k_1 w(1). \end{cases} \tag{3.290}$$

为了记号简单, 引入新的参数:

$$r_1 = \sqrt{\frac{m}{G}}, \quad r_2 = \sqrt{\frac{I_m}{D}}, \quad d_1 = \frac{G}{D}, \quad d_2 = \frac{\gamma}{D}, \quad d_3 = 3d_1 + \frac{4}{3}d_2. \tag{3.291}$$

则 (3.290) 简化为

$$\begin{cases} r_1^2 \lambda^2 w(x) + 3s'(x) - \xi'(x) - w''(x) = 0, \\ r_2^2 \lambda^2 \xi(x) - 3d_1 s(x) + d_1 \xi(x) + d_1 w'(x) - \xi''(x) = 0, \\ r_2^2 \lambda^2 s(x) + d_3 s(x) - d_1 \xi(x) - d_1 w'(x) + \dfrac{4}{3}\beta r_2^2 \lambda s(x) - s''(x) = 0, \\ w(0) = 0, \quad \xi(0) = 0, \quad s(0) = 0, \\ \xi'(1) = -\lambda k_2 \xi(1), \quad s'(1) = 0, \\ 3s(1) - \xi(1) - w'(1) = \lambda k_1 w(1). \end{cases} \tag{3.292}$$

显然, (3.292) 是关于 λ 的耦合常微分方程组. 我们用矩阵算子族的方法讨论上述特征方程. 令

$$w_1 = w, \quad w_2 = w', \quad \xi_1 = \xi, \quad \xi_2 = \xi', \quad s_1 = s, \quad s_2 = s', \tag{3.293}$$

以及

$$\Phi = (w_1,\, w_2,\, \xi_1,\, \xi_2,\, s_1,\, s_2)^{\mathrm{T}}, \tag{3.294}$$

则方程 (3.292) 转化为

$$\begin{cases} T^D(x, \lambda)\Phi(x) = \Phi'(x) + M(\lambda)\Phi(x) = 0, \\ T^R(x, \lambda)\Phi(x) = W^0(\lambda)\Phi(0) + W^1(\lambda)\Phi(1) = 0, \end{cases} \tag{3.295}$$

其中

$$M(\lambda) = D_0 - \lambda D_1 - \lambda^2 D_2, \tag{3.296}$$

$$W^0(\lambda) = \begin{pmatrix} 1 & 0 & 0 & 0 & 0 & 0 \\ 0 & 0 & 1 & 0 & 0 & 0 \\ 0 & 0 & 0 & 0 & 1 & 0 \\ & & O_{3\times 6} & & & \end{pmatrix}, \quad W^1(\lambda) = \begin{pmatrix} & & & O_{3\times 6} & & \\ 0 & 0 & \lambda k_2 & 1 & 0 & 0 \\ 0 & 0 & 0 & 0 & 0 & 1 \\ \lambda k_1 & 1 & 1 & 0 & -3 & 0 \end{pmatrix}, \tag{3.297}$$

以及 $D_0,\, D_1,\, D_2$ 是由如下定义的矩阵

$$D_0 = \begin{pmatrix} 0 & -1 & 0 & 0 & 0 & 0 \\ 0 & 0 & 0 & 1 & 0 & -3 \\ 0 & 0 & 0 & -1 & 0 & 0 \\ 0 & -d_1 & -d_1 & 0 & 3d_1 & 0 \\ 0 & 0 & 0 & 0 & 0 & -1 \\ 0 & d_1 & d_1 & 0 & -d_3 & 0 \end{pmatrix}, \quad D_1 = \begin{pmatrix} O_{4\times 4} & O_{4\times 2} \\ O_{2\times 4} & D_{11} \end{pmatrix}, \tag{3.298}$$

$$D_2 = \begin{pmatrix} r_1^2 D_{21} & O_{2\times 2} & O_{2\times 2} \\ O_{2\times 2} & r_2^2 D_{21} & O_{2\times 2} \\ O_{2\times 2} & O_{2\times 2} & r_2^2 D_{21} \end{pmatrix}, \quad D_{11} = \begin{pmatrix} 0 & 0 \\ \dfrac{4}{3}\beta r_2^2 & 0 \end{pmatrix}, \quad D_{21} = \begin{pmatrix} 0 & 0 \\ 1 & 0 \end{pmatrix}. \tag{3.299}$$

定理 3.45 特征方程 (3.290) 等价于一阶线性方程组 (3.295). 并且 $\lambda \in \sigma(\mathcal{A}_s)$ 当且仅当 (3.295) 有非零的非平凡解.

我们首先将 (3.296) 中的首项 $\lambda^2 D_2$ 对角化. 对于任意的 $0 \neq \lambda \in \mathbb{C}$, 定义关于 λ 的可逆矩阵

$$
P(\lambda) = \begin{pmatrix} P_1(\lambda) & & \\ & P_2(\lambda) & \\ & & P_2(\lambda) \end{pmatrix}, \tag{3.300}
$$

其中

$$
P_1(\lambda) = \begin{pmatrix} r_1\lambda & r_1\lambda \\ r_1^2\lambda^2 & -r_1^2\lambda^2 \end{pmatrix}, \quad P_2(\lambda) = \begin{pmatrix} r_2\lambda & r_2\lambda \\ r_2^2\lambda^2 & -r_2^2\lambda^2 \end{pmatrix},
$$

以及它的逆矩阵为

$$
P^{-1}(\lambda) = \begin{pmatrix} P_1^{-1}(\lambda) & & \\ & P_2^{-1}(\lambda) & \\ & & P_2^{-1}(\lambda) \end{pmatrix}, \tag{3.301}
$$

其中

$$
P_1^{-1}(\lambda) = \begin{pmatrix} \dfrac{1}{2r_1\lambda} & \dfrac{1}{2r_1^2\lambda^2} \\ \dfrac{1}{2r_1\lambda} & \dfrac{-1}{2r_1^2\lambda^2} \end{pmatrix}, \quad P_2^{-1}(\lambda) = \begin{pmatrix} \dfrac{1}{2r_2\lambda} & \dfrac{1}{2r_2^2\lambda^2} \\ \dfrac{1}{2r_2\lambda} & \dfrac{-1}{2r_2^2\lambda^2} \end{pmatrix}.
$$

显然, $P(\lambda)$ 是 λ 的二阶矩阵多项式. 定义如下矩阵变换:

$$
\Psi(x) = P^{-1}(\lambda)\Phi(x), \quad \widehat{T}^D(x,\lambda) = P(\lambda)^{-1} T^D(x,\lambda) P(\lambda), \tag{3.302}
$$

则

$$
\widehat{T}^D(x,\lambda)\Psi(x) = \Psi'(x) - \widehat{M}(\lambda)\Psi(x) = 0, \tag{3.303}
$$

其中

$$
\widehat{M}(\lambda) = -P(\lambda)^{-1} M(\lambda) P(\lambda)
$$

$$
= -P(\lambda)^{-1} \begin{pmatrix} 0 & -1 & 0 & 0 & 0 & 0 \\ -r_1^2\lambda^2 & 0 & 0 & 1 & 0 & -3 \\ 0 & 0 & 0 & -1 & 0 & 0 \\ 0 & -d_1 & -d_1-r_2^2\lambda^2 & 0 & 3d_1 & 0 \\ 0 & 0 & 0 & 0 & 0 & -1 \\ 0 & d_1 & d_1 & 0 & -d_3-r_2^2\left(\frac{4}{3}\beta\lambda+\lambda^2\right) & 0 \end{pmatrix} P(\lambda)
$$

$$= - \begin{pmatrix} -\dfrac{1}{2} & \dfrac{-1}{2r_1\lambda} & 0 & \dfrac{1}{2r_1^2\lambda^2} & 0 & \dfrac{-3}{2r_1^2\lambda^2} \\[2mm] \dfrac{1}{2} & \dfrac{-1}{2r_1\lambda} & 0 & \dfrac{-1}{2r_1^2\lambda^2} & 0 & \dfrac{3}{2r_1^2\lambda^2} \\[2mm] 0 & \dfrac{-d_1}{2r_2^2\lambda^2} & \dfrac{-d_1}{2r_2^2\lambda^2}-\dfrac{1}{2} & \dfrac{-1}{2r_2\lambda} & \dfrac{3d_1}{2r_2^2\lambda^2} & 0 \\[2mm] 0 & \dfrac{d_1}{2r_2^2\lambda^2} & \dfrac{d_1}{2r_2^2\lambda^2}+\dfrac{1}{2} & \dfrac{-1}{2r_2\lambda} & \dfrac{-3d_1}{2r_2^2\lambda_2} & 0 \\[2mm] 0 & \dfrac{d_1}{2r_2^2\lambda^2} & \dfrac{d_1}{2r_2^2\lambda^2} & 0 & -\dfrac{1}{2}-\dfrac{2}{3}\dfrac{\beta}{\lambda}-\dfrac{d_3}{2r_2^2\lambda^2} & \dfrac{-1}{2r_2\lambda} \\[2mm] 0 & \dfrac{-d_1}{2r_2^2\lambda^2} & \dfrac{-d_1}{2r_2^2\lambda^2} & 0 & \dfrac{1}{2}+\dfrac{2}{3}\dfrac{\beta}{\lambda}+\dfrac{d_3}{2r_2^2\lambda^2} & \dfrac{-1}{2r_2\lambda} \end{pmatrix} P(\lambda)$$

$$= - \begin{pmatrix} -r_1\lambda & 0 & \dfrac{1}{2}d_4 & -\dfrac{1}{2}d_4 & -\dfrac{3}{2}d_4 & \dfrac{3}{2}d_4 \\[2mm] 0 & r_1\lambda & -\dfrac{1}{2}d_4 & \dfrac{1}{2}d_4 & \dfrac{3}{2}d_4 & -\dfrac{3}{2}d_4 \\[2mm] -\dfrac{1}{2}d_6 & \dfrac{1}{2}d_6 & -r_2\lambda-\dfrac{d_7}{2\lambda} & -\dfrac{d_7}{2\lambda} & \dfrac{3d_7}{2\lambda} & \dfrac{3d_7}{2\lambda} \\[2mm] \dfrac{1}{2}d_6 & -\dfrac{1}{2}d_6 & \dfrac{d_7}{2\lambda} & r_2\lambda+\dfrac{d_7}{2\lambda} & -\dfrac{3d_7}{2\lambda} & -\dfrac{3d_7}{2\lambda} \\[2mm] \dfrac{1}{2}d_6 & -\dfrac{1}{2}d_6 & \dfrac{d_7}{2\lambda} & \dfrac{d_7}{2\lambda} & -r_2\lambda-\dfrac{2}{3}\beta r_2-\dfrac{d_8}{2\lambda} & -\dfrac{2}{3}\beta r_2-\dfrac{d_8}{2\lambda} \\[2mm] -\dfrac{1}{2}d_6 & \dfrac{1}{2}d_6 & -\dfrac{d_7}{2\lambda} & -\dfrac{d_7}{2\lambda} & \dfrac{2}{3}\beta r_2+\dfrac{d_8}{2\lambda} & r_2\lambda+\dfrac{2}{3}\beta r_2+\dfrac{d_8}{2\lambda} \end{pmatrix},$$

以及

$$d_4 = \frac{r_2^2}{r_1^2}, \quad d_5 = \frac{r_1^2}{r_2^2}, \quad d_6 = d_1 d_5, \quad d_7 = \frac{d_1}{r_2}, \quad d_8 = \frac{d_3}{r_2}. \tag{3.304}$$

显然, $\widehat{M}(\lambda)$ 可以进一步表示为

$$\widehat{M}(\lambda) = \lambda\widehat{M}_1 + \widehat{M}_0 + \lambda^{-1}\widehat{M}_{-1}, \tag{3.305}$$

其中

$$\widehat{M}_1 = \mathrm{diag}\Big\{ r_1, \ -r_1, \ r_2, \ -r_2, \ r_2, \ -r_2 \Big\}, \tag{3.306}$$

$$\widehat{M}_0 = \begin{pmatrix} O_{2\times2} & \dfrac{1}{2}d_4\widehat{M}_{01} & -\dfrac{3}{2}d_4\widehat{M}_{01} \\[2mm] -\dfrac{1}{2}d_6\widehat{M}_{01} & O_{2\times2} & O_{2\times2} \\[2mm] \dfrac{1}{2}d_6\widehat{M}_{01} & O_{2\times2} & \dfrac{2}{3}\beta r_2\widehat{M}_{02} \end{pmatrix}, \quad \widehat{M}_{-1} = \begin{pmatrix} O_{2\times2} & O_{2\times4} \\[2mm] O_{4\times2} & \widehat{M}_{-11} \end{pmatrix},$$

$$\tag{3.307}$$

这里

$$\widehat{M}_{01} = \begin{pmatrix} -1 & 1 \\ 1 & -1 \end{pmatrix}, \quad \widehat{M}_{02} = \begin{pmatrix} 1 & 1 \\ -1 & -1 \end{pmatrix},$$

$$\widehat{M}_{-11} = \begin{pmatrix} \dfrac{1}{2} d_7 \widehat{M}_{02} & -\dfrac{3}{2} d_7 \widehat{M}_{02} \\ -\dfrac{1}{2} d_7 \widehat{M}_{02} & \dfrac{1}{2} d_8 \widehat{M}_{02} \end{pmatrix}.$$

我们现在开始讨论方程 (3.303) 的渐近基础解矩阵.

定理 3.46 设 $0 \neq \lambda \in \mathbb{C}$, $r_1 \neq r_2$, 以及 $\widehat{M}(\lambda)$ 由 (3.305) 给定. 对于 $x \in [0,1]$, 记

$$E(x, \lambda) = \mathrm{diag} \left\{ e^{r_1 \lambda x}, \ e^{-r_1 \lambda x}, \ e^{r_2 \lambda x}, \ e^{-r_2 \lambda x}, \ e^{r_2 \lambda x}, \ e^{-r_2 \lambda x} \right\}. \tag{3.308}$$

则方程 (3.303) 有唯一基础解矩阵 $\widehat{\Psi}(x, \lambda)$ 满足

$$\Psi'(x) = \widehat{M}(\lambda) \Psi(x), \tag{3.309}$$

并且当 $|\lambda|$ 充分大时, 有渐近表达式

$$\widehat{\Psi}(x, \lambda) = \left(\widehat{\Psi}_0(x) + \frac{\widetilde{\Theta}(x, \lambda)}{\lambda} \right) E(x, \lambda), \tag{3.310}$$

其中

$$\widehat{\Psi}_0(x) = \mathrm{diag} \left\{ 1, \ 1, \ 1, \ 1, \ e_1(x), \ e_2(x) \right\}, \tag{3.311}$$

$$\widetilde{\Theta}(x, \lambda) = \widehat{\Psi}_1(x) + \lambda^{-1} \widehat{\Psi}_2(x) + \cdots, \tag{3.312}$$

以及它们的所有元素在 $[0,1]$ 上一致有界. 这里

$$e_1(x) = e^{\frac{2}{3} \beta r_2 x}, \quad e_2(x) = e^{-\frac{2}{3} \beta r_2 x}. \tag{3.313}$$

证明 由于 (3.306) 给出的 $\widehat{M}_1$ 是一个对角矩阵, 显然由 (3.308) 定义的 $E(x, \lambda)$ 是方程 (3.309) 在仅含主导项时的基础解矩阵, 即

$$E'(x, \lambda) = \lambda \widehat{M}_1 E(x, \lambda).$$

现在我们寻求具有如下形式的方程 (3.309) 的基础解矩阵

$$\widehat{\Psi}(x, \lambda) = \left(\widehat{\Psi}_0(x) + \lambda^{-1} \widehat{\Psi}_1(x) + \cdots + \lambda^{-n} \widehat{\Psi}_n(x) + \cdots \right) E(x, \lambda).$$

由 (3.309) 的左端可知

$$\widehat{\Psi}'(x,\lambda) = \left(\widehat{\Psi}'_0(x) + \lambda^{-1}\widehat{\Psi}'_1(x) + \cdots + \lambda^{-n}\widehat{\Psi}'_n(x) + \cdots\right) E(x,\lambda)$$
$$+ \lambda\left(\widehat{\Psi}_0(x) + \lambda^{-1}\widehat{\Psi}_1(x) + \cdots + \lambda^{-n}\widehat{\Psi}_n(x) + \cdots\right)\widehat{M}_1 E(x,\lambda),$$

以及由 (3.309) 的右端可得

$$\left(\lambda\widehat{M}_1 + \widehat{M}_0 + \lambda^{-1}\widehat{M}_{-1}\right)\left(\widehat{\Psi}_0(x) + \lambda^{-1}\widehat{\Psi}_1(x) + \cdots + \lambda^{-n}\widehat{\Psi}_n(x) + \cdots\right) E(x,\lambda),$$

通过比较上述两端关于 $\lambda^1, \lambda^0, \lambda^{-1}, \cdots, \lambda^{-n}, \cdots$ 的系数可得

$$\widehat{\Psi}_0(x)\widehat{M}_1 - \widehat{M}_1\widehat{\Psi}_0(x) = 0,$$
$$\widehat{\Psi}'_0(x) - \widehat{M}_0\widehat{\Psi}_0(x) + \widehat{\Psi}_1(x)\widehat{M}_1 - \widehat{M}_1\widehat{\Psi}_1(x) = 0,$$
$$\widehat{\Psi}'_1(x) - \widehat{M}_0\widehat{\Psi}_1(x) - \widehat{M}_{-1}\widehat{\Psi}_0(x) + \widehat{\Psi}_2(x)\widehat{M}_1 - \widehat{M}_1\widehat{\Psi}_2(x) = 0,$$
$$\cdots\cdots$$
$$\widehat{\Psi}'_n(x) - \widehat{M}_0\widehat{\Psi}_n(x) - \widehat{M}_{-1}\widehat{\Psi}_{n-1}(x) + \widehat{\Psi}_{n+1}(x)\widehat{M}_1 - \widehat{M}_1\widehat{\Psi}_{n+1}(x) = 0,$$
$$\cdots\cdots$$

从而可得到方程 (3.309) 的渐近基础解矩阵 $\widehat{\Psi}(x,\lambda)$. 下面我们通过上述的等式关系计算主导项 $\widehat{\Psi}_0(x)$, 并证明它具有 (3.311) 的表达式形式. 事实上, 首项 $\widehat{\Psi}_0(x)$ 可以由以下两个矩阵方程来确定:

$$\widehat{\Psi}_0(x)\widehat{M}_1 - \widehat{M}_1\widehat{\Psi}_0(x) = 0, \tag{3.314}$$

$$\widehat{\Psi}'_0(x) - \widehat{M}_0\widehat{\Psi}_0(x) + \widehat{\Psi}_1(x)\widehat{M}_1 - \widehat{M}_1\widehat{\Psi}_1(x) = 0, \tag{3.315}$$

其中 $\widehat{M}_1$ 和 $\widehat{M}_0$ 分别由 (3.306), (3.307) 给出. 进一步, 当求得 $\widehat{\Psi}_0$ 后, 表达式 (3.312) 中 $\widetilde{\Theta}(x,\rho)$ 的第一项 $\widehat{\Psi}_1$ 可以从 (3.315) 和如下的矩阵方程导出

$$\widehat{\Psi}'_1(x) - \widehat{M}_0\widehat{\Psi}_1(x) - \widehat{M}_{-1}\widehat{\Psi}_0(x) + \widehat{\Psi}_2(x)\widehat{M}_1 - \widehat{M}_1\widehat{\Psi}_2(x) = 0,$$

其中 $\widehat{M}_{-1}$ 在 (3.307) 中定义. 沿着这个步骤, 我们可以推导出 $\widetilde{\Theta}(x,\lambda)$ 所有的低阶项 $\widehat{\Psi}_1, \widehat{\Psi}_2, \cdots, \widehat{\Psi}_n, \cdots$.

现在计算 $\widehat{\Psi}_0$. 令 $c_{ij}(x)$ 表示矩阵 $\widehat{\Psi}_0(x)$ 的第 (i,j) 个元素, $i,j = 1,2,\cdots,6$.

由于 $\widehat{M}_1$ 是对角阵, 由矩阵方程 (3.314) 和 $r_1 \neq r_2$ 可知 $\widehat{\Psi}_0$ 的元素 $c_{ij}(x)$ 满足

$$\begin{cases} c_{ij}(x) = 0, & 1 \leqslant i \leqslant 2, \ 1 \leqslant j \leqslant 6, \ i \neq j, \\ c_{ij}(x) = 0, & 3 \leqslant i \leqslant 4, \ 1 \leqslant j \leqslant 6, \ i \neq j, \ j \neq i+2, \\ c_{ij}(x) = 0, & 5 \leqslant i \leqslant 6, \ 1 \leqslant j \leqslant 6, \ i \neq j, \ j \neq i-2, \end{cases}$$

以及元素 $c_{ii}(x)$ $(i = 1, 2, \cdots, 6)$, $c_{35}(x)$, $c_{53}(x)$, $c_{46}(x)$ 和 $c_{64}(x)$ 可以通过矩阵方程 (3.315) 得到如下关系式:

$$\begin{cases} c'_{ii}(x) = 0, & i = 1, 2, 3, 4, \\ c'_{55}(x) = \dfrac{2}{3}\beta r_2 c_{55}(x), & c'_{66}(x) = -\dfrac{2}{3}\beta r_2 c_{66}(x), \\ c'_{35}(x) = 0, & c'_{53}(x) = \dfrac{2}{3}\beta r_2 c_{53}(x), \\ c'_{46}(x) = 0, & c'_{64}(x) = -\dfrac{2}{3}\beta r_2 c_{64}(x). \end{cases} \tag{3.316}$$

最后, 利用初值 $\widehat{\Psi}_0(0) = I$ 可得到 (3.311). 定理得证. □

根据 (3.295) 和 (3.303) 是等价的, 应用变换 (3.302), 可得到如下推论.

推论 3.47 令 $0 \neq \lambda \in \mathbb{C}$, $r_1 \neq r_2$, 以及由 (3.310) 得到的 $\widehat{\Psi}(x, \lambda)$ 是方程 (3.303) 的基础解矩阵. 则

$$\widehat{\Phi}(x, \lambda) = P(\lambda)\widehat{\Psi}(x, \lambda) \tag{3.317}$$

是一阶线性方程组 (3.295) 的基础解矩阵.

现在开始讨论系统的本征谱. 显然, 方程 (3.295) 的本征值由如下的特征行列式的零点组成

$$\Delta(\lambda) = \det\left(T^R \widehat{\Phi}(x, \lambda)\right), \quad \lambda \in \mathbb{C}, \tag{3.318}$$

其中, 算子 T^R 由 (3.295) 给定, $\widehat{\Phi}(x, \lambda)$ 是 $T^D(x, \lambda)\Phi(x) = 0$ 的基础解矩阵.

由于

$$T^R \widehat{\Phi}(x, \lambda) = W^0(\lambda)P(\lambda)\widehat{\Psi}(0, \lambda) + W^1(\lambda)P(\lambda)\widehat{\Psi}(1, \lambda), \tag{3.319}$$

根据 (3.297) 和 (3.300), 经过计算可得

$$W^0(\lambda)P(\lambda) = \begin{pmatrix} r_1\lambda & r_1\lambda & 0 & 0 & 0 & 0 \\ 0 & 0 & r_2\lambda & r_2\lambda & 0 & 0 \\ 0 & 0 & 0 & 0 & r_2\lambda & r_2\lambda \\ & & O_{3\times 6} & & & \end{pmatrix},$$

$$W^1(\lambda)P(\lambda) = \begin{pmatrix} & & O_{3\times 6} & & & \\ 0 & 0 & r_2r_3\lambda^2 & r_2r_4\lambda^2 & 0 & 0 \\ 0 & 0 & 0 & 0 & r_2^2\lambda^2 & -r_2^2\lambda^2 \\ r_1r_5\lambda^2 & r_1r_6\lambda^2 & r_2\lambda & r_2\lambda & -3r_2\lambda & -3r_2\lambda \end{pmatrix},$$

其中

$$r_3 = k_2 + r_2, \quad r_4 = k_2 - r_2, \quad r_5 = k_1 + r_1, \quad r_6 = k_1 - r_1. \tag{3.320}$$

为了记号简单, 记

$$[a]_1 = a + \mathcal{O}(\lambda^{-1}).$$

由于 $\widehat{\Psi}_0(0) = I$, $E(0,\lambda) = I$, 进一步计算可得

$$W^0(\lambda)P(\lambda)\widehat{\Psi}(0,\lambda) = \begin{pmatrix} \lambda[r_1]_1 & \lambda[r_1]_1 & 0 & 0 & 0 & 0 \\ 0 & 0 & \lambda[r_2]_1 & \lambda[r_2]_1 & 0 & 0 \\ 0 & 0 & 0 & 0 & \lambda[r_2]_1 & \lambda[r_2]_1 \\ & & O_{3\times 6} & & & \end{pmatrix},$$

$W^1(\lambda)P(\lambda)\widehat{\Psi}(1,\lambda)$

$$= \begin{pmatrix} & & O_{3\times 6} & & & \\ 0 & 0 & \lambda^2 E_3[r_2r_3]_1 & \lambda^2 E_4[r_2r_4]_1 & 0 & 0 \\ 0 & 0 & 0 & 0 & [r_2^2]_1\lambda^2 E_3 E_5 & -[r_2^2]_1\lambda^2 E_4 E_6 \\ \lambda^2 E_1[r_1r_5]_1 & \lambda^2 E_2[r_1r_6]_1 & \lambda E_3[r_2]_1 & \lambda E_4[r_2]_1 & -3\lambda E_3 E_5[r_2]_1 & -3\lambda E_4 E_6[r_2]_1 \end{pmatrix},$$

其中

$$\begin{cases} E_1 = e^{r_1\lambda}, \quad E_2 = e^{-r_1\lambda}, \quad E_3 = e^{r_2\lambda}, \quad E_4 = e^{-r_2\lambda}, \\ E_5 = e_1(1) = e^{\frac{2}{3}\beta r_2}, \quad E_6 = e_2(1) = e^{-\frac{2}{3}\beta r_2}. \end{cases} \tag{3.321}$$

从而

$$T^R\widehat{\Phi}(x,\lambda)$$

$$=\begin{pmatrix} \lambda[r_1]_1 & \lambda[r_1]_1 & 0 & 0 & 0 & 0 \\ 0 & 0 & \lambda[r_2]_1 & \lambda[r_2]_1 & 0 & 0 \\ 0 & 0 & 0 & 0 & \lambda[r_2]_1 & \lambda[r_2]_1 \\ 0 & 0 & \lambda^2 E_3[r_2r_3]_1 & \lambda^2 E_4[r_2r_4]_1 & 0 & 0 \\ 0 & 0 & 0 & 0 & [r_2^2]_1\lambda^2 E_3E_5 & -[r_2^2]_1\lambda^2 E_4E_6 \\ \lambda^2 E_1[r_1r_5]_1 & \lambda^2 E_2[r_1r_6]_1 & \lambda E_3[r_2]_1 & \lambda E_4[r_2]_1 & -3\lambda E_3E_5[r_2]_1 & -3\lambda E_4E_6[r_2]_1 \end{pmatrix}.$$

因此

$$\Delta(\lambda)=\det(T^R\widehat{\Phi}(x,\lambda))$$

$$=\lambda^9 r_1^2 r_2^5 \times \det\begin{pmatrix} [1]_1 & [1]_1 \\ [r_5]_1 E_1 & [r_6]_1 E_2 \end{pmatrix}$$

$$\times \det\begin{pmatrix} [1]_1 & [1]_1 \\ [r_3]_1 E_3 & [r_4]_1 E_4 \end{pmatrix} \times \det\begin{pmatrix} [1]_1 & [1]_1 \\ -E_3E_5[1]_1 & E_4E_6[1]_1 \end{pmatrix}$$

$$=r_1^2 r_2^5 \lambda^9 \Delta_1(\lambda)\Delta_2(\lambda)\Delta_3(\lambda),$$

其中

$$\begin{cases} \Delta_1(\lambda)=r_6E_2-r_5E_1+\mathcal{O}(\lambda^{-1}), \\ \Delta_2(\lambda)=r_4E_4-r_3E_3+\mathcal{O}(\lambda^{-1}), \\ \Delta_3(\lambda)=E_4E_6+E_3E_5+\mathcal{O}(\lambda^{-1}), \end{cases} \tag{3.322}$$

以及 r_i $(i=3,4,5,6)$ 由 (3.320) 给定, E_i $(i=1,2,\cdots,6)$ 由 (3.321) 给定.

定理 3.48 设 $r_1 \neq r_2$, $\Delta(\lambda)$ 是方程 (3.295) 的特征行列式. 则 $\Delta(\lambda)$ 有如下渐近表达式

$$\Delta(\lambda)=r_1^2 r_2^5 \lambda^9 \Delta_1(\lambda)\Delta_2(\lambda)\Delta_3(\lambda), \tag{3.323}$$

其中 $\Delta_i(\lambda)$ 在 (3.322) 中给出. 当 $k_i \neq r_i$ $(i=1,2)$, 以及 $|n|\to\infty$, $n\in\mathbb{Z}$ 时, 可以得到系统的三族渐近谱:

$$\begin{cases} \lambda_{jn}=\mu_j+r_j^{-1}n\pi i+\mathcal{O}(n^{-1}), \quad j=1,2, \\ \lambda_{3n}=\mu_3+r_2^{-1}\left(n+\dfrac{1}{2}\right)\pi i+\mathcal{O}(n^{-1}), \end{cases} \tag{3.324}$$

其中

$$\mu_j = \begin{cases} \dfrac{1}{2r_j} \ln \dfrac{k_j - r_j}{k_j + r_j}, & k_j > r_j, \\[3mm] \dfrac{1}{2r_j} \left(\ln \dfrac{r_j - k_j}{k_j + r_j} + \pi i \right), & k_j < r_j, \end{cases} \qquad j = 1, 2, \tag{3.325}$$

$$\mu_3 = -\frac{2}{3}\beta. \tag{3.326}$$

并且, 当 $|n| \to \infty$ 时,

$$\mathrm{Re}\lambda_{jn} \to \frac{1}{2r_j} \ln \left| \frac{k_j - r_j}{k_j + r_j} \right| < 0, \quad j = 1, 2, \quad \text{以及} \quad \mathrm{Re}\lambda_{3n} \to \mu_3 < 0. \tag{3.327}$$

进一步, 若 k_1 和 k_2 满足如下条件:

$$k_1 \neq \begin{cases} \dfrac{\alpha_1 + 1}{1 - \alpha_1} r_1, & k_1 > r_1, \\[3mm] \dfrac{1 - \alpha_1}{\alpha_1 + 1} r_1, & k_1 < r_1, \end{cases} \qquad \text{这里} \ \alpha_1 = \left| \frac{k_2 - r_2}{k_2 + r_2} \right|^{r_1/r_2}, \quad 0 < \alpha_1 < 1 \tag{3.328}$$

和

$$k_1 \neq \begin{cases} \dfrac{\alpha_2 + 1}{1 - \alpha_2} r_1, & k_1 > r_1, \\[3mm] \dfrac{1 - \alpha_2}{\alpha_2 + 1} r_1, & k_1 < r_1, \end{cases} \qquad \text{这里} \ \alpha_2 = e^{-\frac{4}{3}\beta r_1}, \quad 0 < \alpha_2 < 1, \tag{3.329}$$

则 $\Delta(\lambda)$ 的零点, 在它的模充分大时, 是单零点.

证明   由 (3.323) 和 $\Delta(\lambda) = 0$ 可知

$$\Delta_1(\lambda)\Delta_2(\lambda)\Delta_3(\lambda) = 0, \tag{3.330}$$

以及

$$\Delta_i(\lambda) = 0, \quad i = 1, 2, 3.$$

令 $\Delta_1(\lambda) = 0$, 则

$$r_6 E_2 - r_5 E_1 + \mathcal{O}(\lambda^{-1}) = 0. \tag{3.331}$$

根据 (3.320) 和 (3.322) 可知, 上式等价于

$$(k_1 - r_1)e^{-r_1\lambda} - (k_1 + r_1)e^{r_1\lambda} + \mathcal{O}(\lambda^{-1}) = 0. \tag{3.332}$$

注意到方程

$$(k_1 - r_1)e^{-r_1\lambda} - (k_1 + r_1)e^{r_1\lambda} = 0$$

的根为

$$\tilde{\lambda}_{1n} = \mu_1 + r_1^{-1}n\pi i, \quad n \in \mathbb{Z}.$$

对方程 (3.332) 应用 Rouché 定理可知, 方程 (3.332) 的根有渐近表达式

$$\lambda_{1n} = \tilde{\lambda}_{1n} + \mathcal{O}(n^{-1}) = \mu_1 + r_1^{-1}n\pi i + \mathcal{O}(n^{-1}), \quad n \in \mathbb{Z} \text{ 以及 } |n| \to \infty. \quad (3.333)$$

类似地, 令 $\Delta_2(\lambda) = 0$. 方程

$$(k_2 - r_2)e^{-r_2\lambda} - (k_2 + r_2)e^{r_2\lambda} + \mathcal{O}(\lambda^{-1}) = 0 \quad (3.334)$$

有渐近根

$$\lambda_{2n} = \mu_2 + r_2^{-1}n\pi i + \mathcal{O}(n^{-1}), \quad n \in \mathbb{Z} \text{ 以及 } |n| \to \infty. \quad (3.335)$$

同样地, 令 $\Delta_3(\lambda) = 0$. 可得方程

$$e_2(1)e^{-r_2\lambda} + e_1(1)e^{r_2\lambda} + \mathcal{O}(\lambda^{-1}) = 0 \quad (3.336)$$

的渐近根为

$$\lambda_{3n} = \mu_3 + r_2^{-1}\left(n + \frac{1}{2}\right)\pi i + \mathcal{O}(n^{-1}), \quad n \in \mathbb{Z} \text{ 以及 } |n| \to \infty. \quad (3.337)$$

最后, 经过计算, 当 k_1 和 k_2 满足条件 (3.328) 和 (3.329) 时, 可知

$$\frac{1}{r_1}\ln\left|\frac{k_1 - r_1}{k_1 + r_1}\right| \neq \frac{1}{r_2}\ln\left|\frac{k_2 - r_2}{k_2 + r_2}\right|, \quad \frac{1}{2r_1}\ln\left|\frac{k_1 - r_1}{k_1 + r_1}\right| \neq -\frac{2}{3}\beta.$$

即 $\mu_1 \neq \mu_2 \neq \mu_3$. 从而最后一个结论成立. 定理得证. □

定理 3.49 设 $r_1 \neq r_2$, $k_i \neq r_i$ $(i = 1, 2)$. 算子 $\mathcal{A}_s$ 由 (3.273) 和 (3.274) 给定. 则 $\mathcal{A}_s$ 的本征值有渐近表达式 (3.324). 并且, 当 k_1 和 k_2 满足条件 (3.328) 和 (3.329) 时, 算子 $\mathcal{A}_s$ 的本征值在模充分大时, 是代数单的.

3.5.4 本征函数的渐近分析

我们现在讨论算子 $\mathcal{A}_s$ 的本征函数.

定理 3.50 设 $r_1 \neq r_2$, $k_i \neq r_i$ $(i = 1, 2)$. $\sigma(\mathcal{A}_s) = \{\lambda_{1n}, \lambda_{2n}, \lambda_{3n}, n \in \mathbb{Z}\}$ 表示算子 $\mathcal{A}_s$ 的谱, 这里的 λ_{jn} $(j = 1, 2, 3)$ 由表达式 (3.324) 给出. 则算子 $\mathcal{A}_s$ 对应于本征值 λ_{jn} 的本征函数为

$$(w_{jn}, \lambda_{jn}w_{jn}, \xi_{jn}, \lambda_{jn}\xi_{jn}, s_{jn}, \lambda_{jn}s_{jn})^{\mathrm{T}}, \quad j = 1, 2, 3, n \in \mathbb{Z},$$

以及当 $|n| \to \infty$ 时, 有渐近表达式

$$
\begin{cases}
w'_{1n}(x) = \dfrac{1}{2}\left(e^{-r_1\lambda_{1n}x} + e^{r_1\lambda_{1n}x}\right) + \mathcal{O}(n^{-1}), \\[2mm]
w'_{jn}(x) = 0, \quad j = 2,3, \\[2mm]
\lambda_{1n}w_{1n}(x) = \dfrac{1}{2}r_1^{-1}\left(e^{r_1\lambda_{1n}x} - e^{-r_1\lambda_{1n}x}\right) + \mathcal{O}(n^{-1}), \\[2mm]
\lambda_{jn}w_{jn}(x) = 0, \quad j = 2,3, \\[2mm]
\xi'_{2n}(x) = \dfrac{1}{2}\left(e^{-r_2\lambda_{2n}x} + e^{r_2\lambda_{2n}x}\right) + \mathcal{O}(n^{-1}), \\[2mm]
\xi'_{jn}(x) = \mathcal{O}(n^{-1}), \quad j = 1,3, \\[2mm]
\lambda_{2n}\xi_{2n}(x) = \dfrac{1}{2}r_2^{-1}\left(e^{r_2\lambda_{2n}x} - e^{-r_2\lambda_{2n}x}\right) + \mathcal{O}(n^{-1}), \\[2mm]
\lambda_{jn}\xi_{jn}(x) = \mathcal{O}(n^{-1}), \quad j = 1,3, \\[2mm]
s'_{3n}(x) = \dfrac{1}{2}\left(e_2(x)e^{-r_2\lambda_{3n}x} + e_1(x)e^{r_2\lambda_{3n}x}\right) + \mathcal{O}(n^{-1}), \\[2mm]
s'_{jn}(x) = \mathcal{O}(n^{-1}), \quad j = 1,2, \\[2mm]
\lambda_{3n}s_{3n}(x) = \dfrac{1}{2}r_2^{-1}\left(e_1(x)e^{r_2\lambda_{3n}x} - e_2(x)e^{-r_2\lambda_{3n}x}\right) + \mathcal{O}(n^{-1}), \\[2mm]
\lambda_{jn}s_{jn}(x) = \mathcal{O}(n^{-1}), \quad j = 1,2,
\end{cases}
\tag{3.338}
$$

其中 r_1, r_2 由 (3.291) 给出, $e_1(x), e_2(x)$ 由 (3.313) 给出. 并且, 本征函数

$$
\left(w_{jn}, \ \lambda_{jn}w_{jn}, \ \xi_{jn}, \ \lambda_{jn}\xi_{jn}, \ s_{jn}, \ \lambda_{jn}s_{jn}\right)^{\mathrm{T}}, \quad j = 1,2,3, \ n \in \mathbb{Z}
$$

在 $\mathcal{H}_s$ 上近似单位化, 即存在不依赖于 n 的常数 c_1, c_2, 使得

$$
c_1 \leqslant \|w'_{jn}\|_{L^2}, \|\lambda_{jn}w_{jn}\|_{L^2}, \|\xi'_{jn}\|_{L^2}, \|\lambda_{jn}\xi_{jn}\|_{L^2}, \|s'_{jn}\|_{L^2}, \|\lambda_{jn}s_{jn}\|_{L^2} \leqslant c_2,
\tag{3.339}
$$

这里 $j = 1,2,3, \ n \in \mathbb{Z}$.

证明   为了得到算子 $\mathcal{A}_s$ 对应于本征值 λ 的本征函数 $(w, \lambda w, \xi, \lambda\xi, s, \lambda s)$, 我们需要求解满足方程 (3.295) 的 $\Phi(x)$. 由表达式 (3.294) 可知, 对应于 λ 的

$$
\Phi(x) = (w_1(x), w_2(x), \xi_1(x), \xi_2(x), s_1(x), s_2(x))^{\mathrm{T}}
$$

的第 j $(j = 1,2,\cdots,6)$ 个元素可以通过计算用 $e_j^{\mathrm{T}}(\widehat{\Phi}(x, \lambda))$ 替换 (3.319) 中矩阵 $T^R\widehat{\Phi}$ 的某一行后所得矩阵的行列式得到, 使得所得的 6 个元素不全为零, 其中 e_j 表示单位矩阵的第 j 列.

根据 (3.317): $\widehat{\Phi}(x,\lambda) = P(\lambda)\widehat{\Psi}(x,\lambda)$, 可知

$$\widehat{\Phi}(x,\lambda) = \begin{pmatrix} \widehat{\Phi}_{11}(x,\lambda) & O_{2\times 2} & O_{2\times 2} \\ O_{2\times 2} & \widehat{\Phi}_{22}(x,\lambda) & O_{2\times 2} \\ O_{2\times 2} & O_{2\times 2} & \widehat{\Phi}_{33}(x,\lambda) \end{pmatrix}, \tag{3.340}$$

其中

$$\widehat{\Phi}_{ii}(x,\lambda) = \begin{pmatrix} r_i\lambda e^{r_i\lambda x}[1+\mathcal{O}(\lambda^{-1})] & r_i\lambda e^{-r_i\lambda x}[1+\mathcal{O}(\lambda^{-1})] \\ r_i^2\lambda^2 e^{r_i\lambda x}[1+\mathcal{O}(\lambda^{-1})] & -r_i^2\lambda^2 e^{-r_i\lambda x}[1+\mathcal{O}(\lambda^{-1})] \end{pmatrix}, \quad i=1,2, \tag{3.341}$$

$$\widehat{\Phi}_{33}(x,\lambda) = \begin{pmatrix} r_2\lambda e^{r_2\lambda x}e_1(x)[1+\mathcal{O}(\lambda^{-1})] & r_2\lambda e^{-r_2\lambda x}e_2(x)[1+\mathcal{O}(\lambda^{-1})] \\ r_2^2\lambda^2 e^{r_2\lambda x}e_1(x)[1+\mathcal{O}(\lambda^{-1})] & -r_2^2\lambda^2 e^{-r_2\lambda x}e_2(x)[1+\mathcal{O}(\lambda^{-1})] \end{pmatrix}, \tag{3.342}$$

以及 $e_i(x)$ $(i=1,2)$ 由 (3.313) 给定. 由 $r_1 \neq r_2$, $k_i \neq r_i$ $(i=1,2)$ 以及定理 3.49 可知, 算子 $\mathcal{A}_s$ 的本征值在模充分大时代数单, 并且各不相同.

(i) 当 $\lambda = \lambda_{1n}$ 时, 对应的本征函数向量 $\Phi_{1n}(x)$ 的每个元素可以通过计算用 $e_j^{\mathrm{T}}(\widehat{\Phi}(x,\lambda))$ 替换矩阵 $T^R\widehat{\Phi}$ 的最后一行所得矩阵的行列式得到. 容易验证, $\xi_{11} = \xi_{12} = s_{11} = s_{12} = 0$, 以及

$$\begin{aligned} \frac{w_{11}(x,\lambda)}{r_1^2 r_2^5 \lambda^8} &= r_1^{-2} r_2^{-5} \lambda^{-8} \det \begin{pmatrix} \lambda[r_1]_1 & \lambda[r_1]_1 \\ \lambda e^{r_1\lambda x}[r_1]_1 & \lambda e^{-r_1\lambda x}[r_1]_1 \end{pmatrix} \\ &\quad \times \det \begin{pmatrix} \lambda[r_2]_1 & \lambda[r_2]_1 \\ \lambda^2 E_3[r_2 r_3]_1 & \lambda^2 E_4[r_2 r_4]_1 \end{pmatrix} \\ &\quad \times \det \begin{pmatrix} \lambda[r_2]_1 & \lambda[r_2]_1 \\ -\lambda^2 E_3 E_5[r_2^2]_1 & \lambda^2 E_4 E_6[r_2^2]_1 \end{pmatrix} \\ &= \left(e^{-r_1\lambda x} - e^{r_1\lambda x} + \mathcal{O}(\lambda^{-1})\right)\left(r_4 e^{-r_2\lambda} - r_3 e^{r_2\lambda} + \mathcal{O}(\lambda^{-1})\right) \\ &\quad \times \left(e_2(1)e^{-r_2\lambda} + e_1(1)e^{r_2\lambda} + \mathcal{O}(\lambda^{-1})\right), \end{aligned}$$

$$\frac{w_{12}(x,\lambda)}{r_1^2 r_2^5 \lambda^8} = r_1^{-2} r_2^{-5} \lambda^{-8} \det \begin{pmatrix} \lambda[r_1]_1 & \lambda[r_1]_1 \\ \lambda^2 e^{r_1\lambda x}[r_1^2]_1 & -\lambda^2 e^{-r_1\lambda x}[r_1^2]_1 \end{pmatrix}$$

$$\times \det \begin{pmatrix} \lambda[r_2]_1 & \lambda[r_2]_1 \\ \lambda^2 E_3[r_2 r_3]_1 & \lambda^2 E_4[r_2 r_4]_1 \end{pmatrix}$$

$$\times \det \begin{pmatrix} \lambda[r_2]_1 & \lambda[r_2]_1 \\ -\lambda^2 E_3 E_5[r_2^2]_1 & \lambda^2 E_4 E_6[r_2^2]_1 \end{pmatrix}$$

$$= -r_1 \lambda \left(e^{-r_1 \lambda x} + e^{r_1 \lambda x} + \mathcal{O}(\lambda^{-1}) \right) \left(r_4 e^{-r_2 \lambda} - r_3 e^{r_2 \lambda} + \mathcal{O}(\lambda^{-1}) \right)$$

$$\times \left(e_2(1) e^{-r_2 \lambda} + e_1(1) e^{r_2 \lambda} + \mathcal{O}(\lambda^{-1}) \right).$$

根据 (3.322), (3.324) 和 (3.330), 可知

$$\frac{w_{11}(x, \lambda)}{r_1^2 r_2^5 \lambda^8} = r_7(\lambda) \left(e^{-r_1 \lambda x} - e^{r_1 \lambda x} + \mathcal{O}(\lambda^{-1}) \right), \tag{3.343}$$

$$\frac{w_{12}(x, \lambda)}{r_1^2 r_2^5 \lambda^8} = -\lambda r_1 r_7(\lambda) \left(e^{-r_1 \lambda x} + e^{r_1 \lambda x} + \mathcal{O}(\lambda^{-1}) \right), \tag{3.344}$$

其中, 当 $\lambda = \lambda_{1n}$ 的模充分大时,

$$r_7(\lambda) = \left(r_4 e^{-r_2 \lambda} - r_3 e^{r_2 \lambda} \right) \left(e_2(1) e^{-r_2 \lambda} + e_1(1) e^{r_2 \lambda} \right) \neq 0, \tag{3.345}$$

并且关于 λ 有界. 综合上面的计算, 在 (3.343)—(3.345) 中, 令

$$w_n(x) = -\frac{w_{11}(x, \lambda)}{2r_1^3 r_2^5 \lambda^9 r_7(\lambda)}, \quad \xi_n(x) = -\frac{\xi_{11}(x, \lambda)}{2r_1^3 r_2^5 \lambda^9 r_7(\lambda)}, \quad s_n(x) = -\frac{s_{11}(x, \lambda)}{2r_1^3 r_2^5 \lambda^9 r_7(\lambda)},$$

可得到表达式 (3.338) 对应于 λ_{1n} 的本征函数.

(ii) 当 $\lambda = \lambda_{2n}$ 时, 对应的本征函数向量 $\Phi_{2n}(x)$ 的每个元素可以通过计算用 $e_j^{\mathrm{T}}(\widehat{\Phi}(x, \lambda))$ 替换矩阵 $T^R \widehat{\Phi}$ 的第四行所得矩阵的行列式得到. 即

$$\frac{\xi_{21}(x, \lambda)}{r_1^2 r_2^5 \lambda^8} = r_1^{-2} r_2^{-5} \lambda^{-8} \det \begin{pmatrix} \lambda[r_1]_1 & \lambda[r_1]_1 \\ \lambda^2 E_1[r_1 r_5]_1 & \lambda^2 E_2[r_1 r_6]_1 \end{pmatrix}$$

$$\times \det \begin{pmatrix} \lambda[r_2]_1 & \lambda[r_2]_1 \\ \lambda e^{r_2 \lambda x}[r_2]_1 & \lambda e^{-r_2 \lambda x}[r_2]_1 \end{pmatrix}$$

$$\times \det \begin{pmatrix} \lambda[r_2]_1 & \lambda[r_2]_1 \\ -\lambda^2 E_3 E_5[r_2^2]_1 & \lambda^2 E_4 E_6[r_2^2]_1 \end{pmatrix}$$

$$= \left(r_6 e^{-r_1 \lambda} - r_5 e^{r_1 \lambda} + \mathcal{O}(\lambda^{-1}) \right) \left(e^{-r_2 \lambda x} - e^{r_2 \lambda x} + \mathcal{O}(\lambda^{-1}) \right)$$

$$\times \left(e_2(1)e^{-r_2\lambda} + e_1(1)e^{r_2\lambda} + \mathcal{O}(\lambda^{-1}) \right),$$

$$\frac{\xi_{22}(x,\lambda)}{r_1^2 r_2^5 \lambda^8} = r_1^{-2} r_2^{-5} \lambda^{-8} \det \begin{pmatrix} \lambda[r_1]_1 & \lambda[r_1]_1 \\ \lambda^2 E_1[r_1 r_5]_1 & \lambda^2 E_2[r_1 r_6]_1 \end{pmatrix}$$

$$\times \det \begin{pmatrix} \lambda[r_2]_1 & \lambda[r_2]_1 \\ \lambda^2 e^{r_2\lambda x}[r_2^2]_1 & -\lambda^2 e^{-r_2\lambda x}[r_2^2]_1 \end{pmatrix}$$

$$\times \det \begin{pmatrix} \lambda[r_2]_1 & \lambda[r_2]_1 \\ -\lambda^2 E_3 E_5 [r_2^2]_1 & \lambda^2 E_4 E_6 [r_2^2]_1 \end{pmatrix}$$

$$= -r_2\lambda \left(r_6 e^{-r_1\lambda} - r_5 e^{r_1\lambda} + \mathcal{O}(\lambda^{-1}) \right) \left(e^{-r_2\lambda x} + e^{r_2\lambda x} + \mathcal{O}(\lambda^{-1}) \right)$$

$$\times \left(e_2(1)e^{-r_2\lambda} + e_1(1)e^{r_2\lambda} + \mathcal{O}(\lambda^{-1}) \right),$$

$$\frac{w_{21}(x,\lambda)}{r_1^2 r_2^5 \lambda^8} = \mathcal{O}(\lambda^{-1}), \quad \frac{w_{22}(x,\lambda)}{r_1^2 r_2^5 \lambda^8} = \mathcal{O}(1),$$

$$\frac{s_{21}(x,\lambda)}{r_1^2 r_2^5 \lambda^8} = \mathcal{O}(\lambda^{-1}), \quad \frac{s_{22}(x,\lambda)}{r_1^2 r_2^5 \lambda^8} = \mathcal{O}(1),$$

根据 (3.322), (3.324) 和 (3.330), 可知

$$\frac{\xi_{21}(x,\lambda)}{r_1^2 r_2^5 \lambda^8} = r_8(\lambda) \left(e^{-r_2\lambda x} - e^{r_2\lambda x} + \mathcal{O}(\lambda^{-1}) \right), \tag{3.346}$$

$$\frac{\xi_{22}(x,\lambda)}{r_1^2 r_2^5 \lambda^8} = -\lambda r_2 r_8(\lambda) \left(e^{-r_2\lambda x} + e^{r_2\lambda x} + \mathcal{O}(\lambda^{-1}) \right), \tag{3.347}$$

其中, 当 $\lambda = \lambda_{2n}$ 的模充分大时,

$$r_8(\lambda) = \left(r_6 e^{-r_1\lambda} - r_5 e^{r_1\lambda} \right) \left(e_2(1)e^{-r_2\lambda} + e_1(1)e^{r_2\lambda} \right) \neq 0, \tag{3.348}$$

并且关于 λ 有界. 综合上面的计算, 在 (3.346)-(3.347) 中, 令

$$w_n(x) = -\frac{w_{21}(x,\lambda)}{2r_1^2 r_2^6 \lambda^9 r_8(\lambda)}, \quad \xi_n(x) = -\frac{\xi_{21}(x,\lambda)}{2r_1^2 r_2^6 \lambda^9 r_8(\lambda)}, \quad s_n(x) = -\frac{s_{21}(x,\lambda)}{2r_1^2 r_2^6 \lambda^9 r_8(\lambda)},$$

可得到表达式 (3.338) 对应于 λ_{2n} 的本征函数.

(iii) 当 $\lambda = \lambda_{3n}$ 时, 对应的本征函数向量 $\Phi_{3n}(x)$ 的每个元素可以通过计算用 $e_j^{\mathrm{T}}(\widehat{\Phi}(x,\lambda))$ 替换矩阵 $T^R \widehat{\Phi}$ 的第五行所得矩阵的行列式得到. 即

$$\frac{s_{31}(x,\lambda)}{r_1^2 r_2^4 \lambda^8} = -r_1^{-2} r_2^{-4} \lambda^{-8} \det \begin{pmatrix} \lambda[r_1]_1 & \lambda[r_1]_1 \\ \lambda^2 E_1[r_1 r_5]_1 & \lambda^2 E_2[r_1 r_6]_1 \end{pmatrix}$$

$$\times \det \begin{pmatrix} \lambda[r_2]_1 & \lambda[r_2]_1 \\ \lambda^2 E_3[r_2r_3]_1 & \lambda^2 E_4[r_2r_4]_1 \end{pmatrix}$$

$$\times \det \begin{pmatrix} \lambda[r_2]_1 & \lambda[r_2]_1 \\ \lambda e^{r_2\lambda x}e_1(x)[r_2]_1 & \lambda e^{-r_2\lambda x}e_2(x)[r_2]_1 \end{pmatrix}$$

$$= -\left(r_6 e^{-r_1\lambda} - r_5 e^{r_1\lambda} + \mathcal{O}(\lambda^{-1})\right)\left(r_4 e^{-r_2\lambda} - r_3 e^{r_2\lambda} + \mathcal{O}(\lambda^{-1})\right)$$

$$\times \left(e_2(x)e^{-r_2\lambda x} - e_1(x)e^{r_2\lambda x} + \mathcal{O}(\lambda^{-1})\right),$$

$$\frac{s_{32}(x,\lambda)}{r_1^2 r_2^4 \lambda^8} = r_1^{-2} r_2^{-4} \lambda^{-8} \det \begin{pmatrix} \lambda[r_2]_1 & \lambda[r_2]_1 \\ -\lambda^2 e^{r_2\lambda x}e_1(x)[r_2^2]_1 & \lambda^2 e^{-r_2\lambda x}e_2(x)[r_2^2]_1 \end{pmatrix}$$

$$\times \det \begin{pmatrix} \lambda[r_2]_1 & \lambda[r_2]_1 \\ \lambda^2 E_3[r_2r_3]_1 & \lambda^2 E_4[r_2r_4]_1 \end{pmatrix}$$

$$\times \det \begin{pmatrix} \lambda[r_1]_1 & \lambda[r_1]_1 \\ \lambda^2 E_1[r_1r_5]_1 & \lambda^2 E_2[r_1r_6]_1 \end{pmatrix}$$

$$= r_2\lambda\left(r_6 e^{-r_1\lambda} - r_5 e^{r_1\lambda} + \mathcal{O}(\lambda^{-1})\right)\left(r_4 e^{-r_2\lambda} - r_3 e^{r_2\lambda} + \mathcal{O}(\lambda^{-1})\right)$$

$$\times \left(e_2(x)e^{-r_2\lambda x} + e_1(x)e^{r_2\lambda x} + \mathcal{O}(\lambda^{-1})\right),$$

$$\frac{w_{31}(x,\lambda)}{r_1^2 r_2^4 \lambda^8} = \mathcal{O}(\lambda^{-1}), \quad \frac{w_{32}(x,\lambda)}{r_1^2 r_2^4 \lambda^8} = \mathcal{O}(1), \quad \frac{\xi_{31}(x,\lambda)}{r_1^2 r_2^4 \lambda^8} = \mathcal{O}(\lambda^{-1}), \quad \frac{\xi_{32}(x,\lambda)}{r_1^2 r_2^4 \lambda^8} = \mathcal{O}(1),$$

根据 (3.322), (3.324) 和 (3.330) 可知

$$\frac{s_{31}(x,\lambda)}{r_1^2 r_2^4 \lambda^8} = r_9(\lambda)\left(e_2(x)e^{-r_2\lambda x} - e_1(x)e^{r_2\lambda x} + \mathcal{O}(\lambda^{-1})\right), \tag{3.349}$$

$$\frac{s_{32}(x,\lambda)}{r_1^2 r_2^4 \lambda^8} = -\lambda r_2 r_9(\lambda)\left(e_2(x)e^{-r_2\lambda x} + e_1(x)e^{r_2\lambda x} + \mathcal{O}(\lambda^{-1})\right), \tag{3.350}$$

其中, 当 $\lambda = \lambda_{3n}$ 的模充分大时,

$$r_9(\lambda) = -\left(r_6 e^{-r_1\lambda} - r_5 e^{r_1\lambda} + \mathcal{O}(\lambda^{-1})\right)\left(r_4 e^{-r_2\lambda} - r_3 e^{r_2\lambda} + \mathcal{O}(\lambda^{-1})\right). \tag{3.351}$$

并且关于 λ 有界. 综合上面的计算, 在 (3.349)-(3.350) 中, 令

$$w_n(x) = -\frac{w_{31}(x,\lambda)}{2r_1^2 r_2^5 \lambda^9 r_9(\lambda)}, \quad \xi_n(x) = -\frac{\xi_{31}(x,\lambda)}{2r_1^2 r_2^5 \lambda^9 r_9(\lambda)}, \quad s_n(x) = -\frac{s_{31}(x,\lambda)}{2r_1^2 r_2^5 \lambda^9 r_9(\lambda)},$$

可得到表达式 (3.338) 对应于 λ_{3n} 的本征函数.

最后, 根据 (3.324) 可知

$$
\begin{cases}
\|e^{-r_j \lambda_{jn} x}\|_{L^2} = \dfrac{1 - e^{-2r_j \mu_j}}{2r_j \mu_j} + \mathcal{O}(n^{-1}), \quad j = 1, 2, \\[3mm]
\|e^{r_j \lambda_{jn} x}\|_{L^2} = \dfrac{e^{2r_j \mu_j} - 1}{2r_j \mu_j} + \mathcal{O}(n^{-1}), \quad j = 1, 2, \\[3mm]
\|e^{-r_2 \lambda_{3n} x}\|_{L^2} = \dfrac{1 - e^{-2r_2 \mu_3}}{2r_2 \mu_3} + \mathcal{O}(n^{-1}), \\[3mm]
\|e^{r_2 \lambda_{3n} x}\|_{L^2} = \dfrac{e^{2r_2 \mu_3} - 1}{2r_2 \mu_3} + \mathcal{O}(n^{-1}),
\end{cases}
\tag{3.352}
$$

其中 μ_j $(j = 1, 2, 3)$ 分别由 (3.325) 和 (3.326) 给出. 结合 (3.338) 可进一步得到 (3.339). 定理得证. $\qquad\qquad\square$

3.5.5 Riesz 基和指数稳定性

基于之前的准备工作, 现在开始证明算子 $\mathcal{A}_s$ 的广义本征函数在 $\mathcal{H}_s$ 上形成一组 Riesz 基. 为此, 引入 $\mathcal{H}_s$ 上的等价内积. 令 $Y_j = (w_j, z_j, \xi_j, \varphi_j, s_j, h_j)^{\mathrm{T}} \in \mathcal{H}_s$ $(j = 1, 2)$, 定义 $\mathcal{H}_s$ 上新的等价内积如下:

$$
[Y_1, Y_2]_{\mathcal{H}_s} = \langle w_1', w_2' \rangle_{L^2} + \langle z_1, z_2 \rangle_{L^2} + \langle \xi_1', \xi_2' \rangle_{L^2} + \langle \varphi_1, \varphi_2 \rangle_{L^2} + \langle s_1', s_2' \rangle_{L^2} + \langle h_1, h_2 \rangle_{L^2},
\tag{3.353}
$$

由它诱导的内积范数记为 $\|\cdot\|_{\mathcal{H}_s}$. 并且 $\mathcal{H}_s$ 在新的内积范数下是完备的 Hilerbt 空间. 定义一个新的 Hilbert 空间

$$
\mathcal{L}_s = \big(L^2(0,1)\big)^6,
\tag{3.354}
$$

以及相应的内积

$$
\langle X_1, X_2 \rangle_{\mathcal{L}_s} = \langle w_1, w_2 \rangle_{L^2} + \langle z_1, z_2 \rangle_{L^2} + \langle \xi_1, \xi_2 \rangle_{L^2} + \langle \varphi_1, \varphi_2 \rangle_{L^2} + \langle s_1, s_2 \rangle_{L^2} + \langle h_1, h_2 \rangle_{L^2},
$$

其中, $X_j = (w_j, z_j, \xi_j, \varphi_j, s_j, h_j)^{\mathrm{T}} \in \mathcal{L}_s$, $j = 1, 2$. 定义 $\mathcal{H}_s$ 和 $\mathcal{L}_s$ 的如下子空间:

$$
\begin{cases}
\mathcal{H}_{s1} = \{Y \in \mathcal{H}_s \mid Y = (w, z, 0, 0, 0, 0)^{\mathrm{T}}\}, \\[2mm]
\mathcal{H}_{s2} = \{Y \in \mathcal{H}_s \mid Y = (0, 0, \xi, \varphi, 0, 0)^{\mathrm{T}}\}, \\[2mm]
\mathcal{H}_{s3} = \{Y \in \mathcal{H}_s \mid Y = (0, 0, 0, 0, s, h)^{\mathrm{T}}\}
\end{cases}
$$

和

$$
\begin{cases}
\mathcal{L}_{s1} = \{X \in \mathcal{L}_s \mid X = (w, z, 0, 0, 0, 0)^{\mathrm{T}}\}, \\
\mathcal{L}_{s2} = \{X \in \mathcal{L}_s \mid X = (0, 0, \xi, \varphi, 0, 0)^{\mathrm{T}}\}, \\
\mathcal{L}_{s3} = \{X \in \mathcal{L}_s \mid X = (0, 0, 0, 0, s, h)^{\mathrm{T}}\}.
\end{cases}
$$

显然

$$
\mathcal{H}_s = \mathcal{H}_{s1} \oplus \mathcal{H}_{s2} \oplus \mathcal{H}_{s3}, \quad \mathcal{L}_s = \mathcal{L}_1 \oplus \mathcal{L}_2 \oplus \mathcal{L}_3, \tag{3.355}
$$

其中, 符号 $\oplus$ 分别表示空间 $\mathcal{H}_s$ 和 $\mathcal{L}_s$ 在内积 $[\cdot, \cdot]_{\mathcal{H}_s}$ 和 $\langle \cdot, \cdot \rangle_{\mathcal{L}_s}$ 意义下的直和.

我们首先给出下面的引理.

引理 3.51　给定 $L^2(0,1)$ 上两组正交基 $\{\sin n\pi x; \ n \in \mathbb{N}\}$ 和 $\{1, \cos n\pi x; \ n \in \mathbb{N}\}$. 对于任意两个非零常数 $\alpha, \beta \neq 0 \in \mathbb{C}$,

$$
\left\{ \Psi_n = (\cosh(\alpha + in\pi)x, \ \beta \sinh(\alpha + in\pi)x)^{\mathrm{T}}, n \in \mathbb{Z} \right\}
$$

在空间 $L^2(0,1) \times L^2(0,1)$ 上形成一组 Riesz 基.

证明　由于 $\{\sin n\pi x; \ n \in \mathbb{N}\}$ 和 $\{1, \cos n\pi x; \ n \in \mathbb{N}\}$ 是 $L^2(0,1)$ 上的两组正交基, 容易验证序列

$$
\left\{ \begin{pmatrix} 0 \\ \sin n\pi x \end{pmatrix}, \begin{pmatrix} 1 \\ 0 \end{pmatrix}, \begin{pmatrix} \cos n\pi x \\ 0 \end{pmatrix} \right\}_{n \in \mathbb{N}}
$$

在 $L^2(0,1) \times L^2(0,1)$ 上构成一组 Riesz 基. 同样地, 如下序列

$$
\left\{ \begin{pmatrix} \cos n\pi x \\ \sin n\pi x \end{pmatrix}, \begin{pmatrix} 1 \\ 0 \end{pmatrix}, \begin{pmatrix} \cos n\pi x \\ -\sin n\pi \end{pmatrix} \right\}_{n \in \mathbb{N}} \tag{3.356}
$$

也在 $L^2(0,1) \times L^2(0,1)$ 上构成一组 Riesz 基. 在 $(0,1)$ 上, 定义可逆矩阵函数 T:

$$
T = \begin{pmatrix} \cosh \alpha x & i \sinh \alpha x \\ \beta \sinh \alpha x & i\beta \cosh \alpha x \end{pmatrix}.
$$

对于任意的 $x \in (0,1)$, T 的行列式 $|T| \equiv i\beta$. 对于任意 $n \in \mathbb{N}$, 我们有

$$
\begin{pmatrix} \cosh(\alpha + in\pi)x \\ \beta \sinh(\alpha + in\pi)x \end{pmatrix} = T \begin{pmatrix} \cos n\pi x \\ \sin n\pi x \end{pmatrix},
$$

$$\begin{pmatrix} \cosh(\alpha - in\pi)x \\ \beta \sinh(\alpha - in\pi)x \end{pmatrix} = T \begin{pmatrix} \cos n\pi x \\ -\sin n\pi x \end{pmatrix},$$

以及

$$\begin{pmatrix} \cosh \alpha x \\ \beta \sinh \alpha x \end{pmatrix} = T \begin{pmatrix} 1 \\ 0 \end{pmatrix}.$$

显然, 序列 $\{(\cosh(\alpha+in\pi)x,\ \beta \sinh(\alpha+in\pi)x)^{\mathrm{T}}, n \in \mathbb{Z}\}$ 和 Riesz 基序列 (3.356) 在可逆映射的意义下是等价的, 因此也构成 $L^2(0,1) \times L^2(0,1)$ 上的一组 Riesz 基. 引理得证. □

定理 3.52 设 $r_1 \neq r_2$, $k_i \neq r_i$ $(i = 1, 2)$, 算子 $\mathcal{A}_s$ 由 (3.273) 和 (3.274) 定义,

$$\Psi_{jn} = (w'_{jn},\ \lambda_{jn}w_{jn},\ \xi'_{jn},\ \lambda_{jn}\xi_{jn},\ s'_{jn},\ \lambda_{jn}s_{jn})^{\mathrm{T}} \quad (j = 1, 2, 3,\ n \in \mathbb{Z}) \quad (3.357)$$

为算子 $\mathcal{A}_s$ 对应于本征值 λ_{jn} 的本征函数, 并且向量 Ψ_{jn} 的元素由 (3.338) 给出. 当 $\{\Psi_{jn},\ j = 1, 2, 3,\ n \in \mathbb{Z}\}$ ω-线性无关时, $\{\Psi_{1n}, \Psi_{2n}, \Psi_{3n};\ n \in \mathbb{Z}\}$ 构成 $\mathcal{L}_s$ 上的一组 Riesz 基.

证明 对于 $n \in \mathbb{Z}$, 给定三族向量

$$\Phi_{1n} = \left(\cosh(r_1\mu_1 + in\pi)x,\ r_1^{-1} \sinh(r_1\mu_1 + in\pi)x, 0, 0, 0, 0 \right)^{\mathrm{T}},$$

$$\Phi_{2n} = \left(0, 0, \cosh(r_2\mu_2 + in\pi)x,\ r_2^{-1} \sinh(r_2\mu_2 + in\pi)x, 0, 0 \right)^{\mathrm{T}},$$

$$\Phi_{3n} = \left(0, 0, 0, 0, \cosh i\left(n + \frac{1}{2}\right)\pi x,\ r_3^{-1} \sinh i\left(n + \frac{1}{2}\right)\pi x \right)^{\mathrm{T}}.$$

由引理 3.51 可知 $\{\Phi_{jn}, n \in \mathbb{Z}\}$ $(j = 1, 2, 3)$ 分别构成 $\mathcal{L}_{sj}$ 上的一组 Riesz 基. 根据本征值和特征函数的渐近表达式 (3.324) 和 (3.338), 可知

$$\begin{cases} \|w'_{1n} - \cosh(r_1\mu_1 + in\pi)x\|_{L^2} = \mathcal{O}(n^{-1}), \\ \|r_1\lambda_{1n}w_{1n} - \sinh(r_1\mu_1 + in\pi)x\|_{L^2} = \mathcal{O}(n^{-1}), \\ \|\xi'_{2n} - \cosh(r_2\mu_2 + in\pi)x\|_{L^2} = \mathcal{O}(n^{-1}), \\ \|r_2\lambda_{2n}\xi_{1n} - \sinh(r_2\mu_2 + in\pi)x\|_{L^2} = \mathcal{O}(n^{-1}), \\ \left\|s'_{3n} - \cosh i\left(n + \frac{1}{2}\right)\pi x\right\|_{L^2} = \mathcal{O}(n^{-1}), \\ \left\|r_3\lambda_{3n}s_{3n} - \sinh i\left(n + \frac{1}{2}\right)\pi x\right\|_{L^2} = \mathcal{O}(n^{-1}). \end{cases} \quad (3.358)$$

因此

$$\|\Psi_{1n} - \Phi_{1n}\|_{\mathcal{L}_{s1}} = \mathcal{O}(n^{-1}),$$

$$\|\Psi_{2n} - \Phi_{2n}\|_{\mathcal{L}_{s2}} = \mathcal{O}(n^{-1}), \tag{3.359}$$

$$\|\Psi_{3n} - \Phi_{3n}\|_{\mathcal{L}_{s3}} = \mathcal{O}(n^{-1}).$$

根据 Bari 定理, 当 $\{\Psi_{jn}, j = 1, 2, 3, n \in \mathbb{Z}\}$ ω-线性无关时, $\{\Psi_{1n}, \Psi_{2n}, \Psi_{3n}; n \in \mathbb{Z}\}$ 构成 $\mathcal{L}_s$ 上的一组 Riesz 基. 定理得证. □

根据定理 3.52, 我们有如下结论.

定理 3.53　设 $r_1 \neq r_2$, $k_i \neq r_i$ $(i = 1, 2)$, 算子 $\mathcal{A}_s$ 由 (3.273) 和 (3.274) 定义, 则算子 $\mathcal{A}_s$ 的广义本征函数在 $\mathcal{H}_s$ 上形成一组 Riesz 基.

证明　由定理 3.50, 我们得到了算子 $\mathcal{A}_s$ 的本征函数的渐近表达式. 不失一般性, 设

$$Y_{jn} = (w_{jn}, \lambda_{jn} w_{jn}, \xi_{jn}, \lambda_{jn} \xi_{jn}, s_{jn}, \lambda_{jn} s_{jn})^{\mathrm{T}}, \quad j = 1, 2, 3, n \in \mathbb{Z}$$

是算子 $\mathcal{A}_s$ 对应于本征值 λ_{jn} 的本征函数, 并且本征函数的各个分量由渐近表达式 (3.338) 给出. 则 $\{Y_{jn}; j = 1, 2, 3, n \in \mathbb{Z}\}$ 在 $\mathcal{H}_s$ 上是 ω-线性无关的.

下面我们仅需证明在两个 Hilbert 空间 $\mathcal{H}_s$ 和 $\mathcal{L}_s$ 之间存在从 Y_{jn} 到 Ψ_{jn} 的同构映射, 则定理得证. 这里的 $\{\Psi_{jn}; j = 1, 2, 3, n \in \mathbb{Z}\}$ 由 (3.357) 给出. 为此, 对于任意的 $F = (f_1, f_2, g_1, g_2, u_1, u_2)^{\mathrm{T}} \in \mathcal{H}_s$, 定义如下有界线性算子 $\mathcal{T} : \mathcal{H}_s \to \mathcal{L}_s$,

$$\mathcal{T} F = (f', f_2, g_1', g_2, u_1', u_2)^{\mathrm{T}} = \widehat{F}.$$

由于 $[F, Y_{jn}]_{\mathcal{H}_s} = \langle \widehat{F}, \Psi_{jn} \rangle_{\mathcal{L}_s}$, 容易证明 $\mathcal{T}$ 是同构的, 并且满足

$$\|\mathcal{T} F\|_{\mathcal{L}_s} = \|\widehat{F}\|_{\mathcal{L}_s} = \|F\|_{\mathcal{H}_s}. \tag{3.360}$$

特别地, 对于 $j = 1, 2, 3$ 以及 $n \in \mathbb{Z}$, 可知

$$\mathcal{T} Y_{jn} = \Psi_{jn}, \quad \|Y_{jn}\|_{\mathcal{H}_s} = \|\Psi_{jn}\|_{\mathcal{L}_s}.$$

进一步, 由于 $\{Y_{jn}; j = 1, 2, 3, n \in \mathbb{Z}\}$ 在 $\mathcal{H}_s$ 上是 ω-线性无关的, 则 $\{\Psi_{jn}; j = 1, 2, 3, n \in \mathbb{Z}\}$ 在 $\mathcal{L}_s$ 上也是 ω-线性无关的. 最终, 由定理 3.52, $\{\Psi_{jn}; j = 1, 2, 3, n \in \mathbb{Z}\}$ 在 $\mathcal{L}_s$ 上形成一组 Riesz 基. 同样地, $\{Y_{jn}; j = 1, 2, 3, n \in \mathbb{Z}\}$ 也在 $\mathcal{H}_s$ 上形成一组 Riesz 基. 定理得证. □

定理 3.54　设 $r_1 \neq r_2$, $k_i \neq r_i$ $(i = 1, 2)$, 算子 $\mathcal{A}_s$ 由 (3.273) 和 (3.274) 定义, 并且 $T(t)$ 表示算子 $\mathcal{A}_s$ 在 $\mathcal{H}_s$ 生成的 C_0-半群. 则 $T(t)$ 是指数稳定的, 并且是 $\mathcal{H}_s$ 上的 C_0-群.

证明 作为定理 3.53 的推论, $T(t)$ 的谱确定增长条件成立, 即 $\omega(\mathcal{A}) = s(\mathcal{A})$. 由推论 3.43 可知系统算子 $\mathcal{A}_s$ 在虚轴没谱. 结合谱的渐近表达式 (3.324) 以及谱确定增长条件可证明 $T(t)$ 是指数稳定的. 进一步, 由定理 3.48 和定理 3.49 可知系统算子 $\mathcal{A}_s$ 的谱位于平行虚轴的带状区域内, 从而 $T(t)$ 是 $\mathcal{H}_s$ 上的一个 C_0-群. 定理得证. $\qquad\square$

3.6 变系数的热弹性系统的指数稳定性

这一节讨论变系数热弹性系统的指数稳定性. 热弹性理论主要研究物体或结构因受热造成的非均匀温度场产生的在弹性范围内的应力和应变的变化规律的学科, 是固体力学的一个分支. 它是在弹性力学基础上考虑温度影响, 在应力–应变关系中增加由温度引起的应变项, 并需用到热传导方程和热力学第一、第二定律而建立起来的理论. 根据温度和应力同时间的关系, 可分为定常热应力问题和非定常热应力问题; 根据温度同变形之间的关系, 又可分为耦合热弹性问题和非耦合热弹性问题. 定常热应力问题是指应力与时间无关的问题, 而非定常热应力问题指应力随时间而变化的问题. 耦合热弹性问题考虑温度同变形的相互作用, 即不但温度会产生变形, 而且变形也要产生或者消耗能量, 从而反过来又影响温度. 此时, 热传导方程和热弹性方程不再是独立的, 必须联立才能求解温度、位移和应力. 在实际应用中, 耦合项往往可以忽略, 从而变成非耦合热弹性问题. 然而, 对于某些问题, 需要考虑耦合项的作用. 例如, 在波的传播中, 由于热能耗散, 热弹性耦合对波的阻尼起较重要的作用. 还有在应力或应变不连续的问题以及热冲击问题中也须考虑耦合项的影响.

3.6.1 问题描述

变系数热弹性系统由下面的偏微分方程组描述:

$$\begin{cases} u_{tt}(x,t) - (a(x)u_x(x,t))_x + r\theta_x(x,t) = 0, & 0 \leqslant x \leqslant 1, t > 0, \\ \theta_t(x,t) + ru_{xt}(x,t) - (k(x)\theta_x(x,t))_x = 0, & 0 \leqslant x \leqslant 1, t > 0, \\ u(0,t) = u(1,t) = \theta(0,t) = \theta(1,t) = 0, & t > 0, \\ u(x,0) = u_0(x), u_t(x,0) = u_1(x), \theta(x,0) = \theta_0(x), & 0 \leqslant x \leqslant 1, \end{cases} \tag{3.361}$$

其中, $u = u(x,t)$ 表示弹性振动位移, $\theta = \theta(x,t)$ 表示绝对温度以及热流量, $a(x) > 0$ 表示弦振动系统中波的传播速度, $k(x) > 0$ 为热传导系统中的热传导系数. 系

统 (3.361) 的能量函数为

$$E(t) = \frac{1}{2} \int_0^1 [u_t^2(x,t) + a(x)u_x^2(x,t) + \theta^2(x,y)]dx. \tag{3.362}$$

因此, 系统的能量函数 $E(t)$ 关于时间 t 的导数满足

$$\dot{E}(t) = - \int_0^1 k(x)\theta_x^2(x,t)dx, \tag{3.363}$$

即系统的能量 $E(t)$ 关于时间是非增的. 然而易见, 能量导数 (3.363)的右端只与热方程有关而与弦振动系统无关, 这将对系统(3.361)的稳定性产生严重的问题.

我们对变系数 $a(x)$ 和 $k(x)$ 做如下假设:

$$a(x), \quad k(x) \in C^2[0,1]. \tag{3.364}$$

3.6.2 系统的适定性

定义系统 (3.361) 的状态空间

$$\mathcal{H}_t = H_0^1(0,1) \times L^2(0,1) \times L^2(0,1),$$

并且空间 $\mathcal{H}_t$ 上的范数由如下内积导出:

$$\langle X_1, X_2 \rangle = \int_0^1 [a(x)f_1'(x)\overline{f_2'(x)} + g_1(x)\overline{g_2(x)} + h_1(x)\overline{h_2(x)}]dx,$$

其中, $X_i = (f_i, g_i, h_i) \in \mathcal{H}_t, i = 1,2$. 定义系统算子 $A : D(A)(\subset \mathcal{H}_t) \to \mathcal{H}_t$:

$$\begin{cases} A(f,g,h)^{\mathrm{T}} = (g(x), (a(x)f'(x))' - \gamma h'(x), -\gamma g'(x) + (k(x)h'(x))')^{\mathrm{T}}, \\ (f,g,h)^{\mathrm{T}} \in D(A), \quad D(A) = \left\{ (f,g,h)^{\mathrm{T}} \in (H^2 \cup H_0^1) \times H_0^1 \times (H_0^1 \cup H^2) \right\}. \end{cases} \tag{3.365}$$

令 $X = (u(\cdot,t), u_t(\cdot,t), \theta(\cdot,t))^{\mathrm{T}}$, 则系统 (3.361) 可以转化成空间 $\mathcal{H}_t$ 上的抽象的发展方程:

$$\begin{cases} \frac{d}{dt}X(t) = AX(t), \quad t > 0, \\ X(0) = (u_0, u_1, \theta_0)^{\mathrm{T}}. \end{cases} \tag{3.366}$$

定理 3.55 设算子 A 由(3.365)定义, 则 A 为空间 $\mathcal{H}_t$ 上的耗散算子. 此外, A^{-1} 存在并且为 $\mathcal{H}_t$ 上的紧算子. 因此, 算子 A 生成 $\mathcal{H}_t$ 上的 C_0-压缩半群, 算子 A 的谱集 $\sigma(A)$ 只包含算子 A 的孤立的本征值.

证明 设 $X = (f, g, h)^{\mathrm{T}} \in D(A)$, 则

$$
\begin{aligned}
\langle AX, X \rangle &= \langle (g(x), (a(x)f'(x))' \\
&\quad - \gamma h'(x), -\gamma g'(x) + (k(x)h'(x))')^{\mathrm{T}}, (f(x), g(x), h(x))^{\mathrm{T}} \rangle \\
&= \int_0^1 \big[a(x)g'(x)\overline{f'(x)} + (a(x)f'(x))'\overline{g(x)} - \gamma h'(x)\overline{g(x)} \\
&\quad - \gamma g'(x)\overline{h(x)} + (k(x)h'(x))'\overline{h(x)} \big] dx \\
&= \int_0^1 \big[g'(x)\overline{a(x)f'(x)} - a(x)f'(x)\overline{g'(x)} + \gamma h(x)\overline{g'(x)} - \gamma g'(x)\overline{h(x)} \\
&\quad - k(x)h'(x)\overline{h'(x)} \big] dx + a(x)f'(x)\overline{g(x)}\big|_0^1 \\
&\quad - \gamma h(x)\overline{g(x)}\big|_0^1 + k(x)h'(x)\overline{h(x)}\big|_0^1 \\
&= \int_0^1 g'(x)\overline{a(x)f'(x)} - a(x)f'(x)\overline{g'(x)} + \gamma h(x)\overline{g'(x)} \\
&\quad - \gamma g'(x)\overline{h(x)} - k(x)|h'(x)|^2 dx.
\end{aligned}
$$

因为 $k(x) > 0$, 所以

$$
\mathrm{Re}\langle AX, X \rangle = -\int_0^1 k(x)|h'(x)|^2 dx \leqslant 0.
$$

因此算子 A 为耗散的. 对于任意的 $(\phi, \psi, \omega)^{\mathrm{T}} \in \mathcal{H}_t$, 求解

$$
A(f, g, h)^{\mathrm{T}} = (\phi, \psi, \omega)^{\mathrm{T}},
$$

其中 $(f, g, h)^{\mathrm{T}} \in D(A)$. 进而可得 $f(x)$, $g(x)$ 以及 $h(x)$ 满足方程组

$$
\begin{cases}
g(x) = \phi(x), \\
(a(x)f'(x))' - \gamma h'(x) = \psi(x), \\
-\gamma g'(x) + (k(x)h'(x))' = \omega(x), \\
f(0) = f(1) = g(0) = g(1) = h(0) = h(1) = 0.
\end{cases} \tag{3.367}
$$

将 (3.367) 中第一个方程代入第三个方程可得

$$
(k(x)h'(x))' = \omega(x) + \gamma\phi'(x).
$$

由于 $h(x)$ 满足边界条件 $h(0) = h(1) = 0$, 根据常微分方程理论可得 $h(x)$ 的表达式:

$$
\begin{cases}
h(x) = \int_0^x \int_0^\xi \frac{\omega(\eta)}{k(\xi)} d\eta d\xi + \int_0^x \frac{1}{k(\xi)} \left(\gamma\phi(\xi) - \gamma\phi(0) + k(0)h'(0) \right) d\xi, \\
h'(0) = -\dfrac{1}{\displaystyle\int_0^1 \frac{k(0)}{k(\xi)} d\xi} \left[\int_0^1 \int_0^\xi \frac{\omega(\eta)}{k(\xi)} d\eta d\xi + \int_0^1 \frac{1}{k(\xi)} (\gamma\phi(\xi) - \gamma\phi(0)) d\xi \right].
\end{cases}
$$

$$(3.368)$$

将 $h(x)$ 代入 (3.367) 的第二个式子, 解

$$
\begin{cases}
(a(x)f'(x))' = \psi(x) + \gamma h'(x), \\
f(0) = f(1) = 0,
\end{cases}
$$

可得 $f(x)$ 的表达式为

$$
\begin{cases}
f(x) = \int_0^x \int_0^\xi \frac{\psi(\eta)}{a(\xi)} d\eta d\xi + \int_0^x \frac{1}{a(\xi)} \left(\gamma h(\xi) - \gamma h(0) + a(0)f'(0) \right) d\xi, \\
f'(0) = -\dfrac{1}{\displaystyle\int_0^1 \frac{a(0)}{a(\xi)} d\xi} \left[\int_0^1 \int_0^\xi \frac{\psi(\eta)}{a(\xi)} d\eta d\xi + \int_0^1 \frac{1}{a(\xi)} (\gamma h(\xi) - \gamma h(0)) d\xi \right],
\end{cases}
$$

其中 $h(x)$ 由 (3.368) 式定义. 至此我们得到了方程 $A(f, g, h)^{\mathrm{T}} = (\phi, \psi, \omega)^{\mathrm{T}}$ 的唯一解 $(f, g, h)^{\mathrm{T}}$, 换言之, 算子 A^{-1} 存在且有界. 此外, 根据 Sobolev 嵌入定理可知, 算子 A^{-1} 为空间 $\mathcal{H}_t$ 上的紧算子. 因此, 算子 A 的谱集 $\sigma(A)$ 仅包含 A 的孤立的本征值. 因此, 由定理 1.29 可知算子 A 生成空间 $\mathcal{H}_t$ 上的 C_0-压缩半群. 定理得证. $\qquad\square$

推论 3.56　设算子 A 由 (3.365) 定义, $T(t)$ 为 A 在空间 $\mathcal{H}_t$ 生成的 C_0-半群, 则 $T(t)$ 在 $\mathcal{H}_t$ 上渐近稳定, 即

$$
\lim_{t \to \infty} \|T(t)X\| = 0, \quad \forall X \in \mathcal{H}_t.
$$

证明　由定理 3.55 可知要证明半群 $T(t)$ 是渐近稳定的只需要证明虚轴上的点均不是算子 A 的本征值. 假设 $\lambda = i\tau \in \sigma(A)$ 并且满足 $0 \neq \tau \in \mathbb{R}$, $X = (f, g, h)^{\mathrm{T}} \in D(A)$ 为 λ 对应的本征向量, 满足 $AX = i\tau X$. 进而可得,

$(f(x), g(x), h(x))$ 满足下面的常微分方程组:

$$
\begin{cases}
g(x) = i\tau f(x), & 0 < x < 1, \\
(a(x)f'(x))' - \gamma h'(x) = i\tau g(x), & 0 < x < 1, \\
-\gamma g'(x) + (k(x)h'(x))' = i\tau h'(x), & 0 < x < 1, \\
f(0) = f(1) = g(0) = g(1) = h(0) = h(1) = 0.
\end{cases} \tag{3.369}
$$

由于

$$
\mathrm{Re}\langle i\tau X, X\rangle = \mathrm{Re}\langle AX, X\rangle = -\int_0^1 k(x)|h'(x)|^2 dx = 0,
$$

可得 $h'(x) \equiv 0$, 又因为 $h(x)$ 满足边界条件 $h(0) = 0$, 所以有 $h(x) \equiv 0$. 由 (3.369) 中第三个式子可得 $g'(x) \equiv 0$, 又由于 $g(x)$ 满足边界条件 $g(0) = 0$, 故有 $g(x) \equiv 0$. 从而, $(a(x)f'(x))' \equiv 0$. 又因为 $f(0) = f(1)$ 可得 $f(x) \equiv 0$, 即方程组 (3.369) 只存在零解, 这与向量 $(f, g, h)^{\mathrm{T}}$ 为本征函数矛盾. 综上所述, 虚轴上的点均不是算子 A 的本征值. 推论得证. □

3.6.3 谱分析

对于任意的 $(f, g, h)^{\mathrm{T}} \in D(A)$, 设 $A(f, g, h)^{\mathrm{T}} = \lambda(f, g, h)^{\mathrm{T}}$, 则 $g(x) = \lambda f(x)$, 并且 $f(x)$ 和 $h(x)$ 满足方程组:

$$
\begin{cases}
(a(x)f'(x))' - \gamma h'(x) = \lambda^2 f(x), \\
(k(x)h'(x))' - \gamma\lambda f'(x) = \lambda h(x), \\
f(i) = h(i) = 0, \quad i = 0, 1.
\end{cases} \tag{3.370}
$$

经过简单的计算可将(3.370)转化为下面耦合的二阶微分方程组:

$$
\begin{cases}
f''(x) = -\dfrac{a'(x)}{a(x)} f'(x) + \dfrac{\lambda^2}{a(x)} f(x) + \dfrac{\gamma}{a(x)} h'(x), \\
h''(x) = \dfrac{\gamma\lambda}{k(x)} f'(x) - \dfrac{k'(x)}{k(x)} h'(x) + \dfrac{\lambda}{k(x)} h(x).
\end{cases} \tag{3.371}
$$

为了得到上面方程组的解, 我们采用矩阵束方法. 设 (3.370) 中的 $\lambda = \rho^2$ 并且

$$
\Phi = (f, f', h, h')^{\mathrm{T}},
$$

则 (3.371) 可以转化成下面的一阶矩阵微分方程:

$$
\begin{cases}
T^D(x,\rho)\Phi(x) = \Phi'(x) - M(x,\rho)\Phi(x) = 0, \\
T^R(x,\rho)\Phi(x) = W^0(\rho)\Phi(0) + W^1(\rho)\Phi(1) = 0,
\end{cases}
\tag{3.372}
$$

其中

$$
M(x,\rho) = \begin{pmatrix}
0 & 1 & 0 & 0 \\[2mm]
\dfrac{\rho^4}{a(x)} & -\dfrac{a'(x)}{a(x)} & 0 & \dfrac{\gamma}{a(x)} \\[3mm]
0 & 0 & 0 & 1 \\[2mm]
0 & \dfrac{\gamma\rho^2}{k(x)} & \dfrac{\rho^2}{k(x)} & -\dfrac{k'(x)}{k(x)}
\end{pmatrix},
\tag{3.373}
$$

并且

$$
W^0(\rho) = \begin{pmatrix}
1 & 0 & 0 & 0 \\
0 & 0 & 0 & 0 \\
0 & 0 & 1 & 0 \\
0 & 0 & 0 & 0
\end{pmatrix}, \quad
W^1(\rho) = \begin{pmatrix}
0 & 0 & 0 & 0 \\
1 & 0 & 0 & 0 \\
0 & 0 & 0 & 0 \\
0 & 0 & 1 & 0
\end{pmatrix}.
\tag{3.374}
$$

接下来, 我们对 (3.373) 中关于变量 ρ 进行对角化. 定义矩阵 $P(x,\rho)$,

$$
P(x,\rho) := \begin{pmatrix}
1 & 1 & 1 & 1 \\[2mm]
-\dfrac{\rho}{\sqrt{k(x)}} & \dfrac{\rho}{\sqrt{k(x)}} & -\dfrac{\rho^2}{\sqrt{a(x)}} & \dfrac{\rho^2}{\sqrt{a(x)}} \\[3mm]
\dfrac{\rho^3}{\gamma}\sqrt{k(x)} & -\dfrac{\rho^3}{\gamma}\sqrt{k(x)} & -\dfrac{\gamma}{k(x)}\sqrt{a(x)} & \dfrac{\gamma}{k(x)}\sqrt{a(x)} \\[3mm]
-\dfrac{\rho^4}{\gamma} & -\dfrac{\rho^4}{\gamma} & \dfrac{\gamma\rho^2}{k(x)} & \dfrac{\gamma\rho^2}{k(x)}
\end{pmatrix}.
\tag{3.375}
$$

根据由上式定义的矩阵 $P(x,\rho)$ 可知, 对于任意的复数 $\lambda = \rho^2$, 当

$$
\lambda \notin \left\{ 0,\ -\dfrac{\gamma^2}{k(x)},\ \dfrac{i\gamma\sqrt{a(x)}}{k(x)},\ -\dfrac{i\gamma\sqrt{a(x)}}{k(x)} \right\}
$$

时, 矩阵 $P(x,\rho)$ 为可逆的, 其逆矩阵为

$$
\begin{aligned}
&P^{-1}(x,\rho)\\
&=\begin{pmatrix}
\dfrac{\gamma^2}{2\gamma^2+2\rho^2 k(x)} & -\dfrac{\gamma^2 a(x)\sqrt{k(x)}}{2k(x)^2\rho^5+2\gamma^2 a(x)\rho} & \dfrac{\gamma\rho k(x)\sqrt{k(x)}}{2k(x)^2\rho^4+2\gamma^2 a(x)} & -\dfrac{\gamma k(x)}{2k(x)\rho^4+2\gamma^2\rho^2}\\[4mm]
\dfrac{\gamma^2}{2\gamma^2+2\rho^2 k(x)} & \dfrac{\gamma^2 a(x)\sqrt{k(x)}}{2k(x)^2\rho^5+2\gamma^2 a(x)\rho} & -\dfrac{\gamma\rho k(x)\sqrt{k(x)}}{2k(x)^2\rho^4+2\gamma^2 a(x)} & -\dfrac{\gamma k(x)}{2k(x)\rho^4+2\gamma^2\rho^2}\\[4mm]
\dfrac{\rho^2 k(x)}{2\gamma^2+2\rho^2 k(x)} & -\dfrac{\rho^2\sqrt{a(x)}k(x)^2}{2k(x)^2\rho^4+2\gamma^2 a(x)} & -\dfrac{\gamma\sqrt{a(x)}k(x)}{2k(x)^2\rho^4+2\gamma^2 a(x)} & \dfrac{\gamma k(x)}{2k(x)\rho^4+2\gamma^2\rho^2}\\[4mm]
\dfrac{\rho^2 k(x)}{2\gamma^2+2\rho^2 k(x)} & \dfrac{\rho^2\sqrt{a(x)}k(x)^2}{2k(x)^2\rho^4+2\gamma^2 a(x)} & \dfrac{\gamma\sqrt{a(x)}k(x)}{2k(x)^2\rho^4+2\gamma^2 a(x)} & \dfrac{\gamma k(x)}{2k(x)\rho^4+2\gamma^2\rho^2}
\end{pmatrix},
\end{aligned}
\tag{3.376}
$$

其中

$$
\rho^2\in\mathbb{C}\bigg\backslash\left\{0,\ -\frac{\gamma^2}{k(x)},\ \frac{i\gamma\sqrt{a(x)}}{k(x)},\ -\frac{i\gamma\sqrt{a(x)}}{k(x)}\right\}.
$$

对矩阵 $\Phi(x)$ 做如下变换:

$$
\Psi(x,\rho)=P^{-1}(x,\rho)\Phi(x). \tag{3.377}
$$

对 (3.377) 等式两边关于 x 求导并将由 (3.372) 中第一个式子定义的 $\Phi'(x)$ 代入可得

$$
\begin{aligned}
\frac{d\Psi(x,\rho)}{dx}&=P^{-1}(x,\rho)\left[M(x,\rho)+\frac{dP(x,\rho)}{dx}P^{-1}(x,\rho)\right]P(x,\rho)\Psi(x,\rho)\\
&=\left[\widehat{M}(x,\rho)-P^{-1}(x,\rho)\frac{dP(x,\rho)}{dx}\right]\Psi(x,\rho),
\end{aligned}
\tag{3.378}
$$

其中

$$
\widehat{M}(x,\rho)=P^{-1}(x,\rho)M(x,\rho)P(x,\rho).
$$

利用幂级数展开方法可以得到 $\widehat{M}(x,\rho)$ 和 $P^{-1}(x,\rho)\dfrac{dP(x,\rho)}{dx}$, 当 $|\rho|\to\infty$ 时有渐近展开式:

$$
\widehat{M}(x,\rho)=M_1(x)\rho^2+M_2(x)\rho+M_3(x)+M_5(x)\frac{1}{\rho}+\mathcal{O}(\rho^{-2}) \tag{3.379}
$$

和

$$
P^{-1}(x,\rho)\frac{dP(x,\rho)}{dx}=M_4(x)+M_6(x)\frac{1}{\rho}+\mathcal{O}(\rho^{-2}), \tag{3.380}
$$

其中

$$M_1(x) = \begin{pmatrix} 0 & 0 & 0 & 0 \\ 0 & 0 & 0 & 0 \\ 0 & 0 & -\dfrac{1}{\sqrt{a(x)}} & 0 \\ 0 & 0 & 0 & \dfrac{1}{\sqrt{a(x)}} \end{pmatrix}, \quad M_2(x) = \begin{pmatrix} -\dfrac{1}{\sqrt{k(x)}} & 0 & 0 & 0 \\ 0 & \dfrac{1}{\sqrt{k(x)}} & 0 & 0 \\ 0 & 0 & 0 & 0 \\ 0 & 0 & 0 & 0 \end{pmatrix},$$

$$(3.381)$$

$$M_3(x) = \begin{pmatrix} -\dfrac{k'(x)}{2k(x)} & -\dfrac{k'(x)}{2k(x)} & 0 & 0 \\ -\dfrac{k'(x)}{2k(x)} & -\dfrac{k'(x)}{2k(x)} & 0 & 0 \\ \dfrac{\sqrt{a(x)}+k'(x)}{2k(x)} & \dfrac{\sqrt{a(x)}+k'(x)}{2k(x)} & -\dfrac{\gamma^2}{2\sqrt{a(x)}k(x)} - \dfrac{a'(x)}{2a(x)} & \dfrac{a'(x)}{2a(x)} - \dfrac{\gamma^2}{2\sqrt{a(x)}k(x)} \\ \dfrac{k'(x)-\sqrt{a(x)}}{2k(x)} & \dfrac{k'(x)-\sqrt{a(x)}}{2k(x)} & \dfrac{\gamma^2}{2\sqrt{a(x)}k(x)} + \dfrac{a'(x)}{2a(x)} & \dfrac{\gamma^2}{2\sqrt{a(x)}k(x)} - \dfrac{a'(x)}{2a(x)} \end{pmatrix},$$

$$(3.382)$$

$$M_4(x) = \begin{pmatrix} \dfrac{k'(x)}{4k(x)} & -\dfrac{k'(x)}{4k(x)} & 0 & 0 \\ -\dfrac{k'(x)}{4k(x)} & \dfrac{k'(x)}{4k(x)} & 0 & 0 \\ 0 & 0 & -\dfrac{a'(x)}{4a(x)} & \dfrac{a'(x)}{4a(x)} \\ 0 & 0 & \dfrac{a'(x)}{4a(x)} & -\dfrac{a'(x)}{4a(x)} \end{pmatrix}, \quad (3.383)$$

$$M_5(x) = \begin{pmatrix} \dfrac{\gamma^2}{2k(x)\sqrt{k(x)}} & -\dfrac{\gamma^2}{2k(x)\sqrt{k(x)}} & 0 & 0 \\ \dfrac{\gamma^2}{2k(x)\sqrt{k(x)}} & -\dfrac{\gamma^2}{2k(x)\sqrt{k(x)}} & 0 & 0 \\ -\dfrac{a'(x)}{2\sqrt{a(x)}k(x)} - \dfrac{\gamma^2}{2k(x)\sqrt{k(x)}} & \dfrac{a'(x)}{2\sqrt{a(x)}k(x)} + \dfrac{\gamma^2}{2k(x)\sqrt{k(x)}} & 0 & 0 \\ \dfrac{a'(x)}{2\sqrt{a(x)}k(x)} - \dfrac{\gamma^2}{2k(x)\sqrt{k(x)}} & \dfrac{\gamma^2}{2k(x)\sqrt{k(x)}} - \dfrac{a'(x)}{2\sqrt{a(x)}k(x)} & 0 & 0 \end{pmatrix},$$

$$(3.384)$$

以及

$$M_6(x) = \begin{pmatrix} 0 & 0 & 0 & 0 \\ 0 & 0 & 0 & 0 \\ -\dfrac{\sqrt{a(x)}k'(x)}{2k(x)\sqrt{k(x)}} & \dfrac{\sqrt{a(x)}k'(x)}{2k(x)\sqrt{k(x)}} & 0 & 0 \\ \dfrac{\sqrt{a(x)}k'(x)}{2k(x)\sqrt{k(x)}} & -\dfrac{\sqrt{a(x)}k'(x)}{2k(x)\sqrt{k(x)}} & 0 & 0 \end{pmatrix}. \tag{3.385}$$

因此

$$\begin{aligned} \frac{d\Psi(x,\rho)}{dx} = &\Big[M_1(x)\rho^2 + M_2(x)\rho + M_3(x) - M_4(x) \\ &+ (M_5(x) - M_6(x))\frac{1}{\rho} + \mathcal{O}(\rho^{-2}) \Big] \Psi(x,\rho). \end{aligned} \tag{3.386}$$

基于上面的变换, 在接下来的定理中我们将给出系统 (3.378) 的基础解矩阵的渐近表达式.

定理 3.57 设

$$\lambda = \rho^2 \in \mathbb{C} \setminus \left\{ 0, -\frac{\gamma^2}{k(x)}, \frac{i\gamma\sqrt{a(x)}}{k(x)}, -\frac{i\gamma\sqrt{a(x)}}{k(x)} \right\},$$

矩阵方程 $\widehat{M}(x,\rho)$ 以及 $P^{-1}(x,\rho)\dfrac{dP(x,\rho)}{dx}$ 分别由 (3.379) 和 (3.380) 定义. 对于任意的 $x \in [0,1]$, 设

$$E(x,\rho) = \mathrm{diag}\Big\{ F_1(x,\rho),\ F_2(x,\rho),\ F_3(x,\rho),\ F_4(x,\rho) \Big\}, \tag{3.387}$$

其中

$$\begin{cases} F_1(x,\rho) = e^{-\rho \int_0^x \frac{1}{\sqrt{k(\xi)}}d\xi}, & F_2(x,\rho) = e^{\rho \int_0^x \frac{1}{\sqrt{k(\xi)}}d\xi}, \\ F_3(x,\rho) = e^{-\rho^2 \int_0^x \frac{1}{\sqrt{a(\xi)}}d\xi}, & F_4(x,\rho) = e^{\rho^2 \int_0^x \frac{1}{\sqrt{a(\xi)}}d\xi}. \end{cases} \tag{3.388}$$

则系统 (3.378) 存在基础解矩阵 $\hat{\Psi}(x,\rho)$, 并且满足

$$\frac{d\hat{\Psi}(x,\rho)}{dx} = \left[\widehat{M}(x,\rho) - P^{-1}(x,\rho)\frac{dP(x,\rho)}{dx} \right] \hat{\Psi}(x,\rho). \tag{3.389}$$

当 $|\rho|$ 充分大时, $\hat{\Psi}(x,\rho)$ 有如下渐近表达式:

$$\hat{\Psi}(x,\rho) = \left(\hat{\Psi}_0(x) + \frac{\hat{\Psi}_1(x)}{\rho} + \frac{\hat{\Psi}_2(x)}{\rho^2} + \cdots \right) E(x,\rho), \tag{3.390}$$

其中

$$\hat{\Psi}_0(x) = \text{diag}\{q_1(x),\ q_1(x),\ q_2(x)Q_1(x),\ q_2(x)Q_2(x)\}, \tag{3.391}$$

同时矩阵 $\hat{\Psi}_i(x)$ 的每个位置上的函数关于 x 在区间 $[0,1]$ 上是一致有界的, 其中 $i = 0, 1, 2, \cdots$. 这里

$$\begin{cases} q_1(x) = \left(\dfrac{k(0)}{k(x)}\right)^{3/4}, \quad q_2(x) = \left(\dfrac{a(0)}{a(x)}\right)^{1/4}, \\[4mm] Q_1(x) = e^{-\int_0^x \frac{\gamma^2}{2\sqrt{a(\xi)k(\xi)}}d\xi}, \quad Q_2(x) = e^{\int_0^x \frac{\gamma^2}{2\sqrt{a(\xi)k(\xi)}}d\xi} \end{cases} \tag{3.392}$$

关于 x 在区间 $[0,1]$ 也均是一致有界的.

证明 对于

$$\rho^2 \in \mathbb{C} \setminus \left\{0,\ -\frac{\gamma^2}{k(x)},\ \frac{i\gamma\sqrt{a(x)}}{k(x)},\ -\frac{i\gamma\sqrt{a(x)}}{k(x)}\right\},$$

将 (3.381) 代入 (3.379) 可得对角矩阵

$$M_1(x)\rho^2 + M_2(x)\rho = \text{diag}\left\{-\frac{\rho}{\sqrt{k(x)}},\ \frac{\rho}{\sqrt{k(x)}},\ -\frac{\rho^2}{\sqrt{a(x)}},\ \frac{\rho^2}{\sqrt{a(x)}}\right\}.$$

显然, 由 (3.387) 定义的矩阵 $E(x,\rho)$ 为矩阵方程

$$\frac{dE(x,\rho)}{dx} = \left(M_1(x)\rho^2 + M_2(x)\rho\right)E(x,\rho) \tag{3.393}$$

的基础解矩阵. 易见, 等式 (3.393) 的右端为等式 (3.389) 右端关于 ρ 的高阶项. 下面我们来证明由 (3.390) 定义的矩阵为方程组 (3.389) 的基础解矩阵. 对于等式 (3.390) 的两端关于变量 x 求导可得

$$\frac{d\hat{\Psi}(x,\rho)}{dx} = \left(\hat{\Psi}_0'(x) + \frac{\hat{\Psi}_1'(x)}{\rho} + \frac{\hat{\Psi}_2'(x)}{\rho^2} + \cdots\right)E(x,\rho)$$

$$+ \left(\hat{\Psi}_0(x) + \frac{\hat{\Psi}_1(x)}{\rho} + \frac{\hat{\Psi}_2(x)}{\rho^2} + \cdots\right)\left(M_1(x)\rho^2 + M_2(x)\rho\right)E(x,\rho).$$

将其与等式 (3.389) 的右端

$$\left(M_1(x)\rho^2 + M_2(x)\rho + M_3(x) - M_4(x) + (M_5(x) - M_6(x))\frac{1}{\rho} + \mathcal{O}(\rho^{-2}) \right)$$

$$\left(\hat{\Psi}_0(x) + \frac{\hat{\Psi}_1(x)}{\rho} + \frac{\hat{\Psi}_2(x)}{\rho^2} + \cdots \right) E(x,\rho)$$

进行比较, 令关于 ρ 的多项式的相同次数的项的系数相等, 可得

$$\hat{\Psi}_0(x)M_1(x) = M_1(x)\hat{\Psi}_0(x), \tag{3.394}$$

$$\hat{\Psi}_0(x)M_2(x) + \hat{\Psi}_1(x)M_1(x) = M_2(x)\hat{\Psi}_0(x) + M_1(x)\hat{\Psi}_1(x), \tag{3.395}$$

$$\hat{\Psi}_1(x)M_2(x) + \hat{\Psi}_2(x)M_1(x) + \hat{\Psi}_0'(x)$$

$$=(M_3(x) - M_4(x))\hat{\Psi}_0(x) + M_2(x)\hat{\Psi}_1(x) + M_1(x)\hat{\Psi}_2(x), \tag{3.396}$$

$$\hat{\Psi}_2(x)M_2(x) + \hat{\Psi}_3(x)M_1(x) + \hat{\Psi}_1'(x)$$

$$=(M_5(x) - M_6(x))\hat{\Psi}_0(x) + (M_3(x) - M_4(x))\hat{\Psi}_1(x)$$

$$+ M_2(x)\hat{\Psi}_2(x) + M_1(x)\hat{\Psi}_3(x), \tag{3.397}$$

$$\cdots\cdots$$

要证明本定理的结论我们只需要再确定 (3.389) 中前面的一阶项 $\hat{\Psi}_0(x)$ 满足 (3.391) 即可. 事实上, 由 (3.394)—(3.396) 可以将矩阵 $\hat{\Psi}_0(x)$ 的每个位置的表达式求解出来, 进而, 再根据 (3.395)—(3.397) 以及得到的 $\hat{\Psi}_0(x)$ 的表达式可以得到 $\hat{\Psi}_1(x)$ 每个位置的表达式. 类似地, 当 (3.379) 和 (3.380) 中 ρ^{-i}, $i = 2, 3, \cdots$ 的系数矩阵的表达式给出时, 表达式 (3.390) 中的 $\hat{\Psi}_i(x)$, $i = 2, 3, \cdots$ 也可以全部求出来.

下面我们来计算主导项 $\hat{\Psi}_0(x)$. 设 $c_{ij}(x)$ 为矩阵 $\hat{\Psi}_0(x)$ 的第 i 行第 j 列的元素, 其中 $i, j = 1, 2, \cdots, 6$. 将由 (3.381) 定义的矩阵 $M_1(x)$ 代入 (3.394), 可得矩阵 $\hat{\Psi}_0(x)$ 的每个位置 $c_{ij}(x)$ 分别满足

$$\begin{cases} c_{ij}(x) = 0, & 1 \leqslant i \leqslant 2, 3 \leqslant j \leqslant 4, \\ c_{ij}(x) = 0, & 3 \leqslant i \leqslant 4, 1 \leqslant j \leqslant 4, i \neq j. \end{cases}$$

将上面得到的 $\hat{\Psi}_0(x)$ 以及由 (3.381) 定义的 $M_1(x)$ 和 $M_2(x)$ 代入 (3.395), 可得 $c_{12}(x) = c_{21}(x) = 0$. 从而可知, $\hat{\Psi}_0(x) = \mathrm{diag}\{c_{11}(x), c_{22}(x), c_{33}(x), c_{44}(x)\}$ 为对

角阵, 将其代入 (3.396) 可以得到

$$\begin{cases} c'_{11}(x) = -\dfrac{3k'(x)}{4k(x)}c_{11}(x), \\[3mm] c'_{22}(x) = -\dfrac{3k'(x)}{4k(x)}c_{22}(x), \\[3mm] c'_{33}(x) = -\dfrac{2\gamma^2\sqrt{a(x)} + k(x)a'(x)}{4a(x)k(x)}c_{33}(x), \\[3mm] c'_{44}(x) = \dfrac{2\gamma^2\sqrt{a(x)} - k(x)a'(x)}{4a(x)k(x)}c_{44}(x). \end{cases}$$

令 $\hat{\Psi}_0(0) = I$, 我们可以得到 c_{ii}, $i = 1, 2, 3, 4$ 的表达式, 即 $\hat{\Psi}_0(x)$ 满足 (3.391). 定理得证. □

值得注意的是, 在证明定理 3.57 的过程中我们可以得到 $\hat{\Psi}_1(x)$ 为形如

$$\hat{\Psi}_1(x) = \begin{pmatrix} d_{11}(x) & d_{12}(x) & 0 & 0 \\ d_{21}(x) & d_{22}(x) & 0 & 0 \\ 0 & 0 & d_{33}(x) & 0 \\ 0 & 0 & 0 & d_{44}(x) \end{pmatrix} \tag{3.398}$$

的矩阵, 并且其非零位置的精确表达式可以由 (3.397) 来确定, 在这里我们将省略这部分的计算过程. 由 (3.377) 给出的变换, 我们可以得到系统 (3.372) 和 (3.378) 满足下面的推论.

推论 3.58　设

$$\lambda = \rho^2 \in \mathbb{C} \setminus \left\{ 0, \ -\frac{\gamma^2}{k(x)}, \ \frac{i\gamma\sqrt{a(x)}}{k(x)}, \ -\frac{i\gamma\sqrt{a(x)}}{k(x)} \right\},$$

$\hat{\Psi}(x, \rho)$ 为 (3.390) 定义的系统 (3.378) 的基础解矩阵. 则

$$\hat{\Phi}(x, \rho) = P(x, \rho)\hat{\Psi}(x, \rho) \tag{3.399}$$

为系统 (3.372) 的基础解矩阵.

现在我们估计系统 (3.366) 的本征值的渐近表达式. 由定理 3.57 给出的基础解矩阵可知, $\lambda = \rho^2 \in \sigma(A)$ 当且仅当 ρ 满足

$$\Delta(\rho) = \det\left(T^R\hat{\Phi}(x, \rho)\right) = 0, \quad \rho \in \mathbb{C}, \tag{3.400}$$

其中, 算子 T^R 如 (3.372) 定义并且 $\hat{\Phi}(x,\rho)$ 为矩阵方程 $T^D(x,\rho)\Phi(x)=0$ 的基础解矩阵.

设

$$\lambda=\rho^2\in\mathbb{C}\backslash\left\{0,\ -\frac{\gamma^2}{k(x)},\ \frac{i\gamma\sqrt{a(x)}}{k(x)},\ -\frac{i\gamma\sqrt{a(x)}}{k(x)}\right\}.$$

将 (3.390) 和 (3.399) 代入 (3.400), 从而可得 (3.372) 式中的边界条件等价于

$$T^R\hat{\Phi}(x,\rho)=W^0(\rho)P(0,\rho)\hat{\Psi}(0,\rho)+W^1(\rho)P(1,\rho)\hat{\Psi}(1,\rho),\tag{3.401}$$

其中, $W^0(\rho)$ 和 $W^1(\rho)$ 由 (3.374) 式定义. 由 (3.374) 和 (3.375) 易得

$$W^0(\rho)P(0,\rho)=\begin{pmatrix}1 & 1 & 1 & 1\\ 0 & 0 & 0 & 0\\ \rho^3p_1 & -\rho^3p_1 & -p_2 & p_2\\ 0 & 0 & 0 & 0\end{pmatrix},$$

并且

$$W^1(\rho)P(1,\rho)=\begin{pmatrix}0 & 0 & 0 & 0\\ 1 & 1 & 1 & 1\\ 0 & 0 & 0 & 0\\ \rho^3p_3 & -\rho^3p_3 & -p_4 & p_4\end{pmatrix},$$

其中, 常数 p_1, p_2, p_3 和 p_4 分别为

$$p_1=\frac{\sqrt{k(0)}}{\gamma},\quad p_2=\frac{\sqrt{a(0)}\gamma}{k(0)},\quad p_3=\frac{\sqrt{k(1)}}{\gamma},\quad p_4=\frac{\sqrt{a(1)}\gamma}{k(1)}.\tag{3.402}$$

为符号简单起见, 我们简记

$$[a]_1=a+\mathcal{O}(\rho^{-1}).$$

由于 $\hat{\Psi}_0(0)=I$, 并且 $E(0,\rho)=I$, 经简单计算可得

$$W^0(\rho)P(0,\rho)\hat{\Psi}(0,\rho)=\begin{pmatrix}[1]_1 & [1]_1 & [1]_1 & [1]_1\\ 0 & 0 & 0 & 0\\ \rho^3[p_1]_1 & -\rho^3[p_1]_1 & -[p_2]_1 & [p_2]_1\\ 0 & 0 & 0 & 0\end{pmatrix},$$

并且

$$W^1(\rho)P(1,\rho)\widehat{\Psi}(1,\rho)$$

$$= \begin{pmatrix} 0 & 0 & 0 & 0 \\ F_1[p_5]_1 & F_2[p_5]_1 & F_3Q_1[p_6]_1 & F_4Q_2[p_6]_1 \\ 0 & 0 & 0 & 0 \\ \rho^3 F_1[p_3p_5]_1 & -\rho^3 F_2[p_3p_5]_1 & -F_3Q_1[p_4p_6]_1 & F_4Q_2[p_4p_6]_1 \end{pmatrix},$$

其中

$$\begin{cases} p_5 = \left(\dfrac{k(0)}{k(1)}\right)^{3/4}, \quad p_6 = \left(\dfrac{a(0)}{a(1)}\right)^{1/4}, \quad F_1 = e^{-\rho \int_0^1 \frac{1}{\sqrt{k(\xi)}}\,d\xi}, \\ F_2 = e^{\rho \int_0^1 \frac{1}{\sqrt{k(\xi)}}\,d\xi}, \quad F_3 = e^{-\rho^2 \int_0^1 \frac{1}{\sqrt{a(\xi)}}\,d\xi}, \quad F_4 = e^{\rho^2 \int_0^1 \frac{1}{\sqrt{a(\xi)}}\,d\xi}, \\ Q_1 = e^{-\int_0^1 \frac{\gamma^2}{2\sqrt{a(\xi)k(\xi)}}\,d\xi}, \quad Q_2 = e^{\int_0^1 \frac{\gamma^2}{2\sqrt{a(\xi)k(\xi)}}\,d\xi}. \end{cases} \tag{3.403}$$

因此

$$\Delta(\rho) = \det(T^R \widehat{\Phi}(x,\rho))$$

$$= \begin{vmatrix} [1]_1 & [1]_1 & [1]_1 & [1]_1 \\ F_1[p_5]_1 & F_2[p_5]_1 & F_3Q_1[p_6]_1 & F_4Q_2[p_6]_1 \\ \rho^3[p_1]_1 & -\rho^3[p_1]_1 & -[p_2]_1 & [p_2]_1 \\ \rho^3 F_1[p_3p_5]_1 & -\rho^3 F_2[p_3p_5]_1 & -F_3Q_1[p_4p_6]_1 & F_4Q_2[p_4p_6]_1 \end{vmatrix}. \tag{3.404}$$

由推论 3.56 可知, 虚轴上的点均不是算子 A 的本征值. 因此, 点

$$0, \quad \frac{i\gamma\sqrt{a(x)}}{k(x)}, \quad \text{以及} \quad -\frac{i\gamma\sqrt{a(x)}}{k(x)}$$

均不是系统算子 A 的本征值, 故只需验证 $\lambda = -\dfrac{\gamma^2}{k(x)}$ 是否为算子 A 的本征值. 对于任意给定的 $x_0 \in [0,1]$, 解方程 $AX = \lambda X$, 其中 $X = (f,g,h)^{\mathrm{T}}$ 并且

$\lambda = -\dfrac{\gamma^2}{k(x_0)}$, 可得 $f(x)$, $g(x)$ 和 $h(x)$ 满足方程组

$$\begin{cases} g(x) = -\dfrac{\gamma^2}{k(x_0)} f(x), \\[2mm] (a(x)f'(x))' - \gamma h'(x) = -\dfrac{\gamma^2}{k(x_0)} g(x), \\[2mm] -\gamma g'(x) + (k(x)h'(x))' = -\dfrac{\gamma^2}{k(x_0)} h(x). \end{cases} \tag{3.405}$$

令 $\Phi = (f, f', h, h')^{\mathrm{T}}$, 则 (3.405) 等价于一阶常微分方程组:

$$\Phi'(x) = M(x)\Phi(x), \tag{3.406}$$

其中

$$M(x) = \begin{pmatrix} 0 & 1 & 0 & 0 \\[3mm] \dfrac{\gamma^4}{k^2(x_0)a(x)} & -\dfrac{a'(x)}{a(x)} & 0 & \dfrac{\gamma}{a(x)} \\[3mm] 0 & 0 & 0 & 1 \\[3mm] 0 & \dfrac{\gamma^3}{k(x_0)k(x)} & -\dfrac{\gamma^2}{k(x_0)k(x)} & -\dfrac{k'(x)}{k(x)} \end{pmatrix}.$$

容易验证系数矩阵 $M(x)$ 为定义在 $[0,1]$ 区间上的连续函数, 因此可知系统 (3.406) 在满足边界 $f(0) = f(1) = h(0) = h(1)$ 的条件下存在唯一的解. 同时, 又因为 $f(x) = h(x) \equiv 0$ 为系统 (3.406) 的一个解, 故系统 (3.405) 的唯一解为平凡解, 这便与 $\lambda = -\dfrac{\gamma^2}{k(x)}$ 为算子 A 的本征值相矛盾. 进而, 我们可以得到下面的引理.

引理 3.59 设算子 A 由 (3.365) 定义, 则对于任意的 $\rho \in \mathbb{C}$, $\lambda = \rho^2 \in \sigma(A)$ 当且仅当 ρ 满足

$$\Delta(\rho) = \det(T^R \widehat{\Phi}(x, \rho)) = 0,$$

其中, $\Delta(\rho)$ 由 (3.404) 定义.

定理 3.60 设算子 A 由 (3.365) 定义, 则算子 A 具有两支本征值:

$$\sigma_p(A) = \left\{ \lambda_{1n}, \overline{\lambda_{1n}}, n \in \mathbb{N} \right\} \cup \left\{ \lambda_{2n}, \overline{\lambda_{2n}}, n \in \mathbb{N} \right\},$$

并且本征值 λ_{1n} 和 λ_{2n} 的渐近表达式如下:

$$\begin{cases} \lambda_{1n} = -\mu_1 \mu_2 + i\mu_2 n\pi + \mathcal{O}\left(\dfrac{1}{n}\right), \\[2mm] \lambda_{2n} = -\mu_3^2 n^2 \pi^2 + \mathcal{O}(1), \end{cases} \tag{3.407}$$

其中 n 为正整数,

$$\mu_1 = \int_0^1 \frac{\gamma^2}{2\sqrt{a(\xi)}k(\xi)}\,d\xi, \quad \mu_2 = \frac{1}{\left(\int_0^1 \frac{1}{\sqrt{a(\xi)}}\,d\xi\right)}, \quad \mu_3 = \frac{1}{\left(\int_0^1 \frac{1}{\sqrt{k(\xi)}}\,d\xi\right)}.$$

证明　由于算子 A 的全部本征值关于实轴是对称的, 我们只需要讨论分布在复平面上第二象限的 λ, 即

$$\lambda = \rho^2, \quad \rho \in S = \left\{\rho \in \mathbb{C} \Big| \frac{\pi}{4} \leqslant \rho \leqslant \frac{\pi}{2}\right\}.$$

容易验证, 对于任意的 $\rho \in S$, 有

$$\mathrm{Re}(-\rho) \leqslant 0, \quad \mathrm{Re}(\rho^2) \leqslant 0. \tag{3.408}$$

根据假设, 系数 $a(x)$ 和 $k(x)$ 为有界函数, 由 (3.402) 和 (3.403) 定义的 $p_i(i=1,2,\cdots,6)$, $Q_j(j=1,2)$, $F_k(k=1,2,3,4)$, 可知 $p_i(i=1,2,\cdots,6)$, Q_1, Q_2 为常数, $|F_1|, |F_4|$ 小于等于 1.

为使当 $|\rho| \to \infty$ 时, $\Delta(\rho)$ 的每一个位置上的函数都有界, 我们在 $\Delta(\rho)$ 前乘以一些因子, 可得

$$\frac{\rho^6}{F_1 F_4}\Delta(\rho) = \begin{vmatrix} [1]_1 & F_1[1]_1 & F_4[1]_1 & [1]_1 \\ F_1[p_5]_1 & [p_5]_1 & Q_1[p_6]_1 & F_4 Q_2[p_6]_1 \\ [p_1]_1 & -F_1[p_1]_1 & -\frac{1}{\rho^3}F_4[p_2]_1 & \frac{1}{\rho^3}[p_2]_1 \\ F_1[p_3 p_5]_1 & -[p_3 p_5]_1 & -\frac{1}{\rho^3}Q_1[p_4 p_6]_1 & \frac{1}{\rho^3}F_4 Q_2[p_4 p_6]_1 \end{vmatrix}. \tag{3.409}$$

记 $S = S_1 \cup S_2$, 其中

$$S_1 = \{\rho \in \mathbb{C}|\ \pi/4 \leqslant \arg\rho \leqslant 3\pi/8\}, \quad S_2 = \{\rho \in \mathbb{C}|\ 3\pi/8 \leqslant \arg\rho \leqslant \pi/2\}. \tag{3.410}$$

当 $\rho \in S_1$ 时, 有

$$\mathrm{Re}(-\rho) = -|\rho|\cos(\arg\rho) \leqslant -|\rho|\cos(3\pi/8) < 0.$$

由此可得, 存在正常数 C_1 使得

$$|F_1| = \mathcal{O}(e^{-C_1|\rho|}), \quad |F_4| = \mathcal{O}(1), \quad |\rho| \to \infty. \tag{3.411}$$

经简单计算可验证

$$\frac{\rho^6}{F_1 F_4} \Delta(\rho) = \begin{vmatrix} [1]_1 & 0 & F_4[1]_1 & [1]_1 \\ 0 & [p_5]_1 & Q_1[p_6]_1 & F_4 Q_2[p_6]_1 \\ [p_1]_1 & 0 & 0 & 0 \\ 0 & -[p_3 p_5]_1 & 0 & 0 \end{vmatrix} + \mathcal{O}(\rho^{-3}).$$

由此可知, $\Delta(\rho) = 0$ 的充要条件为

$$\begin{vmatrix} [p_1]_1 & 0 \\ 0 & -[p_3 p_5]_1 \end{vmatrix} \begin{vmatrix} F_4[1]_1 & [1]_1 \\ Q_1[p_6]_1 & F_4 Q_2[p_6]_1 \end{vmatrix} = \mathcal{O}(\rho^{-3}),$$

这等价于

$$(Q_1 - F_4^2 Q_2)[p_1 p_3 p_5 p_6]_1 = \mathcal{O}(\rho^{-3}).$$

由于系数 Q_1, Q_2 和 F_4 均有界, 故

$$F_4^2 = e^{2\rho^2 \int_0^1 \frac{1}{\sqrt{a(\xi)}} d\xi} = \frac{Q_1}{Q_2} + \mathcal{O}(\rho^{-1}) = e^{-\int_0^1 \frac{\gamma^2}{\sqrt{a(\xi)} k(\xi)} d\xi} + \mathcal{O}(\rho^{-1}). \tag{3.412}$$

由于方程

$$e^{2\rho^2 \int_0^1 \frac{1}{\sqrt{a(\xi)}} d\xi} = e^{-\int_0^1 \frac{\gamma^2}{\sqrt{a(\xi)} k(\xi)} d\xi}$$

的解为

$$\tilde{\lambda}_{1n} = \tilde{\rho}_{1n}^2 = -\mu_1 \mu_2 + i\mu_2 n\pi, \quad n \in \mathbb{Z},$$

故根据 Rouché 定理可知方程 (3.412) 的解具有以下渐近表达式:

$$\lambda_{1n} = \rho_{1n}^2 = -\mu_1 \mu_2 + i\mu_2 n\pi + \mathcal{O}(n^{-1}), \ n \in \mathbb{Z}, \quad |n| \to \infty, \tag{3.413}$$

因此

$$\rho_{1n} = (-1)^{1/4} \sqrt{\mu_2 n\pi} + \frac{(-1)^{3/4} \mu_1 \sqrt{\mu_2}}{2\sqrt{n\pi}} + \mathcal{O}(n^{-3/2}). \tag{3.414}$$

类似地, 当 $\rho \in \mathcal{S}_2$ 时, 容易验证

$$\text{Re}(\rho^2) = |\rho|^2 \cos(\arg(\rho^2)) \leqslant |\rho|^2 \cos(3\pi/4) < 0,$$

因此存在正常数 C_2 使得

$$|F_1| = \mathcal{O}(1), \quad |F_4| = \mathcal{O}(e^{-C_2|\rho|^2}), \quad |\rho| \to \infty. \tag{3.415}$$

从而

$$\frac{\rho^6}{F_1 F_4}\Delta(\rho) = \begin{vmatrix} [1]_1 & F_1[1]_1 & 0 & [1]_1 \\ F_1[p_5]_1 & [p_5]_1 & Q_1[p_6]_1 & 0 \\ [p_1]_1 & -F_1[p_1]_1 & 0 & 0 \\ F_1[p_3p_5]_1 & -[p_3p_5]_1 & 0 & 0 \end{vmatrix} + \mathcal{O}(\rho^{-3}).$$

因此 $\Delta(\rho) = 0$ 的充分必要条件为

$$\begin{vmatrix} [p_1]_1 & -F_1[p_1]_1 \\ F_1[p_3p_5]_1 & -[p_3p_5]_1 \end{vmatrix} \begin{vmatrix} 0 & [1]_1 \\ Q_1[p_6]_1 & 0 \end{vmatrix} = \mathcal{O}(\rho^{-3}), \tag{3.416}$$

这等价于

$$(F_1^2 - 1)Q_1[p_1p_3p_5p_6]_1 = \mathcal{O}(\rho^{-3}).$$

由此可知, 系数 F_1 满足方程

$$F_1^2 = e^{-2\rho \int_0^1 \frac{1}{\sqrt{k(\xi)}}\,d\xi} = 1 + \mathcal{O}(\rho^{-1}).$$

类似地, 我们可以解得

$$\rho_{2n} = i\mu_3 n\pi + \mathcal{O}(n^{-1}), \quad n \in \mathbb{Z}. \tag{3.417}$$

从而算子 A 的第二支本征值 $\lambda_{2n} = \rho_{2n}^2$ 满足 (3.407). 定理得证. □

注解 3.5　当 $a(x)$ 和 $k(x)$ 为常系数时, 可得

$$\begin{cases} \lambda_{1n} = -\dfrac{\gamma^2}{2k} + in\pi - 2\gamma^2 k^{-1}\sqrt{\dfrac{k}{n\pi}}\dfrac{1-i}{\sqrt{2}} + \mathcal{O}\left(\dfrac{1}{n}\right), \\ \lambda_{2n} = -kn^2\pi^2 + (4 + k^{-1})\gamma^2 + \mathcal{O}\left(\dfrac{1}{n}\right). \end{cases}$$

3.6.4　本征函数的渐近分析

现在讨论本征函数的渐近表达式, 即与定理 3.60 给出的本征值对应于方程组(3.371) 的解.

定理 3.61 设算子 A 由 (3.365) 定义, $\sigma_p(A) = \{\lambda_{1n}, \overline{\lambda_{1n}}, n \in \mathbb{N}\} \cup \{\lambda_{2n}, \overline{\lambda_{2n}}, n \in \mathbb{N}\}$ 为 A 的本征值. 设 $\lambda_{1n} = \rho_{1n}^2$ 并且 $\lambda_{2n} = \rho_{2n}^2$, 其中, ρ_{1n} 和 ρ_{2n} 的表达式分别由 (3.414) 和 (3.417) 给出, 则 A 具有以下两族渐近本征函数:

(1) 设 $\{X_{1n}(x) = (\lambda_{1n}^{-1} f_{1n}(x), f_{1n}(x), \lambda_{1n}^{-1} h_{1n}(x))^{\mathrm{T}}, n \in \mathbb{N}\}$ 为算子 A 关于本征值 λ_{1n} 所对应的本征函数, 则 X_{1n} 具有如下的渐近表达式:

$$\begin{pmatrix} \lambda_{1n}^{-1} f'_{1n}(x) \\ f_{1n}(x) \\ \lambda_{1n}^{-1} h_{1n}(x) \end{pmatrix} = \begin{pmatrix} \dfrac{1}{\sqrt{a(x)}} \cos(a_n(x)) \\ i\sin(a_n(x)) \\ 0 \end{pmatrix} + \mathcal{O}(n^{-3/2}), \tag{3.418}$$

其中

$$a_n(x) = \mu_2 n\pi \int_0^x \frac{1}{\sqrt{a(\xi)}} d\xi$$
$$+ i\left(\mu_1 \mu_2 \int_0^x \frac{1}{\sqrt{a(\xi)}} d\xi - \int_0^x \frac{\gamma^2}{2\sqrt{a(\xi)}k(\xi)} d\xi\right) + \mathcal{O}(n^{-1}). \tag{3.419}$$

(2) 设 $\{X_{2n}(x) = (\lambda_{2n}^{-1} f_{2n}(x), f_{2n}(x), \lambda_{2n}^{-1} h_{2n}(x))^{\mathrm{T}}, n \in \mathbb{N}\}$ 为算子 A 关于本征值 λ_{2n} 所对应的本征函数, 则 X_{2n} 具有如下形式的渐近表达式:

$$\begin{pmatrix} \lambda_{2n}^{-1} f'_{2n}(x) \\ f_{2n}(x) \\ \lambda_{2n}^{-1} h_{2n}(x) \end{pmatrix} = \begin{pmatrix} 0 \\ 0 \\ \sin\left(\mu_3 n\pi \displaystyle\int_0^x \frac{d\xi}{\sqrt{k(\xi)}} + \mathcal{O}(n^{-1})\right) \end{pmatrix} + \mathcal{O}(n^{-1}). \tag{3.420}$$

证明 设 $\Phi(x) = (f(x), f'(x), h(x), h'(x))^{\mathrm{T}}$ 为一阶矩阵微分方程 (3.372) 关于本征值 $\lambda = \rho^2$ 的解. 利用由 (3.399) 定义的方程 (3.372) 的基础解矩阵 $\widehat{\Phi}(x, \rho)$ 的第 i 行来代替 (3.401) 中的矩阵 $T^R \widehat{\Phi}(x, \rho)$ 的任意一行, 当 λ 为系统的本征值时, 我们可以得到一个行列式非零的矩阵, 并且其行列式便为方程 (3.372) 的解 $\Phi(x)$ 中的第 i 个位置. 为了得到本征系统 (3.370) 的解, 我们只需计算函数 $f(x)$, $f'(x)$ 以及 $h(x)$ 的表达式, 即向量 $\Phi(x)$ 的前三个元素. 由 (3.399) 可得, 系统 (3.378) 的基础解矩阵为

$$\widehat{\Phi}(x, \rho) = (B_1, \ B_2),$$

其中

$$B_1 = \begin{pmatrix} F_1(x,\rho)q_1(x)[1]_1 & F_2(x,\rho)q_1(x)[1]_1 \\[2mm] -\dfrac{\rho}{\sqrt{k(x)}}F_1(x,\rho)q_1(x)[1]_1 & \dfrac{\rho}{\sqrt{k(x)}}F_2(x,\rho)q_1(x)[1]_1 \\[2mm] \rho^3 F_1(x,\rho)p_1(x)q_1(x)[1]_1 & -\rho^3 F_2(x,\rho)p_1(x)q_1(x)[1]_1 \\[2mm] -\dfrac{\rho^4}{\gamma}F_1(x,\rho)q_1(x)[1]_1 & -\dfrac{\rho^4}{\gamma}F_2(x,\rho)q_1(x)[1]_1 \end{pmatrix},$$

并且

$$B_2 = \begin{pmatrix} F_3(x,\rho)Q_1(x)q_2(x)[1]_1 & F_4(x,\rho)Q_2(x)q_2(x)[1]_1 \\[2mm] -\dfrac{\rho^2}{\sqrt{a(x)}}F_3(x,\rho)Q_1(x)q_2(x)[1]_1 & \dfrac{\rho^2}{\sqrt{a(x)}}F_4(x,\rho)Q_2(x)q_2(x)[1]_1 \\[2mm] -F_3(x,\rho)Q_1(x)p_2(x)q_2(x)[1]_1 & F_4(x,\rho)Q_2(x)p_2(x)q_2(x)[1]_1 \\[2mm] \dfrac{\gamma\rho^2}{k(x)}F_3(x,\rho)Q_1(x)q_2(x)[1]_1 & \dfrac{\gamma\rho^2}{k(x)}F_4(x,\rho)Q_2(x)q_2(x)[1]_1 \end{pmatrix},$$

其中系数 $p_1(x) = \dfrac{\sqrt{k(x)}}{\gamma}$, $p_2(x) = \dfrac{\gamma\sqrt{a(x)}}{k(x)}$, 其他的系数分别由 (3.388) 和 (3.392) 定义.

下面我们来计算与 (3.407) 给出的本征值相对应的本征函数. 将 $T^R\hat{\Phi}(x,\rho)$ 的第二行矩阵 $\hat{\Phi}(x,\rho)$ 的第一行替换可得

$$f(x,\rho) = |U_1, U_2|, \tag{3.421}$$

其中

$$U_1 = \begin{pmatrix} [1]_1 & [1]_1 \\[2mm] F_1(x,\rho)q_1(x)[1]_1 & F_2(x,\rho)q_1(x)[1]_1 \\[2mm] \rho^3[p_1]_1 & -\rho^3[p_1]_1 \\[2mm] \rho^3 F_1[p_3 p_5]_1 & -\rho^3 F_2[p_3 p_5]_1 \end{pmatrix},$$

并且

$$U_2 = \begin{pmatrix} [1]_1 & [1]_1 \\[2mm] F_3(x,\rho)Q_1(x)q_2(x)[1]_1 & F_4(x,\rho)Q_2(x)q_2(x)[1]_1 \\[2mm] -[p_2]_1 & [p_2]_1 \\[2mm] -F_3 Q_1[p_4 p_6]_1 & F_4 Q_2[p_4 p_6]_1 \end{pmatrix}.$$

根据由 (3.414) 定义的 $\rho = \rho_{1n}$ 表达式可得

$$
\begin{cases}
F_1(x, \rho_{1n}) = e^{-\sqrt{i\mu_2 n\pi} \int_0^x \frac{1}{\sqrt{k(\xi)}} \, d\xi + \mathcal{O}(n^{-1/2})}, \\[2mm]
F_1 F_2(x, \rho_{1n}) = e^{-\sqrt{i\mu_2 n\pi} \int_x^1 \frac{1}{\sqrt{k(\xi)}} \, d\xi + \mathcal{O}(n^{-1/2})}, \\[2mm]
F_4(x, \rho_{1n}) = e^{i\mu_2 n\pi \int_0^x \frac{1}{\sqrt{a(\xi)}} \xi + \mathcal{O}(1)}, \\[2mm]
F_4 F_3(x, \rho_{1n}) = e^{i\mu_2 n\pi \int_x^1 \frac{1}{\sqrt{a(\xi)}} \, d\xi + \mathcal{O}(1)},
\end{cases}
\tag{3.422}
$$

以及估计式 $\|F_1(x, \rho_{1n})\| = \mathcal{O}_x(n^{-1/4})$ 和 $\|F_1 F_2(x, \rho_{1n})\| = \mathcal{O}_x(n^{-1/4})$, 其中 $\mathcal{O}_x(n^{-1/4})$ 是指

$$
\|\mathcal{O}_x(n^{-1/4})\|_{L^2[0,1]} = \mathcal{O}(n^{-1/4}).
$$

设 ρ_{1n} 由 (3.414) 给出, 将 $\lambda_{1n} = \rho_{1n}^2$ 代入可得 $\widehat{f_{1n}}(x) = f(x, \rho_{1n})$ 满足

$$
\frac{F_1 F_4}{\rho_{1n}^6} \widehat{f_{1n}}(x) = \frac{F_1 F_4}{\rho_{1n}^6} f(x, \rho_{1n}) = |\hat{U}_1, \hat{U}_2|,
$$

其中

$$
\hat{U}_1 = \begin{vmatrix}
[1]_1 & F_1[1]_1 \\[2mm]
F_1(x, \rho_{1n}) q_1(x) [1]_1 & F_1 F_2(x, \rho_{1n}) q_1(x) [1]_1 \\[2mm]
[p_1]_1 & -F_1[p_1]_1 \\[2mm]
F_1[p_3 p_5]_1 & -[p_3 p_5]_1
\end{vmatrix},
$$

并且

$$
\hat{U}_2 = \begin{vmatrix}
F_4[1]_1 & [1]_1 \\[2mm]
F_4 F_3(x, \rho_{1n}) Q_1(x) q_2(x) [1]_1 & F_4(x, \rho_{1n}) Q_2(x) q_2(x) [1]_1 \\[2mm]
-\dfrac{1}{\rho_{1n}^3} F_4[p_2]_1 & \dfrac{1}{\rho_{1n}^3} [p_2]_1 \\[3mm]
-\dfrac{1}{\rho_{1n}^3} Q_1[p_4 p_6]_1 & \dfrac{1}{\rho_{1n}^3} F_4 Q_2[p_4 p_6]_1
\end{vmatrix}.
$$

由估计式 (3.411) 和 (3.422) 以及系数 p_i $(i = 1, \cdots, 6)$, $Q_j, Q_j(x)$ $(j = 1, 2)$ 的有

界性可得

$$\frac{F_1 F_4}{\rho_{1n}^6} \widehat{f_{1n}}(x)$$

$$= \frac{F_1 F_4}{\rho_{1n}^6} f(x, \rho_{1n})$$

$$= \begin{vmatrix} [p_1]_1 & 0 \\ 0 & -[p_3 p_5]_1 \end{vmatrix} \begin{vmatrix} F_4[1]_1 & [1]_1 \\ F_4 F_3(x, \rho_{1n}) Q_1(x) q_2(x)[1]_1 & F_4(x, \rho_{1n}) Q_2(x) q_2(x)[1]_1 \end{vmatrix}$$

$$+ \mathcal{O}(\rho_{1n}^{-3})$$

$$= -F_4 q_2(x) \left(F_4(x, \rho_{1n}) Q_2(x) - F_3(x, \rho_{1n}) Q_1(x) \right) [p_1 p_3 p_5]_1 + \mathcal{O}(n^{-3/2}).$$

将分别由 (3.422) 和 (3.392) 定义的函数 $F_i(x, \rho_{1n}), i = 1, 2$ 以及 $Q_j(x), j = 1, 2$ 的表达式代入上式整理可得

$$\frac{F_1 F_4}{\rho_{1n}^6} \widehat{f_{1n}}(x) = \frac{F_1 F_4}{\rho_{1n}^6} f(x, \rho_{1n})$$

$$= -2i F_4 q_2(x) \sin(a_n(x)) [p_1 p_3 p_5]_1 + \mathcal{O}(n^{-3/2}), \tag{3.423}$$

其中 $a_n(x) = \mu_2 n\pi \int_0^x \frac{1}{\sqrt{a(\xi)}} d\xi + i \left(\mu_1 \mu_2 \int_0^x \frac{1}{\sqrt{a(\xi)}} d\xi - \int_0^x \frac{\gamma^2}{2\sqrt{a(\xi)} k(\xi)} d\xi \right) + \mathcal{O}(n^{-1})$.

根据由 (3.417) 定义的 $\rho = \rho_{2n}$ 可得

$$\begin{cases} F_1(x, \rho_{2n}) = e^{-i\mu_3 n\pi \int_0^x \frac{1}{\sqrt{k(\xi)}} d\xi + \mathcal{O}(n^{-1})}, & F_1 F_2(x, \rho_{2n}) = e^{-i\mu_3 n\pi \int_x^1 \frac{1}{\sqrt{k(\xi)}} d\xi + \mathcal{O}(n^{-1})}, \\ F_4(x, \rho_{2n}) = e^{-\mu_3^2 n^2 \pi^2 \int_0^x \frac{1}{\sqrt{a(\xi)}} d\xi + \mathcal{O}(1)}, & F_4 F_3(x, \rho_{2n}) = e^{-\mu_3^2 n^2 \pi^2 \int_x^1 \frac{1}{\sqrt{a(\xi)}} d\xi + \mathcal{O}(1)}, \end{cases} \tag{3.424}$$

以及估计式 $\|F_4(x, \rho_{2n})\| = \mathcal{O}_x(n^{-1})$ 和 $\|F_4 F_3(x, \rho_{2n})\| = \mathcal{O}_x(n^{-1})$, 其中 $\mathcal{O}_x(n^{-1})$ 表示

$$\|\mathcal{O}_x(n^{-1})\|_{L^2[0,1]} = \mathcal{O}(n^{-1}).$$

类似地, 我们可以得到与本征值 $\lambda_{2n} = \rho_{2n}^2$ 相对应的 $\widehat{f_{2n}}(x) = f(x, \rho_{2n})$ 满足

$$\frac{F_1 F_4}{\rho_{2n}^4} \widehat{f_{2n}}(x) = \frac{F_1 F_4}{\rho_{2n}^4} f(x, \rho_{2n}) = \rho_{2n}^2 |\tilde{U}_1, \tilde{U}_2|,$$

其中

$$
\tilde{U}_1 = \begin{pmatrix} [1]_1 & F_1[1]_1 \\ F_1(x,\rho_{2n})q_1(x)[1]_1 & F_1F_2(x,\rho_{2n})q_1(x)[1]_1 \\ [p_1]_1 & -F_1[p_1]_1 \\ F_1[p_3p_5]_1 & -[p_3p_5]_1 \end{pmatrix},
$$

并且

$$
\tilde{U}_2 = \begin{pmatrix} F_4[1]_1 & [1]_1 \\ F_4F_3(x,\rho_{2n})Q_1(x)q_2(x)[1]_1 & F_4(x,\rho_{2n})Q_2(x)q_2(x)[1]_1 \\ -\dfrac{1}{\rho_{2n}^3}F_4[p_2]_1 & \dfrac{1}{\rho_{2n}^3}[p_2]_1 \\ -\dfrac{1}{\rho_{2n}^3}Q_1[p_4p_6]_1 & \dfrac{1}{\rho_{2n}^3}F_4Q_2[p_4p_6]_1 \end{pmatrix}.
$$

由 (3.415), (3.424) 以及 $p_i\ (i=1,\cdots,6)\ Q_j, Q_j(x)\ (j=1,2)$ 的有界性可得

$$
\frac{F_1F_4}{\rho_{2n}^4}\widehat{f_{2n}}(x)
$$
$$
= s\frac{F_1F_4}{\rho_{2n}^4}f(x,\rho_{2n})
$$
$$
= \rho_{2n}^2 \begin{vmatrix} [p_1]_1 & -F_1[p_1]_1 \\ F_1[p_3p_5]_1 & -[p_3p_5]_1 \end{vmatrix}
$$
$$
\times \begin{vmatrix} 0 & [1]_1 \\ F_4F_3(x,\rho_{2n})Q_1(x)q_2(x)[1]_1 & F_4(x,\rho_{2n})Q_2(x)q_2(x)[1]_1 \end{vmatrix} + \mathcal{O}(\rho_{2n}^{-1}).
$$

根据 (3.416) 式以及估计式 $\|F_4F_3(x,\rho_{2n})\|=\mathcal{O}_x(n^{-1})$ 可得

$$
\frac{F_1F_4}{\rho_{2n}^4}\widehat{f_{2n}}(x) = \frac{F_1F_4}{\rho_{2n}^4}f(x,\rho_{2n})
$$
$$
= \mathcal{O}(\rho_{2n}^{-1})\mathcal{O}_x(n^{-1}) + \mathcal{O}(n^{-1}) = \mathcal{O}(n^{-1}). \tag{3.425}
$$

现在我们计算向量 $\Phi(x)$ 的第二个分量 $f'(x)$. 将矩阵 $T^R\hat{\Phi}(x,\rho)$ 的第二行用基础解矩阵 $\hat{\Phi}(x,\rho)$ 的第二行来替换可得

$$
f'(x,\rho) = |V_1,V_2|, \tag{3.426}
$$

其中

$$V_1 = \begin{vmatrix} [1]_1 & [1]_1 \\ -\dfrac{\rho}{\sqrt{k(x)}}F_1(x,\rho)q_1(x)[1]_1 & \dfrac{\rho}{\sqrt{k(x)}}F_2(x,\rho)q_1(x)[1]_1 \\ \rho^3[p_1]_1 & -\rho^3[p_1]_1 \\ \rho^3 F_1[p_3 p_5]_1 & -\rho^3 F_2[p_3 p_5]_1 \end{vmatrix},$$

并且

$$V_2 = \begin{vmatrix} [1]_1 & [1]_1 \\ -\dfrac{\rho^2}{\sqrt{a(x)}}F_3(x,\rho)Q_1(x)q_2(x)[1]_1 & \dfrac{\rho^2}{\sqrt{a(x)}}F_4(x,\rho)Q_2(x)q_2(x)[1]_1 \\ -[p_2]_1 & [p_2]_1 \\ -F_3 Q_1[p_4 p_6]_1 & F_4 Q_2[p_4 p_6]_1 \end{vmatrix}.$$

将由 (3.414) 定义的 $\rho = \rho_{1n}$ 代入上式可得对应于本征值 $\lambda_{1n} = \rho_{1n}^2$ 的 $\lambda_{1n}^{-1}\widehat{f_{1n}'}(x) = \lambda_{1n}^{-1}f'(x,\rho_{1n})$ 且满足

$$\frac{F_1 F_4}{\rho_{1n}^6}\lambda_{1n}^{-1}\widehat{f_{1n}'}(x) = \frac{F_1 F_4}{\rho_{1n}^6}\lambda_{1n}^{-1}f'(x,\rho_{1n}) = |\hat{V}_1, \hat{V}_2|,$$

其中

$$\hat{V}_1 = \begin{vmatrix} [1]_1 & F_1[1]_1 \\ -\dfrac{1}{\rho_{1n}\sqrt{k(x)}}F_1(x,\rho_{1n})q_1(x)[1]_1 & \dfrac{1}{\rho_{1n}\sqrt{k(x)}}F_1 F_2(x,\rho_{1n})q_1(x)[1]_1 \\ [p_1]_1 & -F_1[p_1]_1 \\ F_1[p_3 p_5]_1 & -[p_3 p_5]_1 \end{vmatrix},$$

并且

$$\hat{V}_2 = \begin{vmatrix} F_4[1]_1 & [1]_1 \\ -\dfrac{1}{\sqrt{a(x)}}F_4 F_3(x,\rho_{1n})Q_1(x)q_2(x)[1]_1 & \dfrac{1}{\sqrt{a(x)}}F_4(x,\rho_{1n})Q_2(x)q_2(x)[1]_1 \\ -\dfrac{F_4}{\rho_{1n}^3}[p_2]_1 & \dfrac{1}{\rho_{1n}^3}[p_2]_1 \\ -\dfrac{Q_1}{\rho_{1n}^3}[p_4 p_6]_1 & \dfrac{F_4 Q_2}{\rho_{1n}^3}[p_4 p_6]_1 \end{vmatrix}.$$

由 (3.411), (3.422) 以及 p_i $(i = 1, \cdots, 6)$ $Q_j, Q_j(x)$ $(j = 1, 2)$ 的有界性可得

$$\frac{F_1 F_4}{\rho_{1n}^6} \lambda_{1n}^{-1} \widehat{f_{1n}'}(x)$$

$$= \frac{F_1 F_4}{\rho_{1n}^6} \lambda_{1n}^{-1} f'(x, \rho_{1n})$$

$$= \begin{vmatrix} [p_1]_1 & 0 \\ 0 & -[p_3 p_5]_1 \end{vmatrix}$$

$$\times \begin{vmatrix} F_4[1]_1 & [1]_1 \\ -\dfrac{F_4 F_3(x, \rho_{1n})}{\sqrt{a(x)}} Q_1(x) q_2(x) [1]_1 & \dfrac{F_4(x, \rho_{1n})}{\sqrt{a(x)}} Q_2(x) q_2(x) [1]_1 \end{vmatrix} + \mathcal{O}(\rho_{1n}^{-3})$$

$$= -\frac{F_4 q_2(x)}{\sqrt{a(x)}} (F_4(x, \rho_{1n}) Q_2(x) + F_3(x, \rho_{1n}) Q_1(x)) [p_1 p_3 p_5] + \mathcal{O}(\rho_{1n}^{-3}).$$

将分别由 (3.422) 和 (3.392) 定义的 $F_i(x, \rho_{1n}), i = 1, 2$ 以及 $Q_j(x), j = 1, 2$ 代入上式可得

$$\frac{F_1 F_4}{\rho_{1n}^6} \lambda_{1n}^{-1} \widehat{f_{1n}'}(x) = \frac{F_1 F_4}{\rho_{1n}^6} \lambda_{1n}^{-1} f'(x, \rho_{1n})$$

$$= -2 \frac{F_4 q_2(x)}{\sqrt{a(x)}} \cos(a_n(x)) [p_1 p_3 p_5]_1 + \mathcal{O}(n^{-3/2}). \tag{3.427}$$

类似地, 将 $\rho = \rho_{2n}$ 代入 (3.426) 可得对应于本征值 $\lambda_{2n} = \rho_{2n}^2$ 的 $\lambda_{2n}^{-1} \widehat{f_{2n}'}(x) = \lambda_{2n}^{-1} f'(x, \rho_{2n})$ 满足

$$\frac{F_1 F_4}{\rho_{2n}^4} \lambda_{2n}^{-1} \widehat{f_{2n}'}(x) = \frac{F_1 F_4}{\rho_{2n}^4} \lambda_{2n}^{-1} f'(x, \rho_{2n}) = \rho_{2n}^2 |\tilde{V}_1, \tilde{V}_2|,$$

其中

$$\tilde{V}_1 = \begin{vmatrix} [1]_1 & F_1 [1]_1 \\ -\dfrac{1}{\rho \sqrt{k(x)}} F_1(x, \rho_{2n}) q_1(x) [1]_1 & \dfrac{1}{\rho_{2n} \sqrt{k(x)}} F_1 F_2(x, \rho_{2n}) q_1(x) [1]_1 \\ [p_1]_1 & -F_1 [p_1]_1 \\ F_1 [p_3 p_5]_1 & -[p_3 p_5]_1 \end{vmatrix},$$

并且

$$
\tilde{V}_2 = \begin{vmatrix}
F_4[1]_1 & [1]_1 \\[2mm]
-\dfrac{1}{\sqrt{a(x)}}F_4 F_3(x,\rho_{2n})Q_1(x)q_2(x)[1]_1 & \dfrac{1}{\sqrt{a(x)}}F_4(x,\rho_{2n})Q_2(x)q_2(x)[1]_1 \\[3mm]
-\dfrac{F_4}{\rho_{2n}^3}[p_2]_1 & \dfrac{1}{\rho_{2n}^3}[p_2]_1 \\[3mm]
-\dfrac{Q_1}{\rho_{2n}^3}[p_4 p_6]_1 & \dfrac{F_4 Q_2}{\rho_{2n}^3}[p_4 p_6]_1
\end{vmatrix}.
$$

由 (3.415), (3.424) 以及 $p_i\ (i=1,\cdots,6)\ Q_j, Q_j(x)\ (j=1,2)$ 的有界性可得

$$
\frac{F_1 F_4}{\rho_{2n}^4}\lambda_{2n}^{-1}\widehat{f'_{2n}}(x)
$$

$$
=\frac{F_1 F_4}{\rho_{2n}^4}\lambda_{2n}^{-1}f'(x,\rho_{2n})
$$

$$
=\rho_{2n}^2 \begin{vmatrix} [p_1]_1 & -F_1[p_1]_1 \\[2mm] F_1[p_3 p_5]_1 & -[p_3 p_5]_1 \end{vmatrix}
$$

$$
\times \begin{vmatrix} 0 & [1]_1 \\[2mm] -\dfrac{F_4 F_3(x,\rho_{2n})}{\sqrt{a(x)}}Q_1(x)q_2(x)[1]_1 & \dfrac{F_4(x,\rho_{2n})}{\sqrt{a(x)}}Q_2(x)q_2(x)[1]_1 \end{vmatrix} + \mathcal{O}(\rho_{2n}^{-1}).
$$

再由 (3.416) 以及估计式 $\|F_4 F_3(x,\rho_{2n})\|=\mathcal{O}_x(n^{-1})$ 可得

$$
\frac{F_1 F_4}{\rho_{2n}^4}\lambda_{2n}^{-1}\widehat{f'_{2n}}(x)=\frac{F_1 F_4}{\rho_{2n}}\lambda_{2n}^{-1}f(x,\rho_2 n)
$$

$$
=\mathcal{O}(\rho_{2n}^{-1})\mathcal{O}_x(n^{-1})+\mathcal{O}(n^{-1})=\mathcal{O}(n^{-1}). \tag{3.428}
$$

最后, 我们来计算向量 $\Phi(x)$ 的第三个分量. 用矩阵 $\hat{\Phi}(x,\rho)$ 的第二行来代替矩阵 $T^R\hat{\Phi}(x,\rho)$ 的第三行可得

$$
h(x,\rho)=\left|\hat{W}_1, \hat{W}_2\right|, \tag{3.429}
$$

其中

$$
\hat{W}_1 = \begin{pmatrix}
[1]_1 & [1]_1 \\[2mm]
F_1[p_5]_1 & F_2[p_5]_1 \\[2mm]
\rho^3[p_1]_1 & -\rho^3[p_1]_1 \\[2mm]
\rho^3 F_1(x,\rho)p_1(x)q_1(x)[1]_1 & -\rho^3 F_2(x,\rho)p_1(x)q_1(x)[1]_1
\end{pmatrix},
$$

并且

$$
\hat{W}_2 = \begin{pmatrix} [1]_1 & [1]_1 \\ F_3 Q_1 [p_6]_1 & F_4 Q_2 [p_6]_1 \\ -[p_2]_1 & [p_2]_1 \\ -F_3(x,\rho) Q_1(x) p_2(x) q_2(x) [1]_1 & F_4(x,\rho) Q_2(x) p_2(x) q_2(x) [1]_1 \end{pmatrix}.
$$

为符号简单, 记

$$
\tilde{W}_1(x,\rho) = \begin{pmatrix} [1]_1 & F_1 [1]_1 \\ F_1 [p_5]_1 & [p_5]_1 \\ [p_1]_1 & -F_1 [p_1]_1 \\ F_1(x,\rho) p_1(x) q_1(x) [1]_1 & -F_1 F_2(x,\rho) p_1(x) q_1(x) [1]_1 \end{pmatrix} \tag{3.430}
$$

和

$$
\tilde{W}_2(x,\rho) = \begin{pmatrix} F_4 [1]_1 & [1]_1 \\ Q_1 [p_6]_1 & F_4 Q_2 [p_6]_1 \\ -\dfrac{F_4}{\rho^3} [p_2]_1 & \dfrac{1}{\rho^3} [p_2]_1 \\ -\dfrac{F_4 F_3(x,\rho)}{\rho^3} Q_1(x) p_2(x) q_2(x) [1]_1 & \dfrac{F_4(x,\rho)}{\rho^3} Q_2(x) p_2(x) q_2(x) [1]_1 \end{pmatrix} \tag{3.431}
$$

为两个关于变量 x 和 ρ 的矩阵函数.

将 $\rho = \rho_{1n}$ 代入 (3.429), 可得对应于本征值 $\lambda_{1n} = \rho_{1n}^2$ 的 $\lambda_{1n}^{-1} \widehat{h_{1n}}(x) = \lambda_{1n}^{-1} h(x, \rho_{1n})$ 满足

$$
\frac{F_1 F_4}{\rho_{1n}^6} \lambda_{1n}^{-1} \widehat{h_{1n}}(x) = \frac{F_1 F_4}{\rho_{1n}^6} \lambda_{1n}^{-1} h(x, \rho_{1n}) = \frac{1}{\rho_{1n}^2} \left| \tilde{W}_1(x, \rho_{1n}), \tilde{W}_1(x, \rho_{1n}) \right|.
$$

由 (3.411), (3.422) 以及 p_i $(i = 1, \cdots, 6)$ $Q_j, Q_j(x)$ $(j = 1, 2)$ 的有界性可得

$$
\frac{F_1 F_4}{\rho_{1n}^6} \lambda_{1n}^{-1} \widehat{h_{1n}}(x)
$$

$$
= \frac{F_1 F_4}{\rho_{1n}^6} \lambda_{1n}^{-1} h(x, \rho_{1n})
$$

$$= \frac{1}{\rho_{1n}^2} \begin{vmatrix} [p_1]_1 & 0 \\ F_1(x, \rho_{1n})p_1(x)q_1(x)[1]_1 & -F_1F_2(x, \rho_{1n})p_1(x)q_1(x)[1]_1 \end{vmatrix}$$

$$\times \begin{vmatrix} F_4[1]_1 & [1]_1 \\ Q_1[p_6]_1 & F_4Q_2[p_6]_1 \end{vmatrix} + \mathcal{O}(\rho_{1n}^{-3})$$

$$= -\frac{[p_1p_6]_1}{\rho_{1n}^2} p_1(x)q_1(x)F_1F_2(x, \rho_{1n})(F_4^2 Q_2 - Q_1) + \mathcal{O}(\rho_{1n}^{-3}).$$

再由 (3.412) 以及估计式 $\|F_1F_2(x, \rho_{1n})\| = \mathcal{O}_x(n^{-1/4})$, 可得

$$\frac{F_1F_4}{\rho_{1n}^4} \lambda_{1n}^{-1} \widehat{h_{1n}}(x) = \frac{F_1F_4}{\rho_{1n}^6} \lambda_{1n}^{-1} h(x, \rho_{1n})$$

$$= \mathcal{O}(\rho_{1n}^{-3})\mathcal{O}_x(n^{-1/4}) + \mathcal{O}(\rho_{1n}^{-3}) = \mathcal{O}(n^{-3/2}). \tag{3.432}$$

类似地, 将 $\rho = \rho_{2n}$ 代入由(3.429) 可得对应于本征值 $\lambda_{2n} = \rho_{2n}^2$ 的 $\lambda_{2n}^{-1} \widehat{h_{2n}}(x) = \lambda_{2n}^{-1} h(x, \rho_{2n})$ 且满足

$$\frac{F_1F_4}{\rho_{2n}^4} \lambda_{2n}^{-1} \widehat{h_{2n}}(x) = \frac{F_1F_4}{\rho_{2n}^4} \lambda_{2n}^{-1} h(x, \rho_{2n}) = \left| \tilde{W}_1(x, \rho_{2n}), \tilde{W}_1(x, \rho_{2n}) \right|. \tag{3.433}$$

由 (3.415), (3.424) 以及 p_i $(i = 1, \cdots, 6)$ $Q_j, Q_j(x)$ $(j = 1, 2)$ 的有界性可知

$$\frac{F_1F_4}{\rho_{2n}^4} \lambda_{2n}^{-1} \widehat{h_{2n}}(x) = \frac{F_1F_4}{\rho_{2n}^4} \lambda_{2n}^{-1} h(x, \rho_{2n})$$

$$= \begin{vmatrix} [p_1]_1 & -F_1[p_1]_1 \\ F_1(x, \rho)p_1(x)q_1(x)[1]_1 & -F_1F_2(x, \rho)p_1(x)q_1(x)[1]_1 \end{vmatrix} \begin{vmatrix} 0 & [1]_1 \\ Q_1[p_6]_1 & 0 \end{vmatrix} + \mathcal{O}(\rho_{2n}^{-3})$$

$$= p_1p_6 F_1 Q_1 p_1(x)q_1(x)(F_2(x, \rho_{2n}) - F_1(x, \rho_{2n})) + \mathcal{O}(\rho_{2n}^{-1}).$$

再将由(3.422)定义的 $F_i(x, \rho_{2n}), i = 1, 2$ 代入可得

$$\frac{F_1F_4}{\rho_{2n}^4} \lambda_{2n}^{-1} \widehat{h_{2n}}(x) = \frac{F_1F_4}{\rho_{2n}^4} \lambda_{2n}^{-1} h(x, \rho_{2n})$$

$$= 2ip_1p_6 F_1 Q_1 p_1(x)q_1(x) \sin\left(\mu_3 n\pi \int_0^1 \frac{d\xi}{\sqrt{k(\xi)}} + \mathcal{O}(n^{-1}) \right) + \mathcal{O}(n^{-1}). \tag{3.434}$$

结合由 (3.398) 定义的基础解矩阵 $\hat{\Psi}(x, \rho)$ 中 $\frac{1}{\rho}$ 的系数矩阵 $\hat{\Psi}_1(x)$ 的表达式, 经简单的计算容易验证, 渐近式 (3.423) 和 (3.427) 中的因子 $[p_1p_3p_5]_1$ 的展开式中的

前两项是相同的. 由 (3.423), (3.427) 和 (3.432) 的 $\widehat{f_{1n}}(x)$, $\lambda_{1n}^{-1}\widehat{f_{1n}}(x)$, $\lambda^{-1}\widehat{h_{1n}}(x)$ 的表达式, 可知

$$
X_{1n} = \begin{pmatrix} \lambda_{1n}^{-1} f_{1n}(x) \\ f_{1n}(x) \\ \lambda^{-1} h_{1n}(x) \end{pmatrix} = \frac{F_1 F_4}{-2F_4 q_2(x)\rho^6 [p_1 p_3 p_5]_1} \begin{pmatrix} \lambda_{1n}^{-1} \widehat{f_{1n}}(x) \\ \widehat{f_{1n}}(x) \\ \lambda^{-1} \widehat{h_{1n}}(x) \end{pmatrix},
$$

从而可得本征函数 X_{1n} 且满足 (3.418). 类似地, 由 (3.425), (3.428) 和 (3.434) 的 $\widehat{f_{2n}}(x)$, $\lambda_{2n}^{-1}\widehat{f_{2n}}(x)$ 和 $\lambda^{-1}\widehat{h_{2n}}(x)$, 令

$$
X_{2n} = \begin{pmatrix} \lambda_{2n}^{-1} f_{2n}(x) \\ f_{2n}(x) \\ \lambda^{-1} h_{2n}(x) \end{pmatrix} = \frac{F_4}{2ip_1 p_6 Q_1 p_1(x) q_1(x)\rho^4} \begin{pmatrix} \lambda_{2n}^{-1} \widehat{f_{2n}}(x) \\ \widehat{f_{2n}}(x) \\ \lambda^{-1} \widehat{h_{2n}}(x) \end{pmatrix},
$$

可以得到第二支本征函数 X_{2n} 且满足 (3.420). 定理得证. $\qquad\square$

3.6.5 Riesz 基性质与指数稳定性

本节将利用前面得到的本征值和本征函数的渐近表达式证明存在算子 A 的广义本征函数族构成空间 $\mathcal{H}_t$ 的一组 Riesz 基. 进而, 系统的指数稳定性可以由算子 A 的谱分布来决定.

定理 3.62 设 $\{\sin\lambda_n x, n\in\mathbb{N}\}$ 以及 $\{1, \cos\lambda_n x, n\in\mathbb{N}\}$ 为 $L^2(0,1)$ 的两组 Riesz 基, 则 $\{Y_n = (\cos\lambda_n x, i\sin\lambda_n x)^{\mathrm{T}}, n\in\mathbb{Z}\}$ 构成 $(L^2(0,1))^2$ 的一组 Riesz 基.

证明 易证序列

$$
\left\{ \begin{pmatrix} 0 \\ \sin\lambda_n x \end{pmatrix}, \begin{pmatrix} 1 \\ 0 \end{pmatrix}, \begin{pmatrix} \cos\lambda_n x \\ 0 \end{pmatrix} \right\}_{n\in\mathbb{N}}
$$

构成 $(L^2(0,1))^2$ 空间的一组 Riesz 基. 因此序列

$$
\left\{ \begin{pmatrix} \cos\lambda_n x \\ \sin\lambda_n x \end{pmatrix}, \begin{pmatrix} 1 \\ 0 \end{pmatrix}, \begin{pmatrix} \cos\lambda_n x \\ -\sin\lambda_n x \end{pmatrix} \right\}_{n\in\mathbb{N}}
$$

也构成 $(L^2(0,1))^2$ 空间的一组 Riesz 基. 定义可逆的有界算子 T_1 为

$$T_1 = \begin{pmatrix} 1 & 0 \\ 0 & -i \end{pmatrix},$$

则对任意的 $n \in \mathbb{N}$, 有

$$\begin{pmatrix} \cos \lambda_n x \\ -i \sin \lambda_n x \end{pmatrix} = T_1 \begin{pmatrix} \cos \lambda_n x \\ \sin \lambda_n x \end{pmatrix}, \quad \begin{pmatrix} 1 \\ 0 \end{pmatrix} = T_1 \begin{pmatrix} 1 \\ 0 \end{pmatrix}$$

和

$$\begin{pmatrix} \cos \lambda_n x \\ i \sin \lambda_n x \end{pmatrix} = T_1 \begin{pmatrix} \cos \lambda_n x \\ -\sin \lambda_n x \end{pmatrix}.$$

因此, 对于 $n \in \mathbb{Z}$, $\{Y_n = (\cos \lambda_n x, i \sin \lambda_n x)^{\mathrm{T}}\}$ 构成 $(L^2(0,1))^2$ 的一组 Riesz 基. 定理得证. $\square$

定理 3.63 设算子 A 由 (3.365) 定义并且 X_{1n}, X_{2n} 为分别由 (3.418) 和 (3.420) 定义的本征函数, 则 $\{X_{1n}, X_{2n}, n \in \mathbb{Z}\}$ 构成系统 (3.361) 的状态空间 $\mathcal{H}_t$ 上的一组 Riesz 基.

证明 定义从状态空间 $\mathcal{H}_t$ 到 $(L^2(0,1))^3$ 的可逆的有界算子 T_2:

$$T_2(f, g, h)^{\mathrm{T}} = (\sqrt{a(x)} f', g, h),$$

要证明 $\{X_{1n}, X_{2n}, n \in \mathbb{Z}\}$ 构成 $\mathcal{H}_t$ 上的一组 Riesz 基, 只需证明 $\{T_2 X_{1n}, T_2 X_{2n}, n \in \mathbb{Z}\}$ 构成空间 $(L^2(0,1))^3$ 的一组 Riesz 基. 设

$$z_1 = z_1(x) = \mu_2 \int_0^x \frac{1}{\sqrt{a(\xi)}} d\xi = \frac{\int_0^x \frac{1}{\sqrt{a(\xi)}} d\xi}{\int_0^1 \frac{1}{\sqrt{a(\xi)}} d\xi}$$

和

$$z_2 = z_2(x) = \mu_3 \int_0^x \frac{1}{\sqrt{k(\xi)}} d\xi = \frac{\int_0^x \frac{1}{\sqrt{k(\xi)}} d\xi}{\int_0^1 \frac{1}{\sqrt{k(\xi)}} d\xi}.$$

由 (3.418), (3.420) 和上述变换, 可将序列 $\{T_2 X_{1n}, n \in \mathbb{Z}\}$ 和 $\{T_2 X_{2n}, n \in \mathbb{Z}\}$ 转化为 $(L^2(0,1))^3$ 中的等价序列 Y_{1n} 和 Y_{2n}. 并且当 $n \to \infty$ 时 Y_{1n} 和 Y_{2n} 有渐近表达式:

$$Y_{1n} = \big(\cos(n\pi z_1 + ib_n(z_1) + \mathcal{O}(n^{-1})), \sin(n\pi z_1 + ib_n(z_1) + \mathcal{O}(n^{-1})), 0\big)^{\mathrm{T}} + \mathcal{O}(n^{-3/2}) \tag{3.435}$$

和

$$Y_{2n} = \big(0, 0, \sin(n\pi z_2 + \mathcal{O}(n^{-1}))\big)^{\mathrm{T}} + \mathcal{O}(n^{-1}), \tag{3.436}$$

其中

$$b_n(z_1) = \mu_1 z_1 - \int_0^{z_1^{-1}} \frac{1}{2\sqrt{a(\xi)}k(\xi)} d\xi,$$

z_1^{-1} 代表函数 $z_1(x)$ 的逆.

根据定理 3.62 可得

$$\left\{ \big(\cos(n\pi z_1 + ib_n(z_1) + \mathcal{O}(n^{-1})), \sin(n\pi z_1 + ib_n(z_1) + \mathcal{O}(n^{-1}))\big)^{\mathrm{T}}, n \in \mathbb{Z} \right\}$$

构成空间 $(L^2(0,1))^2$ 的一组 Riesz 基, 同时序列

$$\left\{ \sin(n\pi z_2 + \mathcal{O}(n^{-1})), n \in \mathbb{Z} \right\}$$

构成 $L^2(0,1)$ 的一组 Riesz 基.

记

$$\widehat{Y_{1n}} = \left\{ (\cos(n\pi z_1 + ib_n(z_1) + \mathcal{O}(n^{-1})), \sin(n\pi z_1 + ib_n(z_1) + \mathcal{O}(n^{-1})), 0)^{\mathrm{T}}, n \in \mathbb{Z} \right\}$$

并且

$$\widehat{Y_{2n}} = \left\{ (0, 0, \sin(n\pi z_2 + \mathcal{O}(n^{-1}))^{\mathrm{T}}, n \in \mathbb{Z} \right\}.$$

显然, $\left\{ \widehat{Y_{1n}}, \widehat{Y_{2n}}, n \in \mathbb{Z} \right\}$ 构成 $(L^2(0,1))^3$ 的一组 Riesz 基. 再根据由 (3.435) 和 (3.436) 分别定义的向量 Y_{1n} 与 Y_{2n} 的表达式可知, 存在正整数 N, 使得

$$\sum_{n \geqslant N}^{\infty} \left[\|Y_{1n} - \widehat{Y_{1n}}\|^2 + \|Y_{2n} - \widehat{Y_{2n}}\|^2 \right] \leqslant \sum_{n \geqslant N}^{\infty} \mathcal{O}(n^{-2}) < \infty.$$

根据定理 2.51, 结论成立. 定理得证. □

下面的定理中给出变系数热弹性系统 (3.361) 的指数稳定性.

定理 3.64　设算子 A 由 (3.365) 定义, 并且为 C_0-半群 $T(t) = e^{At}$ 的无穷小生成元. 则谱确定增长条件成立, 即 $\omega(A) = S(A)$. 进而, C_0-半群 e^{At} 是指数阶稳定的, 即存在常数 $M, \mu > 0$, 使得

$$\|e^{At}\| \leqslant Me^{-\mu t}.$$

证明　由定理 3.63 可知谱确定增长条件成立. 根据 (3.407) 得到的本征值 λ_{1n} 和 λ_{2n} 的渐近表达式

$$\lim_{n \to \infty} \mathrm{Re}(\lambda_{1n}) = -\mu_1 \mu_2 \quad 并且 \quad \lim_{n \to \infty} \mathrm{Re}(\lambda_{2n}) = -\infty.$$

由推论 3.56 可知, 存在常数 $\omega > 0$ 使得

$$S(A) = \sup\{\mathrm{Re}(\lambda) | \lambda \in \sigma(A)\} < -\omega.$$

由谱确定增长条件可得系统的指数稳定性. 定理得证. 　　　　　　　　　□

第 4 章　对偶基方法

这一章, 我们介绍对偶基方法用于验证 Riesz 基生成. 设系统 $\dot{x}(t) = Ax(t)$ 是 Riesz 谱系统, 其中 A 的本征函数生成状态空间的 Riesz 基部分文献见 [6,7,52—54,59,60,161,164,169,178]. 则系统的解可以表示为

$$x(t) = \sum_n a_n e^{\lambda_n t} x_n, \tag{4.1}$$

其中 $\{(\lambda_n, x_n)\}$ 是算子 A 的本征对. 我们改写 (4.1) 为

$$x(t) = \sum_n a_n x_n e^{\lambda_n t}.$$

直觉告诉我们: 如果指数族 $\{e^{\lambda_n t}\}$ 构成 Riesz 基, 则 $\{x_n\}$ 也可以构成 Riesz 基. 这已经由引理 2.67 和定理 2.68 所验证. 一个适当的模型用于示范该方法是波动方程.

设 T 是弦沿着切线方向的张力, 弦在 $x + dx$ 处的张力变化为 $T \sin \alpha_2 - T \sin \alpha_1$ (图 4.1), 弦的密度为 ρ. 由牛顿第二定律

$$\rho w_{tt}(x,t)dx = T \sin \alpha_2 - T \sin \alpha_1,$$

其中 $w(x,t)$ 是弦在位置 x 和时刻 t 的振幅. 设振动幅度不大. 则

$$\cos \alpha_i \approx 1, \quad \tan \alpha_i \text{ 比较小}, \quad i = 1, 2.$$

因此

$$\begin{cases} \sin \alpha_1 = \dfrac{\tan \alpha_1}{\sqrt{1 + \tan^2 \alpha_1}} \approx \tan \alpha_1 = w_x(x,t), \\ \sin \alpha_2 \approx \tan \alpha_2 = w_x(x + dx, t) \approx w_x(x,t) + w_{xx}(x,t)dx. \end{cases}$$

用如下偏微分方程描述单位长度弦的振动:

$$\rho w_{tt}(x,t) - T w_{xx}(x,t) = 0, \quad 0 < x < 1, \; t > 0,$$

该方程由 Alembert, Euler, Berler 和 Fourier 各自独立给出. 对于弦振动, 有如下重要物理量:

$$y \text{——振幅}, \quad w_t \text{——速度}, \quad T \sin \alpha \approx T w_x \text{——垂直力}.$$

基本的边界条件有两类:

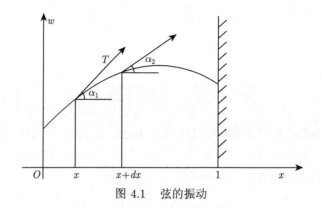

图 4.1   弦的振动

- 固定边界在 $x = 0$: $w(0, t) = 0$.
- 自由边界在 $x = 0$: $Tw_x(0, t) = 0$.

系统的能量由动能和弹性势能组成:

$$E(t) = \frac{1}{2} \int_0^1 \left[\rho w_t^2(x, t) + T w_x^2(x, t) \right] dx. \tag{4.2}$$

为简单, 设 $\rho = T = 1$. 一个典型的控制问题:

$$\begin{cases} w_{tt}(x, t) - w_{xx}(x, t) = 0, & 0 < x < 1,\ t > 0, \\ w(0, t) = 0, & w_x(1, t) = u(t), \end{cases} \tag{4.3}$$

其中 $u(t)$ 表示在右端边界 $x = 1$ 处所受的垂直外力, 左端边界是固定的. 对系统 (4.3) 的能量求导数, 可知

$$\dot{E}(t) = u(t) w_t(1, t).$$

考虑 $y(t) = w_t(1, t)$ 作为观测输出, 则系统 (4.3) 满足

$$\dot{E}(t) = u(t) y(t),$$

这意味着系统 (4.3) 是一个无源系统. 自然的采用如下同位反馈控制

$$u(t) = -k y(t), \quad k > 0,$$

则闭环系统变为

$$\begin{cases} w_{tt}(x, t) - w_{xx}(x, t) = 0, & 0 < x < 1,\ t > 0, \\ w(0, t) = 0, & w_x(1, t) = -k w_t(1, t). \end{cases} \tag{4.4}$$

由 (4.2), 系统的能量状态空间为

$$H = H_L^1(0,1) \times L^2(0,1), \quad H_L^1(0,1) = \left\{ f \in H^1(0,1) \big| f(0) = 0 \right\}.$$

定义如下系统算子 $\mathcal{A} : D(\mathcal{A})(\subset H) \to H$:

$$\begin{cases} \mathcal{A}(f,g) = (g, f''), \quad \forall (f,g) \in D(\mathcal{A}), \\ D(\mathcal{A}) = \left(H_L^1(0,1) \cap H^2(0,1) \right) \times H_L^1(0,1). \end{cases} \tag{4.5}$$

当 $k \neq 0$ 时, $\mathcal{A}$ 不是反自伴的. 但是我们可以应用 Riesz 基方法证明分离变量法可以被应用计算系统 (4.4) 的解. 事实上, 直接计算可知算子 $\mathcal{A}$ 的本征对为 (λ_n, Φ_n), 其中 $\Phi_n(x) = \big(\phi_n(x), \lambda_n \phi_n(x) \big)$ 有如下表达式:

$$\lambda_n = \frac{1}{2} \ln \frac{|1-k|}{1+k} + n\pi i, \quad n = 0, \pm 1, \pm 2,$$

$$\phi_n(x) = \frac{1}{\lambda_n} \left[e^{\frac{1}{2} \ln \frac{|1-k|}{1+k} x} e^{in\pi x} - e^{-\frac{1}{2} \ln \frac{|1-k|}{1+k} x} e^{-in\pi x} \right], \quad n = 0, \pm 1, \pm 2, \cdots.$$

注意到 $(f,g) \to (f',g)$ 是从 H 到 $\left(L^2(0,1) \right)^2$ 的同构映射. 由于

$$\big(\phi_n'(x), \lambda_n \phi_n(x) \big)$$

$$= \left(e^{\frac{1}{2} \ln \frac{|1-k|}{1+k} x} e^{in\pi x} + e^{-\frac{1}{2} \ln \frac{|1-k|}{1+k} x} e^{-in\pi x}, \ e^{\frac{1}{2} \ln \frac{|1-k|}{1+k} x} e^{in\pi x} - e^{-\frac{1}{2} \ln \frac{|1-k|}{1+k} x} e^{-in\pi x} \right)$$

$$= \begin{pmatrix} e^{\frac{1}{2} \ln \frac{|1-k|}{1+k} x} & e^{-\frac{1}{2} \ln \frac{|1-k|}{1+k} x} \\ e^{\frac{1}{2} \ln \frac{|1-k|}{1+k} x} & -e^{-\frac{1}{2} \ln \frac{|1-k|}{1+k} x} \end{pmatrix} \begin{pmatrix} e^{n\pi ix} \\ e^{-n\pi x} \end{pmatrix} = \mathbb{T} \begin{pmatrix} e^{n\pi ix} \\ e^{-n\pi x} \end{pmatrix},$$

其中, $\mathbb{T}$ 是 $\left(L^2(0,1) \right)^2$ 上的有界可逆算子, $\left\{ (e^{in\pi x}, e^{-in\pi x}) \right\}_{n=-\infty}^{\infty}$ 构成 $\left(L^2(0,1) \right)^2$ 的 Riesz 基, 以及

$$\begin{pmatrix} e^{n\pi ix} \\ e^{-n\pi x} \end{pmatrix} = \frac{1}{2} \begin{pmatrix} 1 & 1 \\ 1 & -1 \end{pmatrix} \begin{pmatrix} e^{n\pi ix} + e^{-n\pi x} \\ e^{n\pi ix} - e^{-n\pi x} \end{pmatrix} = \begin{pmatrix} 1 & 1 \\ 1 & -1 \end{pmatrix} \begin{pmatrix} \cos n\pi x \\ i \sin n\pi x \end{pmatrix},$$

因此, 当 $k \neq 1$ 时, $\big(\phi_n'(x), \lambda_n \phi_n(x) \big)$ 构成 $\left(L^2(0,1) \right)^2$ 的 Riesz 基, 从而 $\big(\phi_n, \lambda_n \phi_n(x) \big)$ 也构成 H 的 Riesz 基. 由 Riesz 基性质, 可知存在 $M > 0$ 使得

$$E(t) \leqslant ME(0) \exp \left\{ \frac{1}{2} t \ln \frac{|1-k|}{1+k} \right\}.$$

$k = 1$ 的情况非常特殊. 这时, 可以证明 $\sigma(\mathcal{A}) = \varnothing$, 由特征线方法可知

$$w(x,t) = 0 \quad 对于 \ t \geqslant 2. \tag{4.6}$$

这说明基性质对于振动系统并不总是成立的. 另外, 从这个例子, 我们可以发现, 第 3 章介绍的比较法即使对于如此简单的波动方程都不能使用. 比较法的基本思想是闭环系统的广义本征函数二次逼近于自由系统的广义本征函数. 该方法能成功地应用于梁方程归因于它们的高阶本征频率. 在这个意义下, 我们可以粗略地说闭环系统是自由系统的 "扰动". 换句换说, 之前在第 3 章研究的梁方程的边界反馈镇定是相应于自由系统的 "低阶" 扰动. 然而对于弦方程而言, 通常不再是我们在第 3 章研究的情况. 实际上, 系统 (4.4) 的本征函数不再二次逼近于自由系统 (在 (4.4) 取 $k = 0$) 的本征函数. 基于这个原因, 从本征值和传递函数的观点, 由边界条件 $w_x(1,t) = -kw_t(1,t)$, 我们可以说闭环系统和自由系统有相同的阶数.

这个特别的性质在很多不同的方法中都可以用于研究弦方程的 Riesz 基生成. 基本方法是估计本征值和本征函数, 然后寻找可逆变换将本征函数映射成正交基, 这类似于我们处理系统 (4.4) 的过程. 这一章, 我们建立 Hilbert 空间中 sine 型函数和时不变发展方程的 Riesz 基之间的关联. 一个非凡的特征条件是 sine 型函数的零点的可分性, 它在实际应用中是一个非常困难的问题.

4.1 耦合弦方程

我们讨论一端固定、一端自由、控制器设置在连接点 $d, 0 < d < 1$ 的如下弦方程:

$$\begin{cases} w_{tt}(x,t) - w_{xx}(x,t) = 0, & 0 < x < d,\ d < x < 1, \\ w(0,t) = w_x(1,t) = 0, \\ w(d^-,t) = w(d^+,t), \\ w_x(d^-,t) - w_x(d^+,t) = -\alpha w_t(d,t), & \alpha > 0. \end{cases} \tag{4.7}$$

为了将系统 (4.7) 放在半群框架, 我们首先介绍如下的基本状态 Hilbert 空间:

$$\mathcal{H}_d = H_L^1(0,1) \times L^2(0,1), \quad H_L^1(0,1) = \Big\{ u \Big|\ u \in H^1(0,1),\ u(0) = 0 \Big\},$$

以及内积诱导范数:

$$\|(u,v)\|^2 = \int_0^1 \Big[|u'(x)|^2 + |v(x)|^2 \Big] dx.$$

系统 (4.7) 因而可以改写为 $\mathcal{H}_d$ 上的发展方程:

$$\frac{d}{dt} Y(t) = \mathcal{A}_d Y(t), \tag{4.8}$$

其中 $Y(t) = \big(w(\cdot, t),\, w_t(\cdot, t)\big) \in \mathcal{H}_d$ 以及系统算子 $\mathcal{A}_d$ 定义如下:

$$\mathcal{A}_d(u, v) = \big(v(x),\, u''(x)\big), \tag{4.9}$$

以及

$$D(\mathcal{A}_d) = \left\{ (u, v) \in H^1(0,1) \times H_L^1(0,1) \,\middle|\, \begin{array}{l} u(0) = u'(1) = 0, \\[1mm] u\big|_{[0,d]} \in H^2(0,d), \\[1mm] u\big|_{[d,1]} \in H^2(d,1), \\[1mm] u'(d^-) - u'(d^+) = -\alpha v(d) \end{array} \right\}, \tag{4.10}$$

其中 $u\big|_{[a,b]}$ 表示函数 $u(\cdot)$ 限制到 $[a,b]$ 上.

引理 4.1 设 $\mathcal{A}_d$ 由 (4.9) 和 (4.10) 定义. 则

(i) $\mathcal{A}_d^{-1}$ 存在且在 $\mathcal{H}_d$ 是紧的.

(ii) $\mathcal{A}_d$ 是耗散的, 因此 $\mathcal{A}_d$ 在 $\mathcal{H}_d$ 上生成 C_0-压缩半群.

(iii) $\lambda \in \sigma(\mathcal{A}_d)$ 当且仅当 λ 是 $g(\lambda)$ 的零点,

$$g(\lambda) = 2\alpha^{-1} \cosh \lambda + \sinh \lambda - \sinh \lambda(1 - 2d). \tag{4.11}$$

(iv) $\lambda \in \sigma(\mathcal{A}_d)$ 是代数单的当且仅当 $g(\lambda) = 0$ 和 $g'(\lambda) \neq 0$.

证明 (i) 和 (ii) 是显然的. 特别地, $0 \in \rho(\mathcal{A}_d)$. 我们仅证明 (iii) 和 (iv). 容易验证: 对于任意的本征值 $\lambda \in \sigma(\mathcal{A}_d)$, 相应的本征函数为 $(\phi, \lambda\phi)$, 这里 $\phi(x) \neq 0$ 满足方程

$$\begin{cases} \lambda^2 \phi(x) - \phi''(x) = 0, \quad 0 < x < d,\ d < x < 1, \\[1mm] \phi(0) = \phi'(1) = 0, \\[1mm] \phi(d^-) = \phi(d^+), \\[1mm] \phi'(d^-) - \phi'(d^+) = -\alpha\lambda\phi(d), \quad \alpha > 0. \end{cases} \tag{4.12}$$

求解 (4.12) 可知

$$\phi(x) = \begin{cases} c_1 \sinh \lambda x, & 0 \leqslant x < d, \\[1mm] c_2 \cosh \lambda(1 - x), & d < x \leqslant 1, \end{cases}$$

其中 c_1 和 c_2 满足

$$\begin{cases} c_1 \sinh \lambda d - c_2 \cosh \lambda(1 - d) = 0, \\[1mm] c_1 \big(\cosh \lambda d + \alpha \sinh \lambda d \big) + c_2 \sinh \lambda(1 - d) = 0. \end{cases}$$

因为 c_1 和 c_2 不能同时为零, 求解上述方程可得到 (4.11).

对于 (iv), 有两种情况.

Case I:　$|\sinh \lambda d| + |\cosh \lambda (1-d)| \neq 0$. 这时候, 相应于本征值 λ 的本征函数为 $(\phi(x), \lambda\phi(x))$, 其中

$$\phi(x) = \begin{cases} \cosh \lambda(1-d) \sinh \lambda x, & 0 \leqslant x < d, \\ \sinh \lambda d \cosh \lambda(1-x), & d < x \leqslant 1. \end{cases} \tag{4.13}$$

我们记 $\phi(x) = \phi(x, \lambda)$, 表示函数依赖于 λ. 显然, 上式得到的 $\phi(x)$ 满足方程

$$\begin{cases} \lambda^2 \phi(x, \lambda) - \phi''(x, \lambda) = 0, \\ \phi(0, \lambda) = \phi'(1, \lambda) = 0, \\ \phi(d^-, \lambda) = \phi(d^+, \lambda), \end{cases} \tag{4.14}$$

这里, λ 为复数. 上式对于 λ 求导数, 可知

$$\begin{cases} \lambda^2 \phi_\lambda(x, \lambda) - \phi_\lambda''(x, \lambda) = -2\lambda\phi(x, \lambda), \\ \phi_\lambda(0, \lambda) = \phi_\lambda'(1, \lambda) = 0, \\ \phi_\lambda(d^-, \lambda) = \phi_\lambda(d^+, \lambda). \end{cases} \tag{4.15}$$

现在限制 $\lambda \in \sigma(\mathcal{A}_d)$ 并求解

$$(\lambda - \mathcal{A}_d)(f, g) = (\phi, \lambda\phi), \tag{4.16}$$

可知 $g(x) = \lambda f(x) - \phi(x)$ 以及 $f(x)$ 满足方程

$$\begin{cases} \lambda^2 f(x) - f''(x) = 2\lambda\phi(x), \\ f(0) = f'(1) = 0, \\ f(d^-) = f(d^+), \\ f'(d^-) - f'(d^+) = -\alpha\lambda f(d) + \alpha\phi(d). \end{cases} \tag{4.17}$$

因为 λ 是几何单, 它是代数单的当且仅当方程 (4.17) 无解. 令

$$z(x) = f(x) + \phi_\lambda(x).$$

则 $z(x)$ 满足

$$\begin{cases} \lambda^2 z(x) - z''(x) = 0, \\ z(0) = z'(1) = 0, \\ z(d^-) = z(d^+), \\ z'(d^-) - z'(d^+) = -\alpha\lambda z(d) + \beta, \end{cases} \tag{4.18}$$

其中

$$\beta = \alpha\phi(d) + \alpha\lambda\phi_\lambda(d) + \phi_\lambda'(d^-) - \phi_\lambda'(d^+). \tag{4.19}$$

一方面, 通过求解方程 (4.18) 可知, (4.18) 有解 (同样 (4.17) 也有解) 当且仅当

$$\frac{2\alpha^{-1}}{\lambda}\beta = g(\lambda) = 0.$$

另一方面, 由 (4.13) 直接计算 (4.19), 可知

$$\frac{2\alpha^{-1}}{\lambda}\beta = g'(\lambda) = 0.$$

因此我们证明了 λ 是代数单的当且仅当 $g(\lambda) = 0$ 以及 $g'(\lambda) \neq 0$.

   Case II: $\sinh\lambda d = \cosh\lambda(1-d) = 0$. 这时候, λ 是本征值并且相应的本征函数为 $(\phi(x), \lambda\phi(x))$, 其中

$$\phi(x) = \begin{cases} -\sinh\lambda(1-d)\sinh\lambda x, & 0 \leqslant x < d, \\ \cosh\lambda d\cosh\lambda(1-x), & d < x \leqslant 1. \end{cases} \tag{4.20}$$

求解下述方程

$$(\lambda - \mathcal{A}_d)(u, v) = (\phi, \lambda\phi), \tag{4.21}$$

可知 (4.21) 的解必须满足

$$u(d^-) = -\frac{d}{2}\cosh\lambda d\sinh\lambda(1-d) \neq u(d^+) = -\frac{1-d}{2}\cosh\lambda d\sinh\lambda(1-d)$$

(在假设下 $|\cosh\lambda d\sinh\lambda(1-d)| = 1$). 另一方面, 由于 $(u, v) \in D(\mathcal{A}_d)$, 一定有 $u(d^-) = u(d^+)$. 矛盾! 这证明了 (4.21) 无解, 即 λ 必须是代数单的. 最后, 简单计算可证明

$$g'(\lambda) = 2\alpha^{-1}\sinh\lambda \neq 0,$$

这是因为在假设下, $\cosh\lambda = 0$, 因此 $|\sinh\lambda| = 1$. 引理得证.   □

4.1.1 Riesz 基性质

   设 $g(\lambda)$ 由 (4.11) 给定. 定义

$$F(\lambda) = g(i\lambda). \tag{4.22}$$

则 $g(\lambda)$ 的零点 $\{\lambda_n\}$ 和 $F(\lambda)$ 的零点 $\{\mu_n\}$ 有如下关系:

$$\lambda_n = i\mu_n. \tag{4.23}$$

显然, $F(\lambda)$ 在实数轴上一致有界.

   容易验证: $g(\lambda)$ 是型为 1 的指数型函数, 并且

$$\begin{cases} Ce^{|x|} \leqslant |g(x+iy)| \leqslant De^{|x|}, & \alpha \neq 2, \\ Ce^{|(1-2d)x|} \leqslant |g(x+iy)| \leqslant De^{|x|}, & \alpha = 2,\ d \neq 1/2, \\ |g(x+iy)| = e^x, & \alpha = 2,\ d = 1/2 \end{cases} \tag{4.24}$$

这里 C, D 是正常数, $x \in \mathbb{R}$ 是实数. 因此, 当 $\alpha = 2$, $d = 1/2$ 时, $g(\lambda)$ 无零点. 这时候, $\sigma(\mathcal{A}_d) = \varnothing$, 我们无法讨论系统 (4.7) 的基. 对于其他情况, 由推论 2.18 可知 $g(\lambda)$ 必须有无穷多个零点. 接下来, 我们总假设 $\alpha \neq 2$ 或者 $\alpha = 2, d \neq 1/2$. 在这两种情况, (4.24) 证明 $g(z)$ 是 sine 型.

引理 4.2   如果 $\alpha \neq 2$, 则算子 $\mathcal{A}_d$ 和 $\mathcal{A}_d^*$ 的根子空间在 $\mathcal{H}_d$ 上是完备的:

$$\mathrm{sp}(\mathcal{A}_d) = \mathrm{sp}(\mathcal{A}_d^*) = \mathcal{H}_d.$$

证明   我们应用定理 2.69 证明. 首先给出 $\mathcal{A}_d$ 的如下伴随算子 $\mathcal{A}_d^*$:

$$\begin{cases} \mathcal{A}_d^*(u,v) = \big(-v(x),\ -u''(x)\big), \\[2mm] D(\mathcal{A}_d^*) = \left\{ (u,v) \in H^1(0,1) \times H_L^1(0,1) \ \middle| \begin{array}{l} u(0) = u'(1) = 0, \\ u\big|_{[0,d]} \in H^2(0,d), \\ u\big|_{[d,1]} \in H^2(d,1), \\ u'(d^-) - u'(d^+) = \alpha v(d) \end{array} \right\}. \end{cases} \tag{4.25}$$

设 $\mathcal{A}_0^d$ 是 $\mathcal{A}_d$ 取 $\alpha = 0$ 的算子. 则 $\mathcal{A}_0^d$ 是 $\mathcal{H}_d$ 的反自伴算子: $\left(\mathcal{A}_0^d\right)^* = -\mathcal{A}_0^d$. $\left(\mathcal{A}_0^d\right)^*$ 生成酉群以及

$$\left\| R\left(\lambda,\ \left(\mathcal{A}_0^d\right)^*\right) \right\| \leqslant \frac{1}{|\lambda|}, \quad \forall \lambda \in \mathbb{R}.$$

对任意的 $(u,v) \in \mathcal{H}_d$, $\lambda \in \rho(\mathcal{A}_d)$, $\lambda < 0$, 设

$$\begin{cases} (\phi,\psi) = R\left(\lambda,\ \left(\mathcal{A}_0^d\right)^*\right)(u,v), \\[2mm] (p,q) = R(\lambda, \mathcal{A}_d^*)(u,v) - (\phi,\psi). \end{cases}$$

则 $q = -\lambda p$ 以及 p 满足

$$\begin{cases} \lambda^2 p(x) - p''(x) = 0, \\ p(0) = p'(1) = 0, \\ p(d^-) = p(d^+), \\ p'(d^-) - p'(d^+) = -\alpha\lambda p(d) - \alpha\lambda\phi(d) + \alpha u(d). \end{cases} \tag{4.26}$$

求解 (4.26) 可得

$$
\begin{cases}
p'(x) = \dfrac{-\alpha\lambda\phi(d) + \alpha u(d)}{\alpha/2g(\lambda)} \times
\begin{cases}
\cosh\lambda(1-d)\cosh\lambda x, & 0 \leqslant x < d, \\[2mm]
-\sinh\lambda d\sinh\lambda(1-x), & d < x \leqslant 1,
\end{cases} \\[6mm]
q(x) = \dfrac{-\alpha\lambda\phi(d) + \alpha u(d)}{\alpha/2g(\lambda)} \times
\begin{cases}
\cosh\lambda(1-d)\sinh\lambda x, & 0 \leqslant x < d, \\[2mm]
\sinh\lambda d\cosh\lambda(1-x), & d < x \leqslant 1.
\end{cases}
\end{cases}
\tag{4.27}
$$

注意到以下事实:

- $\left|\lambda\phi(d)\right| \leqslant |\lambda|\sqrt{d}\left\|\phi'\right\|_{H^1} \leqslant \sqrt{d}|\lambda|\left\|R\left(\lambda,\ \left(\mathcal{A}_0^d\right)^*\right)(u,v)\right\| \leqslant \sqrt{d}\|(u,v)\|$;
- $|u(d)| \leqslant \sqrt{d}\|(u,v)\|$;
- $g(\lambda) = e^{-\lambda}\left[\alpha^{-1} - 1/2 + o(1)\right]$ 随着 $\lambda \to -\infty$;
- $\lim_{|\lambda|\to\infty}\left\|R\left(\lambda,\ \left(\mathcal{A}_0^d\right)^*\right)(u,v)\right\| = 0$.

由 (4.27), 经过计算, 可以验证: 当 $\lambda \to -\infty$ 时, $\|(p,q)\| = \|(p',q)\|_{L^2\times L^2}$ 是一致有界的. 由于

$$
\left\|R(\lambda,\ \mathcal{A}_d^*)(u,v)\right\| \leqslant \|(p,q)\| + \left\|R\left(\lambda,\ \left(\mathcal{A}_0^d\right)^*\right)(u,v)\right\|,
$$

当 $\lambda \to -\infty$ 时, $\|R(\lambda,\ \mathcal{A}_d^*)(u,v)\|$ 也是一致有界的. 简单计算, 可知

$$
\phi(x) = -\frac{\sinh\lambda x\int_0^1\cosh\lambda(1-s)(v-\lambda u)ds}{\lambda\cosh\lambda} + \int_0^x\frac{\sinh\lambda(x-s)}{\lambda}(v-\lambda u)ds.
$$

因此

$$
R(\lambda,\ \mathcal{A}_d^*)(u,v) = (p,q) + (\phi,\ u-\lambda\phi) = \frac{G(\lambda;\ u,v)}{F(\lambda)}, \quad \forall\,(u,v) \in \mathcal{H}_d, \tag{4.28}
$$

其中 $G(\lambda;u,v)$ 是阶数小于等于 1 的 $\mathcal{H}_d$-值整函数, $F(\lambda)$ 是阶数为 1 的整函数. 因此, 定理 2.69 的所有条件均满足, 以及 $\rho = 1$, $n = 2$ 和 $\gamma_1 = \{\lambda|\arg\lambda = \pi\}$. 引理得证. $\qquad\square$

引理 4.3 设 $\alpha \neq 2$ 或者 $\alpha = 2$ 时, $d \neq 1/2$.

(i) 当 d 是无理数, 或者 $\alpha^{-2} < d(1-d)$ 时, $g(\lambda)$ 的所有零点都是简单的与可分的.

(ii) 当 $d = q/p$ 为有理数且 $\alpha^{-2} \geqslant d(1-d)$ 时, 如果

$$
\eta_0 = \pm\sqrt{\frac{\alpha^{-2}}{d(1-d)} - 1} \tag{4.29}
$$

不满足等式

$$\left(\frac{\eta_0 \pm \dfrac{(1-2d)}{\alpha\sqrt{d(1-d)}}}{2\alpha^{-1}+1} \right)^{1-2d} = \eta_0 \pm \frac{\alpha^{-1}}{\sqrt{d(1-d)}}, \tag{4.30}$$

则 $g(\lambda)$ 的所有零点都是简单的与可分的.

证明 设 $g(\lambda)$ 的零点为 $\{\lambda_n\}_1^\infty$. 根据定理 2.35, 仅需证明

$$\inf_n \left| g'(\lambda_n) \right| > 0. \tag{4.31}$$

如果 λ 是 $g(\lambda)$ 的零点, 则存在 η 使得

$$\begin{cases} 2\alpha^{-1}\cosh\lambda + \sinh\lambda = \eta, \\ \sinh\lambda(1-2d) = \eta. \end{cases} \tag{4.32}$$

求解 (4.32) 可得

$$e^\lambda = \frac{\eta \pm \sqrt{\eta^2 - 4\alpha^{-2} + 1}}{2\alpha^{-1}+1}, \quad e^{\lambda(1-2d)} = \eta \pm \sqrt{\eta^2 + 1}. \tag{4.33}$$

因此, λ 为 $g(\lambda)$ 的零点的充分必要条件为

$$\left(\frac{\eta \pm \sqrt{\eta^2 - 4\alpha^{-2} + 1}}{2\alpha^{-1}+1} \right)^{1-2d} = \eta \pm \sqrt{\eta^2 + 1}. \tag{4.34}$$

这时候, λ 可由 (4.33) 的第一个或者第二个等式得到.

当求解 (4.34) 的解 η 时, 由 $g(\lambda) = 0$, 可知

$$\begin{aligned} g'(\lambda) &= g(\lambda) + g'(\lambda) = (2\alpha^{-1}+1)e^\lambda + 2d\cosh\lambda(1-2d) - e^{\lambda(1-2d)} \\ &= \eta \pm \sqrt{\eta^2 - 4\alpha^{-2} + 1} - \left(\eta \pm \sqrt{\eta^2 + 1} \right) + 2d\cosh\lambda(1-2d) \\ &= \pm \left[\sqrt{\eta^2 - 4\alpha^{-2} + 1} - (1-2d)\sqrt{\eta^2 + 1} \right]. \end{aligned} \tag{4.35}$$

显然 $g(\lambda) = g'(\lambda) = 0$ 当且仅当 (4.34) 的解 $\eta = \eta_0$ 满足

$$\sqrt{\eta_0^2 - 4\alpha^{-2} + 1} = (1-2d)\sqrt{\eta_0^2 + 1},$$

即 η_0 满足 (4.29). 当 $\eta = \eta_0$ 时, (4.34) 变为 (4.30). 我们分为下面两种情况.

Case I: η_0 不满足 (4.30). 令

$$2\alpha^{-1}\cosh\lambda_n + \sinh\lambda_n = \eta_n. \tag{4.36}$$

设 $\{\lambda_n\}$ 的子序列 $\{\lambda_{n_k}\}$ 满足 $|g'(\lambda_{n_k})| \to 0$ 随着 $k \to \infty$. 由于所有的 $\{\lambda_{n_k}\}$ 位于带状区域

$$-M < \mathrm{Re}\lambda_{n_k} \leqslant 0, \quad M > 0,$$

相应的 $\{\eta_{n_k}\}$ 一致有界: $|\eta_{n_k}| \leqslant C$, 对于所有的 n 成立, $C > 0$ 是常数. 令 η 是 $\{\eta_{n_k}\}$ 的聚点. 不失一般性, 设

$$\eta_{n_k} \to \eta \quad \text{随着 } k \to \infty.$$

因此 η 满足 (4.34). 另一方面

$$g'(\lambda_{n_k}) = \pm \left[\sqrt{\eta_{n_k}^2 - 4\alpha^{-2} + 1} - (1 - 2d)\sqrt{\eta_{n_k}^2 + 1} \right]$$

$$\to \pm \left[\sqrt{\eta^2 - 4\alpha^{-2} + 1} - (1 - 2d)\sqrt{\eta^2 + 1} \right] = 0 \quad \text{随着 } k \to \infty.$$

因此 $\eta = \eta_0$, 即 η_0 满足 (4.34) 或者 (4.30), 和假设矛盾. 因此

$$\inf_n \left| g'(\lambda_n) \right| > 0.$$

由定理 2.35, $\{\lambda_n\}$ 是可分的.

Case II: η_0 满足 (4.30). 这时候, 存在 λ_0 使得 $g(\lambda_0) = g(\lambda_0) + g'(\lambda_0) = 0$ 以及

$$\begin{cases} 2\alpha^{-1}\cosh\lambda_0 + \sinh\lambda_0 = \eta_0, \\ \sinh\lambda_0(1 - 2d) = \eta_0. \end{cases} \tag{4.37}$$

因此

$$2\alpha^{-1}\sinh\lambda_0 + \cosh\lambda_0 = (2\alpha^{-1} + 1)\big(\sinh\lambda_0 + \cosh\lambda_0\big) - \eta_0$$

$$= \pm\sqrt{\eta_0^2 - 4\alpha^{-2} + 1}$$

$$= \pm(1 - 2d)\alpha^{-1}\sqrt{\frac{1}{d(1 - d)}}, \tag{4.38}$$

以及

$$\cosh\lambda_0(1 - 2d) = \pm\alpha^{-1}\sqrt{\frac{1}{d(1 - d)}}. \tag{4.39}$$

从而 $\cosh\lambda_0(1 - 2d)$ 是实数, 因此 $\sinh\lambda_0(1 - 2d)$ 也是实数 (它的虚部等于零, 特别地, η_0 是实数). 令 $\lambda_0 = x_0 + iw_0$, $x_0, w_0 \in \mathbb{R}$. 由于 (4.38) 和 (4.39) 的右端, 以及

$$2\alpha^{-1}\cosh\lambda_0 + \sinh\lambda_0 = \sinh\lambda_0(1 - 2d) \tag{4.40}$$

都是实数, 比较 (4.38)—(4.40) 的虚部可得

$$
\begin{cases}
\sinh x_0(1-2d)\sin w_0(1-2d) = 0, \\
(2\alpha^{-1}\cosh x_0 + \sinh x_0)\sin w_0 = 0, \\
(2\alpha^{-1}\sinh x_0 + \cosh x_0)\sin w_0 = 0.
\end{cases}
\tag{4.41}
$$

因此 $\sin w_0(1-2d) = \sin w_0 = 0$, 即 d 是有理数. 进一步, 因为 η_0 是 (4.34) 的解, 这意味着 η_0 是实数, 我们必须有

$$
\alpha^{-1} \geqslant d(1-d).
$$

引理得证. □

由定理 2.37 和 (4.24) 可知, 由 $F(z)$ 的所有零点 λ_n 组成的指数族 $\{e^{\lambda_n t}\}$ 构成 $L^2(-1,1)$ 的 Riesz 基, 并等价于 $\{e^{\lambda_n t} = e^{i\mu_n t}\}$ 在 $L^2(0,2)$ 构成 Riesz 基. 根据引理 4.1—引理 4.3 和定理 2.68, 我们可以得到系统 (4.7) 的 Riesz 基性质.

定理 4.4 设 $\alpha \neq 2$. 假设满足下列条件之一:

(i) d 是无理数或者 d 是有理数但是 $\alpha^{-2} < d(1-d)$.

(ii) d 是有理数且 $\alpha^{-2} \geqslant d(1-d)$, 但是由 (4.29) 定义的 η_0 不满足 (4.30).

则算子 $\mathcal{A}_d$ 的每个本征值都是代数单的, 存在 $\mathcal{A}_d$ 的本征函数构成 $\mathcal{H}_d$ 的 Riesz 基. 因此, 谱确定增长条件成立: $S(\mathcal{A}_d) = \omega(\mathcal{A}_d)$.

注解 4.1 用 MATLAB 进行数值仿真可以发现: 存在 (4.29) 的解 η_0 满足等式 (4.30). 这时, $g(\lambda)$ 可能有重数至多为 2 的多重零点. 对于多重零点的情况, 我们将在下节讨论.

4.1.2　稳定性

设 $g(\lambda)$ 由 (4.11) 定义. 则

$$
\begin{aligned}
2g(\lambda) &= 2\left[2\alpha^{-1}\cosh\lambda + \sinh\lambda - \sinh\lambda(1-2d)\right] \\
&= 2\left[2\alpha^{-1}\frac{e^\lambda + e^{-\lambda}}{2} + \frac{e^\lambda - e^{-\lambda}}{2} - \frac{e^{\lambda(1-2d)} - e^{-\lambda(1-2d)}}{2}\right] \\
&= e^\lambda(2\alpha^{-1}+1) + e^{-\lambda}(2\alpha^{-1}-1) - e^{\lambda(1-2d)} + e^{-\lambda(1-2d)} \\
&= \alpha_1 e^\lambda + \alpha_2 e^{-\lambda} - e^{\lambda(1-2d)} + e^{-\lambda(1-2d)},
\end{aligned}
$$

其中 $\alpha_1 = 2\alpha^{-1}+1$ 以及 $\alpha_2 = 2\alpha^{-1}-1$.

引理 4.5 如果 d 是无理数或者 d 是有理数且满足条件:

$$
d \neq \frac{2n}{2k+1}, \quad k, n \in \mathbb{N},
\tag{4.42}
$$

则 $g(i\omega) \neq 0$ 对任意 $\omega \in \mathbb{R}$.

证明 设 $\lambda = i\omega$, $\omega \in \mathbb{R}$ 是 $g(\lambda)$ 的零点. 则

$$
\begin{aligned}
2g(i\omega) &= \alpha_1 e^{i\omega} + \alpha_2 e^{-i\omega} - e^{i\omega(1-2d)} + e^{-i\omega(1-2d)} \\
&= \alpha_1[\cos\omega + i\sin\omega] + \alpha_2[\cos\omega - i\sin\omega] \\
&\quad - [\cos\omega(1-2d) + i\sin\omega(1-2d)] \\
&\quad + [\cos\omega(1-2d) - i\sin\omega(1-2d)] \\
&= (\alpha_1 + \alpha_2)\cos\omega + i(\alpha_1 - \alpha_2)\sin\omega - 2i\sin\omega(1-2d) \\
&= 4\alpha^{-1}\cos\omega + 2i\left[(1-\cos 2d\omega)\sin\omega + \cos\omega\sin 2d\omega\right] = 0, \quad (4.43)
\end{aligned}
$$

因此

$$
\begin{cases}
\cos\omega = 0, \\
1 - \cos 2d\omega = 0.
\end{cases} \quad (4.44)
$$

(4.44) 的第一个方程解为

$$
\omega = \left(k + \frac{1}{2}\right)\pi, \quad k \in \mathbb{Z},
$$

以及第二个方程的解

$$
n\pi = \omega d, \quad n \in \mathbb{Z}.
$$

因此, 当 d 是无理数时, $g(i\omega) = 0$ 无解; 当 d 是有理数时, $g(i\omega) = 0$ 的零点为

$$
d = \frac{n}{k + \dfrac{1}{2}} = \frac{2n}{2k+1}, \quad k, n \in \mathbb{N}.
$$

引理得证. $\qquad\qquad\square$

引理 4.6 设存在正常数 $c > 0$, 使得对所有大的整数 n 满足

$$
1 - \cos(2n+1)d\pi > c > 0. \quad (4.45)
$$

则虚轴不是 $g(\lambda)$ 零点的渐近线.

证明 设存在 $\omega_n \in \mathbb{R}$ 使得

$$
\lim_{n\to\infty} |g(i\omega_n)| = 0 \quad 随着 |\omega_n| \to \infty, \ \omega_n \in \mathbb{R}.
$$

则由 (4.43) 可知, 随着 $n \to \infty$,

$$
\cos\omega_n \to 0, \quad \cos(2d\omega_n) \to 1. \quad (4.46)
$$

因为 $\cos\omega_n \to 0$, 可知

$$\omega_n \to \left(k_n + \frac{1}{2}\right)\pi \to \infty \quad \text{随着 } n \to \infty,$$

这里 k_n 是整数. 由条件 (4.45) 和中值定理, 可得

$$\cos(2d\omega_n) = \cos(2k_n + 1)d\pi \nrightarrow 1,$$

和 (4.46) 矛盾! 这证明了虚轴不是 $g(\lambda)$ 的零点的渐近线. 引理得证. □

命题 4.1　条件 (4.45) 成立当且仅当

$$d \text{ 是有理数, 并且 } d \neq \frac{2n}{2m+1} \text{ 对所有的 } m,n. \tag{4.47}$$

特别地, 当 $d = p/q$, p,q 互质, 以及 q 是偶数时, 条件 (4.47) 成立.

证明　如果 d 是无理数, 由引理 3.23 可知, 对任意整数 $n > 0$, 可以在引理 3.23 中选取 $\alpha = d/2, N = n, \varepsilon = 1/n$ 使得存在整数 $p_n > n$ 和 q_n 满足

$$|p_n d - q_n - d/2| < \frac{1}{n},$$

i.e.

$$|(2p_n - 1)d - 2q_n| < \frac{2}{n}.$$

由中值定理, 可得

$$|\cos(2p_n - 1)d\pi - 1| = |\cos(2p_n - 1)d\pi - \cos(2q_n\pi)|$$
$$\leqslant 2\pi/n \to 0 \quad \text{随着 } n \to \infty. \tag{4.48}$$

这证明了条件 (4.45) 不成立.

当 $d = p/q$, p,q 是互质整数时, 对任意正整数 n, 存在正整数 $n_k, k, 0 \leqslant k < q$ 使得

$$n = n_k q + k.$$

则

$$\cos(2n+1)d\pi = \cos(2k+1)d\pi.$$

因此 $\cos(2n+1)d\pi \to 1$ 当且仅当 $\cos(2k+1)d\pi = 1$ 或者 $(2k+1)d\pi = 2m\pi, m$ 是整数. 从而

$$d = \frac{2m}{2k+1}.$$

引理得证. □

定理 4.7　设 $\alpha \neq 2$ 以及 $0 < d < 1$ 是有理数且满足条件 (4.42). 假设满足下列条件之一:

(i) $\alpha^{-2} < d(1-d)$.

(ii) $\alpha^{-2} \geqslant d(1-d)$, 但是由 (4.29) 定义的 η_0 不满足 (4.30).

则系统 (4.8) 是指数稳定的.

证明　设

$$g_1(\lambda) = 2g(\lambda)e^{-\lambda} = \alpha_1 + \alpha_2 e^{-2\lambda} - e^{-2d} + e^{-\lambda 2(1-d)}. \tag{4.49}$$

如果系统 (4.8) 是指数稳定的, 则

$$\mathrm{Re}(\lambda) < -\omega_0 < 0 \quad \text{对所有的 } g(\lambda) = 0,$$

这里 $\omega_0 > 0$, 这意味着 (由命题 2.4)

$$2 \inf_{\omega \in \mathbb{R}} |g(i\omega)| = \inf_{\omega \in \mathbb{R}} |g_1(i\omega)| > 0. \tag{4.50}$$

反之, 如果 (4.50) 成立, 则 $g(\lambda)$ 的零点都位于复平面的左半平面, 并且与虚轴保持一定的距离. 定理的结论可由引理 4.1 的结论 (ii), 引理 4.5, 引理 4.6, 定理 4.4, 以及命题 4.1 和 (4.50) 直接得到. 定理得证. $\qquad\square$

注解 4.2　由定理 1.36 结论 (ii), 命题 4.1 和 (4.50) 可知, 当 d 是无理数时, 系统 (4.8) 渐近稳定但不指数稳定.

4.2　N 个串联波动方程的节点反馈控制

这一节, 我们讨论如下带有节点反馈控制的 $N+1$ 个串连接的弦方程:

$$\begin{cases} y_{tt}(x,t) - c_i^2 y_{xx}(x,t) = 0, \quad i-1 < x < i,\ i = 1,2,\cdots,N+1, \\ y(0,t) = y(N+1,t) = 0, \\ y(i^-,t) = y(i^+,t), \\ c_i^2 y_x(i^-,t) - c_{i+1}^2 y_x(i^+,t) = k_i y_t(i,t), \quad i = 1,\cdots,N, \\ y(x,0) = y_0(x), \quad y_t(x,0) = y_1(x) \end{cases} \tag{4.51}$$

其中 $t > 0$, $k_i \in \mathbb{R}$, $c_i > 0$, $i = 1,2,\cdots,N$. 设基本的能量状态 Hilbert 空间为

$$\mathcal{H}_N = H_0^1(0,N+1) \times L^2(0,N+1).$$

定义 $\mathcal{H}_N$ 的内积: $\forall (f_1, g_1),\ (f_2, g_2) \in \mathcal{H}_N,$

$$\big\langle (f_1, g_1),\ (f_2, g_2) \big\rangle_{\mathcal{H}_N} = \sum_{i=1}^{N+1} \int_{i-1}^{i} \Big[c_i^2 f_1'(x) \overline{f_2'(x)} + g_1(x) \overline{g_2(x)} \Big] dx. \qquad (4.52)$$

定义 $\mathcal{H}_N$ 上的系统算子 $\mathcal{A}_N$:

$$\mathcal{A}_N(f, g) = \big(g(x),\ c_i^2 f''(x) \big), \quad i-1 < x < i,\ i = 1, 2, \cdots, N+1, \qquad (4.53)$$

以及

$$D(\mathcal{A}_N) = \left\{ (f, g) \in \mathcal{H}_N \ \middle| \ \begin{array}{l} f, g \in H_0^1(0, N+1), \\[2mm] f|_{[j-1,j]} \in H^2(j-1, j),\ 1 \leqslant j \leqslant N+1, \\[2mm] c_i^2 f'(i^-) - c_{i+1}^2 f'(i^+) = k_i g(i),\ 1 \leqslant i \leqslant N \end{array} \right\}, \qquad (4.54)$$

其中 $f|_{[a,b]}$ 表示 f 在 $[a, b]$ 上的限制. 令 $Y(t) = (y(\cdot, t), y_t(\cdot, t))$ 以及 $Y_0 = (y_0(\cdot), y_1(\cdot))$. 则系统 (4.51) 可以在 $\mathcal{H}_N$ 上表示为发展方程:

$$\begin{cases} \dfrac{dY(t)}{dt} = \mathcal{A}_N Y(t), \quad t > 0, \\[3mm] Y(0) = Y_0. \end{cases} \qquad (4.55)$$

对于参数, 我们总有如下假设:

$$|k_i| \neq c_i + c_{i+1}, \quad i = 1, 2, \cdots, N. \qquad (4.56)$$

定理 4.8 设条件 (4.56) 成立, 由 (4.53) 和 (4.54) 定义的算子 $\mathcal{A}_N$ 生成 $\mathcal{H}_N$ 的 C_0-群.

证明 对任意 $(f_1, g_1), (f_2, g_2) \in \mathcal{H}_N$, 定义 $\mathcal{H}_N$ 的如下新内积:

$$\big\langle (f_1, g_1),\ (f_2, g_2) \big\rangle_* = \sum_{i=1}^{N+1} \int_{i-1}^{i} \left[A_i(x) \cdot \frac{c_i f_1'(x) + g_1(x)}{2} \cdot \frac{c_i \overline{f_2'(x)} + \overline{g_2(x)}}{2} \right.$$
$$\left. + B_i(x) \cdot \frac{c_i f_1'(x) - g_1(x)}{2} \cdot \frac{c_i \overline{f_2'(x)} - \overline{g_2(x)}}{2} \right] dx, \quad (4.57)$$

其中 $A_i(x), B_i(x)$ 是各自定义在 $[i-1, i]$, $i = 1, 2, \cdots, N+1$ 上的正可微函数. 显然新的内积等价于由 (4.52) 定义的原始内积. 我们断言: 在新内积下, $\mathcal{A}_N$ 是

稠定的 m-耗散算子, 因此生成 $\mathcal{H}_N$ 的 C_0-群. 确实, 对任意的 $(f,g) \in D(\mathcal{A}_N)$, $(f,g) \neq 0$,

$$
\mathrm{Re}\langle \mathcal{A}_N(f,g),\ (f,g)\rangle_*
$$

$$
= \sum_{i=1}^{N+1} \mathrm{Re} \int_{i-1}^{i} \left[A_i(x) \cdot \frac{c_i g'(x) + c_i^2 f''(x)}{2} \cdot \frac{c_i \overline{f'(x)} + \overline{g(x)}}{2} \right.
$$

$$
\left. + B_i(x) \cdot \frac{c_i g'(x) - c_i^2 f''(x)}{2} \cdot \frac{c_i \overline{f'(x)} - \overline{g(x)}}{2} \right] dx
$$

$$
= \sum_{i=1}^{N+1} \mathrm{Re} \int_{i-1}^{i} \left\{ c_i A_i(x) \cdot \left[\frac{c_i f'(x) + g(x)}{2} \right]' \cdot \left[\frac{c_i \overline{f'(x)} + \overline{g(x)}}{2} \right] \right.
$$

$$
\left. - c_i B_i(x) \cdot \left[\frac{c_i f'(x) - g(x)}{2} \right]' \cdot \left[\frac{c_i \overline{f'(x)} - \overline{g(x)}}{2} \right] \right\} dx
$$

$$
= \sum_{i=1}^{N+1} \left[\frac{c_i A_i(x)}{2} \left| \frac{c_i f'(x) + g(x)}{2} \right|^2 \Bigg|_{i-1}^{i} - \frac{c_i}{2} \int_{i-1}^{i} A_i'(x) \left| \frac{c_i f'(x) + g(x)}{2} \right|^2 dx \right.
$$

$$
\left. - \frac{c_i B_i(x)}{2} \left| \frac{c_i f'(x) - g(x)}{2} \right|^2 \Bigg|_{i-1}^{i} + \frac{c_i}{2} \int_{i-1}^{i} B_i'(x) \left| \frac{c_i f'(x) - g(x)}{2} \right|^2 dx \right]
$$

$$
= I_1 + I_2, \tag{4.58}
$$

其中

$$
I_2 = \sum_{i=1}^{N+1} \frac{c_i}{2} \int_{i-1}^{i} \left[B_i'(x) \left| \frac{c_i f'(x) - g(x)}{2} \right|^2 - A_i'(x) \left| \frac{c_i f'(x) + g(x)}{2} \right|^2 \right] dx
$$

$$
\leqslant M \big\| (f,g) \big\|_*^2, \tag{4.59}
$$

这里 M 是正常数, 以及

$$
I_1 = -\frac{1}{2} \sum_{i=1}^{N+1} c_i \left[B_i(x) \left| \frac{c_i f'(x) - g(x)}{2} \right|^2 \Bigg|_{i-1}^{i} - A_i(x) \left| \frac{c_i f'(x) + g(x)}{2} \right|^2 \Bigg|_{i-1}^{i} \right]
$$

$$
= -\frac{1}{2} \left\{ c_1 \left[A_1(0) \left| \frac{c_1 f'(0) + g(0)}{2} \right|^2 - B_1(0) \left| \frac{c_1 f'(0) - g(0)}{2} \right|^2 \right] \right.
$$

$$
+ c_{N+1} \left[B_{N+1}(N+1) \left| \frac{c_{N+1} f'(N+1) - g(N+1)}{2} \right|^2 \right.
$$

$$-A_{N+1}(N+1)\left|\frac{c_{N+1}f'(N+1)+g(N+1)}{2}\right|^2\Bigg]$$

$$+\sum_{i=1}^{N}\left[c_iB_i(i)\left|\frac{c_if'(i^-)-g(i^-)}{2}\right|^2+c_{i+1}A_{i+1}(i)\left|\frac{c_{i+1}f'(i^+)+g(i^+)}{2}\right|^2\right.$$

$$\left.-c_iA_i(i)\left|\frac{c_if'(i^-)+g(i^-)}{2}\right|^2-c_{i+1}B_{i+1}(i)\left|\frac{c_{i+1}f'(i^+)-g(i^+)}{2}\right|^2\right]\Bigg\}$$

$$=-\frac{1}{2}\left[c_1I_1'+c_{N+1}I_2'+I_3'\right].\tag{4.60}$$

由 (4.51) 的第一个边界条件, 可知

$$\frac{c_1f'(0)-g(0)}{2}=\frac{c_1f'(0)+g(0)}{2},$$

$$\frac{c_{N+1}f'(N+1)-g(N+1)}{2}=\frac{c_{N+1}f'(N+1)+g(N+1)}{2}.\tag{4.61}$$

把 (4.61) 代入 (4.60) 可得

$$I_1'=A_1(0)\left|\frac{c_1f'(0)+g(0)}{2}\right|^2-B_1(0)\left|\frac{c_1f'(0)-g(0)}{2}\right|^2$$

$$=\left[A_1(0)-B_1(0)\right]\left|\frac{c_1f'(0)+g(0)}{2}\right|^2,$$

$$I_2'=B_{N+1}(N+1)\left|\frac{c_{N+1}f'(N+1)-g(N+1)}{2}\right|^2$$

$$-A_{N+1}(N+1)\left|\frac{c_{N+1}f'(N+1)+g(N+1)}{2}\right|^2$$

$$=\left[B_{N+1}(N+1)-A_{N+1}(N+1)\right]\left|\frac{c_{N+1}f'(N+1)-g(N+1)}{2}\right|^2.$$

我们选取 $A_1(x),B_1(x),A_{N+1}(x)$ 以及 $B_{N+1}(x)$ 使得

$$A_1(0)\geqslant B_1(0),\quad B_{N+1}(N+1)\geqslant A_{N+1}(N+1).$$

这些意味着 $I_1'\geqslant 0$ 以及 $I_2'\geqslant 0$. 类似地, 由 (4.51) 的第三个边界条件可知

$$\frac{c_if'(i^-)-g(i^-)}{2}-\frac{c_if'(i^-)+g(i^-)}{2}=\frac{c_{i+1}f'(i^+)-g(i^+)}{2}-\frac{c_{i+1}f'(i^+)+g(i^+)}{2},$$

以及

$$c_i\left[\frac{c_if'(i^-)-g(i^-)}{2}+\frac{c_if'(i^-)+g(i^-)}{2}\right]$$

$$-c_{i+1}\left[\frac{c_{i+1}f'(i^+)-g(i^+)}{2}+\frac{c_{i+1}f'(i^+)+g(i^+)}{2}\right]$$

$$=-k_i\left[\frac{c_if'(i^-)-g(i^-)}{2}-\frac{c_if'(i^-)+g(i^-)}{2}\right],$$

即

$$\begin{pmatrix} 1 & 1 \\ c_i+k_i & -c_{i+1} \end{pmatrix}\begin{pmatrix} \dfrac{c_if'(i^-)-g(i^-)}{2} \\[2mm] \dfrac{c_{i+1}f'(i^+)+g(i^+)}{2} \end{pmatrix}$$

$$=\begin{pmatrix} 1 & 1 \\ -c_i+k_i & c_{i+1} \end{pmatrix}\begin{pmatrix} \dfrac{c_if'(i^-)+g(i^-)}{2} \\[2mm] \dfrac{c_{i+1}f'(i^+)-g(i^+)}{2} \end{pmatrix}.$$

由条件 (4.56), 进一步可知

$$\begin{pmatrix} \dfrac{c_if'(i^-)+g(i^-)}{2} \\[2mm] \dfrac{c_{i+1}f'(i^+)-g(i^+)}{2} \end{pmatrix}$$

$$=\begin{pmatrix} 1 & 1 \\ -c_i+k_i & c_{i+1} \end{pmatrix}^{-1}\begin{pmatrix} 1 & 1 \\ c_i+k_i & -c_{i+1} \end{pmatrix}\begin{pmatrix} \dfrac{c_if'(i^-)-g(i^-)}{2} \\[2mm] \dfrac{c_{i+1}f'(i^+)+g(i^+)}{2} \end{pmatrix}$$

$$=\begin{pmatrix} \dfrac{c_{i+1}-c_i-k_i}{-k_i+c_i+c_{i+1}} & \dfrac{2c_{i+1}}{-k_i+c_i+c_{i+1}} \\[3mm] \dfrac{2c_i}{-k_i+c_i+c_{i+1}} & \dfrac{c_i-c_{i+1}-k_i}{-k_i+c_i+c_{i+1}} \end{pmatrix}\begin{pmatrix} \dfrac{c_if'(i^-)-g(i^-)}{2} \\[2mm] \dfrac{c_{i+1}f'(i^+)+g(i^+)}{2} \end{pmatrix}.$$

因此

$$\left|\frac{c_if'(i^-)+g(i^-)}{2}\right|^2$$

$$=\left|\frac{c_{i+1}-c_i-k_i}{-k_i+c_i+c_{i+1}}\cdot\frac{c_if'(i^-)-g(i^-)}{2}+\frac{2c_{i+1}}{-k_i+c_i+c_{i+1}}\cdot\frac{c_{i+1}f'(i^+)+g(i^+)}{2}\right|^2$$

$$\leqslant 2\left[\left(\frac{c_{i+1}-c_i-k_i}{-k_i+c_i+c_{i+1}}\right)^2\left|\frac{c_if'(i^-)-g(i^-)}{2}\right|^2\right.$$

$$\left.+\left(\frac{2c_{i+1}}{-k_i+c_i+c_{i+1}}\right)^2\left|\frac{c_{i+1}f'(i^+)+g(i^+)}{2}\right|^2\right]. \tag{4.62}$$

类似地

$$\left|\frac{c_{i+1}f'(i^+)-g(i^+)}{2}\right|^2 \leqslant 2\left[\left(\frac{2c_i}{-k_i+c_i+c_{i+1}}\right)^2\left|\frac{c_if'(i^-)-g(i^-)}{2}\right|^2\right.$$
$$\left.+\left(\frac{c_i-c_{i+1}-k_i}{-k_i+c_i+c_{i+1}}\right)^2\left|\frac{c_{i+1}f'(i^+)+g(i^+)}{2}\right|^2\right].$$

接着把 (4.62) 代入 (4.60) 可得

$$I_3' = \sum_{i=1}^{N}\left[c_iB_i(i)\left|\frac{c_if'(i^-)-g(i^-)}{2}\right|^2 + c_{i+1}A_{i+1}(i)\left|\frac{c_{i+1}f'(i^+)+g(i^+)}{2}\right|^2\right.$$
$$\left.-c_{i+1}B_{i+1}(i)\left|\frac{c_{i+1}f'(i^+)-g(i^+)}{2}\right|^2 - c_iA_i(i)\left|\frac{c_if'(i^-)+g(i^-)}{2}\right|^2\right]$$

$$\leqslant \sum_{i=1}^{N}\left[c_iB_i(i)-2c_iA_i(i)\left(\frac{c_{i+1}-c_i-k_i}{-k_i+c_i+c_{i+1}}\right)^2\right.$$
$$\left.-2c_{i+1}B_{i+1}(i)\left(\frac{2c_i}{-k_i+c_i+c_{i+1}}\right)^2\right]\left|\frac{c_if'(i^-)-g(i^-)}{2}\right|^2$$
$$+\left[c_{i+1}A_{i+1}(i)-2c_iA_i(i)\left(\frac{2c_{i+1}}{-k_i+c_i+c_{i+1}}\right)^2\right.$$
$$\left.-2c_{i+1}B_{i+1}(i)\left(\frac{c_i-c_{i+1}-k_i}{-k_i+c_i+c_{i+1}}\right)^2\right]\left|\frac{c_{i+1}f'(i^+)+g(i^+)}{2}\right|^2.$$

即对任意的 $\lambda \geqslant M$, $\mathcal{A}_N - \lambda$ 是耗散的. 参考下面的引理 4.9, 对于实数 $\lambda > M$, $\lambda \in \rho(\mathcal{A}_N)$ 使得 $\mathcal{A}_N - \lambda$ 满足 Lumer-Phillips 定理 (定理 1.29) 的所有条件. 因此, $\mathcal{A}_N - \lambda$ 生成 $\mathcal{H}_N$ 的 C_0-半群, 同样地, $\mathcal{A}_N$ 也生成 $\mathcal{H}_N$ 的 C_0-半群. 同时, 我们可以发现: 在条件 (4.56) 中, 用 $-k_i$ 替换 k_i, 上述的分析仍然是正确的.

我们现在证明 $-\mathcal{A}_N$ 也在 $\mathcal{H}_N$ 生成 C_0-半群. 为此, 考虑如下方程:

$$\begin{cases} z_{tt}(x,t)-c_i^2z_{xx}(x,t)=0, & i-1<x<i, \ i=1,2,\cdots,N+1, \\ z(0,t)=z(N+1,t)=0, \\ z(i^-,t)=z(i^+,t), & c_i^2z_x(i^-,t)-c_{i+1}^2z_x(i^+,t)=-k_iz_t(i,t), & i=1,\cdots,N, \\ z(x,0)=z_0(x), & z_t(x,0)=z_1(x). \end{cases}$$
$$(4.63)$$

系统 (4.63) 在 $\mathcal{H}_N$ 上可以改写为发展方程:

$$\begin{cases} \dfrac{dZ(t)}{dt} = \mathcal{B}Z(t), \quad t > 0, \\ Z(0) = Z_0 = (z_0, z_1), \end{cases} \tag{4.64}$$

其中 $Z(t) = \big(z(\cdot, t), z_t(\cdot, t)\big)$,算子 $\mathcal{B}$ 定义为

$$\begin{cases} \mathcal{B}(f, g) = \big(g(x), c_i^2 f''(x)\big), \quad i-1 < x < i, i = 1, 2, \cdots, N+1, \\ D(\mathcal{B}) = \left\{ (f, g) \in \mathcal{H}_N \; \middle| \; \begin{array}{l} f, g \in H_0^1(0, N+1), \\ f|_{[j-1,j]} \in H^2(j-1, j), \; 1 \leqslant j \leqslant N+1, \\ c_i^2 f'(i^-) - c_{i+1}^2 f'(i^+) = -k_i g(i), \; 1 \leqslant i \leqslant N \end{array} \right\}. \end{cases} \tag{4.65}$$

因为假设 (4.56) 对于系统 (4.63) 也是成立的,由上面已得结果可知 $\mathcal{B}$ 在 $\mathcal{H}_N$ 上也生成 C_0-半群. 因此对于 $Z(0) \in D(\mathcal{B})$,方程 (4.64) 存在唯一的古典解 $Z(t)$. 由于 $Z(t)$ 的定义是适当的,也就是说,$z(\cdot, t)$ 和 $z_t(\cdot, t)$ 在 $t \geqslant 0$ 是有意义的. 令

$$W(t) = \big(w_1(\cdot, t), w_2(\cdot, t)\big) = \big(z(\cdot, t), -z_t(\cdot, t)\big).$$

则

$$\dot{W}(t) = -\mathcal{A}_N W(t), \quad W(0) = (z_0, -z_1). \tag{4.66}$$

另一方面,$(z_0, z_1) \in D(\mathcal{B})$ 当且仅当 $(z_0, -z_1) \in D(\mathcal{A}_N) = D(-\mathcal{A}_N)$. 因此证明了: 对于 $W(0) \in D(-\mathcal{A}_N)$,方程 (4.66) 有唯一的古典解. 由引理 4.9 可知,$\rho(-\mathcal{A}_N) \neq \varnothing$,因此由定理 1.33 可证明 $-\mathcal{A}_N$ 在 $\mathcal{H}_N$ 生成 C_0-半群. 从而,$\mathcal{A}_N$ 在 $\mathcal{H}_N$ 生成 C_0-群. $\square$

引理 4.9 设条件 (4.56) 成立,则 $\mathcal{A}_N$ 是离散算子,因此 $\mathcal{A}_N$ 的谱 $\sigma(\mathcal{A}_N)$ 仅由孤立本征值组成. 并且,每个本征值都是几何单的.

证明 设 $\lambda \in \mathbb{C}$. 对任意给定的 $(f, g) \in \mathcal{H}_N$,寻找 $(u, v) \in D(\mathcal{A}_N)$ 使得

$$(\lambda - \mathcal{A}_N)(u, v) = (f, g). \tag{4.67}$$

则 $v(x) = \lambda u(x) - f(x)$ 以及 $u(x)$ 满足下述方程:

$$\begin{cases} \lambda^2 u - c_i^2 u'' = \lambda f + g, \quad \forall x \in (i-1, i), \; i = 1, 2, \cdots, N+1, \\ u(0) = u(N+1) = 0, \\ u(i^-) = u(i^+), \quad c_i^2 u'(i^-) - c_{i+1}^2 u'(i^+) = \lambda k_i u(i) - k_i f(i), \quad i = 1, \cdots, N. \end{cases} \tag{4.68}$$

求解 (4.68), 可得 $u(x)$ 为

$$
u(x) = \begin{cases}
a_1\left(e^{\frac{\lambda}{c_1}x} - e^{-\frac{\lambda}{c_1}x}\right) - \displaystyle\int_0^x \frac{e^{\frac{\lambda}{c_1}(x-s)} - e^{-\frac{\lambda}{c_1}(x-s)}}{2\lambda c_1}(\lambda f + g)(s)ds, \quad x \in (0,1), \\[3mm]
a_{i1}e^{-\frac{\lambda}{c_i}x} + a_{i2}e^{\frac{\lambda}{c_i}x} - \displaystyle\int_{i-1}^x \frac{e^{\frac{\lambda}{c_i}(x-s)} - e^{-\frac{\lambda}{c_i}(x-s)}}{2\lambda c_i}(\lambda f + g)(s)ds, \\[1mm]
\hspace{5cm} x \in (i-1, i),\ i = 2, \cdots, N, \\[3mm]
a_{N+1}\left[e^{\frac{\lambda}{c_{N+1}}(x-(N+1))} - e^{-\frac{\lambda}{c_{N+1}}(x-(N+1))}\right] \\[3mm]
- \displaystyle\int_N^x \frac{e^{\frac{\lambda}{c_{N+1}}(x-s)} - e^{-\frac{\lambda}{c_{N+1}}(x-s)}}{2\lambda c_{N+1}}(\lambda f + g)(s)ds, \quad x \in (N, N+1),
\end{cases}
$$

$$(4.69)$$

其中 a_1, a_{N+1}, a_{i1}, a_{i2}, $i = 2, 3, \cdots, N$ 是依赖 λ 的常数. 把 $u(x)$ 代入 (4.68) 的边界条件, 可知 a_1, a_{N+1}, a_{i1}, a_{i2}, $i = 2, 3, \cdots, N$ 满足如下的代数方程:

$$
a_1\left(e^{\frac{\lambda}{c_1}} - e^{-\frac{\lambda}{c_1}}\right) - a_{21}e^{-\frac{\lambda}{c_2}} - a_{22}e^{\frac{\lambda}{c_2}} = \frac{1}{\lambda}(f_{11} + g_{11}),
$$

$$
a_1 c_1\left(e^{\frac{\lambda}{c_1}} + e^{-\frac{\lambda}{c_1}}\right) + a_{21}e^{-\frac{\lambda}{c_2}}(-k_1 + c_2) + a_{22}e^{\frac{\lambda}{c_2}}(-k_1 - c_2)
$$
$$
= \frac{c_1}{\lambda}(f_{12} + g_{12}) - k_1 f(1),
$$

$$
a_{i1}e^{-\frac{i\lambda}{c_i}} + a_{i2}e^{\frac{i\lambda}{c_i}} - a_{i+1,1}e^{-\frac{i\lambda}{c_{i+1}}} - a_{i+1,2}e^{\frac{i\lambda}{c_{i+1}}} = \frac{1}{\lambda}(f_{i1} + g_{i1}),
$$

$$
-a_{i1}c_i e^{-\frac{i\lambda}{c_i}} + a_{i2}c_i e^{\frac{i\lambda}{c_i}} + a_{i+1,1}e^{-\frac{i\lambda}{c_{i+1}}}(-k_i + c_{i+1}) + a_{i+1,2}e^{\frac{i\lambda}{c_{i+1}}}(-k_i - c_{i+1})
$$
$$
= \frac{c_i}{\lambda}(f_{i2} + g_{i2}) - k_i f(i), \quad i = 2, \cdots, N-1,
$$

$$
a_{N1}e^{-\frac{N\lambda}{c_N}} + a_{N2}e^{\frac{N\lambda}{c_N}} - a_{N+1}\left(e^{-\frac{\lambda}{c_{N+1}}} - e^{\frac{\lambda}{c_{N+1}}}\right) = \frac{1}{\lambda}(f_{N1} + g_{N1}),
$$

$$
-a_{N1}c_N e^{-\frac{N\lambda}{c_N}} + a_{N2}c_N e^{\frac{N\lambda}{c_N}}
$$
$$
+ a_{N+1}\left[e^{-\frac{\lambda}{c_{N+1}}}(-k_N - c_{N+1}) - e^{\frac{\lambda}{c_{N+1}}}(-k_N + c_{N+1})\right]
$$
$$
= \frac{c_N}{\lambda}(f_{N2} + g_{N2}) - k_N f(N), \tag{4.70}
$$

其中

$$
f_{i1} = \int_{i-1}^i \frac{e^{\frac{\lambda}{c_i}(i-s)} - e^{-\frac{\lambda}{c_i}(i-s)}}{2c_i}\lambda f(s)ds
$$

$$= \int_0^1 \frac{e^{\frac{\lambda}{c_i}(1-s)} - e^{-\frac{\lambda}{c_i}(1-s)}}{2c_i} \lambda f(i-1+s)ds,$$

$$f_{i2} = \int_{i-1}^i \frac{e^{\frac{\lambda}{c_i}(i-s)} + e^{-\frac{\lambda}{c_i}(i-s)}}{2c_i} \lambda f(s)ds,$$

$$g_{i1} = \int_{i-1}^i \frac{e^{\frac{\lambda}{c_i}(i-s)} - e^{-\frac{\lambda}{c_i}(i-s)}}{2c_i} g(s)ds,$$

$$g_{i2} = \int_{i-1}^i \frac{e^{\frac{\lambda}{c_i}(i-s)} + e^{-\frac{\lambda}{c_i}(i-s)}}{2c_i} g(s)ds$$

$$= \int_0^1 \frac{e^{\frac{\lambda}{c_i}(1-s)} + e^{-\frac{\lambda}{c_i}(1-s)}}{2c_i} g(i-1+s)ds, \quad i = 1, 2, \cdots, N.$$

考虑系数矩阵 $\Delta(\lambda) = \big(\Delta_1(\lambda), \Delta_2(\lambda)\big)$ 的行列式, 其中

$$\Delta_1(\lambda) = \begin{pmatrix} e^{\frac{\lambda}{c_1}} - e^{-\frac{\lambda}{c_1}} & -e^{-\frac{\lambda}{c_2}} & -e^{\frac{\lambda}{c_2}} \\ c_1\big(e^{\frac{\lambda}{c_1}} + e^{-\frac{\lambda}{c_1}}\big) & (-k_1 + c_2)e^{-\frac{\lambda}{c_2}} & (-k_1 - c_2)e^{\frac{\lambda}{c_2}} \\ 0 & e^{-\frac{2\lambda}{c_2}} & e^{\frac{2\lambda}{c_2}} \\ 0 & -c_2 e^{-\frac{2\lambda}{c_2}} & c_2 e^{\frac{2\lambda}{c_2}} \\ \vdots & \vdots & \vdots \\ 0 & 0 & 0 \end{pmatrix}$$

和

$$\Delta_2(\lambda) = \begin{pmatrix} 0 & 0 & \cdots & 0 \\ 0 & 0 & \cdots & 0 \\ -e^{-\frac{2\lambda}{c_3}} & -e^{\frac{2\lambda}{c_3}} & \cdots & 0 \\ (-k_2 + c_3)e^{-\frac{2\lambda}{c_3}} & (-k_2 - c_3)e^{\frac{2\lambda}{c_3}} & \cdots & 0 \\ \vdots & \vdots & & \vdots \\ 0 & 0 & \cdots & \theta \end{pmatrix},$$

以及

$$\theta = -e^{-\frac{\lambda}{c_{N+1}}}(k_N + c_{N+1}) + e^{\frac{\lambda}{c_{N+1}}}(k_N - c_{N+1}).$$

从 $\Delta(\lambda)$ 的第一列提出 $e^{\frac{\lambda}{c_1}}$, 第二列提出 $e^{-\frac{\lambda}{c_2}}$, 第三列提出 $e^{2\frac{\lambda}{c_2}}$, $\cdots$, 可得

$$e^{-\lambda \sum_{i=1}^{N+1} \frac{1}{c_i}} \det\left(\Delta(\lambda)\right)$$

$$= \det \begin{pmatrix} 1 & -1 & 0 & 0 & \cdots & 0 & 0 \\ c_1 & -k_1 + c_2 & 0 & 0 & \cdots & 0 & 0 \\ 0 & 0 & 1 & -1 & \cdots & 0 & 0 \\ 0 & 0 & c_2 & -k_2 + c_3 & \cdots & 0 & 0 \\ \vdots & \vdots & \vdots & \vdots & & \vdots & \vdots \\ 0 & 0 & 0 & 0 & \cdots & 1 & 1 \\ 0 & 0 & 0 & 0 & \cdots & c_N & k_N - c_{N+1} \end{pmatrix} + o(1)$$

$$= -\prod_{j=1}^{N} (-k_j + c_j + c_{j+1}) + \mathcal{O}(1) \qquad \text{随着 } \mathrm{Re}(\lambda) \to +\infty. \tag{4.71}$$

因此, 如果条件 (4.56) 成立, $\det(\Delta(\lambda))$ 是不恒等于零的整函数. 当 $\det(\Delta(\lambda)) \neq 0$ 时, 方程 (4.70) 有解 $a_1, a_{N+1}, a_{i1}, a_{i2}, i = 2, \cdots, N$, 为

$$a_1 \det(\Delta(\lambda)) = \sum_{i=1}^{N} \Delta_{2i-1,1}(\lambda) \frac{f_{i1} + g_{i1}}{\lambda} - \Delta_{2i,1}(\lambda) \left[\frac{c_i(f_{i2} + g_{i2})}{\lambda} - k_i f(i) \right],$$

$$a_{N+1} \det(\Delta(\lambda)) = \sum_{i=1}^{N} \left(-\Delta_{2i-1,2N}(\lambda) \frac{f_{i1} + g_{i1}}{\lambda} \right) + \Delta_{2i,2N}(\lambda) \left[\frac{c_i(f_{i2} + g_{i2})}{\lambda} - k_i f(i) \right],$$

$$a_{l1} \det(\Delta(\lambda)) = \sum_{i=1}^{N} \left(-\Delta_{2i-1,2(l-1)}(\lambda) \frac{f_{i1} + g_{i1}}{\lambda} \right)$$
$$+ \Delta_{2i,2(l-1)}(\lambda) \left[\frac{c_i(f_{i2} + g_{i2})}{\lambda} - k_i f(i) \right],$$

$$a_{l2} \det(\Delta(\lambda)) = \sum_{i=1}^{N} \Delta_{2i-1,2l-1}(\lambda) \frac{f_{i1} + g_{i1}}{\lambda}$$
$$- \Delta_{2i,2l-1}(\lambda) \left[\frac{c_i(f_{i2} + g_{i2})}{\lambda} - k_i f(i) \right],$$
$$l = 2, \cdots, N, \tag{4.72}$$

其中 $\Delta_{ij}(\lambda)$, $1 \leqslant i, j \leqslant 2N$ 是矩阵 $\Delta(\lambda)$ 的第 i 行第 j 列元素的代数余子式.

由上面的讨论和 Sobolev 嵌入定理可知, 当条件 (4.56) 成立时, 对任意的 $\lambda \in \rho(\mathcal{A}_N)$, $(\lambda - \mathcal{A}_N)^{-1}$ 是紧的, 并且 $(u, v) = (\lambda - \mathcal{A}_N)^{-1}(f, g)$ 由 (4.69) 给出, 其中系数 $a_1, a_{N+1}, a_{i1}, a_{i2}, i = 2, 3, \cdots, N$ 由 (4.72) 给出. 因此, $\mathcal{A}_N$ 的谱, $\sigma(\mathcal{A}_N)$, 仅由孤立本征值组成, 以及 $\lambda \in \sigma(\mathcal{A}_N)$ 当且仅当 $\det(\Delta(\lambda)) = 0$.

并且, 从 (4.69) 和 (4.72) 可知, 对于 $\lambda \in \rho(\mathcal{A}_N)$, $(\lambda - \mathcal{A}_N)^{-1}$ 为

$$(\lambda - \mathcal{A}_N)^{-1}(f, g) = \frac{G(\lambda, (f, g))}{\det(\Delta(\lambda))}, \quad \forall (f, g) \in \mathcal{H}_N, \tag{4.73}$$

其中 $G(\lambda, (f, g))$ 是阶数至多为 1 的 $\mathcal{H}_N$-值整函数, $\det(\Delta(\lambda))$ 的阶为 1.

最后, 简单计算可证明矩阵 $\Delta(\lambda)$ 的秩比其阶数少一, 因此 $\mathcal{A}_N$ 的每个本征值都是几何单的. 引理得证.   □

定理 4.10   设条件 (4.56) 成立, 则 $\mathcal{A}_N$ 的根子空间在 $\mathcal{H}_N$ 完备: $\mathrm{sp}(\mathcal{A}_N) = \mathcal{H}_N$.

证明   由定理 4.8 可知, $\mathcal{A}_N$ 生成 C_0-群, 因此 $\mathcal{A}_N^*$ 也生成 C_0-群, 随着 $\lambda \to -\infty$, $R(\lambda, \mathcal{A}_N^*)$ 沿着负实轴一致有界. 注意到

$$\left(\bar{\lambda} - \mathcal{A}_N^*\right)^{-1}(f, g) = \frac{G^*(\lambda, (f, g))}{\det(\Delta(\lambda))}, \quad \forall (f, g) \in \mathcal{H}_N,$$

以及 $\mathcal{A}_N$ 的本征值关于实数轴对称. 取

$$\rho_2 = \rho = 1, \quad n = 2, \quad \gamma_1 = \left\{\lambda \mid \arg \lambda = \pi\right\},$$

则定理 2.69 的条件都满足, 从而定理得证.   □

令

$$F(z) = \det(\Delta(z)). \tag{4.74}$$

则 $F(z)$ 的零点组成算子 $\mathcal{A}_N$ 的本征值 (然而, $F(z)$ 的零点重数可能不同于 $\mathcal{A}_N$ 的本征值的代数重数). 因为 $\mathcal{A}_N$ 生成 C_0-群, $F(z)$ 的所有零点位于平行虚轴的带状区域内. 由 (4.71) 可知, $F(iz)$ 是指数型整函数, $|F(iz)|$ 在下半复平面沿着平行于虚轴的直线上有正的下界和上界. 因此, $F(iz)$ 是 sine 型函数. 由定理 2.38 可知 $F(iz)$ 的零点可以被分为有限个可分集合的并(根据它们的重数计算 $F(z)$ 的零点个数). 进一步, 因为每个 $\lambda_n \in \sigma(\mathcal{A}_N)$ 是几何单的, 由 (2.92) 可知 λ_n 的代数重数等于 $R(\lambda, \mathcal{A}_N)$ 在 λ_n 的阶数, 由 (4.73) 可知, 它小于等于 λ_n 作为 $F(z)$ 的零点的重数. 因此, 由定理 2.38 可得, 对于所有的 $\lambda_n \in \sigma(\mathcal{A}_N)$, 它们的代数重数 m_n 有一致上界:

$$\sup_{\lambda_n \in \sigma(\mathcal{A})} m_n < \infty. \tag{4.75}$$

从而, $\mathcal{A}_N$ 的本征值可以被分为有限可分集合的并 (根据代数重数计算 $\mathcal{A}_N$ 的本征值个数):

$$\mathcal{A}_N \text{ 的本征值} = \Lambda = \bigcup_{n=1}^{N} \Lambda_n, \quad \inf_{k \neq j,\, i\lambda_k,\, i\lambda_j \in \Lambda_n} |\lambda_k - \lambda_j| > 0, \quad \forall\, 1 \leqslant n \leqslant N. \tag{4.76}$$

令

$$\delta = \min_{1 \leqslant n \leqslant N} \inf_{k \neq j,\, i\lambda_k,\, i\lambda_j \in \Lambda_n} |\lambda_k - \lambda_j| > 0.$$

则对于任意的 $r < r_0 = \delta/(2N)$, 由 2.5 节的讨论可知, 存在

$$\Lambda^p = \left\{ i\lambda_{j,p} \right\}_{j=1}^{M^p}, \quad M^p \leqslant N,\ p \in \mathbb{Z},$$

它是集合 Λ 和 $\bigcup_{n \in \mathbb{Z}} D_{i\lambda_n}(r)$ 交集的第 p 个连通分量, 其中 $D_{i\lambda_n}(r)$ 是以 $i\lambda_n$ 为圆心, r 为半径的圆, 使得

$$\sigma(\mathcal{A}_N) = \bigcup_{p \in \mathbb{Z}} \Lambda^p.$$

不失一般性, 设 $\{i\lambda_n\}$ 被重新排列使得 $\mathrm{Im}(i\lambda_n)$ 为非降序列,

$$\mathrm{Re}(i\lambda_{1,p}) \geqslant \mathrm{Re}(i\lambda_{2,p}) \geqslant \cdots \geqslant \mathrm{Re}(i\lambda_{M^p,p}).$$

对于如下广义差分族

$$E^p(\Lambda, r) = \left\{ \left[\lambda_{1,p}\right](t),\ \left[\lambda_{1,p}, \lambda_{2,p}\right](t),\ \cdots,\ \left[\lambda_{1,p}, \lambda_{2,p}, \cdots, \lambda_{M^p,p}\right](t) \right\}, \quad p \in \mathbb{Z},$$

由 (2.87) 可知 $D^+(\Lambda) < \infty$. 由定理 2.48 可知, 对任意 $T > 2\pi D^+(\Lambda)$, 广义差分族 $\left\{ E^p(\Lambda, r) \right\}_{p \in \mathbb{Z}}$ 在 $L^2(0, T)$ 上生成的闭子空间构成 Riesz 基. 具体假设每个 $\Lambda^p = \left\{ \lambda_j^p \right\}_1^{N^p}$ 有 N^p 个不同的元素, 每个元素出现 m_{pj} 次, 则

$$\sum_{j=1}^{N^p} m_{pj} = M^p.$$

由于 $M^p \leqslant N$, 推论 2.76 的条件都满足. 我们因此证明下面关于算子 $\mathcal{A}_N$ 的根子空间的 Riesz 基生成.

定理 4.11   设条件 (4.56) 成立, 则由 (4.53)-(4.54) 定义的算子 $\mathcal{A}_N$ 有如下性质:

(i) 存在 $\varepsilon > 0$ 使得

$$\sigma(\mathcal{A}_N) = \bigcup_{p \in \mathbb{Z}} \left\{ i\lambda_k^p \right\}_{k=1}^{N^p} \quad (\text{不计算重数}),$$

其中

$$\sup_p N^p < \infty, \quad |\lambda_k^p - \lambda_j^q| \geqslant \varepsilon,$$

对于每个 $p, q \in \mathbb{Z}$, $p \neq q$, 以及 $1 \leqslant k \leqslant N^p$, $1 \leqslant j \leqslant N^q$.

(ii) 本征值 $i\lambda_k^p \in \sigma(\mathcal{A}_N)$ 的代数重数 m_{pk} 有一致上界:

$$\sup_{p \in \mathbb{Z}, \, 1 \leqslant k \leqslant N^p} m_{pk} < \infty.$$

(iii)

$$Y = \sum_{p \in \mathbb{Z}} \sum_{k=1}^{N^p} \mathbb{P}_{\lambda_k^p} Y, \quad \forall \, Y \in \mathcal{H}_N, \tag{4.77}$$

其中 $\mathbb{P}_{\lambda_k^p}$ 是 $\mathcal{A}_N$ 相应于本征值 $i\lambda_k^p$ 的本征投影.

(iv) 存在 $M_1, M_2 > 0$ 使得

$$M_1 \sum_{p \in \mathbb{Z}} \left\| \sum_{k=1}^{N^p} \mathbb{P}_{\lambda_k^p} Y \right\|^2 \leqslant \|Y\|^2 \leqslant M_2 \sum_{p \in \mathbb{Z}} \left\| \sum_{k=1}^{N^p} \mathbb{P}_{\lambda_k^p} Y \right\|^2, \quad \forall \, Y \in \mathcal{H}_N. \tag{4.78}$$

(v) 谱确定增长条件成立:

$$\omega(\mathcal{A}_N) = S(\mathcal{A}_N).$$

注解 4.3 必须提到: 如果条件 (4.56) 不成立, 则有可能出现 $\sigma(\mathcal{A}_N) = \varnothing$ 的情况, 比如取 $N = 1$, $c_1 = c_2 = 2$, $k_1 = 4$. 这时候, 我们当然不能讨论 Riesz 基. 最后, 我们指出这一节使用的方法也可以处理系统 (4.51) 带有不同边界条件的情况.

性质 (4.77) 和 (4.78) 是**带括号的 Riesz 基**. 如果 $\mathcal{A}_N$ 的本征值是可分的, 带括号的 Riesz 基简化为通常的 Riesz 基. 然而, 我们尚不清楚这种可分性是否成立.

4.3 带静态边界条件的双曲型方程组

这一节, 我们讨论如下带有静态边界条件的双曲型方程组:

$$\begin{cases} \dfrac{\partial}{\partial t} \begin{pmatrix} u(x,t) \\ v(x,t) \end{pmatrix} + K(x) \dfrac{\partial}{\partial x} \begin{pmatrix} u(x,t) \\ v(x,t) \end{pmatrix} + C(x) \begin{pmatrix} u(x,t) \\ v(x,t) \end{pmatrix} = 0, \quad 0 < x < 1, \, t > 0, \\ v(1,t) = Du(1,t), \quad u(0,t) = Ev(0,t), \end{cases}$$

$$\tag{4.79}$$

其中

(i) $K(x) = \mathrm{diag}\left\{\lambda_1(x),\,\lambda_2(x),\,\cdots,\,\lambda_m(x),\,\mu_1(x),\,\mu_2(x),\cdots,\,\mu_k(x)\right\}$ 是一个 $n \times n\ (n = m + k)$ 实的对角矩阵函数:

$$\lambda_i(x),\,\mu_j(x) \in C^1[0,1],\quad \lambda_i(x) > 0,\quad \mu_j(x) < 0$$

为实值函数, $i = 1, 2, \cdots, m$, 以及 $j = 1, 2, \cdots, k$;

(ii) $C(x) = \mathrm{diag}\left\{c_1(x),\,c_2(x),\,\cdots,\,c_n(x)\right\}$ 是一个 $n \times n$ 实的对角矩阵函数, $c_i(x)$, $i = 1, 2, \cdots, n$ 是 $[0,1]$ 上的连续函数;

(iii) $u(x) = \big(u_1(x),\,u_2(x),\cdots,\,u_m(x)\big)^{\mathrm{T}}$ 和 $v(x) = \big(v_1(x),\,v_2(x),\cdots,\,v_k(x)\big)^{\mathrm{T}}$ 分别是 $\mathbb{R}^m$ (或者 $\mathbb{C}^m$) 和 $\mathbb{R}^k$ (或者 $\mathbb{C}^k$) 中的列向量;

(iv) D 和 E 是具有合适阶数的实 (或复) 的常数矩阵.

系统 (4.79) 为覆盖了 4.2 节所研究耗散节点控制的一般弦方程. 但是系统 (4.79) 在根子空间未必在状态空间完备的意义下更为一般.

在如下状态 Hilbert 空间考虑系统 (4.79):

$$\mathcal{H}_g = \big(L^2(0,1)\big)^n.$$

定义系统算子 $\mathcal{A}_g : D(\mathcal{A}_g)(\subset \mathcal{H}_g) \to \mathcal{H}_g$ 为

$$\begin{cases} \mathcal{A}_g \begin{pmatrix} u(x) \\ v(x) \end{pmatrix} = -K(x)\dfrac{\partial}{\partial x}\begin{pmatrix} u(x) \\ v(x) \end{pmatrix} - C(x)\begin{pmatrix} u(x) \\ v(x) \end{pmatrix}, \\[4mm] D(\mathcal{A}_g) = \left\{ (u,v)^{\mathrm{T}} \in \big(H^1(0,1)\big)^m \times \big(H^1(0,1)\big)^k \,\middle|\, \begin{aligned} u(0) &= Ev(0), \\ v(1) &= Du(1) \end{aligned} \right\}. \end{cases}$$
$$\tag{4.80}$$

则系统 (4.79) 在 $\mathcal{H}_g$ 可以表示为如下发展方程:

$$\frac{dW(t)}{dt} = \mathcal{A}_g W(t), \quad t > 0, \tag{4.81}$$

其中 $W(t) = (u(\cdot,t), v(\cdot,t))^{\mathrm{T}}$.

定理 4.12 设算子 $\mathcal{A}_g$ 由 (4.80) 定义. 则

(i) 算子 $\mathcal{A}_g$ 生成 $\mathcal{H}_g$ 的 C_0-半群 $e^{\mathcal{A}_g t}$.

(ii) 预解算子 $R(\lambda, \mathcal{A}_g)$ 可以表示为

$$R(\lambda, \mathcal{A}_g)\begin{pmatrix} f \\ g \end{pmatrix}(x) = Y(x,0,\lambda)\begin{pmatrix} Ev(0) \\ v(0) \end{pmatrix} + \int_0^x Y(x,s,\lambda)K^{-1}(s)\begin{pmatrix} f(s) \\ g(s) \end{pmatrix} ds,$$

其中

$$Y(x,s,\lambda) = \begin{pmatrix} Y_1(x,s,\lambda) & 0 \\ 0 & Y_2(x,s,\lambda) \end{pmatrix},$$

$$Y_1(x,s,\lambda) = \mathrm{diag}\Big\{ e_{\lambda_1}(x,s),\ e_{\lambda_2}(x,s),\ \cdots,\ e_{\lambda_m}(x,s) \Big\},$$

$$e_{\lambda_i}(x,s) = \exp\left\{ -\lambda \int_s^x \frac{d\rho}{\lambda_i(\rho)} - \int_s^x \frac{c_i(\rho)d\rho}{\lambda_i(\rho)} \right\}, \quad i = 1,2,\cdots,m,$$

$$Y_2(x,s,\lambda) = \mathrm{diag}\Big\{ e_{\mu_1}(x,s),\ e_{\mu_2}(x,s),\ \cdots,\ e_{\mu_k}(x,s) \Big\},$$

$$e_{\mu_j}(x,s) = \exp\left\{ -\mu \int_s^x \frac{d\rho}{\mu_j(\rho)} - \int_s^x \frac{c_j(\rho)d\rho}{\mu_j(\rho)} \right\}, \quad j = 1,2,\cdots,k,$$

$$v(0) = H^{-1}(\lambda)\left(\int_0^1 (D,-I)Y(1,s,\lambda)K^{-1}(s) \begin{pmatrix} f(s) \\ g(s) \end{pmatrix} ds \right),$$

$$H(\lambda) = -DY_1(1,0,\lambda)E + Y_2(1,0,\lambda).$$

(iii) $\mathcal{A}_g$ 是离散算子, 即对任意 $\lambda \in \rho(\mathcal{A}_g)$, $R(\lambda,\mathcal{A}_g)$ 在 $\mathcal{H}_g$ 是紧的. 令 $h(\lambda) = \det\big(H(\lambda)\big)$. 则

$$\sigma(\mathcal{A}_g) = \sigma_p(\mathcal{A}_g) = \Big\{ \lambda \big|\ h(\lambda) = 0 \Big\}.$$

(iv) 对于任意 $\lambda \in \sigma(\mathcal{A}_g)$, 对应于本征值 λ 的本征函数可以表示为

$$Y_\lambda = \begin{pmatrix} Y_1(x,0,\lambda)Ev(0) \\ Y_2(x,0,\lambda)v(0) \end{pmatrix} \quad \text{对所有的非零 } v(0) \text{ 满足 } H(\lambda)v(0) = 0.$$

证明 给定 $(f,g) \in \mathcal{H}_g$, 求解

$$(\lambda - \mathcal{A}_g)(u,v) = (f,g),$$

即

$$\begin{cases} \dfrac{d}{dx} \begin{pmatrix} u(x) \\ v(x) \end{pmatrix} = -K^{-1}(x)\big[\lambda + C(x)\big] \begin{pmatrix} u(x) \\ v(x) \end{pmatrix} + K^{-1} \begin{pmatrix} f(x) \\ g(x) \end{pmatrix}, \\[2mm] u(0) = Ev(0), \quad v(1) = Du(1). \end{cases} \tag{4.82}$$

注意到

$$Y(x,s,\lambda) = \begin{pmatrix} Y_1(x,s,\lambda) & 0 \\ 0 & Y_2(x,s,\lambda) \end{pmatrix}$$

是如下齐次系统的基础解矩阵

$$\frac{d}{dx} \begin{pmatrix} u(x) \\ v(x) \end{pmatrix} = -K^{-1}(x) \big[\lambda + C(x) \big] \begin{pmatrix} u(x) \\ v(x) \end{pmatrix}.$$

则非齐次方程 (4.82) 的解可以表示为

$$\begin{pmatrix} u(x) \\ v(x) \end{pmatrix} = Y(x,0,\lambda) \begin{pmatrix} Ev(0) \\ v(0) \end{pmatrix} + \int_0^x Y(x,s,\lambda) K^{-1}(s) \begin{pmatrix} f(s) \\ g(s) \end{pmatrix} ds. \qquad (4.83)$$

从而由边界条件可得

$$\big(D,\ -I\big) Y(1,0,\lambda) \begin{pmatrix} E \\ I \end{pmatrix} v(0) + \big(D,\ -I\big) \int_0^1 Y(1,s,\lambda) K^{-1}(s) \begin{pmatrix} f(s) \\ g(s) \end{pmatrix} ds = 0.$$

令

$$H(\lambda) = \big(-D,\ I\big) Y(1,0,\lambda) \begin{pmatrix} E \\ I \end{pmatrix} v(0).$$

则

$$v(0) = H^{-1}(\lambda) \big(D,\ -I\big) \int_0^1 Y(1,s,\lambda) K^{-1}(s) \begin{pmatrix} f(s) \\ g(s) \end{pmatrix} ds. \qquad (4.84)$$

结合 (4.83) 可证明结论 (ii).

当 $H(\lambda)$ 不可逆时, 即

$$h(\lambda) = \det\big(H(\lambda)\big) = 0,$$

存在非零 $v(0)$ 使得

$$H(\lambda)v(0) = 0.$$

这意味着 $\lambda \in \sigma(\mathcal{A}_g)$, 以及由 (4.83), 可知

$$\begin{pmatrix} u(x) \\ v(x) \end{pmatrix} = Y(x,0,\lambda) \begin{pmatrix} Ev(0) \\ v(0) \end{pmatrix}$$

是相应于本征值 λ 的本征函数. 由结论 (ii) 的表达式, 显然 $R(\lambda, \mathcal{A}_g)$ 在 $\mathcal{H}_g$ 是紧的. 我们因此证明了 (iii) 和 (iv).

我们仅剩余证明结论 (i). 为证明 (i), 由定理 1.32, 我们可以设 $C(x) \equiv 0$. 下一步是通过选取合适的正连续可微权重函数 $f_i(x), 1 \leqslant i \leqslant m$ 和 $g_j(x), 1 \leqslant j \leqslant k$, 给出 $\mathcal{H}_g$ 的适当等价范数. 即定义 $\mathcal{H}_g$ 的新内积为

$$\left\langle \begin{pmatrix} u(x) \\ v(x) \end{pmatrix}, \begin{pmatrix} p(x) \\ q(x) \end{pmatrix} \right\rangle = \sum_{i=1}^{m} \int_0^1 f_i(x) u_i(x) \overline{p_i(x)} dx + \sum_{j=1}^{k} \int_0^1 g_j(x) u_j(x) \overline{q_j(x)} dx,$$

这里 $u(x) = (u_1(x), \cdots, u_m(x))^{\mathrm{T}}$, $v(x) = (v_1(x), \cdots, v_k(x))^{\mathrm{T}}$, $p(x) = (p_1(x), \cdots, p_m(x))^{\mathrm{T}}$ 以及 $q(x) = (q_1(x), \cdots, q_k(x))^{\mathrm{T}}$. 在新内积下, 可知

$$\begin{aligned}
2\mathrm{Re}\left\langle \mathcal{A}_g(u,v)^{\mathrm{T}}, (u,v)^{\mathrm{T}} \right\rangle = &-\sum_{i=1}^{m} f_i(1)\lambda_i(1)|u_i(1)|^2 + \sum_{i=1}^{m} f_i(0)\lambda_i(0)|u_i(0)|^2 \\
&-\sum_{j=1}^{k} g_j(1)\mu_j(1)|v_j(1)|^2 + \sum_{j=1}^{k} g_j(0)\mu_j(0)|v_j(0)|^2 \\
&+\sum_{i=1}^{m} \int_0^1 |u_i(x)|^2 \frac{d}{dx}\big[f_i(x)\lambda_i(x)\big] dx \\
&+\sum_{j=1}^{k} \int_0^1 |v_i(x)|^2 \frac{d}{dx}\big[g_j(x)\mu_j(x)\big] dx.
\end{aligned} \tag{4.85}$$

因为 $u(0) = Ev(0)$, 我们可以找到常数 M 使得

$$|u_i(0)| \leqslant M \sum_{j=1}^{k} |v_j(0)|^2.$$

由于 $\mu_i(0) < 0$, 我们总可以让 $g_j(0)$ 足够大, 对任意的 $(u_i(0), v_i(0))$, 使得

$$\sum_{i=1}^{m} f_i(0)\lambda_i(0)|u_i(0)|^2 + \sum_{j=1}^{k} g_j(0)\mu_j(0)|v_j(0)|^2$$

$$\leqslant M \sum_{i=1}^{m} f_i(0) \sum_{j=1}^{k} |v_j(0)|^2 + \sum_{j=1}^{k} g_j(0)\mu_j(0)|v_j(0)|^2 \leqslant 0.$$

类似地, 由于 $v(1) = Du(1)$, 我们可以让 $f_i(1)$ 足够大, 对任取 $(u_i(1), v_i(1))$, 使得

$$-\sum_{i=1}^{m} f_i(1)\lambda_i(1)|u_i(1)|^2 - \sum_{j=1}^{k} g_j(1)\mu_j(1)|v_j(1)|^2 \leqslant 0.$$

上述结论应用到 (4.85) 可知, 存在常数 $C > 0$ 使得

$$2\mathrm{Re}\left\langle \mathcal{A}_g(u,v)^{\mathrm{T}}, (u,v)^{\mathrm{T}} \right\rangle \leqslant 2C \big\| (u,v)^{\mathrm{T}} \big\|^2.$$

由 Lumer-Phillips 定理 (定理 1.29) 可得, $\mathcal{A}_g - CI$ 生成 C_0-半群, 因此由定理 1.32 可知, $\mathcal{A}_g$ 也生成 C_0-半群. 这证明了结论 (i). 定理得证. □

定理 4.13 设 $\mathcal{A}_g$ 由 (4.80) 定义.

(i) 如果 D 或 E 等于零, 则 $\sigma(\mathcal{A}_g) = \varnothing$. 这时候, 半群 $e^{\mathcal{A}_g t}$ 是超稳定的, 即存在 $t_0 > 0$ 使得对所有的 $t > t_0$, $e^{\mathcal{A}_g t} = 0$.

(ii) 设 $h(\lambda)$ 由定理 4.12 的结论 (iii) 给出. 则存在 $\omega \in \mathbb{R}$ 使得 $e^{\omega \lambda} h(\lambda)$ sine 型函数. 从而, $h(\lambda)$ 在其零点的重数是一致有界的.

证明 (i) 的第一部分由 $H(\lambda)$ 的定义以及定理 4.12 的结论 (iii) 可得. 对于超稳定, 由定理 4.12 的结论 (ii) 可知对于任意的 $W = (f,g)^{\mathrm{T}} \in \mathcal{H}_g$, $R(\lambda, \mathcal{A}_g)W$ 是 $\mathcal{H}_g$-值指数型整函数, 换句话说

$$\|R(\lambda, \mathcal{A}_g)W\| \leqslant M e^{t_0|\lambda|}\|W\|, \quad \forall W \in \mathcal{H}_g, \ \lambda \in \mathbb{C},$$

这里 M, t_0 是正常数. 由于存在 $\omega \in \mathbb{R}$ 使得, 对任意的 $W \in \mathcal{H}_g$, 可得

$$\sup_{\sigma > \omega} \int_{\mathbb{R}} \|R(\sigma + i\tau, \mathcal{A}_g)W\|^2 d\tau < \infty,$$

由 Paley-Wiener 定理 (定理 2.32) 可知, 对于 $W \in \mathcal{H}_g$, 存在 $\mathcal{H}_g$-值函数 $\phi_w \in L^2(-t_0, t_0)$ 使得

$$R(\lambda, \mathcal{A}_g)W = \int_{-t_0}^{t_0} e^{-\lambda t} \phi_w(t) dt.$$

另一方面, 我们总有

$$R(\lambda, \mathcal{A}_g)W = \int_0^\infty e^{-\lambda t} e^{\mathcal{A}_g t} W dt, \quad \forall \, \mathrm{Re}(\lambda) > \sigma, \ W \in \mathcal{H}_g.$$

由 Laplace 变换的唯一性, 可得

$$e^{\mathcal{A}_g t} W = 0 \quad \text{对于所有的 } t > t_0.$$

这证明了 (i) 的第二部分.

现在我们证明 (ii). 注意到 $h(\lambda) = \det(H(\lambda))$ 是指数多项式

$$h(\lambda) = \sum_{i=1}^m b_i e^{\omega_i \lambda}, \tag{4.86}$$

这里 m 是正整数, 常数 $b_i \neq 0$ 以及 $\omega_i, i = 1, 2, \cdots, m$ 是不同的实数. 不失一般性, 设

$$\omega_1 = \max_{1 \leqslant i \leqslant m} \omega_i, \quad \omega_m = \min_{1 \leqslant i \leqslant m} \omega_i.$$

则

$$\lim_{\mathrm{Re}(\lambda)\to+\infty} \left|e^{-\omega_1\lambda}h(\lambda)\right| = |b_1| > 0, \quad \lim_{\mathrm{Re}(\lambda)\to-\infty} \left|e^{-\omega_m\lambda}h(\lambda)\right| = |b_m| > 0. \quad (4.87)$$

因此, 存在 $d > 0$ 使得当 $|\mathrm{Re}(\lambda)| > d$ 时, $h(\lambda) \neq 0$, 从而

$$\sigma(\mathcal{A}_g) \subset \left\{\lambda \in \mathbb{C} \;\middle|\; |\mathrm{Re}(\lambda)| < d\right\}. \quad (4.88)$$

并且, 令 $\omega = -\omega_1$, 由定义可知 $e^{\omega\lambda}h(\lambda)$ 是 sine 型函数. 定理得证. □

命题 4.2 算子 $\mathcal{A}_g$ 的所有本征值的代数重数一致有界:

$$\sup_{\lambda \in \sigma(\mathcal{A}_g)} m_a(\lambda) < \infty.$$

证明 由 (2.92) 可知

$$m_a(\lambda) \leqslant p_\lambda \cdot m_g(\lambda),$$

其中 p_λ 是 $R(\lambda, \mathcal{A}_g)$ 在极点 λ 的阶数. 一方面, 定理 4.12 的结论 (i) 断言 p_λ 不超过 $h(\lambda)$ 在 λ 零点的重数, 由定理 4.13 可知它是有界的. 另一方面, 由定理 4.12 的结论 (iv) 可知 $m_g(\lambda) \leqslant k$. 因此, $m_a(\lambda)$ 关于 $\lambda \in \sigma(\mathcal{A}_d)$ 是有界的. 命题得证.

□

引理 4.14 设 $h(\lambda)$ 由 (4.86) 给定. 则对于满足如下条件的所有 λ:

$$\mathrm{dist}\big(\lambda,\,\sigma(\mathcal{A}_g)\big) \geqslant \delta > 0, \quad \alpha \leqslant \mathrm{Re}(\lambda) \leqslant \beta,$$

其中 δ, α, β 是给定常数, 存在依赖于 δ, α, β 的常数 $C > 0$ 使得

$$|h(\lambda)| \geqslant C. \quad (4.89)$$

证明 假设结论不成立. 则存在 λ_n:

$$\alpha \leqslant \mathrm{Re}(\lambda_n) \leqslant \beta, \quad \mathrm{dist}\big(\lambda_n, \sigma(\mathcal{A}_g)\big) \geqslant \delta > 0$$

使得

$$h(\lambda_n) \to 0 \quad \text{随着 } n \to \infty.$$

令 $\lambda_n = \alpha_n + i\beta_n$. 则 $|\beta_n| \to \infty$ 随着 $n \to \infty$. 不失一般性, 设所有的 $\beta_n > 0$ 都是正的. 考虑函数

$$\phi_n(\lambda) = h(\lambda + i\beta_n) = \sum_{j=1}^{m} b_j e^{\omega_j\lambda} e^{i\omega_j\beta_n}.$$

显然, $\{\phi_n(\lambda)\}$ 在区域

$$\{\lambda|\ \alpha - \delta < \mathrm{Re}(\lambda) < \beta + \delta/2\}, \quad \delta > 0$$

一致有界. 由 Montel 定理 (定理 2.29), 存在子序列 $\phi_m(\lambda)$, 仍然由它自身表示, 使得 $\phi_n(\lambda)$ 在区域 $\{\lambda|\ \alpha - \delta < \mathrm{Re}(\lambda) < \beta + \delta/2\}$ 上一致收敛到一个解析函数 $\phi(\lambda)$.

不失一般性, 设 $\alpha_n \to \alpha_0$ 随着 $n \to \infty$, $\alpha \leqslant \alpha_0 \leqslant \beta$. 因此

$$\phi(\alpha_0) = \lim_{n\to\infty} \phi_n(\alpha_n) = \lim_{n\to\infty} \phi_n(\alpha_n + i\beta_n) = 0.$$

另一方面, 因为 $\phi_n(\lambda)$ 当 $\alpha \leqslant \mathrm{Re}(\lambda) \leqslant \beta$ 时不为零, $\mathrm{dist}\big(\lambda_n, \sigma(\mathcal{A}_g)\big) \geqslant \delta > 0$, $\phi(\lambda)$ 由 Hurwitz 定理 (定理 2.31) 一定为零. 从而

$$h(x) = \phi_n(x - i\beta_n) \to 0 \quad \text{对所有的 } \alpha - \delta < x < \beta + \frac{\delta}{2},$$

从而由解析性 $h(\lambda) \equiv 0$, 但这是不可能的, 因为由假设 $h(\lambda)$ 零点和满足 $\alpha \leqslant \mathrm{Re}(\lambda) \leqslant \beta$ 的 λ 是正的. 引理得证. $\qquad\square$

定理 4.15   对于充分小的 $\delta > 0$ 以及任意整数 ℓ, 用 $\Omega_{\ell d}^{\delta}$ 表示如下集合:

$$\Omega_{\ell d}^{\delta} = \Big\{\lambda \in \mathbb{C} \mid |\mathrm{Re}(\lambda)| < \ell d, \ \mathrm{dist}\big(\lambda, \ \sigma(\mathcal{A}_g)\big) \geqslant \delta \Big\}.$$

则存在依赖于 ℓ, d 和 δ 的常数 $M = M(\ell, d, \delta) > 0$ 使得

$$\|R(\lambda, \mathcal{A}_g)\| \leqslant M, \quad \forall\, \lambda \in \Omega_{\ell d}^{\delta}. \tag{4.90}$$

证明   我们用定理 4.12 的结论 (ii) 中 $R(\lambda, \mathcal{A}_g)$ 的表达式, 以及 $W = (f, g)^{\mathrm{T}}$. 首先, 根据 Riemann-Lebesgue 引理, 可知

$$\lim_{\lambda \in \Omega_{\ell d}^{\delta}, |\lambda| \to \infty} \int_0^x Y(x, s, \lambda) K^{-1}(s) W(s) ds = 0, \quad \forall\, x \in [0, 1].$$

由引理 4.14, 可知存在常数 $\delta_1 > 0$ 使得

$$|h(\lambda)| \geqslant \delta_1 > 0, \quad \forall\, \lambda \in \Omega_{\ell d}^{\delta}. \tag{4.91}$$

注意到

$$H^{-1}(\lambda) = \frac{H_1(\lambda)}{h(\lambda)},$$

其中 $H_1(\lambda)$ 是由 $H(\lambda)$ 的代数余子式组成的矩阵. 因此 $H_1(\lambda)$ 的每个元素都是指数多项式

$$\sum_{j=1}^{p} c_j e^{\sigma_j \lambda},$$

这里 c_j 是常数, σ_j 是实数, p 是整数. 因此, $H_1(\lambda)$ 的所有元素关于 λ 在 $\Omega_{\ell d}^{\delta}$ 上一致有界. 从而, 由 (4.91) 可知, 存在 $C_1 > 0$ 使得

$$\|H^{-1}(\lambda)\|_{\mathbb{C}^k} \leqslant C_1, \quad \forall \lambda \in \Omega_{\ell d}^{\delta}.$$

最后, 对于 $\lambda \in \Omega_{\ell d}^{\delta}$, 由于 $Y(1, s, \lambda)$ 和 $Y(x, 0, \lambda)$ 的所有元素关于 $s, x \in [0, 1]$ 和 $\lambda \in \Omega_{\ell d}^{\delta}$ 一致有界, 因此可以找到常数 $C_2 > 0$ 使得

$$\|v(0)\| \leqslant C_2 \|W\|,$$

其中 $v(0)$ 由定理 4.12 的结论 (ii) 所确定, C_2 是不依赖于 W 的常数. 因此

$$\|R(\lambda, \mathcal{A}_g) W\| \leqslant M \|W\|, \quad \forall \lambda \in \Omega_{\ell d}^{\delta}, \ W \in \mathcal{H}_g,$$

这里 $M > 0$ 是常数. 定理得证. □

记 $\sigma(\mathcal{A}_g) = \{i\lambda_n\}_{n \in \mathbb{J}}$. 由于每个本征值 $i\lambda_n$ 的代数重数为 $m_a(\lambda_n)$, 根据算子 $\mathcal{A}_g$ 的本征值, 我们有如下的复指数族:

$$E_n(t) = \{e^{i\lambda_n t}, \ te^{i\lambda_n t}, \ \cdots, \ t^{m_a(\lambda_n)-1} e^{i\lambda_n t}\}, \quad n \in \mathbb{J}.$$

定理 4.16 下面的结论成立:

(i) 存在 $\varepsilon > 0$ 使得

$$\sigma(\mathcal{A}_g) = \bigcup_{p \in \mathbb{J}} \left\{i\lambda_k^p\right\}_{k=1}^{N^p},$$

其中 $\lambda_k^p \neq \lambda_j^p$ 当 $k \neq j$ 时, $\sup_p N^p < \infty$, 以及

$$\inf_{p \neq q, p, q \in \mathbb{J}} |\lambda_k^p - \lambda_j^q| \geqslant \varepsilon, \quad \forall \, 1 \leqslant k \leqslant N^p, \, 1 \leqslant j \leqslant N^q.$$

(ii) 根子空间 $\mathrm{sp}(\mathcal{A}_g)$ 可以表示为

$$\mathrm{sp}(\mathcal{A}_g) = \left\{ W \,\middle|\, W = \sum_{p \in \mathbb{J}} \sum_{k=1}^{N^p} \mathbb{P}_{\lambda_k^p} W \right\}, \tag{4.92}$$

其中 $\mathbb{P}_{\lambda_k^p}$ 表示算子 $\mathcal{A}_g$ 相应于本征值 $i\lambda_k^p$ 的本征投影.

(iii) *存在常数* $M_1, M_2 > 0$ *使得*

$$M_1 \sum_{p \in \mathbb{J}} \left\| \sum_{k=1}^{N^p} \mathbb{P}_{\lambda_k^p} W \right\|^2 \leqslant \|W\|^2 \leqslant M_2 \sum_{p \in \mathbb{J}} \left\| \sum_{k=1}^{N^p} \mathbb{P}_{\lambda_k^p} W \right\|^2, \quad \forall W \in \mathrm{sp}(\mathcal{A}_g). \quad (4.93)$$

(iv) *谱确定增长条件成立*: $S(\mathcal{A}_g) = \omega(\mathcal{A}_g)$.

证明　由命题 4.2, 可知

$$\sup_{i\lambda_n \in \sigma(\mathcal{A}_g)} m_a(\lambda_n) < \infty. \quad (4.94)$$

进一步, 由定理 2.38 以及定理 4.13 的结论 (ii) 可知, 算子 $\mathcal{A}_g$ 的本征值可以表示为可分集合的有限并 (多重本征值按照它的代数重数重复计算):

$$\mathcal{A}_g \text{ 的本征值} = \Lambda = \bigcup_{n=1}^{N} \Lambda_n, \quad \inf_{k \neq j, i\lambda_k, i\lambda_j \in \Lambda_n} |\lambda_k - \lambda_j| > 0, \quad \forall 1 \leqslant n \leqslant N. \quad (4.95)$$

令

$$\delta = \min_{1 \leqslant n \leqslant N} \inf_{k \neq j, i\lambda_k, i\lambda_j \in \Lambda_n} |\lambda_k - \lambda_j| > 0.$$

则对任意 $r < r_0 = \delta/(2N)$, 由 2.5 节的讨论, 可知存在

$$\Lambda^p = \left\{ i\lambda_j^p \right\}_{j=1}^{N^p}, \quad N^p \leqslant N, \quad p \in \mathbb{J},$$

为集合 Λ 和 $\bigcup_{n \in \mathbb{J}} D_{i\lambda_n}(r)$ 交集的第 p 个连通分量, 使得

$$\sigma(\mathcal{A}_g) = \bigcup_{p \in \mathbb{J}} \Lambda^p. \quad (4.96)$$

不失一般性, 对于 $p \in \mathbb{J}$, 设本征值 $\{i\lambda_n\}$ 被重新排列使得 $\mathrm{Im}(i\lambda_n)$ 为非降序列:

$$\mathrm{Re}(i\lambda_1^p) \geqslant \mathrm{Re}(i\lambda_2^p) \geqslant \cdots \geqslant \mathrm{Re}(i\lambda_{N^p}^p).$$

构造如下广义差分族:

$$E^p(\Lambda, r) = \left\{ [\lambda_1^p](t), \; [\lambda_1^p, \lambda_2^p](t), \; \cdots, \; [\lambda_1^p, \lambda_2^p, \cdots, \lambda_{N^p}^p](t) \right\}, \quad p \in \mathbb{J}.$$

由 (2.87) 可知 $D^+(\Lambda) < \infty$. 根据定理 2.45, 对于任意 $T > 2\pi D^+(\Lambda)$, 广义差分族 $\left\{ E^p(\Lambda, r) \right\}_{p \in \mathbb{J}}$ 在 $L^2(0, T)$ 生成的闭子空间上构成 Riesz 基. 因为 $N^p \leqslant N$, 定理 2.74 关于根子空间 $\mathrm{sp}(\mathcal{A}_g)$ 的条件都满足, 定理得证.　　□

表达式 (4.93) 反映了系统的基性质: 算子 $\mathcal{A}_g$ 的广义本征函数在根子空间 $\mathrm{sp}(\mathcal{A}_g)$ 构成带括号的 Riesz 基.

定理 4.17 下述分解成立:

$$\mathcal{H}_g = \mathrm{sp}(\mathcal{A}_g) \oplus M_\infty(\mathcal{A}_g) \quad (\text{拓扑直和}), \tag{4.97}$$

其中

$$M_\infty(\mathcal{A}_g) = \left\{ W \in \mathcal{H}_g \,\middle|\, \mathbb{P}_{\lambda_j^p} W = 0, \ \forall\, 1 \leqslant j \leqslant N^p, \ p \in \mathbb{J} \right\}.$$

并且, $e^{\mathcal{A}_g t}$ 在根子空间 $\mathrm{sp}(\mathcal{A}_g)$ 生成 C_0-群.

证明 设 d 是由定理 4.15 给定的常数, 取 $\delta < d$. 令

$$\mathcal{B} = \mathcal{A}_g + (n+1)d.$$

则

$$\sigma(\mathcal{B}) \subset \left\{ \lambda \in \mathbb{C} \,\middle|\, d < \mathrm{Re}(\lambda) < (2n+1)d \right\}, \quad \sup_{|\mathrm{Re}(\lambda)| \leqslant \delta} \|R(\lambda, \mathcal{B})\| < \infty.$$

由谱映射定理 (定理 1.40) 可知

$$e^{\sigma_p(\mathcal{B})} \subset \sigma_p\big(e^{\mathcal{B}}\big) \subset e^{\sigma_p(\mathcal{B})} \cup \{0\} \subset \left\{ \lambda \,\middle|\, e^d < |\lambda| < e^{(2n+1)d} \right\} \cup \{0\}.$$

由于 $\sigma(\mathcal{B}) = \sigma_p(\mathcal{B})$ 以及算子 $\mathcal{B}$ 相应于 λ 的广义本征函数和半群 $e^{\mathcal{B}}$ 相应于 e^λ 的广义本征函数是一致的, 因此

$$\mathrm{sp}(\mathcal{B}) \subset \mathrm{rang}(I - \mathbb{P}),$$

其中 $I - \mathbb{P}$ 是半群 $e^{\mathcal{B}}$ 相应于 $\{\lambda \,|\, |\lambda| > 1\}$ 的谱投影. 另一方面, 由 Gearhart-Herbst 定理 (定理 1.41) 可知 $\mathcal{B}$ 是双曲算子, 也就是说, $\mathcal{H}_g$ 可以分解为两个闭子空间 $\mathcal{H}_u$ 和 $\mathcal{H}_s$ 使得

$$\begin{cases} \mathcal{H}_g = \mathcal{H}_u \oplus \mathcal{H}_s = (I - \mathbb{P})\mathcal{H}_g \oplus \mathbb{P}\mathcal{H}_g \quad (\text{拓扑直和}), \\ e^{\mathcal{B}t}\mathcal{H}_u \subset \mathcal{H}_u, \quad e^{\mathcal{B}t}\mathcal{H}_s \subset \mathcal{H}_s, \end{cases}$$

其中 $e^{\mathcal{B}t}$ 延拓为 $\mathcal{H}_u$ 上的 C_0-群. 并且, $e^{\mathcal{B}t}$ 在 $\mathcal{H}_s$ 上的限制是一个指数稳定的 C_0-半群. 前面的讨论证明

$$\mathrm{sp}(\mathcal{B}) \subset \mathcal{H}_u.$$

然而, 由于 $\mathcal{B}$ 生成 $\mathcal{H}_u$ 的 C_0-群, 由 Hille-Yosida 定理 (定理 1.25), 可得

$$\|R(\lambda, \mathcal{B})\|_{\mathcal{H}_u} \to 0 \quad \text{随着 } |\lambda| \to +\infty.$$

取 $\rho_2 = \rho = 1$, $n = 2$, $\gamma_1 = \{\lambda \mid \arg \lambda = \pi\}$ 以及注意到 $R(\lambda, \mathcal{A}_g)$ 在定理 4.12 的结论 (ii) 中的表达式, 可知对于 $\mathcal{H}_u$ 上的算子 $\mathcal{B}$, 定理 2.69 的条件均满足. 因此, $\mathcal{B}$ 的根子空间在 $\mathcal{H}_u$ 完备:

$$\mathrm{sp}(\mathcal{B}) = \mathcal{H}_u,$$

它意味着 $\mathrm{sp}(\mathcal{A}_g) = \mathcal{H}_u$ 由于 $\mathrm{sp}(\mathcal{B}) = \mathrm{sp}(\mathcal{A}_g)$. 进一步, 由于

$$\sigma(\mathcal{A}_g) = \sigma\big(\mathcal{A}_g\big|_{\mathrm{sp}(\mathcal{A}_g)}\big) \cup \sigma\big(\mathcal{A}_g\big|_{\mathcal{H}_s}\big),$$

可得 $\sigma\big(\mathcal{A}_g\big|_{\mathcal{H}_s}\big) = \varnothing$. 因此, 对任意 $W \in \mathcal{H}_s$, $R(\lambda, \mathcal{A}_g)W$ 是整函数. 由引理 2.50, 可知

$$\mathcal{H}_s \subset M_\infty(\mathcal{A}_g).$$

从而, $\mathcal{H}_s = M_\infty(\mathcal{A}_g)$. 定理得证. □

推论 4.18　对任意 $(u_0, v_0)^{\mathrm{T}} \in \mathcal{H}_g$, 设 $(u_0, v_0)^{\mathrm{T}}$ 分解为

$$(u_0, v_0)^{\mathrm{T}} = (u_{0u}, v_{0u})^{\mathrm{T}} + (u_{0s}, v_{0s})^{\mathrm{T}} \in \mathrm{sp}(\mathcal{A}_g) \oplus M_\infty(\mathcal{A}_g).$$

则 (4.79) 的解可以表示为

$$\begin{pmatrix} u(x, t) \\ v(x, t) \end{pmatrix} = \sum_{p \in \mathbb{J}} \sum_{k=1}^{N^p} e^{i\lambda_k^p t} \sum_{j=1}^{m_{(a)}(\lambda_k^p)} \frac{(\mathcal{A}_g - i\lambda_k^p)^{j-1}}{(j-1)!} t^{j-1} \mathbb{P}_{\lambda_k^p} \begin{pmatrix} u_{0u} \\ v_{0u} \end{pmatrix}(x) + e^{\mathcal{A}_g t} \begin{pmatrix} u_{0s} \\ v_{0s} \end{pmatrix}(x). \tag{4.98}$$

并且, (4.98) 右端的第一项在 $\mathcal{H}_g$ 上带括号无条件收敛, 即对任意 $t \geqslant 0$,

$$\sum_{p \in \mathbb{J}} \left\| \sum_{k=1}^{N^p} e^{i\lambda_k^p t} \sum_{j=1}^{m_{(a)}(\lambda_k^p)} \frac{(\mathcal{A} - i\lambda_k^p)^{j-1}}{(j-1)!} t^{j-1} \mathbb{P}_{\lambda_k^p} \begin{pmatrix} u_{0u} \\ v_{0u} \end{pmatrix} \right\|^2 < \infty, \quad \forall\, t \geqslant 0,$$

当 $t > t_0$, $t_0 > 0$ 时, 第二项为零.

证明　表达式 (4.98) 右端的第一项来自于 (4.92). 对于第二个断言, 必须证明: 对于任意的 $W \in M_\infty(\mathcal{A}_g)$, $R(\lambda, \mathcal{A}_g)W$ 是指数型整函数.

我们一步步地完成证明. 应用 Hille-Yosida 定理 (定理 1.25) 可知, 存在正常数 C_1, D_1, ω_1 使得

$$\|R(\lambda, \mathcal{A}_g)\| \leqslant C_1 e^{D_1 |\lambda|}, \quad \mathrm{Re}(\lambda) \geqslant \omega_1.$$

从 (4.87) 的第二个极限, 容易发现: 存在小的常数 $\varepsilon > 0$ 使得

$$\frac{1}{|h(\lambda)|} \leqslant \frac{|e^{-\omega_m \lambda}|}{|b_m| - \varepsilon}, \quad \forall\, \mathrm{Re}(\lambda) < -\omega_2,$$

这里 $\omega_2 > 0$ 是常数. 因此, 由定理 4.12 的结论 (ii) 中 $R(\lambda, \mathcal{A}_g)$ 的表达式, 可得

$$\|R(\lambda, \mathcal{A}_g)\| \leqslant C_2 e^{D_2|\lambda|} \qquad \text{随着 } \operatorname{Re}(\lambda) \geqslant -\omega_2,$$

这里 C_2 和 D_2 是正常数. 对于任意的 $W \in M_\infty(\mathcal{A}_g)$, 由于 $R(\lambda, \mathcal{A}_g)W$ 是整函数, 应用定理 4.15 和解析函数的最大模原理可得, 存在常数 $C_3 > 0$ 使得

$$\|R(\lambda, \mathcal{A}_g)W\| \leqslant C_3, \quad -\omega_2 \leqslant \operatorname{Re}(\lambda) \leqslant \omega_2.$$

因此 $R(\lambda, \mathcal{A}_g)W$ 是指数型整函数. 由于 $e^{\mathcal{A}_g t}$ 在 $M_\infty(\mathcal{A}_g)$ 上指数稳定, 可得

$$\int_{i\mathbb{R}} \|R(\lambda, \mathcal{A}_g)W\| d\lambda < \infty.$$

如同定理 4.13 的证明, 再次使用 Paley-Wiener 定理 (定理 2.32), 可得

$$e^{\mathcal{A}_g t}W = 0, \quad t > t_0,$$

这里 $t_0 > 0$. 推论得证. □

定理 4.19 设 $m = k$, $\det(DE) \neq 0$. 则 $\mathcal{A}_g$ 在 $\mathcal{H}_g$ 生成 C_0-群, 因此算子 $\mathcal{A}_g$ 的根子空间在 $\mathcal{H}_g$ 完备:

$$\operatorname{sp}(\mathcal{A}_g) = \mathcal{H}_g.$$

这时候, 存在 $\mathcal{A}_g$ 的广义本征函数构成 $\mathcal{H}_g$ 的带括号 Riesz 基.

证明 由于 $m = k$ 和 $\det(DE) \neq 0$, 因此 D^{-1} 和 E^{-1} 都存在. 令

$$\tilde{u}(x, t) = u(x, -t), \quad \tilde{v}(x, t) = v(x, -t).$$

则 $(\tilde{u}, \tilde{v})$ 仍然满足方程 (4.79):

$$\begin{cases} \dfrac{\partial}{\partial t} \begin{pmatrix} \tilde{u}(x,t) \\ \tilde{v}(x,t) \end{pmatrix} - K(x)\dfrac{\partial}{\partial x} \begin{pmatrix} \tilde{u}(x,t) \\ \tilde{v}(x,t) \end{pmatrix} - C(x) \begin{pmatrix} \tilde{u}(x,t) \\ \tilde{v}(x,t) \end{pmatrix} = 0, \quad 0 < x < 1,\ t > 0, \\[2mm] \tilde{u}(1,t) = D^{-1}\tilde{v}(1,t), \quad \tilde{v}(0,t) = E^{-1}\tilde{u}(0,t). \end{cases}$$

$$(4.99)$$

交换 $\tilde{u}(x,t)$ 和 $\tilde{v}(x,t)$ 的位置, 由定理 4.12 可知系统 (4.99) 在 $\mathcal{H}_g$ 生成 C_0-群. 因此, 算子 $\mathcal{A}_g$ 在 $\mathcal{H}_g$ 生成 C_0-群. 根据 Hille-Yosida 定理 (定理 1.25), 可知

$$\|R(\lambda, \mathcal{A}_g)\| \to 0 \qquad \text{随着 } |\lambda| \to +\infty.$$

取 $\rho_2 = \rho = 1$, $n = 2$, $\gamma_1 = \{\lambda|\ \arg\lambda = \pi\}$ 以及注意到 $R(\lambda, \mathcal{A}_g)$ 在定理 4.12 的结论 (ii) 中的表达式, 可知定理 2.69 的条件均满足, 定理从而得证. □

4.4 连接的 Rayleigh 梁

虽然 Euler-Bernoulli 梁理论是最常用的, 因为它的简单性, 并为许多问题提供合理的工程近似. 然而, Euler-Bernoulli 模型倾向于稍微高估固有频率. 这一问题因高阶模态的固有频率而加剧. 此外, 对于细长梁的预测也优于非细长梁. 这一节, 我们讨论 Rayleigh 梁. Rayleigh 梁理论通过考虑横截面旋转的影响, 对 Euler-Bernoulli 理论进行了改进. 它部分地修正了 Euler-Bernoulli 模型中对固有频率的高估.

我们讨论如下连接的 Rayleigh 梁方程:

$$\begin{cases} y_{tt}(x,t) - \alpha y_{xxtt}(x,t) + y_{xxxx}(x,t) = -u_0(t)\dfrac{d}{dx}\delta_\xi \\ \quad -\dot{u}_1(t)\big[\alpha\delta_\xi + b(x)\big], \quad x \in (0,1), \\ y(0,t) = y_{xx}(0,t) = y(1,t) = y_{xx}(1,t) = 0, \end{cases} \tag{4.100}$$

其中

$$b(x) = \begin{cases} (1-\xi)x, & 0 \leqslant x \leqslant \xi, \\ \xi(1-x), & \xi < x \leqslant 1, \end{cases} \tag{4.101}$$

$\delta_\xi, \dfrac{d\delta_\xi}{dx}$ 是 Dirac 函数, 在 $x = \xi$ 处的导数是分布意义下的导数, $y(x,t)$ 表示梁在位置 $x \in [0,1]$ 和时间 $t \geqslant 0$ 的横向位移, $\alpha > 0$ 是常数 (它与梁的横截面的惯性矩成正比), 以及 u_0, u_1 是控制输入. 设计如下的反馈控制:

$$u_0(t) = -k_0 y_{xt}(\xi,t), \quad u_1(t) = -k\big[(1-\gamma)y_{xx}(\xi^-,t) + \gamma y_{xx}(\xi^+,t)\big], \tag{4.102}$$

其中 $\gamma > 0$, $k, k_0 > 0$ 是正的反馈增益. 并且, 如同系统 (3.130) 和 (3.146)-(3.147) 之间的等价性, 系统 (4.100) 等价于如下的 Rayleigh 梁方程:

$$\begin{cases} y_{tt}(x,t) - \alpha y_{xxtt}(x,t) + y_{xxxx}(x,t) = -\dot{u}_1(t)b(x), \quad x \in (0,1),\ x \neq \xi, \\ y(0,t) = y_{xx}(0,t) = y(1,t) = y_{xx}(1,t) = 0, \\ y(\xi^-,t) = y(\xi^+,t), \quad y_x(\xi^-,t) = y_x(\xi^+,t), \\ y_{xx}(\xi^-,t) - y_{xx}(\xi^+,t) = u_0(t), \\ y_{xxx}(\xi^-,t) - y_{xxx}(\xi^+,t) = \alpha\dot{u}_1(t). \end{cases} \tag{4.103}$$

容易看到系统 (4.103) 有两个控制器. 一个放在关节点处, 另一个既放在关节点处, 同时也沿着整个梁分布设置.

系统 (4.100) 的能量函数为

$$E(t) = \frac{1}{2} \int_0^1 \Big[y_{xx}^2(x,t) + \big(y_t(x,t) + u_1(t)b(x)\big)^2 + \alpha\big(y_{xt}(x,t) + u_1(t)b'(x)\big)^2 \Big] dx.$$
$$(4.104)$$

沿着系统 (4.103) 的轨迹, 对 $E(t)$ 关于时间 t 求导数, 可得

$$\dot{E}(t) = \int_0^1 \Big[y_{xx}y_{xxt} + \big(\alpha y_{xxtt} - y_{xxxx}\big)\big(y_t + u_1 b\big)$$
$$+ \alpha\big(y_{xtt} + \dot{u}_1 b'\big)\big(y_{xt} + u_1 b'\big) \Big] dx$$

$$= \int_0^1 \Big[y_{xx}y_{xxt} + \alpha y_{xxtt}y_t + \alpha y_{xtt}y_{xt} - y_{xxxx}y_t$$
$$+ \alpha u_1 y_{xtt}b' + \alpha y_{xt}\dot{u}_1 b' + \alpha u_1 \dot{u}_1 b'^2 + \alpha u_1 y_{xxtt}b - u_1 y_{xxxx}b \Big] dx$$

$$= -\alpha \dot{u}_1 y_t(\xi,t) - k_0 y_{xt}^2(\xi,t)$$
$$+ \int_0^1 \Big[\alpha u_1 y_{xtt}b' + \alpha y_{xt}\dot{u}_1 b' + \alpha u_1 \dot{u}_1 b'^2 + \alpha u_1 y_{xxtt}b - u_1 y_{xxxx}b \Big] dx$$

$$= -\alpha \dot{u}_1 y_t(\xi,t) - k_0 y_{xt}^2(\xi,t) + \alpha u_1 y_{tt}(\xi,t) + \alpha \dot{u}_1 y_t(\xi,t) + \alpha \xi(1-\xi)u_1\dot{u}_1$$
$$- \alpha u_1 y_{tt}(\xi,t) - \alpha\xi(1-\xi)u_1\dot{u}_1 + u_1 y_{xx}(\xi^-,t) + k_0\xi u_1 y_{xt}(\xi,t)$$

$$= -k_0 y_{xt}^2(\xi,t) + u_1 y_{xx}(\xi^-,t) + k_0\xi u_1 y_{xt}(\xi,t)$$

$$= -k_0(1 + k_0 k\gamma\xi)y_{xt}^2(\xi,t) - k y_{xx}^2(\xi^-,t) - k k_0(\gamma + \xi)y_{xx}(\xi^-,t)y_{xt}(\xi,t)$$

$$\leqslant -k_0\left(1 + kk_0\xi\gamma - \frac{k(\xi+\gamma)}{2\delta}\right)y_{xt}^2(\xi,t)$$
$$- k\left(1 - \frac{\delta k_0(\xi+\gamma)}{2}\right)y_{xx}^2(\xi^-,t),$$
$$(4.105)$$

这里 $\delta > 0$. 可以发现 $\dot{E}(t) \leqslant 0$ 如果满足如下条件:

$$\frac{k(\xi+\gamma)}{2\delta} \leqslant 1 + kk_0\xi\gamma, \quad \frac{\delta k_0(\xi+\gamma)}{2} \leqslant 1.$$

由系统 (4.103) 的能量函数 (4.104), 定义系统 (4.100) 的状态 Hilbert 空间 $\mathcal{H}_R$ 如下:

$$\mathcal{H}_R = \big(H^2(0,1) \cap H_0^1(0,1)\big) \times H_0^1(0,1),$$
$$(4.106)$$

以及内积诱导范数:

$$\|(f,g)\|^2 = \int_0^1 \Big[|f''(x)|^2 + |g(x)|^2 + \alpha|g'(x)|^2 \Big] dx, \quad \forall\, (f,g) \in \mathcal{H}_R.$$

定义如下算子 $\mathcal{R}: L^2(0,1) \to H^2(0,1) \cap H^1_0(0,1)$:

$$\mathcal{R} := \left(I - \alpha \frac{d^2}{dx^2} \right)^{-1}. \tag{4.107}$$

显然 $\mathcal{R}$ 是从 $L^2(0,1)$ 到 $H^2(0,1) \cap H^1_0(0,1)$ 的同构映射, 并且

$$\begin{cases} \mathcal{R}f = c \sinh \dfrac{x}{\sqrt{\alpha}} - \dfrac{1}{\sqrt{\alpha}} \displaystyle\int_0^x \sinh \dfrac{x-s}{\sqrt{\alpha}} f(s)ds, \\ c = \left(\sqrt{\alpha} \sinh \dfrac{1}{\sqrt{\alpha}} \right)^{-1} \displaystyle\int_0^1 \sinh \dfrac{1-s}{\sqrt{\alpha}} f(s)ds, \quad \forall f \in L^2(0,1). \end{cases} \tag{4.108}$$

简单计算可以发现

$$\begin{cases} \left(\mathcal{R}\dfrac{d^4}{dx^4} \right) f(x) = d \sinh \dfrac{x}{\sqrt{\alpha}} - \dfrac{1}{\alpha} f''(x) - \dfrac{1}{\alpha\sqrt{\alpha}} \displaystyle\int_0^x \sinh \dfrac{x-s}{\sqrt{\alpha}} f''(s)ds, \\ d = \left(\alpha \sinh \dfrac{1}{\sqrt{\alpha}} \right)^{-1} \displaystyle\int_0^1 \cosh \dfrac{1-s}{\sqrt{\alpha}} f'''(s)ds. \end{cases} \tag{4.109}$$

将 $\mathcal{R}$ 作用在方程 (4.100) 的左右两端可得

$$\begin{cases} y_{tt}(x,t) + \left(\mathcal{R}\dfrac{d^4}{dx^4} \right) y(x,t) = -u_0(t)\mathcal{R}\left(\dfrac{d}{dx}\delta_\xi \right) - \dot{u}_1(t)b(x), \\ y(0,t) = y_{xx}(0,t) = y(1,t) = y_{xx}(1,t) = 0, \end{cases} \tag{4.110}$$

其中 $\mathcal{R}\left(\dfrac{d}{dx}\delta_\xi \right)$ 通过延拓 $\mathcal{R}$ 到 $\mathcal{R} \in \mathcal{L}\left(\left(H^2(0,1) \cap H^1_0(0,1) \right)', L^2(0,1) \right)$, 可得

$$\mathcal{R}\left(\dfrac{d}{dx}\delta_\xi \right) = \begin{cases} \left(\alpha \sinh \dfrac{1}{\sqrt{\alpha}} \right)^{-1} \cosh \dfrac{1-\xi}{\sqrt{\alpha}} \sinh \dfrac{x}{\sqrt{\alpha}}, & x \in [0,\xi), \\ \left(\alpha \sinh \dfrac{1}{\sqrt{\alpha}} \right)^{-1} \cosh \dfrac{1-\xi}{\sqrt{\alpha}} \sinh \dfrac{x}{\sqrt{\alpha}} - \dfrac{1}{\alpha} \cosh \dfrac{x-\xi}{\sqrt{\alpha}}, & x \in (\xi,1]. \end{cases} \tag{4.111}$$

因此, (4.110) 可以表示为

$$\begin{cases} \dfrac{d}{dt}\left[y_t(x,t) + u_1(t)b(x) \right] + \left(\mathcal{R}\dfrac{d^4}{dx^4} \right) y(x,t) = -u_0(t)\mathcal{R}\left(\dfrac{d}{dx}\delta_\xi \right), \\ y(0,t) = y_{xx}(0,t) = y(1,t) = y_{xx}(1,t) = 0, \end{cases} \tag{4.112}$$

或等价于

$$\begin{cases} \dfrac{d}{dt}\begin{pmatrix} y(x,t) \\ y_t(x,t)+u_1(t)b(x) \end{pmatrix} + \begin{pmatrix} 0 & -I \\ \left(\mathcal{R}\dfrac{d^4}{dx^4}\right) & 0 \end{pmatrix}\begin{pmatrix} y(x,t) \\ y_t(x,t)+u_1(t)b(x) \end{pmatrix} \\[4mm] \quad + \begin{pmatrix} 0 & b(x) \\ \mathcal{R}\left(\dfrac{d}{dx}\delta_\xi\right) & 0 \end{pmatrix}\begin{pmatrix} u_0(t) \\ u_1(t) \end{pmatrix} = 0, \\[4mm] y(0,t)=y_{xx}(0,t)=y(1,t)=y_{xx}(1,t)=0. \end{cases}$$

$$(4.113)$$

把 (4.102) 代入 (4.113), 可得系统 (4.100) 和 (4.102) 的如下系统算子 $\mathcal{A}_R$:
$D(\mathcal{A}_R)(\subset \mathcal{H}_R) \to \mathcal{H}_R$:

$$D(\mathcal{A}_\mathcal{R}) = \Big\{(f,g)\,\big|\, \mathcal{A}_R(f,g) \in \mathcal{H}_R,\ f \in H^3(0,\xi) \cup H^3(\xi,1),\ f''(0)=f''(1)=0\Big\},$$

$$(4.114)$$

$$\mathcal{A}_R\begin{pmatrix} f \\ g \end{pmatrix}$$

$$= \begin{cases} \begin{pmatrix} g+b\widetilde{f}(\xi) \\ -\left(\mathcal{R}\dfrac{d^4}{dx^4}\right)f + k_0\mathcal{R}\left(\dfrac{d}{dx}\delta_\xi\right)\left[g'(\xi^-)+(1-\xi)\widetilde{f}(\xi)\right] \end{pmatrix},\quad 0\leqslant x<\xi, \\[6mm] \begin{pmatrix} g+b\widetilde{f}(\xi) \\ -\left(\mathcal{R}\dfrac{d^4}{dx^4}\right)f + k_0\mathcal{R}\left(\dfrac{d}{dx}\delta_\xi\right)\left[g'(\xi^+)-\xi\widetilde{f}(\xi)\right] \end{pmatrix},\quad \xi < x \leqslant 1, \\[6mm] \widetilde{f}(\xi) := k\big[(1-\gamma)f''(\xi^-)+\gamma f''(\xi^+)\big]. \end{cases}$$

$$(4.115)$$

上述表达式可以被进一步简化. 事实上, 由 $\mathcal{A}_R(f,g) \in \mathcal{H}_R$, 可知

$$g'(\xi^-)+k(1-\xi)\big[(1-\gamma)f''(\xi^-)+\gamma f''(\xi^+)\big] = g'(\xi^+)-k\xi\big[(1-\gamma)f''(\xi^-)+\gamma f''(\xi^+)\big],$$

或者

$$g'(\xi^+)-g'(\xi^-) = k\big[(1-\gamma)f''(\xi^-)+\gamma f''(\xi^+)\big], \qquad (4.116)$$

以及

$$\frac{1}{\alpha}f''(\xi^-)+k_0\mathcal{R}\left(\frac{d}{dx}\delta_\xi\right)(\xi^-)\Big[g'(\xi^-)+k(1-\xi)\big[(1-\gamma)f''(\xi^-)+\gamma f''(\xi^+)\big]\Big]$$

$$= \frac{1}{\alpha}f''(\xi^+)+k_0\mathcal{R}\left(\frac{d}{dx}\delta_\xi\right)(\xi^+)\Big[g'(\xi^+)-k\xi\big[(1-\gamma)f''(\xi^-)+\gamma f''(\xi^+)\big]\Big],$$

其中

$$\mathcal{R}\left(\frac{d}{dx}\delta_\xi\right)(\xi^+) = L - \frac{1}{\alpha},$$

以及

$$L = \mathcal{R}\left(\frac{d}{dx}\delta_\xi\right)(\xi^-) = \left(\alpha\sinh\frac{1}{\sqrt{\alpha}}\right)^{-1}\cosh\frac{1-\xi}{\sqrt{\alpha}}\sinh\frac{\xi}{\sqrt{\alpha}}.$$

从而

$$\begin{cases} g'(\xi^+) = k\xi\big[(1-\gamma)f''(\xi^-) + \gamma f''(\xi^+)\big] - \dfrac{1}{k_0}\big[f''(\xi^-) - f''(\xi^+)\big], \\ g'(\xi^-) = -k(1-\xi)\big[(1-\gamma)f''(\xi^-) + \gamma f''(\xi^+)\big] - \dfrac{1}{k_0}\big[f''(\xi^-) - f''(\xi^+)\big]. \end{cases}$$
$$(4.117)$$

因此

$$\mathcal{A}_R\begin{pmatrix} f \\ g \end{pmatrix} = \begin{pmatrix} g + b\big[g'\big]_\xi \\ -\left(\mathcal{R}\dfrac{d^4}{dx^4}\right)f + \mathcal{R}\left(\dfrac{d}{dx}\delta_\xi\right)\big[f''\big]_\xi \end{pmatrix}, \quad 0 \leqslant x < \xi, \xi < x \leqslant 1,$$
$$(4.118)$$

$$D(\mathcal{A}_R) = \Big\{ (f,g) \in \mathcal{H}_R \ \Big| \ f \in H^3(0,\xi) \cup H^3(\xi,1), \ g \in H^2(0,\xi) \cup H^2(\xi,1),$$

$$\big[f''\big]_\xi = f''(\xi^+) - f''(\xi^-), \ \big[g'\big]_\xi = g'(\xi^+) - g'(\xi^-),$$

$$f''(0) = f''(1) = 0,$$

$$g'(\xi^+) = k\xi\big[(1-\gamma)f''(\xi^-) + \gamma f''(\xi^+)\big] + \frac{1}{k_0}\big[f''\big]_\xi,$$

$$g'(\xi^-) = -k(1-\xi)\big[(1-\gamma)f''(\xi^-) + \gamma f''(\xi^+)\big] + \frac{1}{k_0}\big[f''\big]_\xi \Big\}.$$

由定义的系统算子 $\mathcal{A}_R$, 闭环系统 (4.100) 和 (4.102) 可以表示为 $\mathcal{H}_R$ 上的发展方程:

$$\begin{cases} \dot{Y}(t) = \mathcal{A}_R Y(t), \\ Y(0) = Y_0, \end{cases}$$
$$(4.119)$$

其中 $Y(t) = \big(y(\cdot,t), y_t(\cdot,t) + u_1(t)b(\cdot)\big)$ 是状态变量, Y_0 是系统初值.

考虑如下 Volterra 积分方程:

$$f(x) + \frac{1}{\sqrt{\alpha}}\int_0^x \sinh\frac{x-s}{\sqrt{\alpha}}f(s)ds = g(x), \quad x \in [0,1]. \qquad (4.120)$$

众所周知, 对任意 $g \in L^2(0,1)$, 方程 (4.120) 存在唯一连续解 $f(x)$:

$$f(x) = [(I + K)^{-1}g](x), \quad x \in [0,1], \tag{4.121}$$

其中 K 是 (4.120) 通过积分定义的 $L^2(0,1)$ 的紧算子. 直接计算可验证引理 4.20.

引理 4.20   设 f, g 由 (4.121) 给定. 则

$$\begin{cases} (I+K)^{-1} \sinh \dfrac{x}{\sqrt{\alpha}} = \dfrac{1}{\sqrt{\alpha}}x, \\ f \in H^1(0,1), \quad g \in H^1(0,1). \end{cases} \tag{4.122}$$

引理 4.21   设 $\mathcal{A}_R$ 由 (4.118) 定义. 则 $\mathcal{A}_R^{-1}$ 存在且在 $\mathcal{H}_R$ 是紧的, 从而 $\mathcal{A}$ 是 $\mathcal{H}_R$ 的离散算子. 因此, $\sigma(\mathcal{A}_R)$ 仅由有限代数重数的孤立本征值组成.

证明   对于给定的 $(\phi, \psi) \in \mathcal{H}_R$, $\mathcal{A}_R(f, g) = (\phi, \psi)$ 意味着

$$\begin{cases} g + kb\big[(1-\gamma)f''(\xi^-) + \gamma f''(\xi^+)\big] = \phi, \\ -\left(\mathcal{R}\dfrac{d^4}{dx^4}\right)f - \mathcal{R}\left(\dfrac{d}{dx}\delta_\xi\right)\big[f''(\xi^-) - f''(\xi^+)\big] = \psi, \quad x \in (0,1),\ x \neq \xi. \end{cases} \tag{4.123}$$

由于 $(f, g) \in D(\mathcal{A}_R)$, 由 (4.123) 的第一个方程可得

$$f''(\xi^-) - f''(\xi^+) = -k_0\phi'(\xi),$$

从而 (4.123) 的第二个方程变为

$$\left(\mathcal{R}\dfrac{d^4}{dx^4}\right)f = k_0\phi'(\xi)\mathcal{R}\left(\dfrac{d}{dx}\delta_\xi\right) - \psi, \quad x \in (0,1),\ x \neq \xi.$$

由 (4.109) 可知, 上述方程可以表示为

$$d\alpha \sinh\dfrac{x}{\sqrt{\alpha}} - f''(x) - \dfrac{1}{\sqrt{\alpha}}\int_0^x \sinh\dfrac{x-s}{\sqrt{\alpha}}f''(s)ds = k_0\alpha\phi'(\xi)\mathcal{R}\left(\dfrac{d}{dx}\delta_\xi\right) - \alpha\psi, \tag{4.124}$$

这里 $x \in [0,1]$, $x \neq \xi$. 由于 $\psi(0) = 0$, (4.124) 结合 (4.111) 可得 $f''(0) = 0$. 由 (4.120), (4.121) 以及引理 4.20, 可知

$$\begin{aligned} f''(x) &= -\alpha(I+K)^{-1}\left[k_0\phi'(\xi)\mathcal{R}\left(\dfrac{d}{dx}\delta_\xi\right) - \psi\right](x) + d\alpha(I+K)^{-1}\sinh\dfrac{x}{\sqrt{\alpha}} \\ &= -\alpha(I+K)^{-1}\left[k_0\phi'(\xi)\mathcal{R}\left(\dfrac{d}{dx}\delta_\xi\right) - \psi\right](x) + d\sqrt{\alpha}x, \quad x \in (0,1),\ x \neq \xi. \end{aligned}$$

由于 $f''(1) = 0$, 上式意味着

$$
\begin{cases}
d = \sqrt{\alpha}(I + K)^{-1}\left[k_0\phi'(\xi)\mathcal{R}\left(\dfrac{d}{dx}\delta_\xi\right) - \psi\right](1), \\
f''(\xi^-) = -\alpha(I + K)^{-1}\left[k_0\phi'(\xi)\mathcal{R}\left(\dfrac{d}{dx}\delta_\xi\right) - \psi\right](\xi^-) + d\sqrt{\alpha}\xi.
\end{cases}
\tag{4.125}
$$

因此

$$
\begin{cases}
f(x) = \displaystyle\int_1^x (x - s)f''(s)ds + (x - 1)\int_0^1 sf''(s)ds, \\
f''(x) = -\alpha(I + K)^{-1}\left[k_0\phi'(\xi)\mathcal{R}\left(\dfrac{d}{dx}\delta_\xi\right) - \psi\right](x) + d\sqrt{\alpha}x, \quad x \in (0,1),\ x \neq \xi, \\
g(x) = -kb(x)f''(\xi^-) - kk_0\gamma\phi'(\xi)b(x) + \phi(x),
\end{cases}
\tag{4.126}
$$

其中 d 和 $f''(\xi^-)$ 由 (4.125) 给定.

现在, 我们断言: $(f, g) \in D(\mathcal{A}_R)$. 确实, 由于

$$
\mathcal{R}\left(\frac{d}{dx}\delta_\xi\right) \in H_0^1(0,1)\backslash\{\xi\}, \quad \phi \in H^2(0,1) \cap H_0^1(0,1),
$$

可知

$$
f''(x) \in H_0^1(0,1)\backslash\{\xi\}, \quad f \in H^3(0,1)\backslash\{\xi\}, \quad g \in H^2(0,1)\backslash\{\xi\}.
$$

并且

$$
f(0) = f(1) = g(0) = g(1) = f''(0) = f''(1) = 0,
$$

以及 $f''(\xi^-),\ f''(\xi^+),\ g'(\xi^-)$ 和 $g'(\xi^+)$ 满足条件 (4.118). 因此, $(f, g) \in D(\mathcal{A}_R)$ 由 (4.126) 给定, 且 $\mathcal{A}_R^{-1}(\phi, \psi) = (f, g)$.

最后, 由 Sobolev 嵌入定理 (定理 1.45) 可知, (4.126) 意味着 $\mathcal{A}_R^{-1}$ 是紧的, 引理得证. □

引理 4.22　如果 k 和 k_0 满足条件

$$
kk_0(\xi - \gamma)^2 \leqslant 4,
\tag{4.127}
$$

则 $\mathcal{A}_R$ 是耗散的, 并且 $\mathcal{A}_R$ 在 $\mathcal{H}_R$ 生成 C_0-压缩半群. 如果

$$
kk_0(\xi - \gamma)^2 < 4,
\tag{4.128}
$$

则 $\mathrm{Re}(\lambda) < 0$ 对任意的 $\lambda \in \sigma(\mathcal{A}_R)$.

证明 首先, 设条件 (4.127) 成立. 令 $(f, g) \in D(\mathcal{A}_R)$. 由 (4.109) 和 (4.111), 经计算, 可得

$$\left\langle \left(\mathcal{R}\frac{d^4}{dx^4}\right)f, \ g \right\rangle_{H_0^1(0,1)} = -\int_0^1 f'''\overline{g'}dx, \quad \left\langle \left(\frac{d}{dx}\delta_\xi\right), g \right\rangle_{H_0^1(0,1)} = 0.$$

因此

$$\left\langle \mathcal{A}_R \begin{pmatrix} f \\ g \end{pmatrix}, \begin{pmatrix} f \\ g \end{pmatrix} \right\rangle = \left\langle \begin{pmatrix} g + b[g']_\xi \\ -\left(\mathcal{R}\dfrac{d^4}{dx^4}\right)f + \mathcal{R}\left(\dfrac{d}{dx}\delta_\xi\right)[f'']_\xi \end{pmatrix}, \begin{pmatrix} f \\ g \end{pmatrix} \right\rangle$$

$$= \int_0^1 \left[g''\overline{f''} + f'''\overline{g'}\right]dx$$

$$= f''\overline{g'}\Big|_0^\xi + f''\overline{g'}\Big|_\xi^1 + \int_0^1 \left[g''\overline{f''} - f''\overline{g''}\right]dx$$

$$= f''(\xi^-)\overline{g'}(\xi^-) - f''(\xi^+)\overline{g'}(\xi^+) + \int_0^1 \left[g''\overline{f''} - f''\overline{g''}\right]dx$$

$$= \int_0^1 \left[g''\overline{f''} - f''\overline{g''}\right]dx$$

$$+ f''(\xi^-)\overline{\left\{-k(1-\xi)[(1-\gamma)f''(\xi^-) + \gamma f''(\xi^+)] - \frac{1}{k_0}[f''(\xi^-) - f''(\xi^+)]\right\}}$$

$$- f''(\xi^+)\overline{\left\{k\xi[(1-\gamma)f''(\xi^-) + \gamma f''(\xi^+)] - \frac{1}{k_0}[f''(\xi^-) - f''(\xi^+)]\right\}}$$

$$= \int_0^1 \left[g''\overline{f''} - f''\overline{g''}\right]dx$$

$$- \left[k(1-\xi)(1-\gamma) + \frac{1}{k_0}\right]|f''(\xi^-)|^2 - \left[k\xi\gamma + \frac{1}{k_0}\right]|f''(\xi^+)|^2$$

$$- \left[k(1-\xi)\gamma - \frac{1}{k_0}\right]f''(\xi^-)\overline{f''(\xi^+)} - \left[k\xi(1-\gamma) - \frac{1}{k_0}\right]f''(\xi^+)\overline{f''(\xi^-)},$$

以及

$$\mathrm{Re}\left\langle \mathcal{A}_R \begin{pmatrix} f \\ g \end{pmatrix}, \begin{pmatrix} f \\ g \end{pmatrix} \right\rangle$$

$$= -\left[k(1-\xi)(1-\gamma) + \frac{1}{k_0}\right]|f''(\xi^-)|^2 - \left[k\xi\gamma + \frac{1}{k_0}\right]|f''(\xi^+)|^2$$

$$-\left[k(1-\xi)\gamma+k\xi(1-\gamma)-\frac{2}{k_0}\right]\mathrm{Re}\left(f''(\xi^-)\overline{f''(\xi^+)}\right)$$

$$\leqslant-\left[k(1-\xi)(1-\gamma)+\frac{1}{k_0}\right]|f''(\xi^-)|^2-\left[k\xi\gamma+\frac{1}{k_0}\right]|f''(\xi^+)|^2$$

$$+\left|k(1-\xi)\gamma+k\xi(1-\gamma)-\frac{2}{k_0}\right||f''(\xi^-)||f''(\xi^+)|$$

$$=-\frac{1}{k_0}\left\langle\mathbb{A}\begin{pmatrix}|f''(\xi^-)|\\|f''(\xi^+)|\end{pmatrix},\begin{pmatrix}|f''(\xi^-)|\\|f''(\xi^+)|\end{pmatrix}\right\rangle_{\mathbb{R}^2},$$

其中 $\mathbb{A}$ 是 2×2 对称实矩阵:

$$\mathbb{A}=\begin{pmatrix}kk_0(1-\xi)(1-\gamma)+1 & -\left|\frac{1}{2}kk_0(\xi+\gamma-2\xi\gamma)-1\right|\\[2mm]-\left|\frac{1}{2}kk_0(\xi+\gamma-2\xi\gamma)-1\right| & kk_0\xi\gamma+1\end{pmatrix}.$$

因此

$$\mathrm{Re}\left\langle\mathcal{A}_R\begin{pmatrix}f\\g\end{pmatrix},\begin{pmatrix}f\\g\end{pmatrix}\right\rangle\leqslant-\frac{1}{k_0}\left\langle\mathbb{A}\begin{pmatrix}f''(\xi^-)\\f''(\xi^+)\end{pmatrix},\begin{pmatrix}f''(\xi^-)\\f''(\xi^+)\end{pmatrix}\right\rangle_{\mathbb{R}^2}.$$
$$\tag{4.129}$$

现在证明矩阵 $\mathbb{A}$ 是非负定的. 这等价于矩阵 $\mathbb{A}$ 的迹和行列式非负. 确实, 由于 $kk_0(\xi-\gamma)^2\leqslant4$ 以及

$$(1-\xi)(\gamma-1)\leqslant\frac{(1-\xi+\gamma-1)^2}{4}=\frac{(\gamma-\xi)^2}{4}\leqslant\frac{1}{kk_0},$$

或者

$$1+kk_0(1-\xi)(1-\gamma)\geqslant0,\tag{4.130}$$

这证明了矩阵 $\mathbb{A}$ 的迹是正的. 进一步, 经计算可知

$$\det(\mathbb{A})=\left(kk_0(1-\xi)(1-\gamma)+1\right)\left(kk_0\xi\gamma+1\right)-\left(\frac{1}{2}kk_0(\xi+\gamma-2\xi\gamma)-1\right)^2$$

$$=1+kk_0(1-\xi)(1-\gamma)+kk_0\xi\gamma+k^2k_0^2\xi\gamma(1-\xi)(1-\gamma)$$

$$-1+kk_0(\xi+\gamma-2\xi\gamma)-\frac{1}{4}k^2k_0^2(\xi+\gamma-2\xi\gamma)^2$$

$$=kk_0+k^2k_0^2\gamma\xi(1-\xi)(1-\gamma)-\frac{1}{4}k^2k_0^2(\xi+\gamma-2\xi\gamma)^2$$

$$= kk_0 + \frac{1}{4}k^2k_0^2\Big(4\gamma\xi(1-\xi)(1-\gamma) - \big((1-\xi)\gamma + (1-\gamma)\xi\big)^2\Big)$$

$$= kk_0 - \frac{1}{4}k^2k_0^2\big((1-\xi)\gamma - (1-\gamma)\xi\big)^2$$

$$= \frac{1}{4}kk_0\Big(4 - kk_0(\xi-\gamma)^2\Big) \geqslant 0.$$

因此矩阵 $\mathbb{A}$ 是非负定的. 结合 (4.129) 可证明 $\mathcal{A}_R$ 是耗散的:

$$\mathrm{Re}\left\langle \mathcal{A}_R\begin{pmatrix} f \\ g \end{pmatrix}, \begin{pmatrix} f \\ g \end{pmatrix}\right\rangle \leqslant 0, \quad \forall (f,g) \in D(\mathcal{A}).$$

由引理 4.21 可知, $\mathcal{A}_R^{-1}$ 存在且有界, 由 Lumer-Phillips 定理 (定理 1.29) 可得, $\mathcal{A}_R$ 在 $\mathcal{H}_R$ 生成 C_0-压缩半群.

设条件 (4.128) 成立. 我们证明算子 $\mathcal{A}_R$ 在虚轴没谱. 事实上, 由于 $\mathbb{A}$ 是正定算子, 我们可以设 $\lambda = i\tau^2$, $\tau > 0$ 是 $\mathcal{A}$ 的本征值使得 $\mathcal{A}_R(f,g) = i\tau^2(f,g)$. 由 (4.129) 可知

$$f''(\xi^-) = f''(\xi^+) = 0.$$

这时候, 下面将讨论的本征值问题 (4.134) 变为

$$\begin{cases} f^{(4)}(x) + \alpha\tau^4 f''(x) - \tau^4 f(x) = 0, & x \in (0,1), \\ f(0) = f''(0) = f(1) = f''(1) = 0, \\ f''(\xi) = 0, \quad f'(\xi) = 0. \end{cases} \tag{4.131}$$

令

$$\tilde{\tau}_1 = \sqrt{\frac{-\alpha\tau^4 + \sqrt{\alpha^2\tau^8 + 4\tau^4}}{2}}, \quad \tilde{\tau}_2 = \sqrt{\frac{\alpha\tau^4 + \sqrt{\alpha^2\tau^8 + 4\tau^4}}{2}}.$$

则 $\tilde{\tau}_1$ 和 $\tilde{\tau}_2$ 都是正的. 由条件 $f(0) = f''(0) = 0$, (4.131) 的解可以表示为

$$f(x) = c_1 \sinh \tilde{\tau}_1 x + c_2 \sin \tilde{\tau}_2 x,$$

这里 c_1, c_2 是常数. 由 $f(1) = f''(1) = 0$, 可知

$$\sin \tilde{\tau}_2 = 0 \quad \text{或} \quad \tilde{\tau}_2 = n\pi \quad n = 0, \pm 1, \pm 2, \cdots,$$

因此

$$f(x) = c_2 \sin n\pi x.$$

由于 $f'(\xi) = f''(\xi) = 0$, 必须有 $c_2 = 0$. 即方程 (4.131) 只有零解. 因此 $\mathrm{Re}(\lambda) < 0$ 对于 $\lambda \in \sigma(\mathcal{A}_R)$. 引理得证. $\qquad\square$

注解 4.4　当 $k = k_0$ 时, 条件 (4.128) 退化为

$$k \in \big(0, \tilde{k}\big), \quad \tilde{k} = \frac{2}{|\gamma - \xi|}. \tag{4.132}$$

4.4.1　Riesz 基性质

现在考虑算子 $\mathcal{A}_R$ 的本征值问题. 令 $\lambda \in \sigma(\mathcal{A}_R)$ 以及 (f, g) 是相应的本征函数: $\mathcal{A}_R(f, g) = \lambda(f, g)$. 则

$$g = \lambda f - kb\big[(1 - \gamma)f''(\xi^-) + \gamma f''(\xi^+)\big], \tag{4.133}$$

以及 $f(x)$ 满足如下方程:

$$\begin{cases} \lambda^2 f(x) - \alpha\lambda^2 f''(x) + f^{(4)}(x) = k\lambda b\big[(1 - \gamma)f''(\xi^-) + \gamma f''(\xi^+)\big], & x \neq \xi, \\ f(0) = f''(0) = f(1) = f''(1) = 0, \\ f(\xi^-) = f(\xi^+), \\ f'(\xi^-) = f'(\xi^+), \\ f''(\xi^-) - f''(\xi^+) = -k_0\lambda f'(\xi), \\ f'''(\xi^-) - f''(\xi^+) = -\alpha k\lambda\big[(1 - \gamma)f''(\xi^-) + \gamma f''(\xi^+)\big]. \end{cases} \tag{4.134}$$

对 (4.134) 求两阶导数可得

$$\begin{cases} f^{(6)}(x) - \alpha\lambda^2 f^{(4)}(x) + \lambda^2 f''(x) = 0, & x \in (0, 1),\ x \neq \xi, \\ f(0) = f''(0) = f^{(4)}(0) = f(1) = f''(1) = f^{(4)}(1) = 0, \\ f(\xi^-) = f(\xi^+), \\ f'(\xi^-) = f'(\xi^+), \\ f''(\xi^-) - f''(\xi^+) = -k_0\lambda f'(\xi), \\ f'''(\xi^-) - f'''(\xi^+) = -\alpha k\lambda\big[(1 - \gamma)f''(\xi^-) + \gamma f''(\xi^+)\big], \\ f^{(4)}(\xi^-) - f^{(4)}(\xi^+) = -k_0\alpha\lambda^3 f'(\xi), \\ f^{(5)}(\xi^-) - f^{(5)}(\xi^+) = (k\lambda - k\alpha^2\lambda^3)\big[(1 - \gamma)f''(\xi^-) + \gamma f''(\xi^+)\big]. \end{cases} \tag{4.135}$$

设 $\lambda^2 \neq 4/\alpha^2$, $\lambda \neq 0$. 令

$$\tau_1(\lambda) = \sqrt{\frac{\alpha\lambda^2 + \sqrt{\alpha^2\lambda^4 - 4\lambda^2}}{2}}, \quad \tau_2(\lambda) = \sqrt{\frac{\alpha\lambda^2 - \sqrt{\alpha^2\lambda^4 - 4\lambda^2}}{2}}. \tag{4.136}$$

则

$$\left\{1, \ x, \ \sinh\tau_1 x, \ \cosh\tau_1 x, \ \sinh\tau_2 x, \ \cosh\tau_2 x\right\} \tag{4.137}$$

是方程 $f^{(6)}(x) - \alpha\lambda^2 f^{(4)}(x) + \lambda^2 f''(x) = 0$ 的基础解系.

定理 4.23 设 $\lambda^2 \neq 4/\alpha^2$, $\lambda \neq 0$, 则 $\lambda \in \sigma(\mathcal{A}_R)$ 当且仅当 $\det\left(\Delta(\lambda)\right) = 0$, 其中特征行列式 $\det\left(\Delta(\lambda)\right)$ 有渐近表达式:

$$\det\left(\Delta(\lambda)\right) = -\lambda^4\tau_1^4 \sinh\frac{1}{\sqrt{\alpha}}\left[\Delta_1(\lambda) + \mathcal{O}(\lambda^{-1})\right] \quad \text{随着 } |\lambda| \to \infty, \tag{4.138}$$

其中 τ_1 由 (4.136) 给定,

$$\begin{cases} \Delta_1(\lambda) = K_1 \sinh(\sqrt{\alpha}\lambda) + K_2 \cosh(\sqrt{\alpha}\lambda) \\ \qquad\qquad + K_3 \cosh\left(\sqrt{\alpha}\lambda(1-2\xi)\right) + K_4 \sinh\left(\sqrt{\alpha}\lambda(1-2\xi)\right), \\ K_1 = 1 + \dfrac{k_0 k\xi\gamma}{2} + \dfrac{k(1-\gamma)k_0(1-\xi)}{2}, \quad K_2 = \dfrac{\sqrt{\alpha}k}{2} + \dfrac{k_0}{2\sqrt{\alpha}}, \\ K_3 = \dfrac{k_0}{2\sqrt{\alpha}} - \dfrac{\sqrt{\alpha}k}{2}, \quad K_4 = \dfrac{k_0 k\xi\gamma}{2} - \dfrac{k(1-\gamma)k_0(1-\xi)}{2}. \end{cases} \tag{4.139}$$

证明 由 (4.135)—(4.137), 特征方程

$$\begin{cases} f^{(6)}(x) - \alpha\lambda^2 f^{(4)}(x) + \lambda^2 f''(x) = 0, \\ f(0) = f''(0) = f^{(4)}(0) = 0, \\ f(1) = f''(1) = f^{(4)}(1) = 0 \end{cases} \tag{4.140}$$

有解, 为

$$f(x) = \begin{cases} c_1 x + c_2 \sinh\tau_1 x + c_3 \sinh\tau_2 x, & x \in [0, \xi), \\ d_1(1-x) + d_2 \sinh\tau_1(1-x) + d_3 \sinh\tau_2(1-x), & x \in (\xi, 1], \end{cases} \tag{4.141}$$

其中 c_i, $i = 1, 2, 3$, d_j, $j = 1, 2, 3$ 是常数. 把 (4.135) 的其他边界条件代入 (4.141), 可得

$$c_1\xi + c_2 a_1 + c_3 a_2 - d_1(1-\xi) - d_2 a_3 - d_3 a_4 = 0,$$

$$c_1 + c_2\tau_1\hat{a}_1 + c_3\tau_2\hat{a}_2 + d_1 + d_2\tau_1\hat{a}_3 + d_3\tau_2\hat{a}_4 = 0,$$

$$c_1 k_0\lambda + c_2(\tau_1^2 a_1 + k_0\lambda\tau_1\hat{a}_1) + c_3(\tau_2^2 a_2 + k_0\lambda\tau_2\hat{a}_2) - d_2\tau_1^2 a_3 - d_3\tau_2^2 a_4 = 0,$$

$$c_2\left(\tau_1^3\hat{a}_1 + \alpha k\lambda(1-\gamma)\tau_1^2 a_1\right) + c_3\left(\tau_2^3\hat{a}_2 + \alpha k\lambda(1-\gamma)\tau_2^2 a_2\right)$$

$$+d_2(\tau_1^3\hat{a}_3 + \alpha k\lambda\gamma\tau_1^2 a_3) + d_3(\tau_2^3\hat{a}_4 + \alpha k\lambda\gamma\tau_2^2 a_4) = 0,$$

$$c_1 k_0\alpha\lambda^3 + c_2(\tau_1^4 a_1 + k_0\alpha\lambda^3\tau_1\hat{a}_1)$$

$$+c_3(\tau_2^4 a_2 + k_0\alpha\lambda^3\tau_2\hat{a}_2) - d_2\tau_1^4 a_3 - d_3\tau_2^4 a_4 = 0,$$

$$c_2\big(\tau_1^5\hat{a}_1 - (k\lambda - k\alpha^2\lambda^3)(1-\gamma)\tau_1^2 a_1\big) + c_3\big(\tau_2^5\hat{a}_2 - (k\lambda - k\alpha^2\lambda^3)(1-\gamma)\tau_2^2 a_2\big)$$

$$+d_2\big(\tau_1^5\hat{a}_3 - (k\lambda - k\alpha^2\lambda^3)\gamma\tau_1^2 a_3\big) + d_3\big(\tau_2^5\hat{a}_4 - (k\lambda - k\alpha^2\lambda^3)\gamma\tau_2^2 a_4\big) = 0,$$

其中

$$a_1 = \sinh\tau_1\xi, \quad \hat{a}_1 = \cosh\tau_1\xi, \quad a_2 = \sinh\tau_2\xi, \quad \hat{a}_2 = \cosh\tau_2\xi,$$

$$a_3 = \sinh\tau_1(1-\xi), \quad \hat{a}_3 = \cosh\tau_1(1-\xi), \quad a_4 = \sinh\tau_2(1-\xi), \quad \hat{a}_4 = \cosh\tau_2(1-\xi).$$

把上述方程改写为

$$\Delta(\lambda)\big(c_1, c_2, c_3, d_1, d_2, d_3\big)^{\mathrm{T}} = 0,$$

其中

$$\Delta(\lambda) = \big(\Delta^1(\lambda), \ \Delta^2(\lambda), \ \Delta^3(\lambda)\big), \tag{4.142}$$

以及

$$\Delta^1(\lambda) = \begin{pmatrix} \xi & a_1 \\ 1 & \tau_1\hat{a}_1 \\ k_0\lambda & \tau_1^2 a_1 + k_0\lambda\tau_1\hat{a}_1 \\ 0 & \tau_1^3\hat{a}_1 + \alpha k\lambda(1-\gamma)\tau_1^2 a_1 \\ k_0\alpha\lambda^3 & \tau_1^4 a_1 + k_0\alpha\lambda^3\tau_1\hat{a}_1 \\ 0 & \tau_1^5\hat{a}_1 - (k\lambda - k\alpha^2\lambda^3)(1-\gamma)\tau_1^2 a_1 \end{pmatrix},$$

$$\Delta^2(\lambda) = \begin{pmatrix} a_2 & -1+\xi \\ \tau_2\hat{a}_2 & 1 \\ \tau_2^2 a_2 + k_0\lambda\tau_2\hat{a}_2 & 0 \\ \tau_2^3\hat{a}_2 + \alpha k\lambda(1-\gamma)\tau_2^2 a_2 & 0 \\ \tau_2^4 a_2 + k_0\alpha\lambda^3\tau_2\hat{a}_2 & 0 \\ \tau_2^5\hat{a}_2 - (k\lambda - k\alpha^2\lambda^3)(1-\gamma)\tau_2^2 a_2 & 0 \end{pmatrix},$$

$$
\Delta^3(\lambda) = \begin{pmatrix}
-a_3 & -a_4 \\
\tau_1 \hat{a}_3 & \tau_2 \hat{a}_4 \\
-\tau_1^2 a_3 & -\tau_2^2 a_4 \\
\tau_1^3 \hat{a}_3 + \alpha k \lambda \gamma \tau_1^2 a_3 & \tau_2^3 \hat{a}_4 + \alpha k \lambda \gamma \tau_2^2 a_4 \\
-\tau_1^4 a_3 & -\tau_2^4 a_4 \\
\tau_1^5 \hat{a}_3 - (k\lambda - k\alpha^2\lambda^3)\gamma\tau_1^2 a_3 & \tau_2^5 \hat{a}_4 - (k\lambda - k\alpha^2\lambda^3)\gamma\tau_2^2 a_4
\end{pmatrix}.
$$

设 τ_1, τ_2 由 (4.136) 给定. 则容易验证: 随着 $|\lambda| \to \infty$,

$$
\tau_1(\lambda) = \frac{\sqrt{\alpha}\lambda}{\sqrt{2}}\sqrt{1 + \sqrt{1 - \frac{4}{\alpha^2\lambda^2}}} = \sqrt{\alpha}\lambda\left(1 - \frac{1}{2\alpha^2\lambda^2} + \mathcal{O}(\lambda^{-4})\right), \tag{4.143}
$$

$$
\tau_2(\lambda) = \sqrt{\frac{\alpha\lambda^2 - \alpha\lambda^2\sqrt{1 - \dfrac{4}{\alpha^2\lambda^2}}}{2}}
$$

$$
= \sqrt{\frac{\alpha\lambda^2 - \alpha\lambda^2\left(1 - \dfrac{2}{\alpha^2\lambda^2} - \dfrac{2}{\alpha^4\lambda^4} + \mathcal{O}(\lambda^{-6})\right)}{2}}
$$

$$
= \sqrt{\frac{1}{\alpha} + \frac{1}{\alpha^3\lambda^2} + \mathcal{O}(\lambda^{-4})} = \frac{1}{\sqrt{\alpha}}\left[1 + \frac{1}{2\alpha^2\lambda^2} + \mathcal{O}(\lambda^{-4})\right]. \tag{4.144}
$$

因此

$$
a_1 = \sinh \tau_1 \xi = \sinh(\sqrt{\alpha}\lambda\xi)\left(1 + \mathcal{O}(\lambda^{-2})\right),
$$

$$
\hat{a}_1 = \cosh \tau_1 \xi = \cosh(\sqrt{\alpha}\lambda\xi)\left(1 + \mathcal{O}(\lambda^{-2})\right),
$$

$$
a_2 = \sinh \tau_2 \xi = \sinh \frac{\xi}{\sqrt{\alpha}} + \mathcal{O}(\lambda^{-2}),
$$

$$
\hat{a}_2 = \cosh \tau_2 \xi = \cosh \frac{\xi}{\sqrt{\alpha}} + \mathcal{O}(\lambda^{-2}),
$$

$$
a_3 = \sinh \tau_1 (1 - \xi) = \sinh(\sqrt{\alpha}\lambda(1 - \xi))\left(1 + \mathcal{O}(\lambda^{-2})\right),
$$

$$
\hat{a}_3 = \cosh \tau_1 (1 - \xi) = \cosh(\sqrt{\alpha}\lambda(1 - \xi))\left(1 + \mathcal{O}(\lambda^{-2})\right),
$$

$$
a_4 = \sinh \tau_2 (1 - \xi) = \sinh \frac{1 - \xi}{\sqrt{\alpha}} + \mathcal{O}(\lambda^{-2}),
$$

$$\hat{a}_4 = \cosh \tau_2(1-\xi) = \cosh \frac{1-\xi}{\sqrt{\alpha}} + \mathcal{O}(\lambda^{-2}).$$

进一步, 直接计算可证明 $\det\big(\Delta(\lambda)\big) = \det\big(\Delta^{11}(\lambda),\ \Delta^{12}(\lambda)\big)$, 其中

$$\Delta^{11}(\lambda) = \begin{pmatrix} \tau_1^2 a_1 + k_0\lambda\tau_1\hat{a}_1\xi - k_0\lambda a_1 & \tau_2^2 a_2 + k_0\lambda\tau_2\hat{a}_2\xi - k_0\lambda a_2 \\ \tau_1^3\hat{a}_1 + \alpha k\lambda(1-\gamma)\tau_1^2 a_1 & \tau_2^3\hat{a}_2 + \alpha k\lambda(1-\gamma)\tau_2^2 a_2 \\ \tau_1^4 a_1 - \alpha\lambda^2\tau_1^2 a_1 & \tau_2^4 a_2 - \alpha\lambda^2\tau_2^2 a_2 \\ \tau_1^5\hat{a}_1 - \alpha\lambda^2\tau_1^3\hat{a}_1 - k\lambda(1-\gamma)\tau_1^2 a_1 & \tau_2^5\hat{a}_2 - \alpha\lambda^2\tau_2^3\hat{a}_2 - k\lambda(1-\gamma)\tau_2^2 a_2 \end{pmatrix},$$

$$\Delta^{12}(\lambda) = \begin{pmatrix} k_0\lambda a_3 - \tau_1^2 a_3 - k_0\lambda\tau_1\hat{a}_3(1-\xi) & k_0\lambda a_4 - \tau_2^2 a_4 - k_0\lambda\tau_2\hat{a}_4(1-\xi) \\ \tau_1^3\hat{a}_3 + \alpha k\lambda\gamma\tau_1^2 a_3 & \tau_2^3\hat{a}_4 + \alpha k\lambda\gamma\tau_2^2 a_4 \\ \alpha\lambda^2\tau_1^2 a_3 - \tau_1^4 a_3 & \alpha\lambda^2\tau_2^2 a_4 - \tau_2^4 a_4 \\ \tau_1^5\hat{a}_3 - \alpha\lambda^2\tau_1^3\hat{a}_3 - k\lambda\gamma\tau_1^2 a_3 & \tau_2^5\hat{a}_4 - \alpha\lambda^2\tau_2^3\hat{a}_4 - k\lambda\gamma\tau_2^2 a_4 \end{pmatrix}.$$

由于

$$\tau_1^2 - \alpha\lambda^2 = -\frac{1}{\alpha} + \mathcal{O}(\lambda^{-2}), \quad \tau_2^2 - \frac{1}{\alpha} = \mathcal{O}(\lambda^{-2}),$$

可得

$$\det(\Delta(\lambda))$$
$$= -\lambda^4\tau_1^4 \begin{vmatrix} a_1 + \frac{k_0}{\sqrt{\alpha}}\hat{a}_1\xi + \mathcal{O}(\lambda^{-1}) & -a_3 - \frac{k_0}{\sqrt{\alpha}}\hat{a}_3(1-\xi) + \mathcal{O}(\lambda^{-1}) \\ \sqrt{\alpha}\hat{a}_1 + \alpha k(1-\gamma)a_1 + \mathcal{O}(\lambda^{-2}) & \sqrt{\alpha}\hat{a}_3 + \alpha k\gamma a_3 + \mathcal{O}(\lambda^{-2}) \end{vmatrix}$$
$$\times \begin{vmatrix} -\alpha\tau_2^2 a_2 + \mathcal{O}(\lambda^{-2}) & \alpha\tau_2^2 a_4 + \mathcal{O}(\lambda^{-2}) \\ -\alpha\tau_2^3\hat{a}_2 + \mathcal{O}(\lambda^{-1}) & -\alpha\tau_2^3\hat{a}_4 + \mathcal{O}(\lambda^{-1}) \end{vmatrix},$$

因此

$$-\lambda^{-4}\tau_1^{-4}\det(\Delta(\lambda)) = \mathcal{O}(\lambda^{-1}) + \begin{vmatrix} -\sinh\frac{\xi}{\sqrt{\alpha}} & \sinh\frac{1-\xi}{\sqrt{\alpha}} \\ -\cosh\frac{\xi}{\sqrt{\alpha}} & -\cosh\frac{1-\xi}{\sqrt{\alpha}} \end{vmatrix} \begin{vmatrix} h_1(\xi) & h_2(\xi) \\ h_3(\xi) & h_4(\xi) \end{vmatrix},$$

其中

$$h_1(\xi) = \sinh(\sqrt{\alpha}\lambda\xi) + \frac{k_0\xi}{\sqrt{\alpha}}\cosh(\sqrt{\alpha}\lambda\xi),$$

$$h_2(\xi) = -\sinh(\sqrt{\alpha}\lambda(1-\xi)) - \frac{k_0(1-\xi)}{\sqrt{\alpha}}\cosh(\sqrt{\alpha}\lambda(1-\xi)),$$

$$h_3(\xi) = \cosh(\sqrt{\alpha}\lambda\xi) + \sqrt{\alpha}k(1-\gamma)\sinh(\sqrt{\alpha}\lambda\xi),$$

$$h_4(\xi) = \cosh(\sqrt{\alpha}\lambda(1-\xi)) + \sqrt{\alpha}k\gamma\sinh(\sqrt{\alpha}\lambda(1-\xi)).$$

最后, 由于

$$\sinh\left(\frac{\xi}{\sqrt{\alpha}} + \frac{1-\xi}{\sqrt{\alpha}}\right) = \sinh\frac{\xi}{\sqrt{\alpha}}\cosh\frac{1-\xi}{\sqrt{\alpha}} + \cosh\frac{\xi}{\sqrt{\alpha}}\sinh\frac{1-\xi}{\sqrt{\alpha}},$$

可得

$$-\frac{\lambda^{-4}\tau_1^{-4}}{\sinh\dfrac{1}{\sqrt{\alpha}}}\det(\Delta(\lambda)) = \mathcal{O}(\lambda^{-1}) + \begin{vmatrix} h_1(\xi) & h_2(\xi) \\ h_3(\xi) & h_4(\xi) \end{vmatrix}.$$

进一步简化可给出

$$\begin{vmatrix} h_1(\xi) & h_2(\xi) \\ h_3(\xi) & h_4(\xi) \end{vmatrix} = \left(1 + \frac{k_0 k\xi\gamma}{2} + \frac{k(1-\gamma)k_0(1-\xi)}{2}\right)\sinh(\sqrt{\alpha}\lambda)$$

$$+ \left(\frac{\sqrt{\alpha}k}{2} + \frac{k_0}{2\sqrt{\alpha}}\right)\cosh(\sqrt{\alpha}\lambda)$$

$$+ \left(\frac{k_0}{2\sqrt{\alpha}} - \frac{\sqrt{\alpha}k}{2}\right)\cosh(\sqrt{\alpha}\lambda(1-2\xi))$$

$$+ \left(\frac{k_0 k\xi\gamma}{2} - \frac{k(1-\gamma)k_0(1-\xi)}{2}\right)\sinh(\sqrt{\alpha}\lambda(1-2\xi)).$$

因此, $\det\big(\Delta(\lambda)\big)$ 有渐近表示 (4.138)—(4.139). 定理得证. □

推论 4.24 设 $K_1 \neq \pm K_2$, 则 $\det\big(\Delta(\lambda)\big)$ 的零点位于复平面上平行于虚轴的带状区域内. 换句话说, 存在正常数 C_0 使得

$$|\mathrm{Re}(\lambda)| \leqslant C_0 \quad 对任意 \ \lambda \ 满足 \ \det\big(\Delta(\lambda)\big) = 0.$$

证明 由于 (4.138), 仅需证明 $\det\big(\Delta(\lambda)\big)$ 的所有零点位于复平面上平行于虚轴的带状区域内. 这是因为当 $\mathrm{Re}(\lambda) \to +\infty$ 时, 可知

$$\Delta_1(\lambda) = \frac{K_1 + K_2}{2}e^{\sqrt{\alpha}\lambda}\big[1 + \mathcal{O}(1)\big] \to \infty,$$

以及当 $\mathrm{Re}(\lambda) \to -\infty$ 时, 可知

$$\Delta_1(\lambda) = e^{-\sqrt{\alpha}\lambda}\left(\frac{K_2 - K_1}{2} + \mathcal{O}(1)\right). \tag{4.145}$$

推论得证.　　　　　　　　　　　　　　　　　　　　　　　　　□

设 $\mathcal{A}_0^R$ 是 (4.115) 中算子 $\mathcal{A}_R$ 取 $k = k_0 = 0$ 的情况. 则 $\mathcal{A}_0^R$ 在 $\mathcal{H}_R$ 是反自伴的:

$$\left(\mathcal{A}_0^R\right)^* = -\mathcal{A}_0^R.$$

因此 $\mathcal{A}_0^R$ 在 $\mathcal{H}_R$ 生成酉半群, 以及

$$\left\|R(\lambda, \mathcal{A}_0^R)\right\| \leqslant \frac{1}{|\lambda|}, \quad \forall\, \lambda \in \mathbb{C},\ \mathrm{Re}(\lambda) \neq 0. \tag{4.146}$$

引理 4.25　对任意 $\lambda \in \rho(\mathcal{A}_0^R),\ (p,q) \in \mathcal{H}_R,\ (\phi,\psi) = R(\lambda,\mathcal{A}_0^R)(p,q)$, 且 $\psi = \lambda\phi - p$, 以及

$$\phi = \frac{q_1 - \tau_2^2 p_1}{(\tau_1^2 - \tau_2^2)\sinh\tau_1}\sinh\tau_1 x + \frac{p_1\tau_1^2 - q_1}{(\tau_1^2 - \tau_2^2)\sinh\tau_2}\sinh\tau_2 x$$

$$+ \frac{1}{\tau_1\tau_2(\tau_1^2 - \tau_2^2)}\int_0^x \left[\tau_2\sinh\tau_1(x-s) + \tau_1\sinh\tau_2(s-x)\right]l(s)ds, \tag{4.147}$$

其中 τ_1 和 τ_2 由 (4.136) 给定, $l(x) = \lambda p + q - \alpha(\lambda p'' + q'')$, 以及

$$\begin{cases} p_1 = \dfrac{-1}{\tau_1\tau_2(\tau_1^2 - \tau_2^2)}\displaystyle\int_0^1 \left[\tau_2\sinh\tau_1(1-s) + \tau_1\sinh\tau_2(s-1)\right]l(s)ds, \\ q_1 = \dfrac{-1}{(\tau_1^2 - \tau_2^2)}\displaystyle\int_0^1 \left[\tau_1\sinh\tau_1(1-s) + \tau_2\sinh\tau_2(s-1)\right]l(s)ds. \end{cases} \tag{4.148}$$

证明　设 $\lambda \in \sigma(\mathcal{A}_0^R),\ (p,q) \in \mathcal{H}_R.$ $(\lambda - \mathcal{A}_0^R)(\phi,\psi) = (p,q)$ 意味着

$$\begin{cases} \lambda\phi - \psi = p, \quad \lambda\psi + \left(\mathcal{R}\dfrac{d^4}{dx^4}\right)\phi = q, \\ \phi(0) = \phi(1) = \phi''(0) = \phi''(1) = 0. \end{cases}$$

因此 $\psi = \lambda\phi - p$ 以及 $\phi(x)$ 满足

$$\begin{cases} \phi^{(4)} + \lambda^2\phi - \alpha\lambda^2\phi'' = l, \\ \phi(0) = \phi(1) = \phi''(0) = \phi''(1) = 0. \end{cases}$$

求解第一个方程及边界条件 $\phi(0) = \phi''(0) = 0$ 可得

$$\phi(x) = c_1\sinh\tau_1 x + c_2\sinh\tau_2 x + \frac{1}{\tau_1\tau_2(\tau_1^2 - \tau_2^2)}$$

$$\times \int_0^x \left[\tau_2\sinh\tau_1(x-s) + \tau_1\sinh\tau_2(s-x)\right]l(s)ds, \tag{4.149}$$

其中 c_1, c_2 是常数, 使得 $\phi''(0) = \phi''(1) = 0$. 从而

$$
\begin{cases}
c_1 \sinh \tau_1 + c_2 \sinh \tau_2 = p_1, \\
c_1 \tau_1^2 \sinh \tau_1 + c_2 \tau_2^2 \sinh \tau_2 = q_1,
\end{cases}
$$

其中 p_1 和 q_1 由 (4.148) 给定. 从而

$$
c_1 = \frac{q_1 - \tau_2^2 p_1}{(\tau_1^2 - \tau_2^2) \sinh \tau_1}, \quad c_2 = \frac{p_1 \tau_1^2 - q_1}{(\tau_1^2 - \tau_2^2) \sinh \tau_2}.
$$

把上述参数代入 (4.149) 可给出唯一解 (ϕ, ψ). 引理得证. □

定理 4.26 设条件 (4.127) 成立, 算子 $\mathcal{A}_R$ 由 (4.118) 定义, K_1, K_2 由 (4.139) 给定. 如果 $K_1 \neq K_2$, 则算子 $\mathcal{A}_R$ 的根子空间在 $\mathcal{H}_R$ 完备: $\mathrm{sp}(\mathcal{A}_R) = \mathcal{H}_R$.

证明 对任意 $(p, q) \in \mathcal{H}_R$, $\lambda \in \rho(\mathcal{A}_R) \cap \rho(\mathcal{A}_0^R)$, 设

$$
(\phi, \psi) = R(\lambda, \mathcal{A}_0^R)(p, q), \quad (f, g) = R(\lambda, \mathcal{A}_R)(p, q) - (\phi, \psi). \tag{4.150}
$$

则

$$
(\lambda - \mathcal{A}_0^R)(\phi, \psi) = (\lambda - \mathcal{A}_R)\big[(f, g) + (\phi, \psi)\big] = (p, q).
$$

所以

$$
\begin{cases}
\lambda f - g - b[g']_\xi - b[\psi']_\xi = 0, \\
\lambda g + \left(\mathcal{R}\dfrac{d^4}{dx^4}\right) f - \mathcal{R}\left(\dfrac{d}{dx}\delta_\xi\right)[f'']_\xi - \mathcal{R}\left(\dfrac{d}{dx}\delta_\xi\right)[\phi'']_\xi = 0.
\end{cases}
$$

由

$$
[\psi']_\xi = [\phi'']_\xi = 0, \quad [g']_\xi = k\big[(1-\gamma)f''(\xi^-) + \gamma f''(\xi^+) + \phi''(\xi)\big],
$$

可知

$$
\begin{cases}
g = \lambda f - kb\big[(1-\gamma)f''(\xi^-) + \gamma f''(\xi^+) + \phi''(\xi)\big], \\
\left(\mathcal{R}\dfrac{d^4}{dx^4}\right) f - \mathcal{R}\left(\dfrac{d}{dx}\delta_\xi\right)[f'']_\xi \\
\quad + \lambda^2 f - kb\lambda[(1-\gamma)f''(\xi^-) + \gamma f''(\xi^+) + \phi''(\xi)] = 0.
\end{cases}
$$

由 (4.147) 可得

$$
\begin{aligned}
\phi''(\xi) &= \frac{\tau_1^2(q_1 - \tau_2^2 p_1)}{(\tau_1^2 - \tau_2^2)\sinh \tau_1}\sinh \tau_1\xi + \frac{\tau_2^2(p_1\tau_1^2 - q_1)}{(\tau_1^2 - \tau_2^2)\sinh \tau_2}\sinh \tau_2\xi \\
&\quad + \frac{1}{(\tau_1^2 - \tau_2^2)}\int_0^\xi \Big[\tau_1 \sinh \tau_1(\xi - s) + \tau_2 \sinh \tau_2(s - \xi)\Big]l(s)ds. \quad (4.151)
\end{aligned}
$$

结合 (4.143), (4.144) 和 (4.148) 可给出

$$\phi''(\xi) = -\frac{\sinh \tau_1 \xi}{\sqrt{\alpha} \sinh \tau_1} \int_0^1 \sinh \tau_1(1-s)(p - \alpha p'')ds$$
$$+ \frac{1}{\sqrt{\alpha}} \int_0^\xi \sinh \tau_1(\xi - s)(p - \alpha p'')ds + \mathcal{O}(\lambda^{-1}), \quad |\lambda| \to \infty. \quad (4.152)$$

进一步, $f(x)$ 满足方程:

$$\begin{cases} f^{(4)}(x) + \lambda^2 f(x) - \alpha \lambda^2 f''(x) = kb(x)\lambda\big[(1-\gamma)f''(\xi^-) + \gamma f''(\xi^+) + \phi''(\xi)\big], \\ f(0) = f(1) = f''(0) = f''(1) = 0, \quad f(\xi^-) = f(\xi^+), \quad f'(\xi^-) = f'(\xi^+), \\ f''(\xi^-) - f''(\xi^+) = -\lambda k_0 f'(\xi), \\ f'''(\xi^-) - f'''(\xi^+) = -\alpha k\lambda\big[(1-\gamma)f''(\xi^-) + \gamma f''(\xi^+) + \phi''(\xi)\big], \end{cases}$$
$$(4.153)$$

它等价于

$$\begin{cases} f^{(6)}(x) + \lambda^2 f''(x) - \alpha \lambda^2 f^{(4)}(x) = 0, \quad x \in (0,1), \ x \neq \xi, \\ f(0) = f(1) = f''(0) = f''(1) = f^{(4)}(0) = f^{(4)}(1) = 0, \\ f(\xi^-) = f(\xi^+), \quad f'(\xi^-) = f'(\xi^+), \\ f''(\xi^-) - f''(\xi^+) = -\lambda k_0 f'(\xi), \\ f'''(\xi^-) - f'''(\xi^+) = -\alpha k\lambda\big[(1-\gamma)f''(\xi^-) + \gamma f''(\xi^+) + \phi''(\xi)\big], \\ f^{(4)}(\xi^-) - f^{(4)}(\xi^+) = -\alpha k_0 \lambda^3 f'(\xi), \\ f^{(5)}(\xi^-) - f^{(5)}(\xi^+) = (k\lambda - k\alpha^2\lambda^3)\big[(1-\gamma)f''(\xi^-) + \gamma f''(\xi^+) + \phi''(\xi)\big]. \end{cases}$$
$$(4.154)$$

(4.154) 的解为 (4.141), 代入边界条件可得

$$\Delta(\lambda)\big(c_1, c_2, c_3, d_1, d_2, d_3\big)^{\mathrm{T}} = \Phi(\lambda), \quad (4.155)$$

其中 $\Delta(\lambda)$ 由 (4.142) 给出, 以及

$$\Phi(\lambda) = \Big(0, \ 0, \ 0, \ -\alpha k\lambda\phi''(\xi), \ 0, \ (k\lambda - k\alpha^2\lambda^3)\phi''(\xi)\Big)^{\mathrm{T}}. \quad (4.156)$$

由于 $\lambda \in \rho(\mathcal{A}_R)$, 可知 $\det(\Delta(\lambda)) \neq 0$ 以及 (4.155) 有唯一解:

$$c_i = \frac{\det\big(\widetilde{\Delta}_i(\lambda)\big)}{\det\big(\Delta(\lambda)\big)}, \quad d_i = \frac{\det\big(\widetilde{\Delta}_{i+3}(\lambda)\big)}{\det\big(\Delta(\lambda)\big)}, \quad i = 1, 2, 3, \quad (4.157)$$

其中 $\widetilde{\Delta}_i(\rho), i = 1, 2, \cdots, 6$ 是由 $\Phi(\lambda)$ 替换 $\Delta(\lambda)$ 第 i 列所得的矩阵. 直接计算可得

$$c_1 = \frac{k(1-\xi)\phi''(\xi)}{\sqrt{\alpha}\Delta_1(\lambda)}\left[\sqrt{\alpha}\sin(\sqrt{\alpha}\lambda) + k_0\cosh(\sqrt{\alpha}\lambda\xi)\cosh(\sqrt{\alpha}\lambda(1-\xi))\right] + \mathcal{O}(\lambda^{-1}),$$

$$c_2 = -\frac{k\phi''(\xi)}{\sqrt{\alpha}\lambda\Delta_1(\lambda)}\left[\sinh(\sqrt{\alpha}\lambda(1-\xi)) + \frac{k_0(1-\xi)}{\sqrt{\alpha}}\cosh(\sqrt{\alpha}\lambda(1-\xi))\right] + \mathcal{O}(\lambda^{-2}),$$

$$c_3 = -\frac{kk_0\sinh\dfrac{1-\xi}{\sqrt{\alpha}}\phi''(\xi)}{\alpha\lambda\Delta_1(\lambda)\sinh\dfrac{1}{\sqrt{\alpha}}}\left[\xi\cosh(\sqrt{\alpha}\lambda\xi)\sinh(\sqrt{\alpha}\lambda(1-\xi))\right.$$

$$\left. -(1-\xi)\sinh(\sqrt{\alpha}\lambda\xi)\cosh(\sqrt{\alpha}\lambda(1-\xi))\right] + \mathcal{O}(\lambda^{-2}), \tag{4.158}$$

$$d_1 = \frac{k\xi\phi''(\xi)}{\sqrt{\alpha}\Delta_1(\lambda)}\left[\sqrt{\alpha}\sinh(\sqrt{\alpha}\lambda) + k_0\cosh(\sqrt{\alpha}\lambda\xi)\cosh(\sqrt{\alpha}\lambda(1-\xi))\right] + \mathcal{O}(\lambda^{-1}),$$

$$d_2 = -\frac{k\phi''(\xi)}{\sqrt{\alpha}\lambda\Delta_1(\lambda)}\left[\sinh(\sqrt{\alpha}\lambda\xi) + \frac{k_0\xi}{\sqrt{\alpha}}\cosh(\sqrt{\alpha}\lambda\xi)\right] + \mathcal{O}(\lambda^{-2}),$$

$$d_3 = \frac{kk_0\cosh\dfrac{\xi}{\sqrt{\alpha}}\phi''(\xi)}{\alpha\lambda\Delta_1(\lambda)\sinh\dfrac{1}{\sqrt{\alpha}}}\left[\xi\cosh(\sqrt{\alpha}\lambda\xi)\sinh(\sqrt{\alpha}\lambda(1-\xi))\right.$$

$$\left. -(1-\xi)\sinh(\sqrt{\alpha}\lambda\xi)\cosh(\sqrt{\alpha}\lambda(1-\xi))\right] + \mathcal{O}(\lambda^{-2}). \tag{4.159}$$

由 (4.141), 可知

$$f''(x) = \begin{cases} \tau_1^2 c_2 \sinh \tau_1 x + \tau_2^2 c_3 \sinh \tau_2 x, & x \in [0, \xi), \\ \tau_1^2 d_2 \sinh \tau_1(1-x) + \tau_2^2 d_3 \sinh \tau_2(1-x), & x \in (\xi, 1], \end{cases} \tag{4.160}$$

以及

$$g'(x) = \begin{cases} c_1\lambda + \tau_1\lambda c_2 \cosh \tau_1 x + \tau_2\lambda c_3 \cosh \tau_2 x \\ \quad -k(1-\xi)\left[(1-\gamma)f''(\xi^-) + \gamma f''(\xi^+) + \phi''(\xi)\right], & x \in [0, \xi), \\ -\lambda d_1 - \tau_1\lambda d_2 \cosh \tau_1(1-x) - \tau_2\lambda d_3 \cosh \tau_2(1-x), \\ \quad +k\xi\left[(1-\gamma)f''(\xi^-) + \gamma f''(\xi^+) + \phi''(\xi)\right], & x \in (\xi, 1]. \end{cases}$$
$$\tag{4.161}$$

现在, 由 (4.152) 和 (4.146), 有如下结论:

(i) 存在常数 M_ξ 使得

$$|\phi''(\xi)| \leqslant M_\xi \|p\|_{H^2(0,1) \cap H_0^1(0,1)} \leqslant M_\xi \|(p,q)\| \quad \text{随着 } \text{Re}(\lambda) \to -\infty;$$

(ii) 由 (4.145) 和 $K_1 \neq K_2$ 可知

$$\Delta_1(\lambda) = e^{-\sqrt{\alpha}\lambda} \left(\frac{K_2 - K_1}{2} + o(1) \right) \quad \text{随着 } \text{Re}(\lambda) \to -\infty;$$

(iii) $\lim_{|\lambda| \to \infty} \|R(\lambda, \mathcal{A}_0^R)(p,q)\| = 0$ 以及

$$\lim_{\text{Re}\lambda \to -\infty} \|\lambda R(\lambda, \mathcal{A}_0^R)(p,q)\| < \infty.$$

由上述结论和 (4.152), (4.158)—(4.161), 可知: 随着 $\text{Re}(\lambda) \to -\infty$,

$$\|(f,g)\| = \|(f'', g')\|_{L^2 \times L^2}$$

是一致有界的. 由 (4.150), 可知

$$\|R(\lambda, \mathcal{A}_R)(p,q)\| \leqslant \|(f,g)\| + \|R(\lambda, \mathcal{A}_0^R)(p,q)\|,$$

因此, 随着 $\text{Re}(\lambda) \to -\infty$, $\|R(\lambda, \mathcal{A}_R)(p,q)\|$ 也是一致有界的.

最后, 由 (4.147) 和 (4.160)-(4.161), 可知

$$R(\lambda, \mathcal{A}_R)(p,q) = (f,g) + (\phi,\psi) = \frac{G(\lambda; \ p,q)}{F_2(\lambda)}, \tag{4.162}$$

其中 $G(\lambda; p,q)$ 是阶数小于等于 1 的 $\mathcal{H}_R$-值整函数, 以及由 (4.157), (4.160), (4.161), 可知

$$F_2(\lambda) = p(\lambda) \det \big(\Delta(\lambda) \big)$$

是阶数为 1 的整函数, $p(\lambda)$ 为多项式. 由于 $\sigma(\mathcal{A}_0^R)$ 是离散集, (4.162) 可以被解析延拓到集合 $\sigma(\mathcal{A}_0^R) \cap \rho(\mathcal{A}_R)$ 上. 取 $\rho = 1$, $n = 2$, $\gamma_1 = \{\lambda| \ \arg\lambda = \pi\}$, 则定理 2.69 的所有条件均满足, 从而 $\text{sp}(\mathcal{A}_R) = \mathcal{H}_R$. 定理得证.　　　　□

定理 4.27　设条件 (4.127) 成立, K_1 和 K_2 由 (4.139) 给定. 如果 $K_1 \neq K_2$, 则下述结论成立:

(i) 存在 $\varepsilon > 0$ 使得

$$\sigma(\mathcal{A}_R) = \bigcup_{p \in \mathbb{J}} \left\{ i\lambda_j^p \right\}_{j=1}^{N^p},$$

其中 $\lambda_j^p \neq \lambda_k^p$ 当 $j \neq k$, N^p 是整数满足 $\sup_p N^p < \infty$, 以及

$$\inf_{p \neq q, p, q \in \mathbb{J}} |\lambda_k^p - \lambda_j^q| \geqslant \varepsilon, \quad \forall \, 1 \leqslant k \leqslant N^p, \, 1 \leqslant j \leqslant N^q.$$

(ii) 存在算子 $\mathcal{A}_R$ 的广义本征函数构成 $\mathcal{H}_R$ 的带括号 Riesz 基. 更准确地说

$$W = \sum_{p \in \mathbb{J}} \sum_{k=1}^{N^p} \mathbb{P}_{\lambda_k^p} W, \quad \forall \, W \in \mathcal{H}, \tag{4.163}$$

其中 $\mathbb{P}_{\lambda_k^p}$ 对应于本征值 $i\lambda_k^p$ 的本征投影, 以及存在常数 $M_1, M_2 > 0$ 使得

$$M_1 \sum_{p \in \mathbb{J}} \left\| \sum_{k=1}^{N^p} \mathbb{P}_{\lambda_k^p} W \right\|^2 \leqslant \|W\|^2 \leqslant M_2 \sum_{p \in \mathbb{J}} \left\| \sum_{k=1}^{N^p} \mathbb{P}_{\lambda_k^p} W \right\|^2, \quad \forall \, W \in \mathcal{H}_R. \tag{4.164}$$

(iii) 谱确定增长条件成立: $S(\mathcal{A}_R) = \omega(\mathcal{A}_R)$.

证明 设 $\Delta_1(\lambda)$ 由 (4.139) 给定, 它显然是指数型整函数. 首先, 由 (4.130) 可知 $K_1 > 0$, $K_2 > 0$. 接着, 由推论 4.24 的证明可知

$$\Delta_1(\lambda) = \frac{K_1 + K_2}{2} e^{\sqrt{\alpha}\lambda} \left[1 + o(1) \right] \to \infty \quad \text{随着 } \operatorname{Re}(\lambda) \to +\infty.$$

结合推论 4.24 可证明 $\Delta_1(\lambda)$ 是 sine 型函数. 另一方面, 由 (4.138) 可知 $\det(\Delta(\lambda))$ 的零点逼近 $\Delta_1(\lambda)$ 的零点. 由 Rouché 定理, 可知

$$\det(\Delta(\lambda)) \text{ 的零点} = \bigcup_{k=1}^{K_0} \Omega_k, \quad \inf_{p \neq q, i\lambda_k^p, i\lambda_k^q \in \Omega_k} |\lambda_k^p - \lambda_k^q| > 0, \tag{4.165}$$

其中 $K_0 > 0$ 是整数, 多重零点按照它的零点阶数重复它的次数. 这特别意味着 $\det(\Delta(\lambda))$ 的零点阶数是一致有界的.

由 (4.135) 和 (4.141) 可知, 算子 $\mathcal{A}_R$ 的每个本征值 λ 的几何重数小于 6. 由一般公式 (2.92) 可知

$$m_a(\lambda) \leqslant p_\lambda \cdot m_g(\lambda),$$

其中 p_λ 是 $R(\lambda, \mathcal{A}_R)$ 在极点 λ 的阶数. 表达式 (4.162) 保证了 p_λ 不超过 $\det(\Delta(\lambda))$ 在零点 λ 的阶数. 因此

$$\sup_{\lambda \in \sigma(\mathcal{A})} m_a(\lambda) < \infty. \tag{4.166}$$

记 $\sigma(\mathcal{A}) = \{i\lambda_n\}_{n \in \mathbb{J}}$. 由于 $i\lambda_n$ 的代数重数为 $m_a(\lambda_n)$, 根据算子 $\mathcal{A}_R$ 的本征值, 我们有如下的复指数族:

$$E_n(t) = \left\{ e^{i\lambda_n t}, \, t e^{i\lambda_n t}, \, \cdots, \, t^{m_a(\lambda_n)-1} e^{i\lambda_n t} \right\}, \quad n \in \mathbb{J}.$$

由 (4.165) 和 (4.166), 算子 $\mathcal{A}_R$ 的本征值可以分解为可分集合的有限并 (多重本征值按照它的代数重数重复它的次数):

$$\mathcal{A}_R \text{ 的本征值} = \Lambda = \bigcup_{n=1}^{N} \Lambda_n, \quad \inf_{k \neq j, i\lambda_k, i\lambda_j \in \Lambda_n} |\lambda_k - \lambda_j| > 0, \quad \forall\, 1 \leqslant n \leqslant N.$$

(4.167)

令

$$\delta = \min_{1 \leqslant n \leqslant N} \inf_{k \neq j, i\lambda_k, i\lambda_j \in \Lambda_n} |\lambda_k - \lambda_j| > 0.$$

则对任意 $r < r_0 = \delta/(2N)$, 由 2.5 节的讨论可知, 存在

$$\Lambda^p = \left\{ i\lambda_j^p \right\}_{j=1}^{N^p}, \quad N^p \leqslant N, \ p \in \mathbb{J}$$

为集合 Λ 和 $\bigcup_{n \in \mathbb{J}} D_{i\lambda_n}(r)$ 交集的第 p 个连通分量, 其中 $D_{i\lambda_n}(r)$ 是以 $i\lambda_n$ 为圆心, r 为半径的圆, 使得

$$\sigma(\mathcal{A}_R) = \bigcup_{p \in \mathbb{J}} \Lambda^p.$$

(4.168)

不失一般性, 对于每个 $p \in \mathbb{J}$, 设 $\{i\lambda_n\}$ 被排列使得 $\mathrm{Im}(i\lambda_n)$ 为非降序列:

$$\mathrm{Re}\big(i\lambda_1^p\big) \geqslant \mathrm{Re}\big(i\lambda_2^p\big) \geqslant \cdots \geqslant \mathrm{Re}\big(i\lambda_{N^p}^p\big).$$

构造如下广义差分族:

$$E^p(\Lambda, r) = \left\{ \left[\lambda_1^p\right](t), \ \left[\lambda_1^p, \lambda_2^p\right](t), \cdots, \ \left[\lambda_1^p, \lambda_2^p, \cdots, \lambda_{N^p}^p\right](t) \right\}, \quad p \in \mathbb{J}.$$

由 (2.87) 可知 $D^+(\Lambda) < \infty$. 由定理 2.48 可知, 对任意 $T > 2\pi D^+(\Lambda)$, 广义差分族 $\left\{ E^p(\Lambda, r) \right\}_{p \in \mathbb{J}}$ 在 $L^2(0, T)$ 生成的闭子空间上构成 Riesz 基. 由于 $N^p \leqslant N$, 定理 2.74 的所有条件均满足, 结合由定理 4.26 得到的完备性 $\mathrm{sp}(\mathcal{A}_R) = \mathcal{H}_R$, 我们因此证明了定理的结论. 定理得证. $\qquad\square$

4.4.2 稳定性

引理 4.28 如果 $1 + kk_0(1-\gamma)(1-\xi) > 0$, 则 $\Delta_1(i\eta) \neq 0$ 对任意的 $\eta \in \mathbb{R}$.

证明 令 $\lambda = is$, $s \in \mathbb{R}$ 是 $\Delta_1(\lambda)$ 的零点. 则

$$\Delta_1(s) = K_2 \cos(\sqrt{\alpha}s) + iK_1 \sin(\sqrt{\alpha}s)$$
$$+ K_3 \cos(\sqrt{\alpha}s(1 - 2\xi)) + iK_4 \sin(\sqrt{\alpha}s(1 - 2\xi)) = 0,$$

从而

$$\begin{cases} K_2 \cos(\sqrt{\alpha}s) + K_3 \cos(\sqrt{\alpha}s(1-2\xi)) = 0, \\ K_1 \sin(\sqrt{\alpha}s) + K_4 \sin(\sqrt{\alpha}s(1-2\xi)) = 0, \end{cases} \tag{4.169}$$

或

$$\begin{cases} \cos(\sqrt{\alpha}s)\big(K_2 + K_3\cos(2s\xi\sqrt{\alpha})\big) + K_3\sin(\sqrt{\alpha}s)\sin(2s\xi\sqrt{\alpha}) = 0, \\ \sin(\sqrt{\alpha}s)\big(K_1 + K_4\cos(2s\xi\sqrt{\alpha})\big) - K_4\cos(\sqrt{\alpha}s)\sin(2s\xi\sqrt{\alpha}) = 0. \end{cases} \tag{4.170}$$

当 $\sin(\sqrt{\alpha}s) = 0$ 时, $\cos(\sqrt{\alpha}s) = 1$ 或者 -1. 这时有两种情况.

Case I: $K_4 = 0$. 这时

$$\cos(\sqrt{\alpha}s(1-2\xi)) = \pm\frac{K_2}{K_3},$$

它和 $0 \leqslant |K_3| < K_2$ 相矛盾;

Case II: $K_4 \neq 0, \sin(2s\xi\sqrt{\alpha}) = 0$. 这时, $\cos(2s\xi\sqrt{\alpha}) = 1$ 或 -1. 因此

$$K_2 + K_3 = \frac{k_0}{\sqrt{\alpha}} = 0 \quad 或 \quad K_2 - K_3 = \sqrt{\alpha}k = 0,$$

它和 $k_0 > 0$ 以及 $k > 0$ 相矛盾. 因此, $\sin(\sqrt{\alpha}s) \neq 0$.

当 $K_1 + K_4\cos(2s\xi\sqrt{\alpha}) = 0$ 时, 也分为两种情况.

Case I: $K_4 = 0$. 这时, $K_1 = 0$. 但是这种情况不会发生, 否则 $K_4 = 0$, 它意味着

$$\frac{k_0 k\xi\gamma}{2} = \frac{k(1-\gamma)k_0(1-\xi)}{2},$$

因此 $K_1 = 1 + kk_0\xi\gamma \neq 0$. 矛盾!

Case II: $K_4 \neq 0$. 这时, $\cos(2s\xi\sqrt{\alpha}) = -K_1/K_4$, 所以 $|K_1| \leqslant |K_4|$, 它和 $kk_0(\gamma-1)(1-\xi) < 1$ 相矛盾.

因此, 总有 $K_1 + K_4\cos(2s\xi\sqrt{\alpha}) \neq 0$. 进一步, 由 (4.170) 以及 $\cos(\sqrt{\alpha}s) \neq 0$, 可知

$$K_2 + K_3\cos(2s\xi\sqrt{\alpha}) + \frac{K_3K_4\sin^2(2s\xi\sqrt{\alpha})}{K_1 + K_4\cos(2s\xi\sqrt{\alpha})} = 0$$

或

$$\big(K_2 + K_3\cos(2s\xi\sqrt{\alpha})\big)\big(K_1 + K_4\cos(2s\xi\sqrt{\alpha})\big) + K_3K_4\sin^2(2s\xi\sqrt{\alpha}) = 0.$$

所以我们仅需寻找如下方程的解

$$K_1K_2 + K_3K_4 + (K_1K_3 + K_2K_4)\cos(2s\xi\sqrt{\alpha}) = 0. \tag{4.171}$$

为此, 注意到

$$
\begin{aligned}
K_1K_3 + K_2K_4 &= \left(1 + \frac{k_0k\xi\gamma}{2} + \frac{k(1-\gamma)k_0(1-\xi)}{2}\right)\left(\frac{k_0}{2\sqrt{\alpha}} - \frac{\sqrt{\alpha}k}{2}\right) \\
&\quad + \left(\frac{\sqrt{\alpha}k}{2} + \frac{k_0}{2\sqrt{\alpha}}\right)\left(\frac{k_0k\xi\gamma}{2} - \frac{k(1-\gamma)k_0(1-\xi)}{2}\right) \\
&= \frac{k_0}{2\sqrt{\alpha}} - \frac{\sqrt{\alpha}k}{2} + \frac{k_0k\xi\gamma}{2}\frac{k_0}{\sqrt{\alpha}} - k(1-\gamma)k_0(1-\xi)\frac{\sqrt{\alpha}k}{2},
\end{aligned}
$$

$$
\begin{aligned}
K_1K_2 + K_3K_4 &= \left(1 + \frac{k_0k\xi\gamma}{2} + \frac{k(1-\gamma)k_0(1-\xi)}{2}\right)\left(\frac{\sqrt{\alpha}k}{2} + \frac{k_0}{2\sqrt{\alpha}}\right) \\
&\quad + \left(\frac{k_0}{2\sqrt{\alpha}} - \frac{\sqrt{\alpha}k}{2}\right)\left(\frac{k_0k\xi\gamma}{2} - \frac{k(1-\gamma)k_0(1-\xi)}{2}\right) \\
&= \frac{\sqrt{\alpha}k}{2} + \frac{k_0}{2\sqrt{\alpha}} + \frac{k_0}{\sqrt{\alpha}}\frac{k_0k\xi\gamma}{2} + \sqrt{\alpha}k\frac{k(1-\gamma)k_0(1-\xi)}{2}.
\end{aligned}
$$

由于 $kk_0(\gamma-1)(1-\xi) < 1$, 可知

$$
K_1K_2 + K_3K_4 - (K_1K_3 + K_2K_4) = \sqrt{\alpha}k\left(1 + kk_0(1-\gamma)(1-\xi)\right) > 0, \quad (4.172)
$$

以及

$$
K_1K_2 + K_3K_4 + (K_1K_3 + K_2K_4) = \frac{k_0}{\sqrt{\alpha}}\left(1 + k_0k\xi\gamma\right) > 0. \quad (4.173)
$$

因此

$$
|K_1K_3 + K_2K_4| < K_1K_2 + K_3K_4.
$$

这证明方程 (4.171) 无解. 从而 $\Delta_1(\lambda)$ 在虚轴没有零点. 引理得证.   □

引理 4.29   如果 $1 + kk_0(1-\gamma)(1-\xi) > 0$, 则虚轴不是 $\Delta_1(\lambda)$ 零点的渐近线.

证明   我们仅需证明

$$
\inf_{s\in\mathbb{R}} |\Delta_1(is)| > 0.
$$

我们用反证法证明. 设

$$
\lim_{n\to\infty} |\Delta_1(is_n)| = 0 \quad \text{随着 } |s_n| \to \infty, \ s_n \in \mathbb{R}.
$$

由 (4.169) 可知, 随着 $n \to \infty$,

$$
\begin{cases}
e_n = K_2\cos(\sqrt{\alpha}s_n) + K_3\cos\left(\sqrt{\alpha}s_n(1-2\xi)\right) \to 0, \\
f_n = K_1\sin(\sqrt{\alpha}s_n) + K_4\sin\left(\sqrt{\alpha}s_n(1-2\xi)\right) \to 0.
\end{cases} \quad (4.174)
$$

另一方面, 简单计算可得到

$$\cos(\sqrt{\alpha}s_n) = \frac{\left(K_1 + K_4\cos(2s_n\xi\sqrt{\alpha})\right)e_n - K_3\sin(2s_n\xi\sqrt{\alpha})f_n}{K_1K_2 + K_3K_4 + (K_1K_3 + K_2K_4)\cos(2s_n\xi\sqrt{\alpha})}, \tag{4.175}$$

$$\sin(\sqrt{\alpha}s_n) = \frac{K_4\sin(2s_n\xi\sqrt{\alpha})e_n + \left(K_2 + K_3\cos(2s_n\xi\sqrt{\alpha})\right)f_n}{K_1K_2 + K_3K_4 + (K_1K_3 + K_2K_4)\cos(2s_n\xi\sqrt{\alpha})}. \tag{4.176}$$

根据 (4.172) 和 (4.173), 可知

$$0 < K_5 \leqslant K_1K_2 + K_3K_4 + (K_1K_3 + K_2K_4)\cos(2s_n\xi\sqrt{\alpha}) \leqslant K_6,$$

其中

$$K_5 = \min\left\{\sqrt{\alpha}k\left(1 + kk_0(1-\gamma)(1-\xi)\right), \ \frac{k_0}{\sqrt{\alpha}}\left(1 + k_0k\xi\gamma\right)\right\},$$

$$K_6 = \max\left\{\sqrt{\alpha}k\left(1 + kk_0(1-\gamma)(1-\xi)\right), \ \frac{k_0}{\sqrt{\alpha}}\left(1 + k_0k\xi\gamma\right)\right\}.$$

根据 (4.175) 和 (4.176) 可知, $\cos(\sqrt{\alpha}s_n) \to 0$, $\sin(\sqrt{\alpha}s_n) \to 0$ 随着 $n \to \infty$, 矛盾! 因此

$$\inf_{s\in\mathbb{R}}|\Delta_1(is)| > 0.$$

引理得证. □

定理 4.30 设 K_1, K_2 由 (4.139) 给定. 如果 $K_1 \neq K_2$, 给定 (4.128) 成立, 则虚轴不是算子 $\mathcal{A}_R$ 的本征值的渐近线. 从而, 系统 (4.119) 是指数稳定的, 即

$$\|Y(t)\| \leqslant Me^{-\omega t}\|Y(0)\|,$$

这里 $M, \omega > 0$ 是正常数.

证明 对于 (4.130), 当条件 (4.128) 成立时, 我们有

$$1 + kk_0(1-\gamma)(1-\xi) > 0.$$

从而, 对引理 4.29 的结论应用 Rouché 定理和 (4.138), 即可证明定理所得结论成立. □

注解 4.5 对于系统的根子空间稳定性和 Riesz 基生成, 我们总假设 $K_1 \neq K_2$, 其中 K_1, K_2 由 (4.139) 给定. 这是对于波动系统具有同阶反馈的基本要求. 否则, $\sigma(\mathcal{A}_R)$ 可能是空集 (见 (4.138) 和 (4.145)). 例如, 当 $K_1 = K_2, \xi = 1/2$ 时, (4.139) 中的 $\Delta_1(\lambda)$ 变为

$$\Delta_1(\lambda) = K_3 + K_1e^{\sqrt{\alpha}\lambda}.$$

因此当 $K_3 = 0$ 时, (4.138) 变为

$$\det\left(\Delta(\lambda)\right) = -\lambda^4 \tau_1^4 \sinh\frac{1}{\sqrt{\alpha}}\left[K_1 e^{\sqrt{\alpha}\lambda} + \mathcal{O}(\lambda^{-1})\right] \quad 随着|\lambda| \to \infty.$$

我们无法得到算子 $\mathcal{A}_R$ 的谱分布的任何信息, 尽管我们不知道 $\sigma(\mathcal{A}_R)$ 是否为空.

定理 4.31 设 $kk_0(\xi - \gamma)^2 = 4$, $\gamma = 2 - \xi$. 则存在 $\xi \in (0,1)$ 使得系统 (4.119) 不是指数稳定的.

证明 在假设下, 由注解 4.5 可知 $1 + kk_0(1-\gamma)(1-\xi) = 0$. 这时候在 (4.139) 中, $K_1 = K_4$. 令 $\lambda = is$, $s \in \mathbb{R}$. 如果我们取

$$\cos(2s\xi\sqrt{\alpha}) = -1, \quad \cos(s\sqrt{\alpha}) = 0, \tag{4.177}$$

则 (4.169) 有解, 即 $\Delta_1(is) = 0$. 这时候 (4.177) 的解为

$$s_{n_1} = \frac{n_1\pi + \pi/2}{\xi\sqrt{\alpha}}, \quad s_{n_2} = \frac{n_2\pi + \pi/2}{\sqrt{\alpha}}, \quad n_1, n_2 \in \mathbb{Z}.$$

设 $s_{n_1} = s_{n_2}$ 可得

$$\xi = \frac{n_1 + 1/2}{n_2 + 1/2}.$$

取 $n_2 = 2, n_1 = 1$. 则

$$\xi = \frac{n_1 + 1/2}{n_2 + 1/2} = \frac{3}{5} \in (0,1).$$

求解方程

$$\frac{n_1 + 1/2}{n_2 + 1/2} = \frac{3}{5},$$

可得

$$n_1 = 3m + 1, \quad n_2 = 2 + 5m$$

对于所有的整数 $m > 0$. 即当 $\xi = \frac{3}{5}$ 时, 所有的

$$s_m = \frac{(2+5m)\pi + \pi/2}{\sqrt{\alpha}} \quad 满足 \Delta_1(is_m) = 0.$$

由于 $s_m \to \infty$ 随着 $m \to +\infty$, 由 (4.138), 我们可以发现, 虚轴是算子 $\mathcal{A}_R$ 的本征值的渐近线. 因此, 当 $\xi = \frac{3}{5}$ 时, 系统 (4.119) 不是指数稳定的. 定理得证　□

4.5　树状梁网络

这一节, 我们讨论树状对称梁网络的边界控制. 具体模型如图 4.2 所示: 树状对称梁网络有四个节点 P_0, P_1, P_2 和 P_3, P_0 为中心节点, P_1, P_2 和 P_3 为末端节点, 关于 P_0 对称. 每根梁的长度为 $\ell_1 = \ell_2 = \ell_3 = 1$. 设控制 $u_i(t)$ 放置在末梢节点 $P_i, 0 \leqslant i \leqslant 3$ 处. 在区域 $Q = \{(x,t); 0 < x < 1, t > 0\}$ 上相应的动力学模型为

$$\begin{cases} y_{tt}(x,t) + y_{xxxx}(x,t) = 0, \\ y(1,t) = w(1,t), \\ y_x(1,t) = w_x(1,t), \\ y_{xx}(0,t) = 0, \\ y_{xxx}(0,t) = u_1(t), \end{cases} \qquad \begin{cases} w_{tt}(x,t) + w_{xxxx}(x,t) = 0, \\ w(1,t) = z(1,t), \\ w_x(1,t) = z_x(1,t), \\ w_{xx}(0,t) = 0, \\ w_{xxx}(0,t) = u_2(t), \end{cases} \qquad (4.178)$$

以及

$$\begin{cases} z_{tt}(x,t) + z_{xxxx}(x,t) = 0, \\ z_{xx}(0,t) = 0, \\ y_{xx}(1,t) + w_{xx}(1,t) + z_{xx}(1,t) = 0, \\ z_{xxx}(0,t) = u_3(t), \\ y_{xxx}(1,t) + w_{xxx}(1,t) + z_{xxx}(1,t) = 0. \end{cases} \qquad (4.179)$$

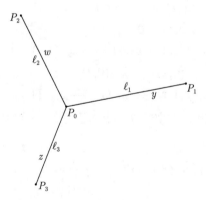

图 4.2　树状梁网络

系统 (4.178)-(4.179) 的总能量为

$$E(t) = \frac{1}{2} \int_0^1 \Big[y_t^2(x,t) + y_{xx}^2(x,t) + w_t^2(x,t) + w_{xx}^2(x,t) + z_t^2(x,t) + z_{xx}^2(x,t) \Big] dx. \tag{4.180}$$

对能量函数关于时间 t 求导可得

$$\frac{d}{dt}E(t) = y_t(0,t)u_1(t) + w_t(0,t)u_2(t) + z_t(0,t)u_3(t), \tag{4.181}$$

它是一个无源控制系统. 将 $\big(y_t(0,t),\, w_t(0,t),\, z_t(0,t)\big)$ 作为系统的观测输出, 设计如下比例输出反馈控制:

$$\begin{cases} u_1(t) = -ky_t(0,t), \\[2mm] u_2(t) = -kw_t(0,t), \\[2mm] u_3(t) = -kz_t(0,t), \end{cases} \tag{4.182}$$

其中 $k > 0$ 是正的反馈增益常数, 则

$$\frac{d}{dt}E(t) = -ky_t^2(0,t) - kw_t^2(0,t) - kz_t^2(0,t) \leqslant 0. \tag{4.183}$$

在反馈控制 (4.182) 下, 闭环系统为

$$\begin{cases} y_{tt}(x,t) + y_{xxxx}(x,t) = 0, \\ y(1,t) = w(1,t), \\ y_x(1,t) = w_x(1,t), \\ y_{xx}(0,t) = 0, \\ y_{xxx}(0,t) = -ky_t(0,t), \end{cases} \qquad \begin{cases} w_{tt}(x,t) + w_{xxxx}(x,t) = 0, \\ w(1,t) = z(1,t), \\ w_x(1,t) = z_x(1,t), \\ w_{xx}(0,t) = 0, \\ w_{xxx}(0,t) = -kw_t(0,t) \end{cases} \tag{4.184}$$

和

$$\begin{cases} z_{tt}(x,t) + z_{xxxx}(x,t) = 0, \\ z_{xx}(0,t) = 0, \\ y_{xx}(1,t) + w_{xx}(1,t) + z_{xx}(1,t) = 0, \\ z_{xxx}(0,t) = -kz_t(0,t), \\ y_{xxx}(1,t) + w_{xxx}(1,t) + z_{xxx}(1,t) = 0. \end{cases} \tag{4.185}$$

我们在如下状态 Hilbert 空间 $\mathcal{H}_c$ 上考虑系统 (4.184)-(4.185):

$$\mathcal{H}_c = \left\{ Y \in \big(H^2(0,1) \times L^2(0,1)\big)^3 \;\middle|\; \begin{array}{l} Y = (f_1, g_1, f_2, g_2, f_3, g_3), \\ f_1(1) = f_2(1) = f_3(1), \\ f_1'(1) = f_2'(1) = f_3'(1) \end{array} \right\}, \tag{4.186}$$

以及内积诱导范数:

$$\begin{aligned} \|Y\| = \int_0^1 & \Big[|f_1''(x)|^2 + |g_1(x)|^2 + |f_2''(x)|^2 + |g_2(x)|^2 \\ & + |f_3''(x)|^2 + |g_3(x)|^2 \Big] dx + K_1|f_1(0)|^2 + K_2|f_2(0)|^2, \end{aligned} \tag{4.187}$$

其中 K_1 和 K_2 是两个正常数. 定义 $\mathcal{H}_c$ 上的系统算子 $\mathcal{A}_c$ 为

$$\mathcal{A}_c Y = \left(g_1, \ -f_1^{(4)}, \ g_2, \ -f_2^{(4)}, \ g_3, \ -f_3^{(4)} \right), \quad \forall\, Y = (f_1, g_1, f_2, g_2, f_3, g_3) \in D(\mathcal{A}_c),$$
(4.188)

以及

$$D(\mathcal{A}_c) = \begin{cases} (f_1, g_1, f_2, g_2, f_3, g_3) \in \left\{ \left(H^4(0,1) \times H^2(0,1) \right)^3 \cap \mathcal{H}_c \,\middle| \right. \\ g_1^{(i)}(1) = g_2^{(i)}(1) = g_3^{(i)}(1), \quad i = 0, 1, \\ f_j''(0) = 0, \quad f_j'''(0) = -k g_j(0), \quad j = 1, 2, 3, \\ f_1''(1) + f_2''(1) + f_3''(1) = 0, \quad f_1'''(1) + f_2'''(1) + f_3'''(1) = 0 \big\}. \end{cases}$$
(4.189)

令 $Y(t) = \left(y(\cdot, t), y_t(\cdot, t), w(\cdot, t), w_t(\cdot, t), z(\cdot, t), z_t(\cdot, t) \right)$. 则系统 (4.184)-(4.185) 在 $\mathcal{H}_c$ 可以改写为抽象发展方程:

$$\frac{d}{dt} Y(t) = \mathcal{A}_c Y(t), \quad Y(0) = Y_0,$$
(4.190)

其中 Y_0 是初值.

引理 4.32   设算子 $\mathcal{A}_c$ 由 (4.188)-(4.189) 定义. 则 0 是 $\mathcal{A}_c$ 的本征值, 相应的根子空间为

$$\mathfrak{E}(0, \mathcal{A}_c) = \text{span}\Big\{ (1, 0, 1, 0, 1, 0), \ (x, 0, x, 0, x, 0), \ (0, x, 0, x, 0, x) \Big\}.$$

证明   为了证明 $0 \in \sigma(\mathcal{A}_c)$, 仅需证明存在

$$0 \neq F = (f_1, g_1, f_2, g_2, f_3, g_3) \in D(\mathcal{A}_c)$$

使得 $\mathcal{A}_c F = 0$, 或者等价于, 如下方程由非零解:

$$\begin{cases} g_1 = g_2 = g_3 = 0, \\ f_1^{(4)}(x) = f_2^{(4)}(x) = f_3^{(4)}(x) = 0, \\ f_1(1) = f_2(1) = f_3(1), \\ f_1'(1) = f_2'(1) = f_3'(1), \\ f_1''(0) = f_2''(0) = f_3''(0) = 0, \\ f_1'''(0) = f_2'''(0) = f_3'''(0) = 0, \\ f_1''(1) + f_2''(1) + f_3''(1) = 0, \\ f_1'''(1) + f_2'''(1) + f_3'''(1) = 0. \end{cases}$$

直接计算证明

$$f_i(x) = a_{0i} + a_{1i} x, \quad i = 1, 2, 3,$$

$$a_{01} = a_{02} = a_{03}, \quad a_{11} = a_{12} = a_{13}.$$

因此 0 是 $\mathcal{A}_c$ 的本征值, 且

$$(1, 0, 1, 0, 1, 0) \quad \text{和} \quad (x, 0, x, 0, x, 0)$$

是相应的两个独立本征函数. 进一步, 求解

$$\mathcal{A}_c Y = (x, 0, x, 0, x, 0) \quad \text{以及} \quad Y \in D(\mathcal{A}_c)$$

可得到一个广义本征函数 $(x, 0, x, 0, x, 0)$, 它是仅有的一个独立于本征函数的广义本征函数. 引理得证. □

引理 4.33　设算子 $\mathcal{A}_c$ 由 (4.188)-(4.189) 定义. 则 $i \in \rho(\mathcal{A}_c)$, $\mathcal{A}_c$ 是 $\mathcal{H}_c$ 的稠定算子. 并且, $(i - \mathcal{A}_c)^{-1}$ 在 $\mathcal{H}_c$ 是紧的. 因此, $\mathcal{A}_c$ 的谱 $\sigma(\mathcal{A}_c)$ 仅由孤立本征值组成.

证明　我们首先证明 $(i - \mathcal{A}_c)^{-1}$ 存在. 设 $F = (\varphi_1, \psi_1, \varphi_2, \psi_2, \varphi_3, \psi_3) \in \mathcal{H}_c$. 寻找 $Y = (f_1, g_1, f_2, g_2, f_3, g_3) \in D(\mathcal{A}_c)$ 使得 $(i - \mathcal{A}_c)Y = F$. 它等价于求解如下方程

$$if_1 - g_1 = \varphi_1, \quad ig_1 + f_1^{(4)} = \psi_1, \quad f_1'''(0) = -kg_1(0),$$
$$if_2 - g_2 = \varphi_2, \quad ig_2 + f_2^{(4)} = \psi_2, \quad f_2'''(0) = -kg_2(0),$$
$$if_3 - g_3 = \varphi_3, \quad ig_3 + f_3^{(4)} = \psi_3, \quad f_3'''(0) = -kg_3(0),$$
$$f_1(1) = f_2(1) = f_3(1),$$
$$f_1'(1) = f_2'(1) = f_3'(1),$$
$$f_1''(0) = f_2''(0) = f_3''(0) = 0,$$
$$f_1''(1) + f_2''(1) + f_3''(1) = 0,$$
$$f_1'''(1) + f_2'''(1) + f_3'''(1) = 0,$$

可得

$$\begin{cases} g_1 = if_1 - \varphi_1, \quad g_2 = if_2 - \varphi_2, \quad g_3 = if_3 - \varphi_3, \\ f_1^{(4)} - f_1 = \psi_1 + i\varphi_1, \\ f_2^{(4)} - f_2 = \psi_2 + i\varphi_2, \\ f_3^{(4)} - f_3 = \psi_3 + i\varphi_3, \\ f_1(1) = f_2(1) = f_3(1), \quad f_1'(1) = f_2'(1) = f_3'(1), \\ f_1''(0) = f_2''(0) = f_3''(0) = 0, \quad f_1''(1) + f_2''(1) + f_3''(1) = 0, \\ f_1'''(0) = -ikf_1(0) + k\varphi_1(0), \quad f_2'''(0) = -ikf_2(0) + k\varphi_2(0), \\ f_3'''(0) = -ikf_3(0) + k\varphi_3(0), \quad f_1'''(1) + f_2'''(1) + f_3'''(1) = 0. \end{cases} \quad (4.191)$$

设

$$f_i(x) = \widetilde{f}_i(x) + F_i(x), \quad i = 1, 2, 3,$$

其中 $F_i(x)$ 满足

$$
\begin{cases}
F_i^{(4)}(x) - F_i(x) = \psi_i(x) + i\varphi_i(x), \quad i = 1, 2, 3, \\
F_i(0) = F_i'(0) = F_i''(0) = F_i'''(0) = 0.
\end{cases}
$$

该方程组的一组特解为

$$F_i(x) = \frac{1}{2} \int_0^x \big[\sinh(x - \xi) - \sin(x - \xi)\big]\big[\psi_i(\xi) + i\varphi_i(\xi)\big]d\xi, \quad i = 1, 2, 3.$$

从而, 由 (4.191) 可知 $\widetilde{f}_i(x)$, $i = 1, 2, 3$ 满足

$$
\begin{cases}
\widetilde{f}_1^{(4)} - \widetilde{f}_1 = 0, \quad \widetilde{f}_2^{(4)} - \widetilde{f}_2 = 0, \quad \widetilde{f}_3^{(4)} - \widetilde{f}_3 = 0, \\
\widetilde{f}_1(1) + F_1(1) = \widetilde{f}_2(1) + F_2(1) = \widetilde{f}_3(1) + F_3(1), \\
\widetilde{f}_1'(1) + F_1'(1) = \widetilde{f}_2'(1) + F_2'(1) = \widetilde{f}_3'(1) + F_3'(1), \\
\widetilde{f}_1''(1) + F_1''(1) + \widetilde{f}_2''(1) + F_2''(1) + \widetilde{f}_3''(1) + F_3''(1) = 0, \\
\widetilde{f}_1'''(0) = -ik\widetilde{f}_1(0) + k\varphi_1(0), \quad \widetilde{f}_2'''(0) = -ik\widetilde{f}_2(0) + k\varphi_2(0), \\
\widetilde{f}_3'''(0) = -ik\widetilde{f}_3(0) + k\varphi_3(0), \quad \widetilde{f}_1''(0) = \widetilde{f}_2''(0) = \widetilde{f}_3''(0) = 0, \\
\widetilde{f}_1'''(1) + F_1'''(1) + \widetilde{f}_2'''(1) + F_2'''(1) + \widetilde{f}_3'''(1) + F_3'''(1) = 0.
\end{cases}
\tag{4.192}
$$

对于 $\widetilde{f}_i(x)$, $i = 1, 2, 3$, 通解可以表示为

$$\widetilde{f}_i(x) = c_{1i} \sinh x + c_{2i} \sin x + c_{3i}(\cosh x + \cos x), \quad i = 1, 2, 3,$$

其中 c_{1i}, c_{2i} 和 c_{3i} 是常数由边界条件 (4.192) 确定, 即满足代数方程

$$
\begin{cases}
(c_{11} - c_{12})\sinh 1 + (c_{21} - c_{22})\sin 1 + (c_{31} - c_{32})(\cosh 1 + \cos 1) = F_2(1) - F_1(1), \\
(c_{11} - c_{13})\sinh 1 + (c_{21} - c_{23})\sin 1 + (c_{31} - c_{33})(\cosh 1 + \cos 1) = F_3(1) - F_1(1), \\
(c_{11} - c_{12})\cosh 1 + (c_{21} - c_{22})\cos 1 + (c_{31} - c_{32})(\sinh 1 - \sin 1) = F_2'(1) - F_1'(1), \\
(c_{11} - c_{13})\cosh 1 + (c_{21} - c_{23})\cos 1 + (c_{31} - c_{33})(\sinh 1 - \sin 1) = F_3'(1) - F_1'(1), \\
(c_{11} + c_{12} + c_{13})\sinh 1 - (c_{21} + c_{22} + c_{23})\sin 1 + (c_{31} + c_{32} + c_{33})(\cosh 1 - \cos 1) \\
\quad = -\big(F_1''(1) + F_2''(1) + F_3''(1)\big), \\
c_{11} - c_{21} + 2ikc_{31} = k\varphi_1(0), \quad c_{12} - c_{22} + 2ikc_{32} = k\varphi_2(0), \\
c_{13} - c_{23} + 2ikc_{33} = k\varphi_3(0), \\
(c_{11} + c_{12} + c_{13})\cosh 1 - (c_{21} + c_{22} + c_{23})\cos 1 + (c_{31} + c_{32} + c_{33})(\sinh 1 + \sin 1) \\
\quad -ik_2(c_{11}\sinh 1 + c_{21}\sin 1 + c_{31}(\cosh 1 + \cos 1)) \\
\quad = -\big(F_1'''(1) + F_2'''(1) + F_3'''(1)\big).
\end{cases}
$$

$$\tag{4.193}$$

方程 (4.191) 解的存在唯一性等价于对方程 (4.193) 求解 c_{1i}, c_{2i}, c_{3i}. 换句话说, (4.193) 的系数矩阵行列式 Δ_c 非零:

$$\Delta_c = \begin{vmatrix} \sinh 1 & -\sinh 1 & 0 & \sin 1 & -\sin 1 & 0 & d_1 & -d_1 & 0 \\ \sinh 1 & 0 & -\sinh 1 & \sin 1 & 0 & -\sin 1 & d_1 & 0 & -d_1 \\ \cosh 1 & -\cosh 1 & 0 & \cos 1 & -\cos 1 & 0 & d_2 & -d_2 & 0 \\ \cosh 1 & 0 & -\cosh 1 & \cos 1 & 0 & -\cos 1 & d_2 & 0 & -d_2 \\ \sinh 1 & \sinh 1 & \sinh 1 & -\sin 1 & -\sin 1 & -\sin 1 & d_3 & d_3 & d_3 \\ 1 & 0 & 0 & -1 & 0 & 0 & 2ik & 0 & 0 \\ 0 & 1 & 0 & 0 & -1 & 0 & 0 & 2ik & 0 \\ 0 & 0 & 1 & 0 & 0 & -1 & 0 & 0 & 2ik \\ \cosh 1 & \cosh 1 & \cosh 1 & -\cos 1 & -\cos 1 & -\cos 1 & d_4 & d_4 & d_4 \end{vmatrix},$$

$$(4.194)$$

其中

$$d_1 = \cosh 1 + \cos 1, \quad d_2 = \sinh 1 - \sin 1, \quad d_3 = \cosh 1 - \cos 1, \quad d_4 = \sinh 1 + \sin 1.$$

直接计算可证明

$$\Delta_c = \Delta_{1c}^2 (\Delta_{rc} + i\Delta_{ic}) \neq 0,$$

其中

$$\Delta_{1c} = \sinh^2 1 - \sin^2 1 - d_1^2 + 2ik(\sinh 1 \cos 1 - \cosh 1 \sin 1),$$

$$\Delta_{rc} = -9d_2 d_4 + 3d_3^2, \quad \Delta_{ic} = 18kd_2 \cosh 1 - 6kd_3 \sinh 1.$$

因此 (4.193) 有非平凡解, 以及方程 (4.192) 有非零解 $\widetilde{f}_i(x)$, $i = 1, 2, 3$. 从而存在非平凡解 $Y \in D(\mathcal{A}_c)$ 使得 $(i - \mathcal{A}_c)Y = F$, 因此 $(i - \mathcal{A}_c)^{-1}$ 存在.

接着, Sobolev 嵌入定理 (定理 1.45) 保证了 $(i - \mathcal{A}_c)^{-1}$ 在 $\mathcal{H}_c$ 是紧的, 因此 $\mathcal{A}_c$ 是 $\mathcal{H}_c$ 的离散算子. 因而 $\mathcal{A}_c$ 的谱 $\sigma(\mathcal{A}_c)$ 仅由有限代数重数的孤立本征值组成. 引理得证. □

引理 4.34　设算子 $\mathcal{A}_c$ 由 (4.188)-(4.189) 定义. 对任意 $\lambda \in \sigma(\mathcal{A}_c)$, $\lambda \neq 0$, 有 $\mathrm{Re}(\lambda) < 0$.

证明 我们首先断言: $\mathrm{Re}(\lambda) \leqslant 0$ 对任意 $\lambda \in \sigma(\mathcal{A}_c)$. 显然, $\lambda \in \sigma(\mathcal{A}_c)$ 当且仅当 λ 满足特征方程组:

$$\begin{cases} \lambda^2 y(x) + y^{(4)}(x) = 0, \\ y(1) = w(1), \\ y'(1) = w'(1), \\ y''(0) = 0, \\ y'''(0) = -k\lambda y(0), \end{cases} \qquad \begin{cases} \lambda^2 w(x) + w^{(4)}(x) = 0, \\ w(1) = z(1), \\ w'(1) = z'(1), \\ w''(0) = 0, \\ w'''(0) = -k\lambda w(0), \end{cases} \tag{4.195}$$

以及

$$\begin{cases} \lambda^2 z(x) + z^{(4)}(x) = 0, \\ z''(0) = 0, \\ y''(1) + w''(1) + z''(1) = 0, \\ z'''(0) = -k\lambda z(0), \\ y'''(1) + w'''(1) + z'''(1) = 0. \end{cases} \tag{4.196}$$

在上述方程两边对 $y(x), w(x)$ 和 $z(x)$ 在 $L^2(0,1)$ 上分别取内积, 并代入边界条件可得

$$\lambda^2 \|y\|_{L^2}^2 + \left\langle y^{(4)}, \, y \right\rangle_{L^2} = 0,$$

$$\lambda^2 \|w\|_{L^2}^2 + \left\langle w^{(4)}, \, w \right\rangle_{L^2} = 0,$$

$$\lambda^2 \|z\|_{L^2}^2 + \left\langle z^{(4)}, \, z \right\rangle_{L^2} = 0.$$

应用分部积分可知

$$\lambda^2 \|y\|_{L^2}^2 + y'''(1)\overline{y(1)} + k\lambda|y(0)|^2 - y''(1)\overline{y'(1)} + \|y''\|_{L^2}^2 = 0,$$

$$\lambda^2 \|w\|_{L^2}^2 + w'''(1)\overline{w(1)} + k\lambda|w(0)|^2 - w''(1)\overline{w'(1)} + \|w''\|_{L^2}^2 = 0,$$

$$\lambda^2 \|z\|_{L^2}^2 + z'''(1)\overline{z(1)} + k\lambda|z(0)|^2 - z''(1)\overline{z'(1)} + \|z''\|_{L^2}^2 = 0.$$

把三个方程加到一起可得

$$\lambda^2 \left(\|y\|_{L^2}^2 + \|w\|_{L^2}^2 + \|z\|_{L^2}^2 \right)$$

$$+ k\lambda \left(|y(0)|^2 + |w(0)|^2 + |z(0)|^2 \right) + \|y''\|_{L^2}^2 + \|w''\|_{L^2}^2 + \|z''\|_{L^2}^2 = 0.$$

令 $\lambda = \mathrm{Re}(\lambda) + i\mathrm{Im}(\lambda)$. 则

$$\left((\mathrm{Re}(\lambda))^2 - (\mathrm{Im}(\lambda))^2\right)\left(\|y\|_{L^2}^2 + \|w\|_{L^2}^2 + \|z\|_{L^2}^2\right)$$

$$+k\mathrm{Re}(\lambda)\left(|y(0)|^2 + |w(0)|^2 + |z(0)|^2\right) + \|y''\|_{L^2}^2 + \|w''\|_{L^2}^2 + \|z''\|_{L^2}^2 = 0, (4.197)$$

以及

$$2\mathrm{Re}(\lambda)\mathrm{Im}(\lambda)\left(\|y\|_{L^2}^2 + \|w\|_{L^2}^2 + \|z\|_{L^2}^2\right) + k\mathrm{Im}(\lambda)\left(|y(0)|^2 + |w(0)|^2 + |z(0)|^2\right) = 0.$$

$$(4.198)$$

由 (4.198), 如果 $\mathrm{Im}(\lambda) \neq 0$, 可知

$$\mathrm{Re}(\lambda) = -\frac{k\left(|y(0)|^2 + |w(0)|^2 + |z(0)|^2\right)}{2\left(\|y\|_{L^2}^2 + \|w\|_{L^2}^2 + \|z\|_{L^2}^2\right)} \leqslant 0.$$

如果 $\mathrm{Im}(\lambda) = 0$, 由 (4.197), 可知

$$\mathrm{Re}(\lambda) \leqslant 0.$$

这时候, 我们总有 $\mathrm{Re}(\lambda) \leqslant 0$.

接着, 我们证明 $\mathrm{Re}(\lambda) < 0$ 对任意 $\lambda \in \sigma(\mathcal{A}_c)$ 及 $\lambda \neq 0$. 令 $\lambda = i\tau^2, 0 \neq \tau \in \mathbb{R}$. 则 (4.195)-(4.196) 变为

$$\begin{cases} y^{(4)}(x) - \tau^4 y(x) = 0, \\ y(1) = w(1), \\ y'(1) = w'(1), \\ y''(0) = 0, \\ y'''(0) = -ik\tau^2 y(0), \end{cases} \quad \begin{cases} w^{(4)}(x) - \tau^4 w(x) = 0, \\ w(1) = z(1), \\ w'(1) = z'(1), \\ w''(0) = 0, \\ w'''(0) = -ik\tau^2 w(0), \end{cases} \quad (4.199)$$

以及

$$\begin{cases} z^{(4)}(x) - \tau^4 z(x) = 0, \\ z''(0) = 0, \\ y''(1) + w''(1) + z''(1) = 0, \\ z'''(0) = -ik\tau^2 z(0), \\ y'''(1) + w'''(1) + z'''(1) = 0. \end{cases} \quad (4.200)$$

由 (4.198), 可知

$$y(1) = y(0) = w(0) = z(0) = 0, \tag{4.201}$$

则 (4.199)-(4.200) 进一步变为

$$\begin{cases} y^{(4)}(x) - \tau^4 y(x) = 0, \\ y'''(0) = y''(0) = y(0) = 0, \\ y(1) = 0, \quad y'(1) = w'(1), \end{cases} \quad \begin{cases} w^{(4)}(x) - \tau^4 w(x) = 0, \\ w'''(0) = w''(0) = w(0) = 0, \\ w(1) = 0, \quad w'(1) = z'(1), \end{cases} \tag{4.202}$$

以及

$$\begin{cases} z^{(4)}(x) - \tau^4 z(x) = 0, \\ z'''(0) = z''(0) = z(0) = z(1) = 0, \\ y''(1) + w''(1) + z''(1) = 0, \\ y'''(1) + w'''(1) + z'''(1) = 0. \end{cases} \tag{4.203}$$

由边界条件 $y'''(0) = y''(0) = y(0) = 0$, $w'''(0) = w''(0) = w(0) = 0$ 以及 $z'''(0) = z''(0) = z(0) = 0$, 方程组 (4.202)-(4.203) 的解可以表示为

$$y(x) = c_1(\sinh \tau x + \sin \tau x),$$
$$w(x) = c_2(\sinh \tau x + \sin \tau x),$$
$$z(x) = c_3(\sinh \tau x + \sin \tau x).$$

由 $y(1) = w(1) = z(1) = 0$ 及 $y''(1) + w''(1) + z''(1) = 0$, 可证明 $c_1 = c_2 = c_3 = 0$. 因此, 方程组 (4.199)-(4.200) 仅有零解, 因而 $\lambda = i\tau^2$, $0 \neq \tau \in \mathbb{R}$ 不是 $\mathcal{A}_c$ 的本征值. 从而, $\mathrm{Re}(\lambda) < 0$ 对任意 $\lambda \in \sigma(\mathcal{A}_c)$ 及 $\lambda \neq 0$. 引理得证. $\qquad\square$

引理 4.35 设算子 $\mathcal{A}_c$ 由 (4.188)-(4.189) 定义. 则 $\mathcal{A}_c$ 在 $\mathcal{H}_c$ 生成 C_0-半群 $e^{\mathcal{A}_c t}$.

证明 对于给定的 $Y = (f_1, g_1, f_2, g_2, f_3, g_3) \in D(\mathcal{A}_c)$, 可知

$$\langle \mathcal{A}_c Y, Y \rangle = \left\langle \left(g_1, -f_1^{(4)}, g_2, -f_2^{(4)}, g_3, -f_3^{(4)} \right), Y \right\rangle$$

$$= \int_0^1 \left[g_1'' \overline{f_1''} - f_1^{(4)} \overline{g_1} + g_2'' \overline{f_2''} - f_2^{(4)} \overline{g_2} + g_3'' \overline{f_3''} - f_3^{(4)} \overline{g_3} \right] dx$$

$$\quad + K_1 g_1(0) \overline{f_1(0)} + K_2 g_2(0) \overline{f_2(0)}$$

$$= \int_0^1 \left[g_1'' \overline{f_1''} - f_1'' \overline{g_1''} + g_2'' \overline{f_2''} - f_2'' \overline{g_2''} + g_3'' \overline{f_3''} - f_3'' \overline{g_3''} \right] dx$$

$$-k|g_1(0)|^2 - k|g_2(0)|^2 - k|g_3(0)|^2 + K_1 g_1(0)\overline{f_1(0)} + K_2 g_2(0)\overline{f_2(0)},$$

因此

$$\begin{aligned}
&\mathrm{Re}\langle \mathcal{A}_c Y,\, Y\rangle\\
&= -k|g_1(0)|^2 - k|g_2(0)|^2 - k|g_3(0)|^2 + K_1\mathrm{Re}\big(g_1(0)\overline{f_1(0)}\big) + K_2\mathrm{Re}\big(g_2(0)\overline{f_2(0)}\big)\\
&\leqslant -k|g_1(0)|^2 - k|g_2(0)|^2 - k|g_3(0)|^2 + K_1\frac{\varepsilon}{2}|g_1(0)|^2 + K_1\frac{1}{2\varepsilon}|f_1(0)|^2\\
&\quad + K_2\frac{\varepsilon}{2}|g_2(0)|^2 + K_1\frac{1}{2\varepsilon}|f_2(0)|^2\\
&\leqslant \Big(K_1\frac{\varepsilon}{2} - k\Big)|g_1(0)|^2 + \Big(K_2\frac{\varepsilon}{2} - k\Big)|g_2(0)|^2 - k|g_3(0)|^2 + K_1\frac{1}{2\varepsilon}\|Y\|^2.
\end{aligned}$$

选取 ε 充分小使得

$$K_1\frac{\varepsilon}{2} - k < 0, \quad K_2\frac{\varepsilon}{2} - k < 0,$$

可得

$$\mathrm{Re}\langle \mathcal{A}_c Y,\, Y\rangle \leqslant K_1\frac{1}{2\varepsilon}\|Y\|^2.$$

因此, $\mathcal{A}_c - K_1(2\varepsilon)^{-1}$ 在 $\mathcal{H}_c$ 上是耗散的. 由引理 4.33, 可知 $(i - \mathcal{A}_c)^{-1}$ 存在且在 $\mathcal{H}_c$ 是紧的, 从而 $\big(i + K_1(2\varepsilon)^{-1} - \mathcal{A}_c\big)^{-1}$ 也是紧的. 由 Lumer-Phillips 定理 (定理 1.29), 可得 $\mathcal{A}_c - K_1(2\varepsilon)^{-1}$ 在 $\mathcal{H}_c$ 上生成 C_0-压缩半群. 则由有界扰动定理 (定理 1.32) 可知 $\mathcal{A}_c$ 在 $\mathcal{H}_c$ 上生成 C_0-半群 $e^{\mathcal{A}_c t}$. 引理得证. □

4.5.1　本征频率的渐近行为

这一节, 我们分析系统 (4.184)-(4.185) 的谱性质. 由特征方程 (4.195)-(4.196), 可知算子 $\mathcal{A}_c$ 的谱关于实数轴对称分布. 容易验证: 如果 $(y(x), w(x), z(x))$ 是方程组 (4.195)-(4.196) 关于本征值 λ 的非零解, 则

$$(w(x), z(x), y(x)), \quad (z(x), y(x), w(x))$$

同样是方程组 (4.195)-(4.196) 的另外两个非零解.

　　引理 4.36　设 $(y(x), w(x), z(x))$ 是方程组 (4.195)-(4.196) 的解. 则 $(w(x),$ $z(x), y(x))$ 和 $(z(x), y(x), w(x))$ 同样是 (4.195)-(4.196) 的解, 因此方程组 (4.195)-(4.196) 至多有三个独立的解.

　　现在开始研究谱问题 (4.184)-(4.185). 为此, 我们首先将方程组 (4.195)-(4.196)

等价地变换为如下一阶含参本征值 λ 的一阶方程组. 事实上, 令

$$
\begin{cases}
\Phi(\cdot) = (\varphi_1^y,\ \varphi_2^y,\ \varphi_3^y,\ \varphi_4^y,\ \varphi_1^w,\ \varphi_2^w,\ \varphi_3^w,\ \varphi_4^w,\ \varphi_1^z,\ \varphi_2^z,\ \varphi_3^z,\ \varphi_4^z)^{\mathrm{T}}, \\
\varphi_1^y = y, \quad \varphi_2^y = y', \quad \varphi_3^y = y'', \quad \varphi_4^y = y''', \\
\varphi_1^w = w, \quad \varphi_2^w = w', \quad \varphi_3^w = w'', \quad \varphi_4^w = w''', \\
\varphi_1^z = z, \quad \varphi_2^z = z', \quad \varphi_3^z = z'', \quad \varphi_4^z = z'''.
\end{cases}
\tag{4.204}
$$

则 (4.195)-(4.196) 变换为

$$
\begin{cases}
T^D(x,\lambda)\Phi(x) = \Phi'(x) + A(\lambda)\Phi(x) = 0, \\
T^R\Phi(x) = W^0(\lambda)\Phi(0) + W^1(\lambda)\Phi(1) = 0,
\end{cases}
\tag{4.205}
$$

其中

$$
A(\lambda) = \begin{pmatrix} M(\lambda) & & \\ & M(\lambda) & \\ & & M(\lambda) \end{pmatrix}, \quad
M(\lambda) = \begin{pmatrix} 0 & -1 & 0 & 0 \\ 0 & 0 & -1 & 0 \\ 0 & 0 & 0 & -1 \\ \lambda^2 & 0 & 0 & 0 \end{pmatrix},
\tag{4.206}
$$

$$
W^0(\lambda) = \begin{pmatrix} W_1^0(\lambda) & & \\ & W_1^0(\lambda) & \\ & & W_1^0(\lambda) \\ O_{6\times4} & O_{6\times4} & O_{6\times4} \end{pmatrix}, \quad
W^1(\lambda) = \begin{pmatrix} O_{6\times4} & O_{6\times4} & O_{6\times4} \\ W_1^1 & -W_1^1 & \\ & W_1^1 & -W_1^1 \\ W_2^1 & W_2^1 & W_2^1 \end{pmatrix},
\tag{4.207}
$$

以及

$$
\begin{cases}
W_1^0(\lambda) = \begin{pmatrix} 0 & 0 & 1 & 0 \\ k\lambda & 0 & 0 & 1 \end{pmatrix}, \quad
W_1^1 = \begin{pmatrix} 1 & 0 & 0 & 0 \\ 0 & 1 & 0 & 0 \end{pmatrix}, \\
W_2^1 = \begin{pmatrix} 0 & 0 & 1 & 0 \\ 0 & 0 & 0 & 1 \end{pmatrix}.
\end{cases}
\tag{4.208}
$$

引理 4.37 方程组 (4.195)-(4.196) 等价于一阶含参方程组 (4.205). 并且, $0 \neq \lambda \in \sigma(\mathcal{A}_c)$ 当且仅当 (4.205) 有非平凡解 Φ.

我们集中在问题 (4.205). 由于引理 4.34 和本征值关于实数轴对称, 我们仅考虑位于第二象限的本征值 λ:

$$\lambda = i\rho^2, \quad \rho \in \mathcal{S} = \left\{ \rho \in \mathbb{C} \mid 0 \leqslant \arg\rho \leqslant \frac{\pi}{4} \right\}.$$

对于 $\rho \in \mathcal{S}$, 可知

$$\mathrm{Re}(-\rho) \leqslant \mathrm{Re}(i\rho) \leqslant \mathrm{Re}(-i\rho) \leqslant \mathrm{Re}(\rho),$$

以及

$$\begin{cases} \mathrm{Re}(-\rho) = -|\rho|\cos(\arg\rho) \leqslant -\dfrac{\sqrt{2}}{2}|\rho| < 0, \\ \mathrm{Re}(i\rho) = -|\rho|\sin(\arg\rho) \leqslant 0. \end{cases}$$

对于 $\rho \in \mathbb{C}, \rho \neq 0$, 定义可逆矩阵函数 $P(\rho)$:

$$P(\rho) = \begin{pmatrix} P_1(\rho) & & \\ & P_1(\rho) & \\ & & P_1(\rho) \end{pmatrix}, \quad P_1(\rho) = \begin{pmatrix} \rho & \rho & \rho & \rho \\ \rho^2 & -\rho^2 & i\rho^2 & -i\rho^2 \\ \rho^3 & \rho^3 & -\rho^3 & -\rho^3 \\ \rho^4 & -\rho^4 & -i\rho^4 & i\rho^4 \end{pmatrix}. \tag{4.209}$$

则

$$P^{-1}(\rho) = \begin{pmatrix} P_1^{-1}(\rho) & & \\ & P_1^{-1}(\rho) & \\ & & P_1^{-1}(\rho) \end{pmatrix},$$

$$P_1^{-1}(\rho) = \begin{pmatrix} \dfrac{1}{4\rho} & \dfrac{1}{4\rho^2} & \dfrac{1}{4\rho^3} & \dfrac{1}{4\rho^4} \\ \dfrac{1}{4\rho} & -\dfrac{1}{4\rho^2} & \dfrac{1}{4\rho^3} & -\dfrac{1}{4\rho^4} \\ \dfrac{1}{4\rho} & -i\dfrac{1}{4\rho^2} & -\dfrac{1}{4\rho^3} & i\dfrac{1}{4\rho^4} \\ \dfrac{1}{4\rho} & i\dfrac{1}{4\rho^2} & -\dfrac{1}{4\rho^3} & -i\dfrac{1}{4\rho^4} \end{pmatrix}.$$

对于 (4.205), 定义如下线性变换及 $\lambda = \rho^2$:

$$\Psi(x) = P^{-1}(\rho)\Phi(x), \quad \widehat{T}^D(x,\rho) = P(\rho)^{-1}T^D(x,i\rho^2)P(\rho). \tag{4.210}$$

则

$$\widehat{T}^D(x,\rho)\Psi(x) = \Psi'(x) + \widehat{A}(\rho)\Psi(x) = 0, \tag{4.211}$$

其中

$$\widehat{A}(\rho) = P(\rho)^{-1}A(i\rho^2)P(\rho)$$

$$= \begin{pmatrix} P_1^{-1}(\rho)M(i\rho^2)P_1(\rho) & & \\ & P_1^{-1}(\rho)M(i\rho^2)P_1(\rho) & \\ & & P_1^{-1}(\rho)M(i\rho^2)P_1(\rho) \end{pmatrix}$$

$$= \begin{pmatrix} \widehat{A}_1(\rho) & & \\ & \widehat{A}_1(\rho) & \\ & & \widehat{A}_1(\rho) \end{pmatrix},$$

以及

$$\widehat{A}_1(\rho) = P_1^{-1}(\rho)M(i\rho^2)P_1(\rho) = \begin{pmatrix} -\rho & & & \\ & \rho & & \\ & & -i\rho & \\ & & & i\rho \end{pmatrix}. \tag{4.212}$$

基于上面的计算, 可以看到 $\widehat{A}(\rho)$ 是关于 ρ 的对角矩阵函数. 因此, 容易得到方程 (4.211) 的基础解矩阵.

引理 4.38 设 $0 \neq \rho \in \mathcal{S}$. 对于 $x \in [0,1]$, 存在方程 (4.211) 的如下基础解矩阵:

$$E(x,\rho) = \begin{pmatrix} E_1(x,\rho) & & \\ & E_1(x,\rho) & \\ & & E_1(x,\rho) \end{pmatrix}, \tag{4.213}$$

$$E_1(x,\rho) = \begin{pmatrix} e^{\rho x} & & & \\ & e^{-\rho x} & & \\ & & e^{i\rho x} & \\ & & & e^{-i\rho x} \end{pmatrix}.$$

由 (4.210), 可知

$$\widehat{\Phi}(x,\rho) = P(\rho)E(x,\rho) \tag{4.214}$$

是一阶方程组 (4.205) 对于 $\lambda = i\rho^2, \rho \in \mathcal{S}$ 的基础解矩阵.

我们现在估计算子 $\mathcal{A}_c$ 的本征值的渐近分布. 由 (4.205) 可知, 对于 $\rho \in \mathcal{S}$, $\lambda = i\rho^2 \in \sigma(\mathcal{A}_c)$ 当且仅当 ρ 是特征行列式 $\Delta(\rho)$ 的零点:

$$\Delta(\rho) = \det\left(T^R(i\rho^2)\widehat{\Phi}\right), \quad \rho \in \mathcal{S}, \tag{4.215}$$

其中, 算子 T^R 由 (4.205) 定义, $\widehat{\Phi}$ 是 (4.214) 的基础解矩阵. 由于

$$T^R(i\rho^2)\widehat{\Phi} = W^0(i\rho^2)P(\rho)E(0,\rho) + W^1(i\rho^2)P(\rho)E(1,\rho), \tag{4.216}$$

由 (4.207)-(4.208) 可知

$$W^0(i\rho^2)P(\rho)E(0,\rho) = \begin{pmatrix} \widehat{W}_1^0(\rho) & & \\ & \widehat{W}_1^0(\rho) & \\ & & \widehat{W}_1^0(\rho) \\ O_{6\times4} & O_{6\times4} & O_{6\times4} \end{pmatrix},$$

其中

$$\begin{aligned}
\widehat{W}_1^0(\rho) &= W_1^0(i\rho^2)P_1(\rho) \\
&= \begin{pmatrix} \rho^3 & \rho^3 & -\rho^3 & -\rho^3 \\ \rho^4\left(1+\dfrac{ik}{\rho}\right) & \rho^4\left(-1+\dfrac{ik}{\rho}\right) & i\rho^4\left(-1+\dfrac{k}{\rho}\right) & i\rho^4\left(1+\dfrac{k}{\rho}\right) \end{pmatrix},
\end{aligned}$$

$$W^1(i\rho^2)P(\rho)E(1,\rho) = \begin{pmatrix} O_{6\times4} & O_{6\times4} & O_{6\times4} \\ \widehat{W}_1^1(\rho) & -\widehat{W}_1^1(\rho) & \\ & \widehat{W}_1^1(\rho) & -\widehat{W}_1^1(\rho) \\ \widehat{W}_2^1(\rho) & \widehat{W}_2^1(\rho) & \widehat{W}_2^1(\rho) \end{pmatrix},$$

以及

$$\left\{ \begin{aligned}
\widehat{W}_1^1(\rho) &= W_1^1 P_1(\rho)E(1,\rho) = \begin{pmatrix} \rho e^{\rho} & \rho e^{-\rho} & \rho e^{i\rho} & \rho e^{-i\rho} \\ \rho^2 e^{\rho} & -\rho^2 e^{-\rho} & i\rho^2 e^{i\rho} & -i\rho^2 e^{-i\rho} \end{pmatrix}, \\
\widehat{W}_2^1(\rho) &= W_2^1 P_1(\rho)E(1,\rho) = \begin{pmatrix} \rho^3 e^{\rho} & \rho^3 e^{-\rho} & -\rho^3 e^{i\rho} & -\rho^3 e^{-i\rho} \\ \rho^4 e^{\rho} & -\rho^4 e^{-\rho} & -i\rho^4 e^{i\rho} & i\rho^4 e^{-i\rho} \end{pmatrix}.
\end{aligned} \right.$$

因此

$$
T^R(i\rho^2)\widehat{\Phi} = \begin{pmatrix}
\widehat{W}_1^0(\rho) & & & \\
& \widehat{W}_1^0(\rho) & & \\
& & \widehat{W}_1^0(\rho) & \\
\widehat{W}_1^1(\rho) & -\widehat{W}_1^1(\rho) & & \\
& \widehat{W}_1^1(\rho) & -\widehat{W}_1^1(\rho) & \\
\widehat{W}_2^1(\rho) & \widehat{W}_2^1(\rho) & \widehat{W}_2^1(\rho) &
\end{pmatrix}. \tag{4.217}
$$

从而

$$
\Delta(\rho) = \det\left(T^R(i\rho^2)\widehat{\Phi}\right) = \det\begin{pmatrix}
\widehat{W}_1^0(\rho) & & & \\
& \widehat{W}_1^0(\rho) & & \\
& & \widehat{W}_1^0(\rho) & \\
\widehat{W}_1^1(\rho) & -\widehat{W}_1^1(\rho) & & \\
& & -\widehat{W}_1^1(\rho) & \\
\widehat{W}_2^1(\rho) & 2\widehat{W}_2^1(\rho) & \widehat{W}_2^1(\rho) &
\end{pmatrix}
$$

$$
= \left(\det\begin{pmatrix} \widehat{W}_1^0(\rho) \\ -\widehat{W}_1^1(\rho) \end{pmatrix}\right)^2 \det\begin{pmatrix} \widehat{W}_1^0(\rho) \\ 3\widehat{W}_2^1(\rho) \end{pmatrix}
$$

$$
= \left(\det\begin{pmatrix}
\rho^3 & \rho^3 & -\rho^3 & -\rho^3 \\
\rho^4\left(1+\dfrac{ik}{\rho}\right) & \rho^4\left(-1+\dfrac{ik}{\rho}\right) & i\rho^4\left(-1+\dfrac{k}{\rho}\right) & i\rho^4\left(1+\dfrac{k}{\rho}\right) \\
\rho e^{\rho} & \rho e^{-\rho} & \rho e^{i\rho} & \rho e^{-i\rho} \\
\rho^2 e^{\rho} & -\rho^2 e^{-\rho} & i\rho^2 e^{i\rho} & -i\rho^2 e^{-i\rho}
\end{pmatrix}\right)^2
$$

$$
\times \det\begin{pmatrix}
\rho^3 & \rho^3 & -\rho^3 & -\rho^3 \\
\rho^4\left(1+\dfrac{ik}{\rho}\right) & \rho^4\left(-1+\dfrac{ik}{\rho}\right) & i\rho^4\left(-1+\dfrac{k}{\rho}\right) & i\rho^4\left(1+\dfrac{k}{\rho}\right) \\
3\rho^3 e^{\rho} & 3\rho^3 e^{-\rho} & -3\rho^3 e^{i\rho} & -3\rho^3 e^{-i\rho} \\
3\rho^4 e^{\rho} & -3\rho^4 e^{-\rho} & -3i\rho^4 e^{i\rho} & 3i\rho^4 e^{-i\rho}
\end{pmatrix}
$$

$$= 9\rho^{34}e^{3\rho}\left[\mathcal{O}(e^{-c|\rho|}) + \Delta_1^2(\rho)\Delta_2(\rho)\right],$$

其中 $c > 0$ 是正常数,

$$\Delta_1(\rho) = \det\begin{pmatrix} 0 & 1 & -1 & -1 \\ 0 & -1+\dfrac{ik}{\rho} & i\left(-1+\dfrac{k}{\rho}\right) & i\left(1+\dfrac{k}{\rho}\right) \\ 1 & 0 & e^{i\rho} & e^{-i\rho} \\ 1 & 0 & ie^{i\rho} & -ie^{-i\rho} \end{pmatrix}$$

$$= -\left(-i+\frac{ik}{\rho}-1+\frac{ik}{\rho}\right)(e^{-i\rho}+ie^{-i\rho}) - \left(i+\frac{ik}{\rho}-1+\frac{ik}{\rho}\right)(ie^{i\rho}-e^{i\rho})$$

$$= \left(2i-2(i-1)\frac{k}{\rho}\right)e^{-i\rho} + \left(2i+2(i+1)\frac{k}{\rho}\right)e^{i\rho}$$

$$= 2i\left[\left(1-(i+1)\frac{k}{\rho}\right)e^{-i\rho} + \left(1+(1-i)\frac{k}{\rho}\right)e^{i\rho}\right],$$

$$\Delta_2(\rho) = \det\begin{pmatrix} 0 & 1 & -1 & -1 \\ 0 & -1+\dfrac{ik}{\rho} & i\left(-1+\dfrac{k}{\rho}\right) & i\left(1+\dfrac{k}{\rho}\right) \\ 1 & 0 & -e^{i\rho} & -e^{-i\rho} \\ 1 & 0 & -ie^{i\rho} & ie^{-i\rho} \end{pmatrix}$$

$$= \left(-i+\frac{ik}{\rho}-1+\frac{ik}{\rho}\right)(e^{-i\rho}+ie^{-i\rho}) + \left(i+\frac{ik}{\rho}-1+\frac{ik}{\rho}\right)(ie^{i\rho}-e^{i\rho})$$

$$= -\Delta_1(\rho).$$

定理 4.39　设 $\lambda = i\rho^2$, $\Delta(\rho)$ 是方程 (4.205) 在扇形区域 $\mathcal{S}$ 的特征行列式. 则它有如下的渐近表达式:

$$\Delta(\rho) = 72i\rho^{34}e^{3\rho}\left\{\mathcal{O}(e^{-c|\rho|}) + \left[\left(1-(1+i)\frac{k}{\rho}\right)e^{-i\rho} + \left(1+(1-i)\frac{k}{\rho}\right)e^{i\rho}\right]^3\right\},$$
$$\tag{4.218}$$

其中 $c > 0$ 是正常数. 所有具有模充分大的本征值 $\{0, \lambda_n, \overline{\lambda}_n\}$ 的代数重数小于等于 9, 且有如下渐近表达式:

$$\lambda_n = -2k + i\left(\frac{1}{2}+n\right)^2\pi^2 + \mathcal{O}(n^{-1}), \quad n \to \infty, \tag{4.219}$$

其中 n 是正整数. 因此

$$\mathrm{Re}\{\lambda_n, \overline{\lambda}_n\} \to -2k, \quad n \to \infty. \tag{4.220}$$

证明 设 $\Delta(\rho) = 0$, $\rho \in \mathcal{S}$. 由于表达式 (4.218) 已证明, 我们仅需证明 (4.219). 由 (4.218), 可知

$$\left[1 - (i+1)\frac{k}{\rho}\right]e^{-i\rho} + \left[1 + (1-i)\frac{k}{\rho}\right]e^{i\rho} + \mathcal{O}(e^{-c|\rho|}) = 0. \tag{4.221}$$

因而

$$e^{-i\rho} + e^{i\rho} + \mathcal{O}(\rho^{-1}) = 0. \tag{4.222}$$

在复平面的第一象限, 方程

$$e^{i\rho} + e^{-i\rho} = 0$$

的解为

$$\tilde{\rho}_n = \left(\frac{1}{2} + n\right)\pi, \quad n = 0, 1, 2, \cdots,$$

由 Rouché 定理可知, 方程 (4.222) 的渐近解为

$$\rho_n = \tilde{\rho}_n + \alpha_n = \left(\frac{1}{2} + n\right)\pi + \alpha_n, \quad \alpha_n = \mathcal{O}(n^{-1}), \quad n = N, N+1, \cdots, \tag{4.223}$$

其中 N 是充分大的正整数. 把 ρ_n 代入 (4.221), 由 $e^{i\tilde{\rho}_n} = -e^{-i\tilde{\rho}_n}$, 可得

$$\left(1 + (1-i)\frac{k}{\rho_n}\right)e^{i\alpha_n} - \left(1 - (i+1)\frac{k}{\rho_n}\right)e^{-i\alpha_n} + \mathcal{O}(\rho^{-2}) = 0.$$

指数函数展开为 Taylor 级数可得

$$\alpha_n = -\frac{k}{i\left(\frac{1}{2} + n\right)\pi} + \mathcal{O}(n^{-2}).$$

把上式代入 (4.223) 可得

$$\rho_n = \left(\frac{1}{2} + n\right)\pi - \frac{k}{i\left(\frac{1}{2} + n\right)\pi} + \mathcal{O}(n^{-2}) \quad 随着 \ n \to \infty. \tag{4.224}$$

由于 $\lambda_n = i\rho_n^2$, 我们最终得到

$$\lambda_n = -2k + i\left(\frac{1}{2} + n\right)^2\pi^2 + \mathcal{O}(n^{-1}) \quad 随着 \ n \to \infty.$$

最后, 我们讨论具有模充分大的本征值的代数重数. 首先, 由 (4.218) 和 Rouché 定理可知, $\Delta(\rho)$ 的模具有充分大的零点的阶数不超过三. 结合 4.5.2 节的 (4.234) 可知 $\mathcal{A}_c$ 的预解算子的极点的阶数 p 小于等于三. 由 (2.92)

$$\max\left\{m_g,\ p\right\} \leqslant m_a \leqslant p m_g$$

可得 $m_a(\lambda) \leqslant p \cdot m_g(\lambda) \leqslant 9$, 其中 $m_a(\lambda), m_g(\lambda)$ 分别表示本征值 λ 的代数重数和几何重数. 这里我们已经使用了引理 4.36 的结论: $m_g(\lambda) \leqslant 3$. 定理得证. $\qquad\square$

4.5.2　Riesz 基性质

我们现在建立系统根子空间的完备性.

定理 4.40　设 $\mathcal{A}_c$ 由 (4.188)-(4.189) 定义. 则算子 $\mathcal{A}_c$ 的根子空间在 $\mathcal{H}_c$ 中是完备的, 即 $\mathrm{sp}(\mathcal{A}_c) = \mathcal{H}_c$.

证明　设 $\lambda \in \rho(\mathcal{A}_c)$. 对任意 $F = (\varphi_1, \psi_1, \varphi_2, \psi_2, \varphi_3, \psi_3) \in \mathcal{H}_c$, $Y = R(\lambda, \mathcal{A}_c)F$. 则 $Y = (f_1, g_1, f_2, g_2, f_3, g_3) \in D(\mathcal{A}_c)$ 以及

$$\begin{cases}
\lambda f_1 - g_1 = \varphi_1, \quad \lambda g_1 + f_1^{(4)} = \psi_1, \quad f_1'''(0) = -kg_1(0), \\
\lambda f_2 - g_2 = \varphi_2, \quad \lambda g_2 + f_2^{(4)} = \psi_2, \quad f_2'''(0) = -kg_2(0), \\
\lambda f_3 - g_3 = \varphi_3, \quad \lambda g_3 + f_3^{(4)} = \psi_3, \quad f_3'''(0) = -kg_3(0), \\
f_1(1) = f_2(1) = f_3(1), \quad f_1'(1) = f_2'(1) = f_3'(1), \\
f_1''(0) = f_2''(0) = f_3''(0) = 0, \\
f_1''(1) + f_2''(1) + f_3''(1) = 0, \quad f_1'''(1) + f_2'''(1) + f_3'''(1) = 0.
\end{cases}$$

因此

$$\begin{cases}
g_1 = \lambda f_1 - \varphi_1, \quad g_2 = \lambda f_2 - \varphi_2, \quad g_3 = \lambda f_3 - \varphi_3, \\
f_1^{(4)} + \lambda^2 f_1 = \psi_1 + \lambda\varphi_1, \\
f_2^{(4)} + \lambda^2 f_2 = \psi_2 + \lambda\varphi_2, \\
f_3^{(4)} + \lambda^2 f_3 = \psi_3 + \lambda\varphi_3, \\
f_1(1) = f_2(1) = f_3(1), \quad f_1'(1) = f_2'(1) = f_3'(1), \\
f_1''(0) = f_2''(0) = f_3''(0) = 0, \quad f_1''(1) + f_2''(1) + f_3''(1) = 0, \\
f_1'''(0) = -\lambda k f_1(0) + k\varphi_1(0), \quad f_2'''(0) = -\lambda k f_2(0) + k\varphi_2(0), \\
f_3'''(0) = -\lambda k f_3(0) + k\varphi_3(0), \quad f_1'''(1) + f_2'''(1) + f_3'''(1) = 0.
\end{cases} \tag{4.225}$$

应用变换 (4.204), 方程 (4.225) 可以被改写为如下紧凑形式:

$$\begin{cases} \Phi'(x) + A(\lambda)\Phi(x) = \Phi_1(x,\lambda), \\ W^0(\lambda)\Phi(0) + W^1(\lambda)\Phi(1) = \Phi_2, \end{cases} \tag{4.226}$$

其中

$$\begin{cases} \Phi = \left(f_1,\ f_1',\ f_1'',\ f_1''',\ f_2,\ f_2',\ f_2'',\ f_2''',\ f_3,\ f_3',\ f_3'',\ f_3'''\right)^{\mathrm{T}}, \\ \Phi_1 = \left(0,\ 0,\ 0,\ \psi_1 + \lambda\varphi_1,\ 0,\ 0,\ 0,\ \psi_2 + \lambda\varphi_2,\ 0,\ 0,\ 0,\ \psi_3 + \lambda\varphi_3\right)^{\mathrm{T}}, \\ \Phi_2 = \left(0,\ k\varphi_1(0),\ 0,\ k\varphi_2(0),\ 0,\ k\varphi_3(0),\ 0,\ 0,\ 0,\ 0,\ 0,\ 0\right)^{\mathrm{T}}. \end{cases} \tag{4.227}$$

设 $\lambda = i\rho^2$, $-\pi/2 < \arg\rho \leqslant \pi/2$. 由引理 4.38 可知, 由 (4.214) 给定的 $\widehat{\Phi}(x,\rho)$ 是方程 (4.205) 的基础解矩阵. 因此 (4.226) 有唯一解

$$\Phi(x,\lambda) = \widehat{\Phi}(x,\rho)C + \int_0^x \widehat{\Phi}(x-\tau,\rho)P^{-1}(\rho)\Phi_1(\tau,\lambda)d\tau, \tag{4.228}$$

其中 $P(\rho)$ 由 (4.209) 给定, $C = (c_1, c_2, \cdots, c_{12})^{\mathrm{T}} \in \mathbb{C}^{12}$ 是唯一向量由边界条件 (4.226) 确定. 把 (4.228) 代入 (4.226) 的第二个方程, 可得

$$W^0(\lambda)P(\rho)C + W^1(\lambda)\left[\widehat{\Phi}(1,\rho)C + \int_0^1 \widehat{\Phi}(1-\tau,\rho)P^{-1}(\rho)\Phi_1(\tau,\lambda)d\tau\right] = \Phi_2,$$

因此

$$\left[W^0(\lambda)P(\rho) + W^1(\lambda)\widehat{\Phi}(1,\rho)\right]C = \Phi_2 - \int_0^1 W^1(\lambda)\widehat{\Phi}(1-\tau,\rho)P^{-1}(\rho)\Phi_1(\tau,\lambda)d\tau,$$

它是一个代数方程

$$\left[T^R(\lambda)\widehat{\Phi}\right]C = \Phi_2 - \int_0^1 W^1(\lambda)\widehat{\Phi}(1-\tau,\rho)P^{-1}(\rho)\Phi_1(\tau,\lambda)d\tau = \widetilde{C}, \tag{4.229}$$

其中 $T^R(\lambda)\widehat{\Phi}$ 由 (4.216) 给定. 现在寻找向量 C. 注意到

$$\widehat{\Phi}(x-\tau,\rho)P^{-1}(\rho)\Phi_1(\tau,\lambda) = \begin{pmatrix} U_1(x-\tau)\Phi_{11}(\tau,\lambda) \\ U_1(x-\tau)\Phi_{12}(\tau,\lambda) \\ U_1(x-\tau)\Phi_{13}(\tau,\lambda) \end{pmatrix}, \tag{4.230}$$

其中

$$\begin{cases} U_1(x) = P_1(\rho)E_1(x,\rho)P_1^{-1}(\rho), \\ \Phi_{1i}(x,\lambda) = \left(0,\ 0,\ 0,\ \psi_i(x) + \lambda\varphi_i(x)\right)^{\mathrm{T}}, \quad i = 1,2,3, \end{cases} \tag{4.231}$$

这里 $E_1(x, \rho)$ 由 (4.213) 给定. 直接计算可得, 对于 $i = 1, 2, 3$,

$$U_1(x - \tau)\Phi_{1i}(\tau, \lambda)$$

$$= \frac{\psi_i(\tau) + \lambda\varphi_i(\tau)}{4\rho^3}\begin{pmatrix} e^{\rho(x-\tau)} & e^{-\rho(x-\tau)} & e^{i\rho(x-\tau)} & e^{-i\rho(x-\tau)} \\ \rho e^{\rho(x-\tau)} & -\rho e^{-\rho(x-\tau)} & i\rho e^{i\rho(x-\tau)} & -i\rho e^{-i\rho(x-\tau)} \\ \rho^2 e^{\rho(x-\tau)} & \rho^2 e^{-\rho(x-\tau)} & -\rho^2 e^{i\rho(x-\tau)} & -\rho^2 e^{-i\rho(x-\tau)} \\ \rho^3 e^{\rho(x-\tau)} & -\rho^3 e^{-\rho(x-\tau)} & -i\rho^3 e^{i\rho(x-\tau)} & i\rho^3 e^{-i\rho(x-\tau)} \end{pmatrix}$$

$$\times \begin{pmatrix} 1 \\ -1 \\ i \\ -i \end{pmatrix}$$

$$= \frac{\psi_i(\tau) + \lambda\varphi_i(\tau)}{4\rho^3}\begin{pmatrix} e^{\rho(x-\tau)} - e^{-\rho(x-\tau)} + ie^{i\rho(x-\tau)} - ie^{-i\rho(x-\tau)} \\ \rho e^{\rho(x-\tau)} + \rho e^{-\rho(x-\tau)} - \rho e^{i\rho(x-\tau)} - \rho e^{-i\rho(x-\tau)} \\ \rho^2 e^{\rho(x-\tau)} - \rho^2 e^{-\rho(x-\tau)} - i\rho^2 e^{i\rho(x-\tau)} + i\rho^2 e^{-i\rho(x-\tau)} \\ \rho^3 e^{\rho(x-\tau)} + \rho^3 e^{-\rho(x-\tau)} + \rho^3 e^{i\rho(x-\tau)} + \rho^3 e^{-i\rho(x-\tau)} \end{pmatrix}.$$

把 (4.230) 代入 (4.228) 和 (4.229), 我们可以得到 (4.228) 的最后一项和 $\widetilde{C}$. 因此, 向量 C 的每个元素可以表示为

$$c_i = \frac{\widetilde{\Delta}_i(\rho)}{\Delta(\rho)}, \quad i = 1, 2, \cdots, 12, \tag{4.232}$$

其中 $\Delta(\rho)$ 由 (4.215) 给定, $\widetilde{\Delta}_i(\rho), i = 1, 2, \cdots, 12$ 是用 $\widetilde{C}$ 替换 $T^R(\lambda)\widehat{\Phi}$ 的第 i 列所得矩阵的行列式. 经过直接计算, 我们可以得到方程 (4.226) 的唯一解 $\Phi(x, \lambda)$, 它的表达式为 (4.228). 从而我们可以得到 (4.225) 的解:

$$f_1 = e_1^{\mathrm{T}}\Phi, \quad f_2 = e_5^{\mathrm{T}}\Phi, \quad f_3 = e_9^{\mathrm{T}}\Phi, \tag{4.233}$$

其中 $e_i \in \mathbb{C}^{12}$ 是单位向量, 它的第 i 个元素是 1, 其他都是零. 因此, 我们得到了唯一解 $Y = R(\lambda, \mathcal{A}_c)F$. 由 (4.232) 可知, $Y = R(\lambda, \mathcal{A}_c)F$ 可以表示为

$$Y = R(\lambda, \mathcal{A}_c)F = \frac{G(\lambda)Y}{\Delta(\lambda)}, \quad \lambda \in \rho(\mathcal{A}_c), \tag{4.234}$$

其中 $G(\lambda)Y$ 是 $\mathcal{H}_c$-值指数型整函数. 进一步, 对于充分大的正实数 M, $R(\lambda, \mathcal{A}_c)F$ 在射线 $\gamma_0 = -M + i\mathbb{R}_+$, $\gamma_1 = -M - \mathbb{R}_+$ 和 $\gamma_0 = -M - i\mathbb{R}_+$ 上一致有界. 因此定理 2.69 的所有条件均满足, 则 $\mathrm{sp}(\mathcal{A}_c) = \mathcal{H}_c$. 定理得证. $\qquad\square$

定理 4.41 系统 (4.190) 是 Riesz 谱系统, 即存在算子 $\mathcal{A}_c$ 的广义本征函数构成 $\mathcal{H}_c$ 的带括号 Riesz 基. 并且, 谱确定增长条件成立: $\omega(\mathcal{A}_c) = S(\mathcal{A}_c)$.

证明 由引理 4.35 可知, $\mathcal{A}_c$ 生成 $\mathcal{H}_c$ 的 C_0-半群. 由 (4.219), 可知

$$\inf_{n \neq m} |\lambda_n - \lambda_m| > 0.$$

由定理 4.40 可知, $\mathrm{sp}(\mathcal{A}_c) = \mathcal{H}_c$. 因此, 定理 2.75 的条件 (i)—(iii) 均满足. 从而, 存在算子 $\mathcal{A}_c$ 的广义本征函数构成 $\mathcal{H}_c$ 的带括号 Riesz 基, 以及谱确定增长条件成立. 定理得证. $\qquad\square$

最后, 作为定理 4.41 的一个结论, 我们分开陈述系统 (4.190) 的稳定性结果.

定理 4.42 系统 (4.190) 的解指数收敛于零本征空间. 准确地说, 存在常数 $M, \omega > 0$ 使得带有初值 $Y_0 \in \mathcal{H}_c$ 的系统 (4.190) 的温和解 $Y(t)$ 满足

$$\left\| Y(t) - \langle Y_0, \Psi_{01}^* \rangle \Phi_{01} - \langle Y_0, \Psi_{02}^* \rangle \Phi_{02} - \langle Y_0, \Psi_{03}^* \rangle \Phi_{03} \right\| \leqslant M e^{-\omega t} \|Y_0\|,$$

其中

$$\Phi_{01} = (1,\ 0,\ 1,\ 0,\ 1,\ 0),$$
$$\Phi_{02} = (x,\ 0,\ x,\ 0,\ x,\ 0),$$
$$\Phi_{03} = (0,\ 1,\ 0,\ 1,\ 0,\ 1)$$

是算子 $\mathcal{A}_c$ 相应于零本征值的广义本征函数, Ψ_{01}^*, Ψ_{02}^* 和 Ψ_{03}^* 是 $\mathcal{A}_c$ 的伴随算子 $\mathcal{A}_c^*$ 相应于零本征值的广义本征函数, 并且在 $\mathcal{H}_c$ 上分别双正交于 Φ_{01}, Φ_{02} 和 Φ_{03}.

第 5 章 Green 函数法

这一章, 我们讨论 Riesz 基生成的第三种方法: Green 函数法. 该方法应用在边界反馈控制的阶数和控制端的阶数相同的梁方程中, 这时候不能应用第 4 章介绍的对偶基方法. 这是因为对于不位于平行于虚轴的带状区域的谱, 对应的指数族通常不是 Riesz 基, 部分文献参见 [12,45—50,59—61,72,124,125,138—141,148].

我们回顾 (3.43) 考虑的常微分方程:

$$\frac{d^n y}{dx^n} = -\lambda y + f(x) = -\rho^n y + f(x), \quad x \in (0,1). \tag{5.1}$$

令 $\omega_j, 1 \leqslant j \leqslant n$ 是 $\omega^n = -1$ 的 n 个零点. 在 (3.50) 中, 取 $k = n$, $m(y) = f$, 可得

$$y(x) = \sum_{j=1}^{n} c_j \phi_j(x) + \int_0^1 g(x,\xi) f(\xi) d\xi, \tag{5.2}$$

其中 $\phi_j(x) = e^{\omega_j x}$,

$$g(x,\xi) = -\frac{1}{2}\text{sign}(x-\xi)\frac{1}{n\rho^{n-1}}\sum_{i=1}^{n}\omega_i e^{\rho\omega_i(x-\xi)}. \tag{5.3}$$

我们要求 (5.2) 满足边界条件 $U_i(y) = 0$, $1 \leqslant i \leqslant n$, 即它是如下边值问题的解:

$$\frac{d^n y}{dx^n} + \rho^n y = f(x), \quad U_j(y) = 0, \quad j = 1, 2, \cdots, n.$$

从而

$$\sum_{j=1}^{n} c_j U_k(\phi_j) + \int_0^1 U_k(g) f(\xi) d\xi = 0, \quad k = 1, 2, \cdots, n.$$

从上述方程求解 c_i, 并代入 (5.2), 可得

$$y(x) = \int_0^1 G(x,\xi,\rho) f(\xi) d\xi, \tag{5.4}$$

这里, $G(x,\xi,\rho)$ 是 Green 函数:

$$G(x,\xi,\rho) = \frac{(-1)^n}{\Delta(\rho)} H(x,\xi,\lambda), \tag{5.5}$$

其中

$$\Delta(\rho) = \begin{vmatrix} U_1(\phi_1) & U_1(\phi_2) & \cdots & U_1(\phi_n) \\ U_2(\phi_1) & U_2(\phi_2) & \cdots & U_2(\phi_n) \\ \vdots & \vdots & & \vdots \\ U_n(\phi_1) & U_n(\phi_2) & \cdots & U_n(\phi_n) \end{vmatrix}, \tag{5.6}$$

以及

$$H(x,\xi,\rho) = \begin{vmatrix} \phi_1(x) & \phi_2(x) & \cdots & \phi_n(x) & g(x,\xi) \\ U_1(\phi_1) & U_1(\phi_2) & \cdots & U_1(\phi_n) & U_1(g) \\ \vdots & \vdots & & \vdots & \vdots \\ U_n(\phi_1) & U_n(\phi_2) & \cdots & U_n(\phi_n) & U_1(g) \end{vmatrix}. \tag{5.7}$$

5.1 具有剪力反馈的旋转梁

这一节, 我们讨论具有边界剪力反馈的 Euler-Bernoulli 梁方程:

$$\begin{cases} y_{tt}(x,t) + y_{xxxx}(x,t) = 0, & 0 < x < 1,\ t > 0, \\ y(0,t) = y_x(0,t) = y_{xx}(1,t) = 0, \\ y_{xxx}(1,t) = u(t), \\ y_{\text{out}}(t) = y_{xt}(1,t), \\ u(t) = k y_{\text{out}}(t), \end{cases} \tag{5.8}$$

其中 $u(t)$ 是放置在梁的右端的边界控制 (输入), $y_{\text{out}}(t)$ 是在梁的右端的观测 (输出), $k > 0$ 是反馈增益.

从系统控制的观点看, 系统 (5.8) 在适定正则无穷维系统的框架下是不适定的. 这是因为从 u 到 y_{out} 的传递函数:

$$\hat{y}_{\text{out}}(s) = H(s)\hat{u}(s), \quad H(s) = -i\frac{\sinh\tau\sin\tau}{1 + \cosh\tau\cos\tau}, \quad s = i\tau^2, \tag{5.9}$$

其中, 符号 ^ 表示 Laplace 变换. 对于正整数 n, 选取 $\tau = 2n\pi + \pi/2$, 则

$$|H(s)| = |\sinh\tau| \to \infty \quad 随着 \ n \to \infty.$$

因此传递函数 $H(s)$ 在右半复平面是无界的, 从而, 系统 (5.8) 是不适定的.

设系统 (5.8) 的基本能量 Hilbert 空间为

$$\mathcal{H}_r = H_L^2(0,1) \times L^2(0,1), \quad H_L^2(0,1) = \Big\{ f \in H^2(0,1) \big| f(0) = f'(0) = 0 \Big\},$$

以及内积诱导范数:

$$\|(f,g)\|^2 = \int_0^1 \Big[|f''(x)|^2 + |g(x)|^2 \Big] dx, \quad \forall (f,g) \in \mathcal{H}_r.$$

系统 (5.8) 在 $\mathcal{H}_r$ 可以表示为如下发展方程:

$$\begin{cases} \dfrac{dY(t)}{dt} = \mathcal{A}_r Y(t), \quad t > 0, \\[2mm] Y(0) = Y_0 \in \mathcal{H}_r, \end{cases} \tag{5.10}$$

其中 $Y(t) = (y(\cdot,t),\, y_t(\cdot,t))$, Y_0 是初值. 系统算子 $\mathcal{A}_r : D(\mathcal{A}_r)(\subset \mathcal{H}_r) \to \mathcal{H}_r$ 定义为

$$\begin{cases} \mathcal{A}_r(f,g) = (g,\, -f^{(4)}), \quad \forall (f,g) \in D(\mathcal{A}_r), \\[2mm] D(\mathcal{A}_r) = \Big\{ (f,g) \in \big(H^4 \cap H_L^2\big) \times H_L^2 \big| f''(1) = 0,\, f'''(1) = kg'(1) \Big\}. \end{cases} \tag{5.11}$$

命题 5.1　设 $\mathcal{A}_r$ 由 (5.11) 定义. 则

(i) $\mathcal{A}_r$ 是 $\mathcal{H}_r$ 的稠定闭算子.

(ii) $\mathcal{A}_r^{-1}$ 存在且在 $\mathcal{H}_r$ 是紧的, i.e. $\mathcal{A}_r$ 是 $\mathcal{H}_r$ 的离散算子. 因此, 谱 $\sigma(\mathcal{A}_r)$ 仅由孤立本征值组成.

证明　结论 (i) 是显然的. 对于结论 (ii), 直接计算可知

$$\big[\mathcal{A}_r^{-1}(f,g)\big](x) = \bigg(kf'(1) \Big[\frac{x^3}{6} - \frac{x^2}{2} \Big] - \frac{x}{2} \int_0^1 \tau^2 g(\tau) d\tau - \frac{1}{6} \int_0^1 \tau^3 g(\tau) d\tau$$

$$+ \frac{1}{6} \int_x^1 (x-\tau)^3 g(\tau) d\tau,\ f(x) \bigg), \quad \forall (f,g) \in \mathcal{H}_r.$$

因此 $\mathcal{A}_r^{-1}$ 存在, 由 Sobolev 嵌入定理 (定理 1.45) 可知在 $\mathcal{H}_r$ 是紧的. 因此 $\lambda \in \sigma(\mathcal{A}_r) = \sigma_p(\mathcal{A}_r)$ 仅由孤立本征值组成. 命题得证.　$\square$

系统 (5.8) 的研究有两个难点: ① $\mathcal{A}_r$ 不是耗散的; ② 系统输出 $y_{xt}(1,t)$, 从本征值和传递函数的观点看, 和控制的剪力项 $y_{xxx}(1,t)$ 有相同的阶数 (i.e., 它是高阶反馈), 极大地不同于传统的控制模式:

$$y_{xxx}(1,t) = ky_t(1,t) \quad \text{或} \quad y_{xt}(1,t) = -ky_{xx}(1,t),$$

这些传统的反馈可以看作在 3.1 节用比较法讨论的对于控制项的低阶扰动.

5.1.1　本征渐近表示

系统 (5.8) 的本征值问题是寻找非零 $(\phi, \psi) \in D(\mathcal{A}_r)$, $\lambda \in \mathbb{C}$ 使得

$$\mathcal{A}_r(\phi, \psi) \equiv \left(\psi,\ -\phi^{(4)}\right) = \lambda(\phi, \psi).$$

因此 $\psi(x) = \lambda\phi(x)$, 以及非零的 $\phi(x)$ 满足如下方程:

$$\begin{cases} \phi^{(4)}(x) + \lambda^2\phi(x) = 0, & x \in (0, 1), \\ U_1(\phi) = \phi(0) = 0, \quad U_2(\phi) = \phi'(0) = 0, \quad U_3(\phi) = \phi''(1) = 0, & (5.12) \\ U_4(\phi) = \phi'''(1) - k\lambda\phi'(1) = 0. \end{cases}$$

为了分析算子 $\mathcal{A}_r$ 的谱, 我们引入如下辅助算子 $\mathcal{A}_0^r : D(\mathcal{A}_0^r)(\subset \mathcal{H}_r) \to \mathcal{H}_r$:

$$\begin{cases} \mathcal{A}_0^r(f, g) = \left(g + kxf'''(0),\ -f^{(4)}\right), \quad \forall\, (f, g) \in D(\mathcal{A}_0^r), \\ D(\mathcal{A}_0^r) = \left\{ (f, g) \in \left(H^4 \cap H_L^2\right) \times H^2 \ \middle|\ \begin{array}{c} g(0) = f''(1) = f'''(1) = 0, \\ g'(0) = -kf'''(0) \end{array} \right\}. \end{cases}$$

$$(5.13)$$

算子 $\mathcal{A}_0^r$ 有如下性质:

(i) $\mathcal{A}_0^r$ 是 $\mathcal{H}_r$ 的稠定闭算子;

(ii) $(\mathcal{A}_0^r)^{-1}$ 存在且在 $\mathcal{H}_r$ 是紧的, i.e. $\mathcal{A}_0^r$ 是 $\mathcal{H}_r$ 的离散算子, 因此, 谱 $\sigma(\mathcal{A}_0^r)$ 仅由孤立本征值组成;

(iii) $\mathrm{Re}(\lambda) < 0$ 对所有的 $\lambda \in \sigma(\mathcal{A}_0^r)$;

(iv) $\|R(\lambda, \mathcal{A}_0^r)\| = \mathcal{O}\left(|\lambda|^{-1/2}\right)$, $\forall\, \mathrm{Re}(\lambda) \geqslant 0$.

命题 5.2　设 $\mathcal{A}_r$ 由 (5.11) 定义, $k > 0$. 则

(i) $\mathrm{Re}(\lambda) < 0$ 对所有的 $\lambda \in \sigma(\mathcal{A}_r)$.

(ii) $\|R(\lambda, \mathcal{A}_r)\| = \mathcal{O}\left(|\lambda|^{-1/2}\right)$, $\forall\, \mathrm{Re}(\lambda) \geqslant 0$.

证明　(i) 设 $\lambda \in \sigma_p(\mathcal{A}_r)$, $\mathcal{A}_r(f, g) = \lambda(f, g)$, 以及 $(f, g) \neq 0$. 则 $g(x) = \lambda f(x)$, $f(x)$ 满足

$$\begin{cases} f^{(4)}(x) + \lambda^2 f(x) = 0, & x \in (0, 1), \\ f(0) = f'(0) = f''(1) = 0, \quad f'''(1) = k\lambda f'(1). \end{cases}$$

同样地, $(f, g) \neq 0$ 当且仅当 $f \neq 0$. 第一个方程沿着 $(1, x)$ 关于 x 积分两次可得

$$f''(x) - k\lambda f'(1)(x - 1) + \lambda^2 \int_1^x (x - \tau)f(\tau)d\tau = 0.$$

进一步, 用 $1-x$ 替换 x 可得

$$f''(1-x) + k\lambda f'(1)x + \lambda^2 \int_1^{1-x} (1-x-\tau)f(\tau)d\tau = 0.$$

令

$$\phi(x) = \int_1^{1-x} \left(1-x-\tau\right)f(\tau)d\tau \quad \text{和} \quad \psi(x) = \lambda\phi(x) - kx\phi'''(0).$$

则 $\phi''(x) = f(1-x)$, 因此 $\phi \neq 0$. 直接计算可证明 $\phi(x)$ 满足

$$\begin{cases} \phi^{(4)}(x) + \lambda^2\phi(x) - k\lambda x\phi'''(0) = 0, \\ \phi(0) = \phi'(0) = \phi''(1) = \phi'''(1) = 0, \end{cases}$$

该方程恰恰就是 $\mathcal{A}_0^r(\phi,\psi) = \lambda(\phi,\psi)$. 因此 $\operatorname{Re}(\lambda) < 0$.

(ii) 对任意 $(p,q) \in \mathcal{H}$, 设

$$f(x) = \int_0^x (x-\tau)p(1-\tau)d\tau, \quad g(x) = \int_0^x (x-\tau)q(1-\tau)d\tau + kp'(1)x.$$

则 $(f,g) \in D(\mathcal{A}_0^r)$ 并且

$$f''(1-x) = p(x), \quad g''(1-x) = q(x), \quad g'(0) = kp'(1).$$

由 $\mathcal{A}_0^r$ 的预解估计, 可知

$$\left\| \mathcal{A}_0^r R(\lambda, \mathcal{A}_0^r)(f,g) \right\|^2 = \left\| R(\lambda, \mathcal{A}_0^r)\mathcal{A}_0^r(f,g) \right\|^2 \leqslant \frac{M}{|\lambda|} \left\| \mathcal{A}_0^r(f,g) \right\|^2, \quad \forall \operatorname{Re}(\lambda) \geqslant 0,$$

(5.14)

这里 $M > 0$ 是常数. 下一步,

$$\left\| \mathcal{A}_0^r(f,g) \right\|^2 = \|(p,q)\|^2.$$

(5.15)

如果我们设 $R(\lambda, \mathcal{A}_0^r)(f,g) = (w,z)$, 则 $(\lambda - \mathcal{A}_0^r)(w,z) = (f,g)$ 等价于

$$\lambda w(x) - z(x) - kxw'''(0) = f(x), \quad \lambda z(x) + w^{(4)}(x) = g(x).$$

因此

$$z(x) = \lambda w(x) - kxw'''(0) - f(x),$$

以及 $w(x)$ 满足

$$\begin{cases} w^{(4)}(x) + \lambda^2 w(x) - \lambda kxw'''(0) = \lambda f(x) + g(x), \\ w(0) = w'(0) = w''(1) = w'''(1) = 0. \end{cases}$$

设 $u(x) = w''(1-x)$, $v(x) = z''(1-x)$. 则

$$v(x) = \lambda u(x) - f''(1-x) = \lambda u(x) - p(x),$$

以及 $u(x)$ 满足

$$\begin{cases} u^{(4)}(x) + \lambda^2 u(x) = \lambda f''(1-x) + g''(1-x) = \lambda p(x) + q(x), \\ u(0) = u'(0) = u''(1) = 0, \\ u'''(1) = k\lambda u'(1) - g(0) = k\lambda u'(1) - kp'(1). \end{cases}$$

因此

$$(\lambda - \mathcal{A}_r)(u, v) = (p, q),$$

以及

$$\left\| \mathcal{A}_0^r R(\lambda, \mathcal{A}_0^r)(f,g) \right\|^2 = \left\| \mathcal{A}_0^r(w,z) \right\|^2 = \|(u,v)\|^2 = \left\| R(\lambda, \mathcal{A}_r)(p,q) \right\|^2. \quad (5.16)$$

综合 (5.14)—(5.16) 可得

$$\left\| R(\lambda, \mathcal{A}_r)(p,q) \right\|^2 \leqslant \frac{M}{|\lambda|} \|(p,q)\|^2.$$

命题得证. □

定理 5.1 设 $\mathcal{A}_r$ 由 (5.11) 定义, $k > 0$, $\sigma(\mathcal{A}_r) = \{\lambda_n, \overline{\lambda}_n : n \in \mathbb{N}\}$ 是算子 $\mathcal{A}_r$ 的本征值. 则我们有如下渐近表达式:

$$\lambda_n = \begin{cases} n\pi \ln \dfrac{k-1}{k+1} + i\left[(n\pi)^2 - \dfrac{1}{4}\left(\ln \dfrac{k-1}{k+1} \right)^2 \right] + \mathcal{O}(e^{-cn}), & k > 1, \\ \left(n - \dfrac{1}{2} \right)\pi \ln \dfrac{1-k}{1+k} + i\left[\left(n - \dfrac{1}{2}\pi \right)^2 - \dfrac{1}{4}\left(\ln \dfrac{1-k}{k+1} \right)^2 \right] + \mathcal{O}(e^{-cn}), & k < 1, \\ -\dfrac{1}{2}(2n+1)^2\pi^2, & k = 1, \end{cases}$$

$$(5.17)$$

这里 n 是充分大的正整数, $c > 0$ 是不依赖于 n 的正常数.

证明 我们仅考虑位于第二象限的本征值 $\lambda \in \sigma(\mathcal{A}_r)$:

$$\frac{\pi}{2} \leqslant \arg(\lambda) \leqslant \pi,$$

因为由命题 5.2 可知 $\mathrm{Re}(\lambda) < 0$, 并且算子 $\mathcal{A}_r$ 的所有本征值关于实数轴对称. 设 $\lambda = \rho^2$. 则

$$\frac{\pi}{2} \leqslant \arg(\lambda) \leqslant \pi \Leftrightarrow \rho \in S = \left\{ \rho \in \mathbb{C} \,\middle|\, \frac{\pi}{4} \leqslant \arg\rho \leqslant \frac{\pi}{2} \right\}. \quad (5.18)$$

定义

$$\omega_1 = e^{3/4\pi i}, \quad \omega_2 = e^{\pi/4 i}, \quad \omega_3 = -\omega_2, \quad \omega_4 = -\omega_1. \tag{5.19}$$

对于 $\rho \in S$, 如同 (3.21)—(3.23), 我们总有如下关系式:

$$\begin{cases} \mathrm{Re}(\rho\omega_1) = -|\rho| \sin\left(\arg\rho + \dfrac{\pi}{4}\right) \leqslant -\dfrac{\sqrt{2}}{2}|\rho| < 0, \\[2mm] \mathrm{Re}(\rho\omega_2) = |\rho| \cos\left(\arg\rho + \dfrac{\pi}{4}\right) \leqslant 0, \\[2mm] \omega_1^2 = -i, \quad \omega_1^3 = -i\omega_1, \quad \omega_2^2 = i, \\[2mm] \omega_2^3 = i\omega_2, \quad \omega_2^{-1}\omega_1 = i, \quad \omega_1\omega_2 = -1. \end{cases} \tag{5.20}$$

注意到 $\phi^{(4)}(x) + \lambda^2\phi(x) = \phi^{(4)}(x) + \rho^4\phi(x) = 0$ 的基础解系为: $e^{\rho\omega_i x}$, $i = 1,2,3,4$. 我们可以将 (5.12) 的解表示为

$$\phi(x) = \sum_{i=1}^{4} c_i e^{\rho\omega_i x}, \quad x \in [0,1],$$

其中, c_i 是常数, 使得 $\phi(x)$ 满足边界条件 $U_i(\phi) = 0$, $i = 1,2,3,4$, i.e.

$$\Delta(\rho)\big(c_1, c_2, c_3, c_4\big)^{\mathrm{T}} = 0,$$

这里 $\Delta(\rho) = \Big(\Delta_1(\rho), \ \Delta_2(\rho)\Big)$:

$$\Delta_1(\rho) = \begin{pmatrix} 1 & 1 \\ \rho\omega_1 & \rho\omega_2 \\ (\rho\omega_1)^2 e^{\rho\omega_1} & (\rho\omega_2)^2 e^{\rho\omega_2} \\ \rho^3 e^{\rho\omega_1}\left(\omega_1^3 - k\omega_1\right) & \rho^3 e^{\rho\omega_2}\left(\omega_2^3 - k\omega_2\right) \end{pmatrix},$$

以及

$$\Delta_2(\rho) = \begin{pmatrix} 1 & 1 \\ \rho\omega_3 & \rho\omega_4 \\ (\rho\omega_3)^2 e^{\rho\omega_3} & (\rho\omega_4)^2 e^{\rho\omega_4} \\ \rho^3 e^{\rho\omega_3}\left(\omega_3^3 - k\omega_3\right) & \rho^3 e^{\rho\omega_4}\left(\omega_4^3 - k\omega_4\right) \end{pmatrix}.$$

根据 (5.19) 和 (5.20), 可知

$$
-\rho^{-6}e^{\rho(\omega_1+\omega_2)}\det(\Delta(\rho)) = \begin{vmatrix} 1 & 1 & e^{\rho\omega_2} & 0 \\ i & 1 & -e^{\rho\omega_2} & 0 \\ 0 & e^{\rho\omega_2} & 1 & -1 \\ 0 & e^{\rho\omega_2}(i-k) & k-i & -1+ik \end{vmatrix} + \mathcal{O}(e^{-c|\rho|})
$$

$$
= -2(1+k)e^{2\rho\omega_2} + 2(k-1) + \mathcal{O}(e^{-c|\rho|}), \qquad (5.21)
$$

其中 $c > 0$ 是不依赖于 ρ 的常数. 因此, $\lambda = \rho^2 \in \sigma(\mathcal{A}_r)$ 当且仅当

$$
e^{2\rho\omega_2} = \frac{k-1}{k+1} + \mathcal{O}(e^{-c|\rho|}). \qquad (5.22)
$$

当 $k \neq 1$ 时, 应用 Rouché 定理和渐近计算可得, (5.22) 的解为

$$
\rho = \rho_n = \begin{cases} \dfrac{1}{2\omega_2}\ln\dfrac{k-1}{k+1} + \dfrac{1}{\omega_2}n\pi i + \mathcal{O}(e^{-cn}), & k > 1, \\[2mm] \dfrac{1}{2\omega_2}\ln\dfrac{1-k}{1+k} + \dfrac{1}{\omega_2}\left(n-\dfrac{1}{2}\right)\pi i + \mathcal{O}(e^{-cn}), & k < 1, \end{cases} \qquad (5.23)
$$

这里, n 是充分大的正整数. 当 $k = 1$ 时, 直接计算可证明特征行列式 $\det(\Delta(\rho)) = 0$ 退化为 $\left(e^{\sqrt{2}\rho}+1\right)^2 = 0$, 因此

$$
\rho = \rho_n = \frac{1}{\sqrt{2}}(2n+1)\pi i, \quad n = 0, 1, 2, \cdots. \qquad (5.24)
$$

把 (5.23) 和 (5.24) 分别代入 $\lambda_n = \rho_n^2$ 可得 (5.17). 定理得证. $\qquad\square$

我们现在研究本征函数的渐近行为.

定理 5.2 设 $\mathcal{A}_r$ 由 (5.11) 定义, $k > 0$, $k \neq 1$, $\sigma(\mathcal{A}_r) = \{\lambda_n, \overline{\lambda}_n : n \in \mathbb{N}\}$ 是算子 $\mathcal{A}_r$ 的本征值, 以及 $\lambda_n = \rho_n^2$ 和 ρ_n 分别由 (5.17) 和 (5.23) 给出. 则相应的本征函数 $\left\{(\phi_n, \lambda_n\phi_n), (\overline{\phi}_n, \overline{\lambda}_n\overline{\phi}_n) \mid n \in \mathbb{N}\right\}$ 有如下渐近表达式:

$$
\begin{cases} \lambda_n\phi_n(x) = -i2e^{\rho_n\omega_2}e^{\rho_n\omega_1 x} + \left[1+i+(i-1)\dfrac{k-1}{k+1}\right]e^{\rho_n\omega_1(1-x)} \\[2mm] \qquad\qquad + (1+i)e^{\rho\omega_2(1-x)} + (i-1)e^{\rho_n\omega_2(1+x)} + \mathcal{O}(e^{-cn}), \\[2mm] \phi_n''(x) = -2e^{\rho_n\omega_2}e^{\rho_n\omega_1 x} + \left[1-i+(1+i)\dfrac{k-1}{k+1}\right]e^{\rho_n\omega_1(1-x)} \\[2mm] \qquad\qquad - (1-i)e^{\rho_n\omega_2(1-x)} - (1+i)e^{\rho_n\omega_2(1+x)} + \mathcal{O}(e^{-cn}), \end{cases} \qquad (5.25)
$$

这里 n 是充分大的正整数. 进一步, $(\phi_n, \lambda_n \phi_n)$ 在 $\mathcal{H}_r$ 上是近似单位化的, 即存在不依赖于 n 的正常数 c_1 和 c_2, 使得, 对所有的 n, 满足估计

$$c_1 \leqslant \|\phi_n''\|_{L^2(0,1)}, \quad \|\lambda_n \phi_n\|_{L^2(0,1)} \leqslant c_2. \tag{5.26}$$

证明　由 (5.12), (5.19) 和线性代数知识可知, 相应于本征值 $\lambda = \rho^2$ 的本征函数 $\phi(x)$ 为

$$
e^{\rho(\omega_1+\omega_2)}\phi(x) = e^{\rho(\omega_1+\omega_2)}
\begin{vmatrix}
1 & 1 & 1 & 1 \\
\rho\omega_1 & \rho\omega_2 & \rho\omega_3 & \rho\omega_4 \\
(\rho\omega_1)^2 e^{\rho\omega_1} & (\rho\omega_2)^2 e^{\rho\omega_2} & (\rho\omega_3)^2 e^{\rho\omega_3} & (\rho\omega_4)^2 e^{\rho\omega_4} \\
e^{\rho\omega_1 x} & e^{\rho\omega_2 x} & e^{\rho\omega_3 x} & e^{\rho\omega_4 x}
\end{vmatrix}
$$

$$
= \rho^3 i\omega_2
\begin{vmatrix}
1 & 1 & e^{\rho\omega_2} & 0 \\
0 & 1-i & (-1-i)e^{\rho\omega_2} & 0 \\
0 & e^{\rho\omega_2} & 1 & -1 \\
e^{\rho\omega_1 x} & e^{\rho\omega_2 x} & e^{\rho\omega_2(1-x)} & e^{\rho\omega_1(1-x)}
\end{vmatrix}
+ \mathcal{O}(e^{-c|\rho|}),
$$

这里 $c > 0$ 是不依赖于 ρ 和 x 的常数. 因此, 由 (5.22) 可知

$$
-i\omega_2^{-1}\rho^{-3} e^{\rho(\omega_1+\omega_2)}\phi(x) = -2e^{\rho\omega_2}e^{\rho\omega_1 x} + \left[1 - i + (1+i)\frac{k-1}{k+1}\right] e^{\rho\omega_1(1-x)}
$$

$$
+ (1-i)e^{\rho\omega_2(1-x)} + (1+i)e^{\rho\omega_2(1+x)} + \mathcal{O}(e^{-c|\rho|}). \tag{5.27}
$$

类似地, 可知

$$
\phi''(x) =
\begin{vmatrix}
1 & 1 & 1 & 1 \\
\rho\omega_1 & \rho\omega_2 & \rho\omega_3 & \rho\omega_4 \\
(\rho\omega_1)^2 e^{\rho\omega_1} & (\rho\omega_2)^2 e^{\rho\omega_2} & (\rho\omega_3)^2 e^{\rho\omega_3} & (\rho\omega_4)^2 e^{\rho\omega_4} \\
(\rho\omega_1)^2 e^{\rho\omega_1 x} & (\rho\omega_2)^2 e^{\rho\omega_2 x} & (\rho\omega_3)^2 e^{\rho\omega_3 x} & (\rho\omega_4)^2 e^{\rho\omega_4 x}
\end{vmatrix},
$$

因此

$$
\omega_2^{-1}\rho^{-5} e^{\rho(\omega_1+\omega_2)}\phi''(x) = -2e^{\rho\omega_2}e^{\rho\omega_1 x} + \left[1 - i + (1+i)\frac{k-1}{k+1}\right] e^{\rho\omega_1(1-x)}
$$

$$
- (1-i)e^{\rho\omega_2(1-x)} - (1+i)e^{\rho\omega_2(1+x)} + \mathcal{O}(e^{-c|\rho|}). \tag{5.28}
$$

在 (5.27) 和 (5.28) 中, 令

$$\phi_n(x) = \omega_2^{-1} \rho^{-5} e^{\rho(\omega_1 + \omega_2)} \phi(x),$$

我们可得到表达式 (5.25). 最后, 为了证明 (5.26), 由 (5.23) 可知

$$\rho_n \omega_1 = \begin{cases} \dfrac{i}{2} \ln \dfrac{k-1}{k+1} - n\pi + \mathcal{O}(e^{-cn}), & k > 1, \\[3mm] \dfrac{i}{2} \ln \dfrac{1-k}{1+k} - \left(n - \dfrac{1}{2}\right)\pi + \mathcal{O}(e^{-cn}), & k < 1, \end{cases} \tag{5.29}$$

以及

$$\rho_n \omega_2 = \begin{cases} \dfrac{1}{2} \ln \dfrac{k-1}{k+1} + n\pi i + \mathcal{O}(e^{-cn}), & k > 1, \\[3mm] \dfrac{1}{2} \ln \dfrac{1-k}{1+k} + \left(n - \dfrac{1}{2}\right)\pi i + \mathcal{O}(e^{-cn}), & k < 1. \end{cases} \tag{5.30}$$

因此

$$\left\| e^{\rho_n \omega_1 x} \right\|_{L^2(0,1)}^2 = \mathcal{O}(n^{-1}), \quad \left\| e^{\rho_n \omega_1 (1-x)} \right\|_{L^2(0,1)}^2 = \mathcal{O}(n^{-1}),$$

$$\left\| e^{\rho_n \omega_2 (1-x)} \right\|_{L^2(0,1)}^2 = \left(\frac{|k-1|}{k+1} - 1 \right) \left[\ln \left(\frac{|k-1|}{k+1} \right) \right]^{-1} + \mathcal{O}(e^{-cn}),$$

$$\left\| e^{\rho_n \omega_2 (1+x)} \right\|_{L^2(0,1)}^2 = \frac{|k-1|}{k+1} \left(1 - \frac{|k-1|}{k+1} \right) \left[\ln \left(\frac{|k-1|}{k+1} \right) \right]^{-1} + \mathcal{O}(e^{-cn}).$$

$$\tag{5.31}$$

结合 (5.25) 可得到 (5.26). 定理得证. □

我们现在给出 $\mathcal{A}_r$ 的伴随算子 $\mathcal{A}_r^*$ 的相关性质:

$$\begin{cases} \mathcal{A}_r^*(f, g) = \left(-g, \, f^{(4)} \right), \quad \forall \, (f, g) \in D(\mathcal{A}_r^*), \\[2mm] D(\mathcal{A}_r^*) = \left\{ (f, g) \in \left(H^4 \cap H_L^2 \right) \times H_L^2 \,\middle|\, f'''(1) = 0, \, f''(1) = kg(1) \right\}. \end{cases} \tag{5.32}$$

由于 $\mathcal{A}_r$ 是离散算子, 所以 $\mathcal{A}_r^*$ 也是离散算子; 当 $\mathcal{A}_r$ 的本征值关于实数轴对称时, $\mathcal{A}_r^*$ 和 $\mathcal{A}_r$ 有相同的本征值和相同的代数重数. 定理 5.2 的相同证明可以得到 $\mathcal{A}_r^*$ 的本征函数的渐近表达式.

定理 5.3 设 $\mathcal{A}_r$ 由 (5.11) 定义, $k > 0$, $k \neq 1$, $\sigma(\mathcal{A}_r^*) = \left\{ \lambda_n, \overline{\lambda}_n : n \in \mathbb{N} \right\}$ 是 $\mathcal{A}_r^*$ 的本征值, $\lambda_n = \rho_n^2$ 和 ρ_n 分别由 (5.17) 和 (5.23) 给出. 则相应的本征函数 $\left\{ (\psi_n, \lambda_n \psi_n), (\overline{\psi_n}, \overline{\lambda}_n \overline{\psi_n}) : n \in \mathbb{N} \right\}$ 有如下渐近表达式:

$$\begin{cases} \lambda_n\psi_n(x) = -2ie^{\rho_n\omega_2}e^{\rho_n\omega_1 x} + \left[1 - i - (1+i)\dfrac{k-1}{k+1}\right]e^{\rho_n\omega_1(1-x)} \\ \qquad + (1+i)e^{\rho\omega_2(1-x)} + (i-1)e^{\rho_n\omega_2(1+x)} + \mathcal{O}(e^{-cn}), \\ \psi_n''(x) = -2e^{\rho_n\omega_2}e^{\rho_n\omega_1 x} + \left[-1 - i + (i-1)\dfrac{k-1}{k+1}\right]e^{\rho_n\omega_1(1-x)} \\ \qquad + (i-1)e^{\rho_n\omega_2(1-x)} - (1+i)e^{\rho_n\omega_2(1+x)} + \mathcal{O}(e^{-cn}), \end{cases} \tag{5.33}$$

这里 n 是充分大的正整数. 并且, $(\psi_n, \lambda_n\psi_n)$ 在 $\mathcal{H}_r$ 上是近似单位化的.

5.1.2 根子空间的完备性

这一节, 我们通过用 Green 函数表示算子 $\mathcal{A}_r$ 的预解式来证明根子空间的完备性.

引理 5.4   设 $\mathcal{A}_r$ 由 (5.11) 定义. 对任意 $\lambda = \rho^2 \in \rho(\mathcal{A}_r)$, 我们有如下预解方程 $R(\lambda, \mathcal{A}_r)(\phi, \psi) = (f, g)$ 的解: 当 $6 + 3k\lambda \neq 0$ 时,

$$\begin{cases} f(x) = \displaystyle\int_0^1 G(x, \xi, \rho)\left[\lambda\phi(\xi) + \psi(\xi) + \dfrac{k\lambda^2}{6+3k\lambda}\phi'(1)(\xi^3 - 3\xi^2)\right]d\xi \\ \qquad - \dfrac{k}{6+3k\lambda}(x^3 - 3x^2)\phi'(1), \\ G(x, \xi, \rho) = \dfrac{H(x, \xi, \rho)}{\det(\Delta(\rho))}, \\ g(x) = \lambda f(x) - \phi(x), \quad \forall\, (\phi, \psi) \in \mathcal{H}_r. \end{cases} \tag{5.34}$$

这里 $\phi_i(x) = e^{\omega_i\rho x}$, $i = 1, 2, 3, 4$,

$$\det\big(\Delta(\rho)\big) = \det\big(U_i(\phi_j)\big),$$

$$Q(x, \xi) = -\frac{1}{2}\text{sign}(x - \xi)\sum_{i=1}^{4}\frac{1}{4}\omega_i\rho^{-3}e^{\rho\omega_i(x-\xi)}, \tag{5.35}$$

以及

$$H(x, \xi, \rho) = \begin{vmatrix} \phi_1(x) & \phi_2(x) & \phi_3(x) & \phi_4(x) & Q(x, \xi) \\ U_1(\phi_1) & U_1(\phi_2) & U_1(\phi_3) & U_1(\phi_4) & U_1(Q) \\ U_2(\phi_1) & U_2(\phi_2) & U_2(\phi_3) & U_2(\phi_4) & U_2(Q) \\ U_3(\phi_1) & U_3(\phi_2) & U_3(\phi_3) & U_3(\phi_4) & U_3(Q) \\ U_4(\phi_1) & U_4(\phi_2) & U_4(\phi_3) & U_4(\phi_4) & U_4(Q) \end{vmatrix}. \tag{5.36}$$

证明　对任意 $(\phi, \psi) \in \mathcal{H}_r$, $\lambda = \rho^2 \in \mathbb{C}$, 求解预解方程

$$(\lambda - \mathcal{A}_r)(f, g) = (\phi, \psi)$$

可得 $g(x) = \lambda f(x) - \phi(x)$ 以及 $f(x)$ 满足

$$\begin{cases} f^{(4)}(x) + \lambda^2 f(x) = \lambda \phi(x) + \psi(x), \quad x \in (0, 1), \\ U_1(f) = f(0) = 0, \quad U_2(f) = f'(0) = 0, \quad U_3(f) = f''(1) = 0, \\ U_4(f) = f'''(1) - k\lambda f'(1) = -k\phi'(1). \end{cases} \tag{5.37}$$

令

$$F(x) = f(x) + \frac{k}{6 + 3k\lambda}(x^3 - 3x^2)\phi'(1). \tag{5.38}$$

则 $F(x)$ 满足

$$\begin{cases} F^{(4)}(x) + \lambda^2 F(x) = \lambda \phi(x) + \psi(x) + \dfrac{k\lambda^2}{6 + 3k\lambda}\phi'(1)(x^3 - 3x^2), \quad x \in (0, 1), \\ U_1(F) = F(0) = 0, \quad U_2(F) = F'(0) = 0, \quad U_3(F) = F''(1) = 0, \\ U_4(F) = F'''(1) - k\lambda F'(1) = 0. \end{cases} \tag{5.39}$$

注意到 $F^{(4)}(x) + \rho^4 F(x) = 0$ 的基础解系为

$$\phi_i(x) = e^{\rho \omega_i x}, \quad i = 1, 2, 3, 4. \tag{5.40}$$

由 (5.4) 可知, (5.39) 的解有如下表达式

$$F(x) = \int_0^1 G(x, \xi, \rho)\left[\lambda \phi(\xi) + \psi(\xi) + \frac{k\lambda^2}{6 + 3k\lambda}\phi'(1)(\xi^3 - 3\xi^2) \right] d\xi,$$

这里

$$G(x, \xi, \rho) = \frac{H(x, \xi, \rho)}{\det\big(\Delta(\rho)\big)},$$

其中 $H(x, \xi, \rho)$ 和 $Q(x, \xi)$ 分别由 (5.36) 和 (5.35) 给定. 从而引理的结论可由 (5.38) 得到. 引理得证. □

命题 5.3　设 $\mathcal{A}_r$ 由 (5.11) 定义, $k > 0$, $k \neq 1$. 则所有模充分大的本征值 $\lambda = \rho^2 \in \sigma(\mathcal{A}_r)$ 是代数单的.

证明　我们仅证明 $\rho \in S$ 的情况, $\overline{\lambda} = \overline{\rho}^2$ 的证明情况类似. 由引理 5.4 可知, $R(\lambda, \mathcal{A}_r)$ 的具有模充分大的极点 $\lambda \in \sigma(\mathcal{A}_r)$ 的阶数小于等于 λ 作为整函

数 $\det\left(\Delta(\rho)\right)$ 关于 ρ 的零点的重数. 容易验证 λ 是几何单的, 由 (5.22) 可知 $\det(\Delta(\rho)) = 0$ 的所有模充分大的零点是单的, 由 (2.92)

$$\max\left\{m_g,\, p\right\} \leqslant m_a \leqslant p \cdot m_g,$$

其中, p 表示预解算子的极点的阶数, m_a 和 m_g 分别表示代数重数和几何重数, 命题结论成立.   □

设

$$\Delta_1(\rho) = \rho^{-6} e^{\rho(\omega_1 + \omega_2)} \det\left(\Delta(\rho)\right) \tag{5.41}$$

和

$$H_1(x, \xi, \rho) = \rho^{-6} e^{\rho(\omega_1 + \omega_2)} H(x, \xi, \rho),$$

则

$$G(x, \xi, \rho) = \rho^{-6} e^{\rho(\omega_1 + \omega_2)} \frac{H(x, \xi, \rho)}{\Delta_1(\rho)} = \frac{H_1(x, \xi, \rho)}{\Delta_1(\rho)}. \tag{5.42}$$

我们在引理 5.5 给出 $\Delta_1(\rho)$ 的估计.

引理 5.5 设 $k > 0$, $k \neq 1$, $\left\{\lambda_n = \rho_n^2\right\}_{n \in \mathcal{I}}$ 是 $\mathcal{A}_r$ 在 $\rho \in S$ 区域所得的所有本征值, 其中 $\mathcal{I}$ 是整数的指标集. 则对于任意 $\varepsilon > 0$ 存在常数 $C_i(\varepsilon) > 0$, $i = 1, 2$, 使得

$$C_1(\varepsilon) \leqslant |\Delta_1(\rho)| \leqslant C_2(\varepsilon), \quad \forall\, |\rho - \rho_n| > \varepsilon,\ n \in \mathcal{I}. \tag{5.43}$$

证明 我们仅证明 (5.43) 对于 ρ 的模充分大的情况. 由 (5.21), 可知

$$\left| \frac{1}{2(1-k)} \Delta_1(\rho) \right| = \left| 1 + \frac{1+k}{1-k} e^{2\rho\omega_2} + \mathcal{O}(e^{-c|\rho|}) \right|, \quad \forall\, \rho \in S,\ |\rho| \to \infty.$$

由 (5.20) 可知 $\mathrm{Re}(\rho\omega_2) \leqslant 0$, 因此不等式 (5.43) 的右端是显然的. 不等式 (5.43) 的左端由命题 2.4 可得. 引理得证.   □

引理 5.6 设 $k > 0$, $k \neq 1$. 对于所有位于以 $\Delta_1(\rho)$ 的零点为圆心, $\varepsilon > 0$ 为半径的圆的外部的 $\rho \in S$, 存在 $M > 0$ 使得由 (5.42) 给出的 Green 函数 $G(x, \xi, \rho)$ 满足估计

$$\left| G_x^{(s)}(x, \xi, \rho) \right| \leqslant M |\rho|^{s-3}, \quad \forall\, x, \xi \in [0, 1],\ \forall\, s = 0, 1, 2, \tag{5.44}$$

这里, $G_x^{(s)}(x, \xi, \rho)$ 表示 $G(x, \xi, \rho)$ 关于 x 的 s 阶偏导数.

证明 令

$$\psi_j(\xi) = -\frac{1}{4} \omega_j \rho^{-3} e^{-\rho\omega_j \xi}, \quad j = 1, 2, 3, 4.$$

在 (5.36) 中, 对于 $H(x,\xi,\rho)$, 在第 i 列, $i = 1,2$, 乘 $\psi_i(\xi)/2$, 对于第 j 列, $j = 3,4$, 乘 $-\psi_j(\xi)/2$. 把前四列加到 $H(x,\xi,\rho)$ 的最后一列, 可得到 $4\rho^{-6}e^{\rho(\omega_1+\omega_2)}H(x,\xi,\rho) = H_1(x,\xi,\rho)$ 以及

$$
H_1 = \begin{vmatrix}
\phi_1(x) & \phi_2(x) & \phi_3(x)e^{\rho\omega_2} & \phi_4(x)e^{\rho\omega_1} & 4P(x,\xi) \\[2mm]
1 & 1 & e^{\rho\omega_2} & e^{\rho\omega_1} & -\sum_{i=1}^{2}\dfrac{\omega_i}{\rho^3}e^{\rho\omega_i\xi} \\[3mm]
\omega_1 & \omega_2 & -\omega_2 e^{\rho\omega_2} & -\omega_1 e^{\rho\omega_1} & \sum_{i=1}^{2}\dfrac{\omega_i^2}{\rho^3}e^{\rho\omega_i\xi} \\[3mm]
-ie^{\rho\omega_1} & ie^{\rho\omega_2} & i & -i & -\sum_{i=1}^{2}\dfrac{\omega_i^3}{\rho^3}e^{\rho\omega_i(1-\xi)} \\[3mm]
e^{\rho\omega_1}\omega_1(-i-k) & e^{\rho\omega_2}\omega_2(i-k) & \omega_2(k-i) & \omega_1(i+k) & \sum_{i=1}^{2}\dfrac{1+k\omega_i^2}{\rho^3}e^{\rho\omega_i(1-\xi)}
\end{vmatrix},
$$

其中

$$
P(x,\xi) = \begin{cases}
\displaystyle\sum_{i=1}^{2}\phi_i(x)\psi_i(\xi), & x \geqslant \xi, \\[4mm]
-\displaystyle\sum_{j=3}^{4}\phi_j(x)\psi_j(\xi), & x < \xi.
\end{cases} \tag{5.45}
$$

同样

$$
P_x^{(s)}(x,\xi) = \rho^{s-3}\begin{cases}
\displaystyle\sum_{i=1}^{2}-\frac{1}{4}\omega_i^{s+1}e^{\rho\omega_i(x-\xi)}, & x \geqslant \xi, \\[4mm]
\displaystyle\sum_{i=1}^{2}\frac{1}{4}(-1)^{s+1}\omega_i^{s+1}e^{\rho\omega_i(\xi-x)}, & x < \xi,
\end{cases} \quad s = 0,1,2, \tag{5.46}
$$

以及 $H_{1x}^{(s)}(x,\xi,\rho) = \rho^{s-3}\det\left(\widetilde{H}_1^s, \ \widetilde{H}_2^s\right)$, 这里

$$
\widetilde{H}_1^s = \begin{pmatrix}
\omega_1^s e^{\rho\omega_1 x} & \omega_2^s e^{\rho\omega_2 x} & (-\omega_2)^s e^{\rho\omega_2(1-x)} \\[2mm]
1 & 1 & e^{\rho\omega_2} \\[2mm]
\omega_1 & \omega_2 & -\omega_2 e^{\rho\omega_2} \\[2mm]
-ie^{\rho\omega_1} & ie^{\rho\omega_2} & i \\[2mm]
e^{\rho\omega_1}\omega_1(-i-k) & e^{\rho\omega_2}\omega_2(i-k) & \omega_2(k-i)
\end{pmatrix},
$$

以及

$$\widetilde{H}_2^s = \begin{pmatrix} (-\omega_1)^s e^{\rho\omega_1(1-x)} & 4\rho^{3-s} P_x^{(s)}(x,\xi) \\[2ex] e^{\rho\omega_1} & -\displaystyle\sum_{i=1}^{2} \omega_i e^{\rho\omega_i\xi} \\[2ex] -\omega_1 e^{\rho\omega_1} & \displaystyle\sum_{i=1}^{2} \omega_i^2 e^{\rho\omega_i\xi} \\[2ex] -i & -\displaystyle\sum_{i=1}^{2} \omega_i^3 e^{\rho\omega_i(1-\xi)} \\[2ex] \omega_1(i+k) & \displaystyle\sum_{i=1}^{2}(1+k\omega_i^2)e^{\rho\omega_i(1-\xi)} \end{pmatrix}.$$

由 (5.19)–(5.20) 可知, 上述行列式的每个元素关于 ρ, x, ξ 都是一致有界的, 因此

$$\left|H_{1x}^{(s)}(x,\xi,\rho)\right| \leqslant M_2|\rho|^{s-3}, \quad \forall\, x,\xi \in [0,1],\ \rho \in S,\ s = 0,1,2,$$

这里 $M_2 > 0$ 是大于零的常数. 结合 (5.42) 和引理 5.5 可证明 (5.44). 引理得证.

$\square$

定理 5.7　设 $k > 0$, $k \neq 1$, $\mathcal{A}_r$ 由 (5.11) 定义. 对于所有位于以 $\det(\Delta(\rho))$ 的零点为圆心, $\varepsilon > 0$ 为半径的圆的外部的 $\rho \in S$, $\lambda = \rho^2$, 存在不依赖于 λ 的常数 $C > 0$ 使得

$$\left\|R(\lambda, \mathcal{A}_r)\right\| \leqslant C(1+|\lambda|).$$

证明　我们首先考虑 $\rho \in S$ 的 $\lambda = \rho^2$. 由 (5.34) 和 (5.44) 可知, 对任意 $(\phi, \psi) \in \mathcal{H}_r$,

$$|f''(x)| \leqslant \frac{M}{|\rho|} \int_0^1 \left[|\lambda||\phi(\xi)| + |\psi(\xi)| + \left|\frac{k\lambda^2}{6+3k\lambda}\right| |\phi'(1)||(\xi^3 - 3\xi^2)| \right] d\xi$$
$$+ \left|\frac{k}{6+3k\lambda}(x^3 - 3x^2)\phi'(1)\right|,$$

$$|g(x)| \leqslant \frac{M}{|\rho|} \int_0^1 \left[|\lambda||\phi(\xi)| + |\psi(\xi)| + \left|\frac{k\lambda^2}{6+3k\lambda}\right| |\phi'(1)||(\xi^3 - 3\xi^2)| \right] d\xi$$
$$+ |\lambda|\left|\frac{k}{6+3k\lambda}(x^3 - 3x^2)\phi'(1)\right| + |\phi(x)|,$$

其中 $(f,g) = R(\lambda, \mathcal{A}_r)(\phi, \psi)$. 由于对任意的 $x \in (0,1]$ 和 $h \in H_L^2(0,1)$, 可知 $|h'(x)| \leqslant \|h''\|_{L^2}$ 和 $|h(x)| \leqslant \|h'\|_{L^2} \leqslant \|h''\|_{L^2}$, 因此, 对于所有的 $(\phi, \psi) \in \mathcal{H}$, 我

们可得

$$|\lambda|^{-1}|f''(x)| \leqslant \frac{M}{|\rho|}\left[\|\phi''\|_{L^2} + |\lambda|^{-1}\|\psi\|_{L^2} + \left|\frac{4k\lambda}{6+3k\lambda}\right|\|\phi''\|_{L^2}\right]$$
$$+ |\lambda|^{-1}\left|\frac{4k}{6+3k\lambda}\right|\|\phi''\|_{L^2},$$
$$|\lambda|^{-1}|g(x)| \leqslant \frac{M}{|\rho|}\left[\|\phi''\|_{L^2} + |\lambda|^{-1}\|\psi\|_{L^2} + \left|\frac{4k\lambda}{6+3k\lambda}\right|\|\phi''\|_{L^2}\right]$$
$$+ \left|\frac{4k}{6+3k\lambda}\right|\|\phi''\|_{L^2} + |\lambda|^{-1}\|\phi''\|_{L^2}.$$

因而, 从上面的不等式可知, 我们可以找到不依赖于 λ 的常数 $C_1, K > 0$ 使得

$$\|(f,g)\| \leqslant C_1|\lambda|\|(\phi,\psi)\| \quad \text{对于 } |\lambda| > K > 1.$$

基于定理的假设, 可知

$$\|(f,g)\| \leqslant C\|(\phi,\psi)\| \quad \text{对于 } C > C_1 \text{ 和 } |\lambda| \leqslant K,$$

这里 C 是常数. 从而, 对于所有位于以 $\det(\Delta(\rho))$ 的零点为圆心, $\varepsilon > 0$ 为半径的圆的外部的 $\rho \in S$, $\lambda = \rho^2$, 我们可得估计 $\|(f,g)\| \leqslant C(1+|\lambda|)\|(\phi,\psi)\|$.

该估计可以延伸到所有其他 ρ 的情况. 这是由于上述的证明仅仅依赖于 (5.19) 中, 满足 (5.20) 的不等式的 $x^4 + 1 = 0$ 的四次方根 ω_i ($i = 1, 2, 3, 4$) 的选取. 这些根 ω_i ($i = 1, 2, 3, 4$) 在其他扇形区域:

$$S_k = \left\{z \in \mathbb{C} \mid \frac{k\pi}{4} \leqslant \arg z \leqslant \frac{(k+1)\pi}{4}\right\}, \quad k = 0, 2, 4,$$

这里的 S_0, S_2 和 S_4 分别对应于 $\lambda = \rho^2$ 在复平面的第一, 第三和第四象限, 总可以选取 ω_i ($i = 1, 2, 3, 4$), 使得满足 (5.20) 的不等式. 定理得证. $\qquad\square$

定理 5.8 设 $k > 0$, $k \neq 1$, $\mathcal{A}_r$ 由 (5.11) 定义. 则算子 $\mathcal{A}_r$ 和 $\mathcal{A}_r^*$ 的根子空间在 $\mathcal{H}_r$ 是完备的: $\text{sp}(\mathcal{A}_r^*) = \text{sp}(\mathcal{A}_r) = \mathcal{H}_r$.

证明 我们仅证明算子 $\mathcal{A}_r$ 的根子空间的完备性, 因为对于算子 $\mathcal{A}_r^*$ 的证明几乎是一样的. 由引理 2.50 可知, $\mathcal{H}_r$ 有如下正交分解:

$$\mathcal{H}_r = \sigma_\infty(\mathcal{A}_r^*) \oplus \text{sp}(\mathcal{A}_r),$$

其中, $\sigma_\infty(\mathcal{A}_r^*)$ 包括所有的 $Y \in \mathcal{H}_r$ 使得 $R(\lambda, \mathcal{A}_r^*)Y$ 是 λ 在整个复平面的解析函数. 因此, $\text{sp}(\mathcal{A}_r) = \mathcal{H}_r$ 当且仅当 $\sigma_\infty(\mathcal{A}_r^*) = \{0\}$.

设 $Y \in \sigma_\infty(\mathcal{A}_r^*)$. 由于 $R(\lambda, \mathcal{A}_r^*)Y$ 是 λ 的解析函数, 它同样是 ρ 的解析函数. 由最大模原理 (或 Phragmén-Lindelöf 定理 (定理 2.19)) 以及 $\|R(\lambda, \mathcal{A}_r^*)\| = \|R(\bar{\lambda}, \mathcal{A}_r)\|$, 定理 5.7 可知

$$\|R(\lambda, \mathcal{A}_r^*)Y\| \leqslant C(1 + |\lambda|)\|Y\|, \quad \forall\, \lambda \in \mathbb{C},$$

这里 $C > 0$ 是常数. 由定理 2.16 可得, $R(\lambda, \mathcal{A}_r^*)Y$ 是关于 λ 的至多 1 阶多项式, i.e.

$$R(\lambda, \mathcal{A}_r^*)Y = Y_0 + \lambda Y_1 \quad \text{对于某些 } Y_0, Y_1 \in \mathcal{H}.$$

因此, $Y = (\lambda - \mathcal{A}_r^*)(Y_0 + \lambda Y_1)$. 由于 $\mathcal{A}_r^*$ 是闭算子, 所以 $Y_1 \in D(\mathcal{A}_r^*)$ 以及 $Y_0 \in D(\mathcal{A}_r^*)$. 因此

$$-\mathcal{A}_r^* Y_0 + \lambda\big(Y_0 - \mathcal{A}_r^* Y_1\big) + \lambda^2 Y_1 = Y, \quad \forall\, \lambda \in \mathbb{C}.$$

从而, $Y_1 = Y_0 = Y = 0$. 定理得证. $\square$

5.1.3　Riesz 基

引理 5.9　设 $\rho_n \omega_1$ 和 $\rho_n \omega_2$ 分别由 (5.29) 和 (5.30) 给定. 则 $\left\{e^{\rho_n \omega_1 x}\right\}_{n=1}^{\infty}$ 和 $\left\{e^{\rho_n \omega_2 x}\right\}_{n=1}^{\infty}$ 都是 $L^2(0,1)$ 的 Bessel 序列.

证明　如果我们在 (2.55) 中选取 $\lambda_n = \rho_n \omega_1$, 则 $\gamma = 0$ 和 $\alpha = -\pi$. 如果我们在 (2.55) 中选取 $\lambda_n = \rho_n \omega_2$, 则 $\gamma = 0$ 和 $\alpha = \pi i$. 由 (5.20) 和定理 2.28 可证明结论成立. 引理得证. $\square$

在定理 5.1 中, 对于 $k > 0$, $k \neq 1$, 不失一般性, 我们设 $\sigma(\mathcal{A}_r) = \sigma(\mathcal{A}_r^*) = \{\lambda_n, \bar{\lambda}_n\}_{n=1}^{\infty}$. 由命题 5.3 和定理 5.1 可知, 存在整数 $N > 0$ 使得所有 $n \geqslant N$ 的本征值 $\lambda_n, \bar{\lambda}_n$ 是代数单的. 对于 $n < N$, 如果每个本征值 λ_n 的代数重数是 m_n, 我们可以找到最高阶的广义本征函数 $\Phi_{n,1}$:

$$\big(\mathcal{A}_r - \lambda_n\big)^{m_n} \Phi_{n,1} = 0 \quad \text{但是} \quad \big(\mathcal{A}_r - \lambda_n\big)^{m_n - 1} \Phi_{n,1} \neq 0.$$

相应于 λ_n 的其他低阶线性独立的广义本征函数可以通过如下过程得到:

$$\Phi_{n,j} = (\mathcal{A}_r - \lambda_n)^{j-1} \Phi_{n,1}, \quad j = 2, 3, \cdots, m_n.$$

设 Φ_n 是算子 $\mathcal{A}_r$ 对应于 λ_n, $n \geqslant N$ 的本征函数. 则

$$\left\{\left\{\big\{\Phi_{n,j}\big\}_{j=1}^{m_n}\right\}_{n<N} \cup \big\{\Phi_n\big\}_{n \geqslant N}\right\} \cup \big\{\text{它们的共轭}\big\}$$

是算子 $\mathcal{A}_r$ 的所有线性独立的广义本征函数. 令

$$\left\{\{\Psi_{n,j}\}_{j=1}^{m_n}\right\}_{n<N} \cup \{\Psi_n\}_{n\geqslant N}$$

是

$$\left\{\{\Phi_{n,j}\}_{j=1}^{m_n}\right\}_{n<N} \cup \{\Phi_n\}_{n\geqslant N}$$

的双正交序列. 则

$$\left\{\left\{\{\Psi_{n,j}\}_{j=1}^{m_n}\right\}_{n<N} \cup \{\Psi_n\}_{n\geqslant N}\right\} \cup \left\{\text{它们的共轭}\right\}$$

是算子 $\mathcal{A}_r^*$ 的所有线性独立的广义本征函数. 这两个序列在 $\mathcal{H}_r$ 是 ω-线性无关的, 由定理 5.8 可知, 它们都在 $\mathcal{H}_r$ 完备.

定理 5.10 设 $\mathcal{A}_r$ 由 (5.11) 定义, $k>0$, $k \neq 1$. 则 $\mathcal{A}_r$ 的广义本征函数构成 $\mathcal{H}_r$ 的 Riesz 基.

证明 从上面的讨论和 Riesz 基的定义可知, 我们仅需证明 $\{\Phi_n\}_{n\geqslant N}$ 和 $\{\Psi_n\}_{n\geqslant N}$ 都是 $\mathcal{H}_r$ 的 Bessel 序列. 由 (5.25) 和 (5.33), 不失一般性, 对于 $n \geqslant N$, 我们设 $\Phi_n = (\phi_n, \lambda_n\phi_n)$ 和 $\Psi_n = (\psi_n, \lambda_n\psi_n)$. 由引理 5.9 和 (5.25) 与 (5.33) 的表达式可知 $\{\phi_n''\}_{n=N}^{\infty}$, $\{\lambda_n\phi_n\}_{n=N}^{\infty}$ 和 $\{\psi_n''\}_{n=N}^{\infty}$, $\{\lambda_n\psi_n\}_{n=N}^{\infty}$ 都是 $L^2(0,1)$ 的 Bessel 序列. 所以 $\{\Phi_n\}_{n\geqslant N}$ 和 $\{\Psi_n\}_{n\geqslant N}$ 同样是 $\mathcal{H}_r$ 的 Bessel 序列. 定理得证. $\square$

基于上述结果, 我们现在证明 $\mathcal{A}_r$ 生成 $\mathcal{H}_r$ 的可微 C_0-半群.

推论 5.11 如果 $k>0$, $k \neq 1$, 则 $\mathcal{A}_r$ 生成 $\mathcal{H}_r$ 的可微 C_0-半群 $e^{\mathcal{A}_r t}$. 所以, $e^{\mathcal{A}_r t}$ 满足谱确定增长条件:

$$S(\mathcal{A}_r) = \omega(\mathcal{A}_r).$$

进一步, $e^{\mathcal{A}_r t}$ 是指数稳定的.

证明 C_0-半群性质可由命题 5.3 和定理 5.10 得到. 确实, 由于

$$\left\{\left\{\{\Phi_{n,j}\}_{j=1}^{m_n}\right\}_{n<N} \cup \{\Phi_n\}_{n\geqslant N}\right\} \cup \left\{\text{它们的共轭}\right\}$$

构成 $\mathcal{H}_r$ 的 Riesz 基, 所以, 对于任意 $Y \in \mathcal{H}_r$,

$$Y = \sum_{n=1}^{N-1}\sum_{j=1}^{m_n} a_{nj}\Phi_{n,j} + \sum_{n=N}^{\infty} a_n\Phi_n + \sum_{n=1}^{N-1}\sum_{j=1}^{m_n} b_{nj}\overline{\Phi_{n,j}} + \sum_{n=N}^{\infty} b_n\overline{\Phi_n}.$$

因此, $e^{\mathcal{A}_r t}$ 可以表示为

$$e^{\mathcal{A}_r t} Y = \sum_{n=1}^{N-1} e^{\lambda_n t} \sum_{j=1}^{m_n} a_{nj} \sum_{i=0}^{m_n-j} \frac{t^i}{i!} \Phi_{n,i} + \sum_{n=N}^{\infty} e^{\lambda_n t} a_n \Phi_n$$

$$+ \sum_{n=1}^{N-1} e^{\overline{\lambda_n} t} \sum_{j=1}^{m_n} b_{nj} \sum_{i=0}^{m_n-j} \frac{t^i}{i!} \overline{\Phi_{n,i}} + \sum_{n=N}^{\infty} e^{\overline{\lambda_n} t} b_n \overline{\Phi_n}. \tag{5.47}$$

半群的可微性由 C_0-半群的生成性质 (定理 1.27) 和命题 5.2 的结论 (ii) 可得. 这同样给出了谱确定增长条件成立. 指数稳定性是命题 5.2 和定理 5.1 的直接结论.
□

我们需要指出: 当 $k = 1$ 时, 系统的 Riesz 基性质和 C_0-半群生成仍然没有解决. 这有点类似于波动方程 (4.4) 在取 $k = 1$ 时导致谱为空集的情况. 对于系统 (5.8), 当 $k = 1$ 时, 我们看到每个本征值的代数重数为 2, 相应的本征函数为 $\{(\phi_n, \lambda_n \phi_n)\}$ 以及广义本征函数 $\{(u_{1n}, v_{1n})\}$ 为

$$\begin{cases} \begin{pmatrix} \phi_n'' \\ \lambda_n \phi_n \end{pmatrix} = \cosh(\rho_n x) \begin{pmatrix} 1 \\ i \end{pmatrix} + \cos(\rho_n x) \begin{pmatrix} 1 \\ -i \end{pmatrix}, \\ \begin{pmatrix} u_{1n} \\ v_{1n} \end{pmatrix} = (x-i)\sinh(\rho_n x) \begin{pmatrix} 1 \\ i \end{pmatrix} - (x+i)\sin(\rho_n x) \begin{pmatrix} 1 \\ -i \end{pmatrix}, \end{cases} \tag{5.48}$$

这里 $\rho_n = (i+1)(n+1/2)\pi$, $n = 0, 1, \cdots$.

最后, 我们给出由 (5.32) 定义的算子 $\mathcal{A}_r^*$ 的相应结果, 算子 $\mathcal{A}_r^*$ 对应于如下系统:

$$\begin{cases} z_{tt}(x,t) + z_{xxxx}(x,t) = 0, \quad 0 \leqslant x \leqslant 1, \ t > 0, \\ z(0,t) = z_x(0,t) = 0, \\ z_{xxx}(1,t) = 0, \\ z_{xx}(1,t) = -k z_t(1,t). \end{cases} \tag{5.49}$$

推论 5.12   设 $\mathcal{A}_r^*$ 由 (5.32) 定义, $k \neq 1$. 则 $\mathcal{A}_r^*$ 生成 $\mathcal{H}_r$ 的可微 C_0-半群, 系统 (5.49) 是 Riesz 谱系统. 并且, 由 $\mathcal{A}_r^*$ 生成的 C_0-半群是指数稳定的.

5.2   柔性机械臂的边界控制

5.2.1   物理模型

我们考虑带有旋转惯量的柔性机械臂, 如图 5.1 所示, 在一个水平面上, 由负载在轴上的柔性梁在马达的驱动下绕着轴心旋转, 其中 $\widetilde{I}_H$ 表示由马达产生的旋

转惯量（忽略重力的影响），"OR" 是水平面上固定的参考位置，"OX" 是切线. 设梁的长度为 ℓ, EI 为 Young 氏模，ρ_m 表示单位质量密度，$\theta(t)$ 表示在时刻 t 的旋转角位移，$w(x,t)$ 是柔性梁在位置 x 和时刻 t 的纵向位移. 这里我们不考虑由弯曲引起梁的变化，并且忽略梁沿着轴向的伸缩量.

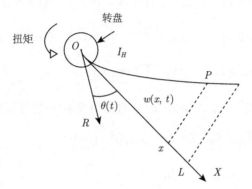

图 5.1 柔性机械臂

定义一个新的变量 $v(x,t)$ 为

$$v(x,t) = w(x,t) + x\theta(t), \tag{5.50}$$

则柔性梁的运动方程可以描述为如下的 Rayleigh 梁方程:

$$
\begin{cases}
\rho_m v_{tt}(x,t) - \rho_m \widetilde{S} v_{ttxx}(x,t) + EI v_{xxxx}(x,t) = 0, & 0 < x < \ell,\ t > 0, \\
v(0,t) = 0, \quad EI v_{xx}(0,t) - \widetilde{I}_H v_{xtt}(0,t) + \widetilde{u}(t) = 0, \\
v_{xx}(\ell,t) = 0, \quad EI v_{xxx}(\ell,t) - \rho_m \widetilde{S} v_{xtt}(\ell,t) = 0,
\end{cases}
\tag{5.51}
$$

其中 $\widetilde{u}(t)$ 是作用系统的控制，$\widetilde{S} = I/A > 0$ 表示与旋转惯量相关的物理参数. 为了简单，采用如下变换:

$$
\begin{cases}
y(x,t) = v\left(\ell x, \sqrt{\dfrac{\rho_m \ell^4}{EI}}\, t\right), \quad I_H = \dfrac{\widetilde{I}_H}{\rho_m \ell^3}, \\
u(t) = \dfrac{\ell^2}{EI} \widetilde{u}\left(\sqrt{\dfrac{\rho_m \ell^4}{EI}}\, t\right), \quad S = \dfrac{\widetilde{S}}{\ell^2}.
\end{cases}
\tag{5.52}
$$

则 $y(x,t)$ 满足如下方程:

$$
\begin{cases}
y_{tt}(x,t) - S y_{ttxx}(x,t) + y_{xxxx}(x,t) = 0, & 0 < x < 1,\ t > 0, \\
y(0,t) = 0, \quad y_{xx}(0,t) - I_H y_{xtt}(0,t) + u(t) = 0, \\
y_{xx}(1,t) = 0, \quad y_{xxx}(1,t) - S y_{xtt}(1,t) = 0.
\end{cases}
\tag{5.53}
$$

设计控制器

$$u(t) = ky_{xxt}(0,t) - \alpha y_{xt}(0,t) - \beta y_x(0,t), \tag{5.54}$$

其中 $\beta > 0$, $k \geqslant 0$ 和 $\alpha \geqslant 0$ 是反馈增益常数, 得到如下闭环系统:

$$\begin{cases} y_{tt}(x,t) - Sy_{ttxx}(x,t) + y_{xxxx}(x,t) = 0, \quad 0 < x < 1, \ t > 0, \\ y(0,t) = 0, \quad y_{xx}(0,t) - I_H y_{xtt}(0,t) + ky_{xxt}(0,t) - \alpha y_{xt}(0,t) - \beta y_x(0,t) = 0, \\ y_{xx}(1,t) = 0, \quad y_{xxx}(1,t) - Sy_{xtt}(1,t) = 0. \end{cases} \tag{5.55}$$

对于系统 (5.55) 的第一个方程在 $[x,1]$ 对空间变量 x 积分得到新的方程

$$\begin{cases} \int_x^1 y_{tt}(\xi,t)d\xi + Sy_{ttx}(x,t) - y_{xxx}(x,t) = 0, \\ y(0,t) = 0, \quad y_{xx}(1,t) = 0, \\ y_{xx}(0,t) - I_H y_{xtt}(0,t) + ky_{xxt}(0,t) - \alpha y_{xt}(0,t) - \beta y_x(0,t) = 0. \end{cases} \tag{5.56}$$

系统 (5.56) 和 (5.55) 是等价的. 注意到方程 (5.56) 没有耗散性, 对于系统的适定性分析与 C_0-半群生成带来理论上的困难.

5.2.2　系统适定性

在 $L^2(0,1)$ 上, 定义一个无界线性算子 A

$$\begin{cases} Af(x) = Sf'(x) + \int_x^1 f(\tau)d\tau, \quad \forall f \in D(A), \\ D(A) = \left\{ f \in H^1(0,1) \big| f(0) = 0 \right\}, \end{cases} \tag{5.57}$$

以及定义两个 Hilbert 空间

$$V = \left\{ f \in H^1(0,1) \big| f(0) = 0 \right\}, \quad \|f\|_V^2 = \int_0^1 \left(|f(x)|^2 + S|f'(x)|^2 \right)dx$$

和

$$W = \left\{ f \in H^2(0,1) \big| f(0) = 0 \right\}, \quad \|f\|_W^2 = \beta|f'(0)|^2 + \int_0^1 |f''(x)|^2 dx.$$

引理 5.13　算子 A 在 $L^2(0,1)$ 可逆, 并且 A^{-1} 为

$$A^{-1}g(x) = -\frac{\int_0^1 g(\tau)\sinh\sqrt{\frac{1}{S}}(1-\tau)d\tau}{S\cosh\sqrt{\frac{1}{S}}}\sinh\sqrt{\frac{1}{S}}x$$

$$+ \frac{1}{S}\int_0^x g(\tau)\cosh\sqrt{\frac{1}{S}}(x-\tau)d\tau, \quad \forall g \in L^2(0,1). \tag{5.58}$$

证明 任取 $g \in H^1(0,1)$, 求解 $Af = g$, 得到

$$Sf'(x) + \int_x^1 f(\tau)d\tau = g(x), \quad f(0) = 0.$$

由于 $g \in H^1(0,1)$, 上式等价于

$$f''(x) - \frac{1}{S}f(x) = \frac{1}{S}g'(x), \quad f(0) = 0, \quad Sf'(1) = g(1).$$

因此可得

$$\begin{aligned}
f(x) &= c\sinh\sqrt{\frac{1}{S}}x + \frac{1}{\sqrt{S}}\int_0^x g'(\tau)\sinh\sqrt{\frac{1}{S}}(x-\tau)d\tau \\
&= \left[c - \frac{1}{\sqrt{S}}g(0)\right]\sinh\sqrt{\frac{1}{S}}x + \frac{1}{S}\int_0^x g(\tau)\cosh\sqrt{\frac{1}{S}}(x-\tau)d\tau, \quad (5.59)
\end{aligned}$$

其中 c 是常数, 由条件 $Sf'(1) = g(1)$ 唯一确定. 为了找到 c, 对 $f(x)$ 取微分, 并且在 $x = 1$ 取值可得

$$Sf'(1) = \sqrt{S}\left[c - \frac{1}{\sqrt{S}}g(0)\right]\cosh\sqrt{\frac{1}{S}} + \frac{1}{\sqrt{S}}\int_0^1 g(\tau)\sinh\sqrt{\frac{1}{S}}(1-\tau)d\tau + g(1).$$

因此

$$c - \frac{1}{\sqrt{S}}g(0) = -\frac{\displaystyle\int_0^1 g(\tau)\sinh\sqrt{\frac{1}{S}}(1-\tau)d\tau}{S\cosh\sqrt{\frac{1}{S}}}.$$

把上式代入 (5.59) 得到 (5.58). 由于 $H^1(0,1)$ 在 $L^2(0,1)$ 上稠密, 由稠密性讨论, 结论对于 $L^2(0,1)$ 也成立. 引理得证. $\qquad\square$

引理 5.14 对任意的 $\varphi \in L^2(0,1)$ 以及 $g \in V$, 有

$$\langle A^{-1}\varphi, g\rangle_V = \int_0^1 \varphi(x)\overline{g'(x)}dx.$$

证明 记 $\psi = A^{-1}\varphi$. 则

$$\begin{aligned}
\langle A^{-1}\varphi, g\rangle_V &= \langle \psi, g\rangle_V = \int_0^1 \psi(x)\overline{g(x)}dx + S\int_0^1 \psi'(x)\overline{g'(x)}dx \\
&= \int_0^1 \psi(x)\overline{g(x)}dx + \int_0^1 (A\psi)(x)\overline{g'(x)}dx - \int_0^1\int_x^1 \psi(\tau)d\tau\overline{g'(x)}dx \\
&= \int_0^1 \psi(x)\overline{g(x)}dx + \int_0^1 \varphi(x)\overline{g'(x)}dx - \int_0^1\int_x^1 \psi(\tau)d\tau\overline{g'(x)}dx
\end{aligned}$$

$$= \int_0^1 \varphi(x)\overline{g'(x)}dx.$$

引理得证.   □

应用算子 A, 系统 (5.56) 可以写成如下形式:

$$\begin{cases} y_{tt} = A^{-1}y_{xxx}, \\ y(0,t) = 0, \quad y_{xx}(1,t) = 0 \\ y_{xx}(0,t) - I_H y_{xtt}(0,t) + k y_{xxt}(0,t) - \alpha y_{xt}(0,t) - \beta y_x(0,t) = 0. \end{cases} \tag{5.60}$$

给定能量状态空间 $\mathcal{H}_f = W \times V \times \mathbb{C}$ 以及相应的内积范数:

$$\|(\phi,\psi,\eta)\|_{\mathcal{H}_f}^2 = \|\phi\|_W^2 + \|\psi\|_V^2 + \frac{1}{I_H}|\eta|^2, \quad \forall\, (\phi,\psi,\eta) \in \mathcal{H}_f,$$

我们在 $\mathcal{H}_f$ 空间上讨论系统 (5.60). 定义线性算子 $\mathcal{A}_f : D(\mathcal{A}_f)\, (\subset \mathcal{H}_f) \to \mathcal{H}_f$:

$$\mathcal{A}_f \begin{pmatrix} \phi \\ \psi \\ \eta \end{pmatrix}^{\mathrm{T}} = \begin{pmatrix} \psi \\ A^{-1}\phi''' \\ \phi''(0) - \beta\phi'(0) \end{pmatrix}^{\mathrm{T}}, \quad \forall\, \begin{pmatrix} \phi \\ \psi \\ \eta \end{pmatrix}^{\mathrm{T}} \in D(\mathcal{A}_f), \tag{5.61}$$

以及

$$D(\mathcal{A}_f) = \Big\{ (\phi,\psi,\eta) \in \big(H^3 \times H^2 \times \mathbb{C}\big) \cap \mathcal{H}_f \,\big|\, \phi''(1)=0, \eta=I_H\psi'(0)-k\phi''(0)+\alpha\phi'(0) \Big\}. \tag{5.62}$$

在 $\mathcal{H}_f$ 上, 系统 (5.60) 等价于如下发展方程

$$\frac{dY(t)}{dt} = \mathcal{A}_f Y(t), \quad Y(0) = Y_0 \in \mathcal{H}_f, \tag{5.63}$$

其中 $Y(t) = \big(y(\cdot,t),\, y_t(\cdot,t),\, I_H y_{xt}(0,t) - k y_{xx}(0,t) + \alpha y_x(0,t)\big)$.

引理 5.15   算子 $\mathcal{A}_f$ 是稠定的, $\mathcal{A}_f^{-1}$ 存在且在 $\mathcal{H}_f$ 上是紧的. 因此 $\mathcal{A}_f$ 的谱 $\sigma(\mathcal{A}_f)$ 仅由孤立的本质值组成.

证明   对任意的 $(f,g,c) \in \mathcal{H}_f$, 求解

$$\mathcal{A}_f \begin{pmatrix} \phi \\ \psi \\ \eta \end{pmatrix}^{\mathrm{T}} = \begin{pmatrix} f \\ g \\ c \end{pmatrix}^{\mathrm{T}}$$

得到 $\psi(x) = f(x)$, $A^{-1}\phi'''(x) = g(x)$, $\phi(0) = 0$, $\phi''(1) = 1$, $\phi''(0) - \beta\phi'(0) = c$. 从而

$$\phi(x) = \int_0^x \int_0^\tau \int_0^\xi (Ag)(\zeta)d\zeta d\xi d\tau + \frac{1}{2}\phi''(0)x^2 + \phi'(0)x,$$

以及

$$\phi''(0) = 1 - \int_0^1 (Ag)(\zeta)d\zeta, \quad \phi'(0) = \frac{1}{\beta}\left(\phi''(0) - c\right).$$

因此, $\mathcal{A}_f^{-1}$ 存在且有界. 根据 Sobolev 嵌入定理, $\mathcal{A}_f^{-1}$ 是紧的. 引理得证. □

由于任意的 $\lambda \in \sigma(\mathcal{A}_f)$ 都是本征值, 所以 $\lambda \in \sigma(\mathcal{A}_f)$ 当且仅当存在非零函数 $\phi(x)$ 满足

$$\begin{cases} \lambda^2\phi(x) - S\lambda^2\phi''(x) + \phi^{(4)}(x) = 0, & 0 < x < 1, \\ \phi(0) = 0, \quad (1+k\lambda)\phi''(0) - I_H\lambda^2\phi'(0) - \alpha\lambda\phi'(0) - \beta\phi'(0) = 0, \\ \phi''(1) = 0, \quad \phi'''(1) - S\lambda^2\phi'(1) = 0. \end{cases} \tag{5.64}$$

引理 5.16 假设

$$\alpha - \beta k > 0, \tag{5.65}$$

则对任意的 $\lambda \in \sigma(\mathcal{A}_f)$ 都有 $\mathrm{Re}(\lambda) < 0$.

证明 不失一般性, 我们考虑 $1 + k\lambda \neq 0$ 的情况. 首先在方程 (5.64) 的第一个表达式两端同乘 ϕ 的共轭 $\overline{\phi}$, 并且在 $[0,1]$ 关于 x 积分, 得到

$$\lambda^2\int_0^1\left[|\phi(x)|^2 + S|\phi'(x)|^2\right]dx + \int_0^1|\phi''(x)|^2dx + \frac{I_H\lambda^2 + \alpha\lambda + \beta}{1+k\lambda}|\phi'(0)|^2 = 0. \tag{5.66}$$

令 $\lambda = \mathrm{Re}(\lambda) + i\mathrm{Im}(\lambda)$, 把表达式 (5.66) 按照实部和虚部分开, 得到

$$0 = \left[(\mathrm{Re}(\lambda))^2 - (\mathrm{Im}(\lambda))^2\right]\int_0^1\left[|\phi(x)|^2 + S|\phi'(x)|^2\right]dx + \int_0^1|\phi''(x)|^2dx$$

$$+ \frac{\left[(\mathrm{Re}(\lambda))^2 - (\mathrm{Im}(\lambda))^2\right]I_H + \beta + \alpha k|\lambda|^2 + \mathrm{Re}(\lambda)\left(kI_H|\lambda|^2 + \alpha + \beta k\right)}{|1+k\lambda|^2}|\phi'(0)|^2 \tag{5.67}$$

和

$$0 = 2(\mathrm{Re}(\lambda))(\mathrm{Im}(\lambda))\int_0^1\left[|\phi(x)|^2 + S|\phi'(x)|^2\right]dx$$

$$+\frac{2\mathrm{Re}(\lambda)\mathrm{Im}(\lambda)I_H + \mathrm{Im}(\lambda)\big(kI_H|\lambda|^2 + \alpha - \beta k\big)}{|1 + k\lambda|^2}|\phi'(0)|^2 = 0. \quad (5.68)$$

如果 $\mathrm{Im}(\lambda) = 0$, 由 (5.67) 可得 $\mathrm{Re}(\lambda) < 0$. 否则, 当 $\mathrm{Im}(\lambda) \neq 0$ 时, 由 (5.68) 和假设 $\alpha - \beta k > 0$ 可推出 $\mathrm{Re}(\lambda) < 0$. 引理得证.   □

引理 5.17   算子 $\mathcal{A}_f$ 的任意本征值 $\lambda \in \sigma(\mathcal{A}_f)$ 都是几何单的.

证明   对于任意的本征值 $\lambda \in \sigma(\mathcal{A}_f)$, 则 $\lambda \neq 0$. 如果有不相关的两个本征函数 ϕ_1, ϕ_2, 使得

$$\mathcal{A}_f\phi_1 = \lambda\phi_1, \quad \mathcal{A}_f\phi_2 = \lambda\phi_2.$$

选取适当的 c_1, c_2, 使得

$$c_1\phi_1'(1) + c_2\phi_2'(1) = 0.$$

令 $f = c_1\phi_1 + c_2\phi_2$. 则 f 也是算子 $\mathcal{A}_f$ 对应于本征值 λ 的本征函数, 且由 (5.64) 可知, f 满足特征方程

$$\begin{cases} \lambda^2\phi(x) - S\lambda^2\phi''(x) + \phi^{(4)}(x) = 0, \quad 0 < x < 1, \\[2mm] \phi(0) = 0, \quad (1 + k\lambda)\phi''(0) - I_H\lambda^2\phi'(0) - \alpha\lambda\phi'(0) - \beta\phi'(0) = 0, \\[2mm] \phi''(1) = 0, \quad \phi'''(1) = \phi'(1) = 0. \end{cases}$$

容易验证, 上述方程仅有零解, $f \equiv 0$. 矛盾! 从而证明算子 $\mathcal{A}_f$ 的任意本征值都是几何单的.   □

5.2.3   本征值的渐近分析

从现在开始, 在本章中, 我们始终假定条件 (5.65) 成立. 为方便, 令

$$\gamma = \frac{1}{\sqrt{S}}, \quad \rho = \sqrt{S}\lambda. \quad (5.69)$$

方程 (5.64) 等价于

$$\begin{cases} \phi^{(4)}(x) = \rho^2\left[\phi''(x) - \gamma^2\phi(x)\right], \quad 0 < x < 1, \\[2mm] U_4(\phi) = \phi(0) = 0, \\[2mm] U_3(\phi) = (1 + k\gamma\rho)\phi''(0) - I_H\gamma^2\rho^2\phi'(0) - \alpha\gamma\rho\phi'(0) - \beta\phi'(0) = 0, \\[2mm] U_2(\phi) = \phi''(1) = 0, \\[2mm] U_1(\phi) = \phi'''(1) - \rho^2\phi'(1) = 0. \end{cases} \quad (5.70)$$

我们开始计算系统 (5.70) 的高频谱的渐近表达式. 根据引理 5.16 以及系统的本征值 λ 关于实轴对称, 我们仅考虑位于上半平面的谱:

$$\mathcal{S} = \left\{ z \in \mathbb{C} \,\middle|\, \frac{\pi}{2} \leqslant \arg z \leqslant \pi \right\}. \tag{5.71}$$

对于扇形区域 $\mathcal{S}$, 定义 -1 的平方根为

$$\omega_1 = e^{i\frac{\pi}{2}} = i, \quad \omega_2 = e^{i\frac{3}{2}\pi} = -i, \tag{5.72}$$

使得

$$\mathrm{Re}(\rho\omega_1) \leqslant \mathrm{Re}(\rho\omega_2), \quad \forall \, \rho \in \mathcal{S}. \tag{5.73}$$

下面给出方程 (5.70) 的渐近基础解系.

引理 5.18　对于任意 $\rho \in \mathcal{S}$ 且 $|\rho|$ 的模充分大, 方程

$$\phi^{(4)}(x) = \rho^2 \left[\phi''(x) - \gamma^2 \phi(x) \right] \tag{5.74}$$

有四个基础解系 $\phi_s(x, \rho)$ $(s = 1, 2, 3, 4)$:

$$\phi_s(x, \rho) = h_s(x) + h_{s1}(x)\rho^{-2} + \mathcal{O}(\rho^{-4}), \quad s = 1, 2, \tag{5.75}$$

以及

$$\phi_3(x, \rho) = e^{\rho x} \left[1 - \frac{1}{2}\gamma^2 x \rho^{-1} + \frac{1}{8}\gamma^4 x^2 \rho^{-2} + \mathcal{O}(\rho^{-3}) \right], \tag{5.76}$$

$$\phi_4(x, \rho) = e^{-\rho x} \left[1 + \frac{1}{2}\gamma^2 x \rho^{-1} + \frac{1}{8}\gamma^4 x^2 \rho^{-2} + \mathcal{O}(\rho^{-3}) \right]. \tag{5.77}$$

这里

$$\begin{cases} h_1(x) = e^{\gamma x}, \quad h_{11}(x) = \dfrac{1}{2}\gamma^3 x e^{\gamma x}, \\[2mm] h_2(x) = e^{-\gamma x}, \quad h_{21}(x) = -\dfrac{1}{2}\gamma^3 x e^{-\gamma x}, \end{cases} \tag{5.78}$$

其中 $h_s(x)$ 和 $h_{s1}(x)$ $(s = 1, 2)$ 满足关系

$$h_{s1}''(x) - \gamma^2 h_{s1}(x) = r^4 h_s(x).$$

并且

$$\begin{cases} D_1 = h_1'(1)h_2'(0) - h_2'(1)h_1'(0) = -\gamma^2(e^\gamma - e^{-\gamma}) = -2\gamma^2 \sinh\gamma, \\[2mm] D_2 = h_1'(1)h_2''(1) - h_2'(1)h_1''(1) = 2\gamma^3, \\[2mm] D_3 = h_1'(1) - h_2'(1) = \gamma e^\gamma + \gamma e^{-\gamma} = 2\gamma \cosh\gamma. \end{cases} \tag{5.79}$$

证明   记 $D(\phi) = N(\phi) - \rho^2 P(\phi)$, 其中

$$N(\phi) = \phi^{(4)}, \quad P(\phi) = \phi'' - \gamma^2 \phi.$$

设 $\widetilde{\phi}_s(x, \rho)$, $s = 1, 2$ 有如下的一般形式:

$$\widetilde{\phi}_s(x, \rho) = h_s(x) + h_{s0}(x)\rho^{-1} + h_{s1}(x)\rho^{-2} + h_{s2}(x)\rho^{-3}, \quad s = 1, 2,$$

其中 $h_1(x)$ 和 $h_2(x)$ 由 (5.78) 给出, 是方程 $P(\phi) = 0$ 的基础解系, 并且满足

$$h_s(0) = h_{sj}(0) = 0, \quad s = 1, 2, \quad j = 0, 1, 2, 3.$$

将 $\widetilde{\phi}_s(x, \rho)$ 代入 $D(\phi)$ 得到

$$
\begin{aligned}
D(\widetilde{\phi}_s(x, \rho)) &= \left(N - \rho^2 P\right)\left(\widetilde{\phi}_s(x, \rho)\right) \\
&= -\rho^2 P(h_s(x)) - \rho P(h_{s0}(x)) - P(h_{s1}(x)) - \rho^{-1} P(h_{s2}(x)) \\
&\quad + N(h_s(x)) + \rho^{-1} N(h_{s0}(x)) + \rho^{-2} N(h_{s1}(x)) + \rho^{-3} N(h_{s2}(x)) \\
&= -\rho P(h_{s0}(x)) + \left[N(h_s(x)) - P(h_{s1}(x))\right] \\
&\quad + \rho^{-1}\left[N(h_{s0}(x)) - P(h_{s2}(x))\right] + \rho^{-2} N(h_{s1}(x)) + \rho^{-3} N(h_{s2}(x)).
\end{aligned}
$$

让 ρ, ρ^0, ρ^{-1} 的系数为零, 可以得到

$$P(h_{s0}(x)) = 0, \quad N(h_s(x)) = P(h_{s1}(x)), \quad N(h_{s0}(x)) = P(h_{s2}(x)).$$

由条件 $h_s(0) = 1$, $h_{sj}(0) = 0$, $s = 1, 2, j = 0, 1, 2$, 我们进一步得到

$$h_{s0}(x) = h_{s2}(x) \equiv 0,$$

以及

$$
\begin{cases}
h_{s1}''(x) - \gamma^2 h_{s1}(x) = N(h_s(x)) = \gamma^4 h_s(x), \\
h_{s1}(0) = 0,
\end{cases}
\tag{5.80}
$$

这里的 $h_{11}(x)$ 和 $h_{21}(x)$ 由 (5.78) 给出. 现在让 $\widetilde{\phi}_3(x, \rho)$ 具有如下一般表达式:

$$\phi_3(x, \rho) = e^{\rho x}\left[h_3(x) + h_{30}(x)\rho^{-1} + h_{31}(x)\rho^{-2}\right].$$

经过计算

$$e^{-\rho x}\widetilde{\phi}_3'(x, \rho) = \rho\left[h_3(x) + h_{30}(x)\rho^{-1} + h_{31}(x)\rho^{-2}\right]$$

$$+\left[h_3'(x)+h_{30}'(x)\rho^{-1}+h_{31}'(x)\rho^{-2}\right],$$

$$e^{-\rho x}\widetilde{\phi}_3''(x,\rho)=\rho^2\left[h_3(x)+h_{30}(x)\rho^{-1}+h_{31}(x)\rho^{-2}\right]$$

$$+2\rho\left[h_3'(x)+h_{30}'(x)\rho^{-1}+h_{31}'(x)\rho^{-2}\right]$$

$$+\left[h_3''(x)+h_{30}''(x)\rho^{-1}+h_{31}''(x)\rho^{-2}\right],$$

$$e^{-\rho x}\widetilde{\phi}_3'''(x,\rho)=\rho^3\left[h_3(x)+h_{30}(x)\rho^{-1}+h_{31}(x)\rho^{-2}\right]$$

$$+3\rho^2\left[h_3'(x)+h_{30}'(x)\rho^{-1}+h_{31}'(x)\rho^{-2}\right]$$

$$+3\rho\left[h_3''(x)+h_{30}''(x)\rho^{-1}+h_{31}''(x)\rho^{-2}\right]$$

$$+\left[h_3'''(x)+h_{30}'''(x)\rho^{-1}+h_{31}'''(x)\rho^{-2}\right],$$

$$e^{-\rho x}\widetilde{\phi}_3''''(x,\rho)=\rho^4\left[h_3(x)+h_{30}(x)\rho^{-1}+h_{31}(x)\rho^{-2}\right]$$

$$+4\rho^3\left[h_3'(x)+h_{30}'(x)\rho^{-1}+h_{31}'(x)\rho^{-2}\right]$$

$$+6\rho^2\left[h_3''(x)+h_{30}''(x)\rho^{-1}+h_{31}''(x)\rho^{-2}\right]$$

$$+4\rho\left[h_3'''(x)+h_{30}'''(x)\rho^{-1}+h_{31}'''(x)\rho^{-2}\right]$$

$$+\left[h_3''''(x)+h_{30}''''(x)\rho^{-1}+h_{31}''''(x)\rho^{-2}\right].$$

因此

$$e^{-\rho x}D(\widetilde{\phi}_3(x,\rho))=e^{-\rho x}\left[\widetilde{\phi}_3''''(x,\rho)-\rho^2\widetilde{\phi}_3''(x,\rho)+\gamma^2\widetilde{\phi}_3(x,\rho)\right]$$

$$=\rho^4\left[h_3(x)+h_{30}(x)\rho^{-1}+h_{31}(x)\rho^{-2}\right]$$

$$+4\rho^3\left[h_3'(x)+h_{30}'(x)\rho^{-1}+h_{31}'(x)\rho^{-2}\right]$$

$$+6\rho^2\left[h_3''(x)+h_{30}''(x)\rho^{-1}+h_{31}''(x)\rho^{-2}\right]$$

$$+4\rho\left[h_3'''(x)+h_{30}'''(x)\rho^{-1}+h_{31}'''(x)\rho^{-2}\right]$$

$$+\left[h_3''''(x)+h_{30}''''(x)\rho^{-1}+h_{31}''''(x)\rho^{-2}\right]$$

$$-\rho^4\left[h_3(x)+h_{30}(x)\rho^{-1}+h_{31}(x)\rho^{-2}\right]$$

$$-2\rho^3\left[h_3'(x)+h_{30}'(x)\rho^{-1}+h_{31}'(x)\rho^{-2}\right]$$

$$-\rho^2\left[h_3''(x)+h_{30}''(x)\rho^{-1}+h_{31}''(x)\rho^{-2}\right]$$

$$+\gamma^2\rho^2\left[h_3(x)+h_{30}(x)\rho^{-1}+h_{31}(x)\rho^{-2}\right]$$

$$=2\rho^3\left[h_3'(x)+h_{30}'(x)\rho^{-1}+h_{31}'(x)\rho^{-2}\right]$$

$$+5\rho^2\left[h_3''(x)+h_{30}''(x)\rho^{-1}+h_{31}''(x)\rho^{-2}\right]$$

$$+4\rho\left[h_3'''(x)+h_{30}'''(x)\rho^{-1}+h_{31}'''(x)\rho^{-2}\right]$$

$$+\gamma^2\rho^2\left[h_3(x)+h_{30}(x)\rho^{-1}+h_{31}(x)\rho^{-2}\right]$$

$$=2\rho^3h_3'(x)+\rho^2\left[2h_{30}'(x)+5h_3''(x)+\gamma^2h_3(x)\right]$$

$$+\rho\left[2h_{31}'(x)+5h_{30}''(x)+4h_3'''(x)+\gamma^2h_{30}(x)\right]$$

$$+\left[5h_{31}''(x)+4h_{30}'''(x)+h_3''''(x)+\gamma^2h_{31}(x)\right]$$

$$+\rho^{-1}\left[4h_{31}'''(x)+h_{30}''''(x)\right]+\rho^{-2}h_{31}''''(x).$$

令 ρ^3,ρ^2,ρ 的系数为零, 可以推出

$$h_3'(x)=0,\quad h_3(0)=1,$$

$$2h_{30}'(x)+5h_3''(x)+\gamma^2h_3(x)=0,\quad h_{30}(0)=0,$$

以及

$$2h_{31}'(x)+5h_{30}''(x)+4h_3'''(x)+\gamma^2h_{30}(x)=0,\quad h_{31}(0)=0.$$

从而得到唯一解:

$$h_3(x)=1,\quad h_{30}(x)=-\frac{1}{2}\gamma^2x,\quad h_{31}(x)=\frac{1}{8}\gamma^2x^2,$$

以及

$$\widetilde{\phi}_3(x,\rho)=e^{\rho x}\left(1-\frac{1}{2}\gamma^2x\rho^{-1}+\frac{1}{8}\gamma^4x^2\rho^{-2}\right).$$

同样的讨论可以得到

$$\widetilde{\phi}_4(x,\rho)=e^{-\rho x}\left(1+\frac{1}{2}\gamma^2x\rho^{-1}+\frac{1}{8}\gamma^4x^2\rho^{-2}\right).$$

最后, 我们得到方程 (5.74) 的四个渐近基础解系 (5.75)—(5.77):

$$\begin{cases} \phi_s(x,\rho)=\widetilde{\phi}_s(x,\rho)+\mathcal{O}(\rho^{-4}),\quad s=1,2,\\ \phi_s(x,\rho)=\widetilde{\phi}_s(x,\rho)+\mathcal{O}(\rho^{-3}),\quad s=3,4. \end{cases}$$

引理得证.   □

记 $[a]_3=a+\mathcal{O}(\rho^{-3})$. 将 (5.75)—(5.77) 代入方程 (5.70) 的边界条件, 得到如下引理.

引理 5.19 设 $U_i, i = 1, 2, 3, 4$ 由 (5.70) 给定. 则

$$U_1(\phi_s) = \phi_s'''(1, \rho) - \rho^2 \phi_s'(1, \rho)$$

$$= \begin{cases} -\rho^2 \left[h_s'(1) + (h_{s1}'(1) - h_s'''(1))\rho^{-2} + \mathcal{O}(\rho^{-4}) \right], & s = 1, 2, \\ \rho^3 e^\rho \left[-\gamma^2 \rho^{-2} + \mathcal{O}(\rho^{-3}) \right], & s = 3, \\ \rho^3 e^{-\rho} \left[\gamma^2 \rho^{-2} + \mathcal{O}(\rho^{-3}) \right], & s = 4 \end{cases}$$

$$= \begin{cases} -\rho^2 \left[h_s'(1) + (h_{s1}'(1) - h_s'''(1))\rho^{-2} \right]_3, & s = 1, 2, \\ \rho^3 e^\rho \left[-\gamma^2 \rho^{-2} \right]_3, & s = 3, \\ \rho^3 e^{-\rho} \left[\gamma^2 \rho^{-2} \right]_3, & s = 4; \end{cases} \tag{5.81}$$

$$U_2(\phi_s) = \phi_s''(1, \rho)$$

$$= \begin{cases} h_s''(1) + h_{s1}''(1)\rho^{-2} + \mathcal{O}(\rho^{-4}), & s = 1, 2, \\ \rho^2 e^\rho \left[1 - \dfrac{1}{2}\gamma^2 \rho^{-1} + \left(\dfrac{1}{8}\gamma^4 - \gamma^2 \right) \rho^{-2} + \mathcal{O}(\rho^{-3}) \right], & s = 3, \\ \rho^2 e^{-\rho} \left[1 + \dfrac{1}{2}\gamma^2 \rho^{-1} + \left(\dfrac{1}{8}\gamma^4 - \gamma^2 \right) \rho^{-2} + \mathcal{O}(\rho^{-3}) \right], & s = 4 \end{cases}$$

$$= \begin{cases} \left[h_s''(1) + h_{s1}''(1)\rho^{-2} \right]_3, & s = 1, 2, \\ \rho^2 e^\rho \left[1 - \dfrac{1}{2}\gamma^2 \rho^{-1} + E_0 \rho^{-2} \right]_3, & s = 3, \\ \rho^2 e^{-\rho} \left[1 + \dfrac{1}{2}\gamma^2 \rho^{-1} + E_0 \rho^{-2} \right]_3, & s = 4; \end{cases} \tag{5.82}$$

$$U_3(\phi_s) = (1 + k\gamma\rho)\phi_s''(0, \rho) - (I_H \gamma^2 \rho^2 + \alpha\gamma\rho + \beta)\phi_s'(0, \rho)$$

$$= \begin{cases} \rho^2 \left[-I_H \gamma^2 h_s'(0) + (k\gamma h_s''(0) - \alpha\gamma h_s'(0)) \rho^{-1} \right. \\ \left. + (h_s''(0) - I_H \gamma^2 h_{s1}'(0) - \beta h_s'(0))\rho^{-2} + \mathcal{O}(\rho^{-3}) \right], & s = 1, 2, \\ \rho^3 \left[k\gamma + (-1)^s I_H \gamma^2 + (1 + (-1)^s \alpha\gamma)\rho^{-1} \right. \\ \left. + \left((-1)^{s-1} \dfrac{1}{2} I_H \gamma^4 - k\gamma^3 \right) \rho^{-2} + \mathcal{O}(\rho^{-3}) \right], & s = 3, 4 \end{cases}$$

$$= \begin{cases} \rho^2 \Big[-I_H \gamma^2 h'_s(0) + \gamma D_{s+3}\rho^{-1} + E_s \rho^{-2} \Big]_3, & s = 1, 2, \\ \rho^3 \left[E_s + E_{s+2}\rho^{-1} + E_{s+4}\rho^{-2} \right]_3, & s = 3, 4; \end{cases} \tag{5.83}$$

$$U_4(\phi_s) = \phi_s(0, \rho) = 1 + \mathcal{O}(\rho^{-3}) = [1]_3, \quad s = 1, 2, 3, 4, \tag{5.84}$$

其中

$$D_4 = kh''_1(0) - \alpha h'_1(0) = k\gamma^2 - \alpha\gamma, \quad D_5 = kh''_2(0) - \alpha h'_2(0) = k\gamma^2 + \alpha\gamma,$$

$$E_0 = \left(\frac{1}{8}\gamma^4 - \gamma^2 \right), \quad E_1 = h''_1(0) - I_H \gamma^2 h'_{11}(0) - \beta h'_1(0) = \gamma^2 - \frac{1}{2}I_H \gamma^5 - \beta\gamma,$$

$$E_2 = h''_2(0) - I_H \gamma^2 h'_{21}(0) - \beta h'_2(0) = \gamma^2 + \frac{1}{2}I_H \gamma^5 + \beta\gamma, \quad E_3 = k\gamma - I_H \gamma^2,$$

$$E_4 = k\gamma + I_H \gamma^2, \quad E_5 = 1 - \alpha\gamma, \quad E_6 = 1 + \alpha\gamma,$$

$$E_7 = \frac{1}{2}I_H \gamma^4 - k\gamma^3, \quad E_8 = -\frac{1}{2}I_H \gamma^4 - k\gamma^3. \tag{5.85}$$

显然, $0 \neq \lambda \in \sigma(\mathcal{A}_f)$ 当且仅当特征行列式 $\det(\Delta(\rho)) = 0$, 这里

$$\Delta(\rho) = \begin{pmatrix} U_4(\phi_1) & U_4(\phi_2) & U_4(\phi_3) & U_4(\phi_4) \\ U_3(\phi_1) & U_3(\phi_2) & U_3(\phi_3) & U_3(\phi_4) \\ U_2(\phi_1) & U_2(\phi_2) & U_2(\phi_3) & U_2(\phi_4) \\ U_1(\phi_1) & U_1(\phi_2) & U_1(\phi_3) & U_1(\phi_4) \end{pmatrix}. \tag{5.86}$$

把 (5.81)—(5.84) 代入到特征行列式可以得到

$$\det(\Delta(\rho)) = \det(\Delta_1(\rho), \ \Delta_2(\rho), \ \Delta_3(\rho), \ \Delta_4(\rho)),$$

其中

$$\Delta_1(\rho) = \begin{pmatrix} [1]_3 \\ \rho^2[-I_H \gamma^2 h'_1(0) + \gamma D_4 \rho^{-1} + E_1 \rho^{-2}]_3 \\ [h''_1(1) + h''_{11}(1)\rho^{-2}]_3 \\ -\rho^2[h'_1(1) + (h'_{11}(1) - h'''_1(1))\rho^{-2}]_3 \end{pmatrix},$$

$$\Delta_2(\rho) = \begin{pmatrix} [1]_3 \\ \rho^2[-I_H \gamma^2 h'_2(0) + \gamma D_5 \rho^{-1} + E_2 \rho^{-2}]_3 \\ [h''_2(1) + h''_{21}(1)\rho^{-2}]_3 \\ -\rho^2[h'_2(1) + (h'_{21}(1) - h'''_2(1))\rho^{-2}]_3 \end{pmatrix},$$

$$\Delta_3(\rho) = \begin{pmatrix} [1]_3 \\ \rho^3 \left[E_3 + E_5\rho^{-1} + E_7\rho^{-2} \right]_3 \\ \rho^2 e^{\rho} \left[1 - \dfrac{1}{2}\gamma^2\rho^{-1} + E_0\rho^{-2} \right]_3 \\ \rho^3 e^{\rho}[-\gamma^2\rho^{-2}]_3 \end{pmatrix},$$

以及

$$\Delta_4(\rho) = \begin{pmatrix} [1]_3 \\ \rho^3 \left[E_4 + E_6\rho^{-1} + E_8\rho^{-2} \right]_3 \\ \rho^2 e^{-\rho} \left[1 + \dfrac{1}{2}\gamma^2\rho^{-1} + E_0\rho^{-2} \right]_3 \\ \rho^3 e^{\rho}[-\gamma^2\rho^{-2}]_3 \end{pmatrix}.$$

经过计算

$$\det\left(\Delta(\rho)\right) = \rho^7 \Big\{ D_3 \left[E_3 e^{-\rho} - E_4 e^{\rho} \right] + \rho^{-1} \left[D_6 e^{-\rho} - D_7 e^{\rho} \right]$$
$$+ \rho^{-2} \left[E_9 e^{-\rho} + E_{10} + E_{11} e^{\rho} \right] + \mathcal{O}(\rho^{-3}) \Big\},$$

其中

$$D_6 = D_3\Big(\frac{1}{2}\gamma^3(k - I_H\gamma) + (1 - \alpha\gamma)\Big) + I_H\gamma^2 D_1,$$

$$D_7 = D_3\Big((1 + \alpha\gamma) - \frac{1}{2}\gamma^3(k + I_H\gamma)\Big) + I_H\gamma^2 D_1,$$

$$E_9 = D_3\Big(E_3 E_0 + E_7 + \frac{1}{2}\gamma^2 E_5\Big) - \frac{1}{2}\gamma^2(D_1 + D_3)E_3$$

$$+ \frac{1}{2}I_H D_1 \gamma^4 - k\gamma^3 D_3 - \alpha D_1 \gamma, \tag{5.87}$$

$$E_{10} = 4I_H\gamma^3,$$

$$E_{11} = D_3\Big(-E_3 E_0 - E_7 + \frac{1}{2}\gamma^2 E_5 + I_H\gamma^4 - 2I_H\gamma^2 E_0 + \alpha\gamma^3\Big)$$

$$+ \frac{1}{2}\gamma^2(D_1 + D_3)E_4 + \frac{1}{2}I_H D_1 \gamma^4 + k\gamma^3 D_3 + \alpha D_1 \gamma.$$

定理 5.20 在扇形区域 $\mathcal{S}$ 上, 本征值问题 (5.70) 的特征行列式 $\det\left(\Delta(\rho)\right)$
有渐近表达式

$$\det\left(\Delta(\rho)\right) = \rho^7 \Big\{ 2\gamma^2(\cosh\gamma)\left[(k - \gamma I_H)e^{-\rho} - (k + \gamma I_H)e^{\rho}\right] + \rho^{-1}\left[D_6 e^{-\rho} - D_7 e^{\rho}\right]$$

$$+\rho^{-2}\left[E_9 e^{-\rho} + E_{10} + E_{11} e^{\rho}\right] + \mathcal{O}(\rho^{-3})\Big\},\tag{5.88}$$

其中 D_6, D_7, E_9, E_{10} 以及 E_{11} 由 (5.87) 给出. 当 $k \neq \gamma I_H$ 时, 我们得到本征值 $\{\lambda_n, \overline{\lambda_n}\}$ 的渐近表达式

$$\lambda_n = \frac{1}{2}\gamma\xi + n\gamma\pi i + \frac{\gamma D_8}{\frac{1}{2}\xi + n\pi i} + \gamma\frac{D_9 + D_{10} + D_{11} e^{\frac{1}{2}\xi + n\pi i}}{\left(\frac{1}{2}\xi + n\pi i\right)^2} + \mathcal{O}(n^{-3}), \quad n \to \infty.\tag{5.89}$$

这里 $n \in \mathbb{N}$, $\gamma = \dfrac{1}{\sqrt{S}}$ 由 (5.69) 给出

$$\xi = \begin{cases} \ln\dfrac{k - \gamma I_H}{k + \gamma I_H}, & k > \gamma I_H, \\[3mm] \ln\dfrac{\gamma I_H - k}{k + \gamma I_H} + \pi i, & k < \gamma I_H, \end{cases}\tag{5.90}$$

$$\begin{aligned} D_8 &= \frac{1}{2}\gamma^2 + \frac{I_H - k\alpha}{k^2 - \gamma^2 I_H^2} - \frac{\gamma^3 I_H^2 \sinh\gamma}{\cosh\gamma(k^2 - \gamma^2 I_H^2)}, \\[2mm] D_9 &= -\frac{1}{4\gamma^2 D_3^2}\left(\frac{D_6^2}{(k - \gamma I_H)^2} - \frac{D_7^2}{(k + \gamma I_H)^2}\right), \\[2mm] D_{10} &= \frac{1}{2\gamma D_3}\left(\frac{E_9}{k - \gamma I_H} + \frac{E_{11}}{k + \gamma I_H}\right), \quad D_{11} = \frac{1}{2\gamma D_3}\frac{E_{10}}{k - \gamma I_H}, \end{aligned}\tag{5.91}$$

以及 $D_6, D_7, E_9, E_{10}, E_{11}$ 在 (5.87) 给出. 显然, 当 $k \neq \gamma I_H$ 时,

$$\mathrm{Re}\{\lambda_n, \overline{\lambda_n}\} = \frac{1}{2}\gamma\mathrm{Re}(\xi) + \frac{\gamma D_8}{\left|\frac{1}{2}\xi + n\pi i\right|^2}\frac{1}{2}\mathrm{Re}(\xi)$$

$$+\gamma\frac{\left(D_9 + D_{10} + D_{11} e^{(1/2)\xi}(-1)^n\right)\left(\frac{1}{4}(\mathrm{Re}(\xi))^2 - n^2\pi^2\right)}{\left|\frac{1}{2}\xi + n\pi i\right|^4} + \mathcal{O}(n^{-3}),\tag{5.92}$$

因此

$$\mathrm{Re}\{\lambda_n, \overline{\lambda_n}\} \to \frac{1}{2}\gamma\mathrm{Re}(\xi) = \frac{1}{2}\gamma\ln\left|\frac{k - \gamma I_H}{k + \gamma I_H}\right|, \quad n \to \infty.\tag{5.93}$$

当 $k = \gamma I_H$ 时, 从 (5.88) 可以看出系统至多有有限多个本征值. 这是因为 $\det\left(\Delta(\rho)\right)$ 是一个解析函数, 并且当 $|\rho|$ 充分大时, $\det\left(\Delta(\rho)\right) \neq 0$.

证明　根据 (5.88), ρ 在扇形区域 $\mathcal{S}$ 上满足方程

$$\gamma D_3\Big[(k-\gamma I_H)e^{-\rho}-(k+\gamma I_H)e^\rho\Big]+\rho^{-1}\Big[D_6 e^{-\rho}-D_7 e^\rho\Big]$$
$$+\rho^{-2}\Big[E_9 e^{-\rho}+E_{10}+E_{11}e^\rho\Big]+\mathcal{O}(\rho^{-3})=0, \qquad (5.94)$$

从而

$$\Big[(k-\gamma I_H)e^{-\rho}-(k+\gamma I_H)e^\rho\Big]+\mathcal{O}(\rho^{-1})=0. \qquad (5.95)$$

因为

$$(k-\gamma I_H)e^{-\rho}-(k+\gamma I_H)e^\rho=0$$

有零点

$$\tilde{\rho}_n=\frac{1}{2}\xi+n\pi i,\quad n\in\mathbb{N}, \qquad (5.96)$$

其中 ξ 由 (5.90) 给出. 应用 Rouché's 定理, 当 n 充分大时, 得到方程 (5.95) 的渐近零点

$$\rho_n=\tilde{\rho}_n+\alpha_n=\frac{1}{2}\xi+n\pi i+\mathcal{O}(n^{-1}),\quad \alpha_n=\mathcal{O}(n^{-1}). \qquad (5.97)$$

把 $\rho=\rho_n$ 代入 (5.94), 利用等式

$$(k-\gamma I_H)e^{-\tilde{\rho}_n}=(k+\gamma I_H)e^{\tilde{\rho}_n},$$

可以得到

$$\gamma D_3\left[e^{-\alpha_n}-e^{\alpha_n}\right]+\rho_n^{-1}\left[\frac{D_6}{k-\gamma I_H}e^{-\alpha_n}-\frac{D_7}{k+\gamma I_H}e^{\alpha_n}\right]$$
$$+\rho_n^{-2}\left[\frac{E_9}{k-\gamma I_H}e^{-\alpha_n}+\frac{E_{10}}{k-\gamma I_H}e^{\tilde{\rho}_n}+\frac{E_{11}}{k+\gamma I_H}e^{\alpha_n}\right]+\mathcal{O}(\rho_n^{-3})=0.$$

应用 Taylor 展式, 进一步得到

$$\alpha_n=\frac{1}{2\tilde{\rho}_n\gamma D_3}\left(\frac{D_6}{k-\gamma I_H}-\frac{D_7}{k+\gamma I_H}\right)-\frac{1}{4\tilde{\rho}_n^2\gamma^2 D_3^2}\left(\frac{D_6^2}{(k-\gamma I_H)^2}-\frac{D_7^2}{(k+\gamma I_H)^2}\right)$$
$$+\frac{1}{2\tilde{\rho}_n^2\gamma D_3}\left(\frac{E_9}{k-\gamma I_H}+\frac{E_{10}}{k-\gamma I_H}e^{\tilde{\rho}_n}+\frac{E_{11}}{k+\gamma I_H}\right)+\mathcal{O}(n^{-3}).$$

由于

$$\frac{1}{2\gamma D_3}\left(\frac{D_7}{k-\gamma I_H}-\frac{D_8}{k+\gamma I_H}\right)=\frac{1}{2}\gamma^2+\frac{I_H-k\alpha}{k^2-\gamma^2 I_H^2}-\frac{\gamma^3 I_H^2\sinh\gamma}{\cosh\gamma(k^2-\gamma^2 I_H^2)}=D_8,$$

简化后, 有

$$\rho_n = \frac{1}{2}\xi + n\pi i + \frac{D_8}{\frac{1}{2}\xi + n\pi i} + \frac{D_9 + D_{10} + D_{11}e^{\frac{1}{2}\xi + n\pi i}}{\left(\frac{1}{2}\xi + n\pi i\right)^2} + \mathcal{O}(n^{-3}). \qquad (5.98)$$

最后应用 $\lambda_n = \gamma\rho_n$, 可得到 (5.69). 定理得证.　　　　　　　　　　□

定理 5.21　设 $k \neq \gamma I_H$. 记 $\sigma(\mathcal{A}_f) = \{\lambda_n, \overline{\lambda}_n\}$ 是算子 $\mathcal{A}_f$ 的谱, 其中 $\lambda_n = \gamma\rho_n$, 且 λ_n 和 ρ_n 由 (5.89) 和 (5.98) 分别给定. 当 n 充分大时, 相应的本征函数 $\{(\phi_n, \lambda_n\phi_n, \eta_n), (\overline{\phi}_n, \overline{\lambda}_n\overline{\phi}_n, \overline{\eta}_n)\}$ 有如下渐近表达式:

$$\begin{cases} \lambda_n\phi_n'(x) = \gamma(1 + e^{2\gamma})e^{\rho_n x} + \gamma(1 + e^{2\gamma})e^{\rho_n}e^{\rho_n(1-x)} + \mathcal{O}(n^{-1}), \\ \phi_n''(x) = (1 + e^{2\gamma})e^{\rho_n x} - (1 + e^{2\gamma})e^{\rho_n}e^{\rho_n(1-x)} + \mathcal{O}(n^{-1}), \\ \eta_n = \mathcal{O}(n^{-1}). \end{cases} \qquad (5.99)$$

并且 $(\phi_n, \lambda_n\phi_n, \eta_n)$ 在 $\mathcal{H}_f$ 上近似单位化, 即存在不依赖于 n 的正数 c_1, c_2, 使得

$$c_1 \leqslant \left\|\phi_n''\right\|_{L^2(0,1)}, \ \left\|\lambda_n\phi_n'\right\|_{L^2(0,1)}, \ |\eta_n| \leqslant c_2, \quad n \to \infty. \qquad (5.100)$$

证明　根据 (5.95),

$$\eta_n = I_H\lambda_n\phi_n'(0) - k\phi_n''(0) + \mathcal{O}(n^{-1})$$

$$= (1 + e^{2\gamma})e^{\rho_n}\left[(k + I_H\gamma)e^{\rho_n} - (k - \gamma I_H)e^{-\rho_n}\right] + \mathcal{O}(n^{-1}) = \mathcal{O}(n^{-1}),$$

所以, 我们仅需证明 (5.99) 前两个表达式.

根据 (5.70), 引理 5.19, 对应于本征值 $\lambda = \gamma\rho$, ϕ 有表达式

$$\phi(x, \rho) = e^\gamma \rho^{-4} \begin{vmatrix} U_4(\phi_1) & U_4(\phi_2) & U_4(\phi_3) & U_4(\phi_4)e^\rho \\ U_2(\phi_1) & U_2(\phi_2) & U_2(\phi_3) & U_2(\phi_4)e^\rho \\ U_1(\phi_1) & U_1(\phi_2) & U_1(\phi_3) & U_1(\phi_4)e^\rho \\ \phi_1(x,\rho) & \phi_2(x,\rho) & \phi_3(x,\rho) & \phi_4(x,\rho)e^\rho \end{vmatrix}$$

$$= e^\gamma \begin{vmatrix} 1 & 1 & 1 & e^\rho \\ 0 & 0 & e^\rho & 1 \\ -\gamma e^\gamma & \gamma e^{-\gamma} & 0 & 0 \\ e^{\gamma x} & e^{-\gamma x} & e^{\rho x} & e^{\rho(1-x)} \end{vmatrix} + \mathcal{O}(\rho^{-1})$$

$$= \gamma \begin{vmatrix} 1 & e^{\gamma} & 1 & e^{\rho} \\ 0 & 0 & e^{\rho} & 1 \\ -e^{\gamma} & 1 & 0 & 0 \\ e^{\gamma x} & e^{\gamma(1-x)} & e^{\rho x} & e^{\rho(1-x)} \end{vmatrix} + \mathcal{O}(\rho^{-1}).$$

从 (5.95), 可以得出

$$\gamma^{-1}\phi(x,\rho) = -\left[1 - \frac{k - \gamma I_H}{k + \gamma I_H}\right]e^{\gamma x} - \left[1 - \frac{k - \gamma I_H}{k + \gamma I_H}\right]e^{\gamma}e^{\gamma(1-x)}$$
$$+ (1 + e^{2\gamma})e^{\rho x} - (1 + e^{2\gamma})e^{\rho}e^{\rho(1-x)} + \mathcal{O}(\rho^{-1}). \qquad (5.101)$$

类似地, 有

$$\rho^{-1}\phi'(x,\rho) = e^{\gamma + \rho} \begin{vmatrix} 1 & 1 & 1 & 1 \\ 0 & 0 & e^{\rho} & e^{-\rho} \\ -\gamma e^{\gamma} & \gamma e^{-\gamma} & 0 & 0 \\ 0 & 0 & e^{\rho x} & -e^{-\rho x} \end{vmatrix} + \mathcal{O}(\rho^{-1})$$

和

$$\rho^{-2}\phi''(x,\rho) = e^{\gamma + \rho} \begin{vmatrix} 1 & 1 & 1 & 1 \\ 0 & 0 & e^{\rho} & e^{-\rho} \\ -\gamma e^{\gamma} & \gamma e^{-\gamma} & 0 & 0 \\ 0 & 0 & e^{\rho x} & e^{-\rho x} \end{vmatrix} + \mathcal{O}(\rho^{-1}),$$

从而

$$\rho^{-1}(1 + e^{2\gamma})^{-1}\gamma^{-1}\phi'(x,\rho) = e^{\rho x} + e^{\rho}e^{\rho(1-x)} + \mathcal{O}(\rho^{-1}), \qquad (5.102)$$

以及

$$\rho^{-2}(1 + e^{2\gamma})^{-1}\gamma^{-1}\phi''(x,\rho) = e^{\rho x} - e^{\rho}e^{\rho(1-x)} + \mathcal{O}(\rho^{-1}). \qquad (5.103)$$

令

$$\phi_n(x) = \rho_n^{-2}\gamma^{-1}\phi(x,\rho_n),$$

从 (5.101)—(5.103) 可以得到表达式 (5.99). 最后, 根据 (5.98),

$$\left\|e^{\rho_n x}\right\|_{L^2(0,1)}^2 = \frac{1}{|\xi|}(e^{|\xi|} - 1) + \mathcal{O}(n^{-1}), \quad \left\|e^{\rho_n(1-x)}\right\|_{L^2(0,1)}^2 = \frac{1}{|\xi|}(e^{|\xi|} - 1) + \mathcal{O}(n^{-1}).$$

结合 (5.99) 可以得到估计 (5.100). 定理得证. □

另外, $\mathcal{A}_f$ 的伴随算子 $\mathcal{A}_f^*$ 也有类似的结论, 这里

$$
\left\{
\begin{aligned}
&\mathcal{A}_f^*\begin{pmatrix}f\\g\\z\end{pmatrix}^{\mathrm{T}}=\begin{pmatrix}-g+\dfrac{1}{I_H}\left[k-\dfrac{\alpha}{\beta}\right]\left[\beta f'(0)-f''(0)\right]x\\[2mm]-A^{-1}f'''\\[2mm]\beta f'(0)-f''(0)\end{pmatrix}^{\mathrm{T}},\quad\forall\begin{pmatrix}f\\g\\z\end{pmatrix}^{\mathrm{T}}\in\mathcal{D}(\mathcal{A}_f^*),\\[4mm]
&D(\mathcal{A}_f^*)=\left\{(f,g,z)\in\left(H^3\times H^2\times\mathbb{C}\right)\cap\mathcal{H}_f\ \middle|\ \begin{array}{l}f''(1)=0,\\z=I_Hg'(0)-k[\beta f'(0)-f''(0)]\end{array}\right\}.
\end{aligned}
\right.
$$
$$(5.104)$$

结论　① 由于 $\mathcal{A}_f$ 是离散算子, 所以 $\mathcal{A}_f^*$ 也是离散算子; ② 由于 $\mathcal{A}_f$ 的本征值关于实轴对称, 所以 $\mathcal{A}_f^*$ 和 $\mathcal{A}_f$ 有相同的本征值和相应的代数重数; ③ 类似于定理 5.21, $\mathcal{A}_f^*$ 的本征函数用下面的定理来描述.

定理 5.22　设 $k\neq\gamma I_H$. 记 $\sigma(\mathcal{A}_f^*)=\{\lambda_n,\overline{\lambda}_n\}$ 为 $\mathcal{A}_f^*$ 的谱, 这里 $\lambda_n=\gamma\rho_n$, 且 λ_n 和 ρ_n 由 (5.89) 和 (5.98) 分别给出. 则对于 n 充分大, 相应的本征函数

$$\left\{(\psi_n,\lambda_n\psi_n,\xi_n),\ (\overline{\psi_n},\overline{\lambda}_n\overline{\psi}_n,\overline{\xi}_n)\right\}$$

有渐近表达式:

$$
\left\{
\begin{aligned}
&\lambda_n\psi_n'(x)=\gamma(1+e^{2\gamma})e^{\rho_nx}+\gamma(1+e^{2\gamma})e^{\rho_n}e^{\rho_n(1-x)}+\mathcal{O}(1),\\
&\psi_n''(x)=(1+e^{2\gamma})e^{\rho_nx}-(1+e^{2\gamma})e^{\rho_n}e^{\rho_n(1-x)}+\mathcal{O}(n^{-1}),\\
&\xi_n=\mathcal{O}(n^{-1}).
\end{aligned}
\right.
$$
$$(5.105)$$

并且, $(\psi_n,\lambda_n\psi_n,\xi_n)$ 在 $\mathcal{H}_f$ 上是近似单位化的.

5.2.4　根子空间的完备性

定理 5.23　设 $k\neq\gamma I_H$, 算子 $\mathcal{A}_f$ 由 (5.61) 和 (5.62) 给出, 集合 $\{\lambda_n,n\in\mathbb{J}\}$ 表示 $\mathcal{A}_f$ 的所有本征值, 其中 $\mathbb{J}$ 是自然数集合的一个子集. 令 $\delta>0$. 则存在正数 $M>0$ 使得对于 $\lambda\in\rho(\mathcal{A}_f)$, $n\in\mathbb{J}$, 当满足 $|\lambda-\lambda_n|>\delta$ 时, 有如下估计式成立

$$\|R(\lambda,\mathcal{A}_f)\|\leqslant M\left(1+|\lambda|^3\right),\tag{5.106}$$

其中 M 不依赖于 λ.

证明 取 $\lambda \in \rho(\mathcal{A}_f)$ 和 $(f,g,c) \in \mathcal{H}_f$, 求解预解方程

$$(\lambda I - \mathcal{A}_f)\begin{pmatrix} \phi \\ \psi \\ \eta \end{pmatrix}^{\mathrm{T}} = \begin{pmatrix} f \\ g \\ c \end{pmatrix}^{\mathrm{T}},$$

得到

$$\begin{cases} \lambda\phi - \psi = f, \quad \lambda\psi - A^{-1}\phi''' = g, \\ \eta = I_H\psi'(0) - k\phi''(0) + \alpha\phi'(0), \\ \lambda\eta - [\phi''(0) - \beta\phi'(0)] = c. \end{cases}$$

从而 $\psi = \lambda\phi - f$ 且 $\phi(x)$ 满足方程

$$\begin{cases} A^{-1}\phi''' = \lambda^2\phi - \lambda f - g, \\ \phi''(0) - \lambda^2 I_H\phi'(0) + \lambda k\phi''(0) - \lambda\alpha\phi'(0) - \beta\phi'(0) + \lambda I_H f'(0) + c = 0 \end{cases}$$

等价于求解方程

$$\begin{cases} \phi^{(4)}(x) - S\lambda^2\phi''(x) + \lambda^2\phi(x) = F(x,\lambda), \\ \phi(0) = 0, \quad \phi''(0) - \lambda^2 I_H\phi'(0) + \lambda k\phi''(0) - \lambda\alpha\phi'(0) - \beta\phi'(0) = F_1(\lambda), \\ \phi''(1) = 0, \quad \phi'''(1) - S\lambda^2\phi'(1) = F_2(\lambda), \end{cases} \tag{5.107}$$

其中

$$\begin{cases} F(x,\lambda) = -S\lambda f''(x) - Sg''(x) + \lambda f(x) + g(x), \\ F_1(\lambda) = -\lambda I_H f'(0) - c, \\ F_2(\lambda) = -S\lambda f'(1) - Sg'(1). \end{cases} \tag{5.108}$$

令

$$\Phi(x,\lambda) = \phi(x) + \Psi(x,\lambda), \tag{5.109}$$

其中

$$\Psi(x,\lambda) = \frac{C_1^*(x,\lambda)}{C^*(\lambda)}F_1(\lambda) + \frac{C_2^*(x,\lambda)}{C^*(\lambda)}F_2(\lambda), \tag{5.110}$$

$$\begin{cases} C^*(\lambda) = (S\lambda^2 + 2)(\lambda^2 I_H + \lambda\alpha + \beta) + S\lambda^2(2 + 2\lambda k), \\ C_1^*(x,\lambda) = (S\lambda^2 + 2)x - S\lambda^2 x^2\left(1 - \frac{1}{3}x\right), \\ C_2^*(x,\lambda) = (2 + 2\lambda k)x + (\lambda^2 I_H + \lambda\alpha + \beta)x^2\left(1 - \frac{1}{3}x\right). \end{cases} \tag{5.111}$$

不失一般性, 设 $C^*(\lambda) \neq 0$, 则 $\Phi(x,\lambda)$ 满足方程

$$\begin{cases} \Phi^{(4)}(x,\lambda) - S\lambda^2\Phi''(x,\lambda) + \lambda^2\Phi(x,\lambda) = F(x,\lambda) - S\lambda^2\Psi''(x,\lambda) + \lambda^2\Psi(x,\lambda), \\ \Phi(0,\lambda) = 0, \quad \Phi''(0,\lambda) - \lambda^2 I_H\Phi'(0,\lambda) + \lambda k\Phi''(0,\lambda) - \lambda\alpha\Phi'(0,\lambda) - \beta\Phi'(0,\lambda) = 0, \\ \Phi''(1,\lambda) = 0, \quad \Phi'''(1,\lambda) - S\lambda^2\Phi'(1,\lambda) = 0. \end{cases} \tag{5.112}$$

为表达更为清晰, 用 $\phi_j(x,\lambda)$ 代替 $\phi_j(x)$, $j = 1,2,3,4$, 表示方程 (5.64) 关于 λ 的基础解系. 则方程 (5.112) 的解 $\Phi(x,\lambda)$ 可以表示为

$$\Phi(x,\lambda) = \int_0^1 G(x,\xi,\lambda)\left[F(\xi,\lambda) - S\lambda^2\Psi''(\xi,\lambda) + \lambda^2\Psi(\xi,\lambda)\right]d\xi. \tag{5.113}$$

由 (5.109) 和 (5.113), 方程 (5.107) 的解可以表示为

$$\phi(x) = \int_0^1 G(x,\xi,\lambda)\left[F(\xi,\lambda) - S\lambda^2\Psi''(\xi,\lambda) + \lambda^2\Psi(\xi,\lambda)\right]d\xi - \Psi(x,\lambda), \tag{5.114}$$

其中 $G(x,\xi,\lambda)$ 是 Green 函数:

$$G(x,\xi,\lambda) = \frac{1}{\Delta(\lambda)}H(x,\xi,\lambda),$$

$$H(x,\xi,\lambda) = \begin{vmatrix} \phi_1(x,\lambda) & \phi_2(x,\lambda) & \phi_3(x,\lambda) & \phi_4(x,\lambda) & \eta(x,\xi,\lambda) \\ U_1(\phi_1) & U_1(\phi_2) & U_1(\phi_3) & U_1(\phi_4) & U_1(\eta) \\ U_2(\phi_1) & U_2(\phi_2) & U_2(\phi_3) & U_2(\phi_4) & U_2(\eta) \\ U_3(\phi_1) & U_3(\phi_2) & U_3(\phi_3) & U_3(\phi_4) & U_3(\eta) \\ U_4(\phi_1) & U_4(\phi_2) & U_4(\phi_3) & U_4(\phi_4) & U_4(\eta) \end{vmatrix}, \tag{5.115}$$

$$\eta(x,\xi,\lambda) = \frac{1}{2}\text{sign}(x - \xi)\sum_{j=1}^4 \phi_j(x,\lambda)\psi_j(\xi,\lambda), \tag{5.116}$$

这里

$$\psi_j(x,\lambda) = \frac{W_j(x,\lambda)}{W(x,\lambda)},$$

$W(x,\lambda)$ 是由 ϕ_i $(i=1,2,3,4)$ 生成的 Wronskian 行列式, $W_j(x,\lambda)$ 是 ϕ_j 在 $W(x,\lambda)$ 中的代数余子式.

不失一般性, 取 $\lambda=\gamma\rho$, $\rho\in\mathcal{S}$. 把 (5.75)—(5.77) 和 (5.81)—(5.84) 分别代入 (5.115) 和 (5.116), 对于 $\lambda\in\rho(\mathcal{A}_f)$ 且 $|\lambda|$ 的模充分大, 则存在不依赖于 $x,\xi\in[0,1]$ 的常数 $M>0$ 使得下面的估计式成立

$$|H(x,\xi,\lambda)|\leqslant M|\lambda|^7 e^{|\rho|},$$

$$\left|\frac{\partial}{\partial x}H(x,\xi,\lambda)\right|\leqslant M|\lambda|^8 e^{|\rho|},$$

$$\left|\frac{\partial^2}{\partial x^2}H(x,\xi,\lambda)\right|\leqslant M|\lambda|^9 e^{|\rho|}. \tag{5.117}$$

由于 $k\neq\gamma I_H$, 利用 (5.88) 和假设 $|\lambda-\lambda_n|\geqslant\delta$, $n\in\mathbb{J}$, 可以得到进一步的估计式

$$|G(x,\xi,\lambda)|\leqslant M_1,$$

$$\left|\frac{\partial}{\partial x}G(x,\xi,\lambda)\right|\leqslant M_1|\lambda|,$$

$$\left|\frac{\partial^2}{\partial x^2}G(x,\xi,\lambda)\right|\leqslant M_1|\lambda^2|, \tag{5.118}$$

其中 M_1 是不依赖于 $x,\xi\in[0.1]$ 的常数. 由 $\phi(x)$ 的表达式 (5.114), 可以导出 $\phi(x)$ 及各阶导数

$$|\phi^{(j)}(x)|\leqslant\int_0^1\left|\frac{\partial^j}{\partial x^j}G(x,\xi,\lambda)\left(F(\xi,\lambda)-S\lambda^2\Psi''(\xi,\lambda)+\lambda^2\Psi(\xi,\lambda)\right)\right|d\xi+|\Psi^{(j)}(x,\lambda)|$$

$$\leqslant M_1|\lambda^j|\int_0^1\left|F(\xi,\lambda)-S\lambda^2\Psi''(\xi,\lambda)+\lambda^2\Psi(\xi,\lambda)\right|d\xi+|\Psi^{(j)}(x,\lambda)|,$$

这里 $j=0,1,2,3$. 综合这些估计式, 最终得到

$$\|(\phi,\psi,\eta)\|^2=\beta|\phi'(0)|^2+\int_0^1|\phi''(x)|^2dx+\int_0^1|\psi(x)|^2+S|\psi'(x)|^2dx+\frac{1}{I_H}|\eta|^2$$

$$=\beta|\phi'(0)|^2+\int_0^1|\phi''(x)|^2dx+\int_0^1|\lambda\phi(x)-f(x)|^2$$

$$+S|\lambda\phi'(x)-f'(x)|^2dx+\frac{1}{I_H}|\lambda I_H\phi'(0)-f'(0)-k\phi''(0)|^2$$

$$\leqslant M_2^2|\lambda^6|\left[\|f\|_W^2+\|g\|_V^2+\frac{1}{I_H}|c|^2\right],$$

其中 M_2 不依赖于 λ 的常数. 因此

$$\|R(\lambda,\mathcal{A}_f)\|\leqslant M_2(1+|\lambda|^3).$$

定理得证.　　　　　　　　　　　　　　　　　　　　　　　　　　　　　　　□

推论 5.24　如同定理 5.23 的假设, 当 n 充分大时, 算子 $\mathcal{A}_f$ 的本征值 λ_n 是代数单的.

证明　根据 (5.114), 算子 $\mathcal{A}_f$ 的本征值 $\lambda \in \sigma(\mathcal{A}_f)$, 当 λ 的模充分大时, 作为预解算子 $R(\lambda, \mathcal{A}_f)$ 的极点, 极点的重数小于等于 λ 作为整函数 $\Delta(\rho)$ $(\rho = \sqrt{S}\lambda)$ 的零点的重数. 另外, 由引理 5.17 可知, λ 是几何单的.

根据 (5.95), 特征行列式 $\Delta(\rho) = 0$ 的所有零点在模充分大时, 都是单的, 由关系式:

$$\max\{m_g,\, p\} \leqslant m_a \leqslant p \cdot m_g,$$

其中 p 是预解算子的极点的重数, m_a, m_g 分别表示代数和几何重数, 推论得到证明.　　　　　　　　　　　　　　　　　　　　　　　　　　　　　　　□

定理 5.25　设 $k \neq \gamma I_H$. 算子 $\mathcal{A}_f$ 由 (5.61) 和 (5.62) 给出. 则 $\mathcal{A}_f$ 和它的伴随算子 $\mathcal{A}_f^*$ 的根子空间都在 $\mathcal{H}_f$ 上完备, 即

$$\mathrm{sp}(\mathcal{A}_f) = \mathrm{sp}(\mathcal{A}_f^*) = \mathcal{H}_f.$$

证明　我们仅证明 $\mathrm{sp}(\mathcal{A}_f) = \mathcal{H}_f$, 另外一半的证明类似. 根据 Hilbert 空间的正交分解:

$$\mathcal{H}_f = \sigma_\infty(\mathcal{A}_f^*) \oplus \mathrm{sp}(\mathcal{A}_f),$$

其中 $\sigma_\infty(\mathcal{A}_f^*)$ 是由所有 $Y \in \mathcal{H}_f$, 使得函数 $R(\lambda, \mathcal{A}_f^*)Y$ 在整个复平面上关于 λ 解析, 所组成的子空间. 所以 $\mathrm{sp}(\mathcal{A}_f) = \mathcal{H}_f$ 当且仅当 $\sigma_\infty(\mathcal{A}_f^*) = \{0\}$.

设 $Y \in \sigma_\infty(\mathcal{A}_f^*)$. 因为 $R(\lambda, \mathcal{A}_f^*)Y$ 是关于 λ 的解析函数, 它同样也是关于 ρ 的解析函数. 根据解析函数的最大模原理 (或者 Phragmén-Lindelöf 定理), $\|R(\lambda, \mathcal{A}_f^*)\| = \|R(\bar{\lambda}, \mathcal{A}_f)\|$, 以及定理 5.23, 我们得到如下估计

$$\|R(\lambda,\, \mathcal{A}_f^*)Y\| \leqslant M(1 + |\lambda|^3)\|Y\|, \quad \forall \lambda \in \mathbb{C},$$

其中 $M > 0$. 根据定理 2.16, $R(\lambda, \mathcal{A}^*)Y$ 是关于 λ 的, 阶数小于等于 3 的多项式, 即

$$R(\lambda, \mathcal{A}_f^*)Y = Y_0 + \lambda Y_1 + \lambda^2 Y_2 + \lambda^3 Y_3, \quad 其中 \quad Y_0, Y_1, Y_2, Y_3 \in \mathcal{H}_f.$$

因此, 对任意的 $\lambda \in \mathbb{C}$

$$Y = (\lambda - \mathcal{A}_f^*)(Y_0 + \lambda Y_1 + \lambda^2 Y_2 + \lambda^3 Y_3)$$

$$= -\mathcal{A}_f^* Y_0 + \lambda(Y_0 - \mathcal{A}_f^* Y_1) + \lambda^2(Y_1 - \mathcal{A}_f^* Y_2) + \lambda^3(Y_2 - \mathcal{A}_f^* Y_3) + \lambda^4 Y_3.$$

比较上式两端关于 λ^j 的系数, 可以得出 $Y_0 = Y_1 = Y_2 = Y_3 = 0$, 定理得证.　□

5.2.5 Riesz 基性质和稳定性

引理 5.26　设 ρ_n 由 (5.97) 给定. 则 $\{e^{\rho_n x}\}_{n=1}^{\infty}$ 是 $L^2(0,1)$ 的 Bessel 序列.

证明　令 $\lambda_n = \rho_n$, 取 $\gamma = 0$ 和 $\alpha = \pi i$. 根据 (5.90) 和定理 2.28, $\{e^{\rho_n x}\}_{n=1}^{\infty}$ 是 $L^2(0,1)$ 的 Bessel 序列. 引理得证.　□

根据定理 5.20 和假设 $k \ne \gamma I_H$, 不失一般性, 记

$$\sigma(\mathcal{A}_f) = \sigma(\mathcal{A}_f^*) = \{\lambda_n, \overline{\lambda}_n\}_{n=1}^{\infty}.$$

由推论 5.24 和定理 5.20 可知, 存在一个正整数 $N > 0$, 使得当 $n \geqslant N$ 时, 所有的 λ_n 和 $\overline{\lambda}_n$ 是代数单的. 对于 $n < N$, 假设 λ_n 的代数重数是 m_n. 我们称 $\Phi_{n,1}$ 是算子 $\mathcal{A}_f$ 的最高阶广义本征函数, 如果

$$(\mathcal{A}_f - \lambda_n)^{m_n}\Phi_{n,1} = 0 \quad \text{但是} \quad (\mathcal{A}_f - \lambda_n)^{m_n-1}\Phi_{n,1} \ne 0.$$

对应于 λ_n 的低阶广义本征函数可以通过如下方法给出

$$\Phi_{n,j} = (\mathcal{A}_f - \lambda_n)^{j-1}\Phi_{n,1}, \quad j = 2, 3, \cdots, m_n.$$

当 $n \geqslant N$ 时, 设 Φ_n 是算子 $\mathcal{A}_f$ 对应于 λ_n 的本征函数. 从而

$$\{\{\{\Phi_{n,j}\}_{j=1}^{m_n}\}_{n<N} \cup \{\Phi_n\}_{n \geqslant N}\} \cup \{\text{它们的共轭}\}$$

构成算子 $\mathcal{A}_f$ 的一组广义本征函数. 令

$$\{\{\Psi_{n,j}\}_{j=1}^{m_n}\}_{n<N} \cup \{\Psi_n\}_{n \geqslant N}$$

是 $\{\{\Phi_{n,j}\}_{j=1}^{m_n}\}_{n<N} \cup \{\Phi_n\}_{n \geqslant N}$ 的一组双正交序列. 则

$$\{\{\{\Psi_{n,j}\}_{j=1}^{m_n}\}_{n<N} \cup \{\Psi_n\}_{n \geqslant N}\} \cup \{\text{它们的共轭}\}$$

构成算子 $\mathcal{A}_f^*$ 的一组广义本征函数. 显然, 这两组序列在 $\mathcal{H}_f$ 上都是 ω 线性无关的, 根据定理 5.25, 它们在 $\mathcal{H}_f$ 上也是完备的.

定理 5.27　设 $k \ne \gamma I_H$. 则算子 $\mathcal{A}_f$ 的广义本征函数在 $\mathcal{H}_f$ 形成 Riesz 基.

证明　从前面的讨论可知, 我们仅需证明 $\{\Phi_n\}_{n \geqslant N}$ 和 $\{\Psi_n\}_{n \geqslant N}$ 是 $\mathcal{H}_f$ 上的 Bessel 序列. 已知存在不依赖于 n 的常数 M, 使得

$$1 \leqslant \|\Phi_n\|\|\Psi_n\| \leqslant M,$$

不失一般性, 对于 $n \geqslant N$, 记 $\Phi_n = (\phi_n, \lambda_n\phi_n, \eta_n)$ 和 $\Psi_n = (\psi_n, \lambda_n\psi_n, \xi_n)$, 分别由 (5.99) 和 (5.105) 表示. 根据引理 5.26 和 (5.99), (5.105) 的表达式可知如下序列

$$\{\phi_n''\}_{n=N}^{\infty}, \quad \{\lambda_n\phi_n'\}_{n=N}^{\infty}, \quad \{\psi_n''\}_{n=N}^{\infty}, \quad \{\lambda_n\psi_n'\}_{n=N}^{\infty}$$

都构成 $L^2(0,1)$ 上的 Bessel 序列, 以及 $\{\eta_n\}_{n=N}^{\infty}$, $\{\xi_n\}_{n=N}^{\infty}$ 构成 $\mathbb{C}$ 上的 Bessel 序列. 因此

$$\{\Phi_n\}_{n\geqslant N} \quad \text{和} \quad \{\Psi_n\}_{n\geqslant N}$$

构成 $\mathcal{H}_f$ 的 Bessel 序列. 定理得证. □

推论 5.28　设 $k \neq \gamma I_H$. 算子 $\mathcal{A}_f$ 由 (5.61) 和 (5.62) 定义. 则 $\mathcal{A}_f$ 生成 $\mathcal{H}_f$ 上的 C_0-半群 $e^{\mathcal{A}_f t}$, 并且半群 $e^{\mathcal{A}_f t}$ 的谱确定增长条件成立: $S(\mathcal{A}_f) = \omega(\mathcal{A}_f)$.

证明　这是定理 5.27 和推论 5.24 的直接结果. □

推论 5.29　设 $\alpha > \beta k > 0$, $k \neq \gamma I_H$. 算子 $\mathcal{A}_f$ 由 (5.61) 和 (5.62) 定义. 则系统 (5.63) 是指数稳定的, 即存在常数 $M, \omega > 0$ 使得, 对于任意给定的初值 $Y_0 \in \mathcal{H}_f$, 方程 (5.63) 的温和解 $Y(t)$ 满足

$$\|Y(t)\| \leqslant Me^{-\omega t}\|Y_0\|.$$

证明　从引理 5.16 可知, 对于任意的 $\lambda \in \sigma(\mathcal{A}_f)$, 都有 $\text{Re}(\lambda) < 0$. 从定理 5.20 我们得到系统的谱界 $S(\mathcal{A}_f) < 0$. 应用推论 5.28 的谱确定增长条件成立, 从而推出系统的指数稳定性成立. □

推论 5.30　设 $k = 0, \alpha > 0, \beta > 0$. 算子 $\mathcal{A}_f$ 由 (5.61) 和 (5.62) 定义. 则系统 (5.63) 是非指数稳定的, 但是渐近稳定. 对于任意给定的整数 $m \geqslant 1$, 有如下的多项式衰减估计

$$\|e^{\mathcal{A}_f t}Y_0\| \leqslant C\frac{\|\mathcal{A}_f^{2m}Y_0\|}{t^m}, \quad \forall\, t > 0, Y_0 \in D(\mathcal{A}_f^{2m}), \tag{5.119}$$

其中 $C > 0$ 依赖于 m.

证明　根据 (5.92) 可知 $\xi = \pi i$,

$$\text{Re}\{\lambda_n, \overline{\lambda_n}\} = -\gamma\frac{D_9 + D_{10}}{\left(n+\dfrac{1}{2}\right)^2\pi^2} + \mathcal{O}(n^{-3}) \tag{5.120}$$

所以系统不是指数稳定的. 经过计算可以验证 $D_9 + D_{10} > 0$. 另外, 由定理 5.20 可知

$$\lambda_n = \left(n+\frac{1}{2}\right)\gamma\pi i + \mathcal{O}(n^{-1}). \tag{5.121}$$

由推论 5.24, 不失一般性, 可以假设 $\sigma(\mathcal{A}_f) = \{\lambda_n, \overline{\lambda}_n\}_{n=1}^{\infty}$. 由推论 5.24 和定理 5.20 可知存在一个整数 $N > 0$, 使得对于所有的 $n \geqslant N$ 的本征值 $\lambda_n, \overline{\lambda}_n$ 都是代数单的. 当 $n < N$ 时, 假设每个本征值 λ_n 的代数重数为 m_n. 令 $\Phi_{n,1}$ 表示算子 $\mathcal{A}_f$ 对应于本征值 λ_n 的最高广义本征函数, 其他低阶的广义本征函数可以通过如下方法得到

$$\Phi_{n,j} = (\mathcal{A}_f - \lambda_n)^{j-1} \Phi_{n,1}, \quad j = 2, 3, \cdots, m_n.$$

设 Φ_n 为算子 $\mathcal{A}_f$ 对应于 λ_n, $n \geqslant N$ 的单位化的本征函数 ($\|\Phi_n\| = 1$). 记 $\overline{\Phi_{n,j}}$, $j = 1, 2, \cdots, m_n$ 为算子 $\mathcal{A}_f$ 对应于 $\overline{\lambda}_n$, $n < N$ 的广义本征函数, $\overline{\Phi_n}$ 为对应于 $\overline{\lambda}_n$, $n \geqslant N$ 的广义本征函数. 由定理 5.27 可知

$$\left\{ \left\{ \{\Phi_{n,j}\}_{j=1}^{m_n} \right\}_{n<N} \cup \{\Phi_n\}_{n \geqslant N} \right\} \cup \left\{ \left\{ \{\overline{\Phi_{n,j}}\}_{j=1}^{m_n} \right\}_{n<N} \cup \{\overline{\Phi_n}\}_{n \geqslant N} \right\}$$

形成 $\mathcal{H}_f$ 上的一组 Riesz 基. 因此, 对于任意给定的方程 (5.63) 的初值 Y_0:

$$Y_0 = \sum_{n=1}^{N-1} \sum_{j=1}^{m_n} a_{n,j} \Phi_{n,j} + \sum_{n=N}^{\infty} a_n \Phi_n + \sum_{n=1}^{N-1} \sum_{j=1}^{m_n} b_{n,j} \overline{\Phi_{n,j}} + \sum_{n=N}^{\infty} b_n \overline{\Phi_n}, \quad (5.122)$$

其中 $a_n, a_{n,j}, b_n, b_{n,j}$ 是常数, 可以得到方程的解

$$Y(t) = e^{\mathcal{A}_f t} Y_0 = \sum_{n=1}^{N-1} e^{\lambda_n t} \sum_{j=1}^{m_n} a_{n,j} \sum_{i=1}^{m_n} \frac{(\mathcal{A}_f - \lambda_n)^{i-1} t^{i-1}}{(i-1)!} \Phi_{n,j} + \sum_{n=N}^{\infty} a_n e^{\lambda_n t} \Phi_n$$

$$+ \sum_{n=1}^{N-1} e^{\overline{\lambda_n} t} \sum_{j=1}^{m_n} b_{n,j} \sum_{i=1}^{m_n} \frac{(\mathcal{A}_f - \overline{\lambda_n})^{i-1} t^{i-1}}{(i-1)!} \overline{\Phi_{n,j}} + \sum_{n=N}^{\infty} b_n e^{\overline{\lambda_n} t} \overline{\Phi_n}.$$

令

$$f_n(t) = t^{2m} \exp \left\{ -2\gamma \frac{D_9 + D_{10} + (-1)^{n+1} D_{11}}{\left(n + \dfrac{1}{2}\right)^2 \pi^2} t + \mathcal{O}(n^{-3}) t \right\},$$

其中 $\mathcal{O}(n^{-3})$ 如同在 (5.120) 中的表示. 显然 $f_n(0) = f_n(+\infty) = 0$, 并且 $f_n(t)$ 在

$$t = \frac{m \left(n + \dfrac{1}{2}\right)^2 \pi^2}{\gamma(D_9 + D_{10} + (-1)^{n+1} D_{11})} + \mathcal{O}(n^{-1})$$

达到唯一最大值, 即

$$\sup_{t \geqslant 0} f_n(t) \leqslant \left[\frac{m \left(n + \dfrac{1}{2}\right)^2 \pi^2}{\gamma(D_9 + D_{10} + (-1)^{n+1} D_{11})} + \mathcal{O}(n^{-1}) \right]^{2m}.$$

利用 (5.89), 可知

$$\sup_{t \geqslant 0} f_n(t) \leqslant C_1 |\lambda_n|^{4m}, \tag{5.123}$$

其中 $C_1 > 0$ 为不依赖于 n 的常数. 结合 (5.120)—(5.123), 存在正常数 $\omega, C_2, C_3,$ 使得对所有的 $t > 0,$

$$\begin{aligned}
\|Y(t)\|^2 &\leqslant C_2 e^{-\omega t} \sum_{n=1}^{N-1} \sum_{j=1}^{m_n} [|a_{n,j}|^2 + |b_{n,j}|^2] + C_2 \sum_{n=N}^{\infty} [|a_n|^2 + |b_n|^2] \frac{f_n(t)}{t^{2m}} \\
&\leqslant C_2 e^{-\omega t} \sum_{n=1}^{N-1} \sum_{j=1}^{m_n} [|a_{n,j}|^2 + |b_{n,j}|^2] + C_1 C_2 \sum_{n=N}^{\infty} [|a_n|^2 + |b_n|^2] \frac{|\lambda_n|^{4m}}{t^{2m}} \\
&\leqslant C_3^2 \frac{\|\mathcal{A}_f^{2m} Y_0\|^2}{t^{2m}}.
\end{aligned}$$

则

$$\|e^{\mathcal{A}_f t} Y_0\| \leqslant C_3 \frac{\|\mathcal{A}_f^{2m} Y_0\|}{t^m}, \quad \forall\, t > 0,\, Y_0 \in D(\mathcal{A}_f^{2m}).$$

这是 (5.119). 推论得证.   □

第 6 章   边界弱连接的耦合系统

耦合现象在控制理论中是常见的, 一个控制系统外加一个控制器其闭环系统就构成一个耦合系统. 例如对于常微系统:

$$\dot{x}(t) = u(t - \tau), \tag{6.1}$$

其中, $u(t)$ 为带有时滞 $\tau > 0$ 的控制输入, 做变换

$$z(x,t) = u(t - x\tau), \quad x \in [0,1].$$

则 $z(x,t)$ 满足偏微分方程:

$$
\begin{cases}
\tau z_t(x,t) + z_x(x,t) = 0, \\
z(0,t) = u(t).
\end{cases}
$$

那么控制系统(6.1)就转化为下面的 ODE-PDE 控制系统:

$$
\begin{cases}
\dot{x}(t) = z(1,t), \\
\tau z_t(x,t) + z_x(x,t) = 0, \\
z(0,t) = u(t),
\end{cases} \tag{6.2}
$$

其中, 偏微子系统被视作动态控制器, 常微子系统作为受控对象, 并且常微系统与偏微系统通过边界连接. 这一章, 我们讨论弱连接的耦合偏微分系统. 如图 6.1

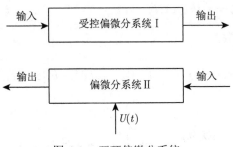

图 6.1   开环偏微分系统

所示: 其中, 偏微分系统 I 为受控系统, 偏微分系统 II 用来控制偏微分系统 I, $U(t)$ 为输入偏微分系统 II 的控制. 我们把系统 I 的输出输入到系统 II, 把系统 II 的输出作为系统 I 的输入, 得到如图 6.2 所示的闭环系统.

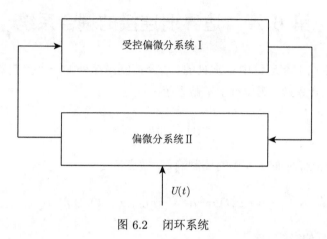

图 6.2 闭环系统

这一章我们将讨论图 6.2 所示的闭环系统, 特别关心的是一类弱耦合的连接系统, 部分文献见 [34, 36, 50, 60, 61, 95—97, 145, 149—153, 170].

6.1 耦合的 Schrödinger-波动系统

这一节, 我们讨论耦合的 Schrödinger-波动系统:

$$
\begin{cases}
y_t(x,t) + iy_{xx}(x,t) = 0, & 0 < x < 1, \\
z_{tt}(x,t) = z_{xx}(x,t) - 2bz_t(x,t) - b^2 z(x,t), & 1 < x < 2, \\
y(0,t) = z(2,t) = 0, & t \geqslant 0, \\
y(1,t) = kz_t(1,t), & t \geqslant 0, \\
z_x(1,t) = -iky_x(1,t), & t \geqslant 0.
\end{cases}
\tag{6.3}
$$

系统 (6.3) 的能量函数为

$$
E(t) = \frac{1}{2} \int_0^1 |y(x,t)|^2 dx + \frac{1}{2} \int_1^2 \big[|z_x(x,t)|^2 + b^2 |z(x,t)|^2 + |z_t(x,t)|^2 \big] dx.
\tag{6.4}
$$

直接计算可得

$$
\frac{dE(t)}{dt} = -2b \int_1^2 |z_t(x,t)|^2 \, dx \leqslant 0.
$$

因此, $E(t)$ 是非增的. 上式告诉我们的是, 能量的导数右端只出现波动的项, 而没有出现 Schrödinger 方程的项. 我们把这样的连接称为弱连接. 数学上, 处理这样一类系统的稳定性要困难得多. Riesz 基方法能给出相当强的结论.

6.1.1 系统的适定性

现在考虑系统 (6.3) 的适定性. 为了方便研究, 引入变换:

$$\begin{cases} w(x,t) = y(1-x,t), & 0 < x < 1, t > 0, \\ u(x,t) = z(x+1,t), & 0 < x < 1, t > 0, \end{cases} \tag{6.5}$$

则系统 (6.3) 可以改写为

$$\begin{cases} w_t(x,t) + iw_{xx}(x,t) = 0, & 0 < x < 1, \\ u_{tt}(x,t) = u_{xx}(x,t) - 2bu_t(x,t) - b^2u(x,t), & 0 < x < 1, \\ w(1,t) = u(1,t) = 0, & t \geqslant 0, \\ w(0,t) = ku_t(0,t), & t \geqslant 0, \\ u_x(0,t) = ikw_x(0,t), & t \geqslant 0. \end{cases} \tag{6.6}$$

根据能量表达式, 我们将系统 (6.6) 放在如下的 Hilbert 空间 $\mathcal{H}$ 中考虑:

$$\mathcal{H} = L^2(0,1) \times H_E^1(0,1) \times L^2(0,1),$$

其中 $H_E^1(0,1) = \{g \in H^1(0,1)|g(1) = 0\}$. 其上的内积定义为

$$\langle X_1, X_2 \rangle = \int_0^1 \left[f_1(x)\overline{f_2(x)} + g_1'(x)\overline{g_2'(x)} + b^2 g_1(x)\overline{g_2(x)} + h_1(x)\overline{h_2(x)} \right] dx, \tag{6.7}$$

其中 $X_s = (f_s, g_s, h_s) \in \mathcal{H}$, $s = 1, 2$. 定义线性算子 $\mathcal{A}$ 和 $\mathcal{B}$:

$$\begin{cases} \mathcal{A}(f,g,h) = (-if'', \ h, \ g'' - b^2g), \quad \forall(f,g,h) \in D(\mathcal{A}), \\ D(\mathcal{A}) = \left\{ \begin{array}{l} (f,g,h) \in (H^2 \times H^2 \times H_E^1) \cap \mathcal{H} \ \Big| \\ f(1) = 0, f(0) = kh(0), \ g'(0) = ikf'(0) \end{array} \right\} \end{cases} \tag{6.8}$$

和

$$\mathcal{B}(f,g,h) = (0,0,-2bh), \quad \forall \ (f,g,h) \in D(\mathcal{B}) = \mathcal{H}. \tag{6.9}$$

显然, $\mathcal{B}$ 是 $\mathcal{H}$ 中的有界算子. 则系统 (6.6) 可以写成 Hilbert 空间 $\mathcal{H}$ 上的抽象发展方程:

$$\frac{dX(t)}{dt} = (\mathcal{A} + \mathcal{B})X(t), \quad X(0) = X_0, \tag{6.10}$$

其中 $X(t) = (w(\cdot, t), u(\cdot, t), u_t(\cdot, t))$, X_0 表示初值.

引理 6.1　在 Hilbert 空间 $\mathcal{H}$ 中 $\mathcal{A}^{-1}$ 存在且是紧的. $\mathcal{A}$ 是反自伴算子且 $\mathcal{A} + \mathcal{B}$ 生成 C_0-群 $e^{(\mathcal{A}+\mathcal{B})t}$. 此外, $\sigma(\mathcal{A} + \mathcal{B})$ 仅由孤立的本征值组成.

证明　对任意给定的 $(f_1, g_1, h_1) \in \mathcal{H}$, 求解

$$\mathcal{A}(f, g, h) = (-if'', h, g'' - b^2 g) = (f_1, g_1, h_1).$$

可得 $h(x) = g_1(x)$, 以及 $f(x)$ 和 $g(x)$ 满足方程

$$f''(x) = if_1(x), \quad f(1) = 0, \quad f(0) = kh(0) = kg_1(0),$$

$$g''(x) - b^2 g = h_1(x), \quad g(1) = 0, \quad g'(0) = ikf'(0).$$

经计算可得

$$\begin{cases} f(x) = f'(0)(x-1) - i(1-x)\displaystyle\int_0^x f_1(\xi)d\xi - i\hat{f}(x), \\ f'(0) = -kg_1(0) - i\hat{f}(0), \quad \hat{f}(x) = \displaystyle\int_x^1 (1-\xi)f_1(\xi)d\xi. \end{cases} \tag{6.11}$$

$$\begin{cases} g(x) = C\sinh b(1-x) - \dfrac{1}{b}\displaystyle\int_x^1 \sinh b(x-\xi)h_1(\xi)d\xi, \\ C = \dfrac{-1}{b\cosh b}\left(\displaystyle\int_0^1 \cosh(b\xi)h_1(\xi)d\xi + ikf'(0)\right). \end{cases} \tag{6.12}$$

最后, 由 (6.11), (6.12) 和 $h(x) = g_1(x)$ 可知, $(f, g, h) \in D(\mathcal{A})$ 且唯一. 因此 $\mathcal{A}^{-1}$ 存在且由 Sobolev 嵌入定理知 $\mathcal{A}^{-1}$ 是紧的. 另外, 简单验证可知 $\mathcal{A}^* = -\mathcal{A}$, 故 $\mathcal{A}$ 是反自伴算子. 因此 $\mathcal{A}$ 所有本征值均位于虚轴, 且 $\mathcal{A}$ 在 $\mathcal{H}$ 上生成一个 C_0-群 $e^{\mathcal{A}t}$. 因为 $\mathcal{B}$ 在 Hilbert 空间 $\mathcal{H}$ 上有界, 利用算子半群的有界扰动定理可知 $\mathcal{A} + \mathcal{B}$ 具有紧的预解式并且在 $\mathcal{H}$ 上生成 C_0-群 $e^{(\mathcal{A}+\mathcal{B})t}$. 同时, $\sigma(\mathcal{A} + \mathcal{B})$ 的谱仅由孤立的本征值组成. 引理得证.　□

引理 6.2　$\mathcal{A} + \mathcal{B}$ 是耗散的且 $\mathcal{A} + \mathcal{B}$ 生成 Hilbert 空间 $\mathcal{H}$ 上的压缩 C_0-群 $e^{(\mathcal{A}+\mathcal{B})t}$.

证明　给定 $X = (f, g, h) \in D(\mathcal{A} + \mathcal{B})$, 直接计算得

$$\text{Re}\langle(\mathcal{A} + \mathcal{B})X, X\rangle = \text{Re}\langle\mathcal{B}X, X\rangle$$

$$= \operatorname{Re}\langle (0,0,-2bh),\ (f,g,h)\rangle = -2b\int_0^1 |h|^2 dx \leqslant 0. \tag{6.13}$$

因此, $\mathcal{A}+\mathcal{B}$ 是耗散的. 引理得证. $\qquad\square$

6.1.2 谱分析

现在计算算子 $\mathcal{A}+\mathcal{B}$ 的本征值. 令 $(\mathcal{A}+\mathcal{B})X = \lambda X$, $\lambda \in \sigma(\mathcal{A}+\mathcal{B})$, $0 \neq X = (f,g,h) \in D(\mathcal{A}+\mathcal{B})$. 则有 $h(x)=\lambda g(x)$ 且 $f(x)$, $g(x)$ 满足谱方程

$$\begin{cases} f''(x) - i\lambda f(x) = 0, \\ g''(x) = (\lambda^2 + 2b\lambda + b^2)g(x) = (\lambda+b)^2 g(x), \\ f(1)=g(1)=0, \quad f(0)=\lambda k g(0), \quad g'(0)=ikf'(0). \end{cases} \tag{6.14}$$

(6.14) 的基础解为

$$f(x)=c_1\sinh(\sqrt{i\lambda}(1-x)), \quad g(x)=c_2\sinh\left((\lambda+b)(1-x)\right), \tag{6.15}$$

其中 c_1 和 c_2 为常数. 由边界条件 $f(0)=\lambda k g(0)$ 和 $g'(0)=ikf'(0)$, 可得

$$\begin{cases} c_1\sinh(\sqrt{i\lambda}) = c_2 k\lambda\sinh(\lambda+b), \\ c_2(\lambda+b)\cosh(\lambda+b) = c_1 ik\sqrt{i\lambda}\cosh(\sqrt{i\lambda}). \end{cases} \tag{6.16}$$

因此, (6.16) 有非平凡解 $\{c_1,c_2\}$ 当且仅当 (6.16) 系数矩阵的行列式为 0, 即

$$(\lambda+b)\cosh(\lambda+b)\sinh(\sqrt{i\lambda}) - ik^2\lambda\sqrt{i\lambda}\sinh(\lambda+b)\cosh(\sqrt{i\lambda}) = 0.$$

从而我们有下面的引理.

引理 6.3 设 $\mathcal{A}$ 和 $\mathcal{B}$ 由 (6.8) 和 (6.9) 给出, 令

$$\Delta(\lambda)=(\lambda+b)\cosh(\lambda+b)\sinh(\sqrt{i\lambda}) - ik^2\lambda\sqrt{i\lambda}\sinh(\lambda+b)\cosh(\sqrt{i\lambda}), \tag{6.17}$$

则

$$\sigma(\mathcal{A}+\mathcal{B})=\sigma_p(\mathcal{A}+\mathcal{B})=\{\lambda\in\mathbb{C}|\Delta(\lambda)=0\}. \tag{6.18}$$

引理 6.4 设 $\mathcal{A}$ 和 $\mathcal{B}$ 由 (6.8) 和 (6.9) 给出. 对任何 $\lambda\in\sigma_p(\mathcal{A}+\mathcal{B})$, 有 $\operatorname{Re}\lambda < 0$.

证明 由引理 6.2 可知, $\mathcal{A}+\mathcal{B}$ 是耗散的, 以及对任何 $\lambda\in\sigma(\mathcal{A}+\mathcal{B})$, 有 $\operatorname{Re}\lambda\leqslant 0$. 因此, 我们只需证明在虚轴上没有 $\mathcal{A}+\mathcal{B}$ 的本征值. 令 $\lambda=\pm i\mu^2\in$

$\sigma_p(\mathcal{A}+\mathcal{B})$, $\mu \neq 0$, $\mu \in \mathbb{R}^+$ 以及 $X = (f, g, h) \in D(\mathcal{A}+\mathcal{B})$ 为 $\mathcal{A}+\mathcal{B}$ 对应于 λ 的本征函数. 由 (6.13), 有

$$\mathrm{Re}\langle (\mathcal{A}+\mathcal{B})X, X\rangle = -2b\int_0^1 |h|^2 dx = 0.$$

因此 $h(x) = 0$. 此外由 $h(x) = \lambda g(x)$ 有 $g(x) = 0$. 根据 (6.14) 的第一个方程和其边界条件可知

$$f''(x) = i\lambda f(x), \quad f(0) = f'(0) = f(1) = 0,$$

从而 $f(x) = 0$. 故 $X = (f, g, h) = 0$. 所以在虚轴上没有 $\mathcal{A}+\mathcal{B}$ 的本征值. 引理得证.　　　　　　　　　　　　　　　　　　　　　　　　　　□

定理 6.5　设 $\mathcal{A}$ 和 $\mathcal{B}$ 由 (6.8) 和 (6.9) 给出, $\Delta(\lambda)$ 由 (6.17) 给出. 当 $n \in \mathbb{N}$ 且 $n \to \infty$ 时, $\mathcal{A}+\mathcal{B}$ 的本征值的渐近表达式为

$$\lambda_{1,n}^\pm = -b \pm n\pi i + \mathcal{O}(n^{-1/2}) \tag{6.19}$$

和

$$\lambda_{2,n} = -\beta_{1,n} + \beta_{2,n}i + \left(n - \frac{1}{2}\right)^2 \pi^2 i + \mathcal{O}(n^{-1}), \tag{6.20}$$

其中 $\beta_{1,n} > 0$ 和 $\beta_{2,n}$ 为两个实常数且 $\beta_{1,n}$ 满足

$$2^{-1}k^2\beta_{1,n} = \frac{\gamma_{1,n}^2 - 1 + \gamma_{2,n}^2}{(\gamma_{1,n} - 1)^2 + \gamma_{2,n}^2} = \frac{e^{4b-4\beta_{1,n}}1}{(\gamma_{1,n} - 1)^2 + \gamma_{2,n}^2}, \tag{6.21}$$

这里

$$\begin{cases} \gamma_{1,n} = e^{2b-2\beta_{1,n}} \cos\left[2\beta_{2,n} + 2\left(n - \frac{1}{2}\right)^2 \pi^2\right], \\ \gamma_{2,n} = e^{2b-2\beta_{1,n}} \sin\left[2\beta_{2,n} + 2\left(n - \frac{1}{2}\right)^2 \pi^2\right]. \end{cases} \tag{6.22}$$

此外当 $n \to \infty$ 时,

$$\beta_{1,n} \nrightarrow 0. \tag{6.23}$$

所以当 $n \to \infty$ 时,

$$\mathrm{Re}\lambda_{1,n}^\pm \to -b < 0, \quad \mathrm{Re}\lambda_{2,n} = -\beta_{1,n}(<0) \nrightarrow 0, \tag{6.24}$$

上式表明 $\mathcal{A}+\mathcal{B}$ 的本征值不以虚轴为渐近线.

证明 由 $\Delta(\lambda) = 0$ 可知

$$ik^2\lambda\sqrt{i\lambda}(e^{(\lambda+b)} - e^{-(\lambda+b)})(e^{\sqrt{i\lambda}} + e^{-\sqrt{i\lambda}}) - (\lambda+b)(e^{(\lambda+b)} + e^{-(\lambda+b)})(e^{\sqrt{i\lambda}} - e^{-\sqrt{i\lambda}}) = 0.$$
(6.25)

令 $\lambda = \rho^2 \neq 0$. 根据 $\mathrm{Re}\lambda < 0$ 知存在两个解 $\rho_1 = \sqrt{\lambda}$ 和 $\rho_2 = -\sqrt{\lambda}$ 满足

$$\arg\rho_1 \in \left(\frac{\pi}{4}, \frac{3\pi}{4}\right) \quad \text{和} \quad \arg(\rho_2) \in \left(\frac{5\pi}{4}, \frac{7\pi}{4}\right),$$

且 $\rho_2 = -\rho_1$, $\lambda = \rho_1^2 = \rho_2^2$. 因为 $\rho_2 = -\rho_1 \in \left(\frac{5\pi}{4}, \frac{7\pi}{4}\right)$, 从而 $\lambda = \rho_2^2$ 和 $\rho_1 \in \left(\frac{\pi}{4}, \frac{3\pi}{4}\right)$ 产生相同的本征值, 因此我们仅需考虑 $\rho \in \left(\frac{\pi}{4}, \frac{3\pi}{4}\right)$. 此时, (6.25) 可以写成

$$\begin{aligned}
0 = {} & k^2(e^{(\lambda+b)} - e^{-(\lambda+b)})(e^{\sqrt{i}\rho} + e^{-\sqrt{i}\rho}) \\
& + \sqrt{i}\left(\rho^{-1} + b\rho^{-3}\right)(e^{(\lambda+b)} + e^{-(\lambda+b)})(e^{\sqrt{i}\rho} - e^{-\sqrt{i}\rho}).
\end{aligned}$$
(6.26)

将区间 $\left(\frac{\pi}{4}, \frac{3\pi}{4}\right)$ 分成三部分:

$$\left(\frac{\pi}{4}, \frac{3\pi}{4}\right) = \left(\frac{\pi}{4}, \frac{5\pi}{16}\right) \cup \left[\frac{5\pi}{16}, \frac{11\pi}{16}\right] \cup \left(\frac{11\pi}{16}, \frac{3\pi}{4}\right).$$

(i) 当 $\arg\rho \in \mathcal{S}_1 = \left(\frac{11\pi}{16}, \frac{3\pi}{4}\right)$ 时,

$$\arg\left(\sqrt{i}\rho\right) \in \left(\frac{15\pi}{16}, \pi\right), \quad \arg(\rho^2) \in \left(\frac{11\pi}{8}, \frac{3\pi}{2}\right),$$

且对所有的 $\arg\rho \in \mathcal{S}_1$,

$$\mathrm{Re}(\sqrt{i}\rho) \leqslant -|\rho|\cos\left(\frac{\pi}{16}\right) < 0.$$

因此当 $\arg\rho \in \mathcal{S}_1$ 且 $\rho \to \infty$ 时,

$$\left|e^{\sqrt{i}\rho}\right| \to 0, \quad \left|e^{-\sqrt{i}\rho}\right| \to \infty.$$

从而方程 (6.26) 变为

$$e^{2(\lambda+b)} - 1 + \mathcal{O}(\rho^{-1}) = 0.$$
(6.27)

因为 $e^{2(\lambda+b)} - 1 = 0$ 的解为 $\tilde{\lambda}_{1n}^- = -b - n\pi i$, $n \in \mathbb{N}$. 运用 Rouché 定理可知当 $n \to \infty$ 时, 方程 (6.27) 的解为

$$\lambda_{1n}^- = -b - n\pi i + \mathcal{O}(n^{-1/2}), \quad n \in \mathbb{N}. \tag{6.28}$$

(ii) 当 $\arg \rho \in \mathcal{S}_2 = \left(\dfrac{\pi}{4}, \dfrac{5\pi}{16}\right)$ 时,

$$\arg\left(\sqrt{i}\rho\right) \in \left(\frac{\pi}{2}, \frac{9\pi}{16}\right), \quad \arg \lambda = \arg(\rho^2) \in \left(\frac{\pi}{2}, \frac{5\pi}{8}\right).$$

方程 (6.25) 可以写成

$$0 = k^2(e^{(\lambda+b)} - e^{-(\lambda+b)})(e^{\sqrt{i}\rho} + e^{-\sqrt{i}\rho}) + \sqrt{i}\rho^{-1}(e^{(\lambda+b)}$$
$$+ e^{-(\lambda+b)})(e^{\sqrt{i}\rho} - e^{-\sqrt{i}\rho}) + \mathcal{O}(\rho^{-3}). \tag{6.29}$$

注意到由方程 $(e^{(\lambda+b)} - e^{-(\lambda+b)})(e^{\sqrt{i}\rho} + e^{-\sqrt{i}\rho}) = 0$, 可得

$$e^{(\lambda+b)} - e^{-(\lambda+b)} = 0 \quad \text{或者} \quad e^{\sqrt{i}\rho} + e^{-\sqrt{i}\rho} = 0. \tag{6.30}$$

并且方程 (6.30) 的解为

$$\begin{cases} \tilde{\lambda}_{1,n}^+ = -b + n\pi i, & n \in \mathbb{N}, \\ \tilde{\rho}_{2,n} = \left(n - \dfrac{1}{2}\right)\sqrt{i}\pi, & n \in \mathbb{N}, \\ \tilde{\lambda}_{2,n} = \tilde{\rho}_{2,n}^2 = \left(n - \dfrac{1}{2}\right)^2 \pi^2 i, & n \in \mathbb{N}. \end{cases} \tag{6.31}$$

再运用 Rouché 定理可知当 $n \in \mathbb{N}$ 且 $n \to \infty$ 时, 方程 (6.29) 的解为

$$\lambda_{1,n}^+ = -b + n\pi i + \mathcal{O}(n^{-1/2}) \tag{6.32}$$

和

$$\rho_{2,n} = \tilde{\rho}_{2,n} + \alpha_n = \left(n - \frac{1}{2}\right)\sqrt{i}\pi + \alpha_n, \quad \alpha_n = \mathcal{O}(n^{-1}). \tag{6.33}$$

对于 $\rho_{2,n}$, 我们需要给出 α_n 更加精确的估计. 注意到

$$\lambda_{2,n} = \rho_{2,n}^2 = \left(n - \frac{1}{2}\right)^2 \pi^2 i + 2\alpha_n\left(n - \frac{1}{2}\right)\sqrt{i}\pi + \mathcal{O}(n^{-2}), \tag{6.34}$$

$$e^{\lambda_{2,n}} = \beta_n e^{\alpha_n(2n-1)\sqrt{i}\pi} + \mathcal{O}(n^{-2}), \quad \beta_n = e^{(n-1/2)^2\pi^2 i}, \tag{6.35}$$

结合方程 (6.29) 得

$$0 = \mathcal{O}(\rho_{2,n}^{-3}) + k^2\left[e^{\sqrt{i}(\tilde{\rho}_{2,n}+\alpha_n)} + e^{-\sqrt{i}(\tilde{\rho}_{2,n}+\alpha_n)}\right]$$
$$+ \sqrt{i}\rho_{2,n}^{-1}\frac{e^{2(\lambda_{2,n}+b)}+1}{e^{2(\lambda_{2,n}+b)}-1}\left(e^{\sqrt{i}(\tilde{\rho}_{2,n}+\alpha_n)} - e^{-\sqrt{i}(\tilde{\rho}_{2,n}+\alpha_n)}\right).$$

根据 $e^{\sqrt{i}\tilde{\rho}_{2,n}} = -e^{-\sqrt{i}\tilde{\rho}_{2,n}}$, 上述方程可以写为

$$0 = \mathcal{O}(\rho_{2,n}^{-3}) + k^2\left[e^{\sqrt{i}\alpha_n} - e^{-\sqrt{i}\alpha_n}\right] + \sqrt{i}\tilde{\rho}_{2,n}^{-1}\frac{e^{2(\lambda_{2,n}+b)}+1}{e^{2(\lambda_{2,n}+b)}-1}\left(e^{\sqrt{i}\alpha_n} + e^{-\sqrt{i}\alpha_n}\right).$$

运用 Taylor 展式得

$$2\sqrt{i}k^2\alpha_n + 2\sqrt{i}\tilde{\rho}_{2,n}^{-1}\frac{e^{2(\lambda_{2,n}+b)}+1}{e^{2(\lambda_{2,n}+b)}-1} + \mathcal{O}(\tilde{\rho}_{2,n}^{-2}) = 0,$$

从而

$$\alpha_n = -k^{-2}\tilde{\rho}_{2,n}^{-1}\frac{e^{2(\lambda_{2,n}+b)}+1}{e^{2(\lambda_{2,n}+b)}-1} + \mathcal{O}(\tilde{\rho}_{2,n}^{-2}).$$

因此

$$\rho_{2,n} = \tilde{\rho}_{2,n} - k^{-2}\tilde{\rho}_{2n}^{-1}\frac{e^{2(\lambda_{2,n}+b)}+1}{e^{2(\lambda_{2,n}+b)}-1} + \mathcal{O}(\tilde{\rho}_{2,n}^{-2}),$$

$$\lambda_{2,n} = \rho_{2,n}^2 = \tilde{\rho}_{2,n}^2 - 2k^{-2}\frac{e^{2(\lambda_{2,n}+b)}+1}{e^{2(\lambda_{2,n}+b)}-1} + \mathcal{O}(\tilde{\rho}_{2,n}^{-1}) \tag{6.36}$$

$$= \left(n-\frac{1}{2}\right)^2\pi^2 i - 2k^{-2}\frac{e^{2(\lambda_{2,n}+b)}+1}{e^{2(\lambda_{2,n}+b)}-1} + \mathcal{O}(n^{-1}).$$

上述 $\lambda_{2,n}$ 与 (6.20) 有相同的表达形式. 由引理 6.4 知, $\beta_{1,n} > 0$. 更进一步

$$e^{2(\lambda_{2,n}+b)} = e^{2b-2\beta_{1,n}}e^{2\left[\beta_{2,n}+\left(n-\frac{1}{2}\right)^2\pi^2\right]i} + \mathcal{O}(n^{-1})$$
$$= e^{2b-2\beta_{1,n}}\cos\left[2\beta_{2,n}+2\left(n-\frac{1}{2}\right)^2\pi^2\right]$$
$$+ ie^{2b-2\beta_{1,n}}\sin\left[2\beta_{2,n}+2\left(n-\frac{1}{2}\right)^2\pi^2\right] + \mathcal{O}(n^{-1})$$
$$= \gamma_{1,n} + i\gamma_{2,n} + \mathcal{O}(n^{-1}),$$

其中 $\gamma_{1,n}$ 和 $\gamma_{2,n}$ 由 (6.22) 给出. 因此

$$\frac{e^{2(\lambda_{2,n}+b)}+1}{e^{2(\lambda_{2,n}+b)}-1} = \frac{1+\gamma_{1,n}+i\gamma_{2,n}}{\gamma_{1,n}-1+i\gamma_{2,n}} + \mathcal{O}(n^{-1})$$

$$= \frac{\gamma_{1,n}^2 - 1 + \gamma_{2,n}^2}{(\gamma_{1,n} - 1)^2 + \gamma_{2,n}^2} - i\frac{2\gamma_{2,n}}{(\gamma_{1,n} - 1)^2 + \gamma_{2,n}^2} + \mathcal{O}(n^{-1}),$$

并且 $\gamma_{1,n}$ 和 $\gamma_{2,n}$ 满足如下关系:

$$\gamma_{1,n}^2 + \gamma_{2,n}^2 = e^{4b - 4\beta_{1,n}}, \quad (\gamma_{1,n} - 1)^2 + \gamma_{2,n}^2 = \gamma_{1,n}^2 + \gamma_{2,n}^2 + 1 - 2\gamma_{1,n}.$$

通过比较 (6.36) 和 (6.20) 知 $\beta_{1,n}$ 满足 (6.21). 最后证明当 $n \to \infty$ 时, $\beta_{1,n} \not\to 0$. 事实上, 当 $\beta_{1,n} \to 0$ 时, (6.21) 的右边不趋于 0. 这是矛盾的!

(iii) 当 $\arg(\rho) \in \mathcal{S}_3 = \left[\dfrac{5\pi}{16}, \dfrac{11\pi}{16}\right]$ 时,

$$\arg\left(\sqrt{i}\rho\right) \in \left[\frac{9\pi}{16}, \frac{15\pi}{16}\right], \quad \arg(\rho^2) \in \left[\frac{5\pi}{8}, \frac{11\pi}{8}\right],$$

且对所有的 $\arg\rho \in \mathcal{S}_3$,

$$\operatorname{Re}(\sqrt{i}\rho) \leqslant -|\rho|\cos\left(\frac{7\pi}{16}\right) < 0, \quad \operatorname{Re}(\lambda) \leqslant -|\lambda|\cos\left(\frac{3\pi}{8}\right) < 0.$$

因此当 $\arg\rho \in \mathcal{S}_3$ 且 $\rho \to \infty$ 时,

$$\left|e^{\sqrt{i}\rho}\right| \to 0, \quad \left|e^{-\sqrt{i}\rho}\right| \to \infty, \quad \left|e^{(\lambda+b)}\right| \to 0, \quad \left|e^{-(\lambda+b)}\right| \to \infty.$$

从而 (6.26) 的右边变为

$$e^{-(\lambda+b)}e^{-\sqrt{i}\rho}\left(-1 + \mathcal{O}(\rho^{-1})\right) \to \infty,$$

故当 $\arg\rho \in \mathcal{S}_3$ 且 $\rho \to \infty$ 时 $\Delta(\lambda)$ 没有解. 定理得证. □

6.1.3　Riesz 基和指数稳定性

现在讨论系统 (6.6) 的 Riesz 基的性质和指数稳定性. 因为 $\mathcal{B}$ 是 $\mathcal{H}$ 的有界算子, 我们首先可以应用 Keldysh 定理 (定理 2.71) 证明系统 (6.6) 的完备性.

定理 6.6　设 $\mathcal{A}$ 和 $\mathcal{B}$ 由 (6.8) 和 (6.9) 给出, 则 $\mathcal{A} + \mathcal{B}$ 的广义本征函数在 $\mathcal{H}$ 中完备.

证明　因为 $\mathcal{A}$ 是反自伴的且有紧的预解式, 所以 $0, \infty \in \rho(A)$, 并且 $(i\mathcal{A})^{-1}$ 是紧的自伴算子以及 $\ker(i\mathcal{A})^{-1} = \{0\}$, 从而有 $\{\lambda_k((i\mathcal{A})^{-1})\}_{k=1}^{\infty} \in l^2$. 注意到

$$(i(\mathcal{A} + \mathcal{B}))^{-1} = (i\mathcal{A})^{-1}(I + \mathcal{B}\mathcal{A}^{-1})^{-1} = (i\mathcal{A})^{-1}(I - \mathcal{B}\mathcal{A}^{-1}(I + \mathcal{B}\mathcal{A}^{-1})^{-1}),$$

$\mathcal{B}\mathcal{A}^{-1}$ 和 $\mathcal{B}\mathcal{A}^{-1}(I + \mathcal{B}\mathcal{A}^{-1})^{-1}$ 是紧的且 $I - \mathcal{B}\mathcal{A}^{-1}(I + \mathcal{B}\mathcal{A}^{-1})^{-1}$ 是可逆的, 根据 Keldysh 定理 (定理 2.71), 定理得证. □

现在证明系统 (6.6) 的 Riesz 基性质.

定理 6.7　系统 (6.6) 是 Riesz 谱系统, 即 $\mathcal{A} + \mathcal{B}$ 的广义本征函数构成 $\mathcal{H}$ 的一组 Riesz 基. 因此, 谱确定增长条件 $s(\mathcal{A} + \mathcal{B}) = \omega(\mathcal{A} + \mathcal{B})$ 成立.

证明　由引理 6.2 可知 $\mathcal{A} + \mathcal{B}$ 在 $\mathcal{H}$ 上生成 C_0-群. 定理 6.6 证明了 $\mathcal{A} + \mathcal{B}$ 生成的广义本征函数在 $\mathcal{H}$ 中完备, 因此定理 2.75 的条件 (i) 成立. 定理 6.5 中 $\mathcal{A} + \mathcal{B}$ 的本征值的渐近表达式 (6.19) 和 (6.20) 满足定理 2.75 的条件 (ii) 和 (iii). 因此定理 2.75 的所有条件都满足, 由定理 2.75 可得算子 $\mathcal{A} + \mathcal{B}$ 的广义本征函数构成 $\mathcal{H}$ 中的一组 Riesz 基. 从而由系统的 Riesz 基性质可知系统的谱确定增长条件成立.　　　　□

定理 6.8　设 $b > 0$ 且 $k \neq 0$, 则系统 (6.6) 是指数稳定的.

证明　根据定理 6.7 可知谱确定增长条件 $s(\mathcal{A} + \mathcal{B}) = \omega(\mathcal{A} + \mathcal{B})$ 成立, 由引理 6.4 得对任意的 $\lambda \in \sigma(\mathcal{A} + \mathcal{B})$, $\mathrm{Re}\lambda < 0$, 定理 6.5 表明 $\sigma(\mathcal{A} + \mathcal{B})$ 不以虚轴为渐近线. 因此, $s(\mathcal{A} + \mathcal{B}) = \sup\{\mathrm{Re}\lambda : \lambda \in \sigma(\mathcal{A} + \mathcal{B})\} < 0$ 并且系统 (6.6) 是指数稳定的.　　　　□

6.2　耦合的梁–波动系统

这一节我们讨论通过边界耦合连接的 Euler-Bernoulli 梁–波动系统 (图 6.3):

$$
\begin{cases}
y_{tt}(x,t) + y_{xxxx}(x,t) = 0, & 0 < x < 1, t > 0, \\
z_{tt}(x,t) = z_{xx}(x,t) - 2bz_t(x,t) - b^2 z(x,t), & 1 < x < 2, t > 0, \\
y(0,t) = y_{xx}(0,t) = 0, & t \geqslant 0, \\
z(2,t) = y(1,t) = 0, & t \geqslant 0, \\
y_{xx}(1,t) = \alpha z_t(1,t), & t \geqslant 0, \\
z_x(1,t) = \alpha y_{xt}(1,t), & t \geqslant 0, \\
y(x,0) = y_0(x), y_t(x,0) = y_1(x), & 0 \leqslant x \leqslant 1, \\
z(x,0) = z_0(x), z_t(x,0) = z_1(x), & 1 \leqslant x \leqslant 2,
\end{cases}
\tag{6.37}
$$

其中 $b > 0$, $\alpha \neq 0 \in \mathbb{R}$. Euler-Bernoulli 梁和波动方程在 $x = 1$ 处相连, 方程的另一端都为固定边界.

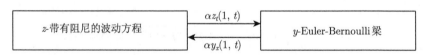

图 6.3　Euler-Bernoulli 梁与带有阻尼项的波动方程的耦合系统

为了方便研究引入变换:

$$
\begin{cases}
w(x,t) = y(1-x,t), & 0 < x < 1, t > 0, \\
u(x,t) = z(x+1,t), & 0 < x < 1, t > 0,
\end{cases}
\tag{6.38}
$$

则系统 (6.37) 可以改写为

$$
\begin{cases}
w_{tt}(x,t) + w_{xxxx}(x,t) = 0, & 0 < x < 1, t > 0, \\
u_{tt}(x,t) = u_{xx}(x,t) - 2bu_t(x,t) - b^2 u(x,t), & 0 < x < 1, t > 0, \\
w(1,t) = w_{xx}(1,t) = 0, & t \geqslant 0, \\
u(1,t) = w(0,t) = 0, & t \geqslant 0, \\
w_{xx}(0,t) = \alpha u_t(0,t), & t \geqslant 0, \\
u_x(0,t) = -\alpha w_{xt}(0,t), & t \geqslant 0, \\
w(x,0) = w_0(x), w_t(x,0) = w_1(x), & 0 \leqslant x \leqslant 1, \\
u(x,0) = u_0(x), u_t(x,0) = u_1(x), & 0 \leqslant x \leqslant 1.
\end{cases}
\tag{6.39}
$$

系统 (6.39) 的能量函数为

$$
E(t) = \frac{1}{2} \int_0^1 \left(w_t^2(x,t) + w_{xx}^2(x,t) + u_t^2(x,t) + u_x^2(x,t) + b^2 u^2(x,t) \right) dx,
$$

直接计算可得

$$
\frac{dE(t)}{dt} = -2b \int_0^1 u_t^2 dx \leqslant 0.
$$

因此, $E(t)$ 是非增的. 上式表示系统 (6.39) 也是弱连接系统.

6.2.1　系统适定性

根据系统能量, 我们在如下 Hilbert 空间 $\mathcal{H}$ 中考虑系统 (6.39):

$$
\mathcal{H} = H_E^2(0,1) \times L^2(0,1) \times H_R^1(0,1) \times L^2(0,1),
$$

其中 $H_E^2(0,1) = \{f \in H^2(0,1) | f(1) = f(0) = 0\}$, $H_R^1(0,1) = \{h \in H^1(0,1) | h(1) = 0\}$, 相应的内积定义为

$$
\langle X_1, X_2 \rangle = \int_0^1 \left[f_1''(x)\overline{f_2''(x)} + g_1(x)\overline{g_2(x)} + b^2 h_1(x)\overline{h_2(x)} \right.
$$
$$
\left. + h_1'(x)\overline{h_2'(x)} + k_1(x)\overline{k_2(x)} \right] dx,
$$

其中 $X_s = (f_s, g_s, h_s, k_s) \in \mathcal{H}$, $s = 1, 2$. 定义线性算子 $\mathcal{A}$ 和 $\mathcal{B}$ 为

$$
\begin{cases}
\mathcal{A}(f, g, h, k) = (g, -f^{(4)}, k, h'' - b^2 h), \quad \forall (f, g, h, k) \in D(\mathcal{A}), \\
D(\mathcal{A}) = \left\{ \begin{array}{l} (f, g, h, k) \in (H^4 \times H_E^2 \times H^2 \times H_R^1) \cap \mathcal{H} \\ f''(1) = 0, f''(0) = \alpha k(0), h'(0) = -\alpha g'(0) \end{array} \right\}
\end{cases}
\tag{6.40}
$$

和

$$
\mathcal{B}(f, g, h, k) = (0, 0, 0, -2bk), \quad \forall (f, g, h, k) \in D(\mathcal{B}) = \mathcal{H}.
\tag{6.41}
$$

显然 $\mathcal{B}$ 是 $\mathcal{H}$ 中的有界算子. 则系统 (6.39) 可以写成 $\mathcal{H}$ 上的抽象发展方程:

$$
\begin{cases}
\dfrac{dX(t)}{dt} = (\mathcal{A} + \mathcal{B}) X(t), \\
X(0) = X_0,
\end{cases}
\tag{6.42}
$$

其中 $X(t) = (w(\cdot, t), w_t(\cdot, t), u(\cdot, t), u_t(\cdot, t))$, X_0 为初值.

引理 6.9　$\mathcal{A}^{-1}$ 存在且在 $\mathcal{H}$ 中是紧的. $\mathcal{A}$ 是反自伴的, 并且 $\mathcal{A} + \mathcal{B}$ 在 $\mathcal{H}$ 上生成 C_0-群 $e^{(\mathcal{A}+\mathcal{B})t}$. $\mathcal{A} + \mathcal{B}$ 的谱 $\sigma(\mathcal{A} + \mathcal{B})$ 仅由孤立的本征值组成.

证明　对任意给定的 $(f_1, g_1, h_1, k_1) \in \mathcal{H}$, 求解

$$
\mathcal{A}(f, g, h, k) = (g, -f^{(4)}, k, h'' - b^2 h) = (f_1, g_1, h_1, k_1).
$$

可知 $g(x) = f_1(x)$, $k(x) = h_1(x)$, 以及 $f(x)$ 和 $h(x)$ 满足方程

$$
\begin{cases}
f^{(4)}(x) = -g_1(x), \\
f(0) = f(1) = f''(1) = 0, \quad f''(0) = \alpha h_1(0)
\end{cases}
\tag{6.43}
$$

和

$$
\begin{cases}
h''(x) - b^2 h = k_1(x), \\
h(1) = 0, \quad h'(0) = -\alpha g'(0) = -\alpha f_1'(0).
\end{cases}
\tag{6.44}
$$

经计算, 可得

$$
\begin{cases}
f(x) = \displaystyle\int_0^x \varphi(s)(x - s) ds - x \int_0^1 \varphi(s)(1 - s) ds, \\
\varphi(x) = \displaystyle\int_0^x g_1(s)(s - x) ds + x \int_0^1 g_1(s)(1 - s) ds + \alpha h_1(0)(1 - x)
\end{cases}
\tag{6.45}
$$

和

$$
\begin{cases}
h(x) = C \sinh b(1 - x) - \dfrac{1}{b} \displaystyle\int_x^1 \sinh b(x - s) k_1(s) ds, \\
C = \dfrac{-1}{b \cosh b} \left(\displaystyle\int_0^1 \cosh(bs) k_1(s) ds - \alpha f_1'(0) \right).
\end{cases}
\tag{6.46}
$$

从而得到唯一的 $(f,g,h,k) \in D(\mathcal{A})$. 因此, $\mathcal{A}^{-1}$ 存在, 由 Sobolev 嵌入定理可知 $\mathcal{A}^{-1}$ 是紧的.

另外, 容易验证 $\mathcal{A}^* = -\mathcal{A}$, 故 $\mathcal{A}$ 是反自伴的. 因此 $\mathcal{A}$ 的所有本征值均位于虚轴上, 并且 $\mathcal{A}$ 在 $\mathcal{H}$ 上生成一个 C_0-酉群 $e^{\mathcal{A}t}$. 由于 $\mathcal{B}$ 是 $\mathcal{H}$ 的有界算子, 利用算子半群的有界扰动定理可知 $\mathcal{A}+\mathcal{B}$ 在 $\mathcal{H}$ 上生成 C_0-群 $e^{(\mathcal{A}+\mathcal{B})t}$, 并且 $\mathcal{A}+\mathcal{B}$ 是预解紧的, 从而 $\mathcal{A}+\mathcal{B}$ 的谱 $\sigma(\mathcal{A}+\mathcal{B})$ 仅由孤立的本征值组成. 引理得证. □

引理 6.10　$\mathcal{A}+\mathcal{B}$ 是耗散的, $\mathcal{A}+\mathcal{B}$ 生成 $\mathcal{H}$ 上的压缩 C_0-群 $e^{(\mathcal{A}+\mathcal{B})t}$.

证明　给定 $X = (f,g,h,k) \in D(\mathcal{A}+\mathcal{B})$, 可知

$$\mathrm{Re}\langle(\mathcal{A}+\mathcal{B})X, X\rangle = \mathrm{Re}\langle\mathcal{B}X, X\rangle$$

$$= \mathrm{Re}\langle(0,0,0,-2bk), (f,g,h,k)\rangle = -2b\int_0^1 |k|^2 dx \leqslant 0. \tag{6.47}$$

因此, $\mathcal{A}+\mathcal{B}$ 是耗散的. 引理得证. □

6.2.2　谱分析

现在考虑算子 $\mathcal{A}+\mathcal{B}$ 的本征值. 令 $(\mathcal{A}+\mathcal{B})X = \lambda X, \lambda \in \sigma(\mathcal{A}+\mathcal{B}), 0 \neq X = (f,g,h,k) \in D(\mathcal{A}+\mathcal{B})$, 可得 $g(x) = \lambda f(x), k(x) = \lambda h(x), f(x)$ 和 $h(x)$ 满足谱方程:

$$\begin{cases} f^{(4)}(x) + \lambda^2 f(x) = 0, \\ h''(x) = (\lambda^2 + 2b\lambda + b^2)h(x) = (\lambda+b)^2 h(x), \\ f(0) = f(1) = f''(1) = 0, \ h(1) = 0, \\ f''(0) = \alpha\lambda h(0), \quad h'(0) = -\alpha\lambda f'(0). \end{cases} \tag{6.48}$$

引理 6.11　设 $\mathcal{A}$ 和 $\mathcal{B}$ 由 (6.40) 和 (6.41) 给出. 对于任何 $\lambda \in \sigma(\mathcal{A}+\mathcal{B})$, 都有 $\mathrm{Re}\lambda < 0$.

证明　由引理 6.10 可知 $\mathcal{A}+\mathcal{B}$ 是耗散的, 对任何 $\lambda \in \sigma(\mathcal{A}+\mathcal{B})$, 都有 $\mathrm{Re}\lambda \leqslant 0$. 因此, 我们只需证明在虚轴上没有 $\mathcal{A}+\mathcal{B}$ 的本征值. 令 $\lambda = \pm i\mu^2 \in \sigma(\mathcal{A}+\mathcal{B})$, $\mu \neq 0, \mu \in \mathbb{R}^+$ 以及 $X = (f,g,h,k) \in D(\mathcal{A}+\mathcal{B})$ 为 $\mathcal{A}+\mathcal{B}$ 对应于 λ 的本征函数. 由 (6.47) 可知

$$\mathrm{Re}\langle(\mathcal{A}+\mathcal{B})X, X\rangle = -2b\int_0^1 |k|^2 dx = 0.$$

因此, $k(x) = 0, k(x) = \lambda h(x) = 0, h(x) = 0$. 此外由 $(\mathcal{A}+\mathcal{B})X = \lambda X$ 得 $g(x) = \lambda f(x)$ 且满足方程:

$$\begin{cases} f^{(4)}(x) + \lambda^2 f(x) = 0, \\ f(0) = f(1) = f''(0) = f''(1) = f'(0) = 0, \end{cases}$$

从而 $f(x) = 0$. 故 $X = (f, g, h, k) = 0$. 即在虚轴上没有 $\mathcal{A} + \mathcal{B}$ 的本征值. 引理得证. $\square$

由引理 6.11 和算子 $\mathcal{A} + \mathcal{B}$ 的本征值关于实轴对称, 我们只需考虑位于复平面上第二象限的本征值 λ:

$$\lambda = \rho^2, \quad \rho \in S = \left\{ \rho \in \mathbb{C} \,\middle|\, \frac{\pi}{4} \leqslant \arg \rho \leqslant \frac{\pi}{2} \right\}.$$

把 $\lambda = \rho^2$ 代入 (6.48) 可得

$$\begin{cases} f^{(4)}(x) + \rho^4 f(x) = 0, \quad h''(x) = (\rho^2 + b)^2 h(x), \\ f(0) = f(1) = f''(1) = 0, \quad h(1) = 0, \\ f''(0) = \alpha \rho^2 h(0), \quad h'(0) = -\alpha \rho^2 f'(0). \end{cases} \tag{6.49}$$

$f(x)$ 和 $g(x)$ 的通解为

$$\begin{cases} f(x) = c_1 e^{\sqrt{i}\rho x} + c_2 e^{-\sqrt{i}\rho x} + c_3 e^{i\sqrt{i}\rho x} + c_4 e^{-i\sqrt{i}\rho x}, \\ h(x) = d_1 e^{(\rho^2 + b)x} + d_2 e^{-(\rho^2 + b)x}, \end{cases} \tag{6.50}$$

其中 c_1, c_2, c_3, c_4, d_1, d_2 为待定常数. 把 (6.50) 代入 (6.49) 的边界条件可得

$$\begin{cases} c_1 + c_2 + c_3 + c_4 = 0, \\ c_1 e^{\sqrt{i}\rho} + c_2 e^{-\sqrt{i}\rho} + c_3 e^{i\sqrt{i}\rho} + c_4 e^{-i\sqrt{i}\rho} = 0, \\ c_1 i\rho^2 e^{\sqrt{i}\rho} + c_2 i\rho^2 e^{-\sqrt{i}\rho} - c_3 i\rho^2 e^{i\sqrt{i}\rho} - c_4 i\rho^2 e^{-i\sqrt{i}\rho} = 0, \\ d_1 e^{\rho^2 + b} + d_2 e^{-(\rho^2 + b)} = 0, \\ c_1 i\rho^2 + c_2 i\rho^2 - c_3 i\rho^2 - c_4 i\rho^2 - \alpha \rho^2 d_1 - \alpha \rho^2 d_2 = 0, \\ -\alpha \sqrt{i}\rho^3 c_1 + \alpha \sqrt{i}\rho^3 c_2 - i\sqrt{i}\alpha \rho^3 c_3 + i\sqrt{i}\alpha \rho^3 c_4 - (\rho^2 + b)d_1 + (\rho^2 + b)d_2 = 0. \end{cases} \tag{6.51}$$

因此, 方程 (6.51) 有非平凡解 $\{c_1, c_2, c_3, c_4, d_1, d_2\}$ 当且仅当 (6.51) 的系数矩阵的行列式值等于 0, 即 $\det(\Delta(\rho)) = 0$, 其中

$$\Delta(\rho) = \begin{pmatrix} \Delta_{11}(\rho) & \Delta_{12}(\rho) \\ \Delta_{21}(\rho) & \Delta_{22}(\rho) \end{pmatrix}, \tag{6.52}$$

这里

$$\Delta_{11} = \begin{pmatrix} 1 & 1 & 1 \\ e^{\sqrt{i}\rho} & e^{-\sqrt{i}\rho} & e^{i\sqrt{i}\rho} \\ i\rho^2 e^{\sqrt{i}\rho} & i\rho^2 e^{-\sqrt{i}\rho} & -i\rho^2 e^{i\sqrt{i}\rho} \end{pmatrix}, \quad \Delta_{12} = \begin{pmatrix} 1 & 0 & 0 \\ e^{-i\sqrt{i}\rho} & 0 & 0 \\ -i\rho^2 e^{-i\sqrt{i}\rho} & 0 & 0 \end{pmatrix},$$

$$\Delta_{21} = \begin{pmatrix} 0 & 0 & 0 \\ i\rho^2 & i\rho^2 & -i\rho^2 \\ -\sqrt{i}\alpha\rho^3 & \sqrt{i}\alpha\rho^3 & -i\sqrt{i}\alpha\rho^3 \end{pmatrix}, \quad \Delta_{22} = \begin{pmatrix} 0 & e^{\rho^2+b} & e^{-(\rho^2+b)} \\ -i\rho^2 & -\alpha\rho^2 & -\alpha\rho^2 \\ i\sqrt{i}\alpha\rho^3 & -(\rho^2+b) & \rho^2+b \end{pmatrix}.$$

因此

$$\det(\Delta(\rho)) = -4\rho^4(\rho^2+b)[e^{\rho^2+b} + e^{-(\rho^2+b)}][e^{\sqrt{i}\rho} - e^{-\sqrt{i}\rho}][e^{i\sqrt{i}\rho} - e^{-i\sqrt{i}\rho}]$$
$$-2i\sqrt{i}\alpha^2\rho^7\left[e^{\rho^2+b} - e^{-(\rho^2+b)}\right]\left[i(e^{\sqrt{i}\rho} - e^{-\sqrt{i}\rho})(e^{i\sqrt{i}\rho} + e^{-i\sqrt{i}\rho})\right.$$
$$\left.-(e^{\sqrt{i}\rho} + e^{-\sqrt{i}\rho})(e^{i\sqrt{i}\rho} - e^{-i\sqrt{i}\rho})\right]. \tag{6.53}$$

根据上述的计算, 我们有如下结论.

定理 6.12　设 $\mathcal{A}$ 和 $\mathcal{B}$ 由 (6.40) 和 (6.41) 给出, $\Delta(\rho)$ 由 (6.52) 给出, 则 $\mathcal{A}+\mathcal{B}$ 的本征值为

$$\sigma(\mathcal{A}+\mathcal{B}) = \{\lambda_{1,n}, \overline{\lambda_{1,n}}, n \in \mathbb{N}\} \cup \{\lambda_{2,n}, \overline{\lambda_{2,n}}, n \in \mathbb{N}\}, \tag{6.54}$$

其中 $\lambda_{1,n}$ 和 $\lambda_{2,n}$ 有如下的渐近表达式:

$$\lambda_{1,n} = -b + n\pi i + \mathcal{O}(n^{-1/2}), \quad n \in \mathbb{N} \tag{6.55}$$

和

$$\lambda_{2,n} = -\beta_{1,n} + \beta_{2,n}i + \left(n+\frac{1}{4}\right)^2\pi^2 i + \mathcal{O}(n^{-1}), \quad n \in \mathbb{N}. \tag{6.56}$$

这里 $\beta_{1,n} > 0$ 和 $\beta_{2,n}$ 是两个实常数且 $\beta_{1,n}$ 满足

$$2^{-1}\alpha^2\beta_{1,n} = \frac{\gamma_{1,n}^2 - 1 + \gamma_{2,n}^2}{(\gamma_{1,n}-1)^2 + \gamma_{2,n}^2} = \frac{e^{4b-4\beta_{1,n}} - 1}{(\gamma_{1,n}-1)^2 + \gamma_{2,n}^2}, \tag{6.57}$$

其中

$$\begin{cases} \gamma_{1,n} = e^{2b-2\beta_{1,n}}\cos\left[2\beta_{2,n} + 2\left(n+\frac{1}{4}\right)^2\pi^2\right], \\ \gamma_{2,n} = e^{2b-2\beta_{1,n}}\sin\left[2\beta_{2,n} + 2\left(n+\frac{1}{4}\right)^2\pi^2\right]. \end{cases} \tag{6.58}$$

此外, 当 $n \to \infty$ 时,

$$\beta_{1,n} \nrightarrow 0. \tag{6.59}$$

因此, 当 $n \to \infty$ 时,

$$\mathrm{Re}\lambda_{1,n}^{\pm} \to -b < 0, \quad \mathrm{Re}\lambda_{2,n}^{\pm} = -\beta_{1,n}(< 0) \nrightarrow 0, \tag{6.60}$$

证明 由 $\det(\Delta(\rho)) = 0$ 可知

$$
\begin{aligned}
& 2\sqrt{i}\alpha^2\rho^7(e^{\rho^2+b} - e^{-(\rho^2+b)})(e^{\sqrt{i}\rho} - e^{-\sqrt{i}\rho})(e^{i\sqrt{i}\rho} + e^{-i\sqrt{i}\rho}) \\
& + 2i\sqrt{i}\alpha^2\rho^7(e^{\rho^2+b} - e^{-(\rho^2+b)})(e^{\sqrt{i}\rho} + e^{-\sqrt{i}\rho})(e^{i\sqrt{i}\rho} - e^{-i\sqrt{i}\rho}) \\
& - 4\rho^4(\rho^2 + b)(e^{\rho^2+b} + e^{-(\rho^2+b)})(e^{\sqrt{i}\rho} - e^{-\sqrt{i}\rho})(e^{i\sqrt{i}\rho} - e^{-i\sqrt{i}\rho}) = 0. \tag{6.61}
\end{aligned}
$$

我们将区间 $\left(\dfrac{\pi}{4}, \dfrac{\pi}{2}\right)$ 分为 $\left(\dfrac{\pi}{4}, \dfrac{\pi}{2}\right) = \left(\dfrac{\pi}{4}, \dfrac{3\pi}{8}\right) \cup \left[\dfrac{3\pi}{8}, \dfrac{\pi}{2}\right)$, 分两种情况进行讨论.

(i) 当 $\arg\rho \in \mathcal{S}_1 = \left(\dfrac{\pi}{4}, \dfrac{3\pi}{8}\right)$ 时, $\arg\rho^2 \in \left(\dfrac{\pi}{2}, \dfrac{3\pi}{4}\right)$, $\arg\sqrt{i}\rho \in \left(\dfrac{\pi}{2}, \dfrac{5\pi}{8}\right)$, $\arg i\sqrt{i}\rho \in \left(\pi, \dfrac{9\pi}{8}\right)$ 并且对所有的 $\arg\rho \in \mathcal{S}_1$ 都有

$$\mathrm{Re}(i\sqrt{i}\rho) < -|\rho|\cos\frac{\pi}{8} < 0.$$

因此, 当 $\arg\rho \in \mathcal{S}_1$ 且 $\rho \to \infty$ 时, $|e^{i\sqrt{i}\rho}| \to 0$, $|e^{-i\sqrt{i}\rho}| \to \infty$. 从而方程 (6.61) 可改写为

$$
\begin{aligned}
& \left[e^{\rho^2+b} - e^{-(\rho^2+b)}\right]\left[(1+i)e^{\sqrt{i}\rho} + (1-i)e^{-\sqrt{i}\rho}\right] \\
& + 2\sqrt{i}\alpha^{-2}\rho^{-1}\left[e^{\rho^2+b} + e^{-(\rho^2+b)}\right]\left[e^{\sqrt{i}\rho} - e^{-\sqrt{i}\rho}\right] + \mathcal{O}(\rho^{-3}) = 0. \tag{6.62}
\end{aligned}
$$

由方程 $\left[e^{\rho^2+b} - e^{-(\rho^2+b)}\right]\left[(1+i)e^{\sqrt{i}\rho} + (1-i)e^{-\sqrt{i}\rho}\right] = 0$ 可得

$$e^{(\rho^2+b)} - e^{-(\rho^2+b)} = 0 \quad \text{或} \quad (1+i)e^{\sqrt{i}\rho} + (1-i)e^{-\sqrt{i}\rho} = 0. \tag{6.63}$$

则方程 (6.63) 的解为

$$
\begin{cases}
\tilde{\lambda}_{1,n} = \tilde{\rho}_{1,n}^2 = -b + n\pi i, & n \in \mathbb{N}, \\
\tilde{\rho}_{2,n} = \left(n + \dfrac{1}{4}\right)\sqrt{i}\pi, \quad \tilde{\lambda}_{2,n} = \tilde{\rho}_{2,n}^2 = \left(n + \dfrac{1}{4}\right)^2 \pi^2 i, & n \in \mathbb{N}.
\end{cases} \tag{6.64}
$$

应用 Rouché 定理可知, 当 $n \in \mathbb{N}$ 且 $n \to \infty$ 时, 方程 (6.62) 的解为

$$\lambda_{1,n} = -b + n\pi i + \mathcal{O}(n^{-1/2}), \quad n \in \mathbb{N} \tag{6.65}$$

和

$$\rho_{2,n} = \tilde{\rho}_{2,n} + \alpha_n = \left(n + \frac{1}{4}\right)\sqrt{i}\pi + \alpha_n, \quad \alpha_n = \mathcal{O}(n^{-1}), \quad n \in \mathbb{N}. \tag{6.66}$$

对于 $\rho_{2,n}$, 我们需要进一步估计 α_n. 由

$$\lambda_{2,n} = \rho_{2,n}^2 = \left(n + \frac{1}{4}\right)^2 \pi^2 i + 2\alpha_n\left(n + \frac{1}{4}\right)\sqrt{i}\pi + \mathcal{O}(n^{-2}), \tag{6.67}$$

结合 (6.62) 可得

$$(1+i)e^{\sqrt{i}(\tilde{\rho}_{2,n}+\alpha_n)} + (1-i)e^{-\sqrt{i}(\tilde{\rho}_{2,n}+\alpha_n)}$$

$$+ 2\sqrt{i}\alpha^{-2}\rho_{2,n}^{-1}\frac{e^{2(\lambda_{2,n}+b)}+1}{e^{2(\lambda_{2,n}+b)}-1}\left(e^{\sqrt{i}(\tilde{\rho}_{2,n}+\alpha_n)} - e^{-\sqrt{i}(\tilde{\rho}_{2,n}+\alpha_n)}\right) + \mathcal{O}(\rho_{2,n}^{-3}) = 0.$$

根据 $(1+i)e^{\sqrt{i}\tilde{\rho}_{2,n}} + (1-i)e^{-\sqrt{i}\tilde{\rho}_{2,n}} = 0$, 上述方程可以改写为

$$(1-i)e^{\sqrt{i}\alpha_n} - (1-i)e^{-\sqrt{i}\alpha_n}$$

$$-2\sqrt{i}\alpha^{-2}\tilde{\rho}_{2,n}^{-1}\frac{e^{2(\lambda_{2,n}+b)}+1}{e^{2(\lambda_{2,n}+b)}-1}\left(-\frac{1-i}{1+i}e^{\sqrt{i}\alpha_n} - e^{-\sqrt{i}\alpha_n}\right) + \mathcal{O}(\tilde{\rho}_{2,n}^{-3}) = 0.$$

运用 Taylor 展式可知

$$-2(1-i)\sqrt{i}\alpha_n - \frac{4\sqrt{i}}{1+i}\alpha^{-2}\tilde{\rho}_{2,n}^{-1}\frac{e^{2(\lambda_{2,n}+b)}+1}{e^{2(\lambda_{2,n}+b)}-1} + \mathcal{O}(\tilde{\rho}_{2,n}^{-2}) = 0,$$

从而

$$\alpha_n = -\alpha^{-2}\tilde{\rho}_{2,n}^{-1}\frac{e^{2(\lambda_{2,n}+b)}+1}{e^{2(\lambda_{2,n}+b)}-1} + \mathcal{O}(\tilde{\rho}_{2,n}^{-2}).$$

因此

$$\rho_{2,n} = \tilde{\rho}_{2,n} - \alpha^{-2}\tilde{\rho}_{2,n}^{-1}\frac{e^{2(\lambda_{2,n}+b)}+1}{e^{2(\lambda_{2,n}+b)}-1} + \mathcal{O}(\tilde{\rho}_{2,n}^{-2}),$$

以及

$$\lambda_{2,n} = \rho_{2,n}^2 = \tilde{\rho}_{2,n}^2 - 2\alpha^{-2}\frac{e^{2(\lambda_{2,n}+b)}+1}{e^{2(\lambda_{2,n}+b)}-1} + \mathcal{O}(\tilde{\rho}_{2,n}^{-1})$$

$$= \left(n + \frac{1}{4}\right)^2\pi^2 i - 2\alpha^{-2}\frac{e^{2(\lambda_{2,n}+b)}+1}{e^{2(\lambda_{2,n}+b)}-1} + \mathcal{O}(n^{-1}).$$

为了得到关于 $\lambda_{2,n}$ 更加精确的估计, 令

$$-2\alpha^{-2}\frac{e^{2(\lambda_{2,n}+b)}+1}{e^{2(\lambda_{2,n}+b)}-1}+\mathcal{O}(n^{-1})=-\beta_{1,n}+\beta_{2,n}i+\mathcal{O}(n^{-1}), \qquad (6.68)$$

则

$$\lambda_{2,n}=-\beta_{1,n}+\beta_{2,n}i+\left(n+\frac{1}{4}\right)^2\pi^2i+\mathcal{O}(n^{-1}).$$

由引理 6.11 可知 $\beta_{1,n}>0$. 因此

$$
\begin{aligned}
e^{2(\lambda_{2,n}+b)}&=e^{2b-2\beta_{1,n}}e^{2\left[\beta_{2,n}+\left(n+\frac{1}{4}\right)^2\pi^2\right]i}+\mathcal{O}(n^{-1})\\
&=e^{2b-2\beta_{1,n}}\cos\left[2\beta_{2,n}+2\left(n+\frac{1}{4}\right)^2\pi^2\right]\\
&\quad+ie^{2b-2\beta_{1,n}}\sin\left[2\beta_{2,n}+2\left(n+\frac{1}{4}\right)^2\pi^2\right]+\mathcal{O}(n^{-1})\\
&=\gamma_{1,n}+i\gamma_{2,n}+\mathcal{O}(n^{-1}),
\end{aligned}
$$

其中 $\gamma_{1,n}$ 和 $\gamma_{2,n}$ 由 (6.58) 给出. 此外

$$
\begin{aligned}
\frac{e^{2(\lambda_{2,n}+b)}+1}{e^{2(\lambda_{2,n}+b)}-1}&=\frac{1+\gamma_{1,n}+i\gamma_{2,n}}{\gamma_{1,n}-1+i\gamma_{2,n}}+\mathcal{O}(n^{-1})\\
&=\frac{(1+\gamma_{1,n}+i\gamma_{2,n})(\gamma_{1,n}-1-i\gamma_{2,n})}{(\gamma_{1,n}-1)^2+\gamma_{2,n}^2}+\mathcal{O}(n^{-1})\\
&=\frac{\gamma_{1,n}^2-1+\gamma_{2,n}^2-2i\gamma_{2,n}}{(\gamma_{1,n}-1)^2+\gamma_{2,n}^2}+\mathcal{O}(n^{-1})\\
&=\frac{\gamma_{1,n}^2-1+\gamma_{2,n}^2}{(\gamma_{1,n}-1)^2+\gamma_{2,n}^2}-i\frac{2\gamma_{2,n}}{(\gamma_{1,n}-1)^2+\gamma_{2,n}^2}+\mathcal{O}(n^{-1}),
\end{aligned}
$$

结合 (6.68) 可得

$$2^{-1}\alpha^2\beta_{1,n}=\frac{\gamma_{1,n}^2-1+\gamma_{2,n}^2}{(\gamma_{1,n}-1)^2+\gamma_{2,n}^2}=\frac{e^{4b-4\beta_{1,n}}-1}{(\gamma_{1,n}-1)^2+\gamma_{2,n}^2}$$

和

$$2^{-1}\alpha^2\beta_{2,n}=\frac{2\gamma_{2,n}}{(\gamma_{1,n}-1)^2+\gamma_{2,n}^2}.$$

因此

$$
\begin{aligned}
\lambda_{2,n}=&-2\alpha^{-2}\frac{\gamma_{1,n}^2-1+\gamma_{2,n}^2}{(\gamma_{1,n}-1)^2+\gamma_{2,n}^2}+\left(n+\frac{1}{4}\right)^2\pi^2i\\
&+4\alpha^{-2}\frac{\gamma_{2,n}}{(\gamma_{1,n}-1)^2+\gamma_{2,n}^2}i+\mathcal{O}(n^{-1}). \qquad (6.69)
\end{aligned}
$$

通过对比 (6.56) 和 (6.69) 可得 $\beta_{1,n}$ 满足 (6.57). 最后证明当 $n \to \infty$ 时 $\beta_{1,n} \nrightarrow 0$. 事实上, 当 $\beta_{1,n} \to 0$ 时, (6.57) 的右边不趋向于 0. 矛盾!.

(ii) 当 $\arg \rho \in \mathcal{S}_2 = \left[\dfrac{3\pi}{8}, \dfrac{\pi}{2}\right]$ 时, $\arg \rho^2 \in \left[\dfrac{3\pi}{4}, \pi\right)$, $\arg \sqrt{i}\rho \in \left[\dfrac{5\pi}{8}, \dfrac{3\pi}{4}\right)$, $\arg i\sqrt{i}\rho \in \left[\dfrac{9\pi}{8}, \dfrac{5\pi}{4}\right)$, 并且对所有的 $\arg \rho \in \mathcal{S}_2$ 都有

$$\operatorname{Re}\rho^2 \leqslant -|\rho^2| \cos \frac{\pi}{4} < 0, \quad \operatorname{Re}(\sqrt{i}\rho) \leqslant -|\rho| \cos \frac{3\pi}{8} < 0, \quad \operatorname{Re}(i\sqrt{i}\rho) < -|\rho| \cos \frac{\pi}{4} < 0.$$

因此当 $\arg \rho \in \mathcal{S}_2$ 且 $\rho \to \infty$ 时,

$$\begin{cases} \left|e^{(\rho^2+b)}\right| \to 0, \\ \left|e^{-(\rho^2+b)}\right| \to \infty, \end{cases} \quad \begin{cases} \left|e^{\sqrt{i}\rho}\right| \to 0, \\ \left|e^{-\sqrt{i}\rho}\right| \to \infty, \end{cases} \quad \begin{cases} \left|e^{i\sqrt{i}\rho}\right| \to 0, \\ \left|e^{-i\sqrt{i}\rho}\right| \to \infty. \end{cases}$$

因此 (6.61) 的左边满足如下估计

$$e^{-(\rho^2+b)}e^{-\sqrt{i}\rho}e^{-i\sqrt{i}\rho}\left(1 - i + \mathcal{O}(\rho^{-1})\right) \to \infty,$$

从而当 $\arg \rho \in \mathcal{S}_2$ 且 $\rho \to \infty$ 时 $\det(\Delta(\rho))$ 无解. 定理得证. □

推论 6.13 当 n 充分大时, $0 < \beta_{1,n} < b$, 并且当 $n \to \infty$, 有如下估计:

(1) 如果 $2\alpha^{-2} > b$, 则

$$b - \frac{1}{2}\ln\frac{2 + \alpha^2 b}{2 - \alpha^2 b} < \beta_{1,n} < b; \tag{6.70}$$

(2) 如果 $2\alpha^{-2} \leqslant b$, 则

$$\beta^* \leqslant \beta_{1,n} < b, \tag{6.71}$$

其中 $\beta^* \in (0, 2\alpha^{-2})$ 满足等式

$$(2 - \alpha^2 \beta^*)e^{2b-2\beta^*} = 2 + \alpha^2 \beta^*. \tag{6.72}$$

证明 首先证明 $0 < \beta_{1,n} < b$. 由 (6.56) 和 (6.57) 可知

$$\operatorname{Re}\lambda_{2,n} = -\beta_{1,n} = -\frac{2}{\alpha^2}\frac{e^{4b-4\beta_{1,n}} - 1}{(\gamma_{1,n} - 1)^2 + \gamma_{2,n}^2}, \tag{6.73}$$

其中 $\gamma_{1,n}$ 和 $\gamma_{2,n}$ 由 (6.58) 给出. 根据引理 6.11 可知所有本征值的实部都是负的, 从而

$$\operatorname{Re}\lambda_{2,n} = -\beta_{1,n} < 0,$$

故 $\beta_{1,n} > 0$. 此外, 表达式 (6.73) 的分子 $e^{4b-4\beta_{1,n}} - 1$ 是严格正的, 即

$$e^{4b-4\beta_{1,n}} > 1,$$

所以 $\beta_{1,n} < b$. 因此, $0 < \beta_{1,n} < b$.

另外由 (6.58) 和 (6.73) 可得

$$\frac{1}{2}\alpha^2\beta_{1,n} = \frac{e^{4b-4\beta_{1,n}} - 1}{(\gamma_{1,n} - 1)^2 + \gamma_{2,n}^2} = \frac{\left(e^{2b-2\beta_{1,n}} + 1\right)\left(e^{2b-2\beta_{1,n}} - 1\right)}{(\gamma_{1,n} - 1)^2 + \gamma_{2,n}^2}$$

和

$$(\gamma_{1,n} - 1)^2 + \gamma_{2,n}^2 = e^{4b-4\beta_{1,n}} + 1 - 2e^{2b-2\beta_{1,n}}\cos\left[2\beta_{2,n} + 2\left(n + \frac{1}{4}\right)^2\pi^2\right].$$

因此我们可以得到如下的估计:

$$\left[e^{2b-2\beta_{1,n}} - 1\right]^2 \leqslant (\gamma_{1,n} - 1)^2 + \gamma_{2,n}^2 \leqslant \left[e^{2b-2\beta_{1,n}} + 1\right]^2$$

和

$$\frac{e^{2b-2\beta_{1,n}} - 1}{e^{2b-2\beta_{1,n}} + 1} \leqslant \frac{1}{2}\alpha^2\beta_{1,n} = \frac{e^{4b-4\beta_{1,n}} - 1}{(\gamma_{1,n} - 1)^2 + \gamma_{2,n}^2} \leqslant \frac{e^{2b-2\beta_{1,n}} + 1}{e^{2b-2\beta_{1,n}} - 1}. \tag{6.74}$$

由 (6.74) 左右两边的不等式可以得到:

$$\left(2 - \alpha^2\beta_{1,n}\right)e^{2b-2\beta_{1,n}} \leqslant 2 + \alpha^2\beta_{1,n}$$

和

$$-\left(2 - \alpha^2\beta_{1,n}\right)e^{2b-2\beta_{1,n}} \leqslant 2 + \alpha^2\beta_{1,n}.$$

因此

$$\left|2 - \alpha^2\beta_{1,n}\right|e^{2b-2\beta_{1,n}} \leqslant 2 + \alpha^2\beta_{1,n}, \qquad \frac{\left|2 - \alpha^2\beta_{1,n}\right|}{2 + \alpha^2\beta_{1,n}}e^{2b} \leqslant e^{2\beta_{1,n}}. \tag{6.75}$$

这里有两种情况.

(1) 当 $2\alpha^{-2} > b$ 时, $\alpha^2 b < 2$ 且 $2 - \alpha^2 b > 0$. 因为 $0 < \beta_{1,n} < b$, 所以 $2 - \alpha^2\beta_{1,n} > 0$. 显然对于如何 $x \in \mathbb{R}$,

$$\text{函数 } \frac{1-x}{1+x} \text{ 是严格单调递减的.}$$

结合 (6.75) 可知

$$\beta_{1,n} \geqslant \frac{1}{2} \ln \left[\frac{2 - \alpha^2 \beta_{1,n}}{2 + \alpha^2 \beta_{1,n}} e^{2b} \right] > \frac{1}{2} \ln \left[\frac{2 - \alpha^2 b}{2 + \alpha^2 b} e^{2b} \right]$$

$$= b + \frac{1}{2} \ln \frac{2 - \alpha^2 b}{2 + \alpha^2 b} = b - \frac{1}{2} \ln \frac{2 + \alpha^2 b}{2 - \alpha^2 b},$$

因此 $\beta_{1,n}$ 满足

$$b - \frac{1}{2} \ln \frac{2 + \alpha^2 b}{2 - \alpha^2 b} < \beta_{1,n} < b.$$

这得到估计 (6.70).

(2) 当 $2\alpha^{-2} \leqslant b$ 时, $\alpha^2 b \geqslant 2$ 且 $2 - \alpha^2 b \leqslant 0$. 当 $\beta_{1,n}$ 满足 $2\alpha^{-2} \leqslant \beta_{1,n} < b$ 时, 由于

$$函数 \frac{x - 1}{1 + x} 是严格单调递增的,$$

因此, 当 $\beta_{1,n} \in [2\alpha^{-2}, b)$ 时, 估计 (6.75) 成立. 当 $0 < \beta_{1,n} < 2\alpha^{-2}$ 时, $2 - \alpha^2 \beta_{1,n} > 0$. 令 β^* 为 (6.72) 的解, 即

$$(2 - \alpha^2 \beta^*) e^{2b - 2\beta^*} = 2 + \alpha^2 \beta^*.$$

再次利用函数 $\frac{1 - x}{1 + x}$ 在实数轴上是严格单调递减的, 可知当 $\beta_{1,n} \in [\beta^*, 2\alpha^{-2})$ 时, 估计 (6.75) 成立.

综上所述, 当

$$\beta^* \leqslant \beta_{1,n} < b$$

时, 不等式 (6.75) 成立. 从而估计 (6.71) 成立. 推论得证. □

6.2.3　指数稳定性

现在讨论系统 (6.39) 的 Riesz 基性质以及稳定性. 因为 $\mathcal{B}$ 是 $\mathcal{H}$ 中的有界算子, 我们首先可以应用 Keldysh 定理 (定理 2.71) 证明系统 (6.39) 的完备性.

定理 6.14　设 $\mathcal{A}$ 和 $\mathcal{B}$ 由 (6.40) 和 (6.41) 给出, 则 $\mathcal{A} + \mathcal{B}$ 的广义本征函数在 $\mathcal{H}$ 中完备.

证明　因为 $\mathcal{A}$ 是反自伴的且有紧的预解式, 以及 0, $\infty \in \rho(\mathcal{A})$, 则 $(i\mathcal{A})^{-1}$ 是紧的自伴算子且 $\ker(i\mathcal{A})^{-1} = \{0\}$, 我们有 $\{\lambda_k((i\mathcal{A})^{-1})\}_{k=1}^{\infty} \in l^2$. 注意到

$$(i(\mathcal{A} + \mathcal{B}))^{-1} = (i\mathcal{A})^{-1} (I + \mathcal{B}\mathcal{A}^{-1})^{-1} = (i\mathcal{A})^{-1} (I - \mathcal{B}\mathcal{A}^{-1}(I + \mathcal{B}\mathcal{A}^{-1})^{-1}),$$

因此 $\mathcal{B}\mathcal{A}^{-1}$ 和 $\mathcal{B}\mathcal{A}^{-1}(I + \mathcal{B}\mathcal{A}^{-1})^{-1}$ 是紧的且 $I - \mathcal{B}\mathcal{A}^{-1}(I + \mathcal{B}\mathcal{A}^{-1})^{-1}$ 是可逆的, 根据 Keldysh 定理 (定理 2.71), 定理得证. □

定理 6.15   系统 (6.39) 是 Riesz 谱系统, 即 $\mathcal{A}+\mathcal{B}$ 的广义本征函数构成 $\mathcal{H}$ 的一组 Riesz 基. 因此, 谱确定增长条件 $s(\mathcal{A}+\mathcal{B})=\omega(\mathcal{A}+\mathcal{B})$ 成立.

证明   由引理 6.10 可知 $\mathcal{A}+\mathcal{B}$ 在 $\mathcal{H}$ 上生成 C_0-群. 定理 6.14 证明了 $\mathcal{A}+\mathcal{B}$ 的广义本征函数在 $\mathcal{H}$ 完备, 因此定理 2.75 的条件 (i) 成立. 定理 6.12 中 $\mathcal{A}+\mathcal{B}$ 的本征值的渐近表达式 (6.55) 和 (6.56) 满足定理 2.75 的条件 (ii) 和 (iii). 因此定理 2.75 的所有条件都满足, 由定理 2.75 可得算子 $\mathcal{A}+\mathcal{B}$ 的广义本征函数构成 $\mathcal{H}$ 中的一组 Riesz 基. 从而由系统的 Riesz 基性质可知系统的谱确定增长条件成立: $s(\mathcal{A}+\mathcal{B})=\omega(\mathcal{A}+\mathcal{B})$. $\qquad\square$

定理 6.16   设 $b>0$ 且 $\alpha\neq 0$, 则系统 (6.39) 是指数稳定的.

证明   根据定理 6.15 可知谱确定增长条件 $s(\mathcal{A}+\mathcal{B})=\omega(\mathcal{A}+\mathcal{B})$ 成立, 由引理 6.11 可知对 $\forall\lambda\in\sigma(\mathcal{A}+\mathcal{B})$, $\mathrm{Re}\lambda<0$, 定理 6.12 表明 $\sigma(\mathcal{A}+\mathcal{B})$ 不以虚轴为渐近线. 因此, $s(\mathcal{A}+\mathcal{B})=\sup\{\mathrm{Re}\lambda:\lambda\in\sigma(\mathcal{A}+\mathcal{B})\}<0$ 并且系统 (6.39) 是指数稳定的. $\qquad\square$

6.3 耦合的梁与带有 K-V 阻尼的波方程

这一节讨论带有 Kelvin-Voigt(K-V) 阻尼的波方程与 Euler-Bernoulli 梁方程通过边界耦合连接的偏微分系统:

$$\begin{cases} w_{tt}(x,t)+w_{xxxx}(x,t)=0, & 0<x<1, t>0,\\[2pt] u_{tt}(x,t)=u_{xx}(x,t)+\beta u_{xxt}(x,t), & 0<x<1, t>0,\\[2pt] w(1,t)=w_{xx}(1,t)=w(0,t)=0, & t\geqslant 0,\\[2pt] u(1,t)=0, & t\geqslant 0,\\[2pt] w_{xx}(0,t)=\alpha u_t(0,t), & t\geqslant 0,\\[2pt] \beta u_{xt}(0,t)+u_x(0,t)=-\alpha w_{xt}(0,t), & t\geqslant 0,\\[2pt] w(x,0)=w_0(x), w_t(x,0)=w_1(x), & 0\leqslant x\leqslant 1,\\[2pt] u(x,0)=u_0(x), u_t(x,0)=u_1(x), & 0\leqslant x\leqslant 1, \end{cases} \tag{6.76}$$

其中 (w_0,w_1,u_0,u_1) 为系统的初始状态, 参数 α,β 为常数, 且满足 $\alpha\neq 0$, $\beta>0$. 该系统为具有结构阻尼 $\beta u_{xxt}(x,t)$ 的波方程和 Euler-Bernoulli 梁方程通过边界链接形成的耦合系统. 系统(6.76) 的能量函数为

$$E(t)=\frac{1}{2}\int_0^1\left[w_t^2(x,t)+w_{xx}^2(x,t)+u_t^2(x,t)+u_x^2(x,t)\right]dx.$$

因此, 系统能量函数的导数满足

$$\dot{E}(t) = -\int_0^1 \beta u_{xt}^2(x,t)dx \leqslant 0, \tag{6.77}$$

所以能量函数 $E(t)$ 是非增的, 并且系统为弱耦合的: 能量函数的导数只包含波子系统的项, 却不包含梁子系统.

6.3.1 适定性

定义系统 (6.76) 的状态空间为: $\mathcal{H} = H_L^2 \times L^2 \times H_L^1 \times L^2$, 其中 $H_L^2 = \{f | f \in H^2(0,1), f(0) = f(1) = 0\}$, $H_L^1 = \{h | h \in H^1(0,1), h(1) = 0\}$. $\mathcal{H}$ 中的范数由如下内积导出:

$$\langle X_1, X_2 \rangle = \int_0^1 \left[f_1''(x)\overline{f_2''(x)} + g_1(x)\overline{g_2(x)} + h_1'(x)\overline{h_2'(x)} + l_1(x)\overline{l_2(x)} \right] dx,$$

其中 $X_i = (f_i, g_i, h_i, l_i) \in \mathcal{H}, i = 1, 2$. 定义系统算子 A:

$$\begin{cases} A(f,g,h,l)^{\mathrm{T}} = (g, -f^{(4)}, l, (h'+\beta l')')^{\mathrm{T}}, \forall \, (f,g,h,l)^{\mathrm{T}} \in D(A), \\ D(A) = \left\{ \begin{array}{l} (f,g,h,l)^{\mathrm{T}} \in \mathcal{H}, \\ A(f,g,h,l)^{\mathrm{T}} \in \mathcal{H} \end{array} \left| \begin{array}{l} h'+\beta l' \in H^1(0,1), \\ f''(1) = 0, \\ g(0) = g(1) = l(1) = 0, \\ f''(0) = \alpha l(0), \\ \beta l'(0) + h'(0) = -\alpha g'(0) \end{array} \right. \right\}. \end{cases} \tag{6.78}$$

则系统 (6.76) 转化为 Hilbert 空间 $\mathcal{H}$ 上的抽象发展方程:

$$\begin{cases} \dot{X}(t) = AX(t), \quad t > 0, \\ X(0) = X_0, \end{cases} \tag{6.79}$$

其中系统状态为 $X(t) = (w(\cdot,t), w_t(\cdot,t), u(\cdot,t), u_t(\cdot,t))^{\mathrm{T}}$, 初始条件为 $X_0 = (\omega_0, \omega_1, u_0, u_1)^{\mathrm{T}}$.

定理 6.17 设算子 A 由 (6.78) 定义, 则算子 A 为可逆的耗散算子, 并且 A 生成 $\mathcal{H}$ 上的 C_0-压缩半群 e^{At}.

证明 对于任意的 $(\phi, \psi, \omega, \nu)^{\mathrm{T}} \in \mathcal{H}$, 由 $A(f, g, h, l)^{\mathrm{T}} = (\phi, \psi, \omega, \nu)^{\mathrm{T}}$, 可得 $g(x) = \phi(x)$, $l(x) = \omega(x)$, 以及 $h(x)$ 和 $f(x)$ 满足方程组:

$$
\begin{cases}
f^{(4)}(x) = -\psi(x), \quad h''(x) = \nu(x) - \beta\omega''(x), \\
f(0) = f(1) = f''(1) = 0, \quad f''(0) = \alpha\omega(0), \\
h(1) = 0, \quad h'(0) = -\alpha\phi'(0) - \beta\omega'(0).
\end{cases} \tag{6.80}
$$

求解方程(6.80)可得 $h(x)$ 和 $f(x)$ 的表达式为

$$
h(x) = (\alpha\phi'(0) + \beta\omega'(0))(1 - x)
$$

$$
- \left[\int_0^x (1-x)(\nu(\xi) - \beta\omega''(\xi))d\xi + \int_x^1 (1-\xi)(\nu(\xi) - \beta\omega''(\xi))d\xi \right] \tag{6.81}
$$

和

$$
\begin{cases}
f(x) = \int_0^x (x - \xi)p(\xi)d\xi - x\int_0^1 (1-\xi)p(\xi)d\xi, \\
p(x) = \int_0^x (\xi - x)\psi(\xi)d\xi + x\int_0^1 (1-\xi)\psi(\xi)d\xi + \alpha\omega(0)(1-x).
\end{cases} \tag{6.82}
$$

由 (6.81) 和 $l(x) = \omega(x)$, 容易验证

$$
h'(x) + \beta l'(x) = \int_0^x \nu(\xi)d\xi - \alpha\phi'(0) \in H^1(0,1).
$$

因此满足(6.81), (6.82), $g(x) = \phi(x)$ 和 $l(x) = \omega(x)$ 的 $(f, g, h, l) \in D(A)$ 为方程 $A(f, g, h, l) = (\phi, \psi, \omega, \nu)$ 的唯一解, 从而 A^{-1} 存在且有界, 即 $0 \in \rho(A)$.

现在证明算子 A 为 $\mathcal{H}$ 上的耗散算子. 对于任意的 $X = (f, g, h, l) \in D(A)$, 有

$$
\langle AX, X \rangle = \langle (g, -f^{(4)}, l, (h' + \beta l')'), (f, g, h, l) \rangle
$$

$$
= \int_0^1 \left[g''\overline{f''} - f^{(4)}\overline{g} + l'\overline{h'} + (h' + \beta l')'\overline{l} \right] dx
$$

$$
= \int_0^1 \left[g''\overline{f''} - f''\overline{g''} + l'\overline{h'} - (h' + \beta l')\overline{l'} \right] dx - f^{(3)}g|_0^1 + f''\overline{g'}|_0^1 + (h' + \beta l')\overline{l}|_0^1
$$

$$
= \int_0^1 \left[g''\overline{f''} - f''\overline{g''} + l'\overline{h'} - h'\overline{l'} \right] dx
$$

$$
+ l(0)[\beta\overline{l'(0)} - \overline{h'(0)}] - \overline{l(0)}[\beta l'(0) - h'(0)] - \beta\int_0^1 |l'|^2 dx.
$$

由于 $\displaystyle\int_0^1 \left[g''\overline{f''} - f''\overline{g''} + l'\overline{h'} - h'\overline{l'}\right] dx + l(0)[\beta\overline{l'(0)} - \overline{h'(0)}] - \overline{l(0)}[\beta l'(0) - h'(0)]$
为复数, 故

$$\mathrm{Re}\langle AX, X\rangle = -\beta \int_0^1 |l'(x)|^2 dx \leqslant 0. \tag{6.83}$$

由 Lumer-Philips 定理可知, A 为 $\mathcal{H}$ 上的耗散算子并且生成 C_0-压缩半群 e^{At}. 定理得证. □

6.3.2　谱分析

现在计算由 (6.78) 定义的系统算子 A 的本征值. 设 $AX = \lambda X$, 其中非零向量 $X = (f, g, h, l)^{\mathrm{T}} \in D(A)$. 从而, $g(x) = \lambda f(x), l(x) = \lambda h(x)$, 并且 $f(x)$ 和 $h(x)$ 满足特征方程组:

$$\begin{cases} f^{(4)}(x) + \lambda^2 f(x) = 0, \\ (1+\beta\lambda)h''(x) = \lambda^2 h(x), \\ f(1) = f''(1) = f(0) = h(1) = 0, \\ f''(0) = \alpha\lambda h(0), \\ (1+\beta\lambda)h'(0) = -\alpha\lambda f'(0). \end{cases} \tag{6.84}$$

引理 6.18　设算子 A 由 (6.78) 定义, 则对任意的 $\lambda \in \sigma_p(A)$, 有 $\mathrm{Re}\lambda < 0$, 其中 $\sigma_p(A)$ 表示算子 A 的点谱.

证明　由定理 6.17可知, 算子 A 为耗散的, 则对于任意的 $\lambda \in \sigma_p(A)$ 有 $\mathrm{Re}\lambda \leqslant 0$. 因此我们只需证明算子 A 在虚轴上没有本征值. 令 $0 \neq \lambda = i\rho^2 \in \sigma_p(A)$, 其中 $\rho \in \mathbb{R}^+$ 并且 $X = (f, g, h, l) \in D(A)$ 为 λ 对应的本征函数, 则由 (6.83) 可知

$$0 = \mathrm{Re}\langle i\rho^2 X, X\rangle = \mathrm{Re}\langle AX, X\rangle = -\beta \int_0^1 |l'(x)|^2 dx.$$

结合 $l(x) = \lambda h(x)$ 可得, $l'(x) = 0$ 并且 $h'(x) = 0$. 由 $h(1) = l(1) = 0$, 可得 $h(x) = l(x) = 0$. 由 (6.84) 最后一行可得 $f'(0) = 0$. 结合 (6.84) 可得 $f(x)$ 满足以下四阶常微分方程:

$$\begin{cases} f^{(4)}(x) = \rho^4 f(x), \\ f(0) = f(1) = f'(0) = f''(0) = f''(1) = 0. \end{cases}$$

显然, 上式存在唯一解 $f(x) = 0$, 从而 $g(x) = 0$, 即 $X = (f, g, h, l)^{\mathrm{T}} = 0$ 与 X 为 A 的本征函数矛盾. 因此虚轴上的点都不是算子 A 的点谱. □

当 $\lambda \neq -\dfrac{1}{\beta}$ 时, 将 $\lambda = i\rho^2$ 代入 (6.84), 可得 (6.76) 的特征系统:

$$
\begin{cases}
f^{(4)}(x) - \rho^4 f(x) = 0, \quad h''(x) = \dfrac{-\rho^4}{1 + i\beta\rho^2} h(x), \\[2mm]
f(0) = f''(1) = f(0) = h(1) = 0, \\[2mm]
f''(0) = i\alpha\rho^2 h(0), \quad (1 + i\beta\rho^2) h'(0) = -i\alpha\rho^2 f'(0).
\end{cases}
\tag{6.85}
$$

由引理 6.18 可知算子 A 的所有本征值分布在左半开平面. 令 $a = \sqrt{\dfrac{\lambda^2}{1 + \beta\lambda}}$, 则系统 (6.85) 有如下形式的通解:

$$
f(x) = c_1 e^{\rho x} + c_2 e^{-\rho x} + c_3 e^{i\rho x} + c_4 e^{-i\rho x}, \quad h(x) = d_1 e^{ax} + d_2 e^{-ax}, \tag{6.86}
$$

其中 $c_i, i = 1, 2, 3, 4; d_j, j = 1, 2$ 为待定常数. 将 (6.86) 代入 (6.85) 的边界条件可得

$$
\begin{cases}
c_1 + c_2 + c_3 + c_4 = 0, \\[2mm]
c_1 e^{\rho} + c_2 e^{-\rho} + c_3 e^{i\rho} + c_4 e^{-i\rho} = 0, \\[2mm]
c_1 \rho^2 e^{\rho} + c_2 \rho^2 e^{-\rho} - c_3 \rho^2 e^{i\rho} - c_4 \rho^2 e^{-i\rho} = 0, \\[2mm]
d_1 e^{a} + d_2 e^{-a} = 0, \\[2mm]
c_1 \rho^2 + c_2 \rho^2 - c_3 \rho^2 - c_4 \rho^2 - i d_1 \alpha\rho^2 - i d_2 \alpha\rho^2 = 0, \\[2mm]
-c_1 \dfrac{i a^2 \alpha}{\rho} + c_2 \dfrac{i a^2 \alpha}{\rho} + c_3 \dfrac{a^2 \alpha}{\rho} - c_4 \dfrac{a^2 \alpha}{\rho} + a d_1 - a d_2 = 0.
\end{cases}
$$

由线性代数可知, $c_i, i = 1, 2, 3, 4; d_j, j = 1, 2$ 不全为零的充要条件为 $\det(B) = 0$, 其中

$$
B = \begin{pmatrix}
1 & 1 & 1 & 1 & 0 & 0 \\[2mm]
e^{\rho} & e^{-\rho} & e^{i\rho} & e^{-i\rho} & 0 & 0 \\[2mm]
\rho^2 e^{\rho} & \rho^2 e^{-\rho} & -\rho^2 e^{i\rho} & -\rho^2 e^{-i\rho} & 0 & 0 \\[2mm]
0 & 0 & 0 & 0 & e^{a} & e^{-a} \\[2mm]
\rho^2 & \rho^2 & -\rho^2 & -\rho^2 & -i\alpha\rho^2 & -i\alpha\rho^2 \\[2mm]
-\dfrac{i a^2 \alpha}{\rho} & \dfrac{i a^2 \alpha}{\rho} & \dfrac{a^2 \alpha}{\rho} & -\dfrac{a^2 \alpha}{\rho} & a & -a
\end{pmatrix}. \tag{6.87}
$$

由引理 6.18 可得算子 A 的全部本征值关于实轴对称, 因此我们只需要考虑

分布在复平面第二象限的本征值 λ:

$$\lambda := i\rho^2, \quad \rho \in \mathcal{S} := \left\{ \rho \in \mathbb{C} \,\Big|\, 0 \leqslant \arg\rho \leqslant \frac{\pi}{4} \right\}.$$

对于任意的 $\rho \in \mathcal{S}$, 下式恒成立:

$$\mathrm{Re}(-\rho) = -|\rho|\cos(\arg\rho) \leqslant -\frac{\sqrt{2}}{2}|\rho| < 0, \tag{6.88}$$

令 $\mathcal{S} = \mathcal{S}_1 \cup \mathcal{S}_2$, 其中

$$\mathcal{S}_1 = \{\rho \in \mathbb{C} | \pi/8 < \arg\rho \leqslant \pi/4\}, \quad \mathcal{S}_2 = \{\rho \in \mathbb{C} | 0 \leqslant \arg\rho \leqslant \pi/8\}. \tag{6.89}$$

下面分析分布在 $\mathcal{S}_1$ 和 $\mathcal{S}_2$ 中的谱.

定理 6.19　设算子 A 由 (6.78) 定义, 则算子 A 的本征值为

$$\sigma_p(A) = \left\{ \lambda_{1n}^+, \lambda_{1n}^-, \ n \in \mathbb{N} \right\} \cup \left\{ \lambda_{2n}, \overline{\lambda_{2n}}, \ n \in \mathbb{N} \right\}, \tag{6.90}$$

其中 $\lambda_{1n}^+, \lambda_{1n}^-$ 以及 λ_{2n} 的渐近表达式具有如下形式:

$$\begin{cases} \lambda_{1n}^+ = -\left(n\pi + \dfrac{\theta_1}{2}\right)^2 \beta - \dfrac{1}{\beta} + \mathcal{O}\left(\dfrac{1}{n^2}\right), \\[3mm] \lambda_{1n}^- = -\dfrac{1}{\beta} - \dfrac{1}{\left(n\pi + \dfrac{\theta_1}{2}\right)^2 \beta^3} + \mathcal{O}\left(\dfrac{1}{n^3}\right), \\[5mm] \lambda_{2n} = \left(n\pi + \dfrac{\theta_2}{2}\right)\ln r + i\left[\left(n\pi + \dfrac{\theta_2}{2}\right)^2 - \left(\dfrac{\ln r}{2}\right)^2\right] + \mathcal{O}\left(\dfrac{1}{n}\right), \end{cases} \tag{6.91}$$

其中 n 为非负整数, θ_1, θ_2 以及 r 分别满足

$$\theta_1 = \arctan\frac{2\sqrt{2}\alpha^2\sqrt{\beta}}{2\beta - \alpha^4}, \quad \theta_2 = \arctan\frac{\sqrt{2}\alpha^2}{2\sqrt{\beta}},$$

$$r = \sqrt{\frac{\alpha^4 + 2\beta}{\alpha^4 + 2\sqrt{2}\alpha^2\sqrt{\beta} + 2\beta}} < 1, \quad \ln r < 0. \tag{6.92}$$

进而可得, $\alpha \neq 0$, $\beta > 0$ 以及

$$\mathrm{Re}(\lambda_{1n}^+),\ \mathrm{Re}(\lambda_{2n}) \to -\infty, \quad \mathrm{Re}(\lambda_{1n}^-) \to -\frac{1}{\beta} \quad \text{随着 } n \to \infty. \tag{6.93}$$

证明　当 $\rho \in \mathcal{S}_1$ 时, $\mathrm{Re}(i\rho) = -|\rho|\sin(\arg\rho) \leqslant -|\rho|\sin(\pi/8) < 0$. 结合 (6.88) 可得

$$|e^{-\rho}| = \mathcal{O}(e^{-|\rho|}), \quad |e^{i\rho}| = \mathcal{O}(e^{-|\rho|}). \tag{6.94}$$

由于 a 有如下渐近展开式:

$$a = \sqrt{\frac{\lambda^2}{1+\beta\lambda}} = \sqrt{\frac{-\rho^4}{1+i\beta\rho^2}} = \frac{\sqrt{i}}{\sqrt{\beta}}\rho + \mathcal{O}(|\rho|^{-1}) \quad \text{随着 } |\rho| \to \infty,$$

以及估计式 $-\text{Re}(\sqrt{i}\rho) = -|\rho|\cos(\arg\rho + \pi/4) \leqslant 0$, 可得到

$$|e^{-a}| = \left| e^{\frac{\sqrt{i}\rho}{\sqrt{\beta}}} \right| + \mathcal{O}(|\rho|^{-1}) \leqslant 1. \tag{6.95}$$

为使矩阵 B 的行列式 $\det(B)$ 中每一个位置上的函数在 $\rho \to \infty$ 时有界, 我们在 $\det(B)$ 的前面乘上一些因子:

$$\frac{e^{-\rho}e^{i\rho}e^{-a}}{a\rho^4} \det(B) = \begin{vmatrix} e^{-\rho} & 1 & 1 & e^{i\rho} & 0 & 0 \\ 1 & e^{-\rho} & e^{i\rho} & 1 & 0 & 0 \\ 1 & e^{-\rho} & -e^{i\rho} & -1 & 0 & 0 \\ 0 & 0 & 0 & 0 & 1 & e^{-a} \\ e^{-\rho} & 1 & -1 & -e^{i\rho} & -i\alpha e^{-a} & -i\alpha \\ -\dfrac{i a\alpha}{\rho}e^{-\rho} & \dfrac{i a\alpha}{\rho} & \dfrac{a\alpha}{\rho} & -\dfrac{a\alpha}{\rho}e^{i\rho} & e^{-a} & -1 \end{vmatrix} . \tag{6.96}$$

由 (6.94), (6.95) 以及展开式

$$\frac{a\alpha}{\rho} = \frac{\alpha\sqrt{i}}{\sqrt{\beta}} + \mathcal{O}(|\rho|^{-2}),$$

可得

$$\frac{e^{-\rho}e^{i\rho}e^{-a}}{a\rho^4} \det(B) = \begin{vmatrix} 0 & 1 & 1 & 0 & 0 & 0 \\ 1 & 0 & 0 & 1 & 0 & 0 \\ 1 & 0 & 0 & -1 & 0 & 0 \\ 0 & 0 & 0 & 0 & 1 & e^{-a} \\ 0 & 1 & -1 & 0 & -i\alpha e^{-a} & -i\alpha \\ 0 & \dfrac{(-1)^{3/4}\alpha}{\sqrt{\beta}} & \dfrac{\sqrt[4]{-1}\alpha}{\sqrt{\beta}} & 0 & e^{-a} & -1 \end{vmatrix} + \mathcal{O}(|\rho|^{-2})$$

$$= \left(4 + i\frac{2\sqrt{2}\alpha^2}{\sqrt{\beta}} \right) + e^{-2a}\left(4 - i\frac{2\sqrt{2}\alpha^2}{\sqrt{\beta}} \right) + \mathcal{O}(|\rho|^{-2}).$$

由此可得, $\det(B) = 0$ 当且仅当

$$e^{-2a} = \frac{4 + i\dfrac{2\sqrt{2}\alpha^2}{\sqrt{\beta}}}{-4 + i\dfrac{2\sqrt{2}\alpha^2}{\sqrt{\beta}}} + \mathcal{O}(|\rho|^{-2}) = e^{i\theta_1} + \mathcal{O}(|a|^{-2}), \tag{6.97}$$

其中 θ_1 由 (6.92) 定义. 求解方程 $e^{-2a} = e^{i\theta_1}$, 可得 a 满足

$$a = -i\left(n\pi + \frac{\theta_1}{2}\right), \quad n = 0, 1, 2, \cdots.$$

对 (6.97) 应用 Rouché 定理可得解的如下渐近表达式:

$$a = -i\left(n\pi + \frac{\theta_1}{2}\right) + \mathcal{O}\left(\frac{1}{n^2}\right), \quad n > N_1, \tag{6.98}$$

其中 N_1 为足够大的正整数. 根据 $a = \sqrt{\dfrac{\lambda^2}{1 + \beta\lambda}}$ 可得 a 和 λ 满足关系: $\lambda^2 - \beta a^2 \lambda - a^2 = 0$. 由此可得

$$\lambda_{1n}^{\pm} = \frac{\beta a^2}{2}\left(1 \pm \sqrt{1 + \frac{4}{\beta^2 a^2}}\right).$$

利用 Taylor 展开将上式展开可得 λ_{1n}^+ 和 λ_{1n}^- 满足

$$\begin{cases} \lambda_{1n}^+ = -\left(n\pi + \dfrac{\theta_1}{2}\right)^2 \beta - \dfrac{1}{\beta} + \mathcal{O}\left(\dfrac{1}{n^2}\right), \\ \lambda_{1n}^- = -\dfrac{1}{\beta} - \dfrac{1}{\left(n\pi + \dfrac{\theta_1}{2}\right)^2 \beta^3} + \mathcal{O}\left(\dfrac{1}{n^3}\right). \end{cases}$$

此外, 利用关系 $\lambda = i\rho^2$, 可得 ρ_{1n}^+ 和 ρ_{1n}^- 满足

$$\begin{cases} \rho_{1n}^+ = \sqrt{i\beta}\left(n\pi + \dfrac{\theta_1}{2}\right) + \mathcal{O}\left(\dfrac{1}{n}\right), \\ \rho_{1n}^- = \sqrt{\dfrac{i}{\beta}}\left[1 + \dfrac{1}{2\beta^2\left(n\pi + \dfrac{\theta_1}{2}\right)^2} + \mathcal{O}\left(\dfrac{1}{n^3}\right)\right]. \end{cases} \tag{6.99}$$

类似地, 当 $\rho \in \mathcal{S}_2$ 时, 存在 $\gamma > 0$ 使得

$$\mathrm{Re}(-a) \leqslant \gamma|\rho|, \quad \mathrm{Re}(i\rho) = -|\rho|\sin(\arg\rho) \leqslant -|\rho|\sin 0 \leqslant 0, \tag{6.100}$$

再由 (6.88) 可得

$$|e^{-\rho}| = \mathcal{O}(e^{-|\rho|}), \quad |e^{-a}| = \mathcal{O}(e^{-\gamma|\rho|}), \quad |e^{i\rho}| \leqslant 1. \tag{6.101}$$

由 (6.96), (6.101), 又因为 a 和 ρ 满足关系式:

$$\frac{a\alpha}{\rho} = \frac{\alpha\sqrt{i}}{\sqrt{\beta}} + \mathcal{O}(|\rho|^{-2}),$$

可得

$$\frac{e^{-\rho}e^{i\rho}e^{-a}}{a\rho^4}\det(B) = \begin{vmatrix} 0 & 1 & 1 & e^{i\rho} & 0 & 0 \\ 1 & 0 & e^{i\rho} & 1 & 0 & 0 \\ 1 & 0 & -e^{i\rho} & -1 & 0 & 0 \\ 0 & 0 & 0 & 0 & 1 & 0 \\ 0 & 1 & -1 & -e^{i\rho} & 0 & -i\alpha \\ 0 & \dfrac{(-1)^{3/4}\alpha}{\sqrt{\beta}} & \dfrac{\sqrt[4]{-1}\alpha}{\sqrt{\beta}} & -\dfrac{\sqrt[4]{-1}\alpha}{\sqrt{\beta}}e^{i\rho} & 0 & -1 \end{vmatrix} + \mathcal{O}(|\rho|^{-2})$$

$$= \frac{e^{2i\rho}\left(-2\sqrt{2}\alpha^2 - 4\sqrt{\beta}\right)}{\sqrt{\beta}} + \frac{4\sqrt{\beta} + i2\sqrt{2}\alpha^2}{\sqrt{\beta}} + \mathcal{O}(|\rho|^{-2}).$$

由此易证 $\det(B) = 0$ 当且仅当

$$e^{2i\rho} = \frac{2\sqrt{\beta} + i\sqrt{2}\alpha^2}{\sqrt{2}\alpha^2 + 2\sqrt{\beta}} + \mathcal{O}(|\rho|^{-2}) = re^{i\theta_2} + \mathcal{O}(|\rho|^{-2}), \tag{6.102}$$

其中 θ_2 和 r 由 (6.92) 定义. 由于 $e^{2i\rho} = re^{i\theta_2}$ 的解为

$$\rho_{2n} = \frac{1}{2i}\Big[\ln r + i(\theta_2 + 2n\pi)\Big], \quad n = 0, 1, 2, \cdots.$$

根据 Rouché 定理可得 (6.102) 的解的渐近表达式为

$$\rho_{2n} = \frac{1}{2i}[\ln r + i(\theta_2 + 2n\pi)] + \mathcal{O}\left(\frac{1}{n}\right), \quad n > N_2, \tag{6.103}$$

其中 N_2 为充分大的正整数, 代入 $\lambda = i\rho^2$ 可得

$$\lambda_{2n} = \left(n\pi + \frac{\theta_2}{2}\right)\ln r + i\left[\left(n\pi + \frac{\theta_2}{2}\right)^2 - \left(\frac{\ln r}{2}\right)^2\right] + \mathcal{O}\left(\frac{1}{n}\right).$$

$\square$

由定理 6.19 可知, $-\dfrac{1}{\beta}$ 为算子 A 的本征值的聚点. 从而我们可以得到下面的推论 6.20.

推论 6.20　设算子 A 由 (6.78) 定义, 则 A 有连续谱 $\sigma_c(A) = \{-1/\beta\}$.

注解 6.1　由渐近表达式 (6.91) 可以直接看出参数 α, β 与本征值之间的关系. 实际上, 由 (6.92) 中的 θ_1 和 θ_2 可知, $\alpha = 0$ 代表的没有耦合的情况, 此时恰好分别对应没有耦合的波、梁子系统的本征值:

$$
\begin{cases}
\lambda_{1n}^+ = -\left(n\pi\right)^2 \beta - \dfrac{1}{\beta} + \mathcal{O}\left(\dfrac{1}{n^2}\right), \\[3mm]
\lambda_{1n}^- = -\dfrac{1}{\beta} - \dfrac{1}{(n\pi)^2 \beta^3} + \mathcal{O}\left(\dfrac{1}{n^3}\right), \\[3mm]
\lambda_{2n} = i\left(n\pi\right)^2 + \mathcal{O}\left(\dfrac{1}{n}\right).
\end{cases}
$$

当 $\alpha \neq 0$ 时, 两个参数 $\{\alpha, \beta\}$ 与本征值的关系由 (6.91) 和 (6.92) 给出, 其中参数 β 在本征值的渐近趋势中起主导作用.

引理 6.21　设算子 A 由 (6.78) 定义, 则 $\sigma_r(A) = \varnothing$.

证明　由算子理论可知, 由 $\lambda \in \sigma_r(A)$ 可得到 $\lambda \in \sigma_p(A^*)$. 然而, 由引理 6.23 可得 $\sigma_p(A^*) = \sigma_p(A)$, 矛盾! 因此, $\sigma_r(A) = \varnothing$.　　　□

接下来我们计算 A 的本征函数.

定理 6.22　设算子 A 由 (6.78) 定义, 其点谱为集合

$$
\sigma_p(A) = \left\{\lambda_{1n}^+, \lambda_{1n}^-, \ n \in \mathbb{N}\right\} \cup \left\{\lambda_{2n}, \overline{\lambda_{2n}}, \ n \in \mathbb{N}\right\}.
$$

设 $\lambda_{1n}^+ = i(\rho_{1n}^+)^2$, $\lambda_{1n}^- = i(\rho_{1n}^-)^2$, $\lambda_{2n} = i(\rho_{2n})^2$, 其中 ρ_{1n}^+, ρ_{1n}^- 以及 ρ_{2n} 的表达式分别由 (6.99) 和 (6.103) 给出, 则算子 A 具有对应的三族渐近本征函数:

(1) 设 $\left\{\Phi_{1n}^+ = (f_{1n}^+, \lambda f_{1n}^+, h_{1n}^+, \lambda h_{1n}^+)^{\mathrm{T}}, \ n \in \mathbb{N}\right\}$ 为算子 A 关于本征值 λ_{1n}^+ 所对应的本征函数, 则 Φ_{1n}^+ 具有如下渐近表达式:

$$
\begin{pmatrix}
(f_{1n}^+)''(x) \\
\lambda f_{1n}^+(x) \\
(h_{1n}^+)'(x) \\
\lambda h_{1n}^+(x)
\end{pmatrix}
=
\begin{pmatrix}
\sqrt{2}i\alpha(e^{i\rho_{1n}^+ x} + e^{-\rho_{1n}^+ x}) \\
\sqrt{2}\alpha(e^{i\rho_{1n}^+ x} + e^{-\rho_{1n}^+ x}) \\
0 \\
e^{-ax}\left(\sqrt{2}i + \dfrac{\alpha^2}{\sqrt{\beta}}\right) + e^{ax}\left(\sqrt{2}i - \dfrac{\alpha^2}{\sqrt{\beta}}\right)
\end{pmatrix}
+ \mathcal{O}\left(\dfrac{1}{n}\right),
$$

$$\tag{6.104}$$

其中 ρ_{1n}^+ 和 a 分别由 (6.99) 和 (6.98) 定义.

(2) 设 $\left\{\Phi_{1n}^- = (f_{1n}^-, \lambda f_{1n}^-, h_{1n}^-, \lambda h_{1n}^-)^{\mathrm{T}}, \ n \in \mathbb{N}\right\}$ 为算子 A 关于本征值 λ_{1n}^- 所

对应的本征函数, 则 Φ_{1n}^- 具有如下渐近表达式:

$$
\begin{pmatrix}
(f_{1n}^-)''(x) \\
\lambda f_{1n}^-(x) \\
(h_{1n}^-)'(x) \\
\lambda h_{1n}^-(x)
\end{pmatrix}
=
\begin{pmatrix}
0 \\
0 \\
e^{ax} + e^{-ax} \\
0
\end{pmatrix}
+ \mathcal{O}\left(\frac{1}{n}\right).
\tag{6.105}
$$

其中 a 由 (6.98) 定义.

(3) 设 $\{\Phi_{2n} = (f_{2n}, \lambda f_{2n}, h_{2n}, \lambda h_{2n})^{\mathrm{T}}, \ n \in \mathbb{N}\}$ 为算子 A 关于 λ_{2n} 所对应的本征函数, 则 Φ_{2n} 具有如下渐近表达式:

$$
\begin{pmatrix}
(f_{2n})''(x) \\
\lambda f_{2n}(x) \\
(h_{2n})'(x) \\
\lambda h_{2n}(x)
\end{pmatrix}
=
\begin{pmatrix}
i(e^{i\rho_{2n}(1-x)} - e^{-i\rho_{2n}(1-x)} + 2i\sin\rho_{2n}e^{-\rho_{2n}x}) \\
e^{i\rho_{2n}(1-x)} - e^{-i\rho_{2n}(1-x)} - 2i\sin\rho_{2n}e^{-\rho_{2n}x} \\
0 \\
0
\end{pmatrix}
+ \mathcal{O}\left(\frac{1}{n}\right),
\tag{6.106}
$$

其中 ρ_{2n} 由 (6.103) 定义.

证明   首先, 我们来计算 λ_{1n}^+ 所对应的本征函数 Φ_{1n}^+. 由 (6.99) 和 (6.98) 所给出的 ρ_{1n}^+ 和 a 的表达式可得 $e^{i\rho_{1n}^+ x}$, $e^{-\rho_{1n}^+ x}$, 以及 $e^{\pm ax}$ 满足

$$
\begin{cases}
e^{i\rho_{1n}^+ x} = e^{\left(-\frac{\sqrt{2\beta}}{2} + \frac{\sqrt{2\beta}}{2}i\right)\left(n\pi + \frac{\theta_1}{2}\right)x + \mathcal{O}\left(\frac{1}{n}\right)}, \\
e^{-\rho_{1n}^+ x} = e^{\left(-\frac{\sqrt{2\beta}}{2} - \frac{\sqrt{2\beta}}{2}i\right)\left(n\pi + \frac{\theta_1}{2}\right)x + \mathcal{O}\left(\frac{1}{n}\right)}, \\
e^{ax} = e^{-i\left(n\pi + \frac{\theta_1}{2}\right)x + \mathcal{O}\left(\frac{1}{n^2}\right)}, \quad e^{-ax} = e^{i\left(n\pi + \frac{\theta_1}{2}\right)x + \mathcal{O}\left(\frac{1}{n^2}\right)}.
\end{cases}
\tag{6.107}
$$

结合线性代数的相关知识以及由 (6.87) 定义的矩阵 B, 将 $\rho = \rho_{1n}^+$ 代入可得

$$
f_1^+(x) = \frac{e^{i\rho}}{a\rho^6 e^{\rho}}
\begin{vmatrix}
1 & 1 & 1 & 1 & 0 & 0 \\
e^{\rho} & e^{-\rho} & e^{i\rho} & e^{-i\rho} & 0 & 0 \\
\rho^2 e^{\rho} & \rho^2 e^{-\rho} & -\rho^2 e^{i\rho} & -\rho^2 e^{-i\rho} & 0 & 0 \\
e^{\rho x} & e^{-\rho x} & e^{i\rho x} & e^{-i\rho x} & 0 & 0 \\
\rho^2 & \rho^2 & -\rho^2 & -\rho^2 & -i\alpha\rho^2 & -i\alpha\rho^2 \\
-\dfrac{ia^2\alpha}{\rho} & \dfrac{ia^2\alpha}{\rho} & \dfrac{a^2\alpha}{\rho} & -\dfrac{a^2\alpha}{\rho} & a & -a
\end{vmatrix}.
$$

由估计 (6.94) 可将上式化简得

$$
f_1^+(x) = \frac{1}{\rho^2}
\begin{vmatrix}
0 & 1 & 1 & 0 & 0 & 0 \\
1 & 0 & 0 & 1 & 0 & 0 \\
1 & 0 & 0 & -1 & 0 & 0 \\
e^{-\rho(1-x)} & e^{-\rho x} & e^{i\rho x} & e^{i\rho(1-x)} & 0 & 0 \\
0 & 1 & -1 & 0 & -i\alpha & -i\alpha \\
0 & \dfrac{ia\alpha}{\rho} & \dfrac{a\alpha}{\rho} & 0 & 1 & -1
\end{vmatrix}
+ \mathcal{O}(e^{-|\rho|}).
$$

结合 (6.107) 给出的 $e^{i\rho_{1n}^+ x}$, $e^{-\rho_{1n}^+ x}$, 以及 $e^{\pm ax}$ 的表达式可知

$$
f_1^+(x) = \frac{2i\alpha}{\rho^2}
\begin{vmatrix}
0 & 1 & 1 & 0 \\
1 & 0 & 0 & 1 \\
1 & 0 & 0 & -1 \\
e^{-\rho(1-x)} & e^{-\rho x} & e^{i\rho x} & e^{i\rho(1-x)}
\end{vmatrix}
+ \mathcal{O}(e^{-|\rho|})
$$

$$
= -\frac{4i\alpha}{\rho^2}(e^{i\rho x} - e^{-\rho x}) + \mathcal{O}(e^{-|\rho|}).
$$

从而, $(f_1^+)''(x) = 4i\alpha(e^{i\rho x} + e^{-\rho x}) + \mathcal{O}(e^{-|\rho|})$, 以及 $\lambda f_1^+(x) = 4\alpha(e^{i\rho x} - e^{-\rho x}) + \mathcal{O}(e^{-|\rho|})$. 类似地, 由 (6.94) 以及 (6.107) 可得

$$
h_1^+(x) = \frac{e^{i\rho}}{a\rho^6 e^\rho}
\begin{vmatrix}
1 & 1 & 1 & 1 & 0 & 0 \\
e^\rho & e^{-\rho} & e^{i\rho} & e^{-i\rho} & 0 & 0 \\
\rho^2 e^\rho & \rho^2 e^{-\rho} & -\rho^2 e^{i\rho} & -\rho^2 e^{-i\rho} & 0 & 0 \\
0 & 0 & 0 & 0 & e^{ax} & e^{-ax} \\
\rho^2 & \rho^2 & -\rho^2 & -\rho^2 & -i\alpha\rho^2 & -i\alpha\rho^2 \\
-\dfrac{ia^2\alpha}{\rho} & \dfrac{ia^2\alpha}{\rho} & \dfrac{a^2\alpha}{\rho} & -\dfrac{a^2\alpha}{\rho} & a & -a
\end{vmatrix}
$$

$$
= \frac{1}{\rho^2}
\begin{vmatrix}
0 & 1 & 1 & 0 & 0 & 0 \\
1 & 0 & 0 & 1 & 0 & 0 \\
1 & 0 & 0 & -1 & 0 & 0 \\
0 & 0 & 0 & 0 & e^{ax} & e^{-ax} \\
0 & 1 & -1 & 0 & -i\alpha & -i\alpha \\
0 & \dfrac{ia\alpha}{\rho} & \dfrac{a\alpha}{\rho} & 0 & 1 & -1
\end{vmatrix}
+ \mathcal{O}(e^{-|\rho|})
$$

$$= -\frac{2}{\rho^2} \begin{vmatrix} 1 & 1 & 0 & 0 \\ 0 & 0 & e^{ax} & e^{-ax} \\ 1 & -1 & -i\alpha & -i\alpha \\ \dfrac{ia\alpha}{\rho} & \dfrac{a\alpha}{\rho} & 1 & -1 \end{vmatrix} = \mathcal{O}\left(\frac{1}{n^2}\right).$$

进而

$$(h_1^+)'(x) = -\frac{2a}{\rho^2} \begin{vmatrix} 1 & 1 & 0 & 0 \\ 0 & 0 & e^{ax} & e^{-ax} \\ 1 & -1 & -i\alpha & -i\alpha \\ \dfrac{ia\alpha}{\rho} & \dfrac{a\alpha}{\rho} & 1 & -1 \end{vmatrix} + \mathcal{O}(e^{-|\rho|}) = \mathcal{O}\left(\frac{1}{n}\right),$$

并且

$$\lambda h_1^+(x)$$

$$= -2i \begin{vmatrix} 1 & 1 & 0 & 0 \\ 0 & 0 & e^{ax} & e^{-ax} \\ 1 & -1 & -i\alpha & -i\alpha \\ \dfrac{ia\alpha}{\rho} & \dfrac{a\alpha}{\rho} & 1 & -1 \end{vmatrix} + \mathcal{O}(e^{-|\rho|})$$

$$= e^{-ax}\left[4i + \frac{(2-2i)a\alpha^2}{\rho}\right] + e^{ax}\left[4i - \frac{(2-2i)a\alpha^2}{\rho}\right] + \mathcal{O}(e^{-|\rho|})$$

$$= e^{-ax}\left(4i + \frac{2\sqrt{2}\alpha^2}{\sqrt{\beta}}\right) + e^{ax}\left(4i - \frac{2\sqrt{2}\alpha^2}{\sqrt{\beta}}\right) + \mathcal{O}(e^{-|\rho|}).$$

设

$$\Phi_{1n}^+ = \begin{pmatrix} f_{1n}^+(x) \\ \lambda f_{1n}^+(x) \\ h_{1n}^+(x) \\ \lambda h_{1n}^+(x) \end{pmatrix} = \frac{1}{2\sqrt{2}} \begin{pmatrix} f_1^+(x) \\ \lambda f_1^+(x) \\ h_1^+(x) \\ \lambda h_1^+(x) \end{pmatrix},$$

可得算子 A 的本征值 λ_{1n}^+ 所对应的本征函数满足 (6.104). 下面我们来计算第二支本征值 λ_{1n}^- 所对应的本征函数 Φ_{1n}^-. 类似地, 根据由 (6.99) 给出的 ρ_{1n}^- 的表达式可得

$$f_1^-(x) = \frac{1}{a^3\rho^4} \begin{vmatrix} 1 & 1 & 1 & 1 & 0 & 0 \\ e^\rho & e^{-\rho} & e^{i\rho} & e^{-i\rho} & 0 & 0 \\ \rho^2 e^\rho & \rho^2 e^{-\rho} & -\rho^2 e^{i\rho} & -\rho^2 e^{-i\rho} & 0 & 0 \\ e^{\rho x} & e^{-\rho x} & e^{i\rho x} & e^{-i\rho x} & 0 & 0 \\ \rho^2 & \rho^2 & -\rho^2 & -\rho^2 & -i\alpha\rho^2 & -i\alpha\rho^2 \\ -\dfrac{ia^2\alpha}{\rho} & \dfrac{ia^2\alpha}{\rho} & \dfrac{a^2\alpha}{\rho} & -\dfrac{a^2\alpha}{\rho} & a & -a \end{vmatrix}$$

$$= \frac{i\alpha}{a^2} \begin{vmatrix} 1 & 1 & 1 & 1 \\ e^{\sqrt{\frac{i}{\beta}}} & e^{-\sqrt{\frac{i}{\beta}}} & e^{i\sqrt{\frac{i}{\beta}}} & e^{-i\sqrt{\frac{i}{\beta}}} \\ e^{\sqrt{\frac{i}{\beta}}} & e^{-\sqrt{\frac{i}{\beta}}} & -e^{i\sqrt{\frac{i}{\beta}}} & -e^{-i\sqrt{\frac{i}{\beta}}} \\ e^{\sqrt{\frac{i}{\beta}}x} & e^{-\sqrt{\frac{i}{\beta}}x} & e^{i\sqrt{\frac{i}{\beta}}x} & e^{-i\sqrt{\frac{i}{\beta}}x} \end{vmatrix} + \mathcal{O}\left(\frac{1}{n^4}\right)$$

$$= \mathcal{O}\left(\frac{1}{n^2}\right).$$

进而可得 $(f_1^-)''(x)$ 和 $\lambda f_1^-(x)$ 满足

$$(f_1^-)''(x)$$

$$= \frac{i\alpha}{a^2} \begin{vmatrix} 1 & 1 & 1 & 1 \\ e^{\sqrt{\frac{i}{\beta}}} & e^{-\sqrt{\frac{i}{\beta}}} & e^{i\sqrt{\frac{i}{\beta}}} & e^{-i\sqrt{\frac{i}{\beta}}} \\ e^{\sqrt{\frac{i}{\beta}}} & e^{-\sqrt{\frac{i}{\beta}}} & -e^{i\sqrt{\frac{i}{\beta}}} & -e^{-i\sqrt{\frac{i}{\beta}}} \\ \frac{i}{\beta}e^{\sqrt{\frac{i}{\beta}}x} & \frac{i}{\beta}e^{-\sqrt{\frac{i}{\beta}}x} & -\frac{i}{\beta}e^{i\sqrt{\frac{i}{\beta}}x} & -\frac{i}{\beta}e^{-i\sqrt{\frac{i}{\beta}}x} \end{vmatrix} + \mathcal{O}\left(\frac{1}{n^4}\right)$$

$$= \mathcal{O}\left(\frac{1}{n^2}\right)$$

和

$$\lambda f_1^-(x)$$

$$= -\frac{\alpha\rho^2}{a^2} \begin{vmatrix} 1 & 1 & 1 & 1 \\ e^{\sqrt{\frac{i}{\beta}}} & e^{-\sqrt{\frac{i}{\beta}}} & e^{i\sqrt{\frac{i}{\beta}}} & e^{-i\sqrt{\frac{i}{\beta}}} \\ e^{\sqrt{\frac{i}{\beta}}} & e^{-\sqrt{\frac{i}{\beta}}} & -e^{i\sqrt{\frac{i}{\beta}}} & -e^{-i\sqrt{\frac{i}{\beta}}} \\ e^{\sqrt{\frac{i}{\beta}}x} & e^{-\sqrt{\frac{i}{\beta}}x} & e^{i\sqrt{\frac{i}{\beta}}x} & e^{-i\sqrt{\frac{i}{\beta}}x} \end{vmatrix} + \mathcal{O}\left(\frac{1}{n^4}\right)$$

$$= \mathcal{O}\left(\frac{1}{n^2}\right).$$

类似可得

$$h_1^-(x) = \frac{1}{a^3\rho^4} \begin{vmatrix} 1 & 1 & 1 & 1 & 0 & 0 \\ e^\rho & e^{-\rho} & e^{i\rho} & e^{-i\rho} & 0 & 0 \\ e^\rho\rho^2 & e^{-\rho}\rho^2 & -e^{i\rho}\rho^2 & -e^{-i\rho}\rho^2 & 0 & 0 \\ 0 & 0 & 0 & 0 & e^{ax} & e^{-ax} \\ \rho^2 & \rho^2 & -\rho^2 & -\rho^2 & -i\alpha\rho^2 & -i\alpha\rho^2 \\ -\dfrac{ia^2\alpha}{\rho} & \dfrac{ia^2\alpha}{\rho} & \dfrac{a^2\alpha}{\rho} & -\dfrac{a^2\alpha}{\rho} & a & -a \end{vmatrix}$$

$$= \frac{1}{a} \begin{vmatrix} 1 & 1 & 1 & 1 & 0 & 0 \\ e^{\sqrt{\frac{i}{\beta}}} & e^{-\sqrt{\frac{i}{\beta}}} & e^{i\sqrt{\frac{i}{\beta}}} & e^{-i\sqrt{\frac{i}{\beta}}} & 0 & 0 \\ e^{\sqrt{\frac{i}{\beta}}} & e^{-\sqrt{\frac{i}{\beta}}} & -e^{i\sqrt{\frac{i}{\beta}}} & -e^{-i\sqrt{\frac{i}{\beta}}} & 0 & 0 \\ 0 & 0 & 0 & 0 & e^{ax} & e^{-ax} \\ 1 & 1 & -1 & -1 & -i\alpha & -i\alpha \\ -\sqrt{i\beta}\alpha & \sqrt{i\beta}\alpha & i\sqrt{i\beta}\alpha & -i\sqrt{i\beta}\alpha & 0 & 0 \end{vmatrix} + \mathcal{O}\left(\frac{1}{n}\right)$$

$$= -\frac{i\alpha C_1}{a}(e^{ax} - e^{-ax}) + \mathcal{O}\left(\frac{1}{n}\right) = \mathcal{O}\left(\frac{1}{n}\right),$$

其中

$$C_1 = \begin{vmatrix} 1 & 1 & 1 & 1 \\ e^{\sqrt{\frac{i}{\beta}}} & e^{-\sqrt{\frac{i}{\beta}}} & e^{i\sqrt{\frac{i}{\beta}}} & e^{-i\sqrt{\frac{i}{\beta}}} \\ e^{\sqrt{\frac{i}{\beta}}} & e^{-\sqrt{\frac{i}{\beta}}} & -e^{i\sqrt{\frac{i}{\beta}}} & -e^{-i\sqrt{\frac{i}{\beta}}} \\ -\alpha\sqrt{i\beta} & \alpha\sqrt{i\beta} & i\alpha\sqrt{i\beta} & -i\alpha\sqrt{i\beta} \end{vmatrix}.$$

因此

$$(h_1^-)'(x) = -i\alpha C_1(e^{ax} + e^{-ax}) + \mathcal{O}\left(\frac{1}{n}\right),$$

以及

$$\lambda h_1^-(x) = \frac{i\alpha C_1}{a\beta}(e^{ax} - e^{-ax}) + \mathcal{O}\left(\frac{1}{n}\right) = \mathcal{O}\left(\frac{1}{n}\right).$$

设

$$\Phi_{1n}^- = \begin{pmatrix} f_{1n}^-(x) \\ \lambda f_{1n}^-(x) \\ h_{1n}^-(x) \\ \lambda h_{1n}^-(x) \end{pmatrix} = \frac{1}{-i\alpha C_1} \begin{pmatrix} f_1^-(x) \\ \lambda f_1^-(x) \\ h_1^-(x) \\ \lambda h_1^-(x) \end{pmatrix},$$

可得算子 A 的本征值 λ_{1n}^- 所对应的本征函数 Φ_{1n}^- 满足 (6.105). 最后, 我们来计

算本征值 λ_{2n} 所对应的本征函数 Φ_{2n}. 根据 (6.103) 定义的 ρ_{2n} 的表达式可得

$$
\begin{cases}
e^{\pm i\rho_{2n}(1-x)} = e^{\pm\frac{1}{2}[i(\theta_2+2n\pi)+\ln r](1-x)+\mathcal{O}(\frac{1}{n})}, \\
e^{-\rho x} = e^{-\frac{1}{2}[\theta_2+2n\pi-i\ln r]x+\mathcal{O}(\frac{1}{n})}.
\end{cases}
\tag{6.108}
$$

再根据估计式 (6.101) 可得

$$
\begin{aligned}
&f_2(x) \\
&= \frac{1}{\rho^6 e^a e^\rho}
\begin{vmatrix}
1 & 1 & 1 & 1 & 0 & 0 \\
e^\rho & e^{-\rho} & e^{i\rho} & e^{-i\rho} & 0 & 0 \\
\rho^2 e^\rho & \rho^2 e^{-\rho} & -\rho^2 e^{i\rho} & -\rho^2 e^{-i\rho} & 0 & 0 \\
0 & 0 & 0 & 0 & e^a & e^{-a} \\
\rho^2 & \rho^2 & -\rho^2 & -\rho^2 & -i\alpha\rho^2 & -i\alpha\rho^2 \\
e^{\rho x} & e^{-\rho x} & e^{i\rho x} & e^{-i\rho x} & 0 & 0
\end{vmatrix} \\
&= -\frac{2i\alpha}{\rho^2}
\begin{vmatrix}
1 & 1 & 1 \\
0 & e^{i\rho} & e^{-i\rho} \\
e^{-\rho x} & e^{i\rho x} & e^{-i\rho x}
\end{vmatrix}
+ \mathcal{O}(e^{-\gamma|\rho|}).
\end{aligned}
$$

进而, 可得 $f_2''(x)$ 和 $\lambda f_2(x)$ 分别满足等式:

$$
\begin{aligned}
f_2''(x) &= -2i\alpha
\begin{vmatrix}
1 & 1 & 1 \\
0 & e^{i\rho} & e^{-i\rho} \\
e^{-\rho x} & -e^{i\rho x} & -e^{-i\rho x}
\end{vmatrix}
+ \mathcal{O}(e^{-\gamma|\rho|}) \\
&= 2i\alpha(e^{i\rho(1-x)} - e^{-i\rho(1-x)} + 2i\sin\rho\, e^{-\rho x}) + \mathcal{O}(e^{-\gamma|\rho|}),
\end{aligned}
$$

以及

$$
\begin{aligned}
\lambda f_2(x) &= 2\alpha
\begin{vmatrix}
1 & 1 & 1 \\
0 & e^{i\rho} & e^{-i\rho} \\
e^{-\rho x} & e^{i\rho x} & e^{-i\rho x}
\end{vmatrix}
+ \mathcal{O}(e^{-\gamma|\rho|}) \\
&= 2\alpha(e^{i\rho(1-x)} - e^{-i\rho(1-x)} - 2i\sin\rho\, e^{-\rho x}) + \mathcal{O}(e^{-\gamma|\rho|}).
\end{aligned}
$$

类似地

$$h_2(x) = \frac{1}{\rho^6 e^a e^\rho} \begin{vmatrix} 1 & 1 & 1 & 1 & 0 & 0 \\ e^\rho & e^{-\rho} & e^{i\rho} & e^{-i\rho} & 0 & 0 \\ e^\rho \rho^2 & e^{-\rho}\rho^2 & -e^{i\rho}\rho^2 & -e^{-i\rho}\rho^2 & 0 & 0 \\ 0 & 0 & 0 & 0 & e^a & e^{-a} \\ \rho^2 & \rho^2 & -\rho^2 & -\rho^2 & -i\alpha\rho^2 & -i\alpha\rho^2 \\ 0 & 0 & 0 & 0 & e^{ax} & e^{-ax} \end{vmatrix}$$

$$= \frac{1}{\rho^4} \begin{vmatrix} 0 & 1 & 1 & 1 & 0 & 0 \\ 1 & 0 & e^{i\rho} & e^{-i\rho} & 0 & 0 \\ 1 & 0 & -e^{i\rho} & -e^{-i\rho} & 0 & 0 \\ 0 & 0 & 0 & 0 & 1 & 0 \\ 0 & 1 & -1 & -1 & 0 & -i\alpha \\ 0 & 0 & 0 & 0 & e^{-a(1-x)} & e^{-ax} \end{vmatrix} + \mathcal{O}\left(e^{-\gamma|\rho|}\right) = \mathcal{O}\left(\frac{1}{n^5}\right).$$

进而可得 $h_2'(x)$ 和 $\lambda h_2(x)$ 满足

$$h_2'(x) = \frac{a}{\rho^4} \begin{vmatrix} 0 & 1 & 1 & 1 & 0 & 0 \\ 1 & 0 & e^{i\rho} & e^{-i\rho} & 0 & 0 \\ 1 & 0 & -e^{i\rho} & -e^{-i\rho} & 0 & 0 \\ 0 & 0 & 0 & 0 & 1 & 0 \\ 0 & 1 & -1 & -1 & 0 & -i\alpha \\ 0 & 0 & 0 & 0 & e^{-a(1-x)} & -e^{-ax} \end{vmatrix} + \mathcal{O}(e^{-\gamma|\rho|}) = \mathcal{O}\left(\frac{1}{n^4}\right)$$

和

$$\lambda h_2(x) = \frac{i}{\rho^2} \begin{vmatrix} 0 & 1 & 1 & 1 & 0 & 0 \\ 1 & 0 & e^{i\rho} & e^{-i\rho} & 0 & 0 \\ 1 & 0 & -e^{i\rho} & -e^{-i\rho} & 0 & 0 \\ 0 & 0 & 0 & 0 & 1 & 0 \\ 0 & 1 & -1 & -1 & 0 & -i\alpha \\ 0 & 0 & 0 & 0 & e^{-a(1-x)} & e^{-ax} \end{vmatrix} + \mathcal{O}(e^{-\gamma|\rho|}) = \mathcal{O}\left(\frac{1}{n^3}\right).$$

设

$$\Phi_{2n} = \begin{pmatrix} f_{2n}(x) \\ \lambda f_{2n}^-(x) \\ h_{2n}(x) \\ \lambda h_{2n}(x) \end{pmatrix} = \frac{1}{2\alpha} \begin{pmatrix} f_2(x) \\ \lambda f_2(x) \\ h_2(x) \\ \lambda h_2(x) \end{pmatrix},$$

并代入 ρ_{2n} 的表达式 (6.103) 可得算子 A 的本征值 λ_{2n} 所对应的本征函数 Φ_{2n} 满足 (6.106). $\square$

设 A 的伴随算子为 A^*, 则 A^* 的表达式为

$$
\begin{cases}
A^*(f,g,h,l) = (-g, f^{(4)}, -l, (-h'+\beta l')'), \quad \forall (f,g,h,l) \in D(A^*), \\
D(A^*) = \left\{ (f,g,h,l) \in \mathcal{H}, \atop A^*(f,g,h,l) \in \mathcal{H} \; \middle| \; \begin{array}{l} -h'+\beta l' \in H^1(0,1) \\ f''(1)=0 \\ g(0)=g(1)=l(1)=0 \\ f''(0)=\alpha l(0) \\ \beta l'(0)-h'(0)=\alpha g'(0) \end{array} \right\}.
\end{cases}
\tag{6.109}
$$

引理 6.23 设算子 A 由 (6.78) 定义, A^* 由 (6.109) 定义且为 A 的伴随算子, 则 A 与 A^* 有相同的点谱, 即 $\sigma_p(A)=\sigma_p(A^*)$.

证明 设 $A^*X=\lambda X$, 其中 $X=(f,g,h,l)^{\mathrm{T}}$ 为 A^* 对应于本征值 λ 的本征函数. 则 $X=(f,g,h,l)^{\mathrm{T}}$ 满足方程组:

$$
\begin{cases}
f^{(4)}(x) - \rho^4 f(x) = 0, \quad h''(x) = \dfrac{-\rho^4}{1+i\beta\rho^2} h(x), \\
f(0)=f''(1)=f(0)=h(1)=0, \\
f''(0)=-i\alpha\rho^2 h(0), \quad (1+i\beta\rho^2)h'(0)=i\alpha\rho^2 f'(0).
\end{cases}
\tag{6.110}
$$

利用求算子 A 本征值的方法可知, λ 为算子 A^* 的本征值当且仅当 $\det(\hat{B})=0$, 其中

$$
\hat{B} = \begin{pmatrix}
1 & 1 & 1 & 1 & 0 & 0 \\
e^\rho & e^{-\rho} & e^{i\rho} & e^{-i\rho} & 0 & 0 \\
\rho^2 e^\rho & \rho^2 e^{-\rho} & -\rho^2 e^{i\rho} & -\rho^2 e^{-i\rho} & 0 & 0 \\
0 & 0 & 0 & 0 & e^a & e^{-a} \\
\rho^2 & \rho^2 & -\rho^2 & -\rho^2 & i\alpha\rho^2 & i\alpha\rho^2 \\
-\dfrac{ia^2\alpha}{\rho} & \dfrac{ia^2\alpha}{\rho} & \dfrac{a^2\alpha}{\rho} & -\dfrac{a^2\alpha}{\rho} & -a & a
\end{pmatrix},
\tag{6.111}
$$

并且 $\lambda=i\rho^2$. 由矩阵 B 和矩阵 $\hat{B}$ 的结构易见 $\det(\hat{B})=-\det(B)$, 从而 A^* 与 A 具有相同的本征值. $\square$

利用和定理 6.22 相同的计算方法, 可得 A^* 的渐近本征函数.

定理 6.24 设算子 A^* 由 (6.109) 定义, 算子 A^* 的点谱满足

$$\sigma_p(A^*) = \sigma_p(A) = \left\{ \lambda_{1n}^+, \lambda_{1n}^-, \ n \in \mathbb{N} \right\} \cup \left\{ \lambda_{2n}, \overline{\lambda_{2n}}, \ n \in \mathbb{N} \right\}.$$

设 $\lambda_{1n}^+ = i(\rho_{1n}^+)^2$, $\lambda_{1n}^- = i(\rho_{1n}^-)^2$, $\lambda_{2n} = i(\rho_{2n})^2$, 其中 ρ_{1n}^+, ρ_{1n}^- 以及 ρ_{2n} 分别由 (6.99) 和 (6.103) 定义. 则 A^* 具有以下三族近似标准的本征函数.

(1) 设 $\left\{ \Psi_{1n}^+ = (f_{1n}^+, \lambda f_{1n}^+, h_{1n}^+, \lambda h_{1n}^+)^{\mathrm{T}}, \ n \in \mathbb{N} \right\}$ 为算子 A^* 对应于本征值 λ_{1n}^+ 的本征函数, 则 Ψ_{1n}^+ 具有如下渐近表达式:

$$\begin{pmatrix} (f_{1n}^+)''(x) \\ \lambda f_{1n}^+(x) \\ (h_{1n}^+)'(x) \\ \lambda h_{1n}^+(x) \end{pmatrix} = \begin{pmatrix} -\sqrt{2}i\alpha(e^{i\rho_{1n}^+ x} + e^{-\rho_{1n}^+ x}) \\ -\sqrt{2}\alpha(e^{i\rho_{1n}^+ x} + e^{-\rho_{1n}^+ x}) \\ 0 \\ e^{-ax}\left(\sqrt{2}i + \dfrac{\alpha^2}{\sqrt{\beta}}\right) + e^{ax}\left(\sqrt{2}i - \dfrac{\alpha^2}{\sqrt{\beta}}\right) \end{pmatrix} + \mathcal{O}\left(\frac{1}{n}\right), \tag{6.112}$$

其中 a 和 ρ_{1n}^+ 分别由 (6.98) 和 (6.99) 定义.

(2) 设 $\left\{ \Psi_{1n}^- = (f_{1n}^-, \lambda f_{1n}^-, h_{1n}^-, \lambda h_{1n}^-)^{\mathrm{T}}, \ n \in \mathbb{N} \right\}$ 为算子 A^* 对应于 λ_{1n}^- 的本征函数, 则 Ψ_{1n}^- 具有如下渐近表达式:

$$\begin{pmatrix} (f_{1n}^-)''(x) \\ \lambda f_{1n}^-(x) \\ (h_{1n}^-)'(x) \\ \lambda h_{1n}^-(x) \end{pmatrix} = \begin{pmatrix} 0 \\ 0 \\ e^{ax} + e^{-ax} \\ 0 \end{pmatrix} + \mathcal{O}\left(\frac{1}{n}\right). \tag{6.113}$$

其中 a 由 (6.98) 定义.

(3) 设 $\left\{ \Psi_{2n} = (f_{2n}, \lambda f_{2n}, h_{2n}, \lambda h_{2n})^{\mathrm{T}}, \ n \in \mathbb{N} \right\}$ 为算子 A^* 对应于 λ_{2n} 的本征函数, 则 Ψ_{2n} 具有如下渐近表达式:

$$\begin{pmatrix} (f_{2n})''(x) \\ \lambda f_{2n}(x) \\ (h_{2n})'(x) \\ \lambda h_{2n}(x) \end{pmatrix} = \begin{pmatrix} i(e^{i\rho_{2n}(1-x)} - e^{-i\rho_{2n}(1-x)} + 2i\sin\rho_{2n}e^{-\rho_{2n}x}) \\ e^{i\rho_{2n}(1-x)} - e^{-i\rho_{2n}(1-x)} - 2i\sin\rho_{2n}e^{-\rho_{2n}x} \\ 0 \\ 0 \end{pmatrix} + \mathcal{O}\left(\frac{1}{n}\right), \tag{6.114}$$

其中 ρ_{2n} 由 (6.103) 定义.

6.3.3 根子空间的完备性

为了证明根子空间的完备性, 我们先讨论, 对于任意的 $0 \neq \lambda = i\rho^2 \notin \sigma_p(A)$, 算子 $\lambda I - A$ 的可逆性.

引理 6.25   设算子 A 由 (6.78) 定义. 对于任意的 $x \in [0,1]$ 以及 $\rho \in \mathbb{C}$, 设

$$
\begin{cases}
Q_1(x,\xi) = \dfrac{\operatorname{sign}(x-\xi)}{4\rho^3}[e^{\rho(x-\xi)} - e^{-\rho(x-\xi)} + ie^{i\rho(x-\xi)} - ie^{-i\rho(x-\xi)}], \\[2mm]
Q_2(x,\xi) = \dfrac{a}{2\rho^4}\operatorname{sign}(x-\xi)[e^{a(x-\xi)} - e^{-a(x-\xi)}],
\end{cases}
\tag{6.115}
$$

以及

$$
\begin{cases}
F_0(x,\rho) = \displaystyle\int_0^1 Q_1(x,\xi)[i\rho^2\phi(\xi) + \psi(\xi)]dx, \\[3mm]
H_0(x,\rho) = \displaystyle\int_0^1 Q_2(x,\xi)[-\beta\omega''(\xi) + i\rho^2\omega(\xi) + \nu(\xi)]dx.
\end{cases}
\tag{6.116}
$$

对于任意的 $0 \neq \lambda = i\rho^2 \notin \sigma_p(A)$ 以及任意的 $(\phi,\psi,\omega,\nu)^{\mathrm{T}} \in \mathcal{H}$, 求解方程

$$
(\lambda I - A)(f,g,h,l)^{\mathrm{T}} = (\phi,\psi,\omega,\nu)^{\mathrm{T}}
$$

可得

$$
\begin{cases}
f(x) = \dfrac{F(x,\rho)}{\det(B)}, \quad g(x) = \lambda f(x) - \phi(x), \\[3mm]
h(x) = \dfrac{H(x,\rho)}{\det(B)}, \quad l(x) = \lambda h(x) - \omega(x),
\end{cases}
\tag{6.117}
$$

其中, 矩阵 B 由 (6.87) 定义, $F(x,\rho)$ 以及 $H(x,\rho)$ 分别满足

$$
F(x,\rho)
$$

$$
=
\begin{vmatrix}
e^{x\rho} & e^{-x\rho} & e^{ix\rho} & e^{-ix\rho} & 0 & 0 & F_0(x,\rho) \\
1 & 1 & 1 & 1 & 0 & 0 & F_1 \\
e^{\rho} & e^{-\rho} & e^{i\rho} & e^{-i\rho} & 0 & 0 & F_2 \\
\rho^2 e^{\rho} & \rho^2 e^{-\rho} & -\rho^2 e^{i\rho} & -\rho^2 e^{-i\rho} & 0 & 0 & F_3 \\
0 & 0 & 0 & 0 & e^{a} & e^{-a} & H_4 \\
\rho^2 & \rho^2 & -\rho^2 & -\rho^2 & -i\alpha\rho^2 & -i\alpha\rho^2 & F_5 - H_5 + \alpha\omega(0) \\
-\dfrac{ia^2\alpha}{\rho} & \dfrac{ia^2\alpha}{\rho} & \dfrac{a^2\alpha}{\rho} & -\dfrac{a^2\alpha}{\rho} & a & -a & F_6 + H_6 + \dfrac{a^2\alpha}{\rho^4}\phi'(0) + \dfrac{a^2\beta}{\rho^4}\omega'(0)
\end{vmatrix},
$$

$$
\tag{6.118}
$$

以及

$H(x,\rho)$

$$
= \begin{vmatrix}
0 & 0 & 0 & 0 & e^{ax} & e^{-ax} & H_0(x,\rho) \\
1 & 1 & 1 & 1 & 0 & 0 & F_1 \\
e^{\rho} & e^{-\rho} & e^{i\rho} & e^{-i\rho} & 0 & 0 & F_2 \\
e^{\rho}\rho^2 & e^{-\rho}\rho^2 & -e^{i\rho}\rho^2 & -e^{-i\rho}\rho^2 & 0 & 0 & F_3 \\
0 & 0 & 0 & 0 & e^{a} & e^{-a} & H_4 \\
\rho^2 & \rho^2 & -\rho^2 & -\rho^2 & -i\alpha\rho^2 & -i\alpha\rho^2 & F_5 - H_5 + \alpha\omega(0) \\
-\dfrac{ia^2\alpha}{\rho} & \dfrac{ia^2\alpha}{\rho} & \dfrac{a^2\alpha}{\rho} & -\dfrac{a^2\alpha}{\rho} & a & -a & F_6 + H_6 + \dfrac{a^2\alpha}{\rho^4}\phi'(0) + \dfrac{a^2\beta}{\rho^4}\omega'(0)
\end{vmatrix},
$$

$$\tag{6.119}$$

常数 $F_k, k = 1,2,3,5,6$ 以及 $H_s, s = 4,5,6$ 分别满足

$$
\begin{cases}
F_1 = \displaystyle\int_0^1 -\frac{1}{4\rho^3}\left(e^{-\xi\rho} - e^{\xi\rho} + ie^{-i\xi\rho} - ie^{i\xi\rho}\right)\left(i\rho^2\phi(\xi) + \psi(\xi)\right) d\xi, \\[2mm]
F_2 = \displaystyle\int_0^1 \frac{1}{4\rho^3}\left(e^{(1-\xi)\rho} - e^{-(1-\xi)\rho} + ie^{i(1-\xi)\rho} - ie^{-i(1-\xi)\rho}\right)\left(i\rho^2\phi(\xi) + \psi(\xi)\right) d\xi, \\[2mm]
F_3 = \displaystyle\int_0^1 \frac{1}{4\rho}\left(e^{(1-\xi)\rho} - e^{-(1-\xi)\rho} - ie^{i(1-\xi)\rho} + ie^{-i(1-\xi)\rho}\right)\left(i\rho^2\phi(\xi) + \psi(\xi)\right) d\xi, \\[2mm]
F_5 = \displaystyle\int_0^1 -\frac{1}{4\rho}\left(e^{-\xi\rho} - e^{\xi\rho} + ie^{i\xi\rho} - ie^{-i\xi\rho}\right)\left(i\rho^2\phi(\xi) + \psi(\xi)\right) d\xi, \\[2mm]
F_6 = \displaystyle\int_0^1 \frac{ia^2\alpha}{4\rho^4}\left(e^{-\xi\rho} + e^{\xi\rho} - e^{i\xi\rho} - e^{-i\xi\rho}\right)\left(i\rho^2\phi(\xi) + \psi(\xi)\right) d\xi
\end{cases}
$$

和

$$
\begin{cases}
H_4 = \displaystyle\int_0^1 \frac{a}{2\rho^4}\left(e^{a(1-\xi)} - e^{-a(1-\xi)}\right)\left(-\beta\omega''(\xi) + i\rho^2\omega(\xi) + \nu(\xi)\right) d\xi, \\[2mm]
H_5 = -i\alpha\rho^2\displaystyle\int_0^1 \frac{a}{2\rho^4}\left(e^{-a\xi} - e^{a\xi}\right)\left(-\beta\omega''(\xi) + i\rho^2\omega(\xi) + \nu(\xi)\right) d\xi, \\[2mm]
H_6 = \displaystyle\int_0^1 -\frac{a^2}{2\rho^4}\left(e^{-a\xi} + e^{a\xi}\right)\left(-\beta\omega''(\xi) + i\rho^2\omega(\xi) + \nu(\xi)\right) d\xi.
\end{cases}
$$

证明 对于任意的 $(\phi,\psi,\omega,\nu)^{\mathrm{T}} \in \mathcal{H}$ 以及 $0 \neq \lambda = i\rho^2 \notin \sigma_p(A)$ 求解方程

$$
(\lambda I - A)(f,g,h,l)^{\mathrm{T}} = (\phi,\psi,\omega,\nu)^{\mathrm{T}}
$$

可得 $g(x) = \lambda f(x) - \phi(x)$, $l(x) = \lambda h(x) - \omega(x)$, 以及 $f(x)$ 和 $h(x)$ 满足

$$\begin{cases} f^{(4)}(x) - \rho^4 f(x) = i\rho^2\phi(x) + \psi(x), \\ h''(x) + \dfrac{\rho^4}{1+i\beta\rho^2}h(x) = \dfrac{\beta}{1+i\beta\rho^2}\omega''(x) - \dfrac{i\rho^2}{1+i\beta\rho^2}\omega(x) - \dfrac{1}{1+i\beta\rho^2}\nu, \\ f(0) = f(1) = f''(1) = h(1) = 0, \\ f''(0) = \alpha i\rho^2 h(0) - \alpha\omega(0), \\ h'(0) + \dfrac{\alpha i\rho^2}{1+i\beta\rho^2}f'(0) = \dfrac{\alpha}{1+i\beta\rho^2}\omega'(0) + \dfrac{\alpha}{1+i\beta\rho^2}\phi(0). \end{cases}$$

(6.120)

如同前文, 令 $a = \sqrt{\dfrac{-\rho^4}{1+i\beta\rho^2}}$, 则 (6.120) 有如下形式的通解:

$$\begin{cases} f(x) = c_1 e^{\rho x} + c_2 e^{-\rho x} + c_3 e^{i\rho x} + c_4 e^{-i\rho x} + F_0(x,\rho), \\ h(x) = d_1 e^{ax} + d_2 e^{-ax} + H_0(x,\rho), \end{cases}$$

(6.121)

其中 $F_0(x,\rho)$ 和 $H_0(x,\rho)$ 由 (6.116) 定义. 将 $f(x)$ 和 $h(x)$ 代入 (6.120) 中的边值条件可得, $c_j, j = 1,2,3,4, d_1, d_2$ 满足非齐次线性方程组:

$$\begin{cases} c_1 + c_2 + c_3 + c_4 = -F_1, \\ c_1 e^\rho + c_2 e^{-\rho} + c_3 e^{i\rho} + c_4 e^{-i\rho} = -F_2, \\ c_1\rho^2 e^\rho + c_2\rho^2 e^{-\rho} - c_3\rho^2 e^{i\rho} - c_4\rho^2 e^{-i\rho} = -F_3, \\ d_1 e^a + d_2 e^{-a} = -H_4, \\ c_1\rho^2 + c_2\rho^2 - c_3\rho^2 - c_4\rho^2 - i\alpha\rho^2 d_1 - i\alpha\rho^2 d_2 = -F_5 + H_5 - \alpha\omega(0), \\ -\dfrac{ia^2\alpha}{\rho}c_1 + \dfrac{ia^2\alpha}{\rho}c_2 + \dfrac{a^2\alpha}{\rho}c_3 - \dfrac{a^2\alpha}{\rho}c_4 + ad_1 - ad_2 \\ = -F_6 - H_6 - \dfrac{a^2\beta}{\rho^4}\omega'(0) - \dfrac{a^2\alpha}{\rho^4}\phi'(0). \end{cases}$$

由于 $\lambda = i\rho^2 \notin \sigma_p(A)$, 则 $\det(B) \neq 0$, 从而方程组 (6.120) 存在唯一的解 $(f,g,h,l)^{\mathrm{T}}$, 并且 $f(x)$ 和 $h(x)$ 满足 (6.117).　　　　　□

命题 6.1　设算子 A 由 (6.78) 定义, $\lambda_{1n}^+, \lambda_{1n}^-, \lambda_{2n}$ 由 (6.91) 定义, 则当 n 充分大时, 本征值 $\lambda_n = \{\lambda_{1n}^+, \lambda_{1n}^-, \lambda_{2n}, \overline{\lambda_{2n}}\} \in \sigma_p(A)$ 代数重数均为 1.

证明　由于算子 A 的本征值关于实轴对称, 我们只需证明 $\rho \in \mathcal{S}$ 部分所生成的本征值. 由 6.3.2 节可知 $\lambda = i\rho^2 \in \sigma_p(A)$ 当且仅当 ρ 为整函数 $\det(B)$ 的

零点. 又由引理 6.25 可知, 若 $\lambda \in \sigma_p(A)$, 则 λ 为算子 $(\lambda I - A)^{-1}$ 的极点, 并且当 n 充分大时 λ 的阶数小于等于整函数 $\det(B)$ 的零点 ρ 的阶数. 此外, 由定理 6.22 易见本征值 λ 的代数重数为单的, 再由 (6.97) 和 (6.102) 可知, 当 n 充分大时, $\det(B) = 0$ 在 $\mathcal{S}_1$ 和 $\mathcal{S}_2$ 中的全部零点都是单重的. 设 p 为算子 $(\lambda I - A)^{-1}$ 的零点的阶, m_a, m_g 分别表示本征值的代数重数和几何重数, 注意到 $m_a \leqslant p \cdot m_g$, 当 n 充分大时, 本征值 $\lambda_n = \{\lambda_{1n}^+, \lambda_{1n}^-, \lambda_{2n}, \overline{\lambda_{2n}}\} \in \sigma_p(A)$ 是单重的. $\qquad\square$

定理 6.26 设算子 A 由 (6.78) 定义, 对于 $\lambda \notin \sigma_p(A) \cup \left\{-\dfrac{1}{\beta}\right\}$, 算子 $(\lambda I - A)^{-1}$ 有界. 设 ρ 位于以 $\det(B)$ 的零点为圆心, $\varepsilon > 0$ 为半径的圆的外部, 对于任意的 $\lambda = i\rho^2$, 存在与 λ 无关的常数 $M > 0$, 使得

$$\|(\lambda I - A)^{-1}\| \leqslant M(1 + |\lambda|).$$

证明 设 $0 \neq \rho \in \mathcal{S}$, 且 $\lambda = i\rho^2$, 由引理 6.25 可知, 对于任意的 $(\phi, \psi, \omega, \nu)^{\mathrm{T}} \in \mathcal{H}$, 预解方程 $(f, g, h, l)^{\mathrm{T}} = (\lambda I - A)^{-1}(\phi, \psi, \omega, \nu)^{\mathrm{T}}$ 的解为 (6.117). 当 $\rho \in \mathcal{S}$ 时, 有估计 $\mathrm{Re}(-\rho) \leqslant 0$, $\mathrm{Re}(\sqrt{i}\rho) \leqslant 0$, $\mathrm{Re}(-a) \leqslant 0$, 根据 a 的表达式可知, 存在常数 $\hat{M} > 0$ 使得 $|a/\rho| \leqslant \hat{M}$. 设

$$
\begin{cases}
L_1 = \displaystyle\int_0^1 -\frac{1}{4\rho^3} e^{-\xi\rho} \left(i\rho^2\phi(\xi) + \psi(\xi)\right) d\xi, \\[3mm]
L_2 = \displaystyle\int_0^1 -\frac{1}{4\rho^3} e^{\xi\rho} \left(i\rho^2\phi(\xi) + \psi(\xi)\right) d\xi, \\[3mm]
L_3 = \displaystyle\int_0^1 \frac{i}{4\rho^3} e^{-i\xi\rho} \left(i\rho^2\phi(\xi) + \psi(\xi)\right) d\xi, \\[3mm]
L_4 = \displaystyle\int_0^1 \frac{i}{4\rho^3} e^{i\xi\rho} \left(i\rho^2\phi(\xi) + \psi(\xi)\right) d\xi, \\[3mm]
L_5 = \displaystyle\int_0^1 -\frac{a}{2\rho^4} e^{-a\xi} \left(-\beta\omega''(\xi) + i\rho^2\omega(\xi) + \nu(\xi)\right) d\xi, \\[3mm]
L_6 = \displaystyle\int_0^1 -\frac{a}{2\rho^4} e^{a\xi} \left(-\beta\omega''(\xi) + i\rho^2\omega(\xi) + \nu(\xi)\right) d\xi.
\end{cases}
$$

为保证由 (6.118) 和 (6.119) 定义的行列式 $F(x, \rho)$ 和 $H(x, \rho)$ 的每一个位置均有界, 对 $F(x, \rho)$ 和 $H(x, \rho)$ 的第 i 列乘以因子 L_i 并分别加到 $F(x, \rho)$ 和 $H(x, \rho)$ 的最后一列可得

$$\frac{e^{-a}e^{-\rho}e^{i\rho}}{a\rho} F(x, \rho) = \tilde{F}(x, \rho), \qquad \frac{e^{-a}e^{-\rho}e^{i\rho}}{a\rho} H(x, \rho) = \tilde{H}(x, \rho).$$

对于, $k = 0, 1, 2,$ 经计算可得

$$\frac{\partial^k \tilde{F}(x, \rho)}{\rho^k \partial x^k} = \left| \Delta_{F1}^k, \ \Delta_{F2}^k \right|,$$

其中

$$\Delta_{F1}^k = \begin{pmatrix} e^{(x-1)\rho} & (-1)^k e^{-x\rho} & i^k e^{ix\rho} & (-i)^k e^{-i(x-1)\rho} \\ e^{-\rho} & 1 & 1 & e^{i\rho} \\ 1 & e^{-\rho} & e^{i\rho} & 1 \\ 1 & e^{-\rho} & -e^{i\rho} & -1 \\ 0 & 0 & 0 & 0 \\ e^{-\rho} & 1 & -1 & -e^{i\rho} \\ -\dfrac{ia\alpha}{\rho} e^{-\rho} & \dfrac{ia\alpha}{\rho} & \dfrac{a\alpha}{\rho} & -\dfrac{a\alpha}{\rho} e^{i\rho} \end{pmatrix}$$

和

$$\Delta_{F2}^k = \begin{pmatrix} 0 & 0 & \dfrac{\partial^k \tilde{F}_0(x, \rho)}{\partial x^k} \\ 0 & 0 & \tilde{F}_1 \\ 0 & 0 & \tilde{F}_2 \\ 0 & 0 & \tilde{F}_3 \\ 1 & e^{-a} & \tilde{H}_4 \\ -i\alpha e^{-a} & -i\alpha & \tilde{F}_5 - \tilde{H}_5 + \alpha\rho\omega(0) \\ e^{-a} & -1 & \tilde{F}_6 + \tilde{H}_6 + \dfrac{a\alpha}{\rho}\phi'(0) + \dfrac{a\beta}{\rho}\omega'(0) \end{pmatrix},$$

以及对于 $s = 0, 1,$ 有

$$\frac{\partial^s \tilde{H}(x, \rho)}{\partial x^s} = \left| \Delta_{H1}^s, \ \Delta_{H2}^s \right|,$$

其中

$$\Delta_{H1}^s = \begin{pmatrix} 0 & 0 & 0 & 0 \\ e^{-\rho} & 1 & 1 & e^{i\rho} \\ 1 & e^{-\rho} & e^{i\rho} & 1 \\ 1 & 0 & 0 & -1 \\ 0 & 0 & 0 & 0 \\ e^{-\rho} & 1 & -1 & -e^{i\rho} \\ -\dfrac{ia\alpha}{\rho} e^{-\rho} & \dfrac{ia\alpha}{\rho} & \dfrac{a\alpha}{\rho} & -\dfrac{a\alpha}{\rho} e^{i\rho} \end{pmatrix}$$

和

$$
\Delta_{H2}^s = \begin{pmatrix}
a^s e^{a(x-1)} & (-a)^s e^{-ax} & \dfrac{\partial^s \tilde{H}_0(x,\rho)}{\partial x^s} \\
0 & 0 & \tilde{F}_1 \\
0 & 0 & \tilde{F}_2 \\
0 & 0 & \tilde{F}_3 \\
1 & e^{-a} & \tilde{H}_4 \\
-i\alpha e^{-a} & -i\alpha & \tilde{F}_5 - \tilde{H}_5 + \alpha\rho\omega(0) \\
e^{-a} & -1 & \tilde{F}_6 + \tilde{H}_6 + \dfrac{a\alpha}{\rho}\phi'(0) + \dfrac{a\beta}{\rho}\omega'(0)
\end{pmatrix}.
$$

这里

$$
\frac{\partial^k \tilde{F}_0(x,\rho)}{\partial x^k} = \frac{1}{2}\int_0^1 \frac{\partial^k P(x,\xi)}{\partial x^k}(i\rho^2\phi(\xi)+\psi(\xi))d\xi,
$$

$$
\frac{\partial^s \tilde{H}_0(x,\rho)}{\partial x^s} = \frac{a}{\rho}\int_0^1 \frac{\partial^s R(x,\xi)}{\partial x^s}(\beta\omega''(\xi)-i\rho^2\omega(\xi)-\nu(\xi))d\xi,
$$

并且

$$
P(x,\xi) = \begin{cases} -e^{-\rho(x-\xi)} + ie^{i\rho(x-\xi)}, & x \geqslant \xi, \\ -e^{-\rho(\xi-x)} + ie^{i\rho(\xi-x)}, & x < \xi, \end{cases} \qquad R(x,\xi) = \begin{cases} e^{-a(x-\xi)}, & x \geqslant \xi, \\ e^{-a(\xi-x)}, & x < \xi, \end{cases}
$$

以及

$$
\begin{cases}
\tilde{F}_1 = -\dfrac{1}{2}\int_0^1 \left(e^{-\xi\rho}-ie^{i\xi\rho}\right)\left(i\rho^2\phi(\xi)+\psi(\xi)\right)d\xi, \\[2mm]
\tilde{F}_2 = -\dfrac{1}{2}\int_0^1 \left(e^{-\rho(1-\xi)}-ie^{i\rho(1-\xi)}\right)\left(i\rho^2\phi(\xi)+\psi(\xi)\right)d\xi, \\[2mm]
\tilde{F}_3 = -\dfrac{1}{2}\int_0^1 \left(e^{-\rho(1-\xi)}+ie^{i(1-\xi)\rho}\right)\left(i\rho^2\phi(\xi)+\psi(\xi)\right)d\xi, \\[2mm]
\tilde{F}_5 = -\dfrac{1}{2}\int_0^1 \left(e^{-\rho\xi}+ie^{i\rho\xi}\right)\left(i\rho^2\phi(\xi)+\psi(\xi)\right)d\xi, \\[2mm]
\tilde{F}_6 = \dfrac{a\alpha i}{2\rho}\int_0^1 \left(e^{-\xi\rho}-e^{i\xi\rho}\right)\left(i\rho^2\phi(\xi)+\psi(\xi)\right)d\xi
\end{cases}
$$

和

$$
\begin{cases}
\tilde{H}_4 = \dfrac{a}{\rho} \displaystyle\int_0^1 e^{-a(1-\xi)} \left(\beta \omega''(\xi) - i\rho^2 \omega(\xi) - \nu(\xi) \right) d\xi, \\[3mm]
\tilde{H}_5 = \dfrac{i\alpha a}{\rho} \displaystyle\int_0^1 e^{-a\xi} \left(\beta \omega''(\xi) - i\rho^2 \omega(\xi) - \nu(\xi) \right) d\xi, \\[3mm]
\tilde{H}_6 = \dfrac{a}{\rho} \displaystyle\int_0^1 e^{-a\xi} \left(\beta \omega''(\xi) - i\rho^2 \omega(\xi) - \nu(\xi) \right) d\xi.
\end{cases}
$$

由命题 2.4, 设 ρ 位于以 $\det(B)$ 的零点为圆心, $\varepsilon > 0$ 为半径的圆的外部, 对于任意的 $\lambda = i\rho^2$, 存在 $M_1 > 0$ 使得

$$
|f''(x)| \leqslant \frac{M_1}{|\rho|} \left[\int_0^1 \left(|\lambda| |\phi(\xi)| + |\psi(\xi)| + |\lambda| |\omega(\xi)| + |\nu(\xi)| \right) d\xi \right],
$$

$$
|g(x)| \leqslant \frac{M_1}{|\rho|} \left[\int_0^1 \left(|\lambda| |\phi(\xi)| + |\psi(\xi)| + |\lambda| |\omega(\xi)| + |\nu(\xi)| \right) d\xi \right] + |\phi(x)|,
$$

$$
|h'(x)| \leqslant \frac{M_1}{|\rho|^2} \left[\int_0^1 \left(|\lambda| |\phi(\xi)| + |\psi(\xi)| + |\lambda| |\omega(\xi)| + |\nu(\xi)| \right) d\xi \right],
$$

$$
|l(x)| \leqslant M_1 \left[\int_0^1 \left(|\lambda| |\phi(\xi)| + |\psi(\xi)| + |\lambda| |\omega(\xi)| + |\nu(\xi)| \right) d\xi \right] + |\omega(\xi)|.
$$

由于对于任意的 $x \in [0,1]$ 以及 $u \in H_L^2[0,1]$, 有 $|u(x)| \leqslant \|u'\|_{L^2} \leqslant \|u''\|_{L^2}$, 故对任意的 $(\phi, \psi, \omega, \nu) \in \mathcal{H}$, 有

$$
|f''(x)| \leqslant \frac{M_1}{|\rho|} \left[|\lambda| \|\phi''\|_{L^2} + \|\psi\|_{L^2} + |\lambda| \|\omega'\|_{L^2} + \|\nu\|_{L^2} \right],
$$

$$
|g(x)| \leqslant \frac{M_1}{|\rho|} \left[|\lambda| \|\phi''\|_{L^2} + \|\psi\|_{L^2} + |\lambda| \|\omega'\|_{L^2} + \|\nu\|_{L^2} \right] + \|\phi\|_{L^2},
$$

$$
|h'(x)| \leqslant \frac{M_1}{|\rho|^2} \left[|\lambda| \|\phi''\|_{L^2} + \|\psi\|_{L^2} + |\lambda| \|\omega'\|_{L^2} + \|\nu\|_{L^2} \right],
$$

$$
|l(x)| \leqslant M_1 \left[|\lambda| \|\phi''\|_{L^2} + \|\psi\|_{L^2} + |\lambda| \|\omega'\|_{L^2} + \|\nu\|_{L^2} \right] + \|\omega'\|_{L^2}.
$$

由上述估计可知, 当 $\rho \in \mathcal{S}$ 位于所有以 $\det(B)$ 的零点为圆心, $\varepsilon > 0$ 为半径的圆外部时, 对于任意的 $|\lambda| = |\rho^2| > k > 1$, 存在与 λ 无关的常数 $M_2 > 0$ 和 $K > 0$, 使得

$$
\|(f, g, h, l)\| \leqslant M_2 (1 + |\lambda|) \|(\phi, \psi, \omega, \nu)\|
$$

成立. 此外, 对于 $|\lambda| \leqslant K$, 存在 $M > M_2$ 使得 $\|(f, g, h, l)\| \leqslant M \|(\phi, \psi, \omega, \nu)\|$. 因此, 当 $\rho \in \mathcal{S}$ 位于所有以 $\det(B)$ 的零点为圆心, $\varepsilon > 0$ 为半径的圆外部时, 对于任

意的 $\lambda = i\rho^2$ 有

$$\|(f, g, h, l)\| \leqslant M(1 + |\lambda|)\|(\phi, \psi, \omega, \nu)\|. \qquad \square$$

定理 6.27 设算子 A 由 (6.78) 定义. 则算子 A 和 A^* 的根子空间均在 $\mathcal{H}$ 中完备, 即

$$\mathrm{sp}(A) = \mathrm{sp}(A^*) = \mathcal{H}.$$

证明 由于算子 A^* 的根子空间的完备性证明与 A 的证明是一样的, 我们仅证明算子 A 的根子空间的完备性. 由引理 2.50,

$$\mathcal{H} = \sigma_\infty(A^*) \oplus \mathrm{sp}(A),$$

其中, $\sigma_\infty(A^*)$ 表示使得 $R(\lambda, A^*)Y$ 对于复平面上的 λ 解析的 $Y \in \mathcal{H}$ 的全体. 由此只需证 $\sigma_\infty(A^*) = \{0\}$.

设 $Y \in \sigma_\infty(A^*)$, 则 $R(\lambda, A^*)Y$ 为关于 λ 的解析函数. 又因为 $\lambda = i\rho^2$, $R(\lambda, A^*)Y$ 也可以视为关于 ρ 的解析函数. 由最大模原理可知, $\|R(\lambda, A^*)\| = \|R(\bar{\lambda}, A)\|$. 结合定理 6.26 可知, 存在常数 $M > 0$ 使得

$$\|R(\lambda, A^*)Y\| \leqslant M(1 + |\lambda|)\|y\|, \quad \forall \lambda \in \mathbb{C}.$$

由定理 2.16 可得, $R(\lambda, A^*)Y$ 为关于 λ 的小于等于 1 的多项式, 即存在 $Y_0, Y_1 \in \mathcal{H}$, 使得

$$R(\lambda, A^*) = Y_0 + \lambda Y_1.$$

因此

$$Y = (\lambda I - A^*)(Y_0 + \lambda Y_1).$$

因为算子 A^* 为闭算子, 所以 $Y_0, Y_1 \in D(A^*)$, 从而

$$-A^* Y_0 + \lambda(Y_0 - A^* Y_1) + \lambda^2 Y_1 = Y, \quad \forall \lambda \in \mathbb{C}.$$

进而可得, $Y = Y_0 = Y_1 = 0$. $\qquad \square$

6.3.4 Riesz 基与指数稳定性

引理 6.28 设 ρ_{1n}^+, a 以及 ρ_{2n} 分别由 (6.99), (6.98) 和 (6.103) 定义, 序列 $\{e^{i\rho_{1n}^+ x}\}_{n=1}^\infty$, $\{e^{-\rho_{1n}^+ x}\}_{n=1}^\infty$, $\{e^{\pm ax}\}_{n=1}^\infty$, $\{e^{\pm i\rho_{2n}(1-x)}\}_{n=1}^\infty$ 以及 $\{e^{-\rho_{2n} x}\}_{n=1}^\infty$ 均为 $L^2(0,1)$ 上的 Bessel 序列.

证明 由 (6.107) 可知, 若对于 $e^{i\rho_{1n}^+ x}$ 取 $u = i\sqrt{i\beta}\pi$ 以及 $v = 0$, 对于 $e^{-\rho_{1n}^+ x}$ 取 $u = -\sqrt{i\beta}\pi$ 以及 $v = 0$, 对于 e^{ax} 取 $u = -i\pi$ 以及 $v = 0$ 并且对于 e^{-ax} 取 $u = i\pi$ 以及 $v = 0$, 则根据定理 2.28 可知, 序列 $\{e^{i\rho_{1n}^+ x}\}_{n=1}^\infty$, $\{e^{-\rho_{1n}^+ x}\}_{n=1}^\infty$ 以及 $\{e^{\pm ax}\}_{n=1}^\infty$ 均为 $L^2(0,1)$ 空间中的 Bessel 序列.

类似地, 由 (6.108) 可知, 若对 $e^{i\rho_{2n}(1-x)}$ 取 $u = i\pi$ 以及 $v = 0$, 对 $e^{-i\rho_{2n}(1-x)}$ 取 $u = -i\pi$ 并且 $v = 0$, 对 $e^{-\rho_{2n}x}$ 取 $u = -\pi$ 以及 $v = 0$, 则根据定理 2.28 可知, 序列 $\{e^{\pm i\rho_{2n}(1-x)}\}_{n=1}^\infty$ 以及 $\{e^{-\rho_{2n}x}\}_{n=1}^\infty$ 均为 $L^2(0,1)$ 空间中的 Bessel 序列. □

定理 6.29 设算子 A 由 (6.78) 定义. 则 A 的广义本征函数构成空间 $\mathcal{H}$ 的一组 Riesz 基.

证明 设 $\sigma_p(A) = \{\lambda_{1n}^+, \lambda_{1n}^-, \lambda_{2n}, \overline{\lambda_{2n}}\}$ 为定理 6.19 中给出的算子 A 的本征值. 由命题 6.1 可知, 存在正整数 N, 当 $n \geqslant N$ 时, 本征值 λ_{1n}^+, λ_{1n}^-, λ_{2n}, $\overline{\lambda_{2n}}$ 的代数重数均为 1. 当 $n < N$ 时, 假设本征值 λ_{1n}^+, λ_{1n}^- 和 λ_{2n} 的代数重数分别为 m_{1n}^+, m_{1n}^- 和 m_{2n}. 根据算子的广义本征函数的定义, 通过解方程组

$$\begin{cases} (A - \lambda_{1n}^\pm)\Phi_{1n,1}^\pm = 0, \\ (A - \lambda_{1n}^\pm)\Phi_{1n,2}^\pm = \Phi_{1n,1}^\pm, \\ \quad\cdots\cdots \\ (A - \lambda_{1n}^\pm)\Phi_{1n,m_{1n}^\pm}^\pm = \Phi_{1n,m_{1n}^\pm - 1}^\pm \end{cases} \text{和} \quad \begin{cases} (A - \lambda_{2n})\Phi_{2n,1} = 0, \\ (A - \lambda_{2n})\Phi_{2n,2} = \Phi_{2n,1}, \\ \quad\cdots\cdots \\ (A - \lambda_{2n})\Phi_{2n,m_{2n}} = \Phi_{2n,m_{2n}-1} \end{cases}$$

可以得到本征值 λ_{1n}^+, λ_{1n}^- 和 λ_{2n} 所对应的本征函数 $\{\Phi_{1n,j}^+\}_{j=1}^{m_{1n}^+}$, $\{\Phi_{1n,j}^-\}_{j=1}^{m_{1n}^-}$ 和 $\{\Phi_{2n,j}\}_{j=1}^{m_{2n}}$. 因此

$$\left\{\{\Phi_{1n,j}^\pm\}_{j=1}^{m_{1n}^\pm}\right\}_{n<N} \cup \{\Phi_{1n}^\pm\}_{n\geqslant N} \cup \left\{\{\Phi_{2n,j}, \overline{\Phi_{2n,j}}\}_{j=1}^{m_{2n}}\right\}_{n<N} \cup \{\Phi_{2n}, \overline{\Phi_{2n}}\}_{n\geqslant N} \quad (6.122)$$

构成算子 A 的线性无关的广义本征函数全体. 进而可得

$$\left\{\{\Psi_{1n,j}^\pm\}_{j=1}^{m_{1n}^\pm}\right\}_{n<N} \cup \{\Psi_{1n}^\pm\}_{n\geqslant N} \cup \left\{\{\Psi_{2n,j}, \overline{\Psi_{2n,j}}\}_{j=1}^{m_{2n}}\right\}_{n<N} \cup \{\Psi_{2n}, \overline{\Psi_{2n}}\}_{n\geqslant N}$$
$$(6.123)$$

为算子 A^* 的线性无关的广义本征函数全体. 令

$$\begin{cases} \Phi_{1n,j}^{\pm*} = \dfrac{\Psi_{1n,j}^\pm}{\langle \Phi_{1n,j}^\pm, \Psi_{1n,j}^\pm \rangle}, & n < N, j = 1, 2, \cdots, m_{1n}^\pm, \\[3mm] \Phi_{1n}^{\pm*} = \dfrac{\Psi_{1n}^\pm}{\langle \Phi_{1n}^\pm, \Psi_{1n}^\pm \rangle}, & n \geqslant N, \end{cases} \quad (6.124)$$

并且

$$
\begin{cases}
\Phi_{2n,j}^* = \dfrac{\Psi_{2n,j}}{\langle \Phi_{2n,j}, \Psi_{2n,j} \rangle}, & n < N, j = 1, 2, \cdots, m_{2n}, \\[4mm]
\Phi_{2n}^{\pm *} = \dfrac{\Psi_{2n}}{\langle \Phi_{2n}, \Psi_{2n} \rangle}, & n \geqslant N.
\end{cases} \tag{6.125}
$$

从而

$$
\left\{ \left\{ \Phi_{1n,j}^{\pm *} \right\}_{j=1}^{m_{1n}^{\pm}} \right\}_{n<N} \cup \left\{ \Phi_{1n}^{\pm *} \right\}_{n \geqslant N} \cup \left\{ \left\{ \Phi_{2n,j}^*, \overline{\Phi_{2n,j}^*} \right\}_{j=1}^{m_{2n}} \right\}_{n<N} \cup \left\{ \Phi_{2n}^*, \overline{\Phi_{2n}^*} \right\}_{n \geqslant N} \tag{6.126}
$$

为算子 A^* 的广义本征函数并且与 (6.122) 给出的算子 A 的广义本征函数是双正交的. 由定理 6.27 可是由 (6.122), (6.123) 以及 (6.126) 定义的序列在 $\mathcal{H}$ 中均是完备的.

根据定理 2.2, 仅需证明 (6.122) 和 (6.126) 为 $\mathcal{H}$ 中的 Bessel 序列. 由于序列 $\left\{ \{ \Phi_{1n,j}^{\pm} \}_{j=1}^{m_{1n}^{\pm}}, \{ \Phi_{2n,j} \}_{j=1}^{m_{2n}} \right\}_{n<N}$ 和 $\left\{ \{ \Phi_{1n,j}^{\pm *} \}_{j=1}^{m_{1n}^{\pm}}, \{ \Phi_{2n,j}^* \}_{j=1}^{m_{2n}} \right\}_{n<N}$ 只有有限多项, 故我们仅需证明算子 A 的本征函数后面的无穷多项 $\{ \Phi_{1n}^{\pm}, \Phi_{2n} \}_{n \geqslant N}$ 以及 A^* 的本征函数后面的无穷多项 $\{ \Phi_{1n}^{\pm *}, \Phi_{2n}^* \}_{n \geqslant N}$ 构成空间 $\mathcal{H}$ 中的 Bessel 序列. 由 (6.124) 和 (6.125) 可知, 序列 $\{ \Phi_{1n}^{\pm *}, \Phi_{2n}^* \}_{n \geqslant N}$ 构成 $\mathcal{H}$ 的 Bessel 序列当且仅当 $\{ \Psi_{1n}^{\pm}, \Psi_{2n} \}_{n \geqslant N}$ 也构成 $\mathcal{H}$ 的 Bessel 序列. 所以我们仅需要证明序列 $\{ \Phi_{1n}^{\pm}, \Phi_{2n} \}_{n \geqslant N}$ 和 $\{ \Psi_{1n}^{\pm}, \Psi_{2n} \}_{n \geqslant N}$ 分别构成空间 $\mathcal{H}$ 的 Bessel 序列.

对于任意的 $n \geqslant N$, 根据定理 6.22, 定理 6.24 和引理 6.28, 由渐近本征函数 $\{ \Phi_{1n}^{\pm}, \Phi_{2n} \}_{n \geqslant N}$ 和 $\{ \Psi_{1n}^{\pm}, \Psi_{2n} \}_{n \geqslant N}$ 的渐近表达式可知, 向量组 $\{ \Phi_{1n}^{\pm}, \Phi_{2n} \}_{n \geqslant N}$ 以及 $\{ \Psi_{1n}^{\pm}, \Psi_{2n} \}_{n \geqslant N}$ 的任意非零分量均构成 $L^2(0,1)$ 的 Bessel 序列. 因此 $\{ \Phi_{1n}^{\pm}, \Phi_{2n} \}_{n \geqslant N}$ 和 $\{ \Psi_{1n}^{\pm}, \Psi_{2n} \}_{n \geqslant N}$ 构成 $\mathcal{H}$ 的 Bessel 序列. 由定理 2.2 可证得本定理的结论. □

定理 6.30 设算子 A 由 (6.78) 定义, 并且生成 C_0-半群 $T(t) = e^{At}$. 则谱确定增长条件成立, 即 $\omega(A) = s(A)$. 进而, C_0-半群 e^{At} 是指数阶稳定的, 即存在常数 $M, \mu > 0$ 并且 $\mu \leqslant 1/\beta$, 使得

$$
\| e^{At} \| \leqslant M e^{-\mu t}.
$$

证明 根据定理 6.29 和命题 6.1 可得出系统的谱确定增长条件成立. 由引理 6.18 的结论可知, 对于任意的 $\lambda \in \sigma_p(A)$ 有 $\mathrm{Re}\lambda < 0$. 再结合由 (6.91)—(6.93) 给出的算子 A 的谱分布可知 A 有且仅有一个连续谱点 $\lambda = -1/\beta$, 并且该连续谱为算子 A 的本征值的聚点. 因此, $\mu \leqslant 1/\beta$. 系统的指数稳定性成立. □

6.3.5　半群的 Gevrey 正则性

我们现在讨论算子 A 生成的 C_0-半群 e^{At} 的 Gevrey 正则性. 首先给出 Gevrey 半群与正则性的相关概念.

定义 6.1　设 $T(t)$ 为 Hilbert 空间 H 上的 C_0-半群, 若对于 $t > t_0$ 半群 $T(t)$ 为无穷次可微的, 并且对于任意的紧子集 $K \subset (t_0, \infty)$ 和任意的 $\theta > 0$, 存在常数 $C = C(K, \theta)$ 使得

$$\|T^{(n)}(t)\| \leqslant C\theta^n (n!)^\delta, \quad \forall\, t \in K, n = 0, 1, 2, \cdots,$$

则称 $T(t)$ 对 $t > t_0$ 属于 $\delta > 1$ 的 Gevrey 半群. 特别地, 当 $\delta = 1$ 时, $T(t)$ 为解析半群.

Gevrey 正则性描述的是半群各阶导数的有界性. 由 Gevrey 半群的定义可以看出 Gevrey 半群的正则性要强于其对应的可微半群, 但比其对应的解析半群的正则性要弱. 下面给出一个判定 Hilbert 空间 H 中生成 Gevrey C_0-半群的充分必要条件.

定理 6.31　设 $T(t)$ 为 Hilbert 空间 H 上的 C_0-半群, A 为其生成元, $T(t)$ 对 $t > t_0$ 属于 δ 类 Gevrey 半群的充要条件为对于任意的 $t_1 > t_0$, $b > 0$, 存在仅依赖于 b 和 t_1 的常数 $a > 0$, $C_1 \geqslant 0$ 以及 $C_2 \geqslant 0$, 使得

$$\rho(A) \supset \sum_b = \left\{ \lambda : \operatorname{Re}(\lambda) \geqslant a - b|\operatorname{Im}(\lambda)|^{1/\delta} \right\}.$$

现在介绍一个常用的验证 Gevrey 半群的充分条件.

定理 6.32　设 C_0-半群 e^{At} 满足 $\|e^{At}\| \leqslant Me^{\omega t}$, 若存在 $\mu \geqslant \omega$ 以及常数 $\alpha : 0 < \alpha \leqslant 1$ 使得

$$\lim_{|\tau| \to \infty} \sup |\tau|^\alpha \|R(\mu + i\tau, A)\| = C < \infty, \quad \tau \in \mathbb{R}$$

成立, 则半群 e^{At} 为 δ 类 Gevrey 半群, 且对任意的 $t > 0$ 有 $\delta > 1/\alpha$.

现在给出系统 (6.79) 的 Gevrey 正则性.

定理 6.33　设算子 A 由 (6.79) 定义, 则由 A 生成的半群 e^{At} 为 $\delta > 2$, $t_0 = 0$ 的 Gevrey 半群.

证明　由定理 6.30 可知算子 A 生成的 C_0-半群 e^{At} 在 $\mathcal{H}$ 中是指数稳定的. 根据定理 6.32 可知我们仅需证明

$$\lim_{\tau \to \infty} |\tau| \|R(i\tau, A)\|^2 = C < \infty, \quad \tau \in \mathbb{R} \tag{6.127}$$

成立. 由定理 6.29 可知

$$\left\{\{\Phi_{1n,j}^{\pm}\}_{j=1}^{m_{1n}^{\pm}}\right\}_{n<N} \cup \{\Phi_{1n}^{\pm}\}_{n\geqslant N} \cup \left\{\{\Phi_{2n,j},\overline{\Phi_{2n,j}}\}_{j=1}^{m_{2n}}\right\}_{n<N} \cup \{\Phi_{2n},\overline{\Phi_{2n}}\}_{n\geqslant N} \tag{6.128}$$

构成 $\mathcal{H}$ 中的一组 Riesz 基. 对于任意的 $Y\in\mathcal{H}$,

$$Y = \sum_{n=1}^{N-1}\left(\sum_{j=1}^{m_{1n}^+} a_{1n,j}^+\Phi_{1n,j}^+ + \sum_{j=1}^{m_{1n}^-} a_{1n,j}^-\Phi_{1n,j}^-\right) + \sum_{n=N}^{\infty}\left(a_{1n}^+\Phi_{1n}^+ + a_{1n}^-\Phi_{1n}^-\right)$$

$$+ \sum_{n=1}^{N-1}\sum_{j=1}^{m_{2n}}\left(a_{2n,j}\Phi_{2n,j} + b_{2n,j}\overline{\Phi_{2n,j}}\right) + \sum_{n=N}^{\infty}\left(a_{2n}\Phi_{2n} + b_{2n}\overline{\Phi_{2n}}\right), \tag{6.129}$$

并且

$$\|Y\|^2 \asymp \sum_{n=1}^{N-1}\left(\sum_{j=1}^{m_{1n}^+} |a_{1n,j}^+|^2 + \sum_{j=1}^{m_{1n}^-} |a_{1n,j}^-|^2\right) + \sum_{n=N}^{\infty}\left(|a_{1n}^+|^2 + |a_{1n}^-|^2\right)$$

$$+ \sum_{n=1}^{N-1}\sum_{j=1}^{m_{2n}}\left(|a_{2n,j}|^2 + |b_{2n,j}|^2\right) + \sum_{n=N}^{\infty}\left(|a_{2n}|^2 + |b_{2n}|^2\right), \tag{6.130}$$

其中 "$W \asymp Z$" 表示 W 与 Z 范数等价, 即存在与向量 W 和 Z 无关的常数 $c_0, c_1 > 0$ 使得

$$c_0\|Z\| \leqslant \|W\| \leqslant c_1\|Z\|$$

成立. 对于 $\tau > 0$ 有 $i\tau \in \rho(A)$, 进而有

$$R(i\tau,A)Y$$

$$= \sum_{n=1}^{N-1}\left(\sum_{j=1}^{m_{1n}^+} \frac{a_{1n,j}^+\Phi_{1n,j}^+}{i\tau-\lambda_{1n}^+} + \sum_{j=1}^{m_{1n}^-} \frac{a_{1n,j}^-\Phi_{1n,j}^-}{i\tau-\lambda_{1n}^-}\right) + \sum_{n=N}^{\infty}\left(\frac{a_{1n}^+\Phi_{1n}^+}{i\tau-\lambda_{1n}^+} + \frac{a_{1n}^-\Phi_{1n}^-}{i\tau-\lambda_{1n}^-}\right)$$

$$+ \sum_{n=1}^{N-1}\sum_{j=1}^{m_{2n}}\left(\frac{a_{2n,j}\Phi_{2n,j}}{i\tau-\lambda_{2n}} + \frac{b_{2n,j}\overline{\Phi_{2n,j}}}{i\tau-\overline{\lambda_{2n}}}\right) + \sum_{n=N}^{\infty}\left(\frac{a_{2n}\Phi_{2n}}{i\tau-\lambda_{2n}} + \frac{b_{2n}\overline{\Phi_{2n}}}{i\tau-\overline{\lambda_{2n}}}\right)$$

$$+ \sum_{n=1}^{N-1}\left[\mathcal{O}\left(\frac{1}{|i\tau-\lambda_{1n}^+|^2}\right) + \mathcal{O}\left(\frac{1}{|i\tau-\lambda_{1n}^-|^2}\right)\right.$$

$$\left. + \left(\frac{1}{|i\tau-\lambda_{2n}|^2}\right) + \mathcal{O}\left(\frac{1}{|i\tau-\overline{\lambda_{2n}}|^2}\right)\right], \tag{6.131}$$

并且

$$\|R(i\tau, A)Y\|^2$$

$$\asymp \sum_{n=1}^{N-1} \left(\sum_{j=1}^{m_{1n}^+} \frac{|a_{1n,j}^+|^2}{|i\tau - \lambda_{1n}^+|^2} + \sum_{j=1}^{m_{1n}^-} \frac{|a_{1n,j}^-|^2}{|i\tau - \lambda_{1n}^-|^2} \right) + \sum_{n=N}^{\infty} \left(\frac{|a_{1n}^+|^2}{|i\tau - \lambda_{1n}^+|^2} + \frac{|a_{1n}^-|^2}{i\tau - \lambda_{1n}^-} \right)$$

$$+ \sum_{n=1}^{N-1} \sum_{j=1}^{m_{2n}} \left(\frac{|a_{2n,j}|^2}{|i\tau - \lambda_{2n}|^2} + \frac{|b_{2n,j}|^2}{|i\tau - \overline{\lambda_{2n}}|^2} \right) + \sum_{n=N}^{\infty} \left(\frac{|a_{2n}|^2}{|i\tau - \lambda_{2n}|^2} + \frac{|b_{2n}|^2}{|i\tau - \overline{\lambda_{2n}}|^2} \right),$$

$$(6.132)$$

其中, $\{\lambda_{1n}^{\pm}, n \in \mathbb{N}\}$ 和 $\{\lambda_{2n}, \overline{\lambda_{2n}}, n \in \mathbb{N}\}$ 为算子 A 的由 (6.91) 定义的本征值.

下面我们对 $|i\tau - \lambda_{1n}^{\pm}|^2$, $|i\tau - \lambda_{2n}|^2$ 以及 $|i\tau - \overline{\lambda_{2n}}|^2$ 分别进行估计. 对于由 (6.91) 定义的 λ_{1n}^+ 和 λ_{1n}^-, 当 n 充分大时, 存在与 τ 无关的常数 $M_1, M_2 > 0$, 使得

$$|i\tau - \lambda_{1n}^+|^2 = \left| i\tau + \left(n\pi + \frac{\theta_1}{2} \right)^2 \beta + \frac{1}{\beta} + \mathcal{O}\left(\frac{1}{n^2} \right) \right|^2$$

$$= \tau^2 + \left(n\pi + \frac{\theta_1}{2} \right)^4 \beta^2 + \mathcal{O}(1) \geqslant M_1 \tau^2,$$

$$|i\tau - \lambda_{1n}^-|^2 = \left| i\tau + \frac{1}{\beta} + \frac{1}{\left(n\pi + \frac{\theta_1}{2} \right)^2 \beta^3} + \mathcal{O}\left(\frac{1}{n^3} \right) \right|^2 \qquad (6.133)$$

$$= \tau^2 + \frac{1}{\beta^2} + \mathcal{O}\left(\frac{1}{n^2} \right) \geqslant M_2 \tau^2$$

成立. 对于由 (6.91) 定义的 λ_{2n} 存在常数 $C > 0$ 使得

$$|\mathrm{Re}(\lambda_{2n})| \geqslant C |\mathrm{Im}(\lambda_{2n})|^{1/2}.$$

因此可得

$$|i\tau - \lambda_{2n}|^2 \geqslant |\tau - \mathrm{Im}(\lambda_{2n})|^2 + C^2 |\mathrm{Im}(\lambda_{2n})|. \qquad (6.134)$$

对于给定的 $0 < \varepsilon < 1$, 若 $\mathrm{Im}(\lambda_{2n}) \geqslant \varepsilon\tau$, 则有

$$|i\tau - \lambda_{2n}|^2 \geqslant C^2 |\mathrm{Im}(\lambda_{2n})| \geqslant C^2 \varepsilon\tau. \qquad (6.135)$$

如果 $\mathrm{Im}(\lambda_{2n}) < \varepsilon\tau$, 则对于 $\tau \geqslant 1$, 有

$$|i\tau - \lambda_{2n}|^2 \geqslant |\tau - \mathrm{Im}(\lambda_{2n})|^2 \geqslant (1-\varepsilon)^2 \tau^2 \geqslant (1-\varepsilon)^2 \tau. \qquad (6.136)$$

由 (6.135) 和 (6.136) 可得, 存在常数 $M_3 > 0$ 使得

$$|i\tau - \lambda_{2n}|^2 \geqslant M_3\tau. \tag{6.137}$$

对于 $\overline{\lambda_{2n}}$ 而言, 当 n 充分大时, 可知

$$|i\tau - \overline{\lambda_{2n}}|^2 = |\tau + \mathrm{Im}(\lambda_{2n})|^2 + |\mathrm{Re}(\lambda_{2n})| \geqslant |i\tau - \lambda_{2n}|^2 \geqslant M_3\tau. \tag{6.138}$$

综合 (6.132)—(6.138) 可得, 存在 $M > 0$ 使得

$$\lim_{|\tau| \to +\infty} \sup |\tau| \|R(\mu + i\tau, A)\|^2 = M. \tag{6.139}$$

类似地, 当 $\tau \in \mathbb{R}, \tau < 0$ 时, 也有

$$\lim_{|\tau| \to +\infty} \sup |\tau| \|R(\mu + i\tau, A)\|^2 = M \tag{6.140}$$

成立. 由定理 6.32 可得 (6.127) 式成立, 并且半群 e^{At} 属于 $\delta > 2$, $t_0 = 0$ 的 Gevrey 半群. □

第 7 章　　不存在 Riesz 基的无穷维系统

对于振动系统而言, 工程实践相信 "系统的振动频谱可以决定系统的一切性质". 然而, 无穷维系统算子的广义本征向量并不一定能在状态空间构成 Riesz 基. 其实对系统 (4.4) 我们已经知道当 $k \neq 1$ 时, 算子的谱是空的, 因此不构成 Riesz 基. 但我们仍然可以用特征线法得到系统 (4.4) 的稳定性质 (4.6). 这一章, 我们讨论具有时间延迟的倒立摆, 证明系统的 Riesz 性质不成立, 但我们仍然可以用其他的方法确定系统的谱确定增长条件成立, 并诱导出系统的指数稳定性, 部分文献见 [5, 39, 60, 99, 174, 175].

7.1　倒立摆模型

用如下二阶线性化方程描述受外力的倒立摆 (见图 7.1无外力情况):

$$\ddot{y}(t) - \frac{g}{\ell} y(t) = u(t), \tag{7.1}$$

其中 y 表示偏离倒立平衡位置的角位移, g 表示重力加速度, ℓ 是摆的长度, $u(t)$ 表示时刻 t 的外部扭矩控制. 我们采用如下两个时滞位移为控制输入:

$$u(t) = \hat{a} y(t - \tau) + \hat{b} y(t - 2\tau),$$

图 7.1　倒立摆模型

其中 τ 是时间延迟常数. 则 (7.1) 变为

$$\ddot{y}(t) - \frac{g}{\ell}y(t) = \hat{a}y(t - \tau) + \hat{b}y(t - 2\tau). \tag{7.2}$$

采用变换 $t \to \dfrac{t}{\tau}$ 将时滞 τ 化为 1, 可得到如下闭环系统:

$$\ddot{y}(t) + ky(t) = ay(t - 1) + by(t - 2), \tag{7.3}$$

其中 $k = -\dfrac{g\tau^2}{\ell} < 0$ 是物理常数, $a = \hat{a}\tau^2$ 和 $b = \hat{b}\tau^2$ 是反馈增益.

7.2 系统适定性

我们现在讨论系统的设定性, 首先将方程 (7.3) 转化为状态空间的发展方程. 记

$$Z(t) = \left(z_1(t), \ z_2(t)\right)^{\mathrm{T}},$$

其中 $z_1(t) = y(t), z_2(t) = \dot{z}_1(t)$. 则 (7.3) 可以写为

$$\dot{Z}(t) = A_0 Z(t) + A_1 Z(t-1) + A_2 Z(t-2), \tag{7.4}$$

其中

$$A_0 = \begin{pmatrix} 0 & 1 \\ -k & 0 \end{pmatrix}, \quad A_1 = \begin{pmatrix} 0 & 0 \\ a & 0 \end{pmatrix}, \quad A_2 = \begin{pmatrix} 0 & 0 \\ b & 0 \end{pmatrix}, \tag{7.5}$$

$k < 0$ 由 (7.3) 给出, $a \neq 0, b \neq 0$ 是反馈增益. 方程 (7.4) 的初值为

$$\begin{cases} Z(0) = Z_0 = (z_{10}, z_{20})^{\mathrm{T}}, \\ Z(s) = \Phi(s), \quad s \in [-2, 0], \end{cases} \tag{7.6}$$

其中 $Z_0 \in \mathbb{C}^2, \Phi \in L^2([-2, 0], \mathbb{C}^2)$. 设定方程 (7.3) 的状态 Hilbert 空间为

$$\mathcal{H} = \mathbb{C}^2 \times L^2([-2, 0], \mathbb{C}^2),$$

以及相应内积:

$$\langle X, Y \rangle_{\mathcal{H}} = \langle x, y \rangle_{\mathbb{C}^2} + \int_{-2}^{0} \langle f(s), g(s) \rangle_{\mathbb{C}^2} \, ds, \tag{7.7}$$

其中 $X = (x, f)^{\mathrm{T}} \in \mathcal{H}, Y = (y, g)^{\mathrm{T}} \in \mathcal{H}$. 定义算子 $\mathcal{A} : \mathcal{H} \to \mathcal{H}$:

$$\mathcal{A} \begin{pmatrix} x \\ f \end{pmatrix} = \begin{pmatrix} A_0 & A_1 \delta_1 + A_2 \delta_2 \\ 0 & \dfrac{d}{ds} \end{pmatrix} \begin{pmatrix} x \\ f \end{pmatrix}, \tag{7.8}$$

以及

$$D(\mathcal{A}) = \left\{ (x, f)^{\mathrm{T}} \in \mathcal{H} \mid f \in H^1([-2, 0], \mathbb{C}^2), f(0) = x \right\}, \tag{7.9}$$

其中 A_0, A_1 由 (7.5) 给定, 对于 $f \in C[-2, 0]$, 有 $\delta_1 f = f(-1)$, $\delta_2 f = f(-2)$.

设

$$\begin{cases} f(t, s) = Z(t + s), & s \in [-2, 0], \\ X(t) = (Z(t), f(t, s))^{\mathrm{T}}, \\ X(0) = X_0 = (Z_0, \Phi(s))^{\mathrm{T}}, & s \in [-2, 0], \end{cases} \tag{7.10}$$

则系统 (7.4)—(7.6) 在 $\mathcal{H}$ 上可以表示为如下发展方程:

$$\begin{cases} \dfrac{dX(t)}{dt} = \mathcal{A}X(t), & t > 0, \\ X(0) = X_0. \end{cases} \tag{7.11}$$

引理 7.1　设 $\mathcal{A}$ 由 (7.8)-(7.9) 定义,

$$\langle X, Y \rangle_1 = \langle x, y \rangle_{\mathbb{C}^2} + \int_{-1}^{0} q_1(s) \langle f(s), g(s) \rangle_{\mathbb{C}^2} \, ds + \int_{-2}^{-1} q_2(s) \langle f(s), g(s) \rangle_{\mathbb{C}^2} \, ds, \tag{7.12}$$

其中 $X = (x, f)^{\mathrm{T}} \in \mathcal{H}$, $Y = (y, g)^{\mathrm{T}} \in \mathcal{H}$,

$$\begin{cases} q_1(s) = a^2 s^2 + b^2, & \forall \, s \in [-1, 0], \\ q_2(s) = -b^2 s, & \forall \, s \in [-2, -1] \end{cases} \tag{7.13}$$

是两个正的有界函数. 则 $\langle \cdot, \cdot \rangle_1$ 是 $\mathcal{H}$ 的内积, 其诱导的范数等价于由内积 (7.7) 诱导的范数. 并且, 存在正常数 $M > 0$ 使得

$$\mathrm{Re}\langle \mathcal{A}X, X \rangle_1 \leqslant M\langle X, X \rangle_1, \quad \forall \, X \in D(\mathcal{A}). \tag{7.14}$$

因此, $\mathcal{A} - M$ 在 $\mathcal{H}$ 中耗散.

证明　第一个结论是显然的, 我们仅需证明 (7.14). 对于任何 $X = (x, f(s))^{\mathrm{T}} \in D(\mathcal{A})$, 可知

$$\langle \mathcal{A}X, X \rangle_1$$

$$= \left\langle A_0 x + A_1 f(-1) + A_2 f(-2), \ x \right\rangle_{\mathbb{C}^2} + \int_{-1}^{0} q_1(s) \left\langle \frac{d}{ds} f(s), \ f(s) \right\rangle_{\mathbb{C}^2} ds$$

$$+ \int_{-2}^{-1} q_2(s) \left\langle \frac{d}{ds} f(s), \ f(s) \right\rangle_{\mathbb{C}^2} ds.$$

经计算, 可知

$$
\begin{aligned}
\operatorname{Re}\langle \mathcal{A}X, X\rangle_1 &\leqslant \|A_0\|\|x\|_{\mathbb{C}^2}^2 + \|A_1\|\|f(-1)\|_{\mathbb{C}^2}\|x\|_{\mathbb{C}^2} + \|A_2\|\|f(-2)\|_{\mathbb{C}^2}\|x\|_{\mathbb{C}^2}\\
&\quad + \frac{1}{2}\int_{-1}^0 q_1(s)\frac{d}{ds}\|f(s)\|_{\mathbb{C}^2}^2 ds + \frac{1}{2}\int_{-2}^{-1} q_2(s)\frac{d}{ds}\|f(s)\|_{\mathbb{C}^2}^2 ds\\
&\leqslant \|A_0\|\|x\|_{\mathbb{C}^2}^2 + \frac{1}{2}\Big(\|A_1\|^2\|f(-1)\|_{\mathbb{C}^2}^2 + \|x\|_{\mathbb{C}^2}^2\Big)\\
&\quad + \frac{1}{2}\Big(\|A_2\|^2\|f(-2)\|_{\mathbb{C}^2}^2 + \|x\|_{\mathbb{C}^2}^2\Big)\\
&\quad + \frac{1}{2}\left(q_1(s)\|f(s)\|_{\mathbb{C}^2}^2\Big|_{-1}^0 - \int_{-1}^0 q_1'(s)\|f(s)\|_{\mathbb{C}^2}^2 ds\right)\\
&\quad + \frac{1}{2}\left(q_2(s)\|f(s)\|_{\mathbb{C}^2}^2\Big|_{-2}^{-1} - \int_{-2}^{-1} q_2'(s)\|f(s)\|_{\mathbb{C}^2}^2 ds\right)\\
&= \left(\|A_0\| + \frac{1}{2} + \frac{1}{2} + \frac{1}{2}q_1(0)\right)\|x\|_{\mathbb{C}^2}^2\\
&\quad + \frac{1}{2}\|f(-1)\|_{\mathbb{C}^2}^2\Big(\|A_1\|^2 - q_1(-1) + q_2(-1)\Big)\\
&\quad + \frac{1}{2}\|f(-2)\|_{\mathbb{C}^2}^2\left(\|A_2\|^2 - q_2(-2)\right) + \int_{-1}^0 \frac{-q_1'(s)}{2q_1(s)}\cdot q_1(s)\|f(s)\|_{\mathbb{C}^2}^2 ds\\
&\quad + \int_{-2}^{-1} \frac{-q_2'(s)}{2q_2(s)}\cdot q_2(s)\|f(s)\|_{\mathbb{C}^2}^2 ds.
\end{aligned}
$$

注意到 $\|A_1\| = |a|$, $\|A_2\| = |b|$, 根据 (7.13), 可知 $q_1(0) = \|A_2\|^2$,

$$
\begin{cases}
\|A_1\|^2 - q_1(-1) + q_2(-1) = 0,\\
\|A_2\|^2 - q_2(-2) < 0, \quad q_i'(s) < 0,
\end{cases}
$$

以及

$$
\begin{cases}
\dfrac{-q_1'(s)}{2q_1(s)} = \dfrac{-\|A_1\|^2 s}{\|A_1\|^2 s^2 + \|A_2\|^2} \leqslant \dfrac{-\|A_1\|^2 s}{2\|A_1\|\|s\|\cdot\|A_2\|} = \dfrac{\|A_1\|}{2\|A_2\|}, & s \in [-1, 0],\\[3mm]
\dfrac{-q_2'(s)}{2q_2(s)} = \dfrac{\|A_2\|^2}{-2\|A_2\|^2 s} = \dfrac{1}{-2s} \leqslant \dfrac{1}{2}, & s \in [-2, -1].
\end{cases}
$$

令

$$
M = \max\left\{\|A_0\| + \frac{1}{2}\|A_2\|^2 + 1, \ \frac{\|A_1\|}{2\|A_2\|}\right\}.
$$

则我们可得到

$$\operatorname{Re}\langle \mathcal{A}X, X\rangle_1 \leqslant M\left[\|x\|_{\mathbb{C}^2}^2 + \int_{-1}^0 q_1(s)\|f(s)\|_{\mathbb{C}^2}^2 ds + \int_{-2}^{-1} q_2(s)\|f(s)\|_{\mathbb{C}^2}^2 ds\right]$$
$$= M\langle X, X\rangle_1.$$

这证明了 (7.14). 引理得证.　　　　　　　　　　　　　　　　　　　　　□

引理 7.2　设 $\mathcal{A}$ 由 (7.8)-(7.9) 定义,

$$\Delta(\lambda) = \lambda - A_0 - A_1 e^{-\lambda} - A_2 e^{-2\lambda} = \begin{pmatrix} \lambda & -1 \\ k - ae^{-\lambda} - be^{-2\lambda} & \lambda \end{pmatrix}.$$

如果 $\det \Delta(\lambda) \neq 0$, 则 $\lambda \in \rho(\mathcal{A})$. 并且, $(\lambda - \mathcal{A})^{-1}$ 是紧的:

$$\begin{cases} (\lambda - \mathcal{A})^{-1}Y = X = (x, f)^{\mathrm{T}} \in D(\mathcal{A}), \quad \forall\, Y = (y, g)^{\mathrm{T}} \in \mathcal{H}, \\ x = \Delta(\lambda)^{-1}\left[y + A_1 \int_{-1}^0 e^{-\lambda(1+s)}g(s)ds + A_2 \int_{-2}^0 e^{-\lambda(2+s)}g(s)ds\right], \\ f(s) = e^{\lambda s}x + \int_s^0 e^{\lambda(s-r)}g(r)dr. \end{cases} \quad (7.15)$$

特别地

$$\sigma(\mathcal{A}) = \sigma_p(\mathcal{A}) = \left\{\lambda \in \mathbb{C}\,\middle|\, \det \Delta(\lambda) = 0\right\}.$$

进一步, 每个本征值 $\lambda \in \sigma_p(\mathcal{A})$ 都是几何单的, 相应的本征函数为

$$\phi_\lambda = \left(x, \, e^{\lambda s}x\right)^{\mathrm{T}}, \quad (7.16)$$

其中 $x = (1, \lambda)^{\mathrm{T}}$.

证明　设 $\lambda \in \mathbb{C}$, $Y = (y, g)^{\mathrm{T}} \in \mathcal{H}$. 根据预解方程

$$(\lambda - \mathcal{A})X = Y, \quad X = (x, f)^{\mathrm{T}} \in D(\mathcal{A}),$$

可知

$$\begin{cases} \lambda x - A_0 x - A_1 f(-1) - A_2 f(-2) = y, \\ \lambda f(s) - \dfrac{d}{ds}f(s) = g(s), \quad s \in [-2, 0], \\ f(0) = x. \end{cases} \quad (7.17)$$

由 (7.17) 的后两个方程, 可得唯一解 $f(s)$ 为

$$f(s) = e^{\lambda s}x + \int_s^0 e^{\lambda(s-r)}g(r)dr. \quad (7.18)$$

把它代入 (7.17) 的第一个方程, 可知

$$\lambda x - A_0 x - A_1 \left(e^{-\lambda} x + \int_{-1}^{0} e^{\lambda(-1-r)} g(r) dr \right) - A_2 \left(e^{-2\lambda} x + \int_{-2}^{0} e^{\lambda(-2-r)} g(r) dr \right) = y,$$

i.e.

$$\lambda x - A_0 x - A_1 e^{-\lambda} x - A_2 e^{-2\lambda} x = y + A_1 \int_{-1}^{0} e^{\lambda(-1-r)} g(r) dr + A_2 \int_{-2}^{0} e^{\lambda(-2-r)} g(r) dr.$$

因此

$$\Delta(\lambda) x = y + A_1 \int_{-1}^{0} e^{\lambda(-1-r)} g(r) dr + A_2 \int_{-2}^{0} e^{\lambda(-2-r)} g(r) dr.$$

如果 $\det \Delta(\lambda) \neq 0$, 则

$$x = \Delta(\lambda)^{-1} \left[y + A_1 \int_{-1}^{0} e^{\lambda(-1-r)} g(r) dr + A_2 \int_{-2}^{0} e^{\lambda(-2-r)} g(r) dr \right], \tag{7.19}$$

从而 $(x, f)^{\mathrm{T}} \in D(\mathcal{A})$ 唯一确定. 因此 $\lambda \in \rho(\mathcal{A})$, $\mathcal{A}$ 是 $\mathcal{H}$ 的闭算子, 以及 $(\lambda - \mathcal{A})^{-1}$ 是紧的. 最后, 如果 $\det \Delta(\lambda) = 0$ 对于 $\lambda \in \mathbb{C}$, 方程 $\Delta(\lambda) x = 0$ 有非平凡解 $x = (1, \lambda)^{\mathrm{T}} \in \mathbb{C}^2$. 显然, $(x, e^{\lambda s} x)^{\mathrm{T}} \in D(\mathcal{A})$,

$$(\lambda - \mathcal{A}) \begin{pmatrix} x \\ e^{\lambda s} x \end{pmatrix} = \begin{pmatrix} 0 \\ 0 \end{pmatrix}.$$

因此 $\lambda \in \sigma_p(\mathcal{A})$,

$$\sigma(\mathcal{A}) = \sigma_p(\mathcal{A}) = \{\lambda \in \mathbb{C} | \det \Delta(\lambda) = 0\}.$$

引理得证. $\qquad\square$

根据引理 7.1 和引理 7.2, 我们可得系统 (7.11) 的适定性.

定理 7.3 设 $\mathcal{A}$ 由 (7.8)-(7.9) 定义. 则 $\mathcal{A}$ 生成 $\mathcal{H}$ 的 C_0-半群 $e^{\mathcal{A}t}$.

证明 根据引理 7.1, 可知 $\mathcal{A} - M$ 在 $\mathcal{H}$ 中耗散. 应用 Lumer-Phillips 定理, $\mathcal{A} - M$ 生成 $\mathcal{H}$ 的 C_0-压缩半群 $e^{(\mathcal{A}-M)t}$. 并且, 应用 C_0-半群的有界扰动定理, 可知 $\mathcal{A}$ 生成 $\mathcal{H}$ 的 C_0-半群 $e^{\mathcal{A}t}$. 定理得证. $\qquad\square$

7.3 频 谱 分 析

根据引理 7.2, $\lambda \in \sigma(\mathcal{A})$ 当且仅当 $\det \Delta(\lambda) = 0$. 因此算子 $\mathcal{A}$ 的谱为 $\det \Delta(\lambda)$ 的零点. 注意到

$$\det \Delta(\lambda) = \det(\lambda - A_0 - A_1 e^{-\lambda} - A_2 e^{-2\lambda}) = \begin{vmatrix} \lambda & -1 \\ k - ae^{-\lambda} - be^{-2\lambda} & \lambda \end{vmatrix}$$

$$= \lambda^2 + k - ae^{-\lambda} - be^{-2\lambda}.$$

引理 7.4　设 $k < 0$, λ 是 $\det \Delta(\lambda)$ 的零点, 即 $\lambda \in \sigma(\mathcal{A})$. 则 λ 有负实部, $\mathrm{Re}\lambda < 0$, 当且仅当

$$k > -1, \quad -k < b < \left(\frac{\pi}{2}\right)^2 - k, \quad -2b\cos\sqrt{b+k} < a < k - b. \tag{7.20}$$

并且, 具有正实部的零点的稳定区域如图 7.2 所示, 其中每个区域上的黑体数字表示具有正实部的零点的个数.

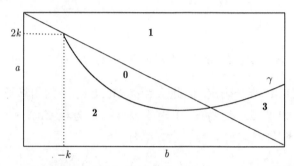

图 7.2　(7.20) 在 $b - a$ 平面的稳定区域. 这里 γ 表示由 $a = -2b\cos\sqrt{b+k}$ 生成的曲线, 黑体数字表示在每个区域上具有正实部的零点个数

证明　固定 k, 我们讨论 $\det \Delta(\lambda)$ 在虚轴的零点. 令 $\lambda = i\omega$, 由 $\det \Delta(i\omega) = 0$ 可得

$$2b\cos^2\omega + a\cos\omega + (\omega^2 - k - b) = 0 \tag{7.21}$$

和

$$(a + 2b\cos\omega)\sin\omega = 0. \tag{7.22}$$

在 (7.22) 中, 当 $\sin\omega = 0$ 时, $\omega = n\pi$, 此时 $\cos\omega = (-1)^n$, $n = 0, 1, 2, \cdots$. 把它代入 (7.21) 可得在 $b - a$ 平面上的直线族

$$b + (-1)^n a = k - (n\pi)^2, \quad n = 0, 1, 2, \cdots. \tag{7.23}$$

另一方面, 如果 $\sin\omega \neq 0$, 由 (7.22) 可知 $a = -2b\cos\omega$. 把它代入 (7.21) 可得 $\omega^2 = b + k$, 从而

$$a = -2b\cos\sqrt{b+k}. \tag{7.24}$$

设 γ 为 $b - a$ 平面由 $a = -2b\cos\sqrt{b+k}$ 生成的曲线, 则 γ 和直线族 (7.23) 可将 $b - a$ 平面分割为不同的子区域, 在每个区域上不稳定的零点个数由 $\det \Delta(\lambda)$ 在

边界上的隐式导数确定. 注意到曲线只有在 $b \geqslant -k$ 时才存在, 并且与 (7.23) 的直线族相交. 对于稳定性而言, 它相对于直线 $b + a = k$ (对应于 (7.23) 中 $n = 0$ 的直线) 的位置变得非常重要. 如图 7.2 所示, 对于稳定区域是否存在, 有两种不同的情况. 当 y 在点 $b = k$ 处与直线 $b + a = k$ 相切时, 将出现分开两种情况的临界位置. 很容易从 (7.24) 计算 y 在 $b = -k$ 处的斜率为

$$\frac{\partial a}{\partial b}\bigg|_{b=-k} = -k - 2,$$

因此临界值为 $k = -1$. 对于 $-1 < k < 0$, 稳定区域如图 7.2 所示, 由 (7.20) 的第三个不等式给出. 由于 y 和直线 $b + a = k$ 无限次相交, 因此需要关于 b 的一个上界用于正确描述如图 7.2 中所示的稳定区域. 这显然可由曲线 γ 的第一个零点来确定, 从而得到 (7.20) 的第二个不等式. 定理得证. $\square$

我们现在开始计算 $\mathcal{A}$ 的谱. 为了简洁, 记

$$h(\lambda) = \det(\Delta(\lambda)) = \lambda^2 + k - ae^{-\lambda} - be^{-2\lambda}. \tag{7.25}$$

引理 7.5 设 $h(\lambda)$ 由 (7.25) 给定. 则 $h(\lambda)$ 在除去最多 4 个零点之外的其他零点都是单的, 并且这些可能的非单零点满足下述的 4 阶代数方程:

$$4b\lambda^4 + 8b\lambda^3 + \left[8bk + 4b + a^2\right]\lambda^2 + \left[8bk + 2a^2\right]\lambda + 4bk^2 + a^2k = 0. \tag{7.26}$$

证明 设 $h(\lambda)$ 由 (7.25) 给定. 则

$$h'(\lambda) = 2\lambda + ae^{-\lambda} + 2be^{-2\lambda}. \tag{7.27}$$

如果 λ 是 $h(\lambda)$ 的重数至少为 2 的零点, 则

$$h(\lambda) = h'(\lambda) = 0.$$

从而, 根据 (7.25) 和 (7.27), 可知

$$\begin{cases} ae^{-\lambda} = 2\left[\lambda^2 + \lambda + k\right], \\ be^{-2\lambda} = -\left[\lambda^2 + 2\lambda + k\right]. \end{cases} \tag{7.28}$$

注意到 $e^{-2\lambda} = (e^{-\lambda})^2$. 所以 λ 是 $h(\lambda)$ 的重数至少为 2 的零点当且仅当 λ 满足方程

$$4b\left[\lambda^2 + \lambda + k\right]^2 = -a^2\left[\lambda^2 + 2\lambda + k\right].$$

这得到 (7.26), 以及至多有 4 个零点使得它们的重数至少为 2. 引理得证. $\square$

引理 7.6　设 $k < 0$, $h(\lambda)$, $\lambda \in \mathbb{C}$ 由 (7.25) 给出, 以及条件 (7.20) 成立. 则 $h(\lambda)$ 至多有 4 个零点, 并且都是负的实零点.

证明　设 $\lambda = d, d \in \mathbb{R}$. 根据 (7.25) 可知

$$h(d) = d^2 + k - ae^{-d} - be^{-2d}.$$

由于条件 (7.20) 成立, 根据引理 7.4, 可知

$$-1 < k < 0, \quad b > 0, \quad a < 0.$$

因此 $h(\lambda)$ 的每个零点都是负的. 令

$$f(d) = e^{2d}h(d) = d^2e^{2d} + ke^{2d} - ae^d - b.$$

则

$$f'(d) = 2(d^2 + d + k)e^{2d} - ae^d.$$

设

$$g(d) = e^{-d}f'(d) = 2(d^2 + d + k)e^d - a.$$

则 $g(d)$ 和 $f'(d)$ 有相同的符号. 显然

$$g'(d) = 2e^d(d^2 + 3d + k + 1)$$

有两个负零点:

$$d_1 = \frac{-1 + \sqrt{5 - 4k}}{2}, \quad d_2 = \frac{-1 - \sqrt{5 - 4k}}{2}.$$

因此, $g(d)$ 和 $f'(d)$ 至多有 3 个实零点, 以及 $h(d)$ 和 $f(d)$ 至多有 4 个零点, 并且都是负的实零点. 引理得证.　　　　　　　　　　　　　　　□

引理 7.7　设 $k < 0$, $h(\lambda)$, $\lambda \in \mathbb{C}$ 由 (7.25) 给出, 以及条件 (7.20) 成立. 则 $h(\lambda)$ 在 $\mathbb{C}^-$ 上有无穷多个零点 λ_n, $n \in \mathbb{N}$. 并且, 满足

$$\mathrm{Re}\lambda_n \to -\infty \quad 随着 n \to \infty. \tag{7.29}$$

证明　注意到 $h(\lambda)$ 是 λ 的整函数, 则它在复平面有无穷多个零点. 根据引理 7.4, 这些零点都位于复的左半平面. 进一步, 如果 $|\lambda|$ 充分大, 并且 $\mathrm{Re}\lambda$ 有界, 则

$$|h(\lambda)| \geqslant |\lambda|^2 - 1 - |a|e^{-\mathrm{Re}\lambda} - be^{-2\mathrm{Re}\lambda} > 0.$$

从而 $\mathrm{Re}\lambda_n \to -\infty$, 随着 $n \to \infty$. 引理得证.　　　　　　　　　□

我们现在讨论 $h(\lambda)$ 的渐近零点分布. 设

$$f(\lambda) = e^{2\lambda}h(\lambda) = \lambda^2 e^{2\lambda} + ke^{2\lambda} - ae^{\lambda} - b. \tag{7.30}$$

当 $\mathrm{Re}\lambda \to -\infty$ 时, $f(\lambda)$ 有如下渐近表达式:

$$f(\lambda) = e^{2\lambda}h(\lambda) = \lambda^2 e^{2\lambda} - b + \mathcal{O}(e^{\lambda}). \tag{7.31}$$

根据 Rouché 定理, 为了得到 $f(\lambda)$ 的零点的渐近表达式, 我们考虑如下函数:

$$\tilde{f}(\lambda) = \lambda^2 e^{2\lambda} - b, \tag{7.32}$$

它可以分解为

$$\tilde{f}(\lambda) = (\lambda e^{\lambda} - \sqrt{b})(\lambda e^{\lambda} + \sqrt{b}), \quad b > 0. \tag{7.33}$$

令

$$f_1(\lambda) = \lambda e^{\lambda} - \sqrt{b}, \quad f_2(\lambda) = \lambda e^{\lambda} + \sqrt{b}, \quad b > 0. \tag{7.34}$$

我们分开讨论 $f_i(\lambda)$, $i = 1, 2$ 的渐近零点.

命题 7.1 设 $b > 0$, $f_1(\lambda)$ 由 (7.34) 给定. 则

$$f_1(\lambda) = \lambda e^{\lambda} - \sqrt{b}$$

有零点为

$$\sigma\left(f_1(\lambda)\right) = \left\{\xi_n, \overline{\xi_n}\right\}_{n\in\mathbb{N}} \cup \{\nu_1\}, \tag{7.35}$$

其中 ν_1 是 $f_1(\lambda)$ 的唯一正实零点, ξ_n 有如下渐近表达式:

$$\xi_n = \left[\ln\sqrt{b} - \ln\left[\left(2n - \frac{1}{2}\right)\pi\right]\right] + i\left[\left(2n - \frac{1}{2}\right)\pi - \frac{\ln\left(2n - \frac{1}{2}\right)\pi}{\left(2n - \frac{1}{2}\right)\pi}\right] + \mathcal{O}\left(n^{-1}\right). \tag{7.36}$$

证明 我们首先计算 $f_1(\lambda)$ 的实零点. 设 $\nu \in \mathbb{R}$ 是 $f_1(\lambda)$ 的实零点. 由 $b > 0$ 和 $f_1(\nu) = 0$ 可知 $\nu > 0$. 由

$$f_1'(\lambda) = e^{\lambda} + \lambda e^{\lambda} > 0 \quad (\lambda > 0)$$

和

$$\lim_{\lambda \to 0} f_1(\lambda) = -\sqrt{b} < 0, \quad \lim_{\lambda \to +\infty} f_1(\lambda) = +\infty > 0,$$

可知 $f_1(\lambda)$ 仅有一个正实零点, 记为 ν_1.

接下来, 由于 $f_1(\lambda)$ 的复零点关于实轴对称, 且具有 (7.35) 的形式, 则我们仅需证明 ξ_n 具有渐近表达式 (7.36). 设 $\xi = x + iy$, $y > 0$ 是 $f_1(\lambda)$ 的零点. 由 $f_1(\xi) = 0$ 可知

$$(x + iy)e^x(\cos y + i \sin y) = \sqrt{b}.$$

按照实部和虚部分开, 可得

$$e^x(x \cos y - y \sin y) = \sqrt{b} \tag{7.37}$$

和

$$e^x(x \sin y + y \cos y) = 0. \tag{7.38}$$

对于 (7.38), 计算可得

$$x = -\frac{y \cos y}{\sin y}. \tag{7.39}$$

把上式代入 (7.37) 可知

$$e^x = -\frac{\sqrt{b} \sin y}{y}. \tag{7.40}$$

由 $\sqrt{b} > 0$, $y > 0$ 和 $e^x > 0$, 可知 $\sin y < 0$, 因此

$$y \in \big((2n-1)\pi, \ 2n\pi\big), \quad n \in \mathbb{N}. \tag{7.41}$$

并且, 根据 (7.40) 可知

$$x = \left[\ln\left(-\sqrt{b} \sin y\right) - \ln y\right]. \tag{7.42}$$

把它代入 (7.39) 可得

$$\ln\left(-\sqrt{b} \sin y\right) - \ln y + \frac{y \cos y}{\sin y} = 0.$$

设

$$g(y) = \ln\left(-\sqrt{b} \sin y\right) - \ln y + \frac{y \cos y}{\sin y}.$$

则

$$g'(y) = \frac{y \sin 2y - \sin^2 y - y^2}{y \sin^2 y} < 0,$$

其中我们已经应用了结论 (7.41). 另一方面

$$\lim_{y \to (2n-1)\pi} g(y) = +\infty, \quad \lim_{y \to 2n\pi} g(y) = -\infty.$$

因此, 在每个区间

$$((2n-1)\pi,\ 2n\pi),\quad n \in \mathbb{N}$$

都存在唯一解 y_n, $n \in \mathbb{N}$, 使得 $g(y_n) = 0$. 对任意 $n \in \mathbb{N}$, 取

$$x_n = \ln \frac{-\sqrt{b}\sin y_n}{y_n}, \tag{7.43}$$

则 $\xi_n = x_n + iy_n$ 是 $f_1(\lambda)$ 的零点.

当 $y_n > \sqrt{b}$ 时, 可知 $x_n < 0$, 因此

$$y_n \to +\infty,\quad x_n \to -\infty \quad 随着\ n \to +\infty. \tag{7.44}$$

并且, 根据 (7.39) 和 (7.40), 我们可分别得到

$$\sin y_n = -\frac{y_n \cos y_n}{x_n} \quad 以及 \quad \sin y_n = -\frac{e^{x_n} y_n}{\sqrt{b}}.$$

从而

$$x_n e^{x_n} = \sqrt{b}\cos y_n. \tag{7.45}$$

由 $x_n < 0$ 和 $\sqrt{b} > 0$, 可知

$$\cos y_n < 0.$$

由 (7.41) 进一步可知

$$y_n \in \left((2n-1)\pi,\ \left(2n-\frac{1}{2}\right)\pi\right),\quad n \in \mathbb{N}. \tag{7.46}$$

由 (7.44) 和 (7.45), 随着 $n \to +\infty$, 可知

$$x_n e^{x_n} \to 0,\quad \cos y_n \to 0,\quad y_n - \left(2n-\frac{1}{2}\right)\pi \to 0.$$

从而, 我们可得到 y_n 的如下等式

$$y_n = \left(2n-\frac{1}{2}\right)\pi + \varepsilon_n,\quad \varepsilon_n \in \left(-\frac{\pi}{2},0\right), \tag{7.47}$$

其中 $\varepsilon_n \to 0$, 随着 $n \to +\infty$. 把 (7.47) 代入 $g(y_n) = 0$ 可得

$$0 = g(y_n) = \ln\sqrt{b} + \ln(-\sin y_n) - \ln y_n + \frac{y_n \cos y_n}{\sin y_n}.$$

则

$$\ln\sqrt{b} + \ln(\cos\varepsilon_n) - \ln y_n + \frac{y_n \sin\varepsilon_n}{-\cos\varepsilon_n} = 0,$$

以及

$$\sin \varepsilon_n = \frac{\cos \varepsilon_n}{y_n} \left[\ln \sqrt{b} + \ln(\cos \varepsilon_n) - \ln y_n \right].$$

应用 Taylor 展开式, 可知

$$\sin \varepsilon_n = -\frac{\ln y_n}{y_n} + \mathcal{O}\left(n^{-1}\right) \quad \text{随着 } n \to +\infty.$$

注意到

$$\sin \varepsilon_n = \varepsilon_n - \frac{\varepsilon_n^3}{3!} + \cdots,$$

可得

$$\varepsilon_n = -\frac{\ln\left(2n - \dfrac{1}{2}\right)\pi}{\left(2n - \dfrac{1}{2}\right)\pi} + \mathcal{O}\left(n^{-1}\right).$$

因此, 根据 (7.47), 我们最终得到 y_n 的如下渐近表达式

$$y_n = \left(2n - \frac{1}{2}\right)\pi - \frac{\ln\left(2n - \dfrac{1}{2}\right)\pi}{\left(2n - \dfrac{1}{2}\right)\pi} + \mathcal{O}\left(n^{-1}\right). \tag{7.48}$$

把它代入 (7.43), 可得 x_n 的渐近表达式:

$$
\begin{aligned}
x_n &= \ln \sqrt{b} + \ln(-\sin y_n) - \ln y_n \\
&= \ln \sqrt{b} + \ln\left[-\sin\left[\left(2n - \frac{1}{2}\right)\pi - \frac{\ln\left(2n - \dfrac{1}{2}\right)\pi}{\left(2n - \dfrac{1}{2}\right)\pi} + \mathcal{O}\left(n^{-1}\right) \right] \right] \\
&\quad - \ln\left[\left(2n - \frac{1}{2}\right)\pi - \frac{\ln\left(2n - \dfrac{1}{2}\right)\pi}{\left(2n - \dfrac{1}{2}\right)\pi} + \mathcal{O}\left(n^{-1}\right) \right] \\
&= \ln \sqrt{b} - \ln\left(2n - \frac{1}{2}\right)\pi + \mathcal{O}\left(n^{-1}\right).
\end{aligned}
$$

从而, 我们得到 $\xi_n = x_n + iy_n$ 如 (7.36) 的渐近表达式. 命题得证.　　　□

　　同样的讨论可以得到 $f_2(\lambda)$ 的渐近零点.

命题 7.2 设 $b > 0$, $f_2(\lambda)$ 由 (7.34) 给出. 则

$$f_2(\lambda) = \lambda e^\lambda + \sqrt{b}$$

有零点

$$\sigma(f_2(\lambda)) = \{\eta_n, \overline{\eta_n}\}_{n \in \mathbb{N}} \cup \{\nu_{2j}\}, \quad j \in I_1 \subseteq \{1, 2\}, \tag{7.49}$$

其中 ν_{2j} 是 $f_2(\lambda)$ 可能的实零点, I_1 是空集或最多有两个元素的子集. 准确地说,

(1) 如果 $b = e^{-2}$, $f_2(\lambda)$ 仅有一个实根 $\nu = -1$;

(2) 如果 $b > e^{-2}$, $f_2(\lambda)$ 无实根;

(3) 如果 $0 < b < e^{-2}$, $f_2(\lambda)$ 有两个负实根.

并且, η_n 有如下渐近表达式:

$$\eta_n = \left[\ln \sqrt{b} - \ln\left(2n - \frac{3}{2}\right)\pi\right] + i\left[\left(2n - \frac{3}{2}\right)\pi - \frac{\ln\left(2n - \frac{3}{2}\right)\pi}{\left(2n - \frac{3}{2}\right)\pi}\right] + \mathcal{O}\left(n^{-1}\right). \tag{7.50}$$

注解 7.1 根据 (7.36) 和 (7.50), 我们得到本征值 $\{\xi_n, \overline{\xi_n}, \eta_n, \overline{\eta_n}\}$ 的渐近表达式. 从表达式可发现, 高频谱的实部趋向于 $-\infty$, 随着 n 趋向于 ∞. 并且, 高频谱越来越不受反馈 b 的影响.

综合引理 7.4—引理 7.7 和命题 7.1 及命题 7.2, 我们给出算子 $\mathcal{A}$ 的谱分布.

定理 7.8 设 $\mathcal{A}$ 由 (7.8)-(7.9) 定义, 条件 (7.20) 成立. 则算子 $\mathcal{A}$ 的谱的下述结论成立:

(i) 对任何 $\lambda \in \sigma(\mathcal{A})$, $\mathrm{Re}(\lambda) < 0$;

(ii) $\mathcal{A}$ 有无穷多个本征值 λ_n, $n \in \mathbb{N}$, 并且 $\mathrm{Re}\lambda_n \to -\infty$, 随着 $n \to \infty$;

(iii) $\mathcal{A}$ 最多有 4 个实本征值;

(iv) $\sigma(\mathcal{A})$ 有如下形式:

$$\sigma(\mathcal{A}) = \{\mu_i, i \in I_2\} \cup \{\xi_n, \overline{\xi_n}\}_{n \in \mathbb{N}} \cup \{\eta_n, \overline{\eta_n}\}_{n \in \mathbb{N}}, \tag{7.51}$$

其中 μ_i 表示 $\mathcal{A}$ 的实本征值, $I_2 \subset \{1, 2, 3, 4\}$ 表示最多有 4 个元素, ξ_n, η_n 为复本征值有渐近表达式 (7.36) 和 (7.50);

(v) 除去最多 4 个本征值之外, 算子 $\mathcal{A}$ 的每个本征值都是简单的.

证明 由于 $\lambda \in \sigma(\mathcal{A})$ 当且仅当 λ 是 $h(\lambda)$ 的零点, 结论 (i), (ii) 和 (iii) 可以由引理 7.4, 引理 7.6 和引理 7.7 直接得到. 根据 Rouché 定理, (7.30) 的 $f(\lambda)$

和 (7.32) 的 $\tilde{f}(\lambda)$ 有相同的渐近零点. 由于 $h(\lambda)$ 和 $f(\lambda)$ 有相同的零点, 根据命题 7.1和命题 7.2, 可得到结论 (iv).

根据引理 7.2, 算子 $\mathcal{A}$ 的每个本征值 λ 都是几何单的. 进一步, 根据

$$m_{(a)}(\lambda) \leqslant p_\lambda \cdot m_{(g)}(\lambda) = p_\lambda,$$

其中 p_λ 表示预解算子 $R(\lambda, \mathcal{A})$ 在极点 λ 的阶数, $m_{(a)}(\lambda)$ 表示 λ 的代数重数, $m_{(g)}(\lambda)$ 表示 λ 的几何重数. 由预解算子 $R(\lambda, \mathcal{A})$ 的表达式 (7.15) 可知 p_λ 不超过 $\det \Delta(\lambda)$ 在 λ 的阶数. 由引理 7.5 可知, 除去最多 4 个零点外, $\det \Delta(\lambda)$ 的每个零点是简单的, 从而结论 (v) 成立. 定理得证. $\qquad\square$

7.4 广义本征函数的非基性质

这一节讨论算子 $\mathcal{A}$ 的广义本征函数的非基性质. 通过估计 Riesz 谱投影的范数证明 $\mathcal{A}$ 的广义本征函数在 Hilbert 状态空间 $\mathcal{H}$ 构不成系统的 Riesz 基. 首先, 给出 $\mathcal{A}$ 的伴随算子 $\mathcal{A}^*$.

引理 7.9   设 $\mathcal{A}$ 由 (7.8)-(7.9) 定义. 则它的伴随算子 $\mathcal{A}^*$ 为

$$
\begin{cases}
\mathcal{A}^* \begin{pmatrix} y \\ g \end{pmatrix} = \begin{pmatrix} A_0^{\mathrm{T}} & \delta_0 \\ 0 & -\dfrac{d}{ds} \end{pmatrix} \begin{pmatrix} y \\ g \end{pmatrix}, \quad \forall \begin{pmatrix} y \\ g \end{pmatrix} \in D(\mathcal{A}^*), \\[3mm]
D(\mathcal{A}^*) = \left\{ (y,g)^{\mathrm{T}} \in \mathcal{H} \,\middle|\, \begin{array}{l} g \in H^1\left([-2,-1] \cup (-1,0], \mathbb{C}^2\right), \\ g(-2) = A_2^{\mathrm{T}} y, \ g(-1^+) - g(-1^-) = A_1^{\mathrm{T}} y \end{array} \right\},
\end{cases}
\tag{7.52}
$$

其中 $\delta_0 g = g(0)$, $\forall g \in C[-2, 0]$, 以及 A_i^{T}, $i = 0, 1, 2$ 是 A_i 的转置.

证明   对任何 $X = (x, f)^{\mathrm{T}} \in D(\mathcal{A})$, $Y = (y, g)^{\mathrm{T}} \in D(\mathcal{A}^*)$, 经计算可知

$$
\begin{aligned}
\langle \mathcal{A}X, Y \rangle_{\mathcal{H}} &= \langle A_0 x + A_1 f(-1) + A_2 f(-2), y \rangle_{\mathbb{C}^2} + \int_{-2}^0 \left\langle \frac{d}{ds} f(s), g(s) \right\rangle_{\mathbb{C}^2} ds \\
&= \langle A_0 x, y \rangle_{\mathbb{C}^2} + \langle A_1 f(-1), y \rangle_{\mathbb{C}^2} + \langle A_2 f(-2), y \rangle_{\mathbb{C}^2} + \langle f(s), g(s) \rangle_{\mathbb{C}^2} \big|_{-1}^0 \\
&\quad + \langle f(s), g(s) \rangle_{\mathbb{C}^2} \big|_{-2}^{-1} - \int_{-2}^0 \left\langle f(s), \frac{d}{ds} g(s) \right\rangle_{\mathbb{C}^2} ds \\
&= \langle x, A_0^{\mathrm{T}} y \rangle_{\mathbb{C}^2} + \langle f(-1), A_1^{\mathrm{T}} y \rangle_{\mathbb{C}^2} + \langle f(-2), A_2^{\mathrm{T}} y \rangle_{\mathbb{C}^2} \\
&\quad + \langle f(0), g(0) \rangle_{\mathbb{C}^2} - \langle f(-1), g(-1^+) \rangle_{\mathbb{C}^2} + \langle f(-1), g(-1^-) \rangle_{\mathbb{C}^2}
\end{aligned}
$$

$$- \langle f(-2), g(-2) \rangle_{\mathbb{C}^2} + \int_{-2}^{0} \left\langle f(s), -\frac{d}{ds}g(s) \right\rangle_{\mathbb{C}^2} ds$$

$$= \langle x, A_0^{\mathrm{T}} y + g(0) \rangle_{\mathbb{C}^2} + \langle f(-1), A_1^{\mathrm{T}} y + g(-1^-) - g(-1^+) \rangle_{\mathbb{C}^2}$$

$$+ \langle f(-2), A_2^{\mathrm{T}} y - g(-2) \rangle_{\mathbb{C}^2} + \int_{-2}^{0} \left\langle f(s), -\frac{d}{ds}g(s) \right\rangle_{\mathbb{C}^2} ds$$

$$= \langle X, \mathcal{A}^* Y \rangle_{\mathcal{H}},$$

因此, $\mathcal{A}^*$ 具有表达式 (7.52). 引理得证. □

引理 7.10 设 $\mathcal{A}^*$ 由 (7.52) 给出. $\mathcal{A}^*$ 的谱为

$$\sigma(\mathcal{A}^*) = \sigma_p(\mathcal{A}^*) = \overline{\sigma(\mathcal{A})} = \{\overline{\lambda} \in \mathbb{C} | \det \Delta(\lambda)^* = 0\},$$

其中

$$\Delta(\lambda)^* = \overline{\lambda} - A_0^{\mathrm{T}} - A_1^{\mathrm{T}} e^{-\overline{\lambda}} - A_2^{\mathrm{T}} e^{-2\overline{\lambda}}.$$

并且, 每个 $\overline{\lambda} \in \sigma(\mathcal{A}^*)$ 是几何单的, 其对应的本征函数为

$$\psi_{\overline{\lambda}} = (y, \ g(s)y)^{\mathrm{T}}, \tag{7.53}$$

其中 $y = \left(\overline{\lambda}, \ 1\right)^{\mathrm{T}}$ 以及

$$g(s) = \begin{cases} (A_1^{\mathrm{T}} + A_2^{\mathrm{T}} e^{-\overline{\lambda}}) e^{-\overline{\lambda}(1+s)}, & s \in (-1, 0], \\ A_2^{\mathrm{T}} e^{-\overline{\lambda}(2+s)}, & s \in [-2, -1). \end{cases}$$

证明 第一个结论是显然的, 我们仅求解 $\mathcal{A}^*$ 的本征函数. 设 $\overline{\lambda} \in \sigma(\mathcal{A}^*)$, $\psi = (y, g)^{\mathrm{T}} \in D(\mathcal{A}^*)$ 是 $\mathcal{A}^*$ 对应于 $\overline{\lambda}$ 的本征函数. 则 $\mathcal{A}^* \psi = \overline{\lambda}\psi$,

$$\begin{cases} A_0^T y + g(0) = \overline{\lambda} y, \\ -g'(s) = \overline{\lambda} g(s), & s \in (-1, 0], \\ -g'(s) = \overline{\lambda} g(s), & s \in [-2, -1), \\ g(-1^+) - g(-1^-) = A_1^{\mathrm{T}} y, \\ g(-2) = A_2^{\mathrm{T}} y. \end{cases} \tag{7.54}$$

当 $s \in [-2, -1)$ 时, 由 (7.54) 的第三和第五个方程, 可知

$$g(s) = A_2^{\mathrm{T}} y e^{-\overline{\lambda}(s+2)}, \quad s \in [-2, -1). \tag{7.55}$$

由 (7.54) 的第四个方程, 可得

$$g(-1^+) = A_1^{\mathrm{T}} y + A_2^{\mathrm{T}} y e^{-\overline{\lambda}}.$$

结合 (7.54) 的第二个方程, 可知

$$g(s) = \left[A_1^{\mathrm{T}} y + A_2^{\mathrm{T}} y e^{-\overline{\lambda}} \right] e^{-\overline{\lambda}(s+1)}, \quad s \in (-1, 0]. \tag{7.56}$$

把它代入 (7.54) 的第一个方程, 可得

$$A_0^{\mathrm{T}} y + \left[A_1^{\mathrm{T}} y + A_2^{\mathrm{T}} y e^{-\overline{\lambda}} \right] e^{-\overline{\lambda}} = \overline{\lambda} y$$

和

$$\Delta(\lambda)^* y \doteq \left(\overline{\lambda} - A_0^{\mathrm{T}} - A_1^{\mathrm{T}} e^{-\overline{\lambda}} - A_2^{\mathrm{T}} e^{-2\overline{\lambda}} \right) y = \begin{pmatrix} \overline{\lambda} & k - a e^{-\overline{\lambda}} - b e^{-2\overline{\lambda}} \\ -1 & \overline{\lambda} \end{pmatrix} y = 0.$$

因此, $y = (\overline{\lambda}, 1)^{\mathrm{T}}$ 为上述方程的非平凡解. 引理得证.　　　　　□

现在证明算子 $\mathcal{A}$ 的广义本征函数构不成空间 $\mathcal{H}$ 的 Riesz 基.

定理 7.11　设 $\mathcal{A}$ 由 (7.8)-(7.9) 定义, $\lambda \in \sigma(\mathcal{A})$ 是 $\mathcal{A}$ 的简单本征值, $E(\lambda; \mathcal{A})$ 是相应的 Riesz 谱投影. 则 (7.16) 的 ϕ_λ 和 (7.53) 的 $\psi_{\overline{\lambda}}$ 分别是算子 $\mathcal{A}$ 和 $\mathcal{A}^*$ 对应于 λ 和 $\overline{\lambda}$ 的本征函数. 当 $\langle \phi_\lambda, \psi_{\overline{\lambda}} \rangle_{\mathcal{H}} = 1$ 时, 对任何 $X \in \mathcal{H}$, 有

$$E(\lambda; \mathcal{A}) X = \langle X, \psi_{\overline{\lambda}} \rangle_{\mathcal{H}} \phi_\lambda.$$

进一步, 当 $\mathrm{Re}\lambda \to -\infty$ 时, Riesz 谱投影 $E(\lambda; \mathcal{A})$ 有如下估计:

$$\| E(\lambda; \mathcal{A}) \| \approx \frac{|\lambda| e^{-\mu}}{2|\mu|} \to +\infty,$$

其中 $\mu = \lambda + \overline{\lambda} = 2\mathrm{Re}\lambda$. 因此, 不可能得到算子 $\mathcal{A}$ 的 Riesz 谱投影范数的一致上界, 从而 $\mathcal{A}$ 的广义本征函数构不成空间 $\mathcal{H}$ 的 Riesz 基.

证明　前两个结论是显然的. 对于 $\mathrm{Re}\lambda \to -\infty$, 我们估计范数 $\| E(\lambda; \mathcal{A}) \|$. 根据引理 7.2 和引理 7.11, 假设

$$x_\lambda = k_1(\lambda) (1, \ \lambda)^{\mathrm{T}}, \quad y_{\overline{\lambda}} = k_2(\lambda) \left(\overline{\lambda}, \ 1 \right)^{\mathrm{T}},$$

其中 $k_1(\lambda), k_2(\lambda) \in \mathbb{C}$ 是两个待确定的系数使得 $\langle \phi_\lambda, \psi_{\overline{\lambda}} \rangle_{\mathcal{H}} = 1$. 经计算, 可知

$$1 = \langle \phi_\lambda, \psi_{\overline{\lambda}} \rangle_{\mathcal{H}}$$

$$= \langle x_\lambda, y_{\overline{\lambda}} \rangle_{\mathbb{C}^2} + \int_{-2}^{0} \langle e^{\lambda s} x_\lambda, \ g(s) \rangle_{\mathbb{C}^2} \, ds$$

$$= \langle x_\lambda, y_{\overline{\lambda}} \rangle_{\mathbb{C}^2} + \int_{-1}^{0} \left\langle e^{\lambda s} x_\lambda, \ \left[A_1^{\mathrm{T}} y_{\overline{\lambda}} + A_2^{\mathrm{T}} e^{-\overline{\lambda}} y_{\overline{\lambda}} \right] e^{-\overline{\lambda}(s+1)} \right\rangle_{\mathbb{C}^2} \, ds$$

$$+ \int_{-2}^{-1} \left\langle e^{\lambda s} x_\lambda, \ A_2^{\mathrm{T}} y_{\overline{\lambda}} e^{-\overline{\lambda}(s+2)} \right\rangle_{\mathbb{C}^2} \, ds$$

$$= \langle x_\lambda, y_{\overline{\lambda}} \rangle_{\mathbb{C}^2} + \int_{-1}^{0} e^{-\lambda} \left\langle x_\lambda, \ \left(A_1^{\mathrm{T}} + A_2^{\mathrm{T}} e^{-\overline{\lambda}} \right) y_{\overline{\lambda}} \right\rangle_{\mathbb{C}^2} \, ds$$

$$+ \int_{-2}^{-1} e^{-2\lambda} \langle x_\lambda, \ A_2^{\mathrm{T}} y_{\overline{\lambda}} \rangle_{\mathbb{C}^2} \, ds$$

$$= k_1(\lambda) \overline{k_2(\lambda)} \left(2\lambda + a e^{-\lambda} + 2 b e^{-2\lambda} \right).$$

记

$$\begin{cases} \eta(\lambda) = 2\lambda + a e^{-\lambda} + 2 b e^{-2\lambda}, \\ k_1(\lambda) = \sqrt{|\mathrm{Re}\lambda|} e^\lambda, \quad k_2(\lambda) = \dfrac{1}{\sqrt{|\mathrm{Re}\lambda|} e^\lambda \cdot \overline{\eta(\lambda)}}, \\ \mu = \lambda + \overline{\lambda} = 2\mathrm{Re}\lambda. \end{cases}$$

则 $\langle \phi_\lambda, \ \psi_{\overline{\lambda}} \rangle_{\mathcal{H}} = 1$. 进一步, 当 $\mathrm{Re}\lambda \to -\infty$ 时, 可知

$$\|\phi_\lambda\|_{\mathcal{H}}^2 = \langle x_\lambda, \ x_\lambda \rangle_{\mathbb{C}^2} + \int_{-2}^{0} \langle e^{\lambda s} x_\lambda, \ e^{\lambda s} x_\lambda \rangle_{\mathbb{C}^2} \, ds$$

$$= \langle x_\lambda, \ x_\lambda \rangle_{\mathbb{C}^2} + \int_{-2}^{0} e^{\lambda s} \cdot e^{\overline{\lambda} s} \langle x_\lambda, \ x_\lambda \rangle_{\mathbb{C}^2} \, ds$$

$$= |k_1(\lambda)|^2 \left(1 + |\lambda|^2 \right) \left(1 + \int_{-2}^{0} e^{\mu s} \, ds \right)$$

$$= \frac{|\mu|}{2} e^\mu \left(1 + |\lambda|^2 \right) \left(1 + \frac{1}{\mu} + \frac{e^{-2\mu}}{-\mu} \right)$$

$$\approx \frac{|\lambda|^2 e^{-\mu}}{2} \to +\infty,$$

以及

$$\|\psi_{\overline{\lambda}}\|_{\mathcal{H}}^2 = \|y_{\overline{\lambda}}\|_{\mathbb{C}^2}^2 + \int_{-2}^{0} \langle g(s) y_{\overline{\lambda}}, \ g(s) y_{\overline{\lambda}} \rangle_{\mathbb{C}^2} \, ds$$

$$= |k_2(\lambda)|^2 \left(1 + |\lambda|^2 \right) + + \int_{-2}^{-1} \left\langle A_2^{\mathrm{T}} e^{-\overline{\lambda}(s+2)} y_{\overline{\lambda}}, \ A_2^{\mathrm{T}} e^{-\overline{\lambda}(s+2)} y_{\overline{\lambda}} \right\rangle_{\mathbb{C}^2} \, ds$$

$$+ \int_{-1}^{0} \left\langle \left(A_1^{\mathrm{T}} + A_2^{\mathrm{T}} e^{-\overline{\lambda}} \right) e^{-\overline{\lambda}(s+1)} y_{\overline{\lambda}}, \left(A_1^{\mathrm{T}} + A_2^{\mathrm{T}} e^{-\overline{\lambda}} \right) e^{-\overline{\lambda}(s+1)} y_{\overline{\lambda}} \right\rangle_{\mathbb{C}^2} ds$$

$$= |k_2(\lambda)|^2 \left(1 + |\lambda|^2 \right)$$

$$+ \int_{-1}^{0} e^{-\mu(s+1)} |k_2(\lambda)|^2 \left[a^2 + b^2 e^{-\mu} + ab \left(e^{-\lambda} + e^{-\overline{\lambda}} \right) \right] ds$$

$$+ \int_{-2}^{-1} e^{-\mu(s+2)} |k_2(\lambda)|^2 b^2 ds$$

$$= |k_2(\lambda)|^2 \left[1 + |\lambda|^2 + \left(a^2 + b^2 + b^2 e^{-\mu} + ab \left(e^{-\lambda} + e^{-\overline{\lambda}} \right) \right) \cdot \frac{1}{-\mu} \left(e^{-\mu} - 1 \right) \right]$$

$$\approx |k_2(\lambda)|^2 \left[|\lambda|^2 + \left(a^2 + b^2 + b^2 e^{-\mu} + ab \left(e^{-\lambda} + e^{-\overline{\lambda}} \right) \right) \cdot \frac{e^{-\mu}}{-\mu} \right]$$

$$= \frac{|\lambda|^2 + \left(a^2 + b^2 + b^2 e^{-\mu} + ab \left(e^{-\lambda} + e^{-\overline{\lambda}} \right) \right) \cdot \dfrac{e^{-\mu}}{-\mu}}{\left| \dfrac{\mu}{2} \right| e^{\mu} \cdot \left| 2\lambda + ae^{-\lambda} + 2be^{-2\lambda} \right|^2}$$

$$= \frac{2e^{-\mu} \left[|\lambda|^2 |\mu| + \left(a^2 + b^2 + b^2 e^{-\mu} + ab \left(e^{-\lambda} + e^{-\overline{\lambda}} \right) \right) \cdot e^{-\mu} \right]}{|\mu|^2 \cdot \left| 2\lambda + ae^{-\lambda} + 2be^{-2\lambda} \right|^2}$$

$$\approx \frac{2e^{-\mu} \left[|\lambda|^2 |\mu| + \left(a^2 + b^2 + b^2 e^{-\mu} + ab \left(e^{-\lambda} + e^{-\overline{\lambda}} \right) \right) \cdot e^{-\mu} \right]}{|\mu|^2 \cdot \left[2|\lambda| + ae^{-\frac{\mu}{2}} + 2be^{-\mu} \right]^2}$$

$$\approx \frac{2b^2 e^{-3\mu}}{4b^2 e^{-2\mu} |\mu|^2} = \frac{e^{-\mu}}{2|\mu|^2} \to +\infty.$$

最终, 我们得到 $\|E(\lambda; \mathcal{A})\|$ 的渐近估计为

$$\|E(\lambda; \mathcal{A})\| = \|\phi_\lambda\|_{\mathcal{H}} \|\psi_{\overline{\lambda}}\|_{\mathcal{H}} \approx \frac{|\lambda| e^{-\mu}}{2|\mu|} \to +\infty \quad 随着 \ \mathrm{Re}\lambda \to -\infty.$$

因此, 当 $\mathrm{Re}\lambda \to -\infty$ 时, 找不到 $\|E(\lambda; \mathcal{A})\|$ 的一致上界. 从而, $\mathcal{A}$ 的广义本征函数构不成 Hilbert 空间 $\mathcal{H}$ 的 Riesz 基. 定理得证.　　　□

7.5　谱确定增长条件和稳定性

这一节讨论系统 (7.11) 的谱确定增长条件和指数稳定性. 尽管系统 (7.11) 的广义本征函数构不成 Hilbert 空间 $\mathcal{H}$ 的 Riesz 基, 我们仍然可以证明系统的谱确定增长条件. 为此, 我们引入下面的结论.

引理 7.12 设 $T(t)$ 是 Hilbert 空间 $\mathcal{H}$ 的 C_0-半群, 其生成元为 $\mathbf{A}$, $\omega(\mathbf{A})$ 为半群 $T(t)$ 的增长阶,

$$s(\mathbf{A}) = \sup\left\{ \mathrm{Re}\lambda \mid \lambda \in \sigma(\mathbf{A}) \right\}$$

是算子 $\mathbf{A}$ 的谱界. 则

$$\omega(\mathbf{A}) = \inf\left\{ \omega > s(\mathbf{A}) \mid \sup_{\tau \in \mathbb{R}} \|R(\sigma + i\tau, \mathbf{A})\| < M_\sigma < \infty, \ \forall \, \sigma \geqslant \omega \right\}.$$

定理 7.13 设 $\mathcal{A}$ 由 (7.8)-(7.9) 定义. 则半群 $e^{\mathcal{A}t}$ 的谱确定增长条件成立, 即 $s(\mathcal{A}) = \omega(\mathcal{A})$.

证明 根据引理 7.12, 我们仅需证明: 对任何 $\lambda \neq 0$, $\lambda = \alpha + i\beta$ 满足 $\alpha \geqslant \omega > s(\mathcal{A})$ 及 $\beta \in \mathbb{R}$, 存在常数 M_α 使得

$$\sup_{\beta \in \mathbb{R}} \|R(\alpha + i\beta, \mathcal{A})\| \leqslant M_\alpha < \infty. \tag{7.57}$$

设 $\lambda = \alpha + i\beta \in \mathbb{C}$ 满足 $\alpha \geqslant \omega > s(\mathcal{A})$ 以及 $\beta \in \mathbb{R}$. 则 $\lambda \in \rho(\mathcal{A})$. 根据引理 7.2, 对于任何 $Y = (y, g)^{\mathrm{T}} \in \mathcal{H}$, 存在 $X = R(\lambda, \mathcal{A})Y = (x, f)^{\mathrm{T}} \in D(\mathcal{A})$, 其可由 (7.15) 表示. 为了方便使用, 我们将 (7.15) 写在这里:

$$\begin{cases} x = \Delta(\lambda)^{-1} \left[y + A_1 \displaystyle\int_{-1}^{0} e^{-\lambda(1+s)} g(s)ds + A_2 \int_{-2}^{0} e^{-\lambda(2+s)} g(s)ds \right], \\[2mm] f(s) = e^{\lambda s} x + \displaystyle\int_{s}^{0} e^{\lambda(s-r)} g(r)dr. \end{cases}$$

注意到对于 $\lambda \in \rho(\mathcal{A})$, 有 $\det \Delta(\lambda) \neq 0$, 以及

$$\Delta(\lambda)^{-1} = \begin{pmatrix} \dfrac{\lambda}{\lambda^2 + k - ae^{-\lambda} - be^{-2\lambda}} & \dfrac{1}{\lambda^2 + k - ae^{-\lambda} - be^{-2\lambda}} \\[4mm] \dfrac{-k + ae^{-\lambda} + be^{-2\lambda}}{\lambda^2 + k - ae^{-\lambda} - be^{-2\lambda}} & \dfrac{\lambda}{\lambda^2 + k - ae^{-\lambda} - be^{-2\lambda}} \end{pmatrix}. \tag{7.58}$$

由于 $\|A_1\| = |a|$, $\|A_2\| = |b|$, 以及

$$\begin{aligned} \|\Delta(\lambda)^{-1}\| &= \frac{2|\lambda| + 1 + |k - ae^{-\lambda} - be^{-2\lambda}|}{|\lambda^2 + k - ae^{-\lambda} - be^{-2\lambda}|} \\[2mm] &\leqslant \frac{2|\lambda| + 1 + |k| + |ae^{-\lambda}| + |be^{-2\lambda}|}{|\lambda^2 + k - ae^{-\lambda} - be^{-2\lambda}|} \\[2mm] &= \frac{2 + \dfrac{1 + |k|}{\sqrt{\alpha^2 + \beta^2}} + \dfrac{|a|e^{-\alpha}}{\sqrt{\alpha^2 + \beta^2}} + \dfrac{be^{-2\alpha}}{\sqrt{\alpha^2 + \beta^2}}}{\left| \lambda + \dfrac{k}{\lambda} - \dfrac{ae^{-\lambda} + be^{-2\lambda}}{\lambda} \right|}. \end{aligned}$$

同样由引理 7.2, 可知

$$s(A) = \sup\left\{\operatorname{Re}\lambda | \lambda \in \sigma(\mathcal{A})\right\} = \sup\left\{\operatorname{Re}\lambda | \lambda \in \sigma_p(\mathcal{A})\right\} = \sup\left\{\operatorname{Re}\lambda | \det\Delta(\lambda) = 0\right\}.$$

记

$$\varepsilon_\alpha = \inf_{\lambda_n \in \sigma_p(\mathcal{A}), \beta \in \mathbb{R}} |\lambda_n - \alpha - i\beta|.$$

根据命题 2.4, 存在依赖于 α 的正常数 $C(\varepsilon_\alpha)$ 使得

$$\left|\lambda + \frac{k}{\lambda} - \frac{ae^{-\lambda} + be^{-2\lambda}}{\lambda}\right| \geqslant C(\varepsilon_\alpha) > 0.$$

因此, 存在依赖于 α 的正常数 $M_{1\alpha} > 0$ 使得

$$\sup_{\beta \in \mathbb{R}} \|\Delta(\lambda)^{-1}\| \leqslant M_{1\alpha} < \infty.$$

由于如下估计:

$$\int_{-1}^0 e^{-\lambda(1+s)} e^{-\bar\lambda(1+s)} ds = \int_{-1}^0 e^{-2\alpha(1+s)} ds = \frac{1 - e^{-2\alpha}}{2\alpha},$$

$$\int_{-2}^0 e^{-\lambda(2+s)} e^{-\bar\lambda(2+s)} ds = \int_{-2}^0 e^{-2\alpha(2+s)} ds = \frac{1 - e^{-4\alpha}}{2\alpha},$$

$$\int_{-2}^0 e^{\lambda s} e^{\bar\lambda s} ds = \int_{-2}^0 e^{2\alpha s} ds = \frac{1 - e^{-4\alpha}}{2\alpha},$$

$$\int_s^0 e^{\lambda(s-r)} e^{\bar\lambda(s-r)} dr = \int_s^0 e^{2\alpha(s-r)} dr = \frac{1 - e^{2\alpha s}}{2\alpha}$$

和

$$\int_{-2}^0 \left(\frac{1 - e^{2\alpha s}}{2\alpha}\right) ds = \frac{1}{\alpha} - \frac{1 - e^{-4\alpha}}{4\alpha^2},$$

存在依赖于 α 的正常数 $M_{2\alpha}$ 和 $M_{3\alpha}$ 使得

$$\sup_{\beta \in \mathbb{R}} \int_{-1}^0 |e^{-\lambda(1+s)}|^2 ds \leqslant M_{2\alpha} < \infty,$$

$$\sup_{\beta \in \mathbb{R}} \int_{-2}^0 |e^{-\lambda(2+s)}|^2 ds \leqslant M_{2\alpha} < \infty,$$

$$\sup_{\beta \in \mathbb{R}} \int_{-2}^0 |e^{\lambda s}|^2 ds \leqslant M_{2\alpha} < \infty,$$

$$\sup_{\beta \in \mathbb{R}} \left| \int_{-2}^{0} \left(\frac{1 - e^{2\alpha s}}{2\alpha} \right) ds \right| \leqslant M_{3\alpha} < \infty.$$

因此, 可知

$$\sup_{\beta \in \mathbb{R}} \|x\|_{\mathbb{C}^2}^2$$

$$= \sup_{\beta \in \mathbb{R}} \left\| \Delta(\lambda)^{-1} \left[y + A_1 \int_{-1}^{0} e^{-\lambda(1+s)} g(s) ds + A_2 \int_{-2}^{0} e^{-\lambda(2+s)} g(s) ds \right] \right\|_{\mathbb{C}^2}^2$$

$$\leqslant 3 \left(\sup_{\beta \in \mathbb{R}} \|\Delta(\lambda)^{-1}\| \right)^2 \left(\|y\|_{\mathbb{C}^2}^2 + a^2 \sup_{\beta \in \mathbb{R}} \left\| \int_{-1}^{0} e^{-\lambda(1+s)} g(s) ds \right\|_{\mathbb{C}^2}^2 \right.$$

$$\left. + b^2 \sup_{\beta \in \mathbb{R}} \left\| \int_{-2}^{0} e^{-\lambda(2+s)} g(s) ds \right\|_{\mathbb{C}^2}^2 \right)$$

$$\leqslant 3 \left(\sup_{\beta \in \mathbb{R}} \|\Delta(\lambda)^{-1}\| \right)^2 \left[\|y\|_{\mathbb{C}^2}^2 + a^2 \left(\sup_{\beta \in \mathbb{R}} \int_{-1}^{0} |e^{-\lambda(1+s)}|^2 ds \right) \left(\int_{-1}^{0} \|g(s)\|_{\mathbb{C}^2}^2 ds \right) \right.$$

$$\left. + b^2 \left(\sup_{\beta \in \mathbb{R}} \int_{-2}^{0} |e^{-\lambda(2+s)}|^2 ds \right) \left(\int_{-2}^{0} \|g(s)\|_{\mathbb{C}^2}^2 ds \right) \right]$$

$$\leqslant 3M_{1\alpha}^2 \|y\|_{\mathbb{C}^2}^2 + 3M_{1\alpha}^2 M_{2\alpha} (a^2 + b^2) \int_{-2}^{0} \|g(s)\|_{\mathbb{C}^2}^2 ds$$

和

$$\sup_{\beta \in \mathbb{R}} \int_{-2}^{0} \|f(s)\|_{\mathbb{C}^2}^2 ds$$

$$= \sup_{\beta \in \mathbb{R}} \int_{-2}^{0} \left\| e^{\lambda s} x + \int_{s}^{0} e^{\lambda(s-r)} g(r) dr \right\|_{\mathbb{C}^2}^2 ds$$

$$\leqslant 2 \sup_{\beta \in \mathbb{R}} \int_{-2}^{0} \|e^{\lambda s} x\|_{\mathbb{C}^2}^2 ds + 2 \sup_{\beta \in \mathbb{R}} \int_{-2}^{0} \left\| \int_{s}^{0} e^{\lambda(s-r)} g(r) dr \right\|_{\mathbb{C}^2}^2 ds$$

$$\leqslant 2\|x\|_{\mathbb{C}^2}^2 \sup_{\beta \in \mathbb{R}} \int_{-2}^{0} |e^{\lambda s}|^2 ds + 2 \sup_{\beta \in \mathbb{R}} \int_{-2}^{0} \left(\int_{s}^{0} |e^{\lambda(s-r)}|^2 dr \right) \left(\int_{s}^{0} \|g(r)\|_{\mathbb{C}^2}^2 dr \right) ds$$

$$\leqslant 2M_{2\alpha} \|x\|_{\mathbb{C}^2}^2 + 2 \int_{-2}^{0} \|g(s)\|_{\mathbb{C}^2}^2 ds \sup_{\beta \in \mathbb{R}} \int_{-2}^{0} \left(\frac{1 - e^{2\alpha s}}{2\alpha} \right) ds$$

$$\leqslant 2M_{2\alpha} \|x\|_{\mathbb{C}^2}^2 + 2M_{3\alpha} \int_{-2}^{0} \|g(s)\|_{\mathbb{C}^2}^2 ds$$

$$\leqslant 6M_{1\alpha}^2 M_{2\alpha} \|y\|_{\mathbb{C}^2}^2 + \left[6M_{1\alpha}^2 M_{2\alpha}^2 (a^2 + b^2) + 2M_{3\alpha} \right] \int_{-2}^{0} \|g(s)\|_{\mathbb{C}^2}^2 ds.$$

因此, 存在依赖于 α 的正常数 $M_\alpha > 0$ 使得

$$\sup_{\beta \in \mathbb{R}} \|X\|_{\mathcal{H}}^2 = \sup_{\beta \in \mathbb{R}} \left\{ \|x\|_{\mathbb{C}^2}^2 + \int_{-2}^0 \|f(s)\|_{\mathbb{C}^2}^2 ds \right\}$$

$$\leqslant M_\alpha \left\{ \|y\|_{\mathbb{C}^2}^2 + \int_{-2}^0 \|g(s)\|_{\mathbb{C}^2}^2 ds \right\} = M_\alpha \|Y\|_{\mathcal{H}}^2 < \infty.$$

从而

$$\sup_{\beta \in \mathbb{R}} \|X\|_{\mathcal{H}} \leqslant \sqrt{M_\alpha} \|Y\|_{\mathcal{H}} < \infty,$$

则 (7.57) 成立. 定理得证. □

现在给出系统 (7.11) 的指数稳定性.

定理 7.14　设 $k < 0$, $\mathcal{A}$ 由 (7.8)-(7.9) 定义, 满足条件 (7.20). 则半群 $e^{\mathcal{A}t}$ 是指数稳定的, 即存在常数 M 和 $\omega > 0$ 使得

$$\|e^{\mathcal{A}t}\| \leqslant M e^{-\omega t}.$$

证明　根据定理 7.13 所得的谱确定增长条件成立, 半群 $e^{\mathcal{A}t}$ 的稳定性由算子 $\mathcal{A}$ 的谱分布来确定. 由定理 7.8 可知, 对任何 $\lambda_n \in \sigma(\mathcal{A})$, $\mathrm{Re}\lambda_n \to -\infty$ 随着 $n \to \infty$. 因此, $e^{\mathcal{A}t}$ 是指数稳定的当且仅当

$$\mathrm{Re}\lambda < 0, \quad \forall \lambda \in \sigma(\mathcal{A}).$$

它已经由定理 7.8 的第一个结论所验证. 定理得证. □

参 考 文 献

[1] Adams R A. Sobolev Spaces. Boston: Academic Press, 1975.

[2] Alabau F, Komornik V. Boundary observability, controllability, and stabilization of linear elastodynamic systems. SIAM J. Control Optim., 1999, 37: 521-542.

[3] Ammari K, Liu Z Y, Tucsnak M. Decay rates for a beam with pointwise force and moment feedback. Math. Control Signals Systems, 2002, 15: 229-255.

[4] Ammari K, Tucsnak M. Stabilization of second order evolution equations by a class of unbounded feedbacks. ESAIM Control Optim. Calc. Var., 2001, 6: 361-386.

[5] Arendt W, Grabosch A, Greiner G, Groh U, Lotz H P, Moustakas U, Nagel R, Neubrander F, Schlotterbeck U. One-Parameter Semigroups of Positive Operators. Lecture Notes in Mathematics, 1184. Berlin: Springer-Verlag, 1986.

[6] Avodonin S A, Ivanov S A. Families of Exponentials. Cambridge: Cambridge University Press, 1995.

[7] Avdonin S A, Ivanov S A. Riesz bases of exponentials and divided differences. St. Petersburg Math. J., 2002, 13: 339-351.

[8] Avdonin S, Moran W. Ingham-type inequalities and Riesz bases of divided differences. Int. J. Appl. Math. Comput. Sci., 2001, 11: 803-820.

[9] Belinskiy B, Lasiecka I. Gevrey's and trace regularity of a semigroup associated with beam equation and non-monotone boundary conditions. J. Math. Anal. Appl., 2007, 332: 137-154.

[10] Bilalov B T. Bases of exponentials, cosines, and sines formed by eigenfunctions of differential operators. Differ. Equ., 2003, 29: 652-657.

[11] Castro C, Zuazua E. Boundary controllability of a hybrid system consisting in two flexible beams connected by a point mass. SIAM J. Control Optim., 1998, 36: 1576-1595.

[12] Chen X, Chentouf B, Wang J M. Nondissipative torque and shear force controls of a rotating flexible structure. SIAM J. Control Optim., 2014, 52: 3287-3311.

[13] Chen G, Coleman M, West H H. Pointwise stabilization in the middle of the span for second order systems, nonuniform and uniform exponential decay of solutions. SIAM J. Appl. Math., 1987, 47: 751-780.

[14] Chen G, Delfour M C, Krall A M, Payre G. Modeling, stabilization and control of serially connected beams. SIAM J. Control Optim., 1987, 25: 526-546.

[15] Chen G, Krantz S G, Russell D L, Wayne C E, West H H, Coleman M P. Analysis, designs, and behavior of dissipative joints for coupled beams. SIAM J. Appl. Math., 1989, 49: 1665-1693.

[16] Cheng A, Morris K. Well-posedness of boundary control systems. SIAM J. Control Optim., 2003, 42: 1244-1265.

[17] Chentouf B, Wang J M. A Riesz basis methodology for proportional and integral output regulation of a one-dimensional diffusive-wave equation. SIAM J. Control Optim., 2008, 47: 2275-2302.

[18] Chentouf B, Wang J M. Boundary feedback stabilization and Riesz basis property of a 1-d first order hyperbolic linear system with L^∞-coefficients. J. Differential Equations, 2009, 246: 1119-1138.

[19] Conrad F. Stabilization of beams by pointwise feedback control. SIAM J. Control Optim., 1990, 28: 423-437.

[20] Conrad F, Mörgül O. On the stabilization of a flexible beam with a tip mass. SIAM J. Control Optim., 1998, 36: 1962-1986.

[21] Conrad F, Saouri F Z. Stabilization of a beam: study of the optimal decay rate of elastic energy. ESAIM Control Optim. Calc. Var., 2002, 7: 567-595.

[22] Curtain R F, Weiss G. Exponential stabilization of well-posed systems by colocated feedback. SIAM J. Control Optim., 2006, 45: 273-297.

[23] Curtain R F, Zwart H. An Introduction to Infinite-Dimensional Linear Systems Theory. Texts in Applied Mathematics, 21. New York: Springer-Verlag, 1995.

[24] Curtain R F, Zwart H. Stabilization of collocated systems by nonlinear boundary control. Systems Control Lett., 2016, 96: 11-14.

[25] Datko R. Not all feedback stabilized hyperbolic systems are robust with respect to small time delays in their feedbacks. SIAM J. Control Optim., 1988, 26: 697-713.

[26] Datko R. Two examples of ill-posedness with respect to time delays revisited. IEEE Trans. Automatic Control, 1997, 42: 511-515.

[27] Dou H B, Wang S P. A boundary control for motion synchronization of a two-manipulator system with a flexible beam. Automatica, 2014, 50: 3088-3099.

[28] Dunford N, Schwartz J T. Linear Operators: Part III. New York: Wiley-Interscience, 1971.

[29] Endo T, Matsuno F, Kawasaki H. Simple boundary cooperative control of two one-link flexible arms for grasping. IEEE Trans. Automatic Control, 2009, 54: 2470-2476.

[30] Engel K J, Nagel R. One-Parameter Semigroups for Linear Evolution Equations. Berlin: Springer-Verlag, 1999.

[31] Garnett J B. Bounded Analytic Functions. New York: Academic Press, 1981.

[32] Gohberg I, Goldberg S, Kaashoek M. Classes of Linear Operators: I. Operator Theory: Advances and Applications, 49. Basel: Birkhäuser, 1990.

[33] Gohberg I C, Krein M G. Introduction to the Theory of Linear Nonselfadjoint Operators. Vol. 18 of Trans. Math. Monogr. Providence, Rhode Island: AMS, 1969.

[34] Gu J J, Wang J M. Sliding mode control of the Orr-sommerfeld equation cascaded by both the Squire equation and ODE in the presence of boundary disturbances. SIAM J. Control Optim., 2018, 56: 837-867.

[35] Gu J J, Wang J M. Output regulation of anti-stable coupled wave equations via the backstepping technique. IET Control Theory Appl., 2018, 12: 431-445.

[36] Gu J J, Wang J M. Sliding mode control for N-coupled reaction-diffusion PDEs with boundary input disturbances. International Journal of Robust and Nonlinear Control, 2019, 29(5): 1437-1461.

[37] Gugat M. Boundary feedback stabilization by time delay for one-dimensional wave equations. IMA J. Math. Control and Information, 2010, 27: 189-203.

[38] Guilliemin E A. Synthesis of Passive Networks. New York: Wiley & Sons, 1957.

[39] Guo B Z. On the exponential stability of C_0-semigroups on Banach spaces with compact perturbations. Semigroup Forum, 1999, 59: 190-196.

[40] Guo B Z. Riesz basis approach to the stabilization of a flexible beam with a tip mass. SIAM J. Control Optim., 2001, 39: 1736-1747.

[41] Guo B Z. Riesz basis property and exponential stability of controlled Euler-Bernoulli beam equations with variable coefficients. SIAM J. Control Optim., 2002, 40: 1905-1923.

[42] Guo B Z. Further results for a one-dimensional linear thermoelastic equation with Dirichlet-Dirichlet boundary conditions. ANZIAM J., 2002, 43: 449-462.

[43] Guo B Z. On the boundary control of a hybrid system with variable coefficients. J. Optim. Theory Appl., 2002, 114: 373-395.

[44] Guo B Z, Luo Y H. Riesz basis property of a second order hyperbolic system with collocated scalar input/output. IEEE Trans. on Automatic Control, 2002, 47: 693-698.

[45] Guo B Z, Wang J M. The well-posedness and stability of a beam equation with conjugate variables assigned at the same boundary. IEEE Trans. on Automatic Control, 2005, 50: 2087-2093.

[46] Guo B Z, Wang J M. Riesz basis generation of an abstract second-order partial differential equation system with general non-separated boundary conditions. Numer. Funct. Anal. Optim., 2006, 27: 291-328.

[47] Guo B Z, Wang J M. Remarks on the application of the Keldysh theorem to the completeness of root subspace of non-self-adjoint operators and comments on "Spectral operators generated by Timoshenko beam model". Systems Control Lett., 2006, 55: 1029-1032.

[48] Guo B Z, Wang J M, Yung S P. On the C_0-semigroup generation and exponential stability resulting from a shear force feedback on a rotating beam. Systems Control Lett., 2005, 54: 557-574.

[49] Guo B Z, Wang J M, Yung S P. Boundary stabilization of a flexible manipulator with rotational inertia. Differential Integral Equations, 2005, 18: 1013-1038.

[50] Guo Y P, Wang J M, Zhao D X. Stability of an interconnected Schrödinger-heat system in a torus region. Math. Methods Appl. Sci., 2016, 39: 3735-3749.

[51] Guo B Z, Xie Y. A sufficient condition on Riesz basis with parentheses of non-selfadjoint operator and application to a serially connected string system under joint feedbacks. SIAM J. Control Optim., 2004, 43: 1234-1252.

[52] Guo B Z, Xu G Q. Riesz bases and exact controllability of C_0-groups with one-dimensional input operators. Systems Control Lett., 2004, 52: 221-232.

[53] Guo B Z, Xu G Q. On Basis property of a hyperbolic system with dynamic boundary condition. Differential and Integral Equations, 2005, 18: 35-60.

[54] Guo B Z, Xu G Q. Expansion of solution in terms of generalized eigenfunctions for a hyperbolic system with static boundary condition. J. Funct. Anal., 2006, 231: 245-268.

[55] Guo B Z, Xu C Z. The stabilization of a one-dimensional wave equation by boundary feedback with noncollocated observation. IEEE Trans. Automat. Control, 2007, 52: 371-377.

[56] Guo B Z, Yu R. The Riesz basis property of discrete operators and application to a Euler-Bernoulli beam equation with boundary linear feedback control. IMA J. Math. Control Inform., 2001, 18: 241-251.

[57] Guo B Z, Yung S P. The asymptotic behavior of the eigenfrequency of a one-dimensional linear thermoelastic system. J. Math. Anal. Appl., 1997, 213: 406-421.

[58] Guo B Z, Zhang G D. On spectrum and Riesz basis property for one-dimensional wave equation with Boltzmann damping. ESAIM Control Optim. Calc. Var., 2012, 18: 889-913.

[59] Guo B Z, Wang J M, Zhou C L. On the dynamic behavior and stability of controlled connected Rayleigh beams under pointwise output feedback. ESAIM Control Optim. Calc. Var., 2008, 14: 632-656.

[60] Guo B Z, Wang J M. Control of Wave and Beam PDEs: The Riesz Basis Approach, Communications and Control Engineering Series. Cham: Springer, 2019.

[61] Guo Y P, Wang J M, Zhao D X. Energy decay estimates for a two-dimensional coupled wave-plate system with localized frictional damping. ZAMM Z. Angew. Math. Mech., 2020, 100(2): no. e201900030, 14 pp.

[62] Halanay A, Pandolfi L. Lack of controllability of the heat equation with memory. Systems Control Lett., 2012, 61: 999-1002.

[63] Han S M, Benaroya H, Wei T. Dynamics of transversely vibration beams using four engineering theories. J. Sound Vib., 1999, 225(5): 935-988.

[64] Hansen S W, Rajaram R. Riesz basis property and related results for a Rao-Nakra sandwich beam. Discrete Contin. Dyn. Syst., 2005, suppl.: 365-375.

[65] Hardy G H, Littlewood D E, Polya G. Inequalities. Cambridge: Cambridge University Press, 1952.

[66] Hardy G H, Wright E M. Introduction to the Theory of Numbers. 5th ed. New York: The Clarendon Press, 1979.

[67] Ho L F. Uniform basis properties of exponential solutions of functional differential equations of retarded type. Proc. Roy. Soc. Edinburgh Sect. A., 1984, 96: 79-94.

[68] Ho L F. Spectral assignability of systems with scalar control and application to a degenerate hyperbolic system. SIAM J. Control Optim., 1986, 24: 1212-1231.

[69] Ho L F. Controllability and stabilizability of coupled strings with control applied at the coupled points. SIAM J. Control Optim., 1993, 31: 1416-1437.

[70] Ho L F, Russell D L. Admissible input elements for systems in Hilbert space and a Carleson measure criterion. SIAM J. Control Optim., 1983, 21: 614-640.

[71] Hruščëv S V, Nikol'skiĭ N K, Pavlov B S. Unconditional bases of exponentials and of reproducing kernels//Complex Analysis and Spectral Theory. Lecture Notes in Math., 864. Berlin: Springer, 1981: 214-335.

[72] Ivanov S A, Wang J M. Controllability of a multichannel system. J. Differential Equations, 2018, 264: 2538-2552.

[73] Jeffrey A, Dai H H. Handbook of Mathematical Formulas and Integrals. 4th ed. Amsterdam: Elsevier/Academic Press, 2008.

[74] Jury E I. Inners and Stability of Dynamic Systems. 2nd ed. New York: John Wiley & Sons, 1982.

[75] Kaashoek M A, Verduyn Lunel S M. An integrability condition on the resolvent for hyperbolicity of the semigroup. J. Differential Equations, 1994, 112: 374-406.

[76] Kelemen M, Bagchi A. Modeling and feedback control of a flexible arm of a robot for prescribed frequency-domain tolerances. Automatica, 1993, 29: 899-909.

[77] Komornik V, Loreti P. Fourier Series in Control Theory. New York: Springer Science+Business Media, Inc., 2005.

[78] Koosis P. Introduction to H_p Spaces. 2nd ed. Cambridge: Cambridge University Press, 1998.

[79] Krstic M. Control of an unstable reaction-diffusion PDE with long input delay. Systems Control Lett., 2009, 58: 773-782.

[80] Krstic M. Delay Compensation for Nonlinear, Adaptive, and PDE Systems. Boston, MA: Birkhäuser, Inc., 2009.

[81] Lagnese J E. Boundary stabilization of linear elastodynamic systems. SIAM J. Control Optim., 1983, 21: 968-984.

[82] LaSalle J P. The Stability and Control of Discrete Processes. New York: Springer-Verlag, 1986.

[83] Lasiecka I. Mathematical Control Theory of Coupled PDEs. Philadelphia, PA: SIAM, 2002.

[84] Lasiecka I, Triggiani R. Control Theory for Partial Differential Equations: Abstract Parabolic Systems I, Abstract Parabolic Systems. Cambridge: Cambridge University Press, 2000.

[85] Lasiecka I, Triggiani R. Control Theory for Partial Differential Equations: Continuous and Approximation Theories II: Abstract Hyperbolic-Like Systems over a Finite Time Horizon. Encyclopedia Math. Appl., 75. Cambridge, UK: Cambridge University Press, 2000.

[86] Levin B J. Distribution of Zeros of Entire Functions. Providence: AMS, 1980.

[87] Li B R. The perturbation theory of a class of linear operators with applications. Acta Math. Sinica, 1978, 21(3): 206-222 (in Chinese).

[88] Li S J, Yu J, Liang Z, Zhu G. Stabilization of high eigenfrequencies of a beam equation with generalized viscous damping. SIAM J. Control Optim., 1999, 37: 1767-1779.

[89] Lions J L. Exact controllability, stabilization and perturbations for distributed systems. SIAM Rev., 1988, 30: 1-68.

[90] Littman W, Markus L. Stabilization of a hybrid system of elasticity by feedback boundary damping. Ann. Mat. Pura Appl., 1988, 152: 281-330.

[91] Liu K S, Liu Z Y. Exponential decay of energy of the Euler-Bernoulli beam with locally distributed Kelvin-Voigt damping. SIAM J. Control Optim., 1998, 36: 1086-1098.

[92] Liu K S, Liu Z Y, Rao B P. Exponential stability of an abstract nondissipative linear system. SIAM J. Control Optim., 2001, 40: 149-165.

[93] Locker J. Spectral Theory of Non-Self-Adjoint Two-Point Differential Operators. Mathematical Surveys and Monographs, Vol. 73. Providence: AMS, 2000.

[94] Logemann H, Rebarber R, Weiss G. Conditions for robustness and nonrobustness of the stability of feedback systems with respect to small delays in the feedback loop. SIAM J. Control Optim., 1996, 34: 572-600.

[95] Lu L, Wang J M. Transmission problem of Schrödinger and wave equation with viscous damping. Appl. Math. Lett., 2016, 54: 7-14.

[96] Lu L, Wang J M, Zhao D. Stabilization of a pendulum in dynamic boundary feedback with a memory type heat equation. IMA J. Math. Control Inform., 2017, 34: 215-238.

[97] Lu L, Wang J M. Stabilization of Schrödinger Equation in dynamic boundary feedback with a memory typed heat equation. Internat. J. Control, 2019, 92(2): 416-430.

[98] Luo Z H, Guo B Z. Shear Force feedback control of a single link flexible robot with revolute joint. IEEE Trans. on Automatic Control, 1997, 42: 53-65.

[99] Luo Z H, Guo B Z, Mörgül O. Stability and Stabilization of Infinite Dimensional System with Applications. London: Springer-Verlag, 1999.

[100] Mennicken R, Möller M. Non-Self-Adjoint Boundary Eigenvalue Problems. Amsterdam: Elsevier Science B.V., 2003.

[101] Miletić M, Strzer D, Arnold A, Kugi A. Stability of an Euler-Bernoulli beam with a nonlinear dynamic feedback system. IEEE Trans. on Automatic Control, 2016, 61: 2782-2795.

[102] Morris K A. Justification of input-output methods for systems with unbounded control and observation. IEEE Trans. Autom. Control, 1999, 44: 81-84.

[103] Morris K A, Özer A Ö. Modeling and stabilizability of voltage-actuated piezoelectric beams with magnetic effects. SIAM J. Control Optim., 2014, 52: 2371-2398.

[104] Müller V. Spectral Theory of Linear Operators and Spectral Systems in Banach Algebras. 2nd ed. Operator Theory: Advances and Applications, 139. Basel: Birkhäuser Verlag, 2007.

[105] Naimark M A. Linear Differential Operators: I. New York: Ungar, 1967.

[106] Neves A F, Ribeiro H, Lopes O. On the spectrum of evolution operators generated by hyperbolic systems. J. Funct. Anal., 1986, 67: 320-344.

[107] Nikol'skiĭ N K. Treatise on the Shift Operator: Spectral Function Theory. Berlin: Springer-Verlag, 1986.

[108] Özkan O A, Hansen S W. Exact controllability of a Rayleigh beam with a single boundary control. Math. Control Signals Systems, 2011, 23: 199-222.

[109] Özkan O A, Hansen S W. Exact boundary controllability results for a multilayer Rao-Nakra sandwich beam. SIAM J. Control Optim., 2014, 52: 1314-1337.

[110] Pandolfi L. Riesz systems and controllability of heat equations with memory. Integral Equations Operator Theory, 2009, 64: 429-453.

[111] Pandolfi L. Riesz systems and moment method in the study of viscoelasticity in one space dimension. Discrete Contin. Dyn. Syst. Ser. B. 2010, 14: 1487-1510.

[112] Pavlov B S. Basicity of exponenntial system and Muckenhoupt's condition. Soviet Math. Dokl., 1979, 20, 655-659.

[113] Pazy A. Semigroups of Linear Operators and Applications to Partial Differential Equations. New York: Springer-Verlag, 1983.

[114] Puel J P, Tucsnak M. Boundary stabilization for the von Kármán equations. SIAM J. Control Optim., 1995, 33: 255-273.

[115] Rao B P. Uniform Stabilization of a Hybrid System of Elasticity. SIAM J. Control Optim., 1995, 33: 440-454.

[116] Rao B P. Optimal energy decay rate in a damped Rayleigh beam. Contemporary Mathematics, RI, Providence, 1997, 209: 221-229.

[117] Rebarber R. Spectral assignability for distributed parameter systems with unbounded scalar control. SIAM J. Control Optim., 1989, 27: 148-169.

[118] Rebarber R. Spectral determination for a cantilever beam. IEEE Trans. Automat. Control, 1989, 34: 502-510.

[119] Rebarber R. Exponential stability of coupled beams with dissipative joints: a frequency domain approach. SIAM J. Control Optim., 1995, 33: 1-28.

[120] Ren B, Wang J M, Krstic M. Stabilization of an ODE-Schrödinger cascade. Systems Control Lett., 2013, 62: 503-510.

[121] Russell D L. Controllability and stabilizability theory for linear PDE's: recent progress and open questions. SIAM Rev., 1978, 20: 639-739.

[122] Russell D L, Weiss G. A general necessary condition for exact observability. SIAM J. Control Optim., 1994, 32: 1-23.

[123] Sedletskii A M. Nonharmonic analysis, Functional analysis. J. Math. Sci. (N.Y.), 2003, 116: 3551-3619.

[124] Shkalikov A A. Boundary problems for ordinary differential equations with parameter in the boundary conditions. J. Soviet Math., 1986, 33: 1311-1342.

[125] Shubov M A. Basis property of eigenfunctions of nonselfadjoint operator pencils generated by the equation of nonhomogeneous damped string. Integral Equations Operator Theory, 1996, 25: 289-328.

[126] Shubov M A. Nonselfadjoint operators generated by the equation of a nonhomogeneous damped string. Trans. Amer. Math. Soc., 1997, 349: 4481-4499.

[127] Shubov M A. Spectral operators generated by Timoshenko beam model. Systems Control Lett., 1999, 38: 249-258.

[128] Shubov M A. Generation of Gevrey class semigroup by non-selfadjoint Euler-Bernoulli beam model. Math. Methods Appl. Sci., 2006, 29: 2181-2199.

[129] Shubov M A. Riesz basis property of mode shapes for aircraft wing model (subsonic case). Proc. R. Soc. Lond. Ser. A Math. Phys. Eng. Sci., 2006, 462: 607-646.

[130] Shubov M A. Spectral analysis of a non-selfadjoint operator generated by an energy harvesting model and application to an exact controllability problem. Asymptot. Anal., 2017, 102: 119-156.

[131] Singer I. Bases in Banach Spaces: I. Berlin: Springer-Verlag, 1970.

[132] Smyshlyaev A, Guo B Z, Krstic M. Arbitrary decay rate for Euler-Bernoulli beam by backstepping boundary feedback. IEEE Trans. Automat. Control. 2009, 54: 1134-1140.

[133] Su L, Guo W, Wang J M, Krstic M. Boundary stabilization of wave equation with velocity recirculation. IEEE Trans. Automat. Control, 2017, 62(9): 4760-4767.

[134] Sun S H. On spectrum distribution of completely controllable linear systems. SIAM J. Control Optim., 1981, 19: 730-743.

[135] Taylor S. Gevrey regularity of solutions of evolution equations and boundary controllability, gevrey semigroups (Chapter 5). PhD thesis, School of Mathematics, University of Minnesota, 1989.

[136] Taylor A E, Lay D. An Introduction to Functional Analysis. 2nd ed. New York: John Wiley & Sons, 1980.

[137] Titchmarsh E G. The Theory of Fuctions. Oxford: Oxford University Press, 1953.

[138] Tretter C. On fundamental systems for differential equations of Kamke type. Math. Z., 1995, 219: 609-629.

[139] Tretter C. Linear operator pencils $A - \lambda B$ with discrete spectrum. Integral Equations Operator Theory, 2000, 37: 357-373.

[140] Tretter C. Spectral problems for systems of differential equations $y' + A_0 y = \lambda A_1 y$ with λ-polynomial boundary conditions. Math. Nachr., 2000, 214: 129-172.

[141] Tretter C. Boundary eigenvalue problems for differential equations $N\eta = \lambda P\eta$ and λ-polynomial boundary conditions. J. Differential Equations, 2001, 170: 408-471.

[142] Tucsnak M, Weiss G. Observation and Control for Operator Semigroups. Basel: Birkhäuser, 2009.

[143] Valein J, Zuazua E. Stabilization of the wave equation on 1-D networks. SIAM J. Control Optim., 2009, 48: 2771-2797.

[144] Villegas J A, Zwart H, Gorrec Y L, Maschke B. Exponential stability of a class of boundary control systems. IEEE Trans. Automat. Control, 2009, 54: 142-147.

[145] Wang F, Wang J M. Stability of an interconnected system of Euler-Bernoulli beam and wave equation through boundary coupling. Systems Control Lett., 2020, 138: 104664.

[146] Wang J M, Guo B Z. On the stability of swelling porous elastic soils with fluid saturation by one internal damping. IMA J. Appl. Math., 2006, 71: 565-582.

[147] Wang J M, Guo B Z, Chentouf B. Boundary feedback stabilization of a three-layer sandwich beam: Riesz basis approach. ESAIM Control Optim. Calc. Var., 2006, 12: 12-34.

[148] Wang J M, Guo B Z, Krstic M. Wave equation stabilization by delays equal to even multiples of the wave propagation time. SIAM J. Control Optim., 2011, 49: 517-554.

[149] Wang J M, Krstic M. Stability of an interconnected system of Euler-Bernoulli beam and heat equation with boundary coupling. ESAIM Control Optim. Calc. Var., 2015, 21: 1029-1052.

[150] Wang J M, Liu J J, Ren B, Chen J H. Sliding mode control to stabilization of cascaded heat PDE-ODE systems subject to boundary control matched disturbance. Automatica, 2015, 52: 23-34.

[151] Wang J M, Ren B, Krstic M. Stabilization and Gevrey regularity of a Schrödinger equation in boundary feedback with a heat equation. IEEE Trans. Automat. Control, 2012, 57: 179-185.

[152] Wang J M, Su L, Li H X. Stabilization of an unstable reaction-diffusion PDE cascaded with a heat equation. Systems Control Lett., 2015, 76: 8-18.

[153] Wang J M, Wang F, Liu X D. Exponential stability of a Schrödinger equation through boundary coupling a wave equation. IEEE Trans. Automat. Control, 2020, 65: 3136-3142.

[154] Wang J M, Xu G Q, Yung S P. Exponential stability of variable coefficients Rayleigh beams under boundary feedback controls: a Riesz basis approach. Systems Control Lett., 2004, 51: 33-50.

[155] Wang J M, Xu G Q, Yung S P. Riesz basis property, exponential stability of variable coefficient Euler-Bernoulli beam with indefinite damping. IMA J. Appl. Math., 2005, 70: 459-477.

[156] Wang J M, Xu G Q, Yung S P. Exponential stabilization of laminated beams with structural damping and boundary feedback controls. SIAM J. Control Optim., 2005, 44: 1575-1597.

[157] Watson G N. A Treatise on the Theory of Bessel Functions. Cambridge: Cambridge University Press, 1995.

[158] Weiss G. Admissible observation operators for linear semigroups. Israel J. Math., 1989, 65: 17-43.

[159] Weiss G, Curtain R F. Exponential stabilization of a Rayleigh beam using colocated control. IEEE Trans. Automatic Control, 2008, 53: 643-654.

[160] Weiss G, Xu C Z. Spectral properties of infinite-dimensional closed-loop systems. Math. Control Signals Systems, 2005, 17: 153-172.

[161] Xu G Q, Guo B Z. Riesz basis property of evolution equations in Hilbert spaces and application to a coupled string equation. SIAM J. Control Optim., 2003, 42: 966-984.

[162] Xu C Z, Sallet G. On spectrum and Riesz basis assignment of infinite-dimensional linear systems by bounded linear feedback. SIAM J. Control Optim., 1996, 34: 521-541.

[163] Xu C Z, Weiss G. Eigenvalues and eigenvectors of semigroup generators obtained from diagonal generators by feedback. Commun. Inf. Syst., 2011, 11: 71-104.

[164] Xu G Q, Yung S P. The expansion of a semigroup and a Riesz basis criterion. J. Differential Equations, 2005, 210: 1-24.

[165] Yang C, Wang J M. Exponential stability of an active constrained layer beam actuated by a voltage source without magnetic effects. J. Math. Anal. Appl., 2017, 448: 1204-1227.

[166] Yao P F. On the observability inequalities for exact controllablility of wave equations with variable coefficients. SIAM J. Control Optim., 1999, 37: 1568-1599.

[167] Yao P F. Modelling and Control in Vibrational and Structural Dynamics: A Diffeential Geometric Approach. London: CRC Press, 2011.

[168] Yao C Z, Guo B Z. Pointwise measure, control and stabilization of elastic beams. Control Theory Appl., 2003, 20(3): 351-360 (in Chinese).

[169] Young R M. An Introduction to Nonharmonic Fourier Series. London: Academic Press, 2001.

[170] Zhang Q, Wang J M, Guo B Z. Stabilization of the Euler-Bernoulli equation via boundary connection with heat equation. Math. Control Signals Systems, 2014, 26: 77-118.

[171] Zhang X, Zuazua E. Polynomial decay and control of a 1-d hyperbolic-parabolic coupled system. J. Diffeeential Equations, 2004, 204: 380-438.

[172] Zhang X, Zuazua E. Asymptotic behavior of a hyperbolic-parabolic coupled system arising in fluid-structure interaction. Internat. Ser. Numer. Math., 2007, 154: 445-455.

[173] Zhang Y L, Wang J M. Moment approach to the boundary exact controllability of an active constrained layer beam. J. Math. Anal. Appl., 2018, 465(1): 643-657.

[174] Zhao D X, Wang J M. Exponential stability and spectral analysis of the inverted pendulum system under two delayed position feedbacks. J. Dyn. Control Syst., 2012, 18: 269-295.

[175] Zhao D X, Wang J M. Exponential stability and spectral analysis of a delayed ring neural network with a small-world connection. Nonlinear Dynam., 2012, 77-93.

[176] Zhao X W, Weiss G. Well-posedness, regularity and exact controllability of the SCOLE model. Math. Control Signals Systems, 2010, 22: 91-127.

[177] Zhao X W, Weiss G. Controllability and observability of a well-posed system coupled with a finite-dimensional system. IEEE Trans. Automat. Control, 2011, 56: 88-99.

[178] Zwart H. Riesz basis for strongly continuous groups. J. Differential Equations, 2010, 249: 2397-2408.

[179] Guo B Z, Ren J. Stability and regularity transmission for coupled beam and wave equations through boundary weak connections. ESAIM Control Optim. Calc. Var. 2020, 26(73), 29 pp.

[180] Guo B Z, Ren H J. Stabilization and regularity transmission of a Schrodinger equation through boundary connections with a Kelvin-Voigt damped beam equation, ZAMM Z. Angew. Math. Mech., 2020, 100, article No. e201900013, 20 pp.